普通高等教育"十一五"国家级规划教材

高 等 院 校 机 械 工 程 系 列 教 材

U0182759

机 械 设 计 基 础

（第五版）

主　编　陈秀宁　顾大强

副主编　陈宗农

ZHEJIANG UNIVERSITY PRESS

浙江大学出版社

·杭州·

图书在版编目（CIP）数据

机械设计基础 / 陈秀宁，顾大强主编. —5 版. —
杭州：浙江大学出版社，2024.5
ISBN 978-7-308-24869-3

Ⅰ.①机… Ⅱ.①陈… ②顾… Ⅲ.①机械设计—高
等学校—教材 Ⅳ.①TH122

中国国家版本馆 CIP 数据核字（2024）第 081690 号

内 容 简 介

本书是在陈秀宁主编的《机械设计基础》第一版的基础上，根据面向 21 世纪课程内容体系改革、科技
发展和培养高素质创新人才建设创新型国家的有关精神经多次修订编写而成的第五版。

全书共 20 章，内容有总论（主要讲述机械的组成、机械设计的基本知识和若干共性问题），常用机械传
动及通用零部件的工作原理、结构特点和设计计算方法，机械运转的调速和平衡，机械的发展与创新设计。
书末附有思考题与习题 265 道。

本书可作为高等工科院校近机类专业的机械设计基础课程教材，或机械类专业将机械原理与机械设计
课程合并、学时作了紧缩的教材，也可作为有关专业工程技术人员的参考书。

机械设计基础（第五版）

陈秀宁　顾大强　主　编
陈宗农　副主编

责任编辑	杜希武
责任校对	董雯兰
封面设计	刘依群
出版发行	浙江大学出版社
	（杭州市天目山路 148 号　邮政编码 310007）
	（网址：http://www.zjupress.com）
排　　版	杭州青翊图文设计有限公司
印　　刷	嘉兴华源印刷厂
开　　本	787mm×1092mm　1/16
印　　张	25.25
字　　数	614 千
版 印 次	2024 年 5 月第 5 版　2024 年 5 月第 1 次印刷
书　　号	ISBN 978-7-308-24869-3
定　　价	79.00 元

本书曾获国家教委普通高等教育优秀教材奖,先后被教育部评为面向 21 世纪课程教材、国家级规划教材和普通高等教育精品教材

第五版前言

本书第一版自 1993 年出版以来,受到广大师生、工程技术人员及有关部门专家和读者的热情关怀与支持。1995 年获国家教委优秀教材奖。根据面向 21 世纪课程内容体系改革的有关精神,编写成第二版于 1999 年出版,在培养学生和帮助工程技术人员掌握与从事机械设计过程中取得新的成效。随着教育改革和科学技术的深入发展,特别是培养高素质创新人才的需要,编写的第三版于 2007 年出版,列入教育部普通高等教育"十一五"国家级规划教材、2008 年度普通高等教育精品教材。当前我国正在深入实施创新驱动发展战略,坚持自主创新、加快建设创新型国家;科技创新发展迅猛,本书与时俱进,先后修订编写成第四版和第五版供读者们研习。

本书修订编写的主导原则是保证课程的基本知识、基本理论和基本方法,保持原书中受到读者好评和业已形成的编写特色,强化学生创新意识与能力的培养,适度反映现代机械科技成果与信息。在本书修订编写中进行了以下几项工作。

1. 拓展撰写"机械的发展与创新设计"篇章,介绍机械的创新与人工智能、智能设计新的理念和方法,以进一步强化对学生创新意识、机械创新设计能力和不同学科的互融能力的培养。

2. 拓宽基础,反映现代机械的组成和设计,适度增加了新材料、新工艺、新理论和学科交融的有关内容、信息以及可进一步研习的参考书目;编写采取"可拆加递推"的结构,便于在教学中取舍选用。

3. 全书所列标准、规范和设计资料有较多更新,尽量采用最新颁布的、较成熟的数据。

4. 思考题与习题由 260 道增至 265 道,增加的题目多为人工智能在机械、机械设计中的应用等内容,供读者思考和探索。

5. 更正了原书文字、插图及计算中的疏漏和排印中的错误。

本书编写分工:第 1、2、3、4、9、12、14、19 章及思考题与习题由陈秀宁编写,第5、8章由顾大强编写,第6、7、13、17、18章由陈宗农编写,第15、16章由从飞云编写;第10、11章由邱清盈编写,第20章由陈秀宁、顾大强编写。全书由陈秀宁、顾大强任主编,陈宗农任副主编。

叶宗兴、林世雄、章维明、詹建潮、徐向纮五位专家教授分别参加编写和审稿,为本书的编写作出重要贡献。

中国科学院首届海外评审专家、立命馆大学终身教授陈延伟精心审阅本书。浙江大学马骥教授等许多专家学者对本书编写提出了宝贵的建议。吴碧琴先生整理了本书书稿并做润色。编者在此一并致以衷心的感谢。

限于编者水平,书中难免有误漏和不妥之处,殷切期望专家和读者指正。

编　者
2023 年 12 月于杭州

目　录

第1章　　总　　论

§1-1　　机械的组成

机械是机器和机构的总称。

在工农业生产、交通运输、国防、科研以及人们的日常生活中应用着各式各样的机器。机器的种类很多,但就用途而言,不外乎两类:一类是提供或转换机械能的机器,如电动机、内燃机等动力机器;另一类则是利用机械能来实现预期工作的机器,如起重运输机、机床、插秧机、纺织机等各种工作机器。这许许多多工作机器,它们的形式、构造都不相同,各具自身的特点;但一切工作机器的组成通常都有其共同之处。下面以两个简单机械为例,阐述机器的基本组成。

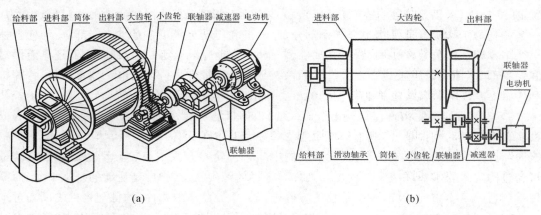

(a)　　　　　　　　　　　　　　　　　　　(b)

图 1-1

图 1-1(a)、(b)为一矿石球磨机的外形图和机动示意图。电动机的转速通过一级圆柱齿轮减速器和一对开式齿轮传动减速,驱动由一对滑动轴承支承的球磨滚筒旋转,矿石在筒体内被一定数量的钢(铁)球粉碎。图 1-2(a)、(b)为一加热炉运送机的前视图和机动示意图。电动机 1 高速回转,其轴用联轴器 2 和蜗杆减速器的蜗杆 3 相联,经由蜗杆 3 和蜗轮 4 减速后再经开式齿轮 5 和 6 减速,使大齿轮轴以较低的转速回转。通过销接在大齿轮 6 和摇杆 8 上的连杆 7,使摇杆 8 绕轴 D 做往复摆动。再通过销接在摇杆 8 和推块 10 上的连杆 9,使推块 10 在机架 11 的滚道上往复移动,向右时输送工件,速度较慢,力量较大,运动平稳;而在向左做空载返回时,则速度较快,节省时间。

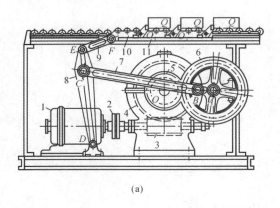

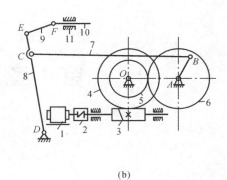

(a)   (b)

图 1-2

通过以上两例,可以归纳成以下几点认识:

1) 在上述两例机器中,前者的球磨滚筒以其所需速度在滑动轴承座上旋转使矿石被粉碎;后者的推块以一定的规律在机架滚道上往复移动运送物料,都是机器直接从事生产工作的部分,称为工作部分或执行部分。电动机是机器工作的运动和动力来源,称为原动机。而齿轮传动、蜗杆传动、连杆传动等是将原动机的运动和动力传递和变换到工作部分的中间环节,称为传动装置。由于原动机大多是交流电动机,它提供的定速回转运动通常均不能符合各种工作部分不同的运动要求,因而常不直接从原动机把运动和动力传给工作部分,而是需要通过不同的传动装置转换后才符合工作部分的运动要求。传动装置在机器中的作用是:① 改变速度(可以是减速、增速或调速);② 改变运动形式;③ 在传递运动的同时传递动力。一台完整的工作机器通常都包含工作部分、原动机和传动装置三个基本职能部分。为使上述三个基本职能部分彼此协调运行,并准确、安全、可靠地完成整机功能,通常机器还具有操纵和控制部分(图中未曾表达)。现代机器的控制部分常常带有高科技机电一体化特点,计算机和传感器在现代机器中发挥协调控制的核心作用。

2) 任何机器都是由许多零件组合而成的。根据机器功能、结构要求,某些零件需固联成没有相对运动的刚性组合,成为机器中运动的一个基本单元体,通常称为构件(如图 1-1 中滚筒与开式大齿轮固联成一个构件,减速器中的大齿轮与开式小齿轮分别用键和各自的轴再通过固定式联轴器联成一个构件)。构件与零件的区别在于:构件是运动的基本单元,而零件是制造的基本单元;有时一个单独的零件也是一个最简单的构件。构件与构件之间通过一定的相互接触与制约,构成保持确定相对运动的"可动联接",这种可动联接称为"运动副"。常见的运动副有回转副(图 1-3(a)、(b) 中 1、2 两构件呈面接触且只能作相对转动,如轴与轴承,铰链)、移动副(图 1-3(c) 中 1、2 两构件呈面接触且只能作相对移动,如滑块与导轨)和滚滑副(图 1-3(d)、(e) 中 1、2 两构件呈点或线接触,其相对运动有沿接触处公切线 $t\text{-}t$ 的相对滑动和绕接触处的相对滚动,如凸轮与从动件,一对轮齿)等类型。一切机器都是由若干构件以运动副相联接并具有确定相对运动,用来完成有用的机械功或转换机械能的组合体。需要指出,机构也是由若干构件以运动副相联接并具有确定相对运动的组合体;但机器用来完成有用的机械功或转换机械能,而机构在习惯上主要是指传递运动的机械(如仪表等)以及从运动的观点加以研究而言的。机器中必包含一个或一个以上的机构。

3) 机器的工作部分随各机器的不同用途而异,但在不同的机器组成中常包含有齿轮、

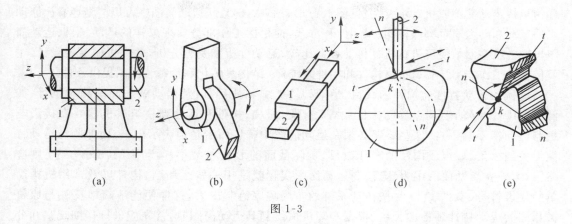

图 1-3

蜗杆、带、链、连杆、凸轮、螺旋、棘轮等传动机构以及螺钉、键、销、弹簧、轴、轴承、联轴器等零部件,它们在各自不同的机器中所起的作用和工作原理却是基本相同。对这些在各种机器中常见的机构和零部件,一般称为常用机构和通用零部件。常用机构和通用零部件在某种意义上可以说是各种机器共同的、重要的组成基础。

§1-2　本课程研究的内容和目的

　　研究机械可以从许多方面进行,"机械设计基础"课程研讨的主要内容是:机械组成的一些基本原理和规律、发展与创新;组成机械的一些常用机构、机械传动、通用零部件的工作原理、特点和应用、结构及其基本的设计计算方法;机械设计的一般原则和步骤等共同性问题。它是工科院校中一门重要的技术基础课。通过本课程的学习和课程设计实践,达到以下目标:① 了解使用、维护和管理机械设备的一些基础知识;② 掌握机械中常用的机构、通用零部件的工作原理、特点、应用及其设计计算方法;③ 具有设计传动装置和简单机械的能力;④ 为后继有关机械设备课程的学习、专业设备设计以及进行机械的分析改进和创新设计打下必要的基础。

　　设计新机器和用好并改进原有的机械设备,对减轻劳动强度、提高生产率和工艺质量有重要意义。对工程专业的学生来说,其所学习和从事的工程对象均不能脱离机械及其装置,本课程将在机械设计的基本知识、基本理论和基本技能方面为之打下宽广和重要的基础,在我国实现中华民族伟大复兴、加快建设创新型现代化强国的新征程中更好地贡献自己的才智和力量。

§1-3　机械运动简图及平面机构自由度

一、机械运动简图

　　设计新机械或革新现有机械时,为便于分析研究,常需把复杂的机械采用一些简单的线条和规定的符号将其传动系统、传动机构间的相互联系、运动特性表示出来,表示这些内容的图称为机械运动简图或机动示意图(见图 1-1(b)、图 1-2(b))。从运动简图中可以清晰地看出原动机的运动和动力通过哪些机构、采用何种方式,使机器工作部分实现怎样的运动;根据运动简图再配上某些参数便可进行机器传动方案比较、运动分析和受力分析,并为机械系统设计、主要传动件工作能力计算、机件(构件和零件之统称)结构具体化和绘制装配图提供条件。

机械的运动特性与构件的数目、运动副的类型和数目,以及运动副之间的相对位置(如回转副中心、移动副某点移动方位线等)有关。机构、构件和运动副是组成机器并直接影响机器运动特性的要素。这些要素必须在运动简图中确切而清楚地表示出来,而那些与运动特性无关的因素(如组成构件的零件数目、实际截面的形状和尺寸、运动副的具体构造)则应略去,无需在运动简图中表达。绘制运动简图实际就是用一些运动副、构件以及常用机构简单的代表符号(参见表 1-1)按传动系统的布局顺序绘制出来,这样便能清晰地反映与原机械相同的运动特性和传递关系。根据实际机械绘制其运动简图时,首先应进行仔细观察和分析,分清各种机构,判别固定构件(通常是机架)与运动构件(运动构件中由外力直接驱动、其运动规律由外界确定的构件称为主动构件,其余的运动构件称为从动构件),数出运动构件的数目,并根据构件间相对运动性质确定其运动副的类型。其次,测量各个构件上与运动有关的尺寸 —— 运动尺寸(如确定运动副相对位置和滚滑副接触面形状的尺寸)。然后根据这些运动尺寸选择适当的长度比例尺(μ_l = 实际长度 / 图示长度,单位为 m/mm 或 mm/mm)和视图平面(通常为构件的运动平面),用规定的或惯用的机构、构件和运动副的代表符号绘制简图。一般先画固定构件及其上的运动副,接着画出与固定构件相联的主动构件(位置可任意选定),以后再按运动和力的传递关系顺序画出所有从动构件及相联的运动副以完成机械运动简图;最后,还应仔细检查运动构件的数目、运动副的类型和数目及其相对位置与联接关系等有无错误,否则将不能正确反映实际机械的真实运动。

以一定的比例尺绘制运动简图,便于用图解法在图上对机构进行运动和力的分析。工程上还广泛应用不按严格的比例绘制的运动简图,通常称为机动示意图。在机动示意图上只是定性地表达出机械中各构件之间的运动和力的传递关系,但绘制却较方便。

下面通过几个例子,对绘制运动简图再作些具体说明。

例 1-1 图 1-4(a)所示为一偏心轮滑块机构,图 1-4(b)为其运动简图,作图步骤如下:

1)认清机架及运动构件数目并标上编号;确定主动构件。

1—— 机架;2—— 偏心轮;3—— 连杆;4—— 滑块;确定偏心轮 2 为主动构件。

2)根据相联两构件相对运动的性质,确定运动副的类型。

图 1-4(a)中,1-2 属回转副;2-3 联接部分的实际结构是连杆 3 的一端圆环的内圆柱面套在偏心轮 2 的外圆柱面上,连杆 3 对偏心轮 2 之间的相对运动为绕圆心 A 的转动,所以也是回转副(运动副的实际构造可有各式各样,应抓住两构件可能的相对运动性质来正确判断运动副的类别);同理,3-4 也属回转副;而 4-1 则为移动副。

3)确定回转副的转动中心所在位置和移动副某点移动方位线,选择构件的运动平面,并用代表符号和线条按比例画出运动简图。

1-2 回转副中心在 O 点;2-3 回转副中心在 A 点;3-4 回转副中心在 B 点;4-1 移动副上 B 点移动方位线 m-m 方向水平,该线偏离固定中

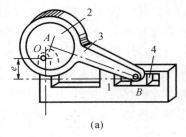

(a)

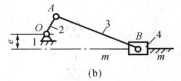

(b)

图 1-4

表 1-1 运动简图中的常用符号

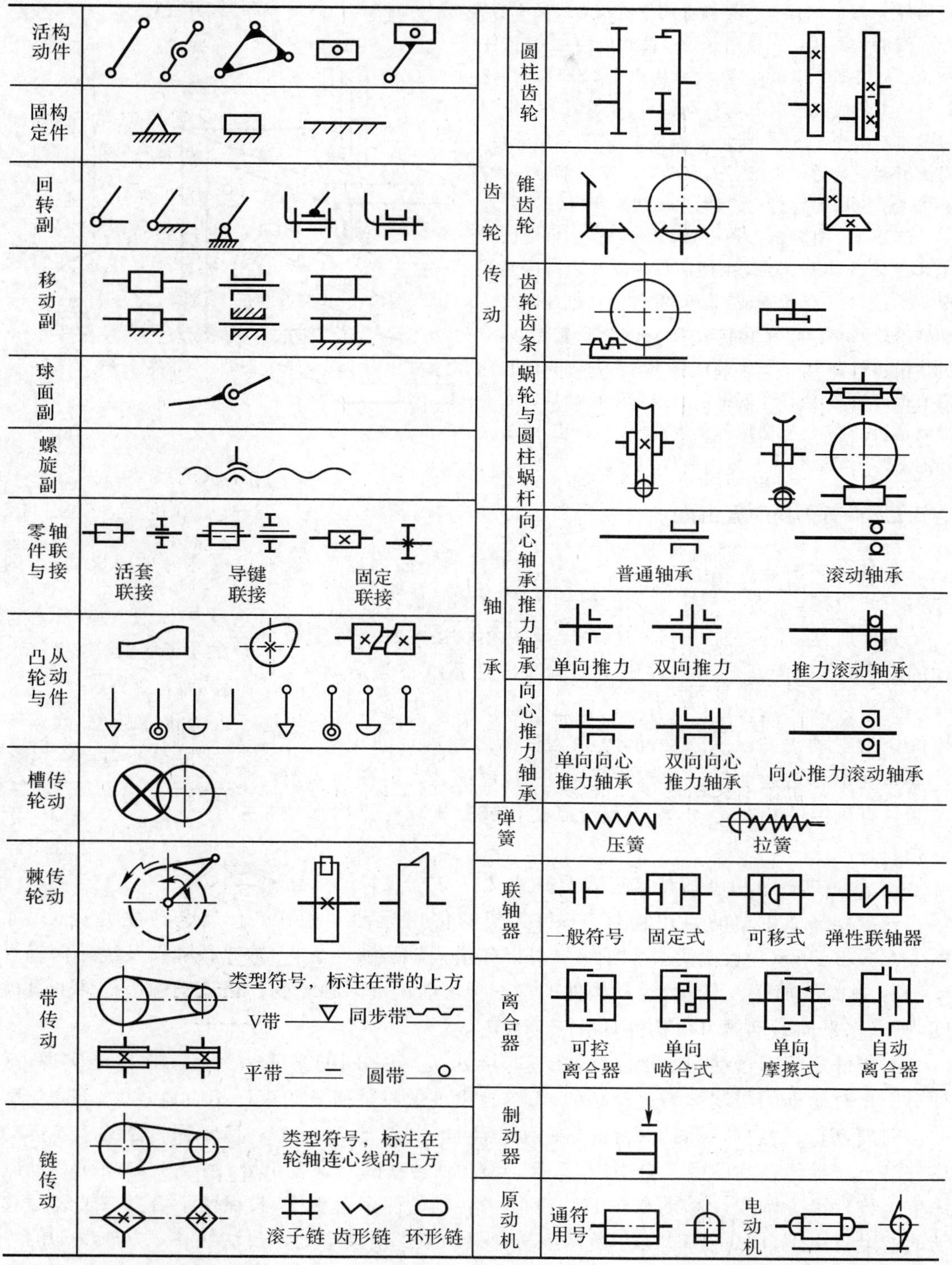

活动构件		圆柱齿轮	
固定构件		锥齿轮	
回转副		齿轮齿条	
移动副		蜗轮与圆柱蜗杆	
球面副		向心轴承 普通轴承 滚动轴承	
螺旋副		推力轴承 单向推力 双向推力 推力滚动轴承	
零件联接与轴	活套联接 导键联接 固定联接	向心推力轴承 单向向心推力轴承 双向向心推力轴承 向心推力滚动轴承	
凸轮与从动件		弹簧 压簧 拉簧	
槽轮传动		联轴器 一般符号 固定式 可移式 弹性联轴器	
棘轮传动		离合器 可控离合器 单向啮合式 单向摩擦式 自动离合器	
带传动	类型符号,标注在带的上方 V带——▽ 同步带 平带—— 圆带—○	制动器	
链传动	类型符号,标注在轮轴连心线的上方 滚子链 齿形链 环形链	原动机	通用符号 电动机

心 O 的距离为 e。画图时先画机架 1 及其上的回转副中心 O(固定点),按偏距 e 作水平线即为机架 1 上移动副 B 点移动方位线 $m\text{-}m$(固定线),按主动构件 2 上两回转副中心 O、A 距离及其某一瞬时位置定出 A 点,联

O、A 得构件 2；以 A 为圆心，构件 3 两回转副中心 A、B 距离为半径作弧与线 m-m 之交点即为 B 点，联 A、B 得构件 3；最后以代表符号画出构件 4 及与机架 1 的移动副，即得图 1-4(b) 所示运动简图。

例 1-2　图 1-5(a) 所示为一凸轮机构，主动构件凸轮 2 与机架 1 组成回转副 A，从动杆 3 分别与凸轮 2、机架 1 组成滚滑副 B 与移动副 C。对照例 1-1 作图步骤绘制出图 1-5(b) 所示运动简图。需要指出的是：对滚滑副应按比例作出组成滚滑副的接触部分形状；画机动示意图时，只要大致画出廓线形状就可以了。

例 1-3　图 1-2(a) 所示加热炉送料机，电动机到工作部分整个传动系统采用的机构及其运动传递情况，在 §1-1 中已予阐述，其机架、各运动机件以及运动副的数目、类型、位置都不难分析，对照上述步骤，可作出如图 1-2(b) 所示之运动简图（机动示意图）。需要指出的是：蜗杆和蜗轮以及一对齿轮都构成滚滑副，但它们都已有惯用的代表符号（表 1-1），绘制运动简图时无需表示出其齿廓形状。

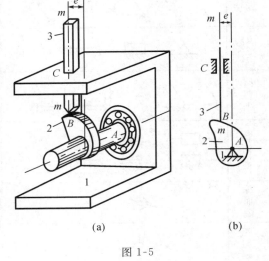

(a)　　　　　　　　(b)

图 1-5

二、平面机构的自由度

所有运动构件都在同一平面或在相互平行的平面内运动，这种机构称为平面机构，否则称为空间机构。目前工程中常见的机构大多为平面机构。

如前所述，机构是由若干构件用运动副相联接并具有确定相对运动的组合体；我们把若干构件用运动副联成的系统称为运动链，其中有一个构件为固定构件（机架），只有当给定运动链中一个（或若干个）构件作为主动构件以独立运动，其余构件随之作确定的相对运动，这种具有确定相对运动的运动链才成为机构。讨论运动链在什么条件下才能具有确定的相对运动，对于设计新机构或分析现有机构都是非常重要的。

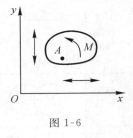

图 1-6

1. 平面机构自由度的计算公式及其意义

一个作平面运动的自由构件（未与其他构件用运动副相联）有三个独立的运动，如图 1-6 所示，在 xOy 坐标系中，构件 M 可以作沿 x 轴线移动、沿 y 轴线移动以及绕任何垂直于 xOy 平面的轴线 A 转动。运动构件的这三种可能出现的独立的自由运动称为构件的自由度，所以作平面运动的自由构件具有三个自由度。

当构件之间用运动副联接以后，在其联接处，它们之间的某些相对运动将不能实现，这种对于相对运动的限制称为运动副的约束，自由度数将随引入约束而相应地减少。不同类型的运动副，引入的约束不同，保留的自由度也不同；如图 1-3(a)、(b) 所示回转副约束了运动构件沿 x、y 轴线移动的两个自由度，只保留绕 z 轴转动的一个自由度；图 1-3(c) 所示移动副约束了构件沿一轴线 y 移动和在 xOy 平面内转动的两个自由度，只保留了沿另一轴线 x 移动的一个自由度；图 1-3(d)、(e) 所示滚滑副只约束了沿接触处 k 公法线 n-n 方向移动的一个自由度，保留绕接触处转动和沿接触处公切线 t-t 方向移动的两个自由度。所以，在平面运动链中，每个低副（两个构件之间以面接触组成的回转副和移动副）引入两个约束，使构件表失两个自由度；每个高副（两构件之间以点或线接触组成的滚滑副）引入一个约束，使构件丧失一个自由度。

如果一个平面运动链中包括固定构件在内共有 N 个构件，则除去固定构件后，运动链中的运动构件数应为 $n = N - 1$。在未用运动副联接之前，这 n 个运动构件相对机架的自由度总数应为 $3n$，当用运动副将构件联接起来后，由于引入了约束，运动链中各构件具有的自由度就减少了。若运动链中低副数目为 P_L 个，高副数目为 P_H 个，则运动链中全部运动副所引入的约束总数为 $2P_L + P_H$。将运动构件的自由度总数减去运动副引入的约束总数，即为运动链相对机架所具有的独立运动的个数，称为运动链相对机架的自由度（简称运动链自由度），以 F 表示，即

$$F = 3n - 2P_L - P_H \tag{1-1}$$

这就是平面运动链自由度的计算公式。我们通过以下各例进一步分析平面运动链在什么条件下才能成为具有确定性相对运动的平面机构。

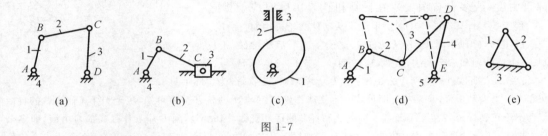

图 1-7

图 1-7(a)、(b) 所示平面运动链的自由度 $F = 3n - 2P_L - P_H = 3 \times 3 - 2 \times 4 - 0 = 1$，若以构件 1 为主动构件，则其余运动构件将随之作确定的运动。图 1-7(c) 所示平面运动链的自由度 $F = 3n - 2P_L - P_H = 3 \times 2 - 2 \times 2 - 1 = 1$，若以凸轮 1 为主动构件，则从动杆 2 亦作确定的往复移动。图 1-7(d) 所示平面运动链的自由度 $F = 3n - 2P_L - P_H = 3 \times 4 - 2 \times 5 - 0 = 2$，若以 1、4 两个构件为主动构件，则其他从动构件 2、3 随之作确定的运动。可见，给定运动链的主动构件数等于其自由度数时，即成为具有确定相对运动的机构。但若主动构件数小于运动链的自由度，如图 1-7(d) 中，仅构件 1 为主动构件，则其余从动构件 2、3、4 不具确定的运动；若主动构件数大于运动链的自由度，如图 1-7(a)、(b) 中，使构件 1、3 都为主动构件并从外界给定独立运动，势必将构件折断。再分析图 1-7(e)，运动链的自由度 $F = 3n - 2P_L - P_H = 3 \times 2 - 2 \times 3 - 0 = 0$，各构件的全部自由度将失去，不能再有从外界给定独立运动的主动构件，从而形成各构件间不会有相对运动的刚性构架。综上所述，运动链成为具有确定相对运动的机构的必要条件为：

1) 运动链的自由度必须大于零；

2) 主动构件数等于运动链的自由度。

通常把整个运动链相对机架的自由度称为机构的自由度，所以式 (1-1) 也称为平面机构自由度的计算公式。

2. 计算平面机构自由度时应注意的问题

(1) 复合铰链

三个或三个以上构件在同一轴线上用回转副相联接构成复合铰链，如图 1-8 所示为三

个构件在同一轴线上构成两个回转副的复合铰链。可以类推,若有 m 个构件构成同轴复合铰链,则应具有 $m-1$ 个回转副。在计算机构自由度时应注意识别复合铰链,以免漏算运动副的数目。

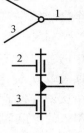

例 1-4 计算图 1-9 所示摇筛机构自由度。

解:粗看似乎是 5 个运动构件和 A、B、C、D、E、F 等铰链组成六个回转副,由式(1-1)得 $F=3n-2P_L-P_H=3\times5-2\times6-0=3$,如果真如此,则必须有三个主动构件才能使机构有确定的运动,但这与实际情况显然不符。事实上,整个机构只要一个构件即构件 1 作为主动构件即能使运动完全确定下来,这种计算错误是因为忽略了构件 2、3、4 在铰链 C 处构成复合铰链,组成两个同轴回转副而不是一个回转副之故,故总的回转副数 $P_L=7$,而不是 $P_L=6$,据此按式(1-1)计算得 $F=3\times5-2\times7-0=1$,这便与实际情况相符了。

图 1-8

(2)局部自由度

不影响机构中输出与输入关系的个别构件的独立运动称为局部自由度(或多余自由度),在计算机构自由度时应予排除。

例 1-5 计算图 1-10(a)所示滚子从动件凸轮机构的自由度。

解:粗分析,图示凸轮 1、从动杆 2、滚子 4 三个活动构件,组成两个回转

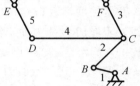

图 1-9

副、一个移动副和一个高副,按式(1-1)得 $F=3n-2P_L-P_H=3\times3-2\times3-1=2$,表明该机构有两个自由度,这又与实际情况不符,因为实际上只有凸轮 1 一个主动构件,从动杆 2 即可按一定规律作确定的运动。进一步分析可知,滚子 4 绕其轴线 B 的自由转动不论正转或反转甚至不转都不影响从动杆 2 的运动规律,因此回转副 B 应看作是局部自由度,即多余自由度,在正确计算自由度时应予除去不计。这时可如图 1-10(b)所示,将滚子与从动杆固联作为一个构件看待,即按 $n=2$、$P_L=2$、$P_H=1$ 来考虑,则由式(1-1)得 $F=3n-2P_L-P_H=3\times2-2\times2-1=1$,这便与实际情况相符了。

局部自由度虽然不影响机构输入与输出运动关系,但上例中的滚子可使高副接触处的滑动摩擦(见图 1-7(c))变成滚动摩擦,从而提高效率、减少磨损。在实际机械中常有这类局部自由度出现。

(3)虚约束

在运动副引入的约束中,有些约束对机构自由度的影响与其他约束重复,这些重复的约束称为虚约束(或消极约束),在计算机构自由度时也应除去不计。

需要指出:读者如需进一步研习空间机构的自由度,可参阅本书主要参考书目[11]、[28]。

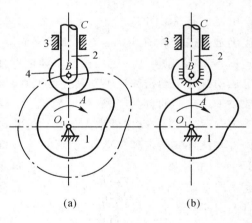

(a)   (b)

图 1-10

例 1-6 图 1-11(a)所示机构,各构件的长度为 $l_{AB}=l_{CD}=l_{EF}$,$l_{BC}=l_{AD}$,$l_{CE}=l_{DF}$,试计算其自由度。

解:粗分析,$n=4$,$P_L=6$,$P_H=0$,由式(1-1)得 $F=3n-2P_L-P_H=3\times4-2\times6-0=0$。显然这又与实际情况不符。若将构件 EF 除去,回转副 E、F 也就不复存在,则成为图 1-11(b)所示的平行四边形机构;此时,$n=3$,$P_L=4$,$P_H=0$,由式(1-1)得 $F=3n-2P_L-P_H=3\times3-2\times4-0=1$,而其运动情况仍与图 1-11(a)所示一样,$E$ 点的轨迹是以 F 点为圆心、以 l_{CD}(即 l_{EF})为半径的圆。这表明构件 EF 与回转副 E、F 存在与否对整个机构的运动并无影响,加入构件 EF 和两个回转副引入了三个自由度和四个约

束,增加的这个约束是虚约束,它是构件间几何尺寸满足某些特殊条件而产生的,计算机构自由度时,应将产生虚约束的构件连同带入的运动副一起除去不计,化为图 1-11(b)的形式计算。但若如图 1-11(c)所示,$l_{CE} \neq l_{DF}$,则构件 EF 并非虚约束,该运动链自由度为零,不能运动。

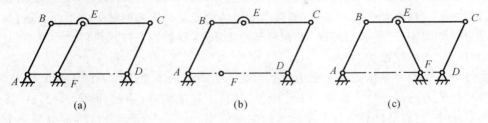

图 1-11

机构中经常会有消极约束存在,如两个构件之间组成多个导路平行的移动副(图 1-12(a)),只有一个移动副起约束作用,其余都是虚约束;又如两个构件之间组成多个轴线重合的回转副(图 1-12(b)),只有一个回转副起约束作用,其余都是虚约束;再如图 1-12(c)所示行星架 H 上同时安装三个对称布置的行星轮 2、2′、2″,从运动学观点来看,它与采用一个行星轮的运动效果完全一样,即另外两个行星轮是对运动无影响的虚约束。机械中常设计带有虚约束,对运动情况虽无影响,但往往能使受力情况得到改善,图 1-12(b)所示用两个轴承改善轴的支承及受力、图 1-12(c)中采用三个行星轮运转时受力的均衡等即是明显例子。

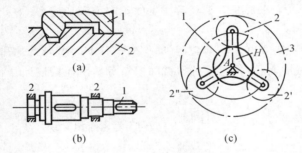

图 1-12

§1-4 机件的载荷、失效及其工作能力准则

机器在传递动力进行工作的过程中,机件要承受作用力、力矩等载荷,一方面这些载荷欲使机件产生不同的损伤与失效;另一方面机件又依靠自身一定的结构尺寸和材料性能来反抗损伤与失效。这是机件在设计和工作过程中存在的一对矛盾,解决这个矛盾的办法通常是合理地选用机件材料和热处理方法,进行机件工作能力的计算,以确定其必要的结构尺寸并按规范运行和维护。

机件的载荷,其大小、方向不随时间变化(或变化极缓慢)的称为静载荷,其大小或方向随时间变化的称为变载荷。循环变化的载荷称为循环变载荷,其中若每个工作循环内的载荷不变,各循环的载荷又是相同的称为稳定循环载荷;而每一个工作循环内的载荷是变动的,称为不稳定循环载荷。突然作用且作用时间很短的载荷或因构件变速运动而产生不可忽略的惯性载荷均称为动载荷。有些机器(如汽车、飞机、农业机械)由于受工作阻力、动载荷、剧烈振动等偶然因素的影响,载荷随机变化的称为随机变载荷。工作载荷与时间的坐标图称为载荷谱,可用分析法或实测法获得,载荷谱是精确计算分析研究机件上受力的重要依据。

机件主要的损伤及失效形式有:机件产生整体的或工作表面的破裂或塑性变形;弹性变形超过允许的限度;工作表面磨损、胶合和其他损坏;靠摩擦力工作的机件产生打滑和松动;超过允许限度的强烈振动;等等。

机件的工作能力是指完成一定功能在预定使用期限内不发生失效的安全工作限度。衡量机件工作能力的指标称为机件的工作能力准则。主要准则有:强度、刚度、耐磨性、振动稳定性和耐热性。它们是计算机件基本尺寸的主要依据,对某一个具体机件,常根据一个或几个可能发生的主要失效形式运用相应的准则进行计算求得其承载能力,而以其中最小值作为工作能力的极限。本章就总体情况作些简要介绍。

一、强度

强度是机件抵抗断裂、过大的塑性变形或表面疲劳破坏的能力。如果机件强度不足,工作中就会出现上述的某种失效而不能正常工作。强度准则可表述为最大工作应力不超过许用应力,它是机件设计计算最基本的准则,其一般表达式为

$$\sigma \leqslant [\sigma] \text{ 或 } \tau \leqslant [\tau] \tag{1-2}$$

式中:σ、τ分别为机件在工作状况下受载后产生的正应力和切应力;$[\sigma]$、$[\tau]$分别为机件的许用正应力和许用切应力。

机件的工作应力一般取决于广义载荷(如作用于其上的纵向力、横向力、弯矩或转矩等)与广义几何尺寸(如截面面积、抗弯或抗扭截面模量等),因而校核计算和设计计算时强度条件通常分别表示为

$$\sigma = \frac{\text{广义载荷}}{\text{广义几何尺寸}} \leqslant [\sigma] \text{ 或 } \tau = \frac{\text{广义载荷}}{\text{广义几何尺寸}} \leqslant [\tau] \tag{1-3}$$

和

$$\text{广义几何尺寸} \geqslant \frac{\text{广义载荷}}{[\sigma]} \text{ 或广义几何尺寸} \geqslant \frac{\text{广义载荷}}{[\tau]} \tag{1-4}$$

一般来说,许用应力$[\sigma]$、$[\tau]$在较大程度上取决于材料的性能,因此在机件的载荷已经明确,按强度设计通常就是合理选择机件材料,给定足够的几何尺寸。

由式(1-3)、式(1-4)可见,许用应力直接影响机件的强度和尺寸、重量;正确选择许用应力是获得轻巧紧凑、经济,同时又是可靠、耐久的机件结构的重要因素。确定许用应力通常有以下两种方法:

1) 查表法。对用一定材料制造并在一定条件下工作的某些机件,根据试验、实际使用实践和理论分析,将它们所能安全工作的最大应力(即许用应力)制成专门的表格以供查阅。这种方法简单、具体,便于应用;且当具体条件与表列条件吻合时许用应力数值较为可靠。但随着机件结构不断发展,材料品种日渐增多,制造工艺不断革新,实际上没有可能将所有机件、所有材料和各种工作条件下的许用应力都制成表格,因此这种方法的适用范围受到一定限制。

2) 计算法。计算法确定许用应力的基本公式一般为

$$[\sigma] = \frac{\sigma_{lim}}{S_\sigma} \text{ 或 } [\tau] = \frac{\tau_{lim}}{S_\tau} \tag{1-5}$$

式中:σ_{lim}、τ_{lim}分别为正应力和切应力的极限应力,当机件工作应力达到相应的极限应力值

时,机件开始发生损坏;S_σ、S_τ相应为使机件具有一定强度裕度而设定的大于1的数值,称为安全系数。

材料的极限应力与材料性质以及应力种类有关。一般在静应力情况下,机件因强度不足而损坏主要是产生静强度断裂或塑性变形,对塑性材料取其屈服极限 σ_S 和 τ_S 为极限应力,对脆性材料则取其强度极限 σ_B 或 τ_B 为极限应力。在变应力情况下机件的损坏主要是疲劳断裂,应取材料的疲劳极限为极限应力。变应力循环特性不同,疲劳极限应力亦不同,在脉动循环应力、对称循环应力作用下分别取材料的脉动循环疲劳极限 σ_0 或 τ_0 和对称循环疲劳极限 σ_{-1} 或 τ_{-1}。材料的 σ_S、τ_S、σ_B、τ_B、σ_0、τ_0、σ_{-1}、τ_{-1} 可查阅有关的机械设计手册。

确定安全系数的总原则是保证机件具有足够的强度,同时又要尽可能节省材料的消耗。准确地确定安全系数是一件细致复杂的工作,因为影响机件强度的因素很多。一般来说,安全系数要考虑计算载荷及应力的准确性、零件工作的重要性以及材料的可靠性。此外,还要考虑应力集中、表面质量状况和绝对尺寸大小等因素对机件强度的影响。部分系数法就是利用一系列系数的乘积来确定安全系数,每个部分系数反映着影响机件强度的一个因素。安全系数 S 通常用下列几个系数的乘积表示:

$$S = S_1 \cdot S_2 \cdot S_3 \qquad (1-6)$$

式中:S_1 为考虑计算载荷及应力准确性的系数,取 $S_1 = 1 \sim 1.6$,准确性较高时取小值;S_2 为考虑机件重要程度的系数,取 $S_2 = 1 \sim 1.5$ 或更大,按其损坏是否引起机器停车、机器损坏,是否发生重大事故以及机件价格高低进行选择,重要程度大时取高值;S_3 为考虑机件材料性质和制造工艺的系数,在概略计算时常将应力集中对强度的影响也计入这个系数中,并可按表1-2所列数值选用。精确计算时,S_3 以及应力集中、表面质量、绝对尺寸大小对强度影响的计算可参阅本书主要参考书目[11]、[28]。

表 1-2　材料可靠性系数 S_3 的概略数值

S_3　　　　毛坯类型 应力循环特性 及零件结构	钢材	锻件 和冲压件		铸钢件		铸铁件和 青铜铸件	
	不热处理	退火	淬火	退火	淬火	退火	不热处理
静应力　加工和不加工的各种形状的零件	1.05	1.1	1.2	1.2	1.4	2.1	2.4
脉动循环应力　带有平滑的圆角,简单形状的加工零件	1.2	1.2	1.6	1.6	1.8	2.1	2.4
脉动循环应力　带有平滑圆角、不加工的零件	1.5	1.6	1.8	1.8	2.2	2.1	2.4
脉动循环应力　带有急剧圆角、切口、孔、螺纹等零件	1.8	2.1	2.2	2.2	2.6	2.4	2.8
对称循环应力　带有平滑的圆角,简单形状的加工零件	1.3	1.4	1.6	1.7	1.9	2.1	2.4
对称循环应力　带有平滑的圆角、不加工的零件	1.7	1.7	1.9	1.9	2.4	2.1	2.4
对称循环应力　带有急剧圆角、切口、孔、螺纹等零件	1.9	2.2	2.4	2.4	2.8	2.4	2.8

部分系数法理论上已计及了影响机件强度的各个因素,有可能可靠地给出足够小的安全系数或采用相当高的许用应力,从而使材料的利用率达到最经济合理。但是在使用时应根据具体情况,分清主次,周密研究和分析。对所确定的安全系数和许用应力还应注意通过实践检验和校正。部分系数法多用于一些尚无实验数据,且又缺少设计和使用经验的非通用零

件，以及无许用应力表可查的情况。

在一些部门中通过长期实践，直接给出本部门某类机器某些零件的特定的安全系数或许用应力表（如在起重运输机中，对钢丝绳的强度计算），设计时则应以此为据。虽然适用范围较窄，但具有简单、可靠等优点。本书中主要采用查表法选取安全系数和许用应力。

二、刚度

刚度是机件受载时抵抗弹性变形的能力，常用产生单位变形所需的外力或外力矩来表示。机件的刚度不足，将改变其正常的几何位置及形状，从而改变受力状态及影响正常工作。刚度准则可表述为弹性变形量不超过许用变形量，其一般表达式为

$$y \leqslant [y], \varphi \leqslant [\varphi] \tag{1-7}$$

式中：y、φ 分别为机件工作时线变形量（伸长与挠度）和角变形量（偏转角与扭转角）；$[y]$、$[\varphi]$ 分别为其相应的许用线变形量和角变形量。

提高刚度的有效措施是改进机件的结构，增加辅助支撑或肋板以及减小支点的距离；适当增大断面尺寸也能起一定作用。

为了适应工作需要，也有一些机件，如弹簧，不容许有过大的刚度，而相反要求具有一定的柔度，甚至以一定的载荷下产生一定的变形为计算前提。

三、耐磨性

机件由于其运动表面的摩擦导致表面材料逐渐消失或转移而产生磨损。磨损量超过允许值后，因其结构形状和尺寸较大的改变，使精度降低，强度减弱以致失效。耐磨性是指磨损过程中抵抗材料脱落的能力，很多机件的使用寿命取决于耐磨性。因此，要采取措施提高机件的耐磨性、减少磨损。

机件的磨损与接触面间的作用压力、滑动速度、摩擦副材质与摩擦系数、表面状态及润滑状态以及维护等综合因素有关。采取合理的润滑措施、实现良好的润滑可减轻甚至几乎避免磨损。

关于磨损，目前尚无可靠的定量的计算方法，通常多采用各种条件性计算，如限制运动副摩擦表面间的压强 p（单位接触面所受压力）不超过许用值 $[p]$，以防止压力过大导致工作表面油膜破坏而过快磨损；限制滑动速度 v 与压强 p 的乘积 pv 不超过许用值 $[pv]$，以防止由于单位面积上摩擦功耗过大造成摩擦表面温升过高而引起接触表面胶合等等。

四、振动稳定性

高速机器容易发生振动。振动产生噪声，降低工作质量，引起附加动载荷，甚至使机件失效。当机械或机件的自振频率与周期性干扰力的频率相同或相近时还会发生共振；这时，机件的振幅急剧增大，可能导致机件甚至整个系统迅速破坏。振动稳定性是指机器在工作时不能发生超过容许的振动。为避免共振，对高速机器要进行振动计算使自振频率远离干扰频率；同时还需相应采取动平衡、增加弹性元件和阻尼系统等各种防振、减振措施。

五、耐热性

高温环境或由于摩擦生热形成高温条件均不利于机件的正常工作。钢制机件在 300 ～

400℃以上,一般轻合金和塑料机件在 100～150℃ 以上,强度极限和疲劳极限都有所下降,金属还可能出现蠕变(蠕变是指金属构件的应力数值不变,但却发生缓慢而连续的塑性变形的一种物理现象);高温会引起热变形、附加热应力,破坏正常的润滑条件,改变联接件间的松紧程度,降低机器精度。在高温下工作的机件有的需要进行蠕变计算,对摩擦生热形成的高温还要根据热平衡条件检验其工作温度是否会超过许用值。如超过,则必须采取措施降温或改进设计。

§1-5　机件的常用材料及其选用

一、机械制造中常用材料

机械制造中最常用的材料是钢和铸铁,其次是有色金属合金以及一些非金属材料。这些材料的牌号、性能大多有国家标准或部颁标准,可由机械设计手册中查阅。

1. 钢

钢是含碳量低于 2% 的铁碳合金。钢的强度较高,塑性较好,制造机件时可以轧制、锻造、冲压、焊接和铸造,并且可以用热处理方法(见表 1-3)获得高的机械性能或改善切削性能,因此钢是机械制造中应用最广和极为重要的材料。

表 1-3　钢的常用热处理方法及其应用

名称	说　明	应　用
退火(焖火)	退火是将钢件(或钢坯)加热到临界温度以上 30～50℃ 保温一段时间,然后再缓慢地冷却下来(一般用炉冷)	用来消除铸、锻、焊零件的内应力,降低硬度使之易于切削加工,并可细化金属晶粒,改善组织,增加韧性
正火(正常化)	正火也是将钢件加热到临界温度以上,保温一段时间,然后用空气冷却,冷却速度比退火为快	用来处理低碳和中碳结构钢件及渗碳零件,使其组织细化,增加强度与韧性,减少内应力,改善切削性能
淬火	淬火是将钢件加热到临界温度以上,保温一段时间,然后在水、盐水或油中(个别材料在空气中)急冷下来	用来提高钢件的硬度和强度极限。但淬火时会引起内应力使钢变脆,所以淬火后必须回火
回火	回火是将淬硬的钢件加热到临界点以下的温度,保温一段时间,然后在空气中或油中冷却下来	用来消除淬火后的脆性和内应力,提高钢件的塑性和冲击韧性
调质	淬火后高温回火,称为调质	用来使钢获得高的韧性和足够的强度。很多重要零件是经过调质处理的
表面淬火	使零件表层有高的硬度和耐磨性,而芯部保持原有的强度和韧性的热处理方法	表面淬火常用来处理齿轮、花键等表面须耐磨的零件
渗碳	将低碳钢或低合金钢零件,置于渗碳剂中,加热到 900～950℃ 保温,使碳原子渗入钢件的表面层,然后再淬火和回火	增加钢件的表面硬度和耐磨性,而其芯部仍保持较好的塑性和冲击韧性。多用于重载冲击、耐磨零件

钢的种类很多,按化学成分可分为碳素钢和合金钢;按含碳量多少可分为低碳钢(含碳

量低于 0.25%)、中碳钢(含碳量为 0.25%～0.5%)和高碳钢(含碳量大于 0.5%);按质量可分为普通钢和优质钢。

表 1-4 摘列出常用钢的机械性能及应用举例。

表 1-4　常用钢的机械性能及其应用举例

材料		机械性能			应用举例
名称	牌号	抗拉强度 σ_B(MPa)	屈服极限 σ_S(MPa)	硬度 (HBS)	
普通 碳钢	Q215	335～410	215		金属结构件、拉杆、铆钉、心轴、垫 圈、焊接件、螺栓、螺母等
	Q235	375～460	235		
优质 碳钢	08F	294	175	131	轴、辊子、联轴器、垫圈、螺栓等
	35	529	313	187	轴、销、连杆、螺栓、螺母等
	45	600	355	241	齿轮、链轮、轴、键、销等
	55	646	380	255	弹簧、齿轮、凸轮等
合金钢	40Cr	980	785	207	重要的轴、齿轮、连杆、螺栓、螺母等
	35SiMn	882	735	229	
	40MnVB	980	784	207	
铸造 碳钢	ZG270-500	500	270	≥143	机架、飞轮、联轴器、齿轮、箱座等
	ZG310-570	570	310	≥153	

注:① 对于普通碳钢,表中 σ_S 为尺寸 ≤16mm 时值,当尺寸为 >16～40mm、>40～60mm、>60～100mm 时,σ_S 应逐段降低 10%。

② 优质碳钢硬度为交货状态值;合金钢硬度为退火或高温回火供应状态值,铸钢 σ_B、σ_S 及 HBS 均为回火状态值。

碳素钢在机械设计中最为常用,优质碳素钢如 35、45 钢等能同时保证机械性能和化学成分,一般用来制造需经热处理的较重要的机件,普通碳素钢如 Q235 等一般只保证机械强度而不保证化学成分,不适宜作热处理,故一般只用于不太重要的或不需热处理的机件和工程结构件。碳素钢的性能主要决定于其含碳量。低碳钢可淬性较差,一般用于退火状态下强度不高的机件,如螺钉、螺母、小轴,也用于锻件和焊接件,还可经渗碳处理用于制造表面硬、耐磨并承受冲击负荷的机件。中碳钢可淬性以及综合机械性能均较好,可进行淬火、调质或正火处理,用于制造受力较大的螺栓、键、轴、齿轮等机件。高碳钢可淬性更好,经热处理后有较高的硬度和强度,主要用于制造弹簧、钢丝绳等高强度机件。一般而言,碳钢的含碳量低于 0.4% 的可焊性好,含碳量高于 0.5% 的可焊性变差。而且,随着含碳量的增加,其可焊性越来越差。

合金钢是由碳钢在其中加入某些合金元素冶炼而成。每一种合金元素含量低于 2% 或合金元素总含量低于 5% 的称低合金钢,每一种合金元素含量为 2%～5% 或合金元素总含量为 5%～10% 的称中合金钢,每一种合金元素含量高于 5% 或合金元素总含量高于 10% 的称高合金钢。合金元素不同时,钢的机械性能有较大的变动并具有各种特殊性质。例如,铬能提高钢的硬度,并能在高温时防锈耐酸;镍使钢具有很高的强度、塑性与韧性;钼能提高钢的硬度和强度,特别能使钢具有较高的耐热性;锰使钢具有良好的淬透性、耐磨性;少量的钒能使钢提高弹性极限。同时含有几种合金元素的合金钢(如铬锰钢、铬钒钢、铬镍钢),其性能的改变更为显著。但合金钢较碳素钢价格贵,对应力集中亦较敏感,一般在碳素钢难于胜任工作时才考虑采用。还须指出,合金钢如不经热处理,其机械性能并不明显优于碳素钢,为充分发挥合金钢的作用,合金钢机件一般都需经过热处理。

无论是碳素钢还是合金钢,用浇铸法所得的铸件毛坯均称为铸钢。铸钢通常用于形状复杂、体积较大、承受重载的机件。但铸钢存在易于产生缩孔等缺陷,非必要时不采用。

钢材供应除钢锭外,往往轧制成各种型材,如板材(包括厚、薄钢板)、圆钢、方钢、六角钢棒料、角钢、槽钢、工字钢、钢轨以及无缝钢管等。各种型钢的具体规格可查阅机械设计手册。

2. 铸铁

含碳量大于2%的铁碳合金称为铸铁。最常用的是灰铸铁,属脆性材料,不能辗压和锻造,不易焊接;但具有适当的易熔性和良好的液态流动性,因此可以铸造出形状复杂的铸件。此外,铸铁的抗拉强度差,但抗压性、耐磨性、减振性均较好,对应力集中敏感性小,其机械性能虽不如钢,但价格便宜,通常广泛用作机架或壳座。另外还有一种球墨铸铁,它是使铸铁中所含石墨(即碳)经特殊处理后使之呈球状。球墨铸铁强度较灰铸铁高且具有一定的塑性,目前已部分用来代替铸钢和锻钢制造机件。

表1-5摘列了常用灰铸铁和球墨铸铁的机械性能及应用举例。

表1-5　常用铸铁的机械性能及应用举例

材料		机械性能				应用举例
名称	牌号	抗拉强度 σ_B(MPa)	屈服强度 $\sigma_{0.2}$(MPa)	延伸率 δ_5(%)	硬度 (HBS)	
灰铸铁	HT150	145	—		150～200	端盖、底座、手轮、床身、工作台等
	HT200	195	—		170～220	汽缸、齿轮、底座、机体、衬筒等
	HT250	240	—		180～240	油缸、齿轮、联轴器、凸轮、机体等
	HT300	290	—		182～273	
球墨铸铁	QT500-7	500	320	7	170～230	油泵齿轮、车辆轴瓦、阀体等
	QT600-3	600	370	3	190～270	连杆、曲轴、凸轮轴、齿轮轴、车轮等
	QT700-2	700	420	2	225～305	

3. 有色金属合金

有色金属合金具有某些特殊性能,如良好的减摩性、跑合性、抗腐蚀性、抗磁性、导电性等,在机械制造中主要应用的是铜合金、轴承合金和轻合金,因其产量较少,价格较贵,使用时要尽量节约。

铜合金可分为黄铜和青铜两类。黄铜为铜和锌的合金,不生锈,不腐蚀,具有良好的塑性及流动性,能辗压和铸造成各种型材和机件。青铜有锡青铜和无锡青铜。锡青铜为铜和锡的合金,它与黄铜相比有较高的耐磨性和减摩性,而且铸造性能和切削加工性能良好,常用铸造方法制造耐磨机件。无锡青铜是铜和铝、铁、锰等元素的合金,其强度较高,耐热性等也很好,在一定条件下可用来代替高价的锡青铜。轴承合金为铜、锡、铅、锑的合金,其减摩性、导热性、抗胶合性都很好,但强度低且较贵,通常把它浇注在强度较高的基体金属的表面形成减摩表层使用。表1-6摘列出常用铜合金、轴承合金的机械性能及应用举例。

轻合金一般是指比重小于2.9的合金,生产中最常用的是铝合金,它具有足够的强度、塑性和良好的耐蚀能力,且大部分铝合金可用热处理方法使之强化,主要用于航空、汽车制造中要求重量轻而强度高的机件。

表 1-6 常用铜合金、轴承合金的机械性能及应用举例

材料		机械性能			应用举例
名称	牌号	抗拉强度 σ_B(MPa)	延伸率 δ_5(%)	硬度(HBS)	
黄铜	ZCuZn38Mn2Pb2	245(345)	10(18)	70(80)	轴瓦及其他减摩零件
	ZCuZn25Al6Fe3Mn3	725(740)	10(7)	160(170)	高强度耐磨零件
青铜	ZCuSn5Pb5Zn5	200(200)	13(13)	60(65)	滑动轴承、蜗杆、螺母等
	ZCuSn10P1	220(250)	3(2)	80(90)	高负荷、高滑动速度下工作的耐磨零件
	ZCuAl9Mn2	390(440)	20(20)	85(95)	
	ZCuAl10Fe3	550	12～15	110～190	高强度耐磨耐蚀零件
轴承合金	ZPbSb16Sn16Cu2	78	0.2	30	各种滑动轴承衬
	ZPbSb15	68	0.2	32	
	ZSnSb11Cu6Sn5Cu3Cd2	90	6	27	

注：黄铜和青铜表中值为砂模铸造，括号中值为金属模铸造。

4. 非金属材料

机械制造中应用的非金属材料种类很多，有塑料、橡胶、木料、毛毡、皮革、压纸板等。

塑料是非金属材料中发展最快、前途最广的材料。其种类很多，工业上常用的有：热塑性塑料（加热时变软或熔融，可以多次重塑），如聚氯乙烯、尼龙、聚甲醛等；热固性塑料（加热时逐渐变硬，只能塑制一次），如酚醛、环氧树脂、玻璃钢等。塑料重量轻、绝缘、耐磨、耐蚀、消声、抗振，易于加工成形，加入填充剂后可以获得较高的机械强度。目前某些齿轮、蜗轮、滚动轴承的保持架和滑动轴承的轴承衬均有用塑料制造的，但一般工程塑料耐热性差，且因逐步老化而使性能逐渐变差。

橡胶富有弹性，有较好的缓冲、减振、耐磨、绝缘等性能，常用作弹性联轴器和缓冲器中的弹性元件、橡胶带、轴承衬、密封装置以及绝缘材料等。

还需指出，随着高科技的发展，出现了将两种或两种以上不同性质的材料通过不同的工艺方法人工合成多相的复合材料，它既可保持组成材料各自最佳特性，又可具有组合后的新特性；这样就可根据机件对材料性能的要求进行材料设计，从而最合理地利用材料。此外，材料科学的研究重心，也由结构材料转向功能材料和智能材料。例如记忆合金、能够自我修复的防弹材料等，本身具有自我诊断、自我调节、自我修复的功能。有人预言，21世纪将是复合材料、功能材料和智能材料迅速发展的时代。由于篇幅所限，此处不一一介绍了。

二、机件材料选用的一般原则

选择机件合适的材料是一个较复杂的技术经济问题，通常应周密考虑下述三个方面要求。

1. 使用要求

一般包括：

1) 机件所受载荷大小、性质及其应力状况。如承受拉伸为主的机件宜选钢材；受压机件宜选铸铁；承受冲击载荷的机件应选韧性好的材料。

2) 机件的工作条件。如高温下工作的应选耐热材料；在腐蚀介质中工作的应选耐蚀材料；表面处于摩擦状态下工作的应选耐磨性较好的材料。

3) 机件尺寸和重量的限制。如受力大的机件，因尺寸取决于强度，一般而言，尺寸也相

应增大,但如果在机件尺寸和重量又有限制的条件下,就应选用高强度的材料;载荷一般但要求重量很轻的机件,设计时可采用轻合金或塑料。

4)机件的重要程度。

5)绿色、环保、可再生循环以及个性化、智能化等需求。

2. 工艺要求

所选材料应与机件结构复杂程度、尺寸大小以及毛坯的制造方法相适应。如外形复杂、尺寸较大的机件,若考虑用铸造毛坯,则应选用适合铸造的材料;若考虑用焊接毛坯,则应选用焊接性能较好的材料;尺寸小、外形简单、批量大的机件,适于冲压或模锻,所选材料就应具有较好的塑性。

3. 经济要求

选择材料不仅要考虑材料本身的相对价格,还要考虑材料加工成机件的费用。例如铸铁虽比钢材价廉,但对一些单件生产的机座,采用钢板型材焊接往往比用铸铁铸造快而成本低。在满足使用要求的前提下,采取以球墨铸铁代钢,以廉价材料代替贵重材料,以焊接代替铸、锻以及合理选择热处理方法,提高材料性能等,这些都是发挥材料潜力的有效措施。在很多情况下,机件在其不同部位对材料有不同要求,则可分别选择材料进行局部镶嵌,如轴承衬嵌轴承合金、蜗轮在铸铁轮芯上套上青铜齿圈,也可采用局部热处理、表面涂镀、表面强化(喷丸、滚压)等办法,来提高机件局部品质。

§1-6 机械中的摩擦、磨损、润滑与密封

机械中有许多机件,工作时直接接触并在压力作用下相互摩擦,其结果引起发热、温度升高、能量损耗、效率降低,同时导致表面磨损。过度磨损会使机械丧失应有的精度,产生振动和噪声,缩短使用寿命,甚至丧失工作能力。据统计在一般机械中,因磨损而报废的机件约占全部失效机件的80%。适当地将润滑剂施加于作相对运动的接触表面进行润滑是减小摩擦、降低磨损和能量消耗的最常用、也是最经济而有效的方法。为防止润滑剂泄漏而损坏润滑性能,则要采用适当的密封装置进行密封。人们将有关研究摩擦、磨损与润滑等的科学技术统称为摩擦学(Tribology)。本节只介绍机械设计所需的摩擦学方面的一些基础知识。

一、摩擦

根据两摩擦表面间的接触情况和其间存在的润滑剂情况,滑动摩擦可分为干摩擦、边界摩擦、流体摩擦和混合摩擦四大类,其分类如图 1-13 所示。

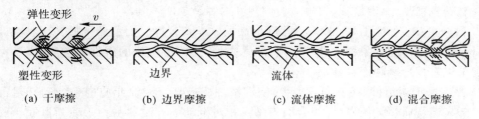

(a) 干摩擦　　　(b) 边界摩擦　　　(c) 流体摩擦　　　(d) 混合摩擦

图 1-13

干摩擦是指两摩擦表面间无任何润滑剂而直接接触的纯净表面间的摩擦状态（图 1-13(a)）。干摩擦的性质取决于摩擦副配对材料的性质，金属材料间的干摩擦系数一般为 $0.3 \sim 1.5$，有大量的摩擦功耗和严重的磨损，应尽可能避免。

边界摩擦是摩擦副表面各吸附一层极薄的边界膜，边界油膜厚度通常在 $0.1\mu m$ 以下，尚不足以将微观不平的两接触表面分隔开，两表面仍有凸峰接触（图 1-13(b)）。边界摩擦的性质取决于边界膜和表面吸附性能。金属表层覆盖一层边界油膜后，摩擦系数比干摩擦状态时小得多，一般为 $0.15 \sim 0.3$，可起到减小摩擦、减轻磨损的作用。但摩擦副的工作温度、速度和载荷大小等因素都会对边界膜产生影响，甚至造成边界膜破裂。因此，在边界摩擦状态下，保持边界膜不破裂十分重要，在工程中，常通过合理地设计摩擦副的形状，选择合适的摩擦副材料与润滑剂，降低表面粗糙度值，在润滑剂中加入适当的油性润滑剂和极压添加剂等措施来提高边界膜的强度。

流体摩擦是两摩擦表面完全被流体层（液体或气体）分隔开，表面凸峰不直接接触的摩擦状态（图 1-13(c)）。流体摩擦的性质取决于流体内部分子间的黏性阻力，其摩擦系数极小，液体摩擦系数约为 $0.001 \sim 0.01$，摩擦阻力最小，理论上可认为摩擦副表面没有磨损。形成流体摩擦的方式有两种：一是通过液（气）压系统向摩擦面之间供给压力油（气），强制形成压力油（气）膜，隔开摩擦表面，称为流体静压摩擦，如液体静压轴承、液体静压导轨；二是利用摩擦面间的间隙形状和相对运动在满足一定条件下而产生的压力油（气）膜，隔开摩擦表面，称为流体动压摩擦，如液体动压轴承、气体动压轴承。

混合摩擦是干摩擦、边界摩擦、流体摩擦处于混合共存状态下的摩擦状态（图 1-13(d)）。在一般机械中，摩擦表面多处于混合摩擦（或称为非流体摩擦）状态，混合摩擦时，表面间的微凸部分仍有直接接触，磨损仍然存在。但由于混合摩擦时的流体膜厚度要比边界摩擦时的厚，减小了微凸部分的接触数量，同时增加了流体膜承载的比例，所以混合摩擦状态时的摩擦系数要比边界摩擦时小得多。

需要指出，机械设备中在摩擦状态下工作的机件，主要有两类：一类要求摩擦阻力小，功耗少，如滑动轴承、导轨等联接和啮合传动；一类则要求摩擦阻力大，利用摩擦传递动力（如带传动、摩擦轮传动、摩擦离合器）、制动（如摩擦制动器）或吸收能量起缓冲阻尼作用（如环形弹簧、多板弹簧）。前一类机件要求用低摩擦系数的材料（又称减摩材料）来制造，如轴承材料；后一类机件则要求用具有高且稳定的摩擦系数、耐磨耐热的材料（又称摩阻材料）来制造。

二、磨损

磨损是相互接触物体在相对运动中表层材料不断发生损耗的过程。按磨损机理不同，磨损主要有磨粒磨损、黏着磨损、接触疲劳磨损和腐蚀磨损四种基本形式。

1）磨粒磨损。外部进入摩擦副表面间的硬质颗粒或摩擦表面上的硬质突出物在摩擦过程中引起材料脱落的现象称为磨粒磨损。加强防护与密封，做好润滑油的过滤，提高摩擦面的硬度可以有效地减轻磨粒磨损。

2）黏着磨损。机件摩擦面间压力大，使润滑油膜破坏，形成金属直接接触、相对滑动时产生局部高温从而使金属发生"焊合"。于是在相对滑动中导致材料由一表面撕脱下转移黏附到另一表面，严重的黏着磨损会造成运动副"咬死"（胶合）。

3）接触疲劳磨损。金属接触表面产生的交变接触应力足够大且重复多次时可能使表面小块金属剥落而磨损，这种接触疲劳磨损会不断扩展形成麻点或凹坑，导致机件失效。

4）腐蚀磨损。摩擦副表面与周围介质发生的化学或电化学反应引起腐蚀造成磨损。

实际工作中机件表面的磨损大都是几种磨损共同作用的结果。在规定使用年限内，只要磨损量不超过允许值，就认为是正常磨损。

正常磨损的过程可以分为磨合、稳定磨损和剧烈磨损三个阶段，如图 1-14 所示。磨合阶段初期，因机加工零件的摩擦表面上存在高低不等的凸峰，摩擦副实际接触面积较小，压强较大，磨损速度快。随着磨合进行，峰尖高度降低，表面粗糙度减小，实际接触面积增加，磨损速度逐渐减缓。稳定磨损阶段磨损曲线的斜率近似为一常数；斜率愈小，磨损率越小。稳定磨损阶段，机件的工作时间即为机件的使用寿命。剧烈磨损阶段即为机件的失效阶段，此时在机件工作若干时间后，精度下降，间隙增大，润滑状态恶化，磨损急剧增大，从而产生振动、冲击和噪声，迫使机件迅速破坏而报废。

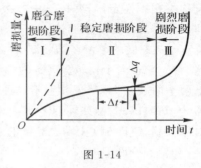

图 1-14

正常情况下，机件经过磨合期后即进入稳定磨损阶段，但若初始压强过大、速度过高、润滑不良时，则磨合期很短并立即转入到剧烈磨损阶段，如图 1-14 中虚线所示，这种情况必须予以避免。

最后，还需指出两点：① 设计或使用机械时，应力求缩短磨合期，延长稳定磨损期，推迟剧烈磨损期的到来。② 磨损在机械中还有可以加以利用的一面，研磨、抛光等机械加工方法和机械设备在使用前或使用初期的"跑合"都是有益的磨损实例。

三、润滑

在摩擦面之间施加润滑剂的主要作用是减少摩擦、减轻磨损；此外可防锈、减振，采用液体润滑剂循环润滑时还能起到散热降温的作用。

1. 润滑剂的类型及其性能

润滑剂有液体（如润滑油、水）、半固体（如润滑脂）、固体（如石墨、二硫化钼、聚四氟乙稀）和气体（如空气及其他气体）四种基本类型。以下对应用最广泛的润滑油和润滑脂作一介绍。

（1）润滑油

润滑油是应用最广泛的液体润滑剂，它包括矿物油、动植物油和合成油，常用的润滑油大部分为石油系产品的矿物油。润滑油最重要的性能指标是黏度。黏度是流体抵抗剪切变形的能力，它表征流体内摩擦阻力的大小。图 1-15 所示为被润滑油分开的两平行的金属平板 A 和 B，当施力 F 拖动上板以速度 v 沿 x 轴方向移动，则由于油分子与金属平板表面的吸附作用（称为润滑油的油性），将使吸附于动板 A 表层的油层随板 A 以同样的速度 v 一起运动，吸附在静止板 B 表层的油层静止不动，其他各油层的流速 u 沿 y 轴方向逐次减小，并按线性变化，于是形成各油层间的相对滑移，在各油层的界面上就存在相应的抵抗位移的切应力 τ。油层作层流运动时，流体中任意点处的切应力 τ 均与该处流体的速度梯度 $\dfrac{\mathrm{d}u}{\mathrm{d}y}$ 成正比，即

$$\tau = -\eta \frac{\mathrm{d}u}{\mathrm{d}y} \tag{1-8}$$

式中的 η 为比例常数,称为流体的动力黏度。因图示的速度 u 随坐标 y 值增加而减少,即 $\dfrac{\mathrm{d}u}{\mathrm{d}y}<0$,故式(1-8)中引入一负号,使切应力 τ 为一正值。式(1-8)通常被称为流体层流流动的内摩擦定律,又称牛顿黏性定律,摩擦学中把服从这个黏性定律的液体都称为牛顿液体。

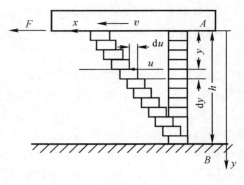

图 1-15

动力黏度的单位在国际制(SI 制)中为 Pa·s(帕秒),它相当于长、宽、高各为 1m 的液体,当上下两平面发生 1m/s 的相对滑动速度所需的切向力为 1N 时的黏度,亦即 1Pa·s = 1N·s/m²。在绝对单位制(CGS 制)中动力黏度的单位为 P(泊)或 cP(厘泊),其单位间的换算关系为 1Pa·s = 10P = 1000cP。

黏度的单位除动力黏度外,根据不同的测定方法还有运动黏度和相对黏度。

运动黏度 γ 是动力黏度 η 与同温度下该液体密度 ρ(对于矿物油 $\rho = 850 \sim 900\text{kg/m}^3$)的比值,即

$$\gamma = \eta/\rho \tag{1-9}$$

当动力黏度 η 的单位为 Pa·s,密度 ρ 的单位为 kg/m³ 时,运动黏度 γ 的国际制单位为 m²/s。在绝对单位制中运动黏度的单位为 St(斯)或 cSt(厘斯),其单位间的换算关系为 1St = 1cm²/s = 100cSt = 10^{-4} m²/s。

GB/T 3141—1994 规定采用 40℃ 时的运动黏度中心值作为润滑油的黏度等级牌号,牌号数字越大,黏度越高。润滑油的实际运动黏度值在相应中心黏度值的 ±10% 偏差范围以内。例如牌号为 L-AN100 的全损耗系统用油在 40℃ 时的运动黏度中心值为 100mm²/s,实际运动黏度范围为 90.0 ~ 110mm²/s。

动力黏度和运动黏度往往难于直接测定,黏度的大小可用一定容积的液体通过一定孔径所需的时间来间接表示,黏度越大,流过的时间越长。用这类间接方法测得的黏度称为相对黏度(或条件黏度),相对黏度的单位随黏度计类型的不同而异。我国常用恩氏黏度作为相对黏度的单位,并以符号 °E$_t$ 表示,其角标 t 表示测定时的温度。各种黏度的换算可查阅手册。

润滑油的黏度实际上将随温度和压力而变化,随着温度升高,润滑油的黏度下降,而且影响相当显著。图 1-16 表示出几种润滑油的黏度 — 温度曲线。黏度随温度变化愈小的油,其黏温特性愈好。润滑油的黏度随压力升高而增大,但当压力低于 100MPa 时,黏度随压力的变化很小,计算时可不考虑。

润滑油的性能指标除了黏度以外,还有它的油性、极压性、闪点、凝点等。油性是指润滑油在金属表面的吸附能力,吸附能力愈强,油性愈好。一般认为动植物油的油性较矿物油高。极压性是润滑油中加入含硫、氯、磷的有机极性化合物后,油中极性分子在金属表面生成抗磨、耐高压的化学反应膜的能力,是在重载、高温、高压下衡量边界润滑性能好坏的重要指标。闪点是润滑油遇到火焰即能发光闪烁的最低温度,凝点是润滑油在规定条件下不能自由流动时的最高温度,二者分别是润滑油在高温、低温下工作的重要指标。

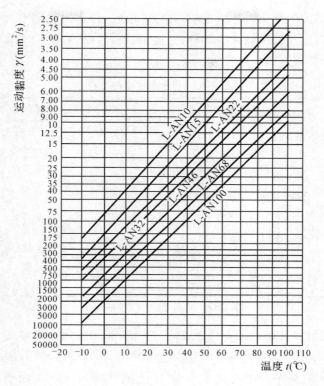

图 1-16

（2）润滑脂

润滑脂是用矿物油与各种不同稠化剂（钙、钠、铝等金属皂）混合制成的半固体状态润滑剂。在重载、低速及避免油液流失和不易加润滑油的条件下，可用润滑脂。工业上应用最广泛的润滑脂是钙基润滑脂（钙基脂），有耐水性，但只能在 $55 \sim 75℃$ 以下使用。钠基润滑脂（钠基脂）比钙基脂耐热，可达 $150℃$ 左右，但钠基脂易溶于水，故不宜用于有水和潮湿的环境。

润滑脂的主要性能指标有针入度（针入度小，稠度愈大，流动性愈小，承载能力强，密封性好，但摩擦阻力也大）和滴点（润滑脂受热开始滴下的温度）。

需要指出，为了改善润滑剂的使用性能常在润滑剂中加入少量的添加剂是现代改善润滑剂润滑性能的重要手段，添加剂品种很多，如各种降凝剂、增黏剂、消泡剂、抗氧化剂、油性剂、抗腐剂等。在重载摩擦副中常使用极压抗磨剂以增加抗黏着的能力。

2. 润滑剂的选用及润滑方式

选用润滑剂应考虑具体机件对润滑性能的要求，同时又须注意实际工况对润滑剂的影响。表 1-7 列示各种润滑剂的性能比较，可供选择润滑剂类型时的参考。总体来说，除特殊条件（如高温、极低温、高压、真空、强辐射、不允许污染及无法供油等）以及由橡胶、塑料制成的机件用水润滑外，一般多选用润滑油和润滑脂。润滑脂常用于难以经常供油或要求不高的重载低速场合；如用于高速重载或有严重冲击振动的场合，应选用针入度较小的润滑脂。选用润滑油主要是确定油品的种类和黏度等级牌号。油的品名最好符合所润滑的机器或零部件名称，如齿轮用齿轮油，导轨用导轨油，内燃机用内燃机油等。润滑油黏度选择考虑的原则是高温、重载、低速，或工作中有冲击振动，并经常启动、停车、反转、变载、变速，或摩擦副间隙较大，表面粗糙时选用黏度较高的油；而高速、轻载、低温、采用压力循环润滑、滴油润滑等情况下选用黏度较低的润滑油。

表 1-7　润滑剂性能的比较

性　能	矿物油	合成油	润滑脂	固体润滑剂	气体润滑剂
形成流体动力润滑性	A	A	D	不能	B
低摩擦性	B	B	C	C	A
边界润滑性	B	C	A	—	D
冷却性	A	B	D	D	A
使用温度范围	B	B	B	A	A
密封防污性	D	D	A	B	D
可燃性	D	A	C	A	与气体有关
价格	低	高	中等	高	与气体有关
影响寿命因素	变质,污染	变质,污染	变质	变质,杂质	与气体有关

注：A— 很好；B— 好；C— 中等；D— 差。

润滑方法在润滑设计中也是十分重要的，它与所采用的润滑剂类型、所润滑机件的摩擦状态和工况有着密切的关系。润滑方式总体上可分为间断润滑与连续润滑两大类。间断润滑常见的是利用油壶或油枪、油刷等靠手工定时向润滑处加油、加脂，这种润滑方式多用于小型、低速或间歇运动的机件。连续润滑有浸油润滑、飞溅润滑、喷油润滑、压力循环润滑等。这些润滑方式将分别在链传动、齿轮传动、滚动轴承、滑动轴承、减速器等有关章节中再作具体阐述。

四、密封

密封的作用是：① 防止润滑剂以及存储于密封容器中液、气介质的泄漏；② 防止外部杂质（灰尘、水、气等）侵入润滑部位和需密闭的容器中。密封不仅能节约润滑剂，保证机械设备正常工作，提高其使用寿命；而且对防止污染、改善环境、保障安全也有很大作用。密封设计是润滑设计和机械结构设计的一项重要内容。

密封有动密封和静密封之分。动密封是指两个具有相对运动结合面的密封，在机械系统中运用十分广泛。动密封按运动形式分为转动密封（如轴与轴承）和移动密封（如油缸套与活塞杆），按接触形式分为接触式密封和非接触式密封。静密封是指两个相对静止的结合面间的密封，广泛应用于管道联接，压力容器和各种箱体结合面间的密封。常用的静密封元件主要有垫片、密封圈和密封胶等。密封还按所密封的介质不同分为油封、水封和气封，按密封位置的不同分为径向密封和端面密封。密封装置在机械设备中应用广泛，密封件也多为标准件、易损件。关于密封，本书还将分别在滚动轴承、减速器、液压传动等有关章节中加以介绍。

§1-7　机械应满足的基本要求及其设计的一般程序

一、机械应满足的基本要求

机械产品应满足的基本要求可以归纳为两方面：

1. 使用方面的要求

1）要满足机器预期的功能要求，如机器工作部分的运动形式、速度、运动精度和平稳性、生产率、需要传递的功率等，以及某些使用上的特定要求（如自锁、联锁、防潮、防爆）。

2）要经久耐用，具有足够的寿命，在规定的工作期限内可靠地工作而不发生各种损坏和失效。

3）具有良好的保安措施和劳动条件，要便于操作和维修，外形美观宜人以及降耗、环保、可持续发展等社会要求。

2. 功能价格比要高

所谓功能价格比是指机械产品的功能与实现该功能所需总费用（包括设计、制造、使用和维护）之比值，该比值高表明该产品技术—经济综合评价高。要在适合市场需要的前提下提高功能、降低总费用，使机械结构力求简单、紧凑，具有良好的工艺性，高效和节能；尽量采用标准化、系列化、通用化的参数和零部件；注意采用新技术、新材料、新工艺以及新的设计理论和方法，创新开发新产品，这些均有利于提高机械产品的功能价格比。

二、机械设计的一般程序

机械设计就是根据生产上的某种需要，创建一种机械结构，合理地选择材料并确定其尺寸，使其能满足预期功能要求的一种技艺。机械设计是一个创造过程，设计中要提出各种不同的构思和设想去反复进行协调、折中和优化，以最好地实现需求。由于各种机械用途不同，要求各异，故设计步骤不尽一致。总体来说，机械设计的一般程序如下：

1. 确定设计任务

要分析所设计机器的用途、功能、主要性能指标和参数范围、工作场合和工作条件、生产批量、预期的总成本范围以及技术经济指标有否特殊的要求，这些都是设计的最原始依据。为此，要对同类或相近机械的技术经济指标、使用情况、存在问题、用户意见和要求、市场竞争情况以及发展趋势，认真进行收集资料、调查研究，为拟定总体方案、进行技术设计打下基础。正确分析、确定设计任务是合理设计机械的前提。

2. 总体设计

机器的总体设计也就是按照简单、合理、经济的原则，拟定出一种能实现机器功能要求的总体方案。其主要内容包含：根据机器要求进行功能设计研究，确定工作部分的运动和阻力，选择原动机，选择传动机构，拟定原动机到工作部分的传动系统，绘制整机的运动简图，并作出初步的运动和动力计算，确定各级传动比和各轴的转速、转矩和功率。总体设计时要考虑到机器的操作、维修、安装、外廓尺寸等要求，合理安排各部件间的相对位置，有时对其中某些关键问题还需进行科学实验和模拟试验。

总体设计是作为随后进行的技术设计的依据，它关联着机器的性能、质量，特别是整机的经济性和合理性。为此，常需作出几个方案加以分析比较，择优选定。近来有用评分法选择方案，即对每一个方案用多项指标（如功能、尺寸、重量、寿命、工艺性、成本、使用和维修……），按评分分级标准一一评定分值，以总分高的方案为优。设计中还越来越多地采用将设计追求的目标建立数学模型，通过计算机优化求解最佳方案。

3. 技术设计

根据机器总体方案设计的要求，通过必要的工作能力计算或同类相近机器的类比，或考虑结构上的需要，确定各零部件的主要参数与结构尺寸，经初审绘制总装配图、部件装配图、零件图、各种系统图（传动系统、润滑系统、电路系统、液压系统等），编制设计说明书以及各种技术文件。

4. 试制定型

按照以上步骤作成的设计图纸和文件，还只是设计整个认识过程的第一阶段，设计是否能达到预期的要求还必须通过实践的检验。一般要试制样机，并通过试车、测试各项性能指标，鉴定是否达到设计要求。对设计错误和不妥之处再作必要的修改，使之达到正确设计。

需要指出，设计工作的各个局部环节都和总体密切关联，需要互相配合、交叉进行、多次反复、不断修正。机械产品的性能、质量和成本在很大程度上取决于机械设计的水平。当前正在有计划地推广和普及许多新的设计理论和方法（如现代设计方法学、电子计算机辅助设计、最优化设计、可靠性设计、价值工程设计、工艺美术造型设计以及新兴的智能设计等），对提高机械设计水平具有重要的和现实的意义。

更需指出，创新创意是机械设计生命力的重要体现。

此外，贯彻标准化也是评定设计水平指标之一。国家标准化法规定我国实行四级标准化体制，即国家标准（代号GB），行业标准（如JB、YB、YS分别为机械、黑色冶金、有色冶金行业标准代号）、地方标准、企业标准。国际标准化组织还制定了国际标准（代号ISO）。近年来，我国为了便于加强国标的管理和监督执行，将国标分为两大类，一为强制性国家标准，其代号为GB，必须严格遵守执行；另一类为推荐性国家标准，其代号为GB/T，这类标准占整个国标中的绝大多数，如无特殊理由和特殊需要，也必须予以遵守执行。设计工作中贯彻标准化可以提高设计效率、保障设计质量。

第 2 章 联 接

机械是用各种不同的联接方法将零部件组合而成的。机械联接分为动联接和静联接两大类。在动联接中,被联接件的相对位置能够按需要变化,亦即前章所述的各种运动副;在静联接中,被联接件的相对位置固定不动,亦即把某些零件固联成为一个构件,这是本章所要讨论的内容。在本书中,联接凡未指明是动联接的,均指静联接。

联接有可拆的和不可拆的。允许多次装拆无损于使用的联接称为可拆联接,如螺纹联接、键(包括花键)联接和销联接;若不破坏组成零件就不能拆开的联接称为不可拆联接,如铆接、焊接和黏接。过盈联接则可做成可拆的、也可做成不可拆的。

§2-1 螺纹联接

螺纹联接是利用具有螺纹的零件构成的可拆联接,其应用极为广泛。

一、螺纹的形成及主要参数

如图 2-1(a) 所示,将一张剪成底角为 λ 的直角三角形 abc 的纸片绕在直径为 d_2 的圆柱面上,并使其底边 ab 和圆柱面底周边相重合,则斜边 ac 在圆柱面上形成一条螺旋线 am_1c_1。再取一个平面图形,例如矩形,使其沿螺旋线移动,移动时保持该平面通过圆柱面的轴线,该矩形在空间划过的轨迹即形成相应的矩形螺纹。根据平面图形的形状,螺纹牙型有矩形(图 2-1(b))、三角形(图 2-1(c))、梯形(图 2-1(d))、锯齿形(图 2-1(e))等。上述被卷绕的圆柱面若为圆柱体的外表面则形成外螺纹,若为圆柱孔的内表面则形成内螺纹。

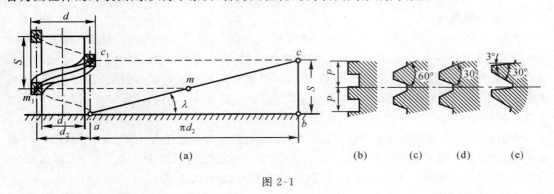

图 2-1

根据螺旋线的绕行方向,螺纹有右旋(轴线铅垂、向右上升,图 2-2(a))和左旋(轴线铅

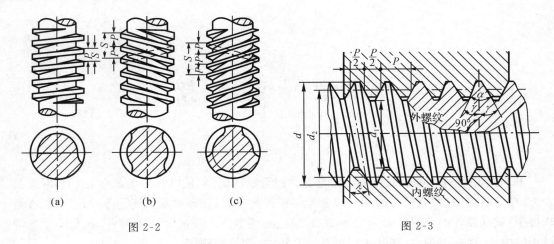

图 2-2   图 2-3

垂、向左上升，见图 2-2(b)）两种，一般采用右旋螺纹。根据螺旋线的数目，螺纹又分为单线螺纹（图 2-2(a)）和等距排列的双线（图 2-2(b)）、三线（图 2-2(c)）等多线螺纹；为便于制造，螺纹一般不超过四线。现以图 2-3 所示圆柱普通螺纹说明螺纹的主要参数：大径 d—— 螺纹的最大直径，也即螺纹的公称直径；小径 d_1—— 螺纹的最小直径，也常取为外螺纹危险截面的直径；中径 d_2—— 是一假想圆柱的直径，该圆柱母线上螺纹牙形的牙厚和牙间宽相等，其值约等于螺纹的平均直径，即 $d_2 \approx (d+d_1)/2$；螺距 P—— 相邻两牙在中径线上对应两点间的轴向距离；导程 S—— 螺纹上任一点沿螺旋线转一周所移动的轴向距离，也称为升距，对单线螺纹 $S = P$，多线螺纹 $S = nP$，n 为螺纹的螺旋线数；牙形角 α—— 螺纹轴向剖面螺纹牙形两侧边间的夹角；螺纹升角 λ—— 在中径 d_2 圆柱上，螺旋线的切线与垂直于螺纹轴线的平面间的夹角，其值为

$$\lambda = \arctan \frac{S}{\pi d_2} = \arctan \frac{nP}{\pi d_2} \tag{2-1}$$

中径、升距、螺旋线数、旋绕方向均相同且牙形大小均相符的内、外螺纹可以旋合组成螺旋副（图 2-3），二者相对转动一周，轴向相对移动一个导程，其移动方向对右（左）旋螺纹件可用右（左）手螺旋法则确定。

二、螺旋副的受力分析、效率和自锁

1. 矩形螺旋副

在图 2-4(a) 所示的矩形螺旋副中，螺杆不动，螺母上作用有轴向载荷 Q。当对螺母作用一转矩 T_1 使螺母等速旋转并沿力 Q 的反方向移动时，可以把螺母看成如图 2-4(b) 所示重 Q 的滑块，在与中径圆周相切的水平力 F_t 推动下沿螺旋面等速上移；如将螺纹沿中径展开，则相当于重 Q 的滑块沿斜角为 λ 的斜面等速上移，分析螺旋副中力的关系完全可用分析该滑块与斜面之间力的关系来代替。

当滑块沿斜面等速上滑时（图 2-5(a)），其上除受 Q 力和水平推力 F_t 外，还有斜面对滑块的法向反力 N 和向左下方的摩擦力 $F_f = f \cdot N$，f 为接触面间的滑动摩擦系数。将 N 和 F_f 的合力 R 称为斜面对滑块的总反力，R 和 N 之间的夹角为 ρ，由图 2-5(a) 可知 $\tan\rho = F_f/N = f \cdot N/N = f$，得

$$\rho = \arctan f \tag{2-2}$$

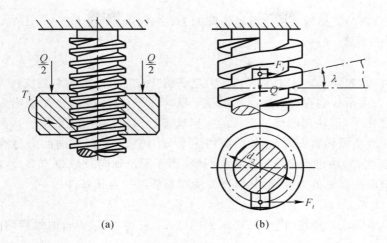

图 2-4

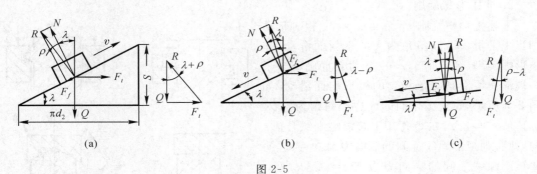

图 2-5

ρ 称为摩擦角。由于滑块等速运动,根据作用在其上的三个力 F_t、Q、R 的平衡条件,作出封闭力三角形得

$$F_t = Q\tan(\lambda + \rho) \tag{2-3}$$

则拧紧螺母克服螺纹中阻力所需的转矩为

$$T_1 = F_t \cdot \frac{d_2}{2} = \frac{d_2}{2} \cdot Q\tan(\lambda + \rho) \tag{2-4}$$

这样,拧紧螺母使旋转一圈,驱动功 $W_1 = F_t \cdot \pi d_2$,克服载荷 Q 所作的有用功 $W_2 = Q \cdot S$,故螺旋副效率为

$$\eta = \frac{W_2}{W_1} = \frac{Q \cdot S}{F_t \cdot \pi d_2} = \frac{Q\pi d_2 \tan\lambda}{Q\tan(\lambda + \rho)\pi d_2} = \frac{\tan\lambda}{\tan(\lambda + \rho)} \tag{2-5}$$

由上式可知,效率 η 与升角 λ 及摩擦角 ρ 有关。一般情况下,螺旋线头数多,升角大,则效率高;相反,升角越小,效率越低。当 ρ 一定时,若将式(2-5)中取 $\frac{\mathrm{d}\eta}{\mathrm{d}\lambda} = 0$,即可解出 $\lambda = 45° - \frac{\rho}{2}$ 时效率 η 为最高。但实际上,当 $\lambda > 25°$ 以后,效率增加很缓慢,而且,螺纹升角 λ 过大时会引起螺纹加工困难,所以一般 λ 角不超过 $25°$。

当螺母等速旋转并沿载荷 Q 的方向移动(即松退)时,相当于滑块在力 Q 作用下沿斜面等速下滑(图 2-5(b)),此时滑块上的摩擦力 $F_f = f \cdot N$ 指向右上方;F_t 力已不是推动滑块上升所需的力,而是支持滑块使之等速下降的力;由作用在滑块上三个力 F_t、Q、R 的平衡条件作出封闭力三角形,得

$$F_t = Q\tan(\lambda - \rho) \tag{2-6}$$

由上式可知,如果 $\lambda > \rho$ 时,则 $F_t > 0$,这表明要有足够大的向右的支持力 F_t 才能使滑动处于平衡,否则滑块会在 Q 力作用下加速下滑;当 $\lambda = \rho$ 时,则 $F_t = 0$,表明去掉支持力 F_t,单纯在 Q 力作用下,滑块仍能保持平衡的临界状态;当 $\lambda < \rho$ 时(图 2-5(c)),则 $F_t < 0$,这意味着此时要使滑块沿斜面下滑,必须给滑块一个与图中 F_t 相反方向的力将滑块拉下,否则不论 Q 力有多大,滑块也不会自行下滑。这种相当于不论轴向载荷 Q 有多大,螺母不会在其作用下自行松退的现象称为螺旋副的自锁。所以螺旋副的自锁条件为

$$\lambda \leqslant \rho \tag{2-7}$$

对于有自锁要求的螺纹,由于 $\lambda < \rho$,由式(2-5)可得,拧紧螺母时螺旋副的效率总是小于 50%。

2. 非矩形螺旋副

上述矩形螺旋副(牙形角 $\alpha = 0$)相对转动相当于平滑块沿倾斜角为 λ 的平斜面滑动;非矩形螺旋副(牙形角 $\alpha \neq 0$)相对转动则相当于一楔形滑块沿倾斜角为 λ 的楔形斜面滑动。如图 2-6 所示,螺纹工作面的牙边倾斜角为 γ,对称牙形 $\gamma = \alpha/2$,在 Q 作用下若忽略螺纹升角 λ 的影响,则矩形螺纹牙间的法向力为 $N = Q$,而非矩形螺纹牙间的法向力为 $N' = Q/\cos\gamma = N/\cos\gamma > N$。故在相同的 Q 和 f 情况下,矩形螺纹牙间摩擦力 $F_f = f \cdot N = f \cdot Q$,而非矩形螺纹牙间摩擦力 $F_f' = f \cdot N' = fQ/\cos\gamma = \dfrac{f}{\cos\gamma} \cdot Q > F_f$。将 $f_v = \dfrac{f}{\cos\gamma}$ 称为当量摩擦系

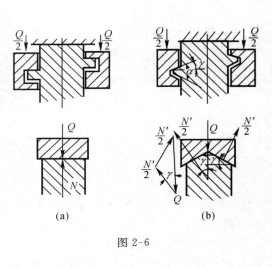

图 2-6

数,则 $F_f' = f_v \cdot Q$。这样,楔形面可相当于摩擦系数为 f_v 的平面,其相应的摩擦角 ρ_v 称为当量摩擦角,其值为

$$\rho_v = \arctan f_v = \arctan \frac{f}{\cos\gamma} \tag{2-8}$$

因此,在非矩形螺旋副中各力之间的关系、效率公式、自锁条件只需用当量摩擦角 ρ_v 代替矩形螺旋副相应公式中的 ρ 即可。

三、机械制造中常用螺纹

机械制造中常用螺纹有三角形螺纹、矩形螺纹、梯形螺纹和锯齿形螺纹,其中三角形螺纹主要用于联接,后三种主要用于传动;除矩形螺纹外,其他螺纹已标准化。

1. 三角形螺纹

这种螺纹牙根厚、强度高,牙形角大,当量摩擦系数大,自锁性能好,传动效率低,适用于联接。它可分为:

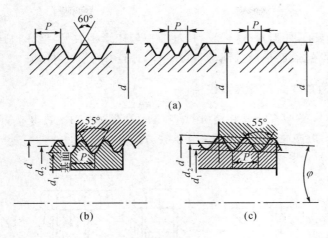

图 2-7

1) 普通螺纹。如图 2-3 所示,牙形角 $\alpha = 60°$,螺纹间具有径向间隙,用来补偿刀具的磨损。同一公称直径可以有不同螺距的螺纹(图 2-7(a)),其中螺距最大的称为粗牙普通螺纹,其余都称为细牙螺纹。粗牙螺纹应用最广,表 2-1 摘录部分粗牙普通螺纹的常用尺寸。公称直径相同时,细牙螺纹的螺距小,牙形高度小,其小径 d_1 尺寸大于粗牙,升角小,因而螺杆强度较高,自锁性能较好,多应用于薄壁零件或受动载荷的联接以及要求自锁防松性能好的场合和微调螺旋机构。

表 2-1   粗牙普通螺纹的常用尺寸(摘自 GB/T 196—2003)   (单位:mm)

公称直径 d	螺距 P	中径 d_2	小径 d_1	公称直径 d	螺距 P	中径 d_2	小径 d_1	公称直径 d	螺距 P	中径 d_2	小径 d_1
6	1	5.350	4.917	14	2	12.701	11.835	22	2.5	20.376	19.294
8	1.25	7.188	6.647	16	2	14.701	13.835	24	3	22.051	20.752
10	1.5	9.026	8.376	18	2.5	16.376	15.294	27	3	25.051	23.752
12	1.75	10.863	10.106	20	2.5	18.376	17.294	30	3.5	27.727	26.211

注:优先选用不带括号的公称直径。

2) 管螺纹。这是一种螺纹深度较浅的特殊细牙三角形螺纹,牙形角 $\alpha = 55°$,内外螺纹间无径向间隙,其公称直径是管子的公称通径。除圆柱管螺纹(图 2-7(b))外,还有螺纹分布在圆锥表面上的圆锥管螺纹(图 2-7(c)),后者不用填料即能保证联接的紧密性,而且拧紧和松退迅速。

2. 矩形螺纹

如图 2-1(b) 所示,牙形剖面呈方形,由于牙形角 $\alpha = 0°$,传动效率最高,但精加工困难,磨损后的间隙难以补偿,易松动;螺母与螺杆对中心的准确度较差以及螺纹根部强度最弱,应用已很少。

3. 锯齿形螺形

如图 2-1(e) 所示,工作面牙边倾斜角 $\gamma = 3°$,非工作边的倾斜角为 30°。效率较矩形螺纹略低,牙根强度很高,适用于承受单向载荷的螺旋传动。

4. 梯形螺纹

如图 2-1(d) 所示，牙形角 $\alpha = 30°$，传动效率较矩形螺纹低，但牙根强度高，当采用剖分螺母（见图 8-8）时，螺纹磨损后的间隙可以补偿，广泛用于螺旋传动。

四、螺纹联接的基本类型及其紧固件

螺纹联接的基本类型有螺栓联接（图 2-8(a)、图 2-8(b)）螺钉联接（图 2-8(c)），双头螺柱联接（图 2-8(d)）以及紧定螺钉联接（图 2-8(e)）。

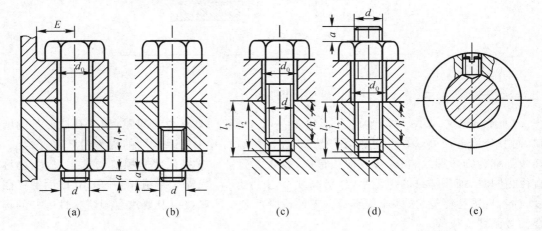

图 2-8

螺栓的应用最广，它的一端制有钉头，另一端制有螺纹。将螺栓贯穿被联接件的光孔，拧紧螺母构成螺栓联接。这种联接不需加工螺纹孔，结构简单，装拆方便，多用于被联接件不太厚并需经常拆卸的场合。图 2-8(a) 为普通螺栓联接，在螺栓与钉孔间有间隙，图 2-8(b) 为铰制孔用螺栓联接，铰制孔用螺栓的杆与钉孔为基孔制过渡配合，它能够精确地固定被联接件的相对位置并能利用钉杆承受横向载荷。

还有一种用于把机架或机座固定在地基上的螺栓，称为地脚螺栓，其一端埋在地基内并浇灌混凝土，图 2-9 所示是地脚螺栓联接的一种结构形式。

不用螺母而直接把螺纹部分拧进被联接件之一的螺纹孔中的螺纹零件称为螺钉。螺钉联接（图 2-8(c)）用于被联接件之一较厚、不便加工通孔的场合，但不能经常装拆，否则因螺纹孔磨损而导致被联接件报废。

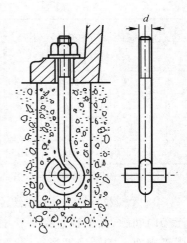

图 2-9

双头螺柱没有钉头而两端均有螺纹，联接时其座端拧紧在一个被联接件的螺纹孔中，另一端贯穿另一被联接件的通孔再用螺母拧紧（图 2-8(d)）；拆卸时，仅拆下螺母，故螺纹孔不易损坏。这种联接用于被联接件之一太厚不便穿孔且需经常拆卸或结构上受限制不能采用普通螺栓的场合。

紧定螺钉则是将其拧入被联接件之一的螺纹孔中，并用它的末端顶紧另一被联接件的表面或顶入相应的坑中而构成紧定螺钉联接（图 2-8(e)），这种联接可传递不大的力和转矩。

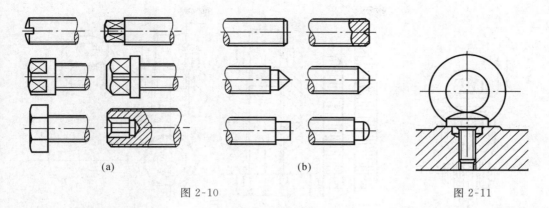

(a)	(b)
图 2-10	图 2-11

螺钉的头部可以制成各种适合扳手或起子的形状(图 2-10(a));紧定螺钉末端一般应有足够的硬度 $28 \sim 38$HRC,并可制成平端、锥端、圆柱端等形状(图 2-10(b))以适应被联接件的工作要求。此外还有一种为便于起吊机器,装在机器的顶盖或外壳上的吊环螺钉(图 2-11)。

所有螺栓和双头螺柱均需和螺母配合使用。螺母有各种不同的形状,和螺栓一样以六角形的最为常用。六角螺母(图 2-12(a))的正常高度 $H = 0.8d$(d 为螺栓公称直径)。厚螺母的高度 $H = (1.2 \sim 1.6)d$,扁螺母的高度 $H = 0.6d$,分别用于需要经常装拆的场合和空间受到限制的场合。

螺栓或螺钉头部和螺母下面常装有垫圈(图 2-12(b)),主要是保护被联接件的表面不被擦伤,增大螺母与被联接件间的接触面积以及遮盖被联接件的不平表面。

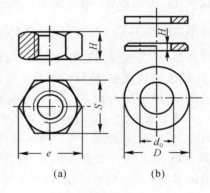

(a)	(b)
图 2-12	

螺栓、螺钉、双头螺柱、螺母及垫圈等螺纹联接紧固件大多已标准化,由专业厂生产成为商品零件。需要指出:为使螺纹联接具有一定的自锁能力,联接用的螺纹绝大多数都是单头的三角螺纹,螺纹升角 λ 一般都在 $1.5° \sim 5°$ 自锁极限区以内。这些紧固件的尺寸以及图 2-8 所示联接中贯通钉孔直径 d_0、螺纹余留长度 l_1、螺纹伸出长度 a、座端旋入长度 h、螺纹孔深度 l_2、钻孔深度 l_3、扳手空间 E 等可由有关标准或手册中查阅。

五、螺纹联接的预紧和防松

1. 螺纹联接的预紧

螺纹联接按装配时是否拧紧,可分为松联接和紧联接。松螺栓联接装配时不拧紧,螺栓只在承受工作载荷时才受到力的作用,图 2-13 所示的起重滑轮的螺栓联接为其应用的一个实例。在实际应用中大多为紧螺栓联接,这种联接在装配时需拧紧,如图 2-14 所示,拧紧螺母使被联接件间产生变形的压紧力 Q_0 以增加联接的刚性、紧密性和防松能力。这时螺栓受到 Q_0 的轴向拉力,称为预紧力,施加螺母上的拧紧力矩 T 用于克服螺旋副中的摩擦阻力矩 T_1 和螺母与被联接件间的环形支承面的摩擦阻力矩 T_2,即

机械设计基础

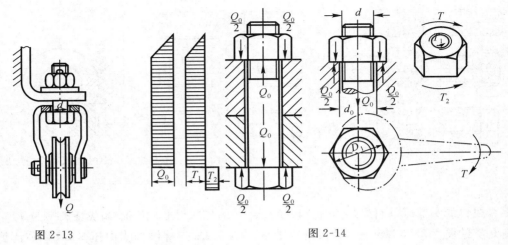

图 2-13   图 2-14

$$T = T_1 + T_2 = \frac{d_2}{2}Q_0\tan(\lambda + \rho_v) + f_c Q_0 r_f = K_t Q_0 d \quad (\text{N·mm}) \tag{2-9}$$

式中:Q_0 为预紧力,N;d_2 为螺纹中径,mm;f_c 为螺母与被联接件支承面间的摩擦系数;r_f 为支承面摩擦半径,$r_f \approx \frac{D_1 + d_0}{4}$,$D_1$、$d_0$ 为螺母支承面的外径和内径(见图 2-14),mm;λ 为螺纹升角;ρ_v 为螺纹当量摩擦角;d 为螺纹公称直径,mm;K_t 为拧紧力矩系数,其值与螺栓尺寸、螺纹参数和配合、螺旋副和支承面间的摩擦有关,对于 M10～M68 的粗牙标准螺纹和常见的摩擦状况,在 0.1～0.3,无润滑时,一般可取 0.2。

预紧力 Q_0 值是由螺纹联接的要求来决定的,为了充分发挥螺栓的工作能力和保证工作可靠,螺栓的预紧拉应力一般可达材料屈服极限的 50%～70%。拉伸螺纹拧紧的程度,即预紧力 Q_0 或相应的拧紧力矩 T,通常由工人用不严格控制力矩的扳手(如呆扳手、梅花扳手、活扳手等)凭经验来决定,由于扳手的拧紧力矩不易控制,小直径螺栓易因扳动的拧紧力矩过大从而受损甚至被拉断,而大直径螺栓却又会因拧紧力矩不足不能保持足够的预紧力,所以重要的螺纹联接都应按计算值控制拧紧力矩(如内燃机的气缸盖螺栓、连杆螺栓),较方便的方法是使用测力矩扳手(图 2-15(a))或定力矩扳手(图 2-15(b));前者可读出拧紧力矩值,后者当达到所要求拧紧力矩时,弹簧受压,扳手打滑。较精确的方法是测量螺栓的伸长变形量。对于有强度要求的重要螺栓联接如无控制拧紧力矩措施,不宜采用小于 M12～M16 的螺栓。

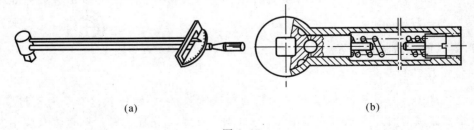

(a)   (b)

图 2-15

2. 螺纹联接的防松

在静载荷和温度变化不大的情况下,联接所用的三角形螺纹都具有自锁性,但在冲击、振动和受变载荷的作用以及温度变化较大的情况下,联接有可能松动甚至松脱,这不仅影响

32

机器正常工作,有时还会造成严重事故,所以在设计螺纹联接时,必须考虑防松。

螺纹联接防松的实质问题在于防止螺纹副拧紧后的反向相对转动。防松的方法很多,按工作原理有下述三类。

1) 附加摩擦力防松。在螺纹副中存在不随外载荷而变化的压力从而保证始终有摩擦力矩阻止相对转动。压力可由螺纹副的纵向或横向压紧而产生,常用的有在螺母下面放一只弹簧垫圈(图 2-16(a)),利用拧紧螺母时弹簧垫圈被压平后的弹性力使螺纹副纵向压紧;有时使用

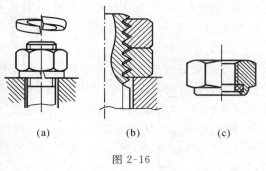

(a)   (b)   (c)

图 2-16

两螺母对顶拧紧,使螺栓在旋合段内受拉而螺母受压(图 2-16(b))构成螺纹副纵向压紧;亦有利用螺母末端嵌有的尼龙环箍紧螺栓(图 2-16(c))使螺纹副横向压紧。这些方法简单易行,应用较广,但不十分可靠,多用于冲击和振动不剧烈的场合。

2) 直接锁住防松。利用止动元件阻止拧紧的螺纹副相对转动,应用很广。例如,将开口销穿过六角开槽螺母上的槽和螺栓末端的孔后,把尾端掰开以防松(图 2-17(a));利用单耳止动垫片的不同侧边分别贴在螺母及被联接件上以防松(图 2-17(b));利用串联的金属丝

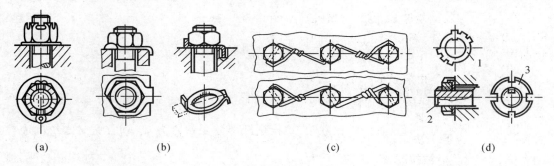

(a)   (b)   (c)   (d)

图 2-17

使一组螺钉头部互相制约,当有松脱趋势时金属丝更加拉紧,但串联钢丝应注意串入的方向,方能起到正确防松效果,如图 2-17(c),上图穿入方向正确,下图穿入方向错误;将止退垫圈 1 的内翅嵌入螺纹零件 2 端部的轴向槽内,拧紧圆螺母 3 后再将垫圈的一外翅弯入圆螺母的对应槽内锁住螺母(图 2-17(d)),常用于滚动轴承的轴向定位锁紧中。

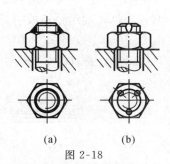

(a)   (b)

图 2-18

3) 破坏螺纹副关系防松。把螺纹副转化为非运动副,从而排除相对转动的可能性。例如,在拧紧螺母后将螺母和螺栓螺纹接合处焊住(图 2-18(a))或点冲(图 2-18(b)),使之固接在一起成为不可拆联接。近年来还发展了用厌氧性黏合剂涂在旋合螺纹表面,螺母拧紧后黏结剂硬化固着以防松,且密封性亦较好。

六、螺栓联接的强度计算

螺栓联接经常是成组使用,在计算螺栓联接时首先要确定螺栓的数目及布置,再根据外

载荷及结构情况分析出螺栓组中受力最大的螺栓,求出该螺栓的直径。为便于制造、装配和安全,螺栓组中,其他的螺栓一般都采用与这个受力最大的螺栓同样大小的直径。以下讨论单个螺栓联接的强度计算。

1. 受拉螺栓联接

受静载螺栓的损坏多为螺纹部分的塑性变形和断裂,受变载螺栓的损坏多为栓杆部分有应力集中处的疲劳断裂。如果螺纹精度低或联接经常装拆,也可能产生螺纹牙磨损导致"滑扣"。如果选用的是标准件,则螺栓联接的强度计算主要是求出或核验螺纹的危险截面尺寸,螺栓的其他部分以及螺母、垫圈等的尺寸都是按等强度原则,并考虑制造、装配等要求决定的,所以螺栓直径确定以后,其他都可按使用条件从标准中选定。图 2-19 所示为螺栓的真实截面,可按此截面积 A_s 或其相应的计算直径 $d_c{}^*$(A_s 或 d_c 可在机械设计手册中查取)作精确的强度计算,但一般情况仍取小径 d_1 作为危险截面的直径。

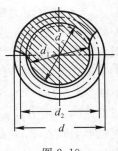

图 2-19

(1) 松螺栓联接

这种联接只宜承受静载荷,螺栓由于没拧紧,只有在工作时才受拉力,如图 2-13 所示,设轴向工作载荷为 Q,N;其强度条件为

$$\sigma = \frac{Q}{\pi d_1^2/4} \leqslant [\sigma] \quad (\text{MPa}) \tag{2-10}$$

式中:d_1 为螺纹小径,mm;$[\sigma]$ 为松联接螺栓的许用拉应力,MPa。

(2) 紧螺栓联接

这种联接能承受静载荷或变载荷。

1) 只承受预紧力作用的螺栓。

图 2-14 所示为进行预紧的螺栓联接,螺栓螺杆部分受预紧力 Q_0 和拧紧时螺纹间摩擦力矩 $T_1 = \frac{d_2}{2}Q_0\tan(\lambda + \rho_v)$ 作用;相应的拉应力 $\sigma = \frac{Q_0}{\pi d_1^2/4}$,扭剪应力 $\tau_T = \frac{\frac{d_2}{2}Q_0\tan(\lambda + \rho_v)}{\pi d_1^3/16}$ $= \tan(\lambda + \rho_v) \cdot 2d_2 \cdot \sigma/d_1$.对于常用的 M10 $\sim$ M68 的钢制普通螺栓,将 d_1,d_2,λ 取平均值代入,并取 $\rho_v = \arctan f_v = \arctan 0.15$,则 $\tau_T \approx 0.5\sigma$。

螺栓材料是塑性的,在拉、扭复合应力下可根据材料力学的第四强度理论求得螺杆部分的强度条件为

$$\sigma_c = \sqrt{\sigma^2 + 3\tau_T^2} = \sqrt{\sigma^2 + 3(0.5\sigma)^2} \approx 1.3\sigma \leqslant [\sigma]$$

或

$$\frac{1.3Q_0}{\pi d_1^2/4} \leqslant [\sigma] \quad (\text{MPa}) \tag{2-11}$$

式中:Q_0 为螺栓所受预紧力,N;d_1 为螺纹小径,mm;$[\sigma]$ 为紧联接螺栓的许用拉应力,MPa。

由此可见,紧螺栓联接的强度也可按纯拉伸计算,但必需将拉力增大 30%,以考虑螺纹拧紧时受拧紧力矩的影响。

---

* 对普通三角形螺纹,$d_c = \frac{1}{2}(d_1 + d_2 - \frac{H}{6})$,其中 d_1、d_2 为螺纹的小径和中径,H 为螺纹牙形的理论高度,$H = 0.866P$,P 为螺距。

图 2-20 为受横向载荷的普通紧螺栓联接,该联接靠螺栓轴向预紧力 Q_0 产生的摩擦力传递横向外载荷 F,以所联接的板间产生足够大的摩擦力使联接的接合面不滑移为设计条件,即

$$zQ_0 fm \geqslant K_f F$$

或

$$Q_0 \geqslant \frac{K_f F}{z fm} \quad (N) \tag{2-12}$$

式中:z 为联接螺栓的数目;f 为接合面间的摩擦系数,对于铸铁和钢的干燥加工表面 $f = 0.15 \sim 0.2$;m 为摩擦接合面数;F 为总横向载荷,N;K_f 为保证联接可靠的可靠性系数,通常取 $K_f = 1.1 \sim 1.3$。

由式(2-12)求得单个螺栓所需的预紧为 Q_0 后,再由式(2-11)求出小径 d_1,最后由表 2-1 求得螺栓的公称直径。

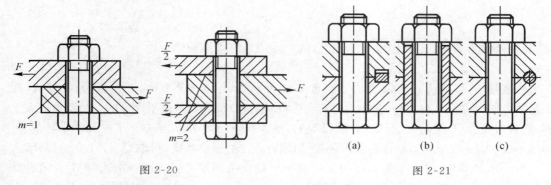

图 2-20　　　　　　　　　　　　　　　图 2-21

由式(2-12)分析,当 $z = 1$、$f = 0.15$、$K_f = 1.2$ 时,$Q_0 = 8F$,即预紧力应为横向载荷的 8 倍,表明采用靠摩擦力承担横向载荷的普通螺栓联接需要承受很大的预紧力 Q_0,从而增大了螺栓的直径。为此可用图 2-21 所示键、套筒、销等各种抗剪件承担横向载荷,而螺栓仅起一般的联接作用。这种减载结构虽然可靠,但制造上较为麻烦。

2) 受预紧力和轴向工作载荷的螺栓。

图 2-22 为气缸盖螺栓联接,螺栓沿圆周均布,数目为 z。这种联接要求具有足够大的预紧力,以保证工作载荷作用时接合面间仍有一定的紧密性。通常假设联接中各螺栓的受力情况相同,因此只取其中一个螺栓进行分析即可。装配后,螺栓受预紧力 Q_0,工作时又受由被联接件传来工作载荷 $Q_F = \dfrac{p \cdot \pi D^2/4}{z}$,螺栓实际承受的总拉伸载荷 Q 在一般情况下并不等于 Q_0 与 Q_F 之和。当应变在弹性范围之内时,各零件的受力可根据静力平衡和变形协调条件,借弹性体的受力与变形关系进行分析。

螺栓和被联接件受载前后的情况见图 2-23。图 2-23(a) 是联接还没有拧紧时的情况。图 2-23(b) 是拧紧螺母后的情况,由于预紧力 Q_0 作用,螺栓受到拉力 Q_0 的作用而产生拉伸变形量 δ_1,被联接件受到压缩力 Q_0 的作用而产生压缩变形量 δ_2。图 2-23(c) 是螺栓受上述 Q_0 作用后又承受轴向工作载荷 Q_F 后的情况,此时螺栓增加了 $\Delta\delta$ 的伸长量,总共拉伸变形量为 $\delta_1 + \Delta\delta$,和这个总拉伸变形量相应的拉力就是螺栓的总拉伸载荷 Q;与此同时,被联接件则随着螺栓增加了拉伸变形量 $\Delta\delta$ 而协调回弹,其压缩变形量也将减少 $\Delta\delta$,这时它的残余压缩变形量为 $\delta_2 - \Delta\delta$,与此相应的被联接件所受压力减剩为 Q_r,称为残余预紧力。此时工作载荷

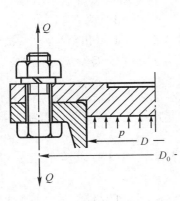

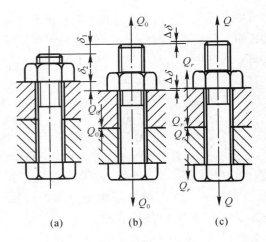

图 2-22　　　　　　　　　　　　　　　　　　图 2-23

Q_F 和残余预紧力 Q_r 一起作用在螺栓上,故螺栓的总拉伸载荷为

$$Q = Q_F + Q_r \qquad (2\text{-}13)$$

在联接中,残余预紧力 Q_r 具有重要意义。显然,在其他情况不变时,工作载荷 Q_F 增大,残余预紧力 Q_r 会减小,当力 Q_F 过大时,$Q_r = 0$,联接将出现缝隙,这是不允许的,故 Q_r 力应大于零。通常当工作载荷 Q_F 没有变化时,可取 $Q_r = (0.2 \sim 0.6)Q_F$;当 Q_F 有变化时可取 $Q_r = (0.6 \sim 1.0)Q_F$;对于有紧密性要求的联接(如压力容器的螺栓联接)可取 $Q_r = (1.5 \sim 1.8)Q_F$。

在一般计算中,可先根据联接的工作要求规定残余预紧力 Q_r,然后由式(2-13)求出总拉伸载荷 Q,考虑到在螺栓受轴向工作载荷时可能需要补充拧紧(应尽量避免),此时应计入扭剪应力的影响,则螺杆部分的强度条件为

$$\frac{1.3Q}{\pi d_1^2/4} \leqslant [\sigma] \qquad (\text{MPa}) \qquad (2\text{-}14)$$

式中:Q 为螺栓总拉伸载荷,N;其他符号的含义与式(2-11)相同。

若轴向工作载荷 Q_F 在 $0 \sim Q_F$ 之间周期性地变化,则螺栓所受总拉伸载荷 Q 应在 $Q_0 \sim Q$ 之间变化,这是因为 $Q_F = 0$ 时,$Q = Q_0$。受变载荷螺栓的粗略计算按总拉伸载荷 Q 进行,其强度条件仍为式(2-14),所不同的是许用应力$[\sigma]$应根据变载荷选择。

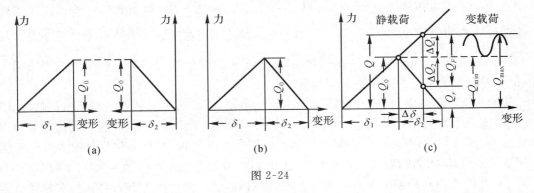

图 2-24

图 2-24 进一步分析预紧力 Q_0、工作载荷 Q_F 和残余预紧力 Q_r 之间的关系。以 k_1 和 k_2 分别表示螺栓和被联接件的刚度,则在预紧力 Q_0 作用下螺栓伸长变形量 $\delta_1 = Q_0/k_1$,被联接

件压缩变形量 $\delta_2 = Q_0/k_2$，图 2-24(a) 表示了拧紧后这二者力和变形间的关系，图 2-24(b) 是将图 2-24(a) 的两个小图合并而成。图 2-24(c) 表示承受工作载荷 Q_F 后的情况，螺栓的拉伸变形量为 $\delta_1 + \Delta\delta$，相应的总拉伸载荷为 Q；被联接件的压缩变形量为 $\delta_2 - \Delta\delta$，相应的残余预紧力为 Q_r；$Q = Q_F + Q_r$。现可由图 2-24 写出各力关系，并可由此看出螺栓刚度、被联接件刚度对这些力的影响。$Q = Q_0 + \Delta Q_1 = Q_0 + k_1\Delta\delta$，$Q_r = Q_0 - \Delta Q_2 = Q_0 - k_2\Delta\delta$，而 $Q_F = \Delta Q_1 + \Delta Q_2 = k_1\Delta\delta + k_2\Delta\delta$，即 $\Delta\delta = \dfrac{Q_F}{k_1 + k_2}$，将此式代入上两式可得

$$Q = Q_0 + Q_F \frac{k_1}{k_1 + k_2} \tag{2-15}$$

$$Q_r = Q_0 - Q_F \left(1 - \frac{k_1}{k_1 + k_2}\right) \tag{2-16}$$

式中：$\dfrac{k_1}{k_1 + k_2}$ 称为螺栓的相对刚度系数，其大小与螺栓及联接件的材料、尺寸和结构有关，可通过计算或试验求出，被联接件为钢铁零件时，一般可根据垫片材料不同采用下列数据：金属垫片（包括不用垫片）时：其值为 $0.2 \sim 0.3$；皮革垫片时为 0.7；铜皮石棉垫片时为 0.8；橡胶垫片时为 0.9。

式（2-15）是螺栓总拉力的另一表达形式，即总拉力 Q 等于预紧力 Q_0 加上工作载荷拉力 Q_F 的一部分，Q 值与相对刚度系数 $\dfrac{k_1}{k_1 + k_2}$ 有关。当 $k_2 \gg k_1$ 时，即 $\dfrac{k_1}{k_1 + k_2} \approx 0$，则 $Q \approx Q_0$；而当 $k_2 \ll k_1$ 时，即 $\dfrac{k_1}{k_1 + k_2} \approx 1$，则 $Q \approx Q_0 + Q_F$。由此可见，工作载荷 Q_F 很大，特别是 Q_F 在 $0 \sim Q_F$ 之间交变且幅度很大的螺栓联接，采用刚性小的垫片对螺栓强度是不利的。

需要指出：对于受轴向变载荷的重要联接（如内燃机汽缸盖螺栓联接）除按上述公式计算出螺栓直径外还应校核其疲劳强度，可参阅本书主要参考书目[11]、[28]。

2. 受剪螺栓联接

通常用六角头铰制孔用螺栓作为受剪螺栓，螺栓与钉孔采用过盈配合（如 $\dfrac{H8}{u8}$）或过渡配合（如 $\dfrac{H7}{m6}$）。如图 2-25 所示，当联接承受横向载荷 F 时，位于接合面处的螺栓横截面受剪切，螺栓与孔壁的接触表面受挤压。联接的拧紧力矩一般不大，联接损坏的可能形式是螺栓被剪断，栓杆或孔壁被压溃等，联接的预紧力和摩擦力可忽略不计。螺栓的剪切强度条件和螺栓与被联接件孔壁接触表面的挤压强度条件分别为

$$\tau = \frac{F}{zm\pi d_0^2/4} \leqslant [\tau] \quad (\text{MPa}) \tag{2-17}$$

$$\sigma_p = \frac{F}{zd_0\delta} \leqslant [\sigma_p] \quad (\text{MPa}) \tag{2-18}$$

上两式中：F 为横向载荷，N；z 为螺栓数目；m 为螺栓受剪面数目；d_0 为螺栓杆与钉孔配合处直径，mm（对于六角头铰制孔用螺栓，当 $d \leqslant 27$mm 时，$d_0 = d + 1$；当 $d > 27$mm 时，$d_0 = d + 2$）；δ 为螺杆与孔壁间接触受压计算对象的轴向长度（图 2-25 右图中 δ 取 δ_1 或 $\delta_2 + \delta_3$），mm；$[\tau]$ 为螺栓的许用剪应力，MPa；$[\sigma_p]$ 为接触受压计算对象的许用挤压应力，MPa；显然，计算对象应取弱者，即 $\delta[\sigma_p]$ 小者。

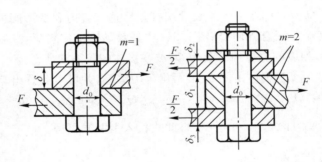

图 2-25

3. 螺栓的材料和许用应力

螺栓材料一般采用碳素钢,如 Q235、35 和 45 号钢等。重要的螺栓采用合金钢,如 40Cr 等。

国家标准将螺栓、螺钉、双头螺柱按材料的机械性能分为十级,见表 2-2。机械性能的标记代号由隔离符"·"点及其前后两部分数字组成;点前的部分为公称抗拉强度 σ_B 的 $1/100$,点后的部分为屈强比,涵义为公称屈服极限 σ_S 与抗拉强度 σ_B 的比值的 10 倍,即屈强比 $= 10\sigma_S/\sigma_B$。6.8 级以下的用中碳钢或低碳钢;8.8 级至 10.9 级的用中碳钢、淬火并回火,或用低、中碳合金钢、淬火并回火;10.9 级、12.9 级可用合金钢。螺母的材料一般与相配螺栓相近而硬度略低。

表 2-2   螺栓、螺钉和双头螺柱的机械性能等级(根据 GB/T 3098.1—2000)

机械性能等级	3.6	4.6	4.8	5.6	5.8	6.8	8.8		9.8	10.9	12.9
							≤ M16	> M16			
最小抗拉强度极限 σ_{Bmin}(MPa)	330	400	420	500	520	600	800	830	900	1040	1220
最小屈服极限 σ_{Smin} 或 $\sigma_{0.2min}$(MPa)	190	240	340	300	420	480	640	660	720	940	1100
最低硬度 HBS_{min}	90	109	113	134	140	181	232	248	269	312	365

注:① 8.8 级中 ≤ M16、> M16 一栏,对钢结构的螺栓分别改为 ≤ M12、> M12。

② 紧定螺钉的性能等级与螺钉不同,此表未列入。

螺栓联接的许用应力与材料、制造、结构及载荷性质等因素有关,受拉的普通螺栓联接的许用应力列于表 2-3,受剪的铰制孔用螺栓联接的许用应力列于表 2-4。

表 2-3   受拉螺栓的许用拉应力 [σ]　　　　　　　　　　MPa

松联接 $0.6\sigma_S$	紧联接(严格控制预紧力)$(0.6 \sim 0.8)\sigma_S$				
不严格控制预紧力的紧联接	载荷性质	静载荷			变载荷	
	材料	M6 ~ M16	M16 ~ M30	M30 ~ M60	M6 ~ M16	M16 ~ M30
	碳钢	$(0.25 \sim 0.33)\sigma_S$	$(0.33 \sim 0.50)\sigma_S$	$(0.50 \sim 0.77)\sigma_S$	$(0.10 \sim 0.15)\sigma_S$	$0.15\sigma_S$
	合金钢	$(0.20 \sim 0.25)\sigma_S$	$(0.25 \sim 0.40)\sigma_S$	$0.4\sigma_S$	$(0.13 \sim 0.20)\sigma_S$	$0.2\sigma_S$

注:σ_S 为螺栓材料的屈服极限,MPa。

表 2-4　铰制孔用螺栓联接的许用剪应力$[\tau]$和许用挤压应力$[\sigma_p]$　　　MPa

	许用剪应力$[\tau]$	许用挤压应力$[\sigma_p]$	
		被联接件为钢	被联接件为铸铁
静载荷	$0.4\sigma_S$	$0.8\sigma_S$	$(0.4 \sim 0.5)\sigma_B$
变载荷	$(0.2 \sim 0.3)\sigma_S$	$(0.5 \sim 0.6)\sigma_S$	$(0.3 \sim 0.4)\sigma_B$

注：σ_S为钢材的屈服极限，MPa；σ_B为铸铁的抗拉强度极限，MPa。

由表 2-3 可以看出，不严格控制预紧力的紧螺栓联接的许用拉应力与螺栓直径有关。在设计时，通常螺栓的直径是未知的，因此要用试算法，先假定一个公称直径d，根据这个直径查出螺栓的许用拉应力，然后再按式（2-11）或式（2-14）计算出螺栓小径d_1，d_1要按表 2-1 与原来假定的公称直径d相应，如两者相差较大，一般应重算，直到两者相近或合适为止。

例 2-1　图 2-13 所示起重滑轮螺栓，已知 M24，机械性能为 8.8 级，试求该螺栓能承受的最大轴向静载荷。

解：由式（2-10）知最大轴向静载荷$Q = \dfrac{\pi}{4}d_1^2[\sigma]$，由表 2-2 可查得$\sigma_S = 660\text{MPa}$；由表 2-3 知松联接$[\sigma]$
$= 0.6\sigma_S = 0.6 \times 660 = 396(\text{MPa})$。M24 查表 2-1 得$d_1 = 20.752\text{mm}$，故$Q = \dfrac{\pi}{4}(20.752)^2 \times 396$
$= 133938(\text{N})$。

例 2-2　如图 2-22 所示压力容器，工作压力$p = 1\text{MPa}$，其内径$D = 300\text{mm}$，联接螺栓为机械性能 8.8 级的普通六角头螺栓，螺栓数$z = 8$，设装配时严格控制拧紧的预紧力，载荷平稳，试确定螺栓的公称直径。

解：1）确定每个螺栓所受的工作载荷Q_F。$Q_F = \dfrac{p \cdot \pi D^2/4}{z} = \dfrac{1 \cdot \pi \cdot 300^2/4}{8} = 8836(\text{N})$

2）确定每个螺栓的总拉伸载荷Q。按式（2-13）　$Q = Q_F + Q_r$，压力容器取$Q_r = 1.6Q_F$，则$Q = 2.6Q_F = 2.6 \times 8836 = 24741(\text{N})$

3）确定螺栓的公称直径d。假定$\leqslant$M16，按 8.8 级查表 2-2，得$\sigma_S = 640\text{MPa}$。查表 2-3，严格控制预紧力时，取$[\sigma] = 0.65\sigma_S = 0.65 \times 640 = 416(\text{MPa})$。由式（2-14）计算$d_1 \geqslant \sqrt{\dfrac{4 \times 1.3Q}{\pi[\sigma]}} = \sqrt{\dfrac{4 \times 1.3 \times 24741}{\pi \times 416}} = 9.92(\text{mm})$。查表 2-1，公称直径为 12mm 时，小径$d_1 = 10.106(\text{mm}) > 9.92(\text{mm})$，且较接近，故选用 M12 的螺栓。

例 2-3　图 2-26 所示为凸缘联轴器，上半图表示用 6 只不严格控制预紧力的普通螺栓联接，下半图表示用 3 只铰制孔用螺栓联接。已知轴径$d = 60\text{mm}$，传递功率$P = 2.5\text{kW}$，静载荷，轴的转速$n = 60\text{r/min}$，螺栓中心圆直径$D_1 = 115\text{mm}$，$\delta = 14\text{mm}$，螺栓机械性能分别为 8.8 级和 4.6 级，联轴器材料为 HT200，试确定上述两种联接的螺栓直径。

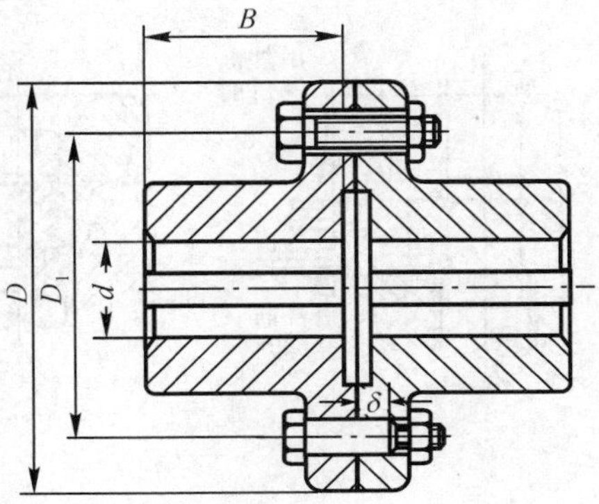

解：传递的转矩$T = 9550 \cdot \dfrac{P}{n} = 9550 \times \dfrac{2.5}{60} = 397.92(\text{N} \cdot \text{m}) = 397920(\text{N} \cdot \text{mm})$，作用在螺栓中心圆$D_1$上的圆周力$F = \dfrac{2T}{D_1} = \dfrac{2 \times 397920}{115} = 6920(\text{N})$。

图 2-26

1）普通螺栓。

设Q_0为每个螺栓的预紧力，取接合面摩擦系数$f = 0.2$，现摩擦接合面数$m = 1$，螺栓数$z = 6$，取可靠性系数$K_f = 1.2$，假定接合面摩擦圆直径约等于D_1，由式(2-12)得 $Q_0 \geqslant \dfrac{K_f F}{z f m} = \dfrac{1.2 \times 6920}{6 \times 0.2 \times 1} = 6920(\text{N})$。

假定螺栓公称直径 $d = 10\text{mm}$，由表 2-2，8.8 级得 $\sigma_S = 640\text{MPa}$；不严格控制预紧力，由表 2-3 用内插取值 $[\sigma] = 0.282\sigma_S = 0.282 \times 640 = 180.48(\text{MPa})$，按式(2-11)计算螺栓小径 $d_1 \geqslant \sqrt{\dfrac{4 \times 1.3 Q_0}{\pi[\sigma]}} = \sqrt{\dfrac{4 \times 1.3 \times 6920}{\pi \times 180.48}} = 7.966(\text{mm})$。

查表 2-1，粗牙普通螺纹公称直径 $d = 10\text{mm}$ 时，小径 $d_1 = 8.376\text{mm}$，与计算出的 $d_1 = 7.966\text{mm}$ 接近且略大一些，故假定合适，取 M10 的 8.8 级六角头普通螺栓。

2) 铰制孔用螺栓。

由表 2-2，4.6 级得 $\sigma_S = 240\text{MPa}$，由表 2-4 得 $[\tau] = 0.4\sigma_S = 0.4 \times 240 = 96(\text{MPa})$；HT200 灰铸铁的抗拉强度极限 $\sigma_B = 200\text{MPa}$，由表 2-4 得 $[\sigma_p] = 0.4\sigma_B = 0.4 \times 200 = 80(\text{MPa})$。现摩擦接合面数 $m = 1$，螺栓数 $z = 3$，

由式(2-17)，$d_0 \geqslant \sqrt{\dfrac{4F}{zm\pi[\tau]}} = \sqrt{\dfrac{4 \times 6920}{3 \times 1 \times \pi \times 96}} = 5.53(\text{mm})$，

由式(2-18)，$d_0 \geqslant \dfrac{F}{z\delta[\sigma_p]} = \dfrac{6920}{3 \times 14 \times 80} = 2.06(\text{mm})$，从强度考虑，选 M6 的铰制孔用螺栓，$d_0 = 6 + 1 = 7(\text{mm}) > 5.53(\text{mm})$ 即可。

七、提高螺纹联接强度的途径

提高螺纹联接强度的途径可以从降低负荷和提高承载能力两方面着手，下面作点简要介绍。

1) 改善螺纹牙间的载荷分布。采用普通螺母时，轴向载荷在旋合螺纹各圈间的分布是不均匀的，如图 2-27(a) 所示，从螺母支承面算起，螺栓上旋合螺纹各圈所受载荷自下而上各圈递减，到第 8 ~ 10 圈以后，螺纹牙几乎不受载荷；因此，采用圈数多的加高螺母对提高螺栓强度并无多大作用。若采用悬置(受拉)螺母(图 2-27(b))或环槽螺母(图 2-27(c))，则螺母悬置段或内环段与螺杆均为拉伸变形，有助于减少螺母与螺栓的螺距变化差，使各圈受载较均匀；内斜螺母(图 2-27(d))可减小原受载大的螺纹牙的刚度，而把载荷分移到原受载小的螺纹牙上，这些均可使载荷分布比较均匀。

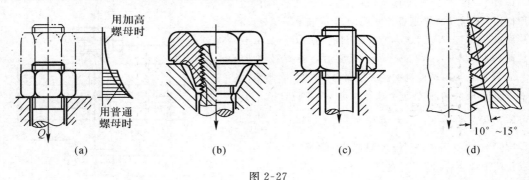

图 2-27

2) 减小或避免附加应力。当被联接件、螺母或螺栓头部的支承面粗糙(图 2-28(a))和倾斜、被联接件因刚度不够而弯曲(图 2-28(b))、钩头螺栓(图 2-28(c))以及装配不良等都会使螺栓中产生附加弯曲应力。为此，要从结构或工艺上采取措施，如规定螺纹紧固件和联接

件支承面必要的加工精度和要求；在粗糙表面上采用凸台(图 2-29(a))或沉头座(图 2-29(b))，经切削加工获得与螺栓轴线垂直的平整支承面；采用球面垫圈(图 2-29(c))或斜垫圈(图 2-29(d))等等。

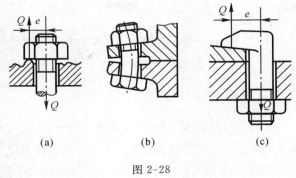

图 2-28

3) 减轻应力集中。使螺栓截面变化均匀可减少螺栓的应力集中，增大钉头与钉杆过渡处的圆角(图 2-30(a))，切制卸载槽(图 2-30(b))都是常用的措施。

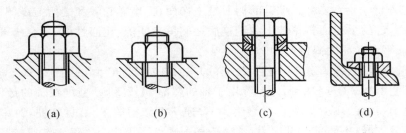

图 2-29

4) 降低受轴向变载荷的螺栓总拉伸载荷 Q 的变化范围。螺纹联接失效差不多有 90% 是由于受变载荷而引起的疲劳破坏，降低螺栓总拉伸载荷 Q 的变化幅度对防止螺栓的疲劳损坏是十分有利的。设螺栓所受的工作载荷 Q_F 在 $0 \sim Q_F$ 间变化，则从式(2-15)得 Q 的变化范围为 $Q_0 \sim (Q_0 + Q_F \frac{k_1}{k_1 + k_2})$，若减小螺栓刚度 k_1 或增大被联接件刚度 k_2，都可以减小 Q 的变化范围。减小螺栓刚度的措施有:部分减小栓杆直径或把它作成中空的结构 —— 柔性螺栓(图 2-31(a))；为增大被联接件的刚度,尽量不采用软密封垫片(图 2-31(b)),而采用金属薄垫片,或改进采用图 2-31(c) 所示的 O 形密封圈。

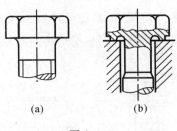

图 2-30

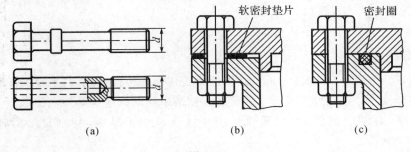

图 2-31

5) 改进制造工艺。如采用辗压螺纹、氰化、氮化、喷丸等处理都能提高螺栓的疲劳强度。

6) 合理布置螺栓联接以降低其中螺栓所受最大载荷,从而提高螺栓联接强度。

§2-2　键联接、花键联接和成形联接

一、键联接

1. 键联接的种类、特点和应用

键联接是由键、轴与轮毂所组成,主要用来实现轴和轴上零件(如带轮、齿轮和联轴器等)之间的周向固定,以传递转矩。常用的键有平键、半圆键和楔键,均已标准化。

(1)平键联接

如图 2-32(a)所示,装配后平键的侧面是工作面,工作靠轮毂和键槽与键侧面的互相挤压来传递转矩,键的上表面与轮毂上的键槽底之间留有间隙,定心性好、不会出现偏心。常用的平键有普通平键和导向平键两种。

普通平键有圆头(称为 A 型,见图 2-32(b))、方头(称为 B 型,见图 2-32(c))和单圆头(称为 C 型,见图 2-32(d))三种,C 型键用于轴的端部,A 型和 C 型键在轴的键槽中固定良好,但轴上键槽引起的应力集中较 B 型为大。普通平键结构简单,装拆方便,对中性好,易于加工,故应用最广,但不能承受轴向力;常用于相配零件要求定心性好和转速较高的静联接。

导向平键较长(图 2-32(e)),除实现周向固定外,由于轮毂与轴之间、键与毂槽之间均为间隙配合,故还允许轴上零件作轴向移动,构成动联接(如变速齿轮箱中的滑移齿轮与轴之间的键联接)。为防止松动,用两个圆柱头螺钉将键固定在轴槽中;为拆卸方便,在键中部制有起键螺孔。

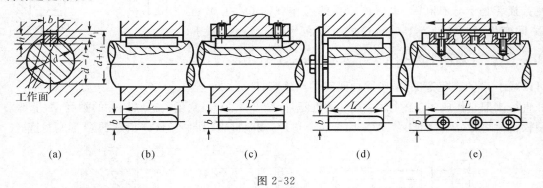

(a)　　　　(b)　　　　(c)　　　　(d)　　　　(e)

图 2-32

(2)半圆键联接

如图 2-33(a)所示,半圆键也是以两侧面为工作面来传递转矩,与平键一样有定心性好的优点,由于其侧面为半圆形,因而半圆键能在轴槽中摆动以适应毂槽底面倾斜,装配方便;但因键槽较深,对轴的削弱较大,故仅适用于轻载或位于轴端,特别是锥形轴端的联接(图 2-33(b))。

(3)楔键联接和切向键联接

楔键的上下两面是工作面(图 2-34(a)),键的上表面和毂槽的底面各有 1:100 的斜度,装配时需沿键的轴向打紧,楔紧后上下工作面上产生很大的预紧力 N,工作时主要靠此预紧力 N 产生的摩擦力 fN 传递转距 T,并能单方向承受轴向力和轴向固定零件。由于楔紧后会

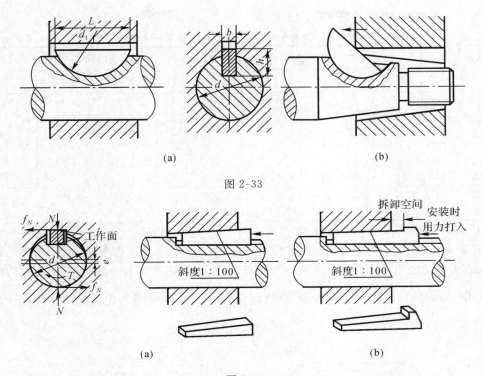

图 2-33

图 2-34

使轴与轮毂产生偏心,因而楔键仅适用于对定心精度要求不高、载荷平稳的低速场合。楔键分为普通楔键(图 2-34(a))和钩头楔键(图 2-34(b))两种,钩头楔键的钩头是为了拆键用的。

切向键是由两个斜度为 1∶100 的单边楔楔组成(图 2-35),装配后将二者楔紧在轴和轮毂之间,其上下面(窄面)为工作面,其中一个工作面通过轴心线使工作面上的压力沿轴的切线方向作用,可传递很大的转矩。一对切向键只能传递图 2-35(a)所示的单向转矩,当需要传递双向转距时应采用两对互成 120° 分布的切向键(图 2-35(b))。切向键用于低速、重载、定心精度要求不高的场合,如大型矿山机械低速轴用的键联接。

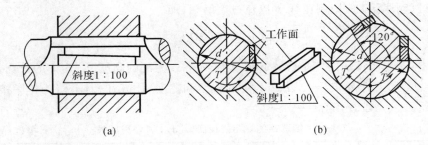

图 2-35

2. 平键联接的选择计算

表 2-5 摘列了部分普通平键和键槽的尺寸。设计键联接时,应先根据要求选择键的类型,然后根据装键处轴径 d 从标准中查取键的宽度 b 和高度 h,参照轮毂长度从标准中选取键的长度 L(一般可约为 $1.5d$,并应短于轮毂长),而后进行键联接的强度校核。

键的材料一般采用抗拉强度不低于 600MPa 的碳素钢,常用 45 钢;如果轮毂材料用有色金属或非金属材料,则键可用 20 或 Q235 钢。

表 2-5　普通平键和键槽的尺寸(参看图 2-32)　　　(单位:mm)

轴的直径 d	键的尺寸			键　槽		轴的直径 d	键的尺寸			键槽	
	b	h	L	t	t_1		b	h	L	t	t_1
$>8\sim10$	3	3	$6\sim36$	1.8	1.4	$>38\sim44$	12	8	$28\sim140$	5.0	3.3
$>10\sim12$	4	4	$8\sim45$	2.5	1.8	$>44\sim50$	14	9	$36\sim160$	5.5	3.8
$>12\sim17$	5	5	$10\sim56$	3.0	2.3	$>50\sim58$	16	10	$45\sim180$	6.0	4.3
$>17\sim22$	6	6	$14\sim70$	3.5	2.8	$>58\sim65$	18	11	$50\sim200$	7.0	4.4
$>22\sim30$	8	7	$18\sim90$	4.0	3.3	$>65\sim75$	20	12	$56\sim220$	7.5	4.9
$>30\sim38$	10	8	$22\sim110$	5.0	3.3	$>75\sim85$	22	14	$63\sim250$	9.0	5.4

L 系列　6、8、10、12、14、16、18、20、22、25、28、32、36、40、45、50、56、63、70、80、90、100、110、125、140、160、180、200、250……

注:在工作图中,轴槽深用$(d-t)$或 t 标注,毂槽深用$(d+t_1)$或 t_1 标注。

图 2-36 所示为平键联接工作时的受力情况,其主要失效形式是较弱零件(通常是轮毂)工作面的压溃和磨损(对于动联接);除非有严重过载,一般不会出现键沿 $c-c$ 面的剪断。工程计算中,假设载荷沿键长均匀分布,并近似认为 $h'=\dfrac{h}{2}$,由图 2-36 可得平键联接的挤压强度条件为

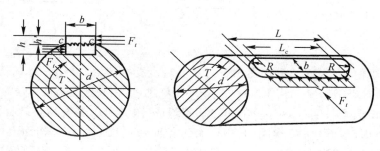

图 2-36

$$\sigma_p = \frac{2T/d}{L_c h/2} = \frac{4T}{dhL_c} \leqslant [\sigma_p] \quad (\text{MPa}) \tag{2-19}$$

对导向平键(动联接)应限制压强 p 以免过度磨损,即

$$p = \frac{2T/d}{L_c h/2} = \frac{4T}{dhL_c} \leqslant [p] \quad (\text{MPa}) \tag{2-20}$$

以上两式中:T 为所传递的转矩,N·mm;d 为轴径、h 为键的高度、L_c 为键的计算长度(对 A 型键:$L_c=L-b$,B 型键 $L_c=L$,L,b 为键的长度和宽度),mm;$[\sigma_p]$、$[p]$ 为键联接许用挤压应力和许用压强,MPa;其值见表 2-6。

表 2-6　键联接的许用挤压应力$[\sigma_p]$和许用压强$[p]$　　　(单位:MPa)

许用值	轮毂材料	载　荷　性　质		
		静载荷	轻微冲击	冲击
$[\sigma_p]$	钢	$125\sim150$	$100\sim120$	$60\sim90$
	铸铁	$70\sim80$	$50\sim60$	$30\sim45$
$[p]$	钢	50	40	30

若平键联接强度不够,可适当加大轮毂长度使键相应加长,也可用相隔180°布置的双键,考虑到双键的载荷分配不均,双键的强度只按单个平键强度的1.5倍计算。

例2-4　选择计算例2-3凸缘联轴器和钢轴的普通平键联接,轮毂孔长$B=84$mm,其他情况和数据不变。

解:1) 选择键的类型、材料和尺寸。选用A型普通平键,材料用45钢。根据轴径$d=50$mm,查表2-5选键的宽度$b=14$mm,高度$h=9$mm,键长$L=80$mm(小于轮毂孔长)

2) 键联接强度核算。静联接按挤压强度校核。键和轴的材料为钢,轮毂材料为铸铁。静载荷,由表2-6查得许用挤压应力$[\sigma_p]=70\sim80$MPa。传递转矩$T=397920$N·mm,A型键计算长度$L_c=L-b=80-14=66$(mm),由式(2-19)得

$$\sigma_p=\frac{4T}{dhL_c}=\frac{4\times397920}{50\times9\times66}=53.6\text{(MPa)}<[\sigma_p],满足强度要求。$$

二、花键联接

花键联接是由周向均布多个键齿的花键轴与带有相应的键齿槽的轮毂孔相配合而成的可拆联接(图2-37(a)),齿的侧面是工作面,由于是多齿传递载荷,且键和轴做成一体,所以花键联接比平键联接承载能力高,对轴削弱小,定心和导向性好,适用于定心精度要求高、载荷大或经常滑移的联接。花键联接按其齿形不同主要分为矩形花键(图2-37(b))和渐开线花键(图2-37(c))两种。矩形花键加工方便,应用广泛。渐开线花键齿根较厚,强度较高,用齿廓定心,适用于载荷较大、定心精度要求较高以及尺寸较大的联接。

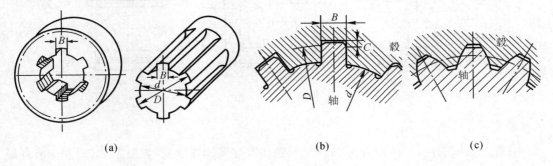

(a)　　　　　　　　　(b)　　　　　(c)

图2-37

花键联接可以做成静联接,也可以做成动联接,其键齿数及d、D、B等尺寸系列已标准化,可按轴径由标准选定;其选用方法和强度核算与平键联接相类似,详见机械设计手册。

三、成形联接

成形联接是利用非圆剖面的轴与相应的轮毂孔构成的可拆联接(图2-38(a)),也称为无键联接。这种联接应力集中小,能传递大的转矩,装拆也方便,但由于加工工艺上的困难,应用并不普遍,其中切边方形(图2-38(b))和切边圆形(图2-38(c))等柱面联接,工艺相对简单一些,但定心精度较差。

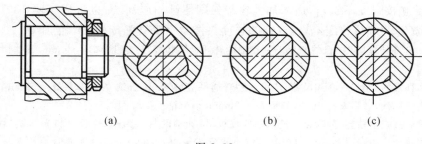

图 2-38

§2-3　销联接

销联接的主要用途是固定零件之间的相互位置，并可传递不大的载荷。销的基本形式为普通圆柱销(图 2-39(a))和普通圆锥销(图 2-39(b))。两者与被联接件相配的销孔均需铰光和开通。圆柱销联接有微量过盈，经过多次装拆，其定位精度要降低。圆锥销联接销和孔均制有1：50的锥度，安装方便，且可多次装拆，对定位精度的影响较小。

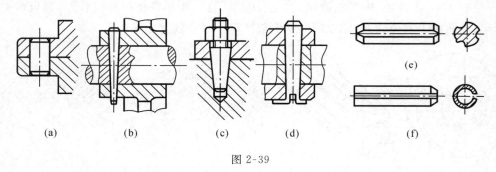

图 2-39

销通常为标准件，常用材料为35、45钢。销还有许多特殊形式，如图 2-39(c)是带有外螺纹的圆锥销，旋动螺母即能拆卸，可用于盲孔或拆卸困难的场合；图 2-39(d)是开尾圆锥销，适用于有冲击振动的场合。图 2-39(e)为槽销，其外表面上有三条纵向沟槽，凸出部分在打入时能使销牢固地挤在孔中，而无需附加锁紧零件；图 2-39(f)为由弹簧钢带卷制并经淬火且纵向开缝的圆管形弹簧圆柱销，它借弹性均匀地挤紧在销孔中，这两种都能承受冲击振动和变载荷，使用这种联接时，销孔毋需铰制，且可多次装拆。

§2-4　铆接、焊接和黏接

一、铆钉联接

铆钉联接是利用具有钉杆和预制头的铆钉通过被联接件的预制孔(图 2-40(a))，然后利用铆型施压再制出另一端的铆头(图 2-40(b))构成的不可拆联接(如图 2-40(c))。铆钉直径大于12mm,铆合时通常要把铆钉加热,称为热铆;直径小于12mm,铆合时可不加热,称为冷铆。钢制实心铆钉用得最多,钉头有多种形式,其中以半圆头铆钉(图2-40(a)、(b))应用最广;其他钉头形式只用于特别情况,如沉头铆钉(图2-40(d)用于要求联接表面平滑(如轮船甲板处);平截头铆钉(图2-40(e))用于要求耐腐蚀处。铆钉材料须有高的塑性和不可淬性,常用的铆钉材料为 Q215、Q235、10、15 等低碳钢;要求高强度时,也用低碳合金钢。铆钉已标准化。

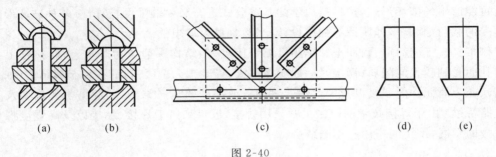

图 2-40

铆钉和被铆件一起形成铆缝。根据工作要求铆缝分为三种:强固铆缝(如建筑金属结构中的铆缝、飞机蒙皮与框架的铆缝)、强密铆缝(如锅炉等高压容器的铆缝)和紧密铆缝(如一般水箱、油罐低压容器的铆缝)。根据被联接件的相互位置铆缝可分为:搭接缝(图2-41(a)、(b),图中尺寸 t 称为钉距,是铆联接的一个重要尺寸参数)、单盖板对接缝(图2-41(c))和双盖板对接缝(图2-41(d));每一种又可制成单排(图2-41(a)、(c)、(d))、双排、三排(图2-41(b))或多排铆缝。

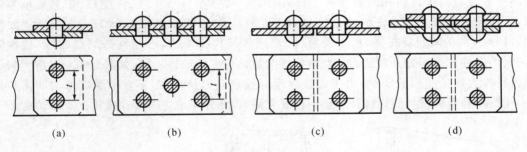

图 2-41

图 2-42(a) 表示热铆铆钉冷却后由于钉杆的纵向收缩把被铆件压紧、横向收缩在钉孔壁间产生少许间隙。当联接传递横向载荷 F 而使被铆件有相对滑移趋势时,接触面间将产生摩擦力阻止这种移动,而载荷就靠摩擦力传递。如果载荷大于接触面间可能产生的最大摩擦

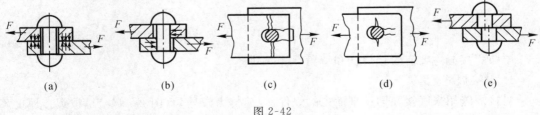

图 2-42

力,则两被铆件就要发生相对滑移,钉杆两侧将分别与被铆件的孔壁接触(图 2-42(b));这样,有一部分载荷将通过杆孔互压时的挤压变形和钉杆的剪切变形来传递。如果载荷继续增大并超过一定限度,则将产生被铆件沿着被钉孔削弱的剖面拉断或板孔被撕毁(图 2-42(c))、被铆件孔壁被压溃(图 2-42(d))、铆钉被剪断(图 2-42(e))等破坏形式。

一般铆接的设计,是按照对联接的具体工作要求及其承载情况,依照有关专业的技术规范,先作铆缝的结构设计,即选定铆缝类型、铆钉规格并在接缝上布置铆钉,然后根据接缝受力时可能产生的破坏形式,按材料力学的基本公式进行必要的强度核算。对各种破坏形式所能承受的载荷如相等,即所谓等强度设计,当然是最为理想的。

铆接具有工艺简单、耐冲击和牢固可靠等优点;但结构一般较为笨重,被联接件上由于有钉孔而受到较大的削弱;铆接时一般噪声很大,影响工人健康。目前在轻金属结构(如飞机结构)、非金属元件的联接以及少数受严重冲击或振动的金属结构(如起重机的构架及一部分铁路桥梁)由于焊接技术的限制仍常采用铆接。近年来由于焊接、黏接以及高强度螺栓摩擦联接的发展,铆接的应用已逐渐减少。

二、焊联接

焊接是利用局部加热的方法使两个以上的金属元件在联接处形成分子间的结合而构成的不可拆联接。焊接的方法很多,常用的有电弧焊、气焊等,其中尤以电弧焊应用最广。电弧焊利用电焊机的低压电流通过焊条(为一个极)与被联接件(为另一个极)形成的电路,在两极间引起电弧来熔化被联接件部分的金属和焊条,使熔化金属混合并填充接缝而形成焊缝。被焊件材料主要为低碳钢和低碳合金钢;有时也用于中碳钢,但其可焊性低于低碳钢。焊条材料一般应与被焊材料相同或接近。与铆接相比,焊接具有重量轻、强度高、工艺简单等优点,所以应用日益广泛。在单件生产情况下,对结构形状复杂或尺寸较大的零件,如图 2-43(a) 所示的减速器箱体、机架等零件,采用焊接代替铸造,可使制造周期缩短,成本降低;大的锻件也可用分开制造后再经焊接成为整体的办法获得坯件,如图 2-43(b) 所示的焊接齿轮均为焊接应用的实例。由于焊接后常有残余应力及变形,不宜承受严重的冲击和振动,铸铁和轻金属材料的焊接技术还有待研究等,因此还不能完全取代铆接。

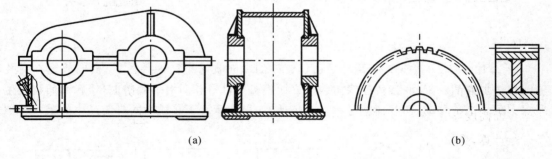

(a)   (b)

图 2-43

电弧焊接缝主要有对接焊缝和填角焊缝两种。

1. 对接焊缝

对接焊缝用来联接在同一平面内的焊件,焊缝传力较均匀(图 2-44(a))。被焊接厚度不大时可不开坡口,亦即平头型(图 2-44(b)),厚度较大时,为保证焊透,要预先做出各种形式的坡口(图 2-44(c)～(g))。

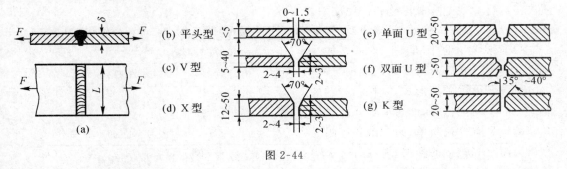

图 2-44

对接焊缝承受拉力或压力时,其平均应力及强度条件为

$$\frac{F}{\delta L} \leqslant [\sigma]' (或 [\sigma_y]') \quad (MPa) \tag{2-21}$$

式中:F 为作用力,N;δ 为被焊件厚度(不考虑焊缝的加厚),mm;L 为焊缝长度,mm;$[\sigma]'$ 或 $[\sigma_y]'$ 为焊缝抗拉或抗压的许用应力,MPa。

2. 填角焊缝

主要用来联接不同平面上的焊件(图 2-45),焊缝剖面通常是等腰直角三角形,腰长 K 一般等于板厚 δ。与载荷方向垂直的焊缝称为横向焊缝(图 2-45(a)),与载荷方向平行的焊缝称为纵向焊缝(图 2-45(b)),焊缝兼有纵向、横向或兼有倾斜方向的称为混合焊缝(如图 2-45(c))。

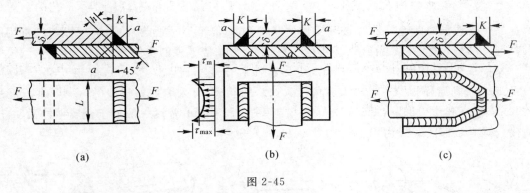

图 2-45

填角焊缝的应力情况很复杂,根据经验多半沿着截面 a-a 产生剪切损坏,通常按焊接缝危险截面高度 $h = K\cos45° \approx 0.7K$ 来计算焊缝总的截面积 $0.7K\sum L$,对焊缝强度作抗剪条件性计算,受拉力或压力 F 时填角焊缝的强度条件为

$$\frac{F}{0.7K\sum L} \leqslant [\tau]' \quad (MPa) \tag{2-22}$$

式中:F 为作用力,N;K 为焊缝腰长,mm;$\sum L$ 为焊缝总长度 mm;$[\tau]'$ 为焊缝许用切应力,MPa。

焊缝的许用应力是由焊接工艺的质量、焊条和被焊件材料、载荷性质等决定的,对于静载荷下的焊缝许用应力参见表 2-7;对于变载荷,应将表中的许用应力乘一降低系数 γ,其值可查阅有关设计手册。尚需指出,建筑结构、船舶和锅炉制造等行业都有专门的设计规范,必须按各自行业规范选取焊缝的许用应力。

表 2-7　静载荷作用下焊缝的许用应力　　　　　　　　(单位:MPa)

应力种类	被焊件材料	
	Q215	Q235、Q225
压应力 $[\sigma_y]'$	200	210
拉应力 $[\sigma]'$	180(200)	180(210)
切应力 $[\tau]'$	140	140

注:① 本表适用于常用的手工电弧焊条 T42,其熔积金属的最低强度限为 420MPa。

② 括号中数值用于精确方法检查焊缝质量。

③ 对于单面焊接的角钢元件,上述许用值均降低 25%。

例 2-5　图 2-45(a) 所示焊联接,已知板的材料为 Q215,许用拉应力 $[\sigma]=250$MPa,板厚 $\delta=10$mm,板宽 $L=300$mm,焊缝腰长 $K=\delta$,采用 T42 焊条,求许可静拉力。

解:板的许用静拉力为 $\delta L[\sigma]=300\times10\times205=615$(kN);由表 2-7 查得焊缝许用切应力 $[\tau]'=140$MPa,由式(2-22)可得横向焊缝的许用静拉力为

$$0.7K\Sigma L[\tau]'=0.7\times10\times2\times300\times140=588(\text{kN})<615(\text{kN})$$

故该焊联接的许用静拉力应为 588kN。

顺便指出,焊缝强度与被焊件强度的比值称为强度系数 φ,本例中 $\varphi=\dfrac{588}{615}=95.6\%$。

三、黏接

黏接是用胶黏剂直接涂在被联接件的联接表面间、固着后黏合而成的一种联接。常用的胶黏剂有酚醛乙烯、聚氨酯、环氧树脂等。图 2-46 为黏接零件的实例。

黏接接头的设计如图 2-47 所示,应尽量使胶层受剪(图 2-47(a)),避免受到扯离(图 2-47(b))或剥离(图 2-47(c));为避免接头边缘的剥离,可采取加固定件(图 2-47(d))、卷边(图 2-47(e))和做成凹座(图 2-47(f))等措施。由于胶黏剂的强度一般低于金属零件强度,应使接头具有足够的黏接面积。

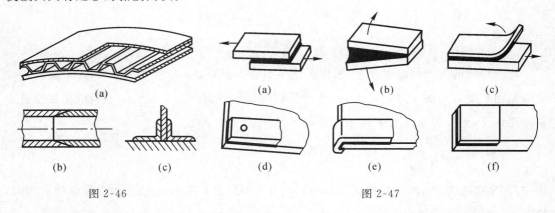

图 2-46　　　　　　　　　　　　　　　　图 2-47

黏接工艺较简单,避免铆、焊联接因钻孔、高温引起的应力集中,便于不同材料及极薄金

属间的联接,它有重量轻、耐腐蚀、密封性能好等特点;但黏接接头一般不宜在高温条件下工作;有的黏结剂对黏接表面有较高的清洁度要求,使得某些情况下很难采用;多数黏结剂价格较高且黏接可靠性与稳定性受环境影响较大,限制了它的应用。实践证明金属黏接与其他联接方法结合使用,能显著提高联接的强度,特别是抗疲劳性能,近年来黏 — 铆、黏 — 焊、黏 — 螺联接的应用日益广泛,黏接具有极好的发展前途。

§2-5 过盈联接

过盈联接是利用包容件(如轮毂)与被包容件(如轴)间存在过盈量(图2-48(a))实现的联接。如图 2-48(b) 所示,圆柱面过盈联接后,由于材料的弹性,在配合面之间的径向变形产生压力 p,工作时靠此压力伴随产生的摩擦力来传递转矩 T 和轴向力 F_a。过盈量不大时,一般用压入法装配,为方便压入,孔口和轴端的倒角尺寸均有一定的要求(图2-48(c))。过盈量大时,可用温差法装配,即加热包容件或冷却被包容件以形成装配间隙。用温差法装配,不像压入法那样会擦伤配合表面。在一般情况下,拆开过盈联接要用很大的力,常会使零件配合表面或整个零件损坏,故属不可拆联接。但如果装配过盈量不大,或者过盈量虽大而采取适当的装拆方法,则这种联接也是可拆的。过盈联接结构简单,同轴性好,对轴的削弱少,耐冲击的性能好,对配合面加工精度要求高。其承载能力主要取决于过盈量的大小。火车轮箍与轮芯、蜗轮齿圈与轮芯、滚动轴承内圈与轴均为过盈联接的实例。近年来利用高压油(约200MPa),压入联接的配合表面(常见的是图 2-49 所示圆锥面过盈联接),拆卸过盈联接,配合表面不受损坏,可实现多次装拆,应用日渐广泛。

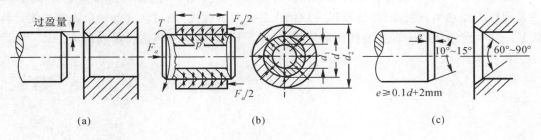

图 2-48

一些同轴度要求较高,受载较大,或者有冲击的轴与轮毂的联接(例如重载齿轮或蜗轮与轴的联接),为保证其联接可靠和同轴度要求,往往同时应用键(或销)联接和过盈联接。

圆柱面过盈联接(图 2-48(b))设计时,其承受的载荷以及被联接件的材料、构造和尺寸一般都已确定,设计的核心问题是根据所需的承载能力计算应有的过盈量并由此选择过盈配合。

现对传递载荷所需配合面间的最小压强 p 以及 p 与配合过盈量 δ 的关系这两个关键问题作点简介。

计算时假设零件的应变在弹性范围内;被联接件是两个等长的厚壁圆筒,其配合面间的压力均匀分布。

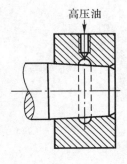

图 2-49

51

当载荷为轴向力 F_a，或为转矩 T，或两者同时作用，则联接中零件不发生相对滑动的条件分别为

$$\pi d l p f \geqslant F_a \quad (\text{N}) \tag{2-23}$$

$$\pi d l p f \frac{d}{2} \geqslant T \quad (\text{N} \cdot \text{mm}) \tag{2-24}$$

$$\pi d l p f \geqslant \sqrt{F_a^2 + \left(\frac{2T}{d}\right)^2} \quad (\text{N}) \tag{2-25}$$

以上三式中：F_a 为轴向力，N；T 为转矩，N·mm；d、l 为配合直径和长度，mm；p 为配合面间压强，MPa；f 为过盈联接的摩擦系数，影响其值的因素很多，一般计算时，对于钢和铸铁零件用压入法装配时取 0.80；用温差法装配时取 0.14。由以上三式可分别求出各自需要的最小压强 $p_{\min}$。

配合面间压强 p 与配合过盈量 δ 的关系为

$$p = \frac{\delta \times 10^{-3}}{d\left(\dfrac{c_1}{E_1} + \dfrac{c_2}{E_2}\right)} \quad (\text{MPa}) \tag{2-26}$$

式中：d 和 p 涵义同前；δ 为过盈量，μm；E_1、E_2 为两配合件材料的弹性模量，MPa；c_1、c_2 为简化计算而引用的系数，$c_1 = (d^2 + d_1^2)/(d^2 - d_1^2) - \mu_1$，$c_2 = (d_2^2 + d^2)/(d_2^2 - d^2) + \mu_2$，此处 μ_1、μ_2 为两配合件材料的泊松比。将由式(2-23)、式(2-24) 或式(2-25) 求出所需的最小压强 $p_{\min}$ 代入式(2-26)，可分别求出各自需要的最小过盈量 $\delta_{\min}$。考虑到用压入法装配时零件配合的表面不平波峰要被擦掉一些，所以确定实际所需最小过盈量应比以上计算所得 $\delta_{\min}$ 增大一些。

需要指出：以上计算是保证过盈联接具有足够的固持力(不滑移)，过盈量愈大，零件中的装配应力也愈高，过盈联接还要保证联接中各零件的强度，通过联接件的应力和强度计算使装配后配合表面间不发生塑性变形或断裂，限于篇幅，这里不再进行深入讨论。

第 3 章　　带传动

§3-1　带传动的组成、特点和应用

带传动通常由主动轮 1、从动轮 2 和张紧在两轮上的挠性传动带 3 所组成(图 3-1)。由于张紧,在静止时带已受到预拉力(称为张紧力),带和带轮的接触面间便产生一定的正压力。当主动轮 1 回转时,带和主动轮接触面间产生的摩擦力使带运动;同时带又靠与从动轮接触面间的摩擦力,驱使从动轮 2 回转,从而传递运动和动力。图示的带传动,两轴平行、同向回转,称为开口传动,是带传动最常见的传动形式。带传动还有一些其他形式,此处从略。

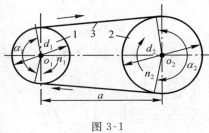

图 3-1

带与带轮的接触弧所对的中心角称为包角,相同条件下包角越大,带的摩擦力和能传递的功率也越大;包角是带传动中的一个重要参数。图 3-1 所示的开口传动中,设 d_1、d_2 分别为小带轮、大带轮的直轻,a 为中心距,L 为带长,α_1 为小带轮的包角,根据图示几何关系可得如下公式:

$$\alpha_1 \approx 180° - \frac{d_2 - d_1}{a} \cdot \frac{180°}{\pi} \tag{3-1}$$

$$L \approx 2a + \frac{\pi}{2}(d_2 + d_1) + \frac{(d_2 - d_1)^2}{4a} \tag{3-2}$$

$$a \approx \left\{ 2L - \pi(d_2 + d_1) + \sqrt{[2L - \pi(d_2 + d_1)]^2 - 8(d_2 - d_1)^2} \right\} / 8 \tag{3-3}$$

上述传动带按其横截面的形状是扁平矩形、等腰梯形和圆形,可分为平带(图 3-2(a))、V 带(图 3-2(b))和圆带(图 3-2(c))。平带的工作面为与轮面相接触的内周表面;V 带张紧在 V 带轮的楔形槽中,工作面为与轮槽相接触的两侧面(带与槽底并不接触)。根据 §2-1 中关于楔面摩擦的分析可知,在带与带轮材料的摩擦系数 f 以

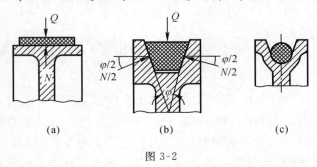

(a)　　　　(b)　　　　(c)

图 3-2

及压紧力 Q 相同的条件下,V 带与 V 带轮间产生的摩擦力比平带大,其当量摩擦系数为 f_v = $f/\sin\frac{\varphi}{2}$,φ 为 V 带轮槽的楔角。一般使用的平带为橡胶布带,并按需要截取长度,然后用胶合、金属皮带扣等方法连接成环形。运转时不如无接头的 V 带平稳,近年来已较少应用。圆带的牵引能力小,仅用于仪器及缝纫机等家用机械中。

带传动须保持在一定张紧力状态下工作;长期张紧会使带产生永久变形而松弛,导致张紧力减小、传动能力下降,因此带传动要控制并及时地调整张紧力。常用的张紧方法是调整中心距。对两轴平面为水平或近于水平的布置,可如图 3-3(a) 所示,用调整螺杆 1 使装有带轮的电动机沿滑轨 2 移动的方法调整;对两轴平面为垂直或近于垂直的布置,可如图 3-3(b) 所示,用调整螺杆 1 使装有带轮的电动机架 2 绕轴 O 摆动调整。在中小功率传动中也可如图 3-4 所示,利用电动机的自重实现张紧。当中心距不可调节时,可采用图 3-5 所示的张紧轮 1 实现张紧。图 3-3 所示张紧装置需定期调整松紧程度,而图 3-4、图 3-5 所示张紧装置则是自动张紧。

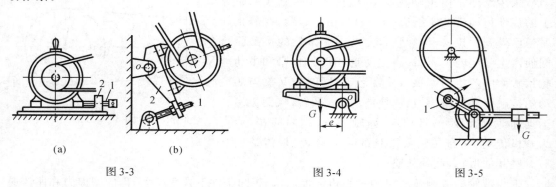

图 3-3   图 3-4   图 3-5

带传动具有中间挠性件并靠摩擦力工作,它能缓和冲击,吸收振动,传动较平稳,噪声小,过载时带在带轮上的打滑可以防止其他机件损坏,结构简单,能运用于中心距较大的传动。但带传动工作中有弹性滑动,使传动效率降低,不能准确保持主动轴和从动轴的转速比(即传动比)关系;传动的外廓尺寸大;由于需要张紧,使轴上受力较大;此外,带传动可能因摩擦起电、产生火花,不能用于易燃易爆的场所。

目前 V 带传动应用最广,传动比 i 一般不超过 7(少数可达 10),带速一般为 $v = 5 \sim$ 25m/s。某些高速机械中,采用毛织、丝织和橡胶合成纤维制成的薄而轻的无接头的高速平带传动,其带速最高可达 $60 \sim 100$m/s。本章主要介绍 V 带传动。

§3-2 V 带和 V 带轮

图 3-6 所示为 V 带结构,它由强力层、压缩层和包封层组成。强力层有帘布的(图 3-6(a))和线绳的(图 3-6(b))两种。线绳结构比较柔软,可以配用较小的带轮。

V 带有多种类型,应用最广的是普通 V 带。普通 V 带已标准化,有 Y、Z、A、B、C、D、E 七种型号。各种型号的截面尺寸及 V 带轮的轮槽尺寸见表 3-1。V 带制成原始截面楔角 θ 为 40° 的无接头的环形。当带在垂直其横截面底边弯曲时,带中保持原长度的任一周线称为节线;

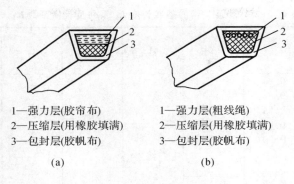

1—强力层(胶帘布)　　1—强力层(粗线绳)
2—压缩层(用橡胶填满)　2—压缩层(用橡胶填满)
3—包封层(胶帆布)　　　3—包封层(胶帆布)

　　　　(a)　　　　　　　　(b)

图 3-6

所有节线构成的面称为节面。带的节面宽度称为节宽(以 b_p 表示,见表 3-1);带弯曲时,节宽亦保持不变。带弯曲时,节面外侧受拉伸长,其横向相应收缩;内侧受压缩短,其横向扩张,致使 V 带横截面变形,楔角 θ 变小。为保证变形后带仍可贴紧在轮槽两侧面上,应将轮槽楔角 φ 适当减小,见表 3-1。与 V 带节宽 b_p 相应的 V 带轮直径 d_d 称为基准直径。V 带在规定张紧力下,位于测量带轮基准直径上的周线长称为基准长度。V 带的基准长度用 L_d 表示,其长度系列见表 3-2。式(3-1)～式(3-3)表明的几何关系中的 d_1、d_2 和 L,对 V 带传动,应分别为 d_{d1}、d_{d2} 和 L_d。计算传动比 i 和带速 v 时亦应以基准直径 d_d 代入。

表 3-1　普通 V 带的截面尺寸和 V 带轮轮缘尺寸

型号	Y	Z	A	B	C	D	E
b_p(mm)	5.3	8.5	11.0	14.0	19.0	27.0	32.0
b(mm)	6	10	13	17	22	32	38
h(mm)	4	6	8	10.5	13.5	19	23.5
θ	40°						
每米带长质量 q(kg/m)	0.04	0.06	0.10	0.17	0.30	0.60	0.87
h_0(mm)	6.3	9.5	12	15	20	28	33
h_{amin}(mm)	1.6	2.0	2.75	3.5	4.8	8.1	9.6
e(mm)	8	12	15	19	25.5	37	44.5
f(mm)	7	8	10	12.5	17	23	29
b_d(mm)	5.3	8.5	11.0	14.0	19.0	27.0	32.0
δ(mm)	5	5.5	6	7.5	10	12	15
B(mm)	$B = (z-1)e + 2f$　z 为带根数						
φ 32° 对应的 d_d	≤ 60	—	—	—	—	—	—
34°	—	≤ 80	≤ 118	≤ 190	≤ 315	—	—
36°	> 60	—	—	—	—	≤ 475	≤ 600
38°	—	> 80	> 118	> 190	> 315	> 475	> 600

表 3-2 普通 V 带的基准长度 L_d 系列及长度系数 K_L

L_d mm \ K_L 型号	Y	Z	A	B	C	D	E
200	0.81						
224	0.82						
250	0.84						
280	0.87						
315	0.89						
355	0.92						
400	0.96	0.87					
450	1.00	0.89					
500	1.02	0.91					
560		0.94					
630		0.96	0.81				
710		0.99	0.83				
800		1.00	0.85				
900		1.03	0.87	0.82			
1000		1.06	0.89	0.84			
1120		10.8	0.91	0.86			
1250		1.11	0.93	0.88			
1400		1.14	0.96	0.90			
1600		1.16	0.99	0.92	0.83		
1800		1.18	1.01	0.95	0.86		
2000			1.03	0.98	0.88		
2240			1.06	1.00	0.91		
2500			1.09	1.03	0.93		
2800			1.11	1.05	0.95	0.83	
3150			1.13	1.07	0.97	0.86	
3550			1.17	1.09	0.99	0.89	
4000			1.19	1.13	1.02	0.91	
4500				1.15	1.04	0.93	0.90
5000				1.18	1.07	0.96	0.92
5600					1.09	0.98	0.95
6300					1.12	1.00	0.97
7100					1.15	1.03	1.00
8000					1.18	1.06	1.02
9000					1.21	1.08	1.05
10000					1.23	1.11	1.07

　　带速 $v \leqslant 30\mathrm{m/s}$ 的带传动,带轮一般用铸铁 HT150 或 HT200 制造;带速更高以及特别重要的场合可用钢制带轮。为了减轻带轮的重量,也可用铝合金及工程塑料。

　　带轮的结构如图 3-7 所示,它通常由轮缘、轮毂和轮辐组成。轮缘是带轮安装传动带的外缘环形部分。V 带轮轮缘制有与带的根数、型号相对应的轮槽。轮缘尺寸见表 3-1。轮毂是带轮与轴相配的包围轴的部分。轮缘与轮毂之间的相连部分称为轮辐。中等直径的带轮可用腹板式(图 3-7(a)),直径大于 300mm 时可用椭圆轮辐式(图 3-7(b))。直径很小的带轮其轮缘与轮毂直接相连,不再有轮辐部分,称为实心式带轮(图 3-7(c))。带轮其他结构尺寸可参照图 3-7 所列经验公式确定。

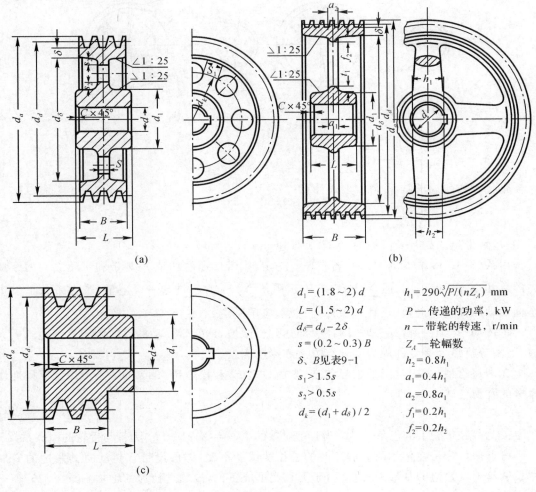

$$d_1 = (1.8 \sim 2)\,d$$
$$L = (1.5 \sim 2)\,d$$
$$d_\delta = d_d - 2\delta$$
$$s = (0.2 \sim 0.3)\,B$$
$$\delta、B 见表9-1$$
$$s_1 > 1.5s$$
$$s_2 > 0.5s$$
$$d_k = (d_1 + d_\delta)/2$$

$$h_1 = 290\sqrt[3]{P/(nZ_A)}\ \text{mm}$$
P —— 传递的功率,kW
n —— 带轮的转速,r/min
Z_A —— 轮辐数
$$h_2 = 0.8h_1$$
$$a_1 = 0.4h_1$$
$$a_2 = 0.8a_1$$
$$f_1 = 0.2h_1$$
$$f_2 = 0.2h_2$$

图 3-7

§3-3　带传动的受力分析和应力分析

如图 3-8(a)所示,带张紧在带轮上,带的两边将受到相同的预拉力 F_0,同时在带与轮的接触面上产生正压力。当主动轮 1 在转矩 T_1 作用下以转速 n_1 转动时,在带与带轮接触面上将产生摩擦力;由于摩擦力的作用,驱动从动轮 2 克服阻力矩 T_2 并以转速 n_2 回转(图 3-8(b))。在传动中两轮作用在带上的摩擦力方向如图 3-8(b)所示,这就使进入主动轮一边的带进一步拉紧,拉力从 F_0 增至 F_1;绕出主动轮一边的带则相应放松一些,拉力从 F_0 降至 F_2,从而形成了紧边和松边。紧边和松边的拉力之差 $F_1 - F_2$ 即为所传递的有效圆周力 F。带

传动的有效圆周力 F，数值上应与带和带轮接触面上各点摩擦力的总和 $\sum F_f$ 相等。若不计效率，根据力矩平衡条件可得

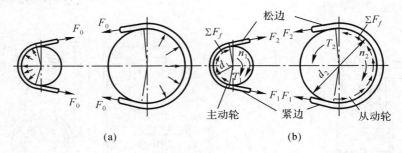

图 3-8

$$F = F_1 - F_2 = \sum F_f = 2T_1/d_1 = 2T_2/d_2 \qquad (3\text{-}4)$$

带传动所传递的功率 P 按下式计算

$$P = \frac{Fv}{1000} \quad (\text{kW}) \qquad (3\text{-}5)$$

式中：F 为带传动的有效圆周力，N；v 为带速，m/s。

由式(3-4)和式(3-5)可知，若带速 v 一定，则带传递的功率 P 与带和带轮之间的摩擦力的总和 $\sum F_f$ 成正比。但 $\sum F_f$ 存在一极限值 $\sum F_{\text{lim}}$，超过这一极限值，带在带轮上发生全面滑动而使传动失效。这种现象称为打滑，应予避免。

带传动中当有打滑趋势时，摩擦力即达到极限值，这时带传动的有效圆周力亦达到最大值。下面分析最大有效圆周力的计算方法和影响因素。

在即将打滑、尚未打滑的临界状态，紧边拉边 F_1 和松边拉力 F_2 的关系可用计算挠性体摩擦的欧拉公式表示，即

$$F_1/F_2 = \mathrm{e}^{fa} \qquad (3\text{-}6)$$

式中：α 为带在带轮上的包角，rad；e 为自然对数的底，$\mathrm{e} = 2.718\cdots$；f 为带与带轮的摩擦系数。

可近似认为带在传动时和静止时的总长度保持不变，即假设带在传动时其紧边的变形伸长量等于其松边的变形减短量，由于力和变形成正比，故紧边拉力的增加量 $F_1 - F_0$ 等于松边拉力的减小量 $F_0 - F_2$，即 $F_1 - F_0 = F_0 - F_2$，也即

$$F_1 + F_2 = 2F_0 \qquad (3\text{-}7)$$

由式(3-4)、式(3-6)和式(3-7)可得

$$\left. \begin{aligned} F &= F_1 - F_2 = F_1 \left(1 - \frac{1}{\mathrm{e}^{fa}} \right) \\ F &= 2F_0 \left(\frac{\mathrm{e}^{fa} - 1}{\mathrm{e}^{fa} + 1} \right) \end{aligned} \right\} \qquad (3\text{-}8)$$

由式(3-8)可求得最大有效圆周力 F（即摩擦力总和的极限值 $\sum F_{\text{lim}}$），它随预拉力 F_0、带在带轮上的包角 α 及带与带轮间的摩擦系数 f 的增大而增大。对于 V 带传动，式(3-8)中的摩擦系数 f 应为当量摩擦系数 $f_v (= f/\sin \frac{\varphi}{2})$。

式(3-6)可用平带为例推导得出。如图 3-9 所示，在带上截取一微段 $\mathrm{d}l$，$\mathrm{d}l$ 所对的带轮中心角为 $\mathrm{d}\alpha$，设

微段两端的拉力分别为 F 和 $F + dF$,带轮对该微段的正压力为 dN,则带与带轮间的摩擦力为 $f \cdot dN$。若略去离心力的影响,根据微段带上的法向力和切向力的平衡条件得

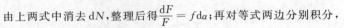

图 3-9

$$F \sin \frac{d\alpha}{2} + (F + dF) \sin \frac{d\alpha}{2} - dN = 0 \left.\right\}$$
$$F \cos \frac{d\alpha}{2} - (F + dF) \cos \frac{d\alpha}{2} + f dN = 0 \left.\right\}$$

因 $d\alpha$ 很小,可取 $\sin \frac{d\alpha}{2} \approx \frac{d\alpha}{2}$、$\cos \frac{d\alpha}{2} \approx 1$,并略去高阶微量

$dF \sin \frac{d\alpha}{2}$,整理后得

$$dN = F d\alpha \left.\right\}$$
$$f dN = dF \left.\right\}$$

由上两式中消去 dN,整理后得 $\frac{dF}{F} = f d\alpha$;再对等式两边分别积分,

积分区间分别为 F_2 到 F_1 和 0 到 α,即得 $\frac{F_1}{F_2} = e^{f\alpha}$。

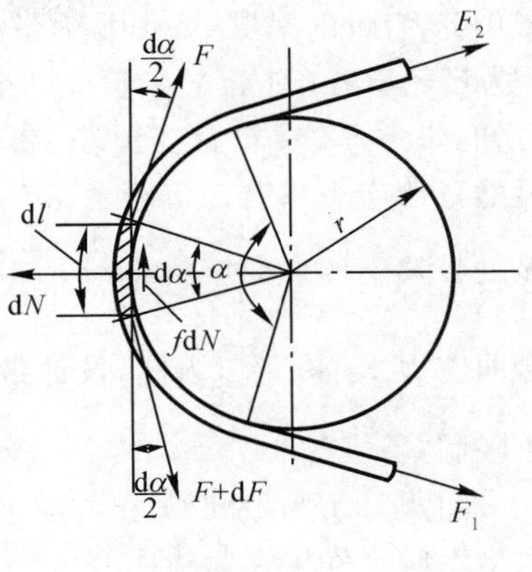

带传动工作时,在带中将产生下述三种应力:

1) 由拉力产生的拉应力

$$\text{紧边拉应力} \quad \sigma_1 = \frac{F_1}{A} \quad (\text{MPa}) \left.\right\}$$

$$\text{松边拉应力} \quad \sigma_2 = \frac{F_2}{A} \quad (\text{MPa}) \left.\right\} \qquad (3\text{-}9)$$

式中:A 为带的横截面面积,mm^2;F_1、F_2 分别为紧边和松边拉力,N。

传动带在绕过主动轮时,拉应力由 σ_1 逐渐降为 σ_2,绕过从动轮时则相反,拉应力由 σ_2 逐渐增大为 σ_1。

2) 由离心力产生的拉应力

带在绕过带轮时作圆周运动,绕过带轮上的带将产生离心力。离心力将使带受到拉力。此拉力在带的所有横截面上产生的拉应力 σ_c 为

$$\sigma_c = \frac{qv^2}{A} \quad (\text{MPa}) \qquad (3\text{-}10)$$

式中:q 为每米带长的质量,kg/m;v 为带速,m/s;A 为带的横截面面积,mm^2。

上式表明,q 和 v 愈大,σ_c 愈大;因此,普通 V 带传动带速不宜过高,高速传动则应采用薄而轻的高速带。

式(3-10) 的推导见图 3-10,取带长为 dl 的微段,其上产生的离心力为 $dF_v = q(r d\alpha) \cdot \frac{v^2}{r} = qv^2 d\alpha$,离心力 dF_v 使微段带两端产生拉力 F_c,根据力的平衡条件得

$$2F_c \sin \frac{d\alpha}{2} = dF_v = qv^2 d\alpha$$

因 $d\alpha$ 很小,可取 $\sin \frac{d\alpha}{2} \approx \frac{d\alpha}{2}$,则得 $F_c = qv^2$,故得离心拉应力 $\sigma_c = \frac{F_c}{A} = \frac{qv^2}{A}$。

3) 带绕过带轮时产生的弯曲应力

带在带轮上弯曲而产生的弯曲应力 σ_b,由材料力学可知

$$\sigma_b \approx \frac{Eh}{d} \quad (\text{MPa}) \qquad (3\text{-}11)$$

式中:h 为带的厚度,mm;E 为带材料的弹性模量,MPa;
d 为带轮直径(对于 V 带轮为基准直径 d_d),mm。由上式
可知,带愈厚、带轮直径愈小,带所受弯曲应力就愈大。
显然弯曲应力只有在带绕上带轮时才发生,且小带轮包
弧处带发生的弯曲应力 $\sigma_{b1} \approx \dfrac{Eh}{d_1}$ 大于大带轮包弧处的

弯曲应力 $\sigma_{b2} \approx \dfrac{Eh}{d_2}$,为此,设计带传动时,小带轮直径应
予限制,不宜过小。

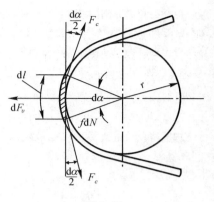

图 3-10

图 3-11 所示为带工作时应力在带上的分布情况。带
中最大应力发生在紧边刚绕入小带轮处,其值为

$$\sigma_{\max} = \sigma_1 + \sigma_c + \sigma_{b1} \quad (\text{MPa}) \qquad (3\text{-}12)$$

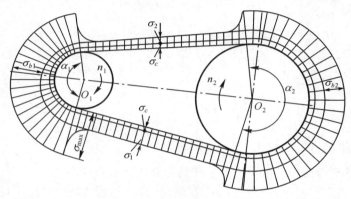

图 3-11

由图 3-11 还可看出,带某一截面上的应力是随该截面在运行中所处的位置而变化的,
即带在变应力下工作,带每绕转一周,任一截面上的应力周期性地变化一次。如果每秒钟内
带的绕行次数 u($u = v/L$,v 为带速,m/s;L 为带长,m)多、$\sigma_{\max}$ 大,则易使带发生脱层、撕裂
等疲劳破坏,降低带的寿命。

§3-4　带传动的弹性滑动和打滑

　　传动带是弹性体,在拉力作用下产生弹性伸长。工作时由于紧边拉力 F_1 大于松边拉力
F_2,因此紧边的单位伸长量 $\varepsilon_{F1} = F_1/(AE)$ 大于松边的单位伸长量 $\varepsilon_{F2} = F_2/(AE)$,式中 A
为带的横截面面积,E 为带材料的弹性模量。如图 3-12 所示,带在进入主动轮后由 a_1 点转到
c_1 点的过程中,拉力 F_1 逐渐减小为 F_2,带的单位伸长量也随之逐渐减小。由于这种带的单位
伸长量逐渐减小的现象是发生在与带轮相接触部分的带上,这就使带与带轮间发生向后的
相对滑动,主动轮上带的某截面的线速度 v 由与主动轮圆周速度 v_1 相等逐渐减小到 v'。这种
由带的弹性变形引起的相对滑动称为弹性滑动。同理,在从动轮上也存在弹性滑动,只是情
况相反,带相对于从动轮产生超前的相对滑动,带自 a_2 点向 c_2 点的运转过程中,带的线速度

由 v'（亦即从动轮的圆周速度 v_2），逐渐增大到 v（亦即主动轮的周围速度 v_1）。带传动出现的弹性滑动，使从动轮的圆周速度 v_2 低于主动轮的圆周速度 v_1。v_1 和 v_2 的差值随载荷的变化而变化，传递的载荷越大，拉力差 F_1-F_2 也越大，紧边和松边的单位伸长量之差也越大，导致 v_1 和 v_2 差值越大。弹性滑动引起的从动轮圆周速度降低率称为带传动的滑动率，以 ε 表示

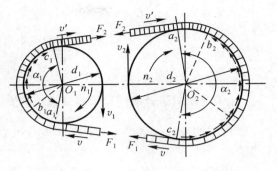

图 3-12

$$\varepsilon = \frac{v_1 - v_2}{v_1} \times 100\% \tag{3-13}$$

其中
$$\left.\begin{array}{l} v_1 = \dfrac{\pi d_1 n_1}{60 \times 1000} \quad (\text{m/s}) \\[3mm] v_2 = \dfrac{\pi d_2 n_2}{60 \times 1000} \quad (\text{m/s}) \end{array}\right\} \tag{3-14}$$

式中：n_1、n_2 为主动轮和从动轮转速，r/min；d_1、d_2 为主动轮和从动轮直径，mm。由此可得从动轮的实际转速 n_2 和带传动的实际传动比 i 为

$$n_2 = \frac{d_1 n_1 (1-\varepsilon)}{d_2} \tag{3-15}$$

$$i = \frac{n_1}{n_2} = \frac{d_2}{d_1(1-\varepsilon)} \tag{3-16}$$

式（3-14）～ 式（3-16）中的 d_1、d_2，对 V 带传动应改为 d_{d1}、d_{d2}。

滑动率 ε 随传递的载荷变化而变化，不是定值。弹性滑动使带传动不能保持准确的传动比，引起带的磨损，降低传动效率。传动正常工作时，滑动率一般为 $\varepsilon \approx (1 \sim 2)\%$；由于 ε 值不大，在一般计算中可略去不计，而取传动比 i 和带速 v 为

$$i = \frac{n_1}{n_2} \approx \frac{d_2}{d_1} \tag{3-17}$$

$$v \approx v_1 = \frac{\pi d_1 n_1}{60 \times 1000} \approx v_2 \quad (\text{m/s}) \tag{3-18}$$

需要着重指出的是：弹性滑动和打滑是两个截然不同的概念。弹性滑动是由带工作时紧边和松边存在拉力差，使带的两边弹性变形量不相等，从而引起的带与轮之间局部而微小的相对滑动，这是带传动在正常工作时固有的特性，因而是不可避免的。打滑则是由于过载而引起的带在带轮上的全面滑动。打滑时带的磨损加剧，从动轮转速急剧降低甚至停止运动，致使传动失效。打滑是不希望产生的，在传动设计时已予以防止，正常运行是不会发生的。

在正常情况下，带在轮上的弹性滑动并不是发生在全部包角的接触弧上。当传递的有效圆周力较小时，弹性滑动只发生在带由主、从动轮上离开以前的那一部分接触弧上，例如 $\overset{\frown}{c_1 b_1}$ 和 $\overset{\frown}{c_2 b_2}$（图 3-12），并把它们称为滑动弧，其所对的中心角称为滑动角；而未发生弹性滑动的接触弧 $\overset{\frown}{b_1 a_1}$、$\overset{\frown}{b_2 a_2}$ 则称为静弧，所对的中心角称为静角。随着有效圆周力的增大，弹性滑动的区段也将扩大。当弹性滑动的区段扩大到整个接触弧，即相当于 b_1 点移动到和 a_1 点重合，或 b_2 点移动到和 a_2 点重合时，带传动的有效圆周力达到最大值，即达到极限摩擦力之总和。如果工作载荷再进一步增大，则带在带轮上就将发生全面滑动，也即产生打滑。对于开口传动，带在小轮上的包角总是小于大轮上的包角，所以打滑一般发生在小轮上。

§3-5 普通 V 带传动的设计计算

一、带传动的设计准则和单根普通 V 带的许用功率

带传动的主要失效形式是打滑和疲劳破坏。所以带传动的设计准则应为:在保证带传动不打滑的条件下,具有一定的疲劳强度和寿命。

为使带具有一定的疲劳强度和寿命,应使 $\sigma_{max} = \sigma_1 + \sigma_{b1} + \sigma_c \leqslant [\sigma]$,即

$$\sigma_1 \leqslant [\sigma] - \sigma_{b1} - \sigma_c \quad (MPa) \tag{3-19}$$

式中:$[\sigma]$ 为在一定条件下由带的疲劳强度所决定的许用应力,MPa;其他符号的意义同前。

为保证带传动不打滑,则最大有效圆周力为

$$F = F_1 - F_2 = F_1(1 - \frac{1}{e^{f\alpha_1}}) = \sigma_1 A(1 - \frac{1}{e^{f\alpha_1}})$$

将式(3-19)代入上式,得

$$F = ([\sigma] - \sigma_{b1} - \sigma_c)A(1 - \frac{1}{e^{f\alpha_1}}) \quad (N) \tag{3-20}$$

所以,单根普通 V 带所能传递的功率为

$$P_0 = \frac{Fv}{1000} = ([\sigma] - \sigma_{b1} - \sigma_c)(1 - \frac{1}{e^{f_v\alpha_1}}) \frac{Av}{1000} \quad (kW) \tag{3-21}$$

在包角 $\alpha_1 = 180°$、特定带长、载荷平稳的条件下,Z、A、B、C、D 型单根普通 V 带的 P_0 值可由表 3-3 查得,其余截型的 P_0 可由设计手册查得。

表 3-3 单根普通 V 带的基本额定功率 P_0　　　　　　(单位:kW)

型号	小带轮基准直径 d_{d1}(mm)	小带轮转速 n_1(r/min)											
		400	700	800	950	1200	1450	1600	2000	2400	2800	3200	3600	4000
Z	50	0.06	0.09	0.10	0.12	0.14	0.16	0.17	0.20	0.22	0.26	0.28	0.30	0.32
	56	0.06	0.11	0.12	0.14	0.17	0.19	0.20	0.25	0.30	0.33	0.35	0.37	0.39
	63	0.08	0.13	0.15	0.18	0.22	0.25	0.27	0.32	0.37	0.41	0.45	0.47	0.49
	71	0.09	0.17	0.20	0.23	0.27	0.30	0.33	0.39	0.46	0.50	0.54	0.58	0.61
	80	0.14	0.20	0.22	0.26	0.30	0.35	0.39	0.44	0.50	0.56	0.61	0.64	0.67
	90	0.14	0.22	0.24	0.28	0.33	0.39	0.40	0.48	0.54	0.60	0.64	0.68	0.72
A	75	0.26	0.40	0.45	0.51	0.60	0.68	0.73	0.84	0.92	1.00	1.04	1.08	1.09
	90	0.39	0.61	0.68	0.77	0.93	1.07	1.15	1.34	1.50	1.64	1.75	1.83	1.87
	100	0.47	0.74	0.83	0.95	1.14	1.32	1.42	1.66	1.87	2.05	2.19	2.28	2.34
	112	0.56	0.90	1.00	1.15	1.39	1.61	1.74	2.04	2.30	2.51	2.68	2.78	2.83
	125	0.67	1.07	1.19	1.37	1.66	1.92	2.07	2.44	2.74	2.98	3.16	3.26	3.28
	140	0.78	1.26	1.41	1.62	1.96	2.28	2.45	2.87	3.22	3.48	3.65	3.72	3.67
	160	0.94	1.51	1.69	1.95	2.36	2.73	2.54	3.42	3.80	4.06	4.19	4.17	3.98
	180	1.09	1.76	1.97	2.27	2.74	3.16	3.40	3.93	4.32	4.54	4.58	4.40	4.00

型号	小带轮基准直径 d_{d1} (mm)	小带轮转速 n_1 (r/min)												
		400	700	800	950	1200	1450	1600	2000	2400	2800	3200	3600	4000
B	125	0.84	1.30	1.44	1.64	1.93	2.19	2.33	2.64	2.85	2.96	2.94	2.80	2.51
	140	1.05	1.64	1.82	2.08	2.47	2.82	3.00	3.42	3.70	3.85	3.83	3.63	3.24
	160	1.32	2.09	2.32	2.66	3.17	3.62	3.86	4.40	4.75	4.89	4.80	4.46	3.82
	180	1.59	2.53	2.81	3.22	3.85	4.39	4.68	5.30	5.67	5.76	5.52	4.92	3.92
	200	1.85	2.96	3.30	3.77	4.50	5.13	5.46	6.13	6.47	6.43	5.95	4.98	3.47
	224	2.17	3.47	3.86	4.42	5.26	5.97	6.33	7.02	7.25	6.95	6.05	4.47	2.14
	250	2.50	4.00	4.46	5.10	6.04	6.82	7.20	7.87	7.89	7.14	5.60	5.12	
	280	2.89	4.61	5.13	5.85	6.90	7.76	8.13	8.60	8.22	6.80	4.26	—	
C	200	2.41	3.69	4.07	4.58	5.29	5.84	6.07	6.34	6.02	5.01	3.23	—	
	224	2.99	4.64	5.12	5.78	6.71	7.45	7.75	8.06	7.57	6.08	3.57	—	
	250	3.62	5.64	6.32	7.04	8.21	9.04	9.38	9.62	8.75	6.56	2.93	—	
	280	4.32	6.76	7.52	8.49	9.81	10.72	11.06	11.04	9.50	6.13	—	—	
	315	5.14	8.09	8.92	10.05	11.53	12.46	12.72	12.14	9.43	4.16	—	—	
	355	6.05	9.50	10.46	11.73	13.31	14.12	14.19	12.59	7.98	—	—	—	
	400	7.06	11.02	12.10	13.48	15.04	15.53	15.24	11.95	4.34	—	—	—	
	450	8.20	12.63	13.80	15.23	16.59	16.47	15.57	9.64	—	—	—	—	
D	355	9.24	13.70	14.83	16.15	17.25	16.77	15.63	—	—	—	—	—	
	400	11.45	17.07	18.46	20.06	21.20	20.15	18.31	—	—	—	—	—	
	450	13.85	20.63	22.25	24.01	24.84	22.02	19.59	—	—	—	—	—	
	500	16.20	23.99	25.76	27.50	26.71	23.59	18.88	—	—	—	—	—	
	560	18.95	27.73	29.55	31.04	29.67	22.58	15.13	—	—	—	—	—	
	630	22.05	31.68	33.38	34.19	30.15	18.06	6.25	—	—	—	—	—	
	710	25.45	35.59	36.87	36.35	27.88	7.99	—	—	—	—	—	—	
	800	29.08	39.14	39.55	36.76	21.32	—	—	—	—	—	—	—	

　　带传动实际使用条件与上述特定条件不同时,应对 P_0 值加以修正。修正后即得实际使用条件下、单根普通 V 带所能传递的功率,称为许用功率,以 $[P_0]$ 表示

$$[P_0] = (P_0 + \Delta P_0) K_\alpha K_L \quad (kW) \tag{3-22}$$

式中:K_α 为包角系数,考虑当 $\alpha_1 \neq 180°$ 时对传动能力的影响,其值见表 3-4;K_L 为带长度系数,考虑带不等于特定长度时对传动的影响,其值查表 3-2;ΔP_0 为功率增量,考虑传动比 $i \neq 1$ 时,带在大带轮上的弯曲应力较小,在同等寿命下 P_0 应有所提高。Z、A、B、C、D 型单根普通 V 带的 ΔP_0 值见表 3-5,其余查手册。

表 3-4　包角系数 K_α

小轮包角 α_1	180°	175°	170°	165°	160°	155°	150°	145°	140°	135°	130°	125°	120°	110°	100°	90°
K_α	1.00	0.99	0.98	0.96	0.95	0.93	0.92	0.91	0.89	0.88	0.86	0.84	0.82	0.78	0.74	0.69

表 3-5　考虑 $i \neq 1$ 时单根普通 V 带额定功率的增量 ΔP_0　　　　kW

型号	传动比 i	小带轮转速 n_1(r/min)												
		400	700	800	950	1200	1450	1600	2000	2400	2800	3200	3600	4000
Z	1.02～1.04	0.00				0.00	0.00				0.01		0.02	0.02
	1.05～1.08			0.00	0.00				0.01					0.03
	1.09～1.12		0.00				0.01	0.01		0.02	0.02		0.03	
	1.13～1.18				0.01	0.01						0.03		0.04
	1.19～1.24								0.02		0.03			
	1.25～1.34			0.01				0.02		0.03			0.04	
	1.35～1.50		0.01			0.02	0.02		0.03		0.04	0.04		0.05
	1.51～1.99			0.02	0.02			0.03		0.04			0.05	
	≥2		0.02			0.03		0.03	0.04			0.05		0.06
A	1.02～1.04	0.01	0.01	0.01	0.01	0.02	0.02	0.02	0.03	0.03	0.04	0.04	0.05	0.05
	1.05～1.08	0.01	0.02	0.02	0.03	0.03	0.04	0.04	0.06	0.07	0.08	0.09	0.10	0.11
	1.09～1.12	0.02	0.03	0.03	0.04	0.05	0.06	0.06	0.08	0.10	0.11	0.13	0.15	0.16
	1.13～1.18	0.02	0.04	0.04	0.05	0.07	0.08	0.09	0.11	0.13	0.15	0.17	0.19	0.22
	1.19～1.24	0.03	0.05	0.05	0.06	0.08	0.09	0.11	0.13	0.16	0.19	0.22	0.24	0.27
	1.25～1.34	0.03	0.06	0.06	0.07	0.10	0.11	0.13	0.16	0.19	0.23	0.26	0.29	0.32
	1.35～1.51	0.04	0.07	0.08	0.08	0.11	0.13	0.15	0.19	0.23	0.26	0.30	0.34	0.38
	1.52～1.99	0.04	0.08	0.09	0.10	0.13	0.15	0.17	0.22	0.26	0.30	0.34	0.39	0.43
	≥2	0.05	0.09	0.10	0.11	0.15	0.17	0.19	0.24	0.29	0.34	0.39	0.44	0.48
B	1.02～1.04	0.01	0.02	0.03	0.03	0.04	0.05	0.06	0.07	0.08	0.10	0.11	0.13	0.14
	1.05～1.08	0.03	0.05	0.06	0.07	0.08	0.10	0.11	0.14	0.17	0.20	0.23	0.25	0.28
	1.09～1.12	0.04	0.07	0.08	0.10	0.13	0.15	0.17	0.21	0.25	0.29	0.34	0.38	0.42
	1.13～1.18	0.06	0.10	0.11	0.13	0.17	0.20	0.23	0.28	0.34	0.39	0.45	0.51	0.56
	1.19～1.24	0.07	0.12	0.14	0.17	0.21	0.25	0.28	0.35	0.42	0.49	0.56	0.63	0.70
	1.25～1.34	0.08	0.15	0.17	0.20	0.25	0.31	0.34	0.42	0.51	0.59	0.68	0.76	0.84
	1.35～1.51	0.10	0.17	0.20	0.23	0.30	0.36	0.39	0.49	0.59	0.69	0.79	0.89	0.99
	1.52～1.99	0.11	0.20	0.23	0.26	0.34	0.40	0.45	0.56	0.68	0.79	0.90	1.01	1.13
	≥2	0.13	0.22	0.25	0.30	0.38	0.46	0.51	0.63	0.76	0.89	1.01	1.14	1.27
C	1.02～1.04	0.04	0.07	0.08	0.09	0.12	0.14	0.16	0.20	0.23	—	—	—	—
	1.05～1.08	0.08	0.14	0.16	0.19	0.24	0.28	0.31	0.39	0.47	—	—	—	—
	1.09～1.12	0.12	0.21	0.23	0.27	0.35	0.42	0.47	0.59	0.70	—	—	—	—
	1.13～1.18	0.16	0.27	0.31	0.37	0.47	0.58	0.63	0.78	0.94	—	—	—	—
	1.19～1.24	0.20	0.34	0.39	0.47	0.59	0.71	0.78	0.98	1.18	—	—	—	—
	1.25～1.34	0.23	0.41	0.47	0.56	0.70	0.85	0.94	1.17	1.41	—	—	—	—
	1.35～1.51	0.27	0.48	0.55	0.65	0.82	0.99	1.10	1.37	1.65	—	—	—	—
	1.52～1.99	0.31	0.55	0.63	0.74	0.94	1.14	1.25	1.57	1.88	—	—	—	—
	≥2	0.35	0.62	0.71	0.83	1.06	1.27	1.41	1.76	2.12	—	—	—	—
D	1.02～1.04	0.10	0.24	0.28	0.33	0.42	0.51	0.56	—	—	—	—	—	—
	1.05～1.08	0.21	0.49	0.56	0.66	0.84	1.01	1.11	—	—	—	—	—	—
	1.09～1.12	0.31	0.73	0.83	0.99	1.25	1.51	1.67	—	—	—	—	—	—
	1.13～1.18	0.42	0.97	1.11	1.32	1.67	2.02	2.23	—	—	—	—	—	—
	1.19～1.24	0.52	1.22	1.39	1.60	2.09	2.52	2.78	—	—	—	—	—	—
	1.25～1.34	0.62	1.46	1.67	1.92	2.50	3.02	3.33	—	—	—	—	—	—
	1.35～1.51	0.73	1.70	1.95	2.31	2.92	3.52	3.89	—	—	—	—	—	—
	1.52～1.99	0.83	1.95	2.22	2.64	3.34	4.03	4.45	—	—	—	—	—	—
	≥2	0.94	2.19	2.50	2.97	3.75	4.53	5.00	—	—	—	—	—	—

二、普通 V 带传动的设计计算及参数选择

设计 V 带传动的依据一般是:传动用途,工作情况,带轮转速,传递的功率,外廓尺寸和空间位置条件等。通过设计计算需要确定的是:V 带的型号、长度和根数,带轮直径及结构,中心距,以及带对轮轴的作用力等。

普通 V 带传动的设计计算步骤如下:

1. 选择 V 带型号

一般是根据计算功率 P_c 和小带轮转速 n_1,由图 3-13 选取 V 带型号。计算功率 P_c 由下式确定

$$P_c = K_A P \quad (\text{kW}) \tag{3-23}$$

式中:P 为需要传递的名义功率,kW;K_A 为工作情况系数,见表 3-6。

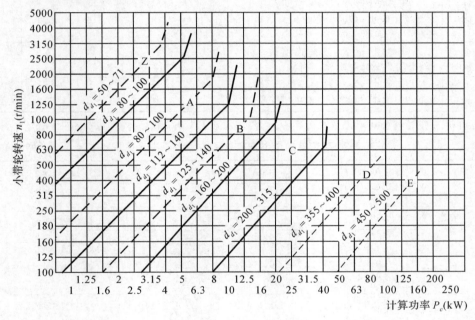

图 3-13

2. 确定带轮的基准直径 d_{d1}、d_{d2}

小带轮基准直径 d_{d1} 宜选得大些,可减小带的弯曲应力,有利于延长带的寿命;在传递的转矩一定时,d_{d1} 选大一些可降低带工作时的圆周力,从而可以减少带的根数。通常小轮直径 d_{d1} 应大于或等于表 3-7 所列最小基准直径 $d_{d\min}$。若 d_{d1} 过大,传动的外廓尺寸也将增大。

大带轮基准直径为 $d_{d2} = \dfrac{n_1}{n_2} d_{d1}(1-\varepsilon)$,一般可取 $\varepsilon = 0.015$。当传动比没有精确要求时,ε 可略去不计,即 $d_{d2} = \dfrac{n_1}{n_2} d_{d1}$。

带轮基准直径通常按表 3-7 所列直径系列圆整。

表 3-6　工作情况系数 K_A

工作机		原动机					
载荷性质	机器举例	空、轻载启动 电动机（交流启动、三角 启动、直流并励启动）、四 缸以上的内燃机			重载启动 电动机（联机交流启动、 直流复励或串励启动）、 四缸以下的内燃机		
		一天运转时间（h）					
		≤ 10	> 10 ～ 16	> 16	≤ 10	> 10 ～ 16	> 16
载荷平稳	液体搅拌机、鼓风机、轻型 运输机	1.0	1.1	1.2	1.1	1.2	1.3
载荷 变动小	带式运输机（砂、煤、谷物）、 发电机、机床、剪床、压力机、印 刷机	1.1	1.2	1.3	1.2	1.3	1.4
载荷变动 较大	运输机（斗式、螺旋式）、锻 锤、磨粉机、纺织机、木工机械	1.2	1.3	1.4	1.4	1.5	1.6
载荷变动 很大	破碎机（旋转式、颚式等）、 辗磨机（球式、棒式）、起重机	1.3	1.4	1.5	1.5	1.6	1.8

注：反复启动、正反转频繁、工作条件恶劣等场合，K_A 值应乘 1.1；当在松边外侧加张紧轮时，K_A 值应乘 1.1。

表 3-7　V带轮的最小基准直径 $d_{d\min}$ 及基准直径系列　　　（单位：mm）

V带轮槽型	Y	Z	A	B	C	D	E
$d_{d\min}$	20	50	75	125	200	355	500
带型	基准直径 d_d						
Y	20,22.4,25,28,31.5,35.5,40,45,50,56,63,71,80,90,100,112,125						
Z	50,56,63,71,75,80,90,100,112,125,132,140,150,160,180,200,224,250, 280,315,355,400,500,630						
A	75,80,85,90,95,100,106,112,118,125,132,140,150,160,180,200,224, 250,280,315,355,400,450,500,560,630,710,800						
B	125,132,140,150,160,170,180,200,224,250,280,315,355,400,450,500, 560,600,630,710,750,800,900,1000,1120						
C	200,212,224,236,250,265,280,300,315,335,355,400,450,500,560,600, 630,710,750,800,900,1000,1120,1250,1400,1600,2000						
D	355,375,400,425,450,475,500,560,600,630,710,750,800,900,1000,1060, 1120,1250,1400,1500,1600,1800,2000						
E	500,530,560,600,630,670,710,800,900,1000,1120,1250,1400,1500,1600, 1800,2000,2240,2500						

3. 验算带速 v

$$v = \frac{\pi d_{d1} n_1}{60 \times 1000} \quad (\text{m/s})$$

带速太高,带的离心力很大,使带的离心应力增大,并使带与轮之间的压紧力减小,摩擦力随之减小,从而使传动能力下降;带速过低,传递相同功率时带所传递的圆周力增大,需要增加带的根数。一般应使带速 v 在 $5 \sim 25\text{m/s}$ 范围内工作,尤以 $v = 10 \sim 20\text{m/s}$ 为宜。

4. 确定带传动中心距 a 和 V 带的基准长度 L_d

设计时若未对中心距提出具体要求,一般可初选中心距 a_0 为 $0.7(d_{d1} + d_{d2}) \leqslant a_0 \leqslant 2(d_{d1} + d_{d2})$。初选 a_0 后,由式(3-2)可得初算的 V 带基准长度 L_{d0}

$$L_{d0} = 2a_0 + \frac{\pi}{2}(d_{d1} + d_{d2}) + \frac{(d_{d2} - d_{d1})^2}{4a_0}$$

然后由表 3-2 选取与 L_{d0} 相近的基准长度 L_d。

根据选定的 V 带基准长度 L_d,最后再用下式近似确定传动中心距

$$a \approx a_0 + \frac{L_d - L_{d0}}{2} \tag{3-24}$$

考虑安装和张紧 V 带的需要,应使中心距约有 $\pm 0.03 L_d$ 的调整量。

5. 校核小带轮上的包角 α_1

α_1 可由式(3-1)计算。为保证传动能力,α_1 应大于 $120°$(至少大于 $90°$)。

$$\alpha_1 = 180° - \frac{d_{d2} - d_{d1}}{a} \cdot \frac{180°}{\pi}$$

6. 确定 V 带根数 z

$$z \geqslant \frac{P_c}{[P_0]} = \frac{K_A P}{(P_0 + \Delta P_0) K_a K_L} \tag{3-25}$$

式中各符号的意义同前。求得的根数应取整数。为使各根 V 带受力比较均匀,根数不宜过多(通常 $z \leqslant 10$);否则,应增大带轮直径,甚至改选带的型号,重新计算。

7. 确定带的预拉力 F_0

预拉力是保证带传动正常工作的重要条件。预拉力不足,极限摩擦力减小,传动能力下降;预拉力过大,又会使带的寿命降低,轴和轴承的压力增大。单根普通 V 带合适的预拉力可按下式计算

$$F_0 = \frac{500 P_c}{zv}\left(\frac{2.5}{K_a} - 1\right) + qv^2 \quad (\text{N}) \tag{3-26}$$

式中各符号的意义同前,q 值查表 3-1。

8. 计算带传动作用在轴上的力 F_Q

为设计安装带轮的轴和轴承,必须确定带传动作用在带轮轴上的力 F_Q。F_Q 可近似地按带的两边的预拉力 F_0 的合力来计算,由图 3-14 可得

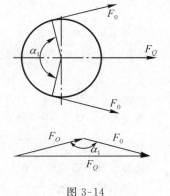

图 3-14

$$F_Q = 2z F_0 \sin\frac{\alpha_1}{2} \quad (\text{N}) \tag{3-27}$$

式中:z 为 V 带根数;F_0 为单根 V 带的预拉力,N;α_1 为小轮包角,度。

9. 带轮结构设计

带轮的结构和尺寸见 §3-2。

例 3-1 设计一由电动机驱动的普通 V 带减速传动。已知电动机功率 $P = 7\text{kW}$,转速 $n_1 = 1450\text{r/min}$,

要求传动比 $i = 3$，其容许偏差为 $\pm 5\%$。双班制工作，载荷平稳，空载启动。

解：

1）选择 V 带型号。

按工况由表 3-6 查得工作情况系数 $K_A = 1.1$；由式（3-23）得计算功率 $P_c = K_A \cdot P = 1.1 \times 7 = 7.7$（kW）。根据 P_c 和 n_1 由图 3-13 选用 A 型普通 V 带。

2）确定带轮基准直径 d_{d1}、d_{d2}。

由表 3-7 选小带轮基准直径 $d_{d1} = 112$mm，计算大带轮基准直径 $d_{d2} = i d_{d1} = 3 \times 112 = 336$（mm），由表 3-7 基准直径系列选 $d_{d2} = 315$mm。

取 $\varepsilon = 0.015$，则实际传动比 $i = \dfrac{d_{d2}}{d_{d1}(1 - \varepsilon)} = \dfrac{315}{112(1 - 0.015)} = 2.855$，传动比偏差小于 5%。

3）验算带速 v。

$$v = \frac{\pi d_{d1} n_1}{60 \times 1000} = \frac{1450 \times 112\pi}{60 \times 1000} = 8.5(\text{m/s})，在 5 \sim 25(\text{m/s}) 范围内。$$

4）确定中心距 a 和基准带长 L_d。

① 初选中心距 a_0。根据 $0.7(d_{d1} + d_{d2}) \leqslant a_0 \leqslant 2(d_{d1} + d_{d2})$ 得 $299 \leqslant a_0 \leqslant 854$，故初选中心距 $a_0 = d_{d2} = 315$mm，符合取值范围。

② 计算初定的带长 L_{d0}。

$$L_{d0} = 2a_0 + \frac{\pi}{2}(d_{d1} + d_{d2}) + \frac{(d_{d2} - d_{d1})^2}{4a_0} = 2 \times 315 + \frac{\pi}{2}(112 + 315) + \frac{(315 - 112)^2}{4 \times 315} = 1333.4(\text{mm})$$

③ 基准带长 L_d。由表 3-2 选用 $L_d = 1400$mm

④ 实际中心距 a。由式（3-24），$a \approx a_0 + \dfrac{L_d - L_{d0}}{2} = 315 + \dfrac{1400 - 1333.4}{2} = 348.3$（mm），留出适当的中心距调整量。

5）计算小轮包角 α_1。

$$\alpha_1 = 180° - \frac{d_{d2} - d_{d1}}{a} \cdot \frac{180°}{\pi} = 180° - \frac{315 - 112}{348.3} \cdot \frac{180°}{\pi} = 146.6° > 120°，合适。$$

6）确定带的根数 z。

由式（3-25） $\quad z \geqslant \dfrac{P_0}{(P_0 + \Delta P_0) K_a K_L}$

由 n_1 和 d_{d1} 值查表 3-3 得 $P_0 = 1.61$kW

由表 3-5 查得 $\Delta P_0 = 0.17$kW

查表 3-4 得 $K_a = 0.913$；查表 3-2 得 $K_L = 0.96$

算得 $z \geqslant \dfrac{7.7}{(1.61 + 0.17) \times 0.913 \times 0.96} = 4.94$

选用 A 型普通 V 带 5 根。

7）确定带的预拉力 F_0。

由式（3-26） $\quad F_0 = \dfrac{500 P_c}{zv}\left(\dfrac{2.5}{K_a} - 1\right) + qv^2$

查表 3-1，A 型普通 V 带每米质量 $q = 0.10$kg/m

所以 $\quad F_0 = \dfrac{500 \times 7.7}{5 \times 8.5}\left(\dfrac{2.5}{0.913} - 1\right) + 0.10 \times 8.5^2 = 164.7(\text{N})$

8）计算作用在轴上的力 F_Q。

由式（3-27） $\quad F_Q = 2z F_0 \sin\dfrac{\alpha_1}{2} = 2 \times 5 \times 164.7 \sin\dfrac{146.6°}{2} = 1578(\text{N})$

9）带轮结构设计。（略）

§3-6　其他带传动简介

一、窄 V 带传动

窄 V 带(图 3-15)是采用涤纶等合成纤维绳作强力层的新型 V 带。与普通 V 带相比,当高度 h 相同时,窄 V 带的顶宽 b 约可缩小 1/3,它的顶部呈弓形,侧面(工作面)呈内凹曲线形,承载能力显著地高于普通 V 带,适用于传递大功率且要求结构紧凑的场合。窄 V 带也已经标准化,按截面尺寸不同,规定了 SPZ、SPA、SPB、SPC 四种型号。

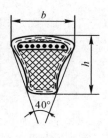

图 3-15

二、多楔带传动

多楔带是平带和 V 带的组合结构,其楔形部分嵌入带轮上的楔形槽内(图 3-16),靠楔面摩擦工作。多楔带是无端的,兼有平带和 V 带的优点,柔性好,摩擦力大,能传递较大的功率,并解决了多根 V 带长短不一而使各根带受力不均的问题。传动比可达 10,带速可达 40m/s。

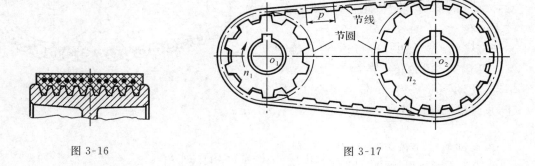

图 3-16

图 3-17

三、同步带传动

同步带通常是以钢丝为强力层,外面包裹聚氨酯或橡胶,在工作面上有齿的环状带。工作时,靠带的凸齿与带轮外缘上的齿槽进行啮合传动(图 3-17)。与上述靠摩擦传动的带传动相比,因同步带与带轮无相对滑动,能保证准确的传动比,传动效率高(可达 0.98 ～ 0.99)。同步带薄而轻、强力层的强度高,带速可达 40m/s(有时允许达 80m/s),传动比可达 10(有时允许达 20)、预拉力较小,轴和轴承上所受的载荷较小,结构紧凑。其主要缺点是制造和安装精度要求较高,中心距的要求亦较严格。

由于同步带强力层在工作时长度不变,所以就以其中心线位置定为带的节线,并以节线周长定为公称长度。相邻两齿对应点间沿节线量得的长度称为周节 p,它是同步带的主要参数。国产同步带及其带轮的规格可查阅本书主要参考书目[18]或其他有关手册。

第4章 链传动

§4-1 链传动的组成、特点和应用

链传动如图 4-1 所示,它是由装在平行轴上的链轮 1、2 和绕在两链轮上的链条 3 所组成,链条为中间挠性件,靠链条与链轮齿的啮合传递运动和动力。

链传动是啮合传动,其平均传动比能保持为定值。由于链条所需张紧力小或无需张紧,故作用在轴上的压力也比带传动为小,可减小轴和轴承的受力,并减轻轴承的磨损。链传动能实现中心距较大的传动;传动效率约 $0.95 \sim 0.97$,高于带传动;传动比一般可达 6,低速时甚至可达 10。但链传动的瞬时传动比不恒定,传动不够平稳。链传动可在中、低速,重载以及温度较高,多尘等恶劣条件下工作。

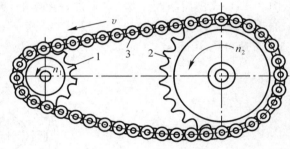

图 4-1

§4-2 链条和链轮

一、链条

传动用的链条称为传动链。常用的传动链有滚子链和齿形链两种。

1. 滚子链

滚子链结构如图 4-2 所示,它是由内链板 1、外链板 2、销轴 3、套筒 4 和滚子 5 所组成。其中,内链板 1 与套筒 4、外链板 2 与销轴 3 分别用过盈配合固联在一起,销轴 3 与套筒 4 之间则为间隙配合,构成铰链;套筒 4 与滚子 5 之间也为间隙配合,当链节与链轮齿啮合时,滚子沿链轮齿滚动,可减轻链与轮齿的磨损。内外链板均做成"8"字形,以求达到等强度和减轻重量之效果。

滚子链已标准化,由专业厂生产。滚子链的主要参数和尺寸见表 4-1。标准中有 A、B 两种系列,常用的是 A 系列。

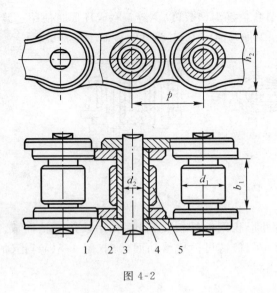

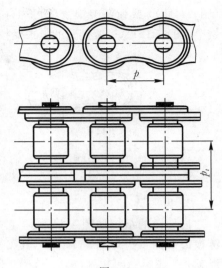

图 4-2   图 4-3

表 4-1 滚子链的主要参数和尺寸

链号	节距 p（mm）	排距 p_t（mm）	滚子外径 d_1（mm）	内链节内宽 b_1（mm）	销轴直径 d_2（mm）	内链板高度 h_2（mm）	极限拉伸载荷（单排）Q（N）	每米质量（单排）q（kg/m）
05B	8.00	5.64	5.00	3.00	2.31	7.11	4 400	0.18
06B	9.525	10.24	6.35	5.72	3.28	8.26	8 900	0.40
08B	12.70	13.92	8.51	7.75	4.45	11.81	17 800	0.70
08A	12.70	14.38	7.92	7.85	3.96	12.07	13 800	0.60
10A	15.875	18.11	10.16	9.40	5.08	15.09	21 800	1.00
12A	19.05	22.78	11.91	12.57	5.94	18.08	31 100	1.50
16A	25.40	29.29	15.88	15.75	7.92	24.13	55 600	2.60
20A	31.75	35.76	19.05	18.90	9.53	30.18	86 700	3.80
24A	38.10	45.44	22.23	25.22	11.10	36.20	124 600	5.60
28A	44.45	48.87	25.40	25.22	12.70	42.24	169 000	7.50
32A	50.80	58.55	28.58	31.55	14.27	48.26	222 400	10.10
40A	63.50	71.55	39.68	37.85	19.84	60.33	347 000	16.10
48A	76.20	87.83	47.63	47.35	23.80	72.39	500 400	22.60

滚子链上相邻两滚子中心的距离称为链的节距，以 p 表示，它是链条的主要参数。节距 p 越大，组成链的各零件的尺寸相应增大，承载能力也越高。

滚子链可制成单排链（图 4-2）、双排链（图 4-3）和多排链。节距相同时，排数增加，承载能力相应提高。

链条长度常以链节数 L_p 表示。根据需要确定节数后，将其联成环形，接头处可用开口销

（图 4-4(a)）或弹簧夹锁紧（图 4-4(b)）。链的节数最好为偶数，以免链条联成环形时使用过渡链节（图 4-4(c)）；过渡链节的链板受拉时将受到附加弯曲应力，其强度明显低于正常链板。

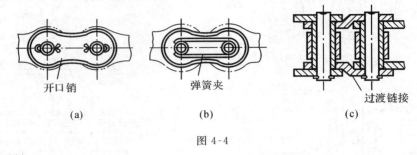

开口销　　　　弹簧夹　　　　　过渡链接

(a)　　　　　(b)　　　　　(c)

图 4-4

2. 齿形链

齿形链的结构如图 4-5 所示，它是由两组外形相同的链板交错排列、用铰链联接而成。链板齿形两直边外侧是工作面，其夹角一般为 60°。铰链可做成滑动回转副（图 4-5(a)，销轴滑动式）或滚动回转副（图 4-5(b)，棱柱滚动式）。

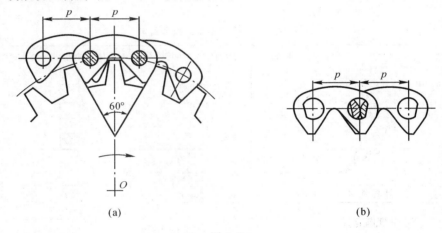

(a)　　　　　　　　　　　　　　　(b)

图 4-5

与滚子链相比，齿形链传动较平稳，冲击小，噪声较低（故又称无声链），主要用于高速（链速最高可达 40m/s）或对运动精度要求较高的传动。但齿形链结构复杂，价格较贵，故它的应用不如滚子链广泛。

三、链轮

链轮的齿形应保证链节能平稳自如地进入和退出啮合，啮合时应保证接触良好，且齿形要便于加工。链轮齿形的设计应能满足上述传动和加工要求。本节只讨论滚子链链轮齿形。

1. 端面齿形

链轮的端面齿形见图 4-6(a)。国家标准规定了链轮齿端面的最大齿槽形状和最小齿槽形状，即规定了 r_e、r_i 及 α 的最大值和最小值。在这两种极限齿槽形状之间的各种齿槽形状都可采用，实际齿廓取决于刀具和加工方法。常用的端面齿形为"三圆弧一直线"齿形（图 4-6(b)），即齿形由 $\overarc{aa}$、$\overarc{ab}$、$\overarc{cd}$ 三段圆弧和 $\overline{bc}$ 线段组成，其中 $abcd$ 段为工作齿廓。另外，也可用渐开线齿形，其滚刀亦标准化。对链轮主要尺寸的计算式见表 4-2。

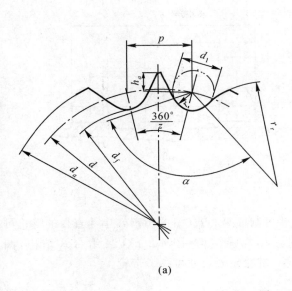

(a)

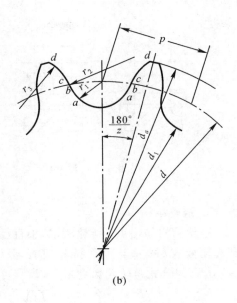

(b)

图 4-6

表 4-2　滚子链链轮主要尺寸　　　　　　　　　　　　　　　　　mm

计算项目	符号	计算公式
分度圆直径	d	$d = \dfrac{p}{\sin \dfrac{180°}{z}}$
齿顶圆直径	d_a	$d_a = p(0.54 + \cot \dfrac{180°}{z})$
齿根圆直径	d_f	$d_f = d - d_1$，d_1——滚子直径
最大齿根距离	L_x	偶数齿　$L_x = d_f$ 奇数齿　$L_x = d\cos \dfrac{90°}{z} - d_1$
齿侧凸缘(或排间槽)直径	d_g	$d_g \leqslant p\cot \dfrac{180°}{z} - 1.04h_2 - 0.76$ h_2——内链板高度(表 4-1)

注:d_a、d_g 取整数值,其他尺寸精确到 0.01mm。

上述两种齿形在绘制链轮工作图时不必画出其端面齿形,只需注明节距 p、齿数 z、分度圆(链轮上能被相配链条节距等分的圆)直径 d、齿根圆直径 d_f(或最大齿根距离 L_x)和滚子直径 d_1,并注明何种齿形即可。

2. 轴面齿形

链轮的轴面齿形见图 4-7,齿形具体尺寸见 GB/T 1244—1997。在链轮工作图上须画出轴面齿形,以便于车削链轮毛坯。

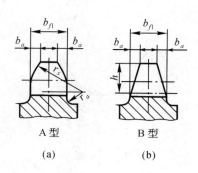
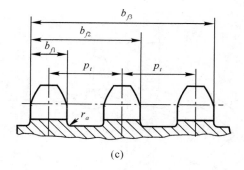

图 4-7

3. 链轮结构

链轮结构如图 4-8 链轮所示。小直径链轮可制成实心式(图 4-8(a)),中等直径的链轮可制成孔板式(图 4-8(b)),链轮直径较大时可用焊接结构(图 4-8(c))或组合式结构(图 4-8(d))。组合式链轮轮齿磨损后,齿圈可更换。链轮轮毂尺寸可参考带轮。

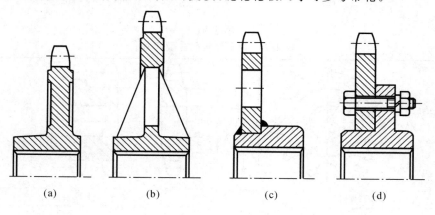

图 4-8

4. 链轮材料

制作链轮的材料应有足够的强度和耐磨性,荐用的链轮材料和轮齿硬度如表 4-3 所示。与大链轮相比,小链轮的应力循环次数多,所受的冲击也较大;所以小链轮的材料一般应优于大链轮,热处理硬度也应高于大链轮。

表 4-3 链轮材料、热处理及齿面硬度

链轮材料	热处理	齿面硬度	应用范围
15、20	渗碳、淬火、回火	$50\sim60$HRC	$z\leqslant25$ 有冲击载荷的链轮
35	正火	$160\sim200$HBS	$z>25$ 的链轮
45、50、ZG310-570	淬火、回火	$40\sim50$HRC	无剧烈冲击的链轮
15Cr、20Cr	渗碳、淬火、回火	$50\sim60$HRC	传递大功率的重要链轮($z<25$)
40Cr、35SiMn、35CrMo	淬火、回火	$40\sim50$HRC	重要的、使用优质链条的链轮
Q235	焊接后退火	140HBS	中速、中等功率、较大的链轮
不低于 HT200 的灰铸铁	淬火、回火	$260\sim280$HBS	$z>50$ 的链轮
夹布胶木	—	—	$P<6$kW、速度较高、要求传动平稳和噪声小的链轮

§4-3　链传动的运动特性和受力分析

一、链传动的运动特性

　　链条绕上链轮后呈多边形状。传动时,链轮回转一周,将带动链条移动一正多边形周长的距离。设 n_1、n_2 和 z_1、z_2 分别为主、从动链轮的每分钟转速和链轮齿数,则链速 v 为

$$v = \frac{n_1 z_1 p}{60 \times 1000} = \frac{n_2 z_2 p}{60 \times 1000} \quad (\text{m/s}) \tag{4-1}$$

由此得传动比

$$i = \frac{n_1}{n_2} = \frac{z_2}{z_1} \tag{4-2}$$

　　按以上两式求得的链速 v 和传动比 i 都是平均值,而瞬时链速和瞬时传动比都不是定值。对此,分析如下。为便于分析,取链条紧边成水平位置。

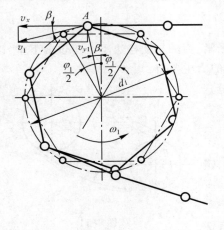 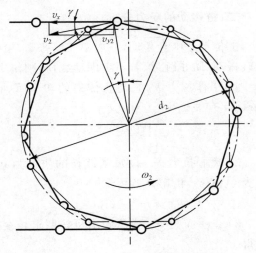

图 4-9

　　由图 4-9 可知,链轮 1 分度圆上 A 点的圆周速度 $v_1 = d_1 \omega_1 / 2$,则链条的前进速度 v_x 为

$$v_x = v_1 \cos\beta = \frac{d_1}{2} \omega_1 \cos\beta \tag{4-3}$$

式中:β 为 A 点的圆周速度与链条主动边中心线的夹角。由图 4-9 可见,在一个链节进入啮合至完成啮合的过程中,β 角的大小将随链轮的转动而变化,其变化范围为:$\left[-\dfrac{\varphi_1}{2}, \dfrac{\varphi_1}{2}\right]$,$\dfrac{\varphi_1}{2} = \dfrac{180°}{z}$。显然,$\beta$ 角的变化范围与链轮齿数有关,所以链轮每转过一齿,v_x 将周期性地变化一次(图 4-10),这表明链

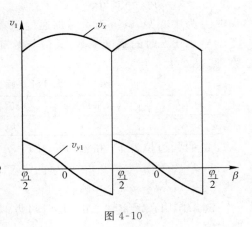

图 4-10

条沿其中心线的移动速度是波动的。

链条在垂直于链条中心线方向的分速度 $v_{y1} = v_1 \sin\beta = \dfrac{d_1}{2}\omega_1 \sin\beta$(图 4-9),它也是周期性变化的(图 4-10),这表明链条工作时将有上下抖动。

由于链速 v_x 周期性变化,导致从动轮角速度 ω_2 也周期性变化。设从动轮 2 分度圆上的圆周速度为 v_2,由图 4-9 可知

$$v_x = v_2 \cos\gamma = \frac{d_2}{2}\omega_2 \cos\gamma \tag{4-4}$$

式(4-3)和式(4-4)的等号左边相等,故可得瞬时传动比为

$$i' = \frac{\omega_1}{\omega_2} = \frac{d_2 \cos\gamma}{d_1 \cos\beta} \tag{4-5}$$

由于角 β 和角 γ 都随时间(链轮的转动)而变化,虽然 ω_1 是定值,ω_2 却随角 β 和角 γ 变化而变化,瞬时传动比 i' 随之变化。链传动不可避免地要产生振动和动载荷;链的节距越大,小链轮齿数越少,链速波动越大,由此引起的振动和动载荷也越大。设计链传动时应合理选择参数,以期减轻振动和动载荷。

二、链传动的受力分析

链传动是啮合传动,一般不需要张紧;给予适当张紧,为的是使松边不至于过分下垂,以减轻振动、防止跳齿。若不考虑动载荷,则作用在链上的力主要有:

1) 工作拉力 F。它与所传递的功率 $P(\text{kW})$ 和链速 $v(\text{m/s})$ 有关

$$F = \frac{1000P}{v} \quad (\text{N}) \tag{4-6}$$

2) 离心拉力 F_c。设每米链长的质量为 $q(\text{kg/m})$、链速为 $v(\text{m/s})$,由第 3 章可知

$$F_c = qv^2 \quad (\text{N}) \tag{4-7}$$

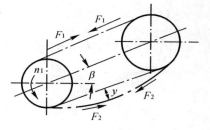

图 4-11

3) 悬垂拉力 F_y。悬垂拉力可按照求悬索拉力的方法求得

$$F_y = K_y qga \quad (\text{N}) \tag{4-8}$$

式中:a 为中心距,m;g 为重力加速度,$g = 9.81\text{m/s}^2$;q 为每米链长的质量,kg/m;K_y 为下垂度 $y = 0.02a$ 时的垂度系数,其值与两链轮中心连线与水平线之夹角 β(图 4-11)的大小有关,见表 4-4。

表 4-4　垂度系数 K_y 与角 β 之关系

β	0°(水平位置)	30°	60°	75°	90°(垂直位置)
K_y	7	6	4	2.5	1

链的紧边拉力 F_1 和松边拉力 F_2 分别为

$$\left.\begin{array}{l} F_1 = F + F_c + F_y \\ F_2 = F_c + F_y \end{array}\right\} \tag{4-9}$$

链条作用在链轮轴上的力 F_Q 可近似取为 $F_Q = (1.2 \sim 1.3)F$,外载荷有冲击和振动时取大值。

§4-4 滚子链传动的失效分析和设计计算

滚子链是标准件。设计链传动的要点是：合理选择有关参数，确定链的型号，设计链轮并确定润滑方式。

一、滚子链传动的主要失效形式

1. 链板疲劳破坏

链板在变应力作用下工作。当变应力足够大且经过一定的循环次数后，就可能发生疲劳破坏。在润滑充分的情况下，疲劳强度是决定链传动能力的主要因素。

2. 链条铰链磨损

链条在工作中，其销轴和套筒间有相对滑动，使其间产生磨损，从而使链节变长；变长了的链节在与链轮啮合时，接触点将移向轮齿齿顶，这将引起跳齿和脱链，从而使传动失效。铰链磨损是开式或润滑不良的链传动的主要失效形式。此外，链轮轮齿也会磨损。

3. 滚子、套筒的冲击疲劳破坏

由前述运动特性分析可知，链条与链轮进入啮合的瞬间必然伴随着冲击，速度越高，冲击越大。反复起动、制动的链传动也会有冲击。当冲击力足够大，在经受多次冲击后，滚子、套筒就有可能发生冲击疲劳破坏，使传动失效。

4. 销轴与套筒的胶合

速度过高或润滑不良，可能造成销轴与套筒的工作表面瞬时高温而胶合。胶合限定了链传动的极限转速。

5. 链条过载拉断

在低速重载或严重过载时将发生此种破坏。

二、功率曲线

在一定的使用寿命下，上述各种失效形式都可得出相应的极限功率表达式，或绘成极限功率曲线，如图 4-12 所示。实际使用的功率应在各极限功率曲线范围以内，如图 4-12 中的"许用功率曲线"所限定的范围。当润滑不良、工况恶劣时，磨损将很严重，许用功率将大幅度下降，如图中虚线所示。

如图 4-13 所示为 A 系列滚子链在特定条件下的额定功率 P_0 曲线，它是链传动设计的依据。特定条件是指：小链轮齿数 $z_1 = 25$；链长 $L_p = 120$ 个链节；单排链；载荷平稳；按图 4-14 所推荐的方式润滑；工作寿命为 15000h；链条因磨损而引起的相对伸长量不超过 3%。

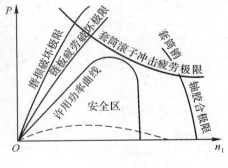

图 4-12

当链传动的实际使用与上述条件不符时，应对图 4-13 中的额定功率 P_0 加以修正。故实

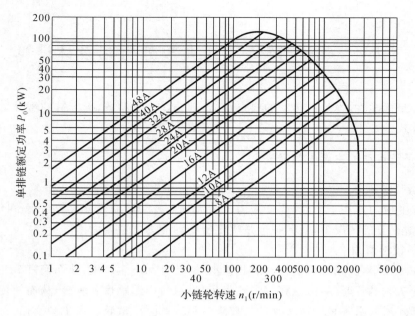

图 4-13

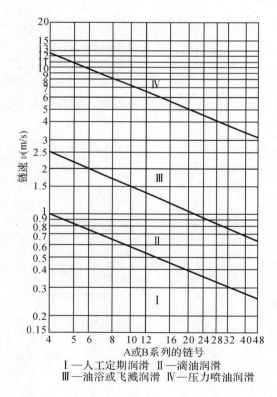

I—人工定期润滑 II—滴油润滑
III—油浴或飞溅润滑 IV—压力喷油润滑

图 4-14

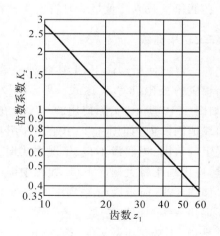

图 4-15

际许用功率为

$$[P_0] = P_0 K_m / K_z \quad (\text{kW}) \tag{4-10}$$

式中:K_z 为小链轮齿数系数,由图 4-15 查取;K_m 为滚子链排数系数,由表 4-5 查取。

表 4-5　排数系数 K_m

排数 m	1	2	3	4
K_m	1	1.75	2.5	3.3

还应注意,当不能按图 4-14 推荐的方式润滑时,由图 4-13 查得的 P_0 值应予降低。当链速 $v \leqslant 1.5\text{m/s}$,降低到 $(0.3 \sim 0.6)P_0$;当 $1.5\text{m/s} < v \leqslant 7\text{m/s}$ 时,降低到 $(0.15 \sim 0.3)P_0$;当 $v > 7\text{m/s}$ 时,若无良好润滑,链传动将不能正常工作。

三、链传动的计算

1. 计算准则

当链速 $v \geqslant 0.6\text{m/s}$ 时,应由式(4-11)求得 P_0,并由图 4-13 确定链的节距 p。

$$K_A P \leqslant [P_0] = P_0 K_m / K_z \quad (\text{kW}) \qquad (4\text{-}11)$$

式中:K_A 为工作情况系数,见表 4-6;P 为所传递的功率,kW;其余符号同前。

表 4-6　工作情况系数 K_A

工作机		原动机		
		平稳运转	轻微冲击	中等冲击
载荷性质	机器举例	电动机、汽轮机和燃气轮机、带有液力耦合器的内燃机	六缸或六缸以上带机械联轴器的内燃机、经常启动的电动机	少于六缸带机械联轴器的内燃机
平稳运转	离心式水泵和压缩机、印刷机、均匀加料的带式运输机、纸张压光机、自动扶梯、液体搅拌机和混料机、回转干燥炉、风机、轻负荷输送机	1.0	1.1	1.3
中等冲击	三缸或三缸以上的泵和压缩机、混凝土搅拌机、载荷非恒定的运输机、固体搅拌机和混料机	1.4	1.5	1.7
严重冲击	刨煤机、电铲、轧机、球磨机、橡胶加工机械、压力机、剪床、单缸或双缸的泵和压缩机、石油钻机	1.8	1.9	2.1

当链速 $v < 0.6\text{m/s}$ 时,链传动可能因静强度不足而被拉断,还应由式(4-12)进行静强度校核。

$$S = \frac{mQ}{K_A F_1} \geqslant [S] \qquad (4\text{-}12)$$

式中:S 为静强度计算安全系数;m 为链排数;Q 为单排链的极限拉伸载荷,N,见表 4-1;F_1 为链的紧边拉力,N,由式(4-9)求得;K_A 为工作情况系数,见表 4-6;$[S]$ 为静强度的许用安全系数,$[S] = 4 \sim 8$,多排链取较大值。

79

2. 参数选择

1) 链的节距和排数。链的节距和排数按式(4-11)的条件由图 4-13 确定。节距越大，能传递的功率越大；但运动的不均匀性、动载荷、噪声等也相应增大。因此，在满足承载能力的条件下，应尽可能选用小节距的链；高速重载时可选用小节距的多排链。

2) 链轮齿数。链轮齿数不宜过少或过多。过少会使运动不均匀性加剧，已如前所述。齿数过多则会因磨损引起的节距增长、导致滚子与链轮齿的接触点向链轮齿顶移动(见图 4-16)，进而导致传动容易发生跳齿和脱链现象，缩短链的使用寿命。

由图 4-16 可得出节距的增大量 Δp 与滚子向链轮齿顶的外移径向增大量 Δd 间的关系为

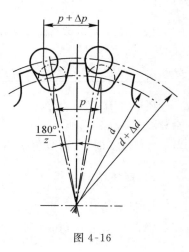

图 4-16

$$\Delta d = \frac{\Delta p}{\sin \frac{180°}{z}}$$

显然，允许的 Δd 值有一限度；当节距增大量 Δp 一定时，链轮齿数越多，将使 Δd 更容易达到或超过限度值，从而使传动过早失效，缩短链的使用寿命。

小链轮齿数 z_1 可按表 4-7 选取，一般推荐 $z_1 \geqslant 17$。大链轮齿数为 $z_2 = iz_1$；如上所述，z_2 不宜过多，一般推荐 $z_2 \leqslant 120$。

表 4-7　小链轮齿数 z_1

传动比 i	$1 \sim 2$	$2 \sim 3$	$3 \sim 4$	$4 \sim 5$	$5 \sim 6$	> 6
z_1	$31 \sim 27$	$27 \sim 25$	$25 \sim 23$	$23 \sim 21$	$21 \sim 17$	17

一般链条节数 L_p 为偶数，为使磨损均匀，两链轮的齿数最好是与链节数(偶数)互为质数的奇数。链轮优先选用的齿数为 17、19、21、23、25、38、76、95、114。

3) 中心距和链的节数。一般可初选中心距 $a_0 = (30 \sim 50)p$，最大可为 $a_{0max} = 80p$，p 为节距，mm。中心距过小，则链在小链轮上的包角小，与小链轮啮合的齿数少；若中心距过大，则松边垂度过大，传动中容易引起链条颤动。

链的长度可由带传动中计算带长公式导出

$$L_0 = 2a_0 + \frac{p}{2}(z_1 + z_2) + \frac{p^2}{a_0}\left(\frac{z_2 - z_1}{2\pi}\right)^2 \quad (\text{mm})$$

当以链节数 L_p 表示链长时，则

$$L_{p0} = \frac{L_0}{p} = \frac{2a_0}{p} + \frac{z_1 + z_2}{2} + \frac{p}{a_0}\left(\frac{z_2 - z_1}{2\pi}\right)^2 \tag{4-13}$$

按式(4-13)计算得到的 L_{p0} 应圆整为相近的整数，且最好为偶数。然后根据圆整后的链节数 L_p，计算实际中心距 a

$$a = \frac{p}{4}\left[(L_p - \frac{z_1 + z_2}{2}) + \sqrt{(L_p - \frac{z_1 + z_2}{2})^2 - 8(\frac{z_2 - z_1}{2\pi})^2}\right] \quad (\text{mm}) \tag{4-14}$$

一般情况下，a 和 a_0 相差很小，亦可由下式近似确定

$$a \approx a_0 + \frac{L_p - L_{p0}}{2} \cdot p \quad \text{(mm)} \tag{4-15}$$

为了便于链的安装和保证合理的松边下垂量,实际安装中心距应比计算中心距小 $2 \sim 5\text{mm}$。通常两链轮中心距大多设计成可调节的,以便在因磨损使节距变长后能调节链的松紧程度;一般取中心距调节量 $\Delta a \geqslant 2p$。

§4-5　链传动的布置和润滑

一、链传动的布置

链传动的布置一般应遵守下列原则:两链轮轴线应平行,两链轮应位于同一平面内,尽量采用水平或接近水平的布置,原则上应使紧边在上。具体布置情况参看表 4-8。

表 4-8　链传动的布置

传动参数	正确布置	不正确布置	说　　明
$i > 2$ $a = (30 \sim 50)p$	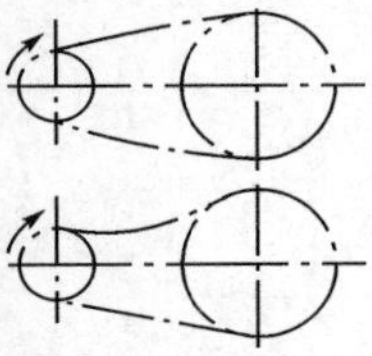		两轮轴线在同一水平面,紧边在上、在下均不影响工作
$i > 2$ $a < 30p$	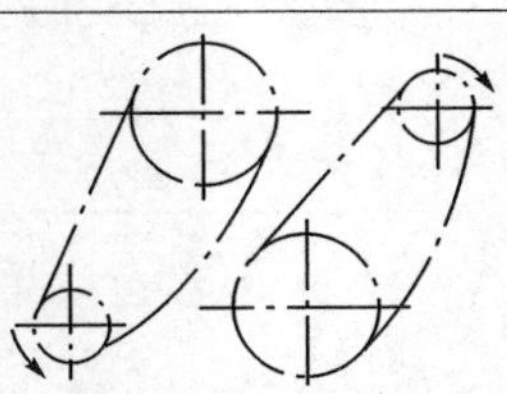	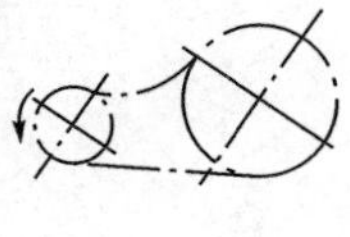	两轮轴线不在同一水平面,松边应在下面,否则松边下垂量增大后,链条易与链轮卡死
$i < 1.5$ $a > 60p$	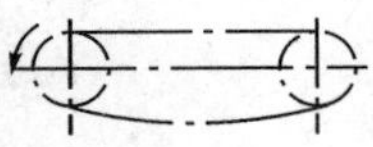	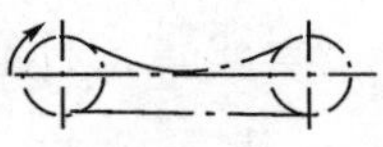	两轮轴线在同一水平面上,松边应在下面,否则下垂量增大后,松边会与紧边相碰,需经常调整中心距
$i、a$ 为任意值	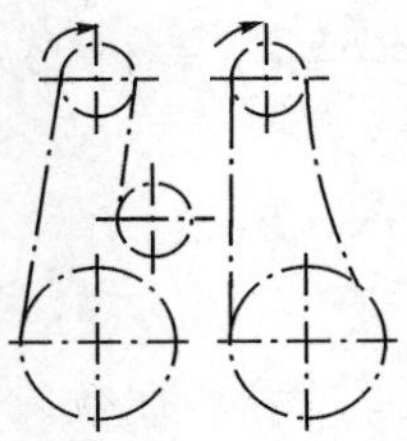	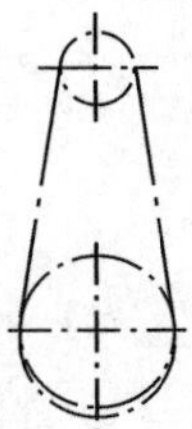	两轮轴线在同一铅垂面内,下垂量增大,会减少下链轮有效啮合齿数,降低传动能力,为此应采用:① 中心距可调;② 张紧装置;③ 上、下两轮错开,使其不在同一铅垂面内

二、链传动的润滑

铰链中有润滑油时，能显著减缓磨损、减小摩擦，并有利于缓和冲击。润滑对链传动的工作能力和使用寿命有很大影响，应予以重视。

润滑方式可根据图 4-14 确定。

润滑油应加在松边上，因这时链处于松弛状态，有利于润滑油渗入各摩擦面之间。润滑油可选用牌号为 L-AN32、L-AN46、L-AN68 的全损耗系统用油。在转速很低且又难于供油时可用脂润滑。

例 4-1 设计一用于水泥搅拌机的链传动，已知电动机功率 $P = 5.5\text{kW}$，转速 $n_1 = 960\text{r/min}$，从动链轮转速 $n_2 = 320\text{r/min}$，中心距可以调节。

解：

1）选择链轮齿数。

计算传动比 $i = \dfrac{n_1}{n_2} = \dfrac{960}{320} = 3$，由表 4-7 选取小链轮齿数 $z_1 = 25$

大链轮齿数 $z_2 = iz_1 = 3 \times 25 = 75 < 120$

2）定链条节数 L_p。

初选 $a_0 = 40p$，由式（4-13）

$$L_{p0} = \frac{2a_0}{p} + \frac{z_1 + z_2}{2} + \frac{p}{a_0}\left(\frac{z_2 - z_1}{2\pi}\right)^2 = 2 \times 40 + \frac{25 + 75}{2} + \frac{1}{40}\left(\frac{75 - 25}{2\pi}\right)^2$$
$$= 131.58 \qquad 取 L_p = 132$$

3）计算功率 P_c。

水泥搅拌机，载荷有中等冲击，由表 4-6 得 $K_A = 1.4$

$$P_c = K_A P = 1.4 \times 5.5 = 7.7(\text{kW})$$

4）确定链的节距 p。

由式（4-11）

$$P_0 = \frac{K_z K_A P}{K_m}$$

由 $z_1 = 25$ 查图 4-15 得 $K_z = 1.1$

选用单排链，由表 4-5 得 $K_m = 1$

所以 $$P_0 = \frac{K_z K_A P}{K_m} = \frac{1.1 \times 1.4 \times 5.5}{1} = 8.47(\text{kW})$$

由图 4-13 选用滚子链 10A，其节距 $p = 15.875\text{mm}$。

5）实际中心距 a。

由式（4-15）计算 $a = a_0 + \dfrac{L_p - L_{p0}}{2} \cdot p = 40p + \dfrac{132 - 131.6}{2} \cdot p = 40.42p = 40.42 \times 15.875 =$

$641.67(\text{mm})$，留出适当的中心距调节量。

6）计算链速 v。

$$v = \frac{z_1 p n_1}{60 \times 1000} = 5.334 \quad (\text{m/s})$$

链速合适。

7）确定润滑方式。

根据 $p = 15.875\text{mm}$ 和 $v = 5.334\text{m/s}$，由图 4-14 查得应采用油浴或飞溅润滑。

8）确定作用在轴上的力 F_Q。

如前所述，$F_Q = (1.2 \sim 1.3)F$，取

$$F_Q = 1.2F$$

$$F = \frac{1000P}{v} = \frac{1000 \times 5.5}{5.334} = 1031 \quad (N)$$

$$F_Q = 1.2F = 1.2 \times 1031 = 1237 \quad (N)$$

9）链轮的主要尺寸及结构。(略)

第 5 章　齿轮传动

§5-1　概述

　　齿轮传动是以主动轮的轮齿依次推动从动轮的轮齿来进行工作的,是现代机械中应用十分广泛的一种传动形式。它具有工作可靠、传动比准确、传动效率高、寿命长、结构紧凑以及适用的速度和功率范围广等优点。但要求较高的制造精度和安装精度,制造成本较高,不适用于远距离的两轴间传动。

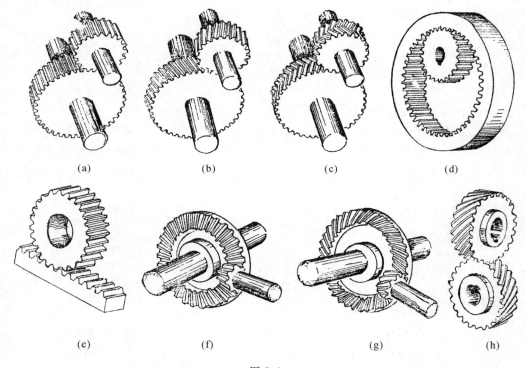

图 5-1

　　按一对齿轮轴线的相对位置,齿轮传动可分为:

　　1) 两轴平行的圆柱齿轮传动。按其轮齿相对轴线的方向又可分为直齿圆柱齿轮传动(图 5-1(a))、斜齿圆柱齿轮传动(图 5-1(b)) 和人字齿圆柱齿轮传动(图 5-1(c))。齿轮传动中若一对齿轮的轮齿都分布在圆柱的外表面,称为外啮合圆柱齿轮传动(图 5-1(a)、(b)、

(c));若其中一个齿轮的轮齿分布在圆柱体的内表面,则称为内啮合圆柱齿轮传动(图 5-1(d)),该齿轮称为内齿轮;若其中一个齿轮的半径为无限大,则为齿轮齿条传动(图 5-1(e)),该齿轮称为齿条。

2) 两轴相交的锥齿轮传动。按其轮齿齿线形状又可分为直齿锥齿轮传动(图 5-1(f))和曲齿锥齿轮传动(图 5-1(g))。

3) 两轴交错的斜齿轮传动(图 5-1(h))。

按齿轮传动的工作条件又可分为闭式齿轮传动和开式齿轮传动。闭式齿轮传动的传动齿轮是安装在封闭的刚性较大的箱体内,能保证良好的润滑条件,重要的齿轮传动一般都采用闭式齿轮传动。开式齿轮传动是外露的,不易保证良好的润滑,且难免齿间落入灰尘、杂粒等,齿面易磨损,一般仅用于低速传动。

对齿轮传动的基本要求:

1) 传动要准确平稳。即要求在传动过程中,保证瞬时传动比 $i_{12} = \omega_1 / \omega_2$ 恒定不变,否则当主动齿轮以等角速度回转时,从动齿轮的角速度发生变化而产生惯性力,这种附加的动载荷不仅削弱机件强度,而且引起冲击、振动和噪声,降低传动质量。

2) 承载能力高。即要求齿轮有足够的强度,尺寸小,能够传递较大的功率,在预定的使用期限内正常工作。

§5-2　齿廓啮合的基本定律

齿轮传动的基本要求之一是其瞬时传动比保持恒定不变。这必须使两轮齿廓曲线形状符合一定的条件。

图 5-2 所示为两啮合齿轮 1 和 2 的齿廓在 K 点相接触,两轮的角速度分别为 ω_1 和 ω_2,则两轮齿廓上 K 点的速度分别为 $v_{K1} = \omega_1 \cdot \overline{O_1 K}$ 和 $v_{K2} = \omega_2 \cdot \overline{O_2 K}$。假设两齿廓为刚体,则两齿廓在啮合过程中不应互相压入或分离,所以速度 v_{K1} 和 v_{K2} 在过 K 点作两齿廓的公法线 $N_1 N_2$ 上投影的分速度应相等,即

$$v_{K1}^n = v_{K2}^n = v_K^n$$

于是　　　　　$$v_{K1} \cos\alpha_{K1} = v_{K2} \cos\alpha_{K2}$$

故　　$$\omega_1 \cdot \overline{O_1 K} \cos\alpha_{K1} = \omega_2 \cdot \overline{O_2 K} \cos\alpha_{K2}$$

可得

$$i = \frac{\omega_1}{\omega_2} = \frac{\overline{O_2 K} \cos\alpha_{K2}}{\overline{O_1 K} \cos\alpha_{K1}} = \frac{\overline{O_2 N_2}}{\overline{O_1 N_1}} = \frac{\overline{O_2 C}}{\overline{O_1 C}} \tag{5-1}$$

其中,C 点为过啮合点 K 所作的齿廓的公法线 $N_1 N_2$ 与两轮转动中心的连心线 $O_1 O_2$ 的交点。

式(5-1)表明两轮的角速度与其连心线 $O_1 O_2$ 被齿廓接触点的公法线所分割的两线段长度成反比。

由此可见,欲使两齿轮的角速度比恒定不变,则应使 $\overline{O_2 C} / \overline{O_1 C}$ 恒为常数。但因两齿轮的轴心 O_1 及 O_2 为定点,即 $\overline{O_1 O_2}$ 为定长,故欲满足上述要求,必须使 C 成为连心线上的一个固定点。此固定点 C 称为节点。欲使齿轮传动得到定传动比,齿廓的形状必须符合下述条件:两轮齿廓不论在哪个位置接触,过接触点所作齿廓的公法线必须通过连心线上一个定点(节

点）。这就是齿廓啮合的基本定律。

凡能满足上述要求的一对齿廓称为共轭齿廓。共轭齿廓曲线很多，机械中传动齿轮常用的共轭齿廓有渐开线齿廓、摆线齿廓等，其中以渐开线齿廓应用最广。

在图 5-2 中分别以 O_1、O_2 为圆心，以 $\overline{O_1C}$、$\overline{O_2C}$ 为半径，过节点 C 所作的两个相切的圆称为节圆。

由式（5-1）可得 $\omega_1 \cdot \overline{O_1C} = \omega_2 \cdot \overline{O_2C}$，即两节圆具有相等的圆周速度，这表明一对齿轮传动时，它的一对节圆作纯滚动。

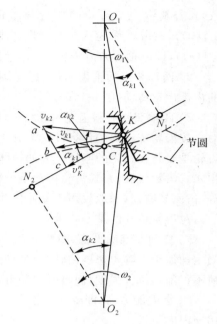

图 5-2

§5-3 渐开线齿廓

一、渐开线的形成及其性质

如图 5-3 所示，当一直线与半径为 r_b 的圆相切，设此圆固定不动，而该直线沿圆周作无滑动的纯滚动时，直线上任一点 K 的轨迹 $\overset{\frown}{AK}$ 称为该圆的渐开线。此圆称为渐开线的基圆，该直线称为渐开线的发生线。

根据渐开线形成原理可以看出渐开线具有如下性质：

1）发生线在基圆上滚过的长度 $\overline{NK}$ 等于基圆上被滚过的相应弧长 $\overset{\frown}{NA}$，即 $\overline{NK} = \overset{\frown}{NA}$。

2）当发生线沿基圆纯滚动到位置 Ⅱ 的瞬间，N 点是它的瞬时回转中心，所以直线 NK 是渐开线上 K 点的法线，N 点为渐开线上 K 点的曲率中心，线段 $\overline{NK}$ 为其曲率半径。又因 $\overline{NK}$ 是发生线，是基圆的切线，故渐开线上任一点的法线必与基圆相切，或者说，基圆的切线必为渐开线上某一点的法线。

3）渐开线的形状完全取决于基圆的大小。基圆半径相同时，所形成的渐开线形状相同；基圆半径不等，则其形成的渐开线形状不同。由图 5-4 可见，基圆半径越大，渐开线对应点的曲率半径也越大，渐开线愈平直；当基圆半径趋于无穷大时，其渐开线将成为垂直于发生线 $\overline{N_3K}$ 的直线。它就是渐开线齿条的齿廓。

4）基圆以内无渐开线。

5）渐开线齿廓上各点的压力角是变化的。如图5-3所示，渐开线齿廓上任一点 K 的法线（即法向压力 F_n 方向线）与该点的速度 v_K 方向线所夹的锐角 α_K 称为渐开线齿廓在 K 点的压力角。设 K 点的半径为 r_K，由直角 $\triangle ONK$ 可求得

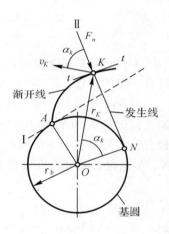

图 5-3

$$\cos\alpha_K = \frac{\overline{ON}}{\overline{OK}} = r_b/r_K \tag{5-2}$$

基圆半径 r_b 已定时,其渐开线齿廓上各点的压力角随半径 r_K 增大而增大,基圆上的压力角等于零。

二、渐开线齿廓满足恒定传动比要求

前述欲使齿轮传动保持瞬时传动比恒定不变,要求两齿廓在任何位置接触时,在接触点处齿廓公法线与连心线交于一定点。下面说明渐开线齿廓能够满足这一要求。如图 5-5 所示,渐开线齿廓 G_1 和 G_2 在任意位置 K 点接触,过 K 点作两齿廓的公法线 n-n,由渐开线性质可知 n-n 同时与两齿轮的基圆相切,亦即过任意啮合点所作齿廓的公法线总是两基圆的内公切线。又因两轮基圆的大小和安装位置均固定不变,同一方向的内公切线只有一条,所以两齿廓 G_1 和 G_2 在任意点(如点 K 及 K')接触啮合的公法线均重合为同一条内公切线 n-n,因此与连心线的交点 C 是固定的,这说明两渐开线齿廓啮合能保证两轮瞬时传动比为一常数,即 $i = \omega_1/\omega_2 = \overline{O_2C}/\overline{O_1C} = $ 常数。

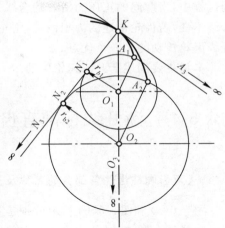

图 5-4

三、渐开线齿廓传动的特点

1. 可分性

在图 5-5 中,$\triangle O_1N_1C \backsim \triangle O_2N_2C$,故一对齿轮的传动比还可写为

$$i = \frac{\omega_1}{\omega_2} = \frac{\overline{O_2C}}{\overline{O_1C}} = \frac{r'_2}{r'_1} = \frac{r_{b2}}{r_{b1}} \qquad (5\text{-}3)$$

式中:r'_1、r'_2 分别为两轮的节圆半径,r_{b1}、r_{b2} 分别为两轮的基圆半径。

式(5-3)说明渐开线齿轮的传动比不仅等于两轮节圆半径的反比,同时也等于两轮基圆半径的反比。在一对渐开线齿轮制成后,其基圆大小已经完全确定了;所以,即使两轮的中心距稍有改变,其传动比仍保持不变。这一特性称为渐开线齿轮传动的可分性。在生产中由于制造和安装误差或者轴承的磨损等原因,常常会导致中心距的微小改变,但由于它具有可分性,故仍能保持传动平稳性。此外,利用渐开线齿轮的可分性还可以设计变位齿轮传动。因此,可分性是渐开线齿轮传动的一个重要优点。

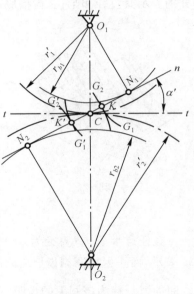

图 5-5

2. 啮合角大小为常数

齿轮传动时两齿廓接触点的轨迹称为啮合线。由于一对渐开线齿廓无论在哪一点接触,接触齿廓的公法线都是两基圆的同一条内公切线 n-n,所以 n-n 直线就是其啮合线。过节点 C 作两节圆的公切线 t-t,它与啮合线 n-n 间所夹的锐角 α' 称为啮合角。由图 5-5 可知,渐开线齿轮在传动中啮合角大小为常数,其数值等于渐开线齿廓在节圆处的压力角。渐开线齿轮传

动过程中,齿廓间的正压力沿着啮合线方向,啮合角不变表明传动过程中齿廓间正压力方向始终不变,若齿轮传递的力矩恒定,则轮齿之间,轴与轴承上受力的大小和方向不变,这是渐开线齿轮传动的又一个优点。

本章主要阐述渐开线齿轮传动。

§5-4　渐开线标准直齿圆柱齿轮各部分名称及基本尺寸

一、直齿圆柱齿轮各部分的名称及基本参数

图 5-6(a) 和图 5-6(b) 所示分别是直齿外齿轮和内齿轮的一部分,它们的每个轮齿的两侧齿廓都是由形状相同、方向相反的渐开线曲面组成。一个齿轮的轮齿总数称为齿数,用 z 表示。齿轮上相邻两齿之间的空间称为齿槽。过齿轮各轮齿顶端的圆称为齿顶圆,用 d_a 和 r_a 分别表示其直径和半径。齿槽底部的圆称为齿根圆,用 d_f 和 r_f 分别表示其直径和半径。

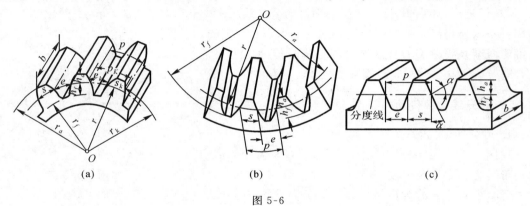

图 5-6

在任意半径 r_K(直径为 d_K) 的圆周上,一轮齿两侧齿廓间的弧长称为该圆上的齿厚,用 s_K 表示,而一齿槽两侧齿廓之间的弧长称为该圆上的齿槽宽,用 e_K 表示,相邻两齿同侧齿廓之间的弧长称为该圆上的齿距,用 p_K 表示,显然 $p_K = s_K + e_K = \dfrac{\pi d_K}{z}$。同一圆周上的齿厚、齿槽宽、齿距相等,不同圆周上的齿厚、齿槽宽、齿距则不相等。

为了便于设计与制造,在齿顶圆与齿根圆之间取一直径为 d(半径为 r) 的圆作为基准圆,称为分度圆;对于标准齿轮,理论上,分度圆上的齿厚和齿槽宽相等,用 s、e 和 p 分别表示分度圆上的齿厚、齿槽宽和齿距,显然有

$$p = s + e = \frac{\pi d}{z} \tag{5-4}$$

$$s = e = \frac{p}{2} \tag{5-5}$$

由此可得 $d = \dfrac{p}{\pi} z$,式中 π 是一个无理数,计算和测量都不方便;为此,工程上把比值 $\dfrac{p}{\pi}$ 规定为一系列简单的有理数,把它称为模数,并用 m 表示,即

$$m = \frac{p}{\pi} \tag{5-6}$$

所以,分度圆直径可表示为

$$d = mz \tag{5-7}$$

模数 m 是确定齿轮尺寸的一个重要的基本参数,其单位为 mm,我国已经颁布了齿轮模数 m 的标准系列(见表 5-1),齿轮各部分的几何尺寸除齿轮宽度外均用多少个模数表示,所以,齿数相同的齿轮,模数愈大,其各部分尺寸也愈大。

表 5-1　渐开线圆柱齿轮标准模数(GB/T 1357—2008)　　　　mm

第一系列	0.1	0.12	0.15	0.2	0.25	0.3	0.4	0.5	0.6	0.8	1	1.25
	1.5	2	2.5	3	4	5	6	8	10	12	16	20
	25	32	40	50								
第二系列	0.35	0.7	0.9	1.75	2.25	2.75	(3.25)	3.5	(3.75)	4.5		
	5.5	(6.5)	7	9	(11)	14	18	22	28	45		

注:① 本表适用于渐开线圆柱齿轮,对斜齿轮是指法面模数。

② 优先选用第一系列,括号内模数尽可能不用。

渐开线齿廓在分度圆处的压力角,简称压力角,用 α 表示,它是齿轮的另一个基本参数,压力角已标准化,我国规定标准压力角 $\alpha = 20°$(在某些场合也有采用 $\alpha = 14.5°$、$15°$、$22.5°$ 和 $25°$)。现在可以给分度圆一个完整的定义,即:齿轮上具有标准模数和标准压力角的圆称为分度圆。

由式(5-2)可得基圆直径为

$$d_b = d\cos\alpha \tag{5-8}$$

轮齿在齿顶圆和分度圆之间的径向距离称为齿顶高,用 h_a 表示。轮齿在齿根圆和分度圆之间的径向距离称为齿根高,用 h_f 表示。轮齿在齿顶圆和齿根圆之间的径向距离称为全齿高,用 h 表示,显然,$h = h_a + h_f$。GB/T 1356—2001 标准中对于 $m \geqslant 1mm$、$\alpha = 20°$,正常齿制的渐开线标准直齿圆柱齿轮规定为

$$\left.\begin{array}{ll} \text{齿顶高} & h_a = m \\ \text{齿根高} & h_f = h_a + c = 1.25m \\ \text{全齿高} & h = h_a + h_f = 2.25m \\ \text{顶隙} & c = 0.25m \end{array}\right\} \tag{5-9}$$

现在给标准齿轮一个完整的定义:齿轮的基本参数(模数 m、分度圆压力角 α、齿顶高 h_a 和顶隙 c)均为标准值,且分度圆上理论齿厚等于齿槽宽的齿轮称为标准齿轮。

当标准外齿轮的齿数增加到无穷多时,就形成了如图 5-6(c)所示的标准齿条。这时,齿轮的基圆成为一条直线、齿顶圆、齿根圆和分度圆相应变成与该直线平行的齿顶线、齿根线和分度线;齿轮的同侧渐开线齿廓变成相互平行的斜直线齿廓。标准齿条齿廓上各点有相同的压力角,且等于齿廓的倾斜角 α,此角称为齿形角,标准值为 $20°$。与齿顶线平行的任一条直线上具有相同的齿距和模数,分度线上的齿厚等于齿槽距,即 $s = e = p/2 = \pi m/2$,分度线是计算齿条尺寸的基准线。显然标准齿条与同模数的标准外齿轮也具有相同的齿顶高、齿根高和全齿高。

二、标准直齿圆柱齿轮几何尺寸计算公式

图 5-7 中轮 1 和轮 2 为一对模数、压力角相等的标准齿轮,由于其分度圆上的齿厚 s 等于齿槽宽 e,则

$$s_1 = e_1 = \frac{p_1}{2} = \frac{\pi m}{2} = \frac{p_2}{2} = s_2 = e_2。$$

因此安装时可使两轮的分度圆相切作纯滚动,此时分度圆与节圆相重合,即 $r_1 = r'_1, r_2 = r'_2$。使两标准齿轮的节圆与分度圆相重合的安装称为标准安装。这时的中心距称为标准中心距,其值为

$$a = r'_2 \pm r'_1 = r_2 \pm r_1$$

$$= \frac{m}{2}(z_2 \pm z_1) \qquad (5\text{-}10)$$

式中:"$+$"号用于外啮合圆柱齿轮传动;"$-$"号用于内啮合圆柱齿轮传动。

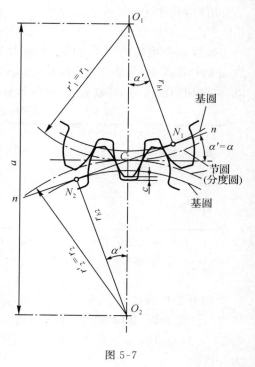

图 5-7

此时的啮合角 α' 等于分度圆上标准压力角 α。应该指出,分度圆和压力角是单独一个齿轮所具有的参量,而节圆和啮合角只有在一对齿轮互相啮合时才出现的参量。标准齿轮只有在标准安装时,节圆和分度圆才重合,啮合角与分度圆压力角 α' 才相等。

此外,一对齿轮啮合时为防止一轮齿顶端与另一轮齿槽底发生干涉并有利于贮存润滑油,一齿轮的齿顶圆与相啮合齿轮的齿槽底之间在半径方向存在径向间隙,即前述顶隙,用 c 表示,由图 5-7 可见

$$c = h_f - h_a = 0.25m \qquad (5\text{-}11)$$

表 5-2 列出了标准直齿圆柱齿轮几何尺寸的计算公式。

例 5-1 一对标准安装外啮合标准直齿圆柱齿轮,其模数 $m = 4\text{mm}$,齿数 $z_1 = 20, z_2 = 32$,试计算两齿轮各部分的尺寸。

解:分度圆直径 $d_1 = z_1 m = 20 \times 4 = 80 (\text{mm}), d_2 = z_2 m = 32 \times 4 = 128$ (mm)

齿顶高 $h_{a1} = h_{a2} = m = 4$ (mm)

齿根高 $h_{f1} = h_{f2} = 1.25m = 1.25 \times 4 = 5$ (mm)

全齿高 $h_1 = h_2 = h_a + h_f = 4 + 5 = 9$ (mm)

齿顶圆直径 $d_{a1} = d_1 + 2h_{a1} = 80 + 2 \times 4 = 88$ (mm)

               $d_{a2} = d_2 + 2h_{a2} = 128 + 2 \times 4 = 136$ (mm)

齿根圆直径 $d_{f1} = d_1 - 2h_{f1} = 80 - 2 \times 5 = 70$ (mm)

               $d_{f2} = d_2 - 2h_{f2} = 128 - 2 \times 5 = 118$ (mm)

基圆直径 $d_{b1} = d_1 \cos\alpha = 80\cos20° = 75.175$ (mm)

               $d_{b2} = d_2 \cos\alpha = 128\cos20° = 120.281$ (mm)

齿距 $p_1 = p_2 = \pi m = \pi \times 4 = 12.566$ (mm)

齿厚 $s_1 = s_2 = \dfrac{p}{2} = 6.283$ （mm）

齿槽宽 $e_1 = e_2 = \dfrac{p}{2} = 6.283$ （mm）

标准中心距 $a = \dfrac{1}{2}(d_2 + d_1) = \dfrac{m}{2}(z_2 + z_1) = \dfrac{4}{2}(32 + 20) = 104$ （mm）

表 5-2　标准直齿圆柱齿轮几何尺寸的计算公式

名称	符号	计算公式
模　数	m	根据轮齿承载能力结构需要，取标准值
压力角	α	$\alpha = 20°$
分度圆直径	d	$d = mz$
齿顶高	h_a	$h_a = m$
齿根高	h_f	$h_f = 1.25m$
全齿高	h	$h = h_a + h_f = 2.25m$
齿顶圆直径	d_a	$d_a = d \pm 2h_a = (z \pm 2)m$①
齿根圆直径	d_f	$d_f = d \mp 2h_f = (z \mp 2.5)m$②
基圆直径	d_b	$d_b = d\cos\alpha = mz\cos\alpha$
齿距	p	$p = \pi m$
齿厚	s	$s = \dfrac{p}{2} = \dfrac{\pi m}{2}$
齿槽宽	e	$e = \dfrac{p}{2} = \dfrac{\pi m}{2}$
标准中心距	a	$a = \dfrac{1}{2}(d_2 \pm d_1) = \dfrac{m}{2}(z_2 \pm z_1)$③

注：① 式中"＋"号用于外齿轮，"－"号用于内齿轮。

   ② 式中"－"号用于外齿轮，"＋"号用于内齿轮。

   ③ 式中"＋"号用于外啮合，"－"号用于内啮合；下角标 1 和 2 分别标识小齿轮和大齿轮。

§5-5　渐开线直齿圆柱齿轮正确啮合和连续传动的条件

前已阐明一对渐开线齿廓啮合，接触点沿啮合线移动，能实现定传动比传动。但一对齿廓总是有界的，从开始接触到脱离接触、其接触点仅限于啮合线上某一段范围内，亦即一对渐开线齿廓只能在某一角度范围内实现定传动比传动。作为一对渐开线齿轮，就不单是一对齿啮合，其相邻轮齿有着相互联系和制约。因此，它要实现定传动比连续传动还需满足正确啮合和连续传动的条件。

一、渐开线齿轮传动的正确啮合条件

齿轮传动时，它的每一对齿仅啮合一段时间后便要分离，而由后一对齿接替，如图 5-8 所示，当前一对齿在啮合线上 K 点啮合时，后一对齿必须已在啮合线上另一点 K' 啮合。为保证前后两对齿能同时在啮合线上接触且不产生干涉，应使轮 1 的相邻两齿同侧齿廓沿公法线上的距离 $\overline{K_1 K_1'}$ 与轮 2 的相邻两齿同侧齿廓沿公法线上的距离 $\overline{K_2 K_2'}$ 相等，即 $\overline{K_1 K_1'} = \overline{K_2 K_2'}$。又根据渐开线的性质知线段 $\overline{K_1 K_1'}$ 和 $\overline{K_2 K_2'}$ 分别等于轮 1 和轮 2 的基圆齿距 p_{b1} 和 p_{b2}，因而要使两轮正确啮合，$p_{b1} = p_{b2}$，即两齿轮的基圆齿距应相等。

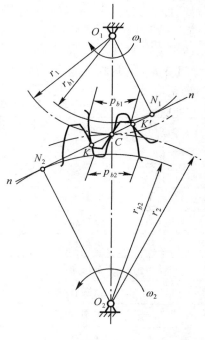

根据齿距定义

$$p_{b1} = \frac{\pi d_{b1}}{z_1} = \frac{\pi d_1 \cos\alpha_1}{z_1} = \pi m_1 \cos\alpha_1$$

$$p_{b2} = \frac{\pi d_{b2}}{z_2} = \frac{\pi d_2 \cos\alpha_2}{z_2} = \pi m_2 \cos\alpha_2$$

要使两齿轮正确啮合，必须使两轮的模数、压力角满足如下条件：

$$m_1 \cos\alpha_1 = m_2 \cos\alpha_2$$

但因模数 m 和压力角 α 均已标准化，很难以不同的模数 m 和不同的压力角 α 组合拼凑满足上述条件，实际上应满足

图 5-8

$$\left.\begin{array}{l} m_1 = m_2 = m \\ \alpha_1 = \alpha_2 = \alpha \end{array}\right\} \tag{5-12}$$

上式表明：渐开线直齿圆柱齿轮的正确啮合条件是两轮的模数和压力角必须分别相等。

这样，一对齿轮的传动比可表示为

$$i = \frac{\omega_1}{\omega_2} = \frac{d_2'}{d_1'} = \frac{d_{b2}}{d_{b1}} = \frac{d_2}{d_1} = \frac{z_2}{z_1} \tag{5-13}$$

二、渐开线齿轮的连续传动条件

图 5-9 中轮 1 为主动轮，轮 2 为从动轮，转向如图所示。这对齿轮的一对齿开始啮合是主动轮齿的齿根部分推动从动轮的齿顶。因而开始啮合点一定是从动轮的齿顶圆和啮合线 n-n 的交点 B_2。图中用虚线表示了主、从动两齿廓在开始啮合点 B_2 的接触情况。随着齿轮的转动，接触点自 B_2 点沿啮合线 nn 向 N_2 点方向移动。主动齿廓上接触点由齿根部分向齿顶方向移动，而从动齿廓上接触点由齿顶向齿根部分移动。当接触点移动到主动轮齿顶圆与啮合线的交点 B_1 后，该两齿廓就终止了定传动比传动，所以 B_1 称为两齿廓的终止啮合点。线段 $\overline{B_2 B_1}$ 称为实际啮合线段。由于基圆内无渐开线，线段 $\overline{N_1 N_2}$ 是理论上的最长啮合线段，称为理论啮合线段，N_1、N_2 称为极限啮合点。

在啮合过程中，作为一般情况，如果前一对轮齿齿廓到达终止啮合点 B_1 时，后一对轮齿齿廓已在 $\overline{B_2 B_1}$ 之间的任一点 K 啮合（如图 5-9 所示，$\overline{B_1 B_2} > \overline{B_1 K}$），但作为极限情况，为达到能满足连续传动的要求，后一对齿至少必须已开始在 B_2 点啮合（此时 $\overline{B_1 B_2} = \overline{B_1 K}$，$K$ 与 B_2 重合），这样，才能顺利地完成前后齿交替，达到定传动比连续传动。

可以设想，若这对齿轮由于齿高不足或中心距增大，使实际啮合线段 $\overline{B_2B_1}$ 减少，若 $\overline{B_2B_1} < \overline{B_1K}$，则前一对齿廓到达终止啮合点 B_1 时，后一对齿廓还未进入 B_2 啮合点，这时定传动比连续传动中断，引起冲击。

如前所述，线段 $\overline{B_1K}$ 就是两齿轮的基圆齿距 p_b，故齿轮传动定传动比连续传动条件是：实际啮合线段 $\overline{B_2B_1}$ 应大于或至少等于基圆齿距 p_b。又线段 $\overline{B_2B_1}$ 等于基圆上作用弧弧长 $\overparen{ED}$，所以定传动比连续传动条件可写成：

$$\varepsilon = \frac{\overline{B_1B_2}}{p_b} = \frac{\overparen{ED}}{p_b} \geqslant 1 \qquad (5\text{-}14)$$

式中 ε 称为齿轮传动的重合度，从理论上讲只要 $\varepsilon = 1$ 就可以保证定传动比连续传动，但由于齿轮的制造、安装误差和啮合传动中轮齿的变形，实际上应使 $\varepsilon > 1$。在一般机械制造中常使 $\varepsilon = 1.1 \sim 1.4$。

根据几何关系，可以推导出外啮合标准直齿圆柱齿轮传动的重合度计算公式

$$\varepsilon = \frac{1}{2\pi}[z_1(\tan\alpha_{a1} - \tan\alpha')$$
$$+ z_2(\tan\alpha_{a2} - \tan\alpha')] \qquad (5\text{-}15)$$

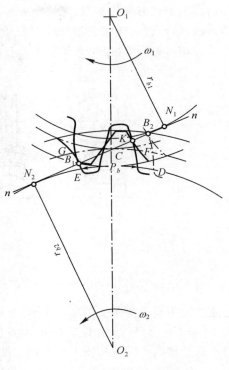

图 5-9

式中：α' 为啮合角；α_{a1}、α_{a2} 分别为齿轮 1、2 的齿顶圆压力角；z_1、z_2 为齿轮 1、2 的齿数。对于标准安装的标准直齿轮传动的重合度 ε 常在大于 1 而小于 2 之间，这就意味着两齿轮在啮合过程中有时是一对齿啮合，有时是两对齿同时啮合。如果一对齿轮的重合度 ε 数值愈大，表明该齿轮传动时有两对齿同时参与啮合的时间愈长，因而传动愈平稳，该轮齿传动的承载能力也愈大。

§5-6 渐开线直齿圆柱齿轮的加工及精度

一、轮齿加工的基本原理

齿轮加工的基本要求是齿形准确，分齿均匀。轮齿的加工方法很多，有铸造法、热轧法、冲压法和切削法等，目前最常用的是切削法。切削法按其原理可分为成形法和范成法两大类。

1. 成形法（仿形法）

成形法是在普通铣床上，用与被加工齿轮的齿槽形状尺寸完全相同的成形铣刀直接切出轮齿齿形的方法。图 5-10(a) 表示用圆盘铣刀切齿，加工时，铣刀绕刀具本身轴线转动，轮

坯沿齿轮轴线方向送进,铣完一个齿槽后,轮坯退回原处,转过 $360°/z$,再铣第二个齿槽,这样依次进行,直到铣完全部齿槽为止。图 5-10(b) 表示用指状铣刀切齿,其加工原理与用圆盘铣刀切齿相同,一般用来切制大模数($m \geqslant 8$)的齿轮。

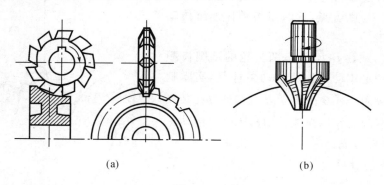

(a)   (b)

图 5-10

由于渐开线形状决定于基圆半径 $r_b = \dfrac{1}{2}mz\cos\alpha$,即与模数 m、压力角 α 和齿数 z 有关,因此如欲用成形法制造出准确齿廓,必须按其模数、压力角对每一种齿数就要相应有一把铣刀,这是不经济的,也是不可能的。为减少刀具的数目,又保证一定的加工精度,在实际加工中一般是将同一模数和压力角的铣刀做成 8 把(或 15 把),并标上刀号,每一号刀具可用来加工一定齿数范围的齿轮(见表 5-3),为了保证加工出来的齿轮在啮合时不会卡住,刀刃的形状、尺寸是按该刀号所加工齿数范围中最少齿数的齿形设计的,因此,用它加工其他齿数的齿轮时只能得到近似的齿形。另外,成形法分度也给被切齿轮带来一定分度的误差。

表 5-3   各号齿轮成形铣刀切制齿轮的齿数范围

铣刀号数	1	2	3	4	5	6	7	8
所切齿轮的齿数	$12 \sim 13$	$14 \sim 16$	$17 \sim 20$	$21 \sim 25$	$26 \sim 34$	$35 \sim 54$	$55 \sim 134$	$\geqslant 135$

成形法切齿原理简单,不需要专用切齿机床;但切削不连续,生产率低,精度差,一般只适用于修配和单件、小批量生产及精度要求不高(9 级或 9 级以下)的齿轮加工。

2. 范成法(展成法)

范成法是利用一对齿轮互相啮合时其共轭齿廓互为包络线的原理来切齿的,是目前轮齿加工的主要方法。其工艺方法有插齿、滚齿、剃齿和磨齿等,其中剃齿、磨齿为精加工。

(1)插齿

图 5-11(a) 所示为用齿轮插刀加工外齿轮的情形。齿轮插刀的形状和齿轮相似,但有切削刃,其模数和压力角与被加工的齿轮相同,只是刀具的齿顶高比传动用齿轮的齿顶高高出一个 0.25m(顶隙)以便切出全部齿根,使切出的齿轮在与相配齿轮啮合传动时,保证有顶隙存在。加工过程中,机床传动系统强制性地驱使插齿刀与轮坯之间严格按恒定的传动比 $n_刀/n_齿 = z_齿/z_刀$ 作缓慢的回转共轭运动(图 5-11(a) 中用箭头 Ⅰ、Ⅱ 表示),同时插齿刀沿轮坯轴线作往复切削运动(图 5-11(a) 中用箭头 Ⅲ 表示),在运动过程中如图 5-11(b) 所示刀具的渐开线刀刃在齿轮坯上逐渐按包络原理切制出被加工轮齿的渐开线齿廓。为避免插刀刀刃回程时与轮坯摩擦,轮坯还需要作径向让刀运动(图 5-11(a) 中用箭头 Ⅳ 表示)。

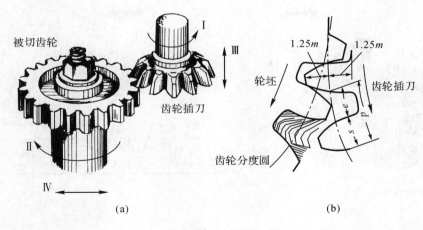

图 5-11

齿轮插刀除用于加工外齿轮外,还可用来加工内齿轮及双联齿轮等无法或不便用铣切等方法加工的齿轮。

当齿轮插刀的齿数无限增多时,齿轮插刀演变成齿条插刀,如图 5-12 所示。齿轮插刀的分度圆演化成齿条插刀的分度线,渐开线刀刃演变成倾斜角等于标准压力角 α 的倾斜直线刀刃(该倾斜角通常称为刀具角或齿形角)。齿条插刀的实际刀顶线比普通齿条顶线高出一个高度为 $0.25m$ 的圆角部分,以便切出传动时的顶隙部分。齿条插刀的分度线也称为齿条插刀中线。显然,在插刀中线上刀具齿厚与齿槽宽相等,即 $s=e=p/2=\pi m/2$。因为齿条插刀齿廓为一直线,由图可见,不论在其中线上,还是与中线平行的任意一条直线上,都有和中线上相同的齿距 $p(=\pi m)$、相同的模数 m 和相同的齿廓压力角 $\alpha(=20°)$。图 5-13(a) 为齿条插刀插齿的情形,加工原理也和齿轮插刀一样。若切制标准齿轮,刀具中线应与被加工齿轮的分度圆相切,在切齿过程中齿条插刀沿轮坯轴线上下往复切削运动(图 5-13(a) 中箭头 Ⅲ),同时由机床传动系统强制性地驱使齿条插刀和轮坯作相当于齿条和齿轮的啮合传动,即轮坯回转、齿条水平移动(图 5-13(a) 中用箭头 Ⅰ、Ⅱ 表示),轮坯分度圆的圆周速度与齿条刀的移动速度相等。当然,同前述齿轮插刀插齿切削一样,同样也有轮坯的退刀运动(图 5-13(a) 中用箭头 Ⅳ 表示)。齿条插刀刀刃在轮坯上形成的包络线即为被加工齿轮的渐开线齿廓,如图 5-13(b) 所示。这样切成的齿轮是模数和压力角与刀具的模数和压力角分别相等且在分度圆上理论齿厚和齿槽相等的标准齿轮。

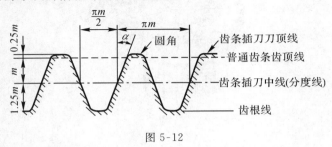

图 5-12

上述两种插齿刀插削齿轮加工精度较高,但其共同的缺点是加工过程不连续,生产率较低。目前广泛采用滚齿加工方法。

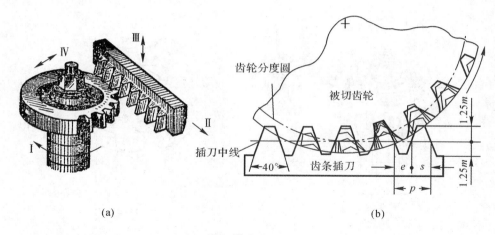

图 5-13

（2）滚齿

如图 5-14（a）所示，滚刀外形类似一个纵向开了沟槽形成刀刃的螺旋（渐开螺旋面），安装时应使滚刀轴线与轮坯端面倾斜一个其值等于滚刀螺旋升角 λ 的角度，如图 5-14（b）所示，这样滚刀螺旋面在轮坯端面上的投影为一齿条，滚刀转动时相当于这一假想齿条连续移动，滚齿机传动系统强制轮坯绕自己轴线旋转，其运动关系保持和齿轮与齿条啮合一样，这样，便可连续切出齿形。与此同时，滚刀沿轮坯的轴线方向作缓慢移动（如图 5-14（c）中箭头Ⅲ），以便切出全齿宽。滚齿加工切削效率高于插齿加工。

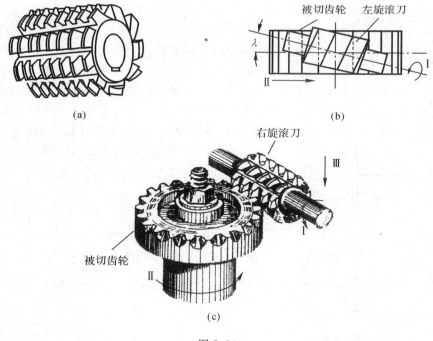

图 5-14

用范成法加工出的齿廓是刀具齿刃的共轭齿廓，被加工的齿轮与刀具的模数、压力角相同，故用同一把刀具可切制出各种齿数的齿轮，精度较高（可加工出 8 级或 8 级以上精度的齿轮)。

二、齿厚尺寸的测量

齿厚是切齿中重要的检测尺寸,但弧齿厚一般不易直接检测,生产中常用固定弦齿厚或者用公法线长度来替代弧齿厚的检测。

1. 固定弦齿厚

固定弦齿厚是指标准齿条与齿轮轮齿作对称相切时(图 5-15),两切点之间的弦线距离$\overline{aa}$,用 S_c 表示。由固定弦 aa 到齿顶圆间的径向距离,称为固定弦齿高,用 h_c 表示。标准齿轮的固定弦齿厚 s_c 及固定弦齿高 h_c 的计算公式可由几何关系求得

$$S_c = 2\,\overline{ac}\cos\alpha$$

$$= \frac{\pi m}{2}\cos^2\alpha \tag{5-16}$$

$$h_c = h_a - \overline{ac}\sin\alpha = m\left[1 - \frac{\pi}{8}\sin(2\alpha)\right] \tag{5-17}$$

当 $\alpha = 20°$ 时
$$S_c = 1.38705m \tag{5-18}$$
$$h_c = 0.74758m \tag{5-19}$$

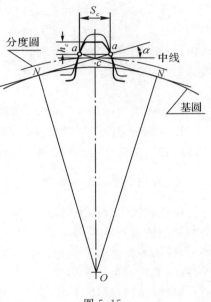

图 5-15

可见标准齿轮的 s_c 和 h_c 仅与模数有关而与齿数无关,这一特性对齿轮齿厚的检测是有利的。显然,这一测量方法对齿顶圆直径 d_a 的精度有一定要求。

图 5-16 表示用齿轮卡尺测量固定弦齿厚的情况。

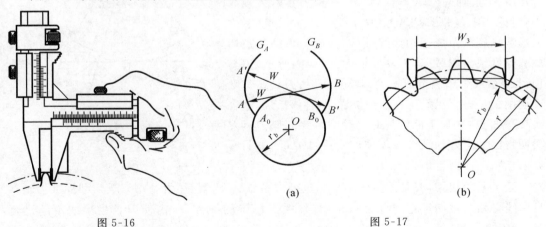

图 5-16

(a)　　　　(b)

图 5-17

2. 公法线长度

设发生线 AB 在基圆上作纯滚动,其上 A_0 和 B_0 点分别描出左右两根渐开线 G_A 和 G_B(图 5-17(a)),根据渐开线的特性,渐开线 G_A 和 G_B 间任意位置的公法线$\overline{A'B'}$ 长度均和 $\overline{AB}$ 长度相等。

图 5-17(b) 所示为应用卡尺跨三个齿测量公法线长度 W_3 的情况。由图可见 $W_3 =$

$(3-1)p_b + s_b$，其中 p_b、s_b 分别为基圆齿距和齿厚。推广到跨 K 个齿测量的公法线长度 W_K 应为

$$W_K = (K-1)p_b + s_b \tag{5-20}$$

对于 $\alpha = 20°$ 的标准直齿圆柱齿轮经计算可得

$$W_K = m[2.9521(K-0.5) + 0.014z] \quad (\text{mm}) \tag{5-21}$$

式中：z 为被测齿轮齿数；m 为模数，mm；K 为跨测齿数，若使卡尺卡脚与齿轮齿廓相切于分度圆附近，K 可按式(5-22)计算

$$K = z/9 + 0.5 \tag{5-22}$$

由上式算出的跨测齿数 K，可能不是整数，则应圆整为整数。

这种测量方法只需普通量具，测量精度不像固定弦齿厚那样受齿顶圆精度的影响(影响卡尺位置)，所以在齿轮加工中被广泛采用。

三、根切现象和最少齿数

用范成法切制标准齿轮时，有时会发生被加工的轮齿根部齿廓的渐开线被刀具的顶部切去一部分，如图 5-18 所示，这种现象称为根切。根切不仅削弱了轮齿根部的抗弯强度，还可能影响传动的平稳性，故应设法避免。

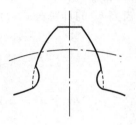

图 5-18

要避免发生根切，首先应了解产生根切的原因，可以齿条型刀具切制齿轮为例来分析轮齿被根切的机理。现以图 5-19 分析齿条插刀切制标准齿轮发生根切的情况。图 5-19 中齿条插刀的中线与轮坯分度圆相切，范成运动中刀具右移到位置 I 时，刀刃与被切齿廓相切于理论啮合线上的极限啮合点 N_1，渐开线齿廓被全部切出。如果刀具的齿顶线(不考虑切削顶隙的圆角刀顶)恰好通过 N_1 点(图中的虚线)，则当范成运动继续进行时，该刀刃即与被切成的渐开线齿廓脱离，不发生根切。但如图所示，刀具顶线超过 N_1 点，当范成运动继续进行时，刀具还将继续切削。刀具由位置 I 右移到位置 II 时，刀刃和啮合线交于 K 点，被加工的轮齿必转过一角度 φ，则刀具刀尖便将已加工好的渐开线齿廓切去一部分(图中阴影线所示)，从而产生根切。

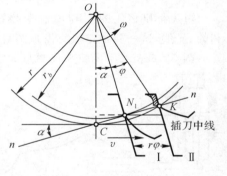

图 5-19

为了避免根切，刀具的顶线不应超过极限啮合点 N_1，但用齿条型刀具切削标准齿轮，刀具中线必须与被切齿轮的分度圆相切，在模数已定的条件下，需使刀具齿顶线不超过 N_1 点，就得设法提高 N_1 点的位置。由图 5-20 可以看出 N_1 点的位置与基圆半径 r_b 有关，r_b 愈小，则 N_1 点离刀具中线的距离 e 愈近，根切的可能性就愈大。由式 $r_b = \frac{1}{2}mz\cos\alpha$ 可知，被切齿轮模数、压力角均与刀具相同，不能改变，根切与否决定于被加工齿轮的齿数 z。z 值愈小，r_b 愈小，e 也愈小。当 $e < m$ 时，点 N_1 移到刀具顶线下方，即发生根切，故齿数 z 愈小，根切愈严重。反之，$e > m$ 时点 N_1 移到刀具顶线上方，不会发生根切。当 $e = m$ 时，刀具顶线正好通

过 N_1 点，这便是用齿条型刀具加工标准齿轮正好不发生根切所要求的最小的基圆半径 r_b，其相应的齿数便称为用齿条型刀具加工标准齿轮不发生根切的最少齿数，用 z_{min} 表示。这样，由图 5-20 几何关系可知要避免根切，应使 $e = \overline{CN_1}\sin\alpha = r\sin^2\alpha = \dfrac{mz}{2}\sin^2\alpha \geqslant m$，可得 $z \geqslant \dfrac{2}{\sin^2\alpha}$，故切削标准齿轮时，不发生根切的最少齿数为

$$z_{min} = 2/\sin^2\alpha \qquad (5\text{-}23)$$

相应于 $\alpha = 20°$ 的标准齿条型刀具，按上式求得 $z_{min} = 17$。在实际应用中，有时为了结构紧凑，允许微量根切，可取 $z_{min} = 14$。

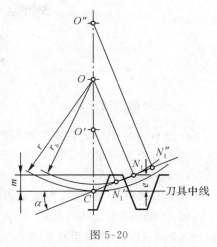

图 5-20

四、齿轮精度的概念

齿轮制造和安装时不可避免产生一些误差，诸如齿形误差、齿距误差、齿厚误差、齿向误差、齿轮副中心距误差、轴线平行度误差等。这些误差必然影响传递运动的准确性、传动的平稳性、齿面上载荷分布的均匀性。精度愈低，误差愈大，影响愈严重；但如果要求不适当的高精度，将给制造带来困难，成本增加。因此，为了保证传动的工作质量和使用寿命，必须对齿轮精度提出适当的要求。

渐开线圆柱齿轮精度标准（GB/T 10095—2001）规定齿轮共有 13 个精度等级，用数字 0 ～ 12 由高到低依次排列。齿轮精度等级选择，应综合考虑传动用途、使用条件、圆周速度、传递功率等要求确定。一般机械常用的为 6 ～ 9 级齿轮精度，表 5-4 列举了其传递动力的圆柱齿轮精度等级的选择与应用。

表 5-4　传递动力的圆柱齿轮精度等级的选择与应用

精度等级	圆周速度（m/s）		应　　用
	直齿	斜齿	
6 级	> 10 ～ 15	> 15 ～ 30	高速且平稳性、噪声有较高要求的齿轮，如机床、汽车及工业设备中的重要齿轮，高、中速减速器齿轮
7 级	> 6 ～ 10	> 8 ～ 15	有平稳性、噪声要求的高速中载或中速重载的齿轮，如机床、汽车及工业设备中有可靠性要求的一般齿轮，中速标准系列减速器中的齿轮
8 级	≤ 6	≤ 8	一般机械中对精度无特殊要求的齿轮，如冶金、矿山、工程机械及普通减速齿轮
9 级	≤ 4	≤ 6	速度较低，噪声要求不高的一般性工作齿轮

§5-7 轮齿的失效和齿轮材料

一、轮齿的失效形式

一般所说齿轮失效主要是指轮齿的失效,研究失效的目的在于分析其原因,提出相应的承载能力计算和寻求防止或减缓失效的措施。轮齿的失效形式常见的有以下几种。

1. 轮齿折断

轮齿好像一个悬臂梁,在载荷多次重复的作用下齿根产生循环变化的弯曲应力,由于轮齿齿根过渡圆角较小;齿根表面粗糙度较高;滚切时可能留下的刀痕或拉伤;热处理产生的微裂缝和传动系统中动载荷以及接触不良等因素影响,会引起较大的齿根应力,当齿根处最大应力超过材料的弯曲疲劳极限应力时,齿根部分就会产生疲劳裂纹,并逐步扩散,最终造成轮齿疲劳断裂(图 5-21)。

图 5-21   图 5-22

轮齿也有因遭受短时意外的严重过载而造成突然的折断,用淬火钢或铸铁等制造的齿轮,容易发生这种过载折断。

2. 齿面磨粒磨损

由于齿轮和轴承等零件因摩擦磨损损伤产生的微小颗粒、焊接飞溅物、氧化皮、锈蚀物和其他类似的金属和非金属杂物进入轮齿的工作表面,在齿轮传动时,齿面间有相对滑动存在,在载荷的作用下,这些外来颗粒起着磨损作用,会引起齿面产生磨粒磨损(图 5-22)。当造成齿面过度磨损后,轮齿就失去了准确齿形,运转中就会产生冲击和噪声;此外,轮齿磨损后齿厚变薄也可能导致弯曲强度不足而折断。磨粒磨损主要发生在开式齿轮传动。闭式齿轮传动由于润滑和密封条件好,一般不会发生磨粒磨损,但应注意润滑油的清洁和更换,特别是新齿轮跑合后未予清洗,原齿面凹凸被磨平的金属屑粒使润滑油造成污染也会造成磨粒磨损。

3. 齿面点蚀

润滑良好的闭式齿轮传动在工作了一段时间后,轮齿靠近节线的齿根工作表面上常常出现一些微小的凹坑(图 5-23),称为点蚀,如果点蚀不断扩展,将导致运转不良和噪声增大,以致不堪使用。产生点蚀的原因是轮齿工作时,在齿面接触处产生过高的接触应力,这种接触应力也是按脉动循环变化的。若齿面上最大接触应力超过材料的接触疲劳极限时,在载荷的多次重复作用下,齿面表层就会产生细微的疲劳裂纹,随着应力循环次数

图 5-23   图 5-24

的增多,裂纹扩张和蔓延,使裂纹之间的金属微粒剥落下来而形成凹坑。

齿面抗点蚀能力主要与齿面硬度有关,提高齿面硬度可以提高齿面抗点蚀能力。此外,

由于润滑油渗入微观裂纹,有可能促使裂缝扩展,故采用黏度大的润滑油有利于减缓点蚀。

开式齿轮传动,齿面磨损较快,往往齿面表层还未来得及出现点蚀就已被磨掉,所以很少见到点蚀现象。

4. 齿面胶合

胶合是相啮合齿面的金属,在一定压力下直接接触发生黏着,同时随着齿面的相对运动,使较软轮齿表面上的金属被硬齿面撕落而在齿面上沿相对滑动方向形成沟纹的一种黏着磨损现象(图 5-24)。胶合现象在高速重载或低速重载工况下均有发生。对于高速重载齿轮是由于啮合处局部过热导致两接触齿面金属融焊而黏着;对于重载低速齿轮则是由于啮合处局部压力很高,且速度低而使两接触表面间润滑油膜被刺破而黏着。

胶合严重时在滑动方向呈现明显的黏撕沟痕,齿廓完全毁坏,振动、噪声增大,油温升高,齿轮传动几乎立即突然失效。

采用良好的润滑方式、限制油温和采用抗胶合添加剂的合成润滑油可防止或减轻轮齿产生胶合破坏。

5. 齿面塑性变形

在过大的应力作用下,轮齿材料因屈服产生塑性流动而形成如图 5-25(a)、(b) 所示的齿面或齿体的塑性变形,噪声和振动增大,从而破坏了齿轮的正常啮合传动。这种失效常发生在大的过载、频繁启动和硬度低的齿轮上。

提高齿面硬度及采用高黏度润滑油都有助于防止轮齿产生塑性变形。

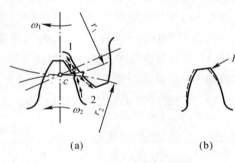

(a) (b)

图 5-25

二、齿轮的材料

常用的齿轮材料是优质碳素钢和合金结构钢,其次是铸铁、铸钢。大多数齿轮,特别是重要齿轮都用锻钢制造;只有对形状复杂和直径较大($d \geqslant 500$mm)不易锻造时,才采用铸钢制造。

传递的功率不大、无冲击、低速、开式传动中的齿轮可采用灰铸铁。高强度球墨铸铁可代替铸钢制造大齿轮。

有色金属仅用于制造有特殊要求(如抗腐蚀性、防磁性等)的齿轮。

对高速、轻载及精度要求不高的齿轮,为减少噪声,可应用非金属材料(如塑料、尼龙、夹布胶木等)作成小齿轮,但大齿轮仍采用钢或铸铁制造。

钢制齿轮按照齿面硬度不同可分为软齿面($\leqslant 350$HBS)齿轮及硬齿面(> 350HBS)齿轮两类。

软齿面齿轮可以在热处理后切齿,制造容易,成本较低,用于对传动尺寸和重量没有严格限制的一般传动。常用的材料有 35、45、35SiMn、38SiMnMo、40Cr、40MnB、42SiMn、40CrNiMo 等,其热处理方法为调质或正火处理。为了便于切齿和防止切齿刀具刀刃不致迅速磨损变钝,调质处理后齿面硬度一般不超过 $280 \sim 300$HBS。

一对齿轮传动中,小齿轮齿面硬度一般应比大齿轮齿面硬度高出 $30 \sim 50$HBS,传动比大时还可更高些。这是因为小齿轮齿根强度弱,同样工作时间内小齿轮齿面接触承载次数多,当材料及热处理相同时,其损坏的概率高于大齿轮;另外,大小两轮存在一定硬度差,有利于跑合、改善接触情况。

硬齿面(>350HBS)齿轮通常是在调质后切齿,再进行表面硬化处理。有的齿轮硬化处理后还进行磨齿等精加工。硬齿面齿轮主要是用于高速重载或者要求尺寸紧凑等重要传动中。齿轮表面硬化处理可以采用以下几种。

1. 表面淬火

一般用于中碳钢(如45钢)或中碳合金钢(如35SiMn、40Cr、42SiMn等),表面淬火后轮齿变形不大,允许不再进行精加工(如磨齿),齿面硬度有的材料可达$52\sim56$HRC。表面淬火齿轮齿面接触强度高,耐磨性好,而齿芯并未淬硬,所以轮齿仍具有较高韧性,故能承受一定程度的冲击载荷。表面淬火的方法有高频淬火和火焰淬火等,火焰淬火产生的变形较大。

2. 渗碳淬火

用于齿轮材质为低碳合金钢(如20Cr、20CrMnTi等),渗碳淬火回火后齿面硬度可达$54\sim62$HRC,而齿芯硬度一般为$30\sim42$HRC,保持较高的韧性,所以能用于受冲击载荷的齿轮传动;但其齿形尺寸及表面粗糙度有较大变化,所以渗碳淬火回火后必须进行磨齿。

3. 氮化处理

氮化处理用于含铬、钼、铝等合金元素的氮化钢,如38CrMoAlA,氮化后表面硬度大于850HV。氮化处理加热温度低,齿的变形小,适用于难以磨齿的场合,例如内齿轮。由于渗氮层较薄,故不宜用于承受冲击载荷或过大载荷。

表5-5中列出了常用齿轮材料及其热处理后的硬度。

表 5-5　常用齿轮材料及其主要力学性能

材料牌号	热处理方法	抗拉强度 σ_B(MPa)	屈服极限 σ_s(MPa)	硬　　度	
				HBS	HRC(表面淬火)
45	正火	588	294	$169\sim217$	$40\sim50$
	调质	647	373	$229\sim286$	
35SiMn,42SiMn	调质	785	510	$229\sim286$	$45\sim55$
40MnB	调质	735	490	$241\sim286$	$45\sim55$
38SiMnMo	调质	735	588	$229\sim286$	$45\sim55$
40Cr	调质	735	539	$241\sim286$	$48\sim55$
20Cr	渗碳淬火	637	392		$56\sim62$
20CrMnTi	渗碳淬火	1079	834		$56\sim62$
ZG270-500	正火	500	270	$140\sim170$	
ZG310-570	正火	570	310	$163\sim197$	
ZG340-640	正火	640	340	$197\sim207$	
HT250		240		$180\sim240$	
HT300		290		$182\sim273$	
HT350		340		$197\sim298$	
QT500-7	正火	500	320	$170\sim230$	
QT600-3	正火	600	370	$190\sim270$	
夹布胶木		100		$25\sim35$	

§5-8 直齿圆柱齿轮传动的强度计算

一、受力分析和计算载荷

1. 受力分析

为了计算轮齿强度、设计轴和轴承,都需要知道作用在轮齿上的作用力。图 5-26 所示为一对标准直齿圆柱齿轮传动,其齿廓在节点 C 接触,设小齿轮 1 是主动齿轮,其上作用的转矩为 T_1(N·mm),略去齿间的摩擦力,则轮齿间相互作用的力是沿着啮合线 n-n 方向作用的法向力 F_n。F_n可分解为与分度圆相切的圆周力 F_t 和沿齿轮径向通过齿轮轴心的径向力 F_r。设轮 1 的分度圆直径为 d_1(mm),则由图中关系可得

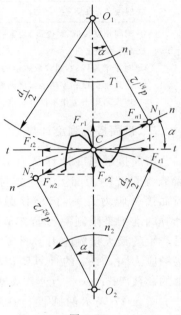

图 5-26

圆周力 $\quad F_{t1} = \dfrac{2T_1}{d_1} = F_{t2}$ (N) $\qquad$ (5-24)

径向力 $\quad F_{r1} = F_{t1}\tan\alpha = \dfrac{2T_1}{d_1}\tan\alpha = F_{r2}$ (N) $\qquad$ (5-25)

法向力 $\quad F_{n1} = \dfrac{F_{t1}}{\cos\alpha} = \dfrac{2T_1}{d_1\cos\alpha} = F_{n2}$ (N) $\qquad$ (5-26)

从动轮 2 上所受的力与主动轮 1 上所受的力大小相等,方向相反。在确定力的方向时应注意:在主动轮上圆周力 F_t 的方向与力作用点的圆周速度方向相反,在从动轮上圆周力 F_t 的方向与力作用点的圆周速度方向相同。径向力 F_r 的方向,对外齿轮由力的作用点指向轮心,对内齿轮则背离轮心。

2. 计算载荷

上述轮齿上作用力是按静力学的计算方法得到的,称为名义载荷,实际传动中由于原动机和工作机固有的载荷特性,齿轮制造、安装误差造成传动齿轮的速度波动而引起的附加动载荷,轴、轴承、轴承座的变形和误差造成载荷在轮齿上分布不均匀;所以工作时轮齿所受实际载荷要比前面用静力学方法计算出的名义载荷为大,因而进行齿轮强度计算不应按名义载荷计算,而应按计算载荷 F_{nc} 来计算,计算载荷 F_{nc} 为

$$F_{nc} = KF_n \qquad (5\text{-}27)$$

K 称为载荷综合系数,其值可由表 5-6 选取。

表 5-6　载荷综合系数 K

结构布局 原动机	工作机 均匀平稳		轻微振动		中等振动		强烈振动	
	对称	非对称	对称	非对称	对称	非对称	对称	非对称
均匀平稳	1.2～1.3	1.2～1.5	1.5～1.6	1.5～1.9	1.8～1.9	1.9～2.2	2.1～2.3	2.2～2.6
轻微振动	1.3～1.4	1.4～1.7	1.6～1.8	1.7～2	1.9～2.1	2～2.4	2.2～2.4	2.2～2.8
中等振动	1.5～1.6	1.6～1.9	1.9～2.1	1.9～2.2	2.1～2.6	2.2～2.6	2.4～2.6	2.5～3
强烈振动	1.8～2.0	1.9～2.3	2.2～2.4	2.2～2.6	2.4～2.6	2.5～3	2.7～2.9	2.8～3.4

注：①圆周速度较低、精度高、齿宽系数小，轴和轴承刚度大（非对称布置），软齿面齿轮传动（非对称布置）时取小值，反之取大值。

②对于增速传动，建议取表值的 1.1 倍。

③当外部机械和齿轮装置之间有挠性联接时，K 值可适当减少。

④本表适用于工作平稳性精度 7、8 级的齿轮。

二、齿面接触强度计算

齿面接触强度计算是为了防止在轮齿节线附近的齿面上发生点蚀。点蚀与齿面接触应力有关，齿面接触疲劳强度计算的准则是限制两齿面在节线处接触时产生的最大接触应力 σ_H 不大于其许用接触应力 $[\sigma_H]$。σ_H 的计算则以弹性力学中的赫兹（Hertz）应力公式为基础。

图 5-27 表示两圆柱体在法向压力 F_n 的作用下相互压紧的情况，由于材料的弹性变形，理论上的线接触呈现为狭长矩形的面接触，在接触面的中线上接触应力最大，根据赫兹公式，其最大接触应力为

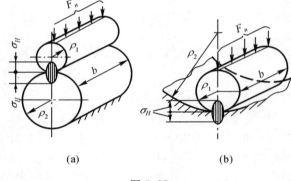

(a)　　　　　(b)

图 5-27

$$\sigma_H = \sqrt{\frac{F_n}{\pi b} \cdot \frac{\dfrac{1}{\rho_1} \pm \dfrac{1}{\rho_2}}{\dfrac{1-\mu_1^2}{E_1} + \dfrac{1-\mu_2^2}{E_2}}} \quad \text{(MPa)} \tag{5-28}$$

式中：F_n 为法向压力，N；b 为两圆柱体的接触宽度，mm；ρ_1、ρ_2 分别为两圆柱体的半径，mm；"＋"号用于外接触（图 5-27(a)），"－"号用于内接触（图 5-27(b)）；μ_1、μ_2 分别为两圆柱体材料的泊松比；E_1、E_2 分别为两圆柱体材料的弹性模量，MPa。

公式(5-28)可近似用于计算齿轮的最大接触应力 σ_H，考虑到直齿圆柱齿轮在节点接触时只有一对轮齿接触，且点蚀常出现在节线附近齿面上，所以取两齿廓在节点 C 处接触的接触应力作为计算依据。即将一对标准齿轮在节点 C 处的接触，视为半径分别为 ρ_1、ρ_2 的两个圆柱体的接触，其中，ρ_1、ρ_2 分别代表两齿廓在 C 点的曲率半径（图 5-26）。设大齿轮和小齿轮的齿数比 $u = z_2/z_1$，由此可得

$$\frac{1}{\rho_1} \pm \frac{1}{\rho_2} = \frac{u \pm 1}{u} \frac{2}{d_1 \sin\alpha}$$

而

$$F_{nc} = \frac{2KT_1}{d_1 \cos\alpha}$$

可得齿面接触应力

$$\sigma_H = \sqrt{\frac{1}{\pi\left(\frac{1-\mu_1^2}{E_1} + \frac{1-\mu_2^2}{E_2}\right)}} \cdot \sqrt{\frac{2}{\sin\alpha\cos\alpha}} \cdot \sqrt{\frac{(u \pm 1)}{u} \frac{2KT_1}{bd_1^2}} = Z_E Z_H \sqrt{\frac{(u \pm 1)}{u} \frac{2KT_1}{bd_1^2}}$$

亦即齿面接触强度的校核公式为

$$\sigma_H = Z_E Z_H \sqrt{\frac{(u \pm 1)}{u} \frac{2KT_1}{bd_1^2}} \leqslant [\sigma_H] \quad (\text{MPa}) \tag{5-29}$$

引入齿宽系数 $\psi_d = b/d_1$，代入式(5-29)，可得齿面接触强度的设计公式

$$d_1 \geqslant \sqrt[3]{\left(\frac{Z_E Z_H}{[\sigma_H]}\right)^2 \frac{u \pm 1}{u} \frac{2KT_1}{\psi_d}} \quad (\text{mm}) \tag{5-30}$$

以上两式中：T_1 为小齿轮转矩，$\text{N} \cdot \text{mm}$；K 为载荷综合系数；d_1 为小齿轮分度圆直径，mm；b 为轮齿接触宽度，mm；u 为齿数比$(u = z_2/z_1 \geqslant 1)$，"+"号用于外啮合传动，"−"号用于内啮合传动；$[\sigma_H]$ 为轮齿的许用接触应力，MPa；$Z_E = \sqrt{\dfrac{1}{\pi\left(\dfrac{1-\mu_1^2}{E_1} + \dfrac{1-\mu_2^2}{E_2}\right)}}$，称为弹性系数，它反映配对齿轮材料的弹性模量和泊松比对接触应力的影响，单位为 $\sqrt{\text{MPa}}$，其值见表 5-7；$Z_H = \sqrt{\dfrac{2}{\sin\alpha\cos\alpha}}$，称为节点区域系数，是反映节点处齿廓曲率对接触应力的影响，对于标准圆柱齿轮 $Z_H = 2.5$。

表 5-7　弹性系数 Z_E 　　$\sqrt{\text{MPa}}$

两轮材料组合	钢与钢	钢与球铁	钢与铸铁	球铁与球铁	球铁与铸铁	铸铁与铸铁
Z_E	189.8	181.4	162	173.9	156.6	143.7

对于一对钢制标准直齿圆柱齿轮传动，将 $Z_E = 189.8$、$Z_H = 2.5$ 代入以上两式，则分别得到如下的齿面接触强度的校核公式和设计公式

$$\sigma_H = 671 \sqrt{\frac{u \pm 1}{u} \frac{KT_1}{bd_1^2}} \leqslant [\sigma_H] \quad (\text{MPa}) \tag{5-31}$$

$$d_1 \geqslant \sqrt[3]{\left(\frac{671}{[\sigma_H]}\right)^2 \frac{u \pm 1}{u} \frac{KT_1}{\psi_d}} \quad (\text{mm}) \tag{5-32}$$

如不是一对钢制齿轮啮合，以上两式中系数 671 应加以修正，更换为 $671 Z_E/189.8$；Z_E 值见表 5-7。

对于长期工作的齿轮，$[\sigma_H]$ 可按下式计算

$$[\sigma_H] = \frac{\sigma_{H\lim}}{S_{H\min}} \tag{5-33}$$

式中：$\sigma_{H\lim}$ 为用各种材料制造的试验齿轮经长期持续的重复载荷作用下齿面保持不点蚀的

极限应力(失效概率为 1‰),其值按图 5-28 查取;S_{Hmin} 为齿面接触强度的最小安全系数,其值可查表 5-8。

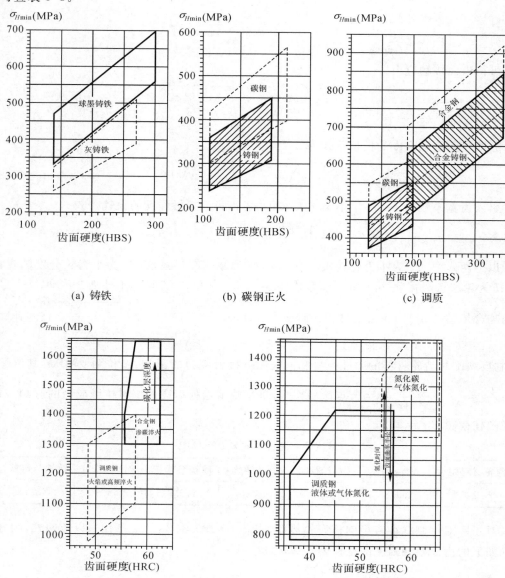

(a) 铸铁　　　　　　(b) 碳钢正火　　　　　　(c) 调质

(d) 渗碳、淬火　　　　　　(e) 氮化

图 5-28

表 5-8　最小安全系数 S_{Hmin} 和 S_{Fmin}

齿轮传动装置的重要性	S_{Hmin}	S_{Fmin}
一般	1	1
齿轮损坏会引起严重后果	1.25	1.5

三、齿根弯曲强度计算

齿根弯曲强度计算是为了防止轮齿疲劳折断,其计算的准则是限制齿根弯曲应力 σ_F 不大于其许用弯曲应力 $[\sigma_F]$。

由于齿轮轮缘的刚性较大,所以计算齿根弯曲应力时,是将轮齿看成一矩形截面的悬臂梁作为计算的力学模型。从理论上讲,对于重合度 $\varepsilon > 1$ 的一对齿轮传动,当一对齿刚进入齿顶啮合时,相邻的一对轮齿也处于啮合状态,载荷由两对齿分担。但考虑到加工和安装误差,精度不是很高(7 级精度及其以下)的齿轮传动,由于误差较大,可以认为虽然重合度 $\varepsilon > 1$,但载荷的大部分,甚至全部仍看作是由一对齿负担着。为了简化计算,对于精度不是很高的齿轮假定载荷全部作用于一个轮齿的齿顶来计算其齿根的最大弯曲应力(6 级及 6 级以上精度的齿轮需考虑重合度的影响)。齿根的危险断面根据光弹应力分析和齿轮运转试验的结果可认为大致可用 30° 切线法确定,即作一条与轮齿的对称中线成 30° 夹角并与齿根过渡曲线相切的斜线,其切点连线 AB 可认为是危险断面的位置(如图 5-29 所示)。

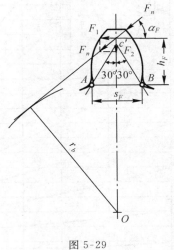

图 5-29

为计算方便,不计齿面间的摩擦力,并把作用于轮齿齿顶的法向力 F_n 沿作用线移至轮齿的对称中线上 c' 点(见图 5-29)。设 c' 点到危险断面的距离为 h_F,危险断面的宽度为 s_F,齿宽为 b,F_n 和轮齿对称中线的垂线间的夹角为 α_F,则法向力 F_n 可分解成 $F_1 = F_n\cos\alpha_F$ 和 $F_2 = F_n\sin\alpha_F$ 两个分力;F_1 在齿根产生弯曲应力和剪应力,F_2 则产生压缩应力。分析研究表明,起主要作用的是弯曲应力,所以,在危险断面上可只考虑弯曲应力。这样,危险断面上的弯曲应力为

$$\sigma_{F0} = \frac{M}{W} = \frac{KF_n h_F\cos\alpha_F}{\dfrac{bs_F^2}{6}} = \frac{KF_t}{bm}\cdot\frac{6(\dfrac{h_F}{m})\cos\alpha_F}{(\dfrac{s_F}{m})^2\cos\alpha} = \frac{KF_t}{bm}Y_F$$

式中: $Y_F = \dfrac{6(\dfrac{h_F}{m})\cos\alpha_F}{(\dfrac{s_F}{m})^2\cos\alpha}$,$Y_F$ 称为齿形系数。对一定的齿形来说,因 h_F 和 s_F 均与模数 m 成

正比,α_F 亦与模数无关,故 Y_F 值只与齿形的尺寸比例有关而与模数无关,标准齿轮齿形仅与齿数 z 有关。上式中的 σ_{F0} 仅为齿根危险断面上的理论弯曲应力;实际计算时,还应计及齿根的过渡圆角所引起的应力集中以及危险断面上压应力和剪应力等对齿根应力的影响的应力校正系数 Y_{sa},因而得

$$\sigma_F = \sigma_{F0}Y_{sa} = \frac{KF_t}{bm}Y_F Y_{sa}$$

令 $Y_F \cdot Y_{sa} = Y_{Fs}$,$Y_{Fs}$ 称为复合齿形系数(见图 5-30),这样,得轮齿齿根危险断面上的应力为

$$\sigma_F = \frac{2KT_1Y_{Fs}}{bd_1m} = \frac{2KT_1Y_{Fs}}{bm^2z_1}$$

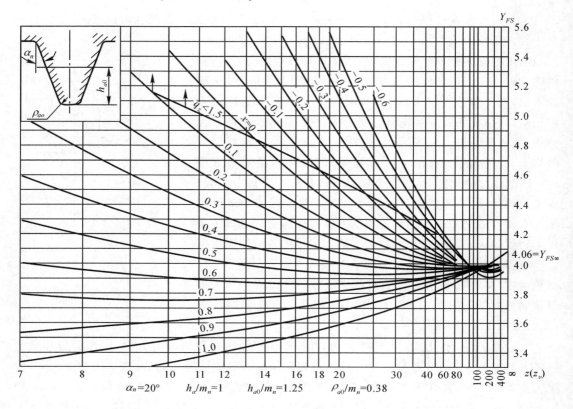

图 5-30

亦即齿根弯曲强度的校核公式为

$$\sigma_F = \frac{2KT_1Y_{Fs}}{bd_1m} = \frac{2KT_1Y_{Fs}}{bm^2z_1} \leqslant [\sigma_F] \quad (\text{MPa}) \tag{5-34}$$

引入齿宽系数 $\psi_d = b/d_1$，代入式(5-34)可得轮齿弯曲强度的设计公式为

$$m \geqslant \sqrt[3]{\frac{2KT_1}{\psi_d z_1^2}\left(\frac{Y_{Fs}}{[\sigma_F]}\right)} \quad (\text{mm}) \tag{5-35}$$

用上式计算齿轮模数 m 时，式中 $\left(\dfrac{Y_{Fs}}{[\sigma_F]}\right)$ 是指相啮合的两个齿轮的 $\left(\dfrac{Y_{Fs1}}{[\sigma_{F1}]}\right)$ 和 $\left(\dfrac{Y_{Fs2}}{[\sigma_{F2}]}\right)$ 两比值中的大值。

上述各式中：T_1 为小齿轮转矩，N·mm；K 为载荷综合系数，z_1 为小轮齿数；d_1 为小齿轮分度圆直径，mm；b 为轮齿接触宽度，mm；m 为模数，mm；ψ_d 为齿宽系数；$[\sigma_F]$ 为轮齿的许用弯曲应力，MPa；Y_{Fs} 为复合齿形系数。

对于长期单面工作的齿轮，其齿根受脉动循环弯曲应力，此时 $[\sigma_F]$ 可按下式计算

$$[\sigma_F] = \frac{\sigma_{Flim}}{S_{Fmin}} \tag{5-36}$$

式中 σ_{Flim} 为用各种材料制成的试验齿轮经长期持续的重复载荷后，齿根能保持不发生弯曲疲劳破坏的极限应力，按图 5-31 查取。对于长期两侧工作的齿轮（例如经常正反转的齿轮和

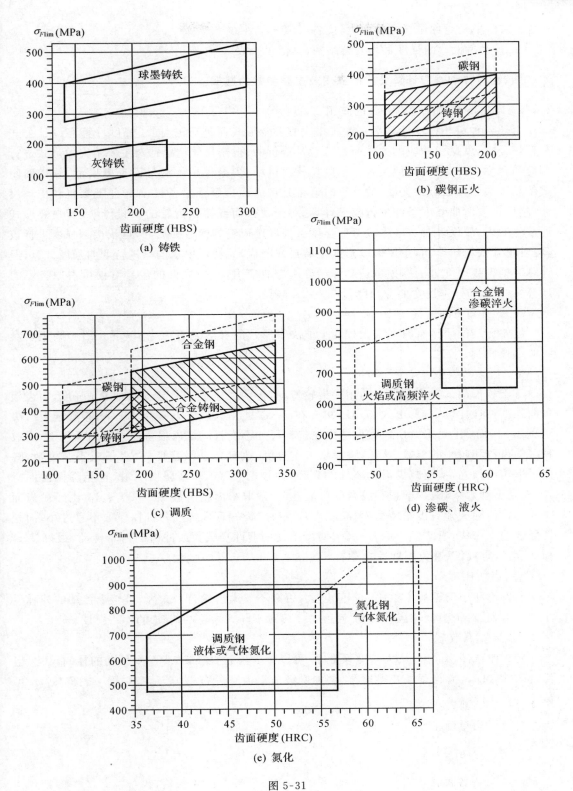

(a) 铸铁

(b) 碳钢正火

(c) 调质

(d) 渗碳、液火

(e) 氮化

图 5-31

惰轮）因齿根受对称循环弯曲应力，应将表值 σ_{Flim} 乘以 0.7。

S_{Fmin} 为齿根弯曲强度最小安全系数，其值可查表 5-8。

四、齿轮传动强度计算公式的应用及主要参数的选择

1. 齿轮传动强度计算公式的应用

上述各种齿轮强度计算都是针对相应的失效形式而进行的。同一强度计算有设计公式和校核公式，就避免相应的失效而言二者是等价的。根据具体情况针对主要的失效形式进行相应的强度设计，再对其他失效作强度校核，可以减少因校核不满足而反复设计。软齿面闭式传动一般为齿面点蚀失效，故计算时通常先按齿面接触强度条件确定主要参数和传动尺寸，然后再按弯曲强度条件进行校核计算。对于硬齿面或铸铁齿轮的闭式传动，其失效形式通常为断齿，故设计时一般先按弯曲强度条件确定齿轮的模数和尺寸，再按接触强度进行核算。对于开式齿轮传动，主要失效形式是磨损或断齿，无特殊要求的只进行弯曲强度计算，但计算时根据齿厚允许的磨损量适当降低许用弯曲应力，一般允许的齿厚磨损量占原齿厚的 $10\% \sim 30\%$ 时，许用弯曲应力降低 $20\% \sim 50\%$。

2. 主要参数的选择

齿轮传动的质量有时在很大程度上取决于所选的参数是否恰当，以下介绍一些主要参数的选择原则。

（1）齿数和模数

对于软齿面（$\leqslant 350HBS$）的闭式齿轮传动，传动尺寸主要决定于齿面接触强度，而齿根弯曲强度往往比较富裕。由式（5-31）可知在 T_1、ψ_d、$[\sigma_H]$、K、u 不变的情况下，接触强度取决于直径 d_1；而 $d_1 = mz_1$，所以在保持齿轮传动尺寸不变且满足齿根弯曲强度的条件下，应取较多的齿数和较小的模数。这样，除能增大重合度、改善传动平稳性外，由于减小了模数，降低了齿轮齿顶高，从而减少齿轮坯件的直径（齿顶圆直径）和金属切削量，且能降低齿面滑动，提高传动效率，减少磨损和胶合的可能性。一般取小齿轮齿数 $z_1 = 20 \sim 40$。对于硬齿面闭式齿轮传动和开式齿轮传动，承载能力常取决于齿根弯曲强度；这时，模数不宜过小，而是将齿数选少一些，通常 $z_1 = 17 \sim 20$。对于承受周期性变载荷或冲击的齿轮传动，最好使 z_2 和 z_1 互为质数，以避免周期性振动。

（2）齿数比 u

大齿轮和小齿轮的齿数比 u 不宜过大，否则不仅大齿轮直径太大，且整个传动的外廓尺寸也会增大。对于中低速齿轮传动应使 $u \leqslant 7$；对于开式齿轮的传动可取 $u \leqslant 12$。

（3）齿宽系数 ψ_d

当其他条件相同时，增大齿宽系数 ψ_d 可以减少齿轮直径，减少整个传动的径向尺寸。但若 ψ_d 取得过大，齿轮宽度变得过宽，会加剧载荷沿齿宽分布不均匀性。对于一般机械，ψ_d 可参考表 5-9 选取。

表 5-9　齿宽系数 $\psi_d = b/d_1$

齿轮相对于轴承的位置	齿面硬度	
	软齿面	硬齿面
对称	$0.8 \sim 1.4$	$0.4 \sim 0.9$
非对称布置	$0.6 \sim 1.2$	$0.3 \sim 0.6$
悬臂布置	$0.3 \sim 0.4$	$0.2 \sim 0.25$

注：① 直齿圆柱齿轮取小值，斜齿取大值（人字齿可更大）。

② 载荷平稳，轴系刚度较大时取大值，反之取小值。

③ 一对齿轮中，只要其中有一只齿轮是软齿面，选取 ψ_d 时，按软齿面计。

需要指出，为了便于安装和补偿轴向尺寸误差，齿轮减速器中一般将小齿轮实际齿宽 b_1 取得比大齿轮实际齿宽 b_2 大 $5 \sim 10\,\text{mm}$。但在强度计算中仍以大齿轮齿宽 b_2 为准，即在公式中，取 $b = b_2$ 进行计算。

例 5-2　试设计计算驱动带式运输机的闭式单级外啮合直齿圆柱齿轮传动。已知电动机驱动，载荷平稳，单向传动，小齿轮传递功率 $P_1 = 7.5\,\text{kW}$，转速 $n_1 = 970\,\text{r/min}$，齿数比 $u = 4.5$。

解：

1）选择齿轮材料。

传动无特殊要求，为便于制造，采用软齿面齿轮，由表 5-5 得

小齿轮选用 40MnB 钢调质，$241 \sim 286\text{HBS}$

大齿轮选用 45 钢正火，$169 \sim 217\text{HBS}$

2）按齿面接触强度设计。

一对钢制外啮合齿轮设计公式用式（5-32）

$$d_1 \geqslant \sqrt[3]{\left(\frac{671}{[\sigma_H]}\right)^2 \frac{u+1}{u} \frac{KT_1}{\psi_d}} \quad (\text{mm})$$

① 计算小齿轮传递的转矩　$T_1 = 9.55 \times 10^6 \frac{P_1}{n_1} = 9.55 \times 10^6 \times \frac{7.5}{970} = 73840(\text{N} \cdot \text{mm})$

② 选择小齿轮齿数 $z_1 = 26$，大齿轮齿数 $z_2 = uz_1 = 4.5 \times 26 = 117$

③ 转速不高，功率不大，选择齿轮精度为 8 级

④ 载荷平稳，对称布置，轴的刚度较大，取载荷综合系数 $K = 1.2$（表 5-6）

⑤ 齿宽系数取 $\psi_d = 0.9$（表 5-9）

⑥ 确定许用接触应力

由图 5-28 查得 $\sigma_{H\lim 1} = 720\text{MPa}$　$\sigma_{H\lim 2} = 460\text{MPa}$

由表 5-8 查得 $S_{H\min} = 1$

故由式（5-33）得 $[\sigma_{H1}] = 720\text{MPa}$　$[\sigma_{H2}] = 460\text{MPa}$

所以 $[\sigma_H] = [\sigma_{H2}] = 460\text{MPa}$

⑦ 计算小齿轮分度圆直径

$$d_1 \geqslant \sqrt[3]{\left(\frac{671}{460}\right)^2 \frac{4.5+1}{4.5} \frac{1.2 \times 73840}{0.9}} = 63.5(\text{mm})$$

⑧ 计算模数　$m = \frac{d_1}{z_1} = \frac{63.5}{26} = 2.44(\text{mm})$，由表 5-1 取 $m = 2.5\text{mm}$

⑨ 计算齿轮主要尺寸及圆周速度

分度圆直径　$d_1 = z_1 m = 26 \times 2.5 = 65(\text{mm})$；$d_2 = z_2 m = 117 \times 2.5 = 292.5(\text{mm})$

中心距　$a = \frac{m}{2}(z_1 + z_2) = \frac{2.5}{2}(26 + 117) = 178.75(\text{mm})$

齿轮齿宽 $b = \psi_d \cdot d_1 = 0.9 \times 65 = 58.5 (mm)$，取 $b_1 = 64mm$、$b_2 = 58mm$

圆周速度 $v = \dfrac{\pi d_1 n_1}{60 \times 1000} = \dfrac{\pi \times 65 \times 970}{60 \times 1000} = 3.3 (m/s)$　由表 5-4 知可用 8 级精度。

3）校核齿根弯曲强度。

校核公式用式（5-34）

$$\sigma_F = \frac{2KT_1Y_{Fs}}{bm^2z_1} \leqslant [\sigma_F] \quad (MPa)$$

① 复合齿形系数根据 z_1、z_2 由图 5-30 查得 $Y_{Fs1} = 4.19$；$Y_{Fs2} = 3.92$

② 确定许用弯曲应力 $[\sigma_F]$

由图 5-31 查得 $\sigma_{Flim1} = 530MPa$；$\sigma_{Flim2} = 360MPa$，由表 5-8 查得，$S_{Fmin} = 1$，故由式（5-36）得 $[\sigma_{F1}] = 530MPa$，$[\sigma_{F2}] = 360MPa$

③ 式中已知 $K = 1.2$，$T_1 = 73840N \cdot mm$，$m = 2.5mm$，$b = 58mm$

④ 校核计算

$$\sigma_{F1} = \frac{2KT_1Y_{FS1}}{bm^2z_1} = \frac{2 \times 1.2 \times 73840 \times 4.19}{58 \times 2.5^2 \times 26} = 78.78 (MPa) < [\sigma_{F1}] = 530 (MPa)$$

$$\sigma_{F2} = \sigma_{F1}\frac{Y_{FS2}}{Y_{FS1}} = 78.78 \times \frac{3.92}{4.19} = 73.71 (MPa) < [\sigma_{F2}] = 360 (MPa)$$

校核计算安全。

4）结构设计。（从略）

§5-9　斜齿圆柱齿轮传动

一、斜齿圆柱齿轮共轭齿面的形成及其啮合特点

对于前述具有一定宽度的直齿圆柱齿轮，其齿廓曲面是发生面 S 在基圆柱上作纯滚动时，平面 S 上任一条与基圆柱母线 NN 平行的直线 KK 在空间所展出的渐开线曲面，如图 5-32(a) 所示。

一对直齿圆柱齿轮啮合，两轮齿廓侧面沿着与轴线平行的直线接触（图 5-32(b)），这些平行线称为齿廓的接触线，在传动中，一对齿廓同时沿整个齿宽进入或退出啮合。这样，轮齿上的作用力也是突然加上和突然卸下，故容易引起冲击和噪声，传动平稳性较差，对于高速传动来说，这种情况尤为突出。采用斜齿圆柱齿轮传动，将能得到显著的改善。斜齿圆柱齿轮齿廓侧面的形成原理与直齿圆柱齿轮不同之处仅仅是平面 S 上展成该齿廓曲面的直线 KK 不与基圆柱母线 NN 平行，而是与之成一角度 β_b，如图 5-33(a) 所示，当发生面 S 沿基圆柱纯滚动时，斜直线 KK 在空间展成曲面为一渐开螺旋面。这个渐开螺旋面与基圆柱的交线为基圆柱上的螺旋线，直线 KK 与基圆柱母线的夹角 β_b 称为基圆柱上螺旋角。

一对平行轴外啮合的斜齿圆柱齿轮，其共轭齿面的形成如图 5-34(a) 所示。在与两齿轮的基圆柱成内公切面 S 上有一条与轴线偏斜角为 β_b 的直线 $\overline{KK}$，当 S 平面分别绕两基圆柱作纯滚动（该平面就是齿廓的发生面）时，直线 KK 在空间运动轨迹就形成一对平行轴渐开线斜齿圆柱齿轮的共轭齿面。两者螺旋角相同，但旋向一左一右。在传动过程中，是从动轮 2 的前端面轮齿的齿顶点 B_2 处首先进入啮合（图 5-34(b)），由于是斜齿的关系，在该瞬间，轮齿的其他各断面都还没有进入啮合。随着齿轮的继续转动，其他各断面由前到后依次进入啮

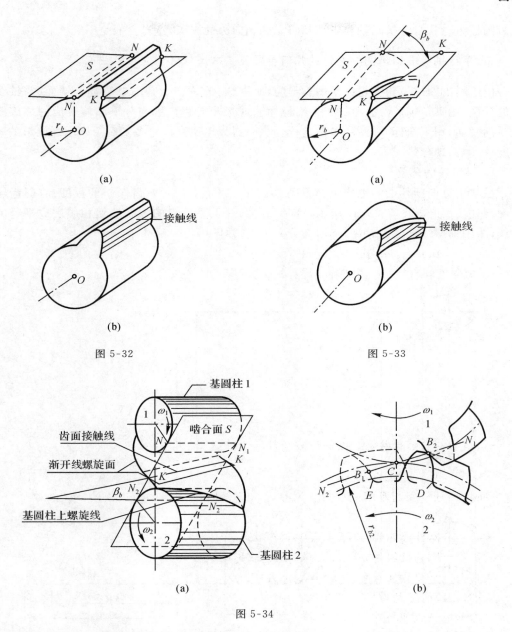

图 5-32

图 5-33

图 5-34

合,齿面间的接触线逐渐由短变长,直到整个齿宽进入啮合。再继续啮合转动,当前端面的工作齿廓转动到图 5-34(b) 中的点 B_1 处开始退出啮合,但其他各断面尚处于啮合状态(图中虚线所示,轮 1 齿廓未画出)。此后,再继续转动,整个齿各断面将由前到后依次退出啮合,接触线由长逐渐变短,直到后端面工作齿廓到达点 B_1 处,整个齿廓才算完成啮合运动,从动轮工作齿面上所形成的一连串接触线如图 5-33(b) 所示。可见,斜齿圆柱齿轮传动同时啮合的轮齿对数较直齿轮为多,重合度比直齿轮大,轮齿误差对传动质量的影响较小(每个瞬时的接触线沿齿宽不在同一圆柱面上),而且每个轮齿上所受载荷也是由零逐渐变大,再由大逐渐变小到零,所以与直齿轮相比,其传动平稳性要好,承载能力要大,故在高速大功率的齿轮传动中应用十分广泛;但也正是由于其轮齿是螺旋形的,传动时会产生轴向分力(参阅本节斜齿圆柱齿轮受力分析),轴和轴承都将受到轴向力的影响,这对它们是不利的。

二、平行轴标准斜齿圆柱齿轮的几何参数及基本尺寸

由于斜齿圆柱齿轮的轮齿是螺旋形的,所以,它的每一个基本参数都有端面(与轴线垂直的平面,用下角标 t 表示)参数和法面(垂直于某个轮齿齿廓与分度圆柱交成的螺旋线的切线的平面,用下角标 n 表示)参数之分。此外,斜齿轮比直齿轮多了一个表示螺旋形的倾斜角度的参数,现分述于下。

1. 斜齿轮的螺旋角

通常用分度圆柱上的螺旋角 β (简称螺旋角) 表示斜齿轮轮齿倾斜的程度。将斜齿轮的分度圆柱面展开如图 5-35(a) 所示,这时分度圆柱上各轮齿的螺旋线便相应展成平行的斜直线,图中细斜线部分为轮齿,空白部分为齿槽,由图可得

$$\tan\beta = \pi d / p_z \qquad\qquad (5\text{-}37)$$

式中: d 为分度圆直径; p_z 为螺旋线导程。

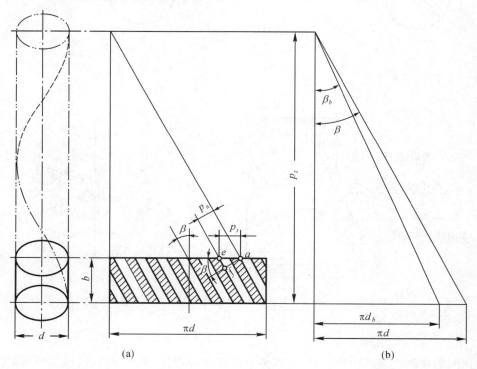

图 5-35

同一斜齿轮,任一圆柱面上螺旋线导程 p_z 都相等,所以若将基圆柱展开,基圆柱上螺旋角 β_b 就应为

$$\tan\beta_b = \pi d_b / p_z \qquad\qquad (5\text{-}38)$$

从端面(与轴线垂直的平面)看,斜齿轮、直齿轮均为渐开线齿廓,根据渐开线性质有

$$d_b = d\cos\alpha_t \qquad\qquad (5\text{-}39)$$

式中: α_t 为斜齿轮分度圆的端面压力角。

故斜齿轮基圆柱上的螺旋角 β_b 和分度圆柱上的螺旋角 β 的关系为

$$\tan\beta_b = \tan\beta\cos\alpha_t \tag{5-40}$$

若螺旋角 $\beta = 0$，就是直齿轮。β 角越大，斜齿轮传动的重合度越大，传动越平稳，优点越显著，但轴向分力也越大，常取 $\beta = 8° \sim 20°$。

2. 法面参数与端面参数

由于斜齿轮的轮齿为螺旋形，在垂直于分度圆柱上螺旋线的剖面（即法面上）的齿形与端面不同。因此，斜齿轮有两种参数，法面参数和端面参数。图 5-35 中 p_t 为端面齿距，p_n 为法面齿距，由 $\triangle aef$ 可知

$$p_n = p_t\cos\beta \tag{5-41}$$

而端面模数 $m_t = \dfrac{p_t}{\pi}$，法面模数 $m_n = \dfrac{p_n}{\pi}$，所以

$$m_n = m_t\cos\beta \tag{5-42}$$

端面压力角 α_t 与法面压力角 α_n 的关系为 *

$$\tan\alpha_n = \tan\alpha_t\cos\beta \tag{5-43}$$

由于切制斜齿轮时，刀具沿轮齿的螺旋槽运动，进刀方向垂直于轮齿法面，所以刀具尺寸由法面齿形参数确定，因而国标规定斜齿轮的法面参数 m_n 和 α_n 等为标准值，并与直齿轮的参数标准相同。同时规定

$$\left.\begin{array}{llll} \text{齿顶高} & h_a = m_n \\ \text{齿根高} & h_f = 1.25m_n \\ \text{全齿高} & h = h_a + h_f = 2.25m_n \\ \text{顶\quad 隙} & c = 0.25m_n \end{array}\right\} \tag{5-44}$$

需要注意，斜齿轮的端面模数与法面模数不等，但端面齿高与法面齿高却是一致的。

3. 平行轴斜齿圆柱齿轮的正确啮合条件

根据斜齿圆柱齿轮齿廓曲面的形成知道其端面内的齿廓曲线仍是渐开线，所以齿廓曲线满足定传动比传动的要求。由于端面内如同一对渐开线直齿轮，为正确啮合应保证 $m_{t1} = m_{t2}$、$\alpha_{t1} = \alpha_{t2}$；又由于轮齿呈螺旋形，所以构成两平行轴间的传动，其螺旋角必需匹配。由图 5-34(a) 可知平行轴外啮合斜齿轮传动的两基圆柱螺旋角（即两齿廓接触线 $\overline{KK}$ 和两轴线的夹角）β_{b1} 和 β_{b2} 大小相等，方向相反（内啮合则是大小相等，方向相同）。

由式 (5-40)、(5-42)、(5-43)，可得一对斜齿轮传动正确啮合条件为

$$\left.\begin{array}{l} m_{n1} = m_{n2} \\ \alpha_{n1} = \alpha_{n2} \\ \beta_1 = \pm\beta_2 \end{array}\right\} \tag{5-45}$$

式中负号用于外啮合，正号用于内啮合。

4. 平行轴标准斜齿圆柱齿轮传动的几何尺寸计算

一对斜齿轮传动在端面上相当于一对直齿轮传动，故可将直齿轮的几何尺寸计算公式用于斜齿轮的端面。渐开线平行轴标准外啮合斜齿圆柱齿轮的几何尺寸可按表 5-10 进行计算。

---

* 式 (5-43) 可由图 5-38 导出。

表 5-10　平行轴标准外啮合斜齿圆柱齿轮的几何尺寸计算公式

名称	代号	计算公式
分度圆螺旋角	β	$\beta_1 = -\beta_2$
法面模数	m_n	根据轮齿承载能力和结构需要,取标准值
端面模数	m_t	$m_t = m_n/\cos\beta$
法面压力角	α_n	$\alpha_n = 20°$
端面压力角	α_t	$\tan\alpha_t = \tan\alpha_n/\cos\beta$
分度圆直径	d	$d = m_t z = m_n z/\cos\beta$
齿顶高	h_a	$h_a = m_n$
齿根高	h_f	$h_f = 1.25m_n$
全齿高	h	$h = h_a + h_f = 2.25m_n$
齿顶圆直径	d_a	$d_a = d + 2h_a = m_n\left(\dfrac{z}{\cos\beta} + 2\right)$
齿根圆直径	d_f	$d_f = d - 2h_f = m_n\left(\dfrac{z}{\cos\beta} - 2.5\right)$
标准中心距	a	$a = (d_1 + d_2)/2 = \dfrac{m_n}{2\cos\beta}(z_1 + z_2)$

由表中计算中心距公式可知,可通过改变 β 值来配凑中心距,即按下式确定 β

$$\cos\beta = \frac{m_n(z_1 + z_2)}{2a} \tag{5-46}$$

这是斜齿轮传动的另一个优点。

三、斜齿圆柱齿轮传动的重合度

为便于了解斜齿圆柱齿轮传动的重合度,现以端面尺寸和齿宽 b 完全相同的直齿圆柱齿轮传动和斜齿圆柱齿轮传动进行分析。图 5-36(a) 是直齿圆柱齿轮传动中的从动轮 2 的基圆柱展开图。当某一轮齿转动到 DD 位置时,整个齿宽 b 同时进入啮合;而该轮齿转动到 EE

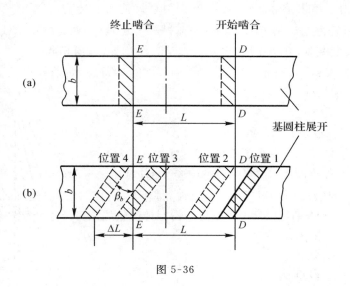

图 5-36

位置时，整个齿宽 b 同时终止啮合。展开面上 DD 和 EE 之间距离 L 等于图 5-9 中基圆上的作用弧长 $\overset{\frown}{ED}$，根据渐开线性质可知 $\overset{\frown}{ED}$ 等于实际啮合线段 $\overline{B_1B_2}$，故重合度 $\varepsilon = \dfrac{\overline{B_1B_2}}{p_b} = \dfrac{L}{p_b}$。

图 5-36(b) 是端面尺寸和直齿轮相同的从动斜齿圆柱齿轮 2 的基圆柱展开图。当某一轮齿转动到位置 1 时，仅仅轮齿的前端面上一个端点开始进入啮合，随着轮齿的转动，处于啮合的齿宽逐渐增大，到达位置 2 时该轮齿整个齿宽才完全进入啮合。当轮齿转动到达位置 3 时，该轮齿的前端已到达 E 点开始脱离啮合，直至转动到位置 4 时整个轮齿才完全退出啮合。显然，斜齿圆柱齿轮一个轮齿的啮合过程在基圆柱上所转过的弧长是 $L + \Delta L$，即比直齿轮传动多啮合一段弧长 $\Delta L = b\tan\beta_b = b\tan\beta\cos\alpha_t$，根据重合度定义，斜齿圆柱齿轮传动的重合度为

$$\varepsilon = \frac{L + \Delta L}{p_{bt}} = \frac{L}{p_{bt}} + \frac{\Delta L}{p_{bt}} = \varepsilon_t + \frac{b\tan\beta\cos\alpha_t}{\pi m_t \cos\alpha_t} = \varepsilon_t + \frac{b\tan\beta}{\pi m_t} = \varepsilon_t + \frac{b\sin\beta}{\pi m_n} \qquad (5\text{-}47)$$

斜齿轮的 p_{bt} 与直齿轮 p_b 相当，故 $\varepsilon_t = \dfrac{L}{p_{bt}} = \dfrac{L}{p}$ 相当于直齿轮的重合度，我们称 ε_t 为斜齿轮传动的端面重合度。

式 (5-47) 表明斜齿轮传动的重合度比直齿轮传动的重合度大出 $\dfrac{b\sin\beta}{\pi m_n}$，可见标准斜齿圆柱齿轮传动的重合度一定大于 1，满足连续传动条件。

又由式 (5-47) 可知，重合度 ε 随齿宽 b 和螺旋角 β 值的增大而增大，ε 值可以达到相当大的数值。当然，如 b、β 过小，则斜齿轮传动重合度比直齿轮传动重合度就所大无几了。

四、斜齿圆柱齿轮的当量齿轮与当量齿数

用盘形铣刀或指状铣刀切制斜齿轮时，刀具是沿螺旋形齿槽方向进行切削，所以，刀具刀刃的尺寸和形状应该与轮齿槽的法面截形的尺寸和形状相同。因此，除了按斜齿轮的法面模数和法面压力角作为选择刀具的依据外，还应根据法面齿形来选取相应的刀号。齿形与斜齿圆柱齿轮法面齿形最接近的直齿圆柱齿轮称为斜齿圆柱齿轮的当量齿轮，它的齿数称为当量齿数，下面来求当量齿数。

图 5-37 为斜齿圆柱齿轮的分度圆柱，通过任一齿的齿厚中点，作垂直于分度圆柱上螺旋线的法面 n-n，该法面上的齿形可看作斜齿轮的法面齿形。法面与斜齿轮分度圆柱的截形是一椭圆，其长径 $a = r/\cos\beta$，短径 $b = r$，r 和 β 分别为分度圆柱半径和分度圆柱上螺旋角。图上该轮齿正处于椭圆短径处的一段椭圆弧上。由于这

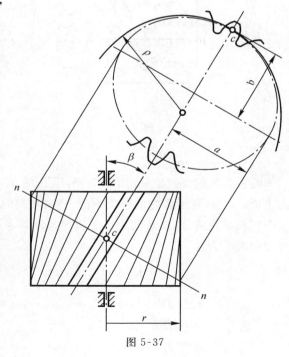

图 5-37

段椭圆弧非常接近于椭圆短径处的曲率半径为 $\rho(\rho = a^2/b)$ 的圆弧,因此可近似认为将该轮齿分布在曲率半径为 ρ 的圆上所形成的假想的直齿轮齿形是最接近于斜齿轮的法面截形,这样形成的假想的直齿轮称为斜齿轮的当量齿轮。因此当量齿轮的参数(下角标用 v 表示):

模数 $m_v = m_n$;压力角 $\alpha_v = \alpha_n$;分度圆直径 $d_v = 2\rho = 2 \cdot \dfrac{a^2}{b} = d/\cos^2\beta$;则当量齿数应为

$$z_v = \frac{d_v}{m_v} = \frac{z}{\cos^3\beta} \tag{5-48}$$

必须指出,当量齿数 z_v 一般不会是整数,它除可用来选择模数铣刀刀号外,还可以把直齿轮与齿数有关的某些结论应用于斜齿轮。例如标准斜齿轮用范成法加工不发生根切的最少齿数 $z_{\min}$ 就可通过当量齿数求出。$z_{v\min} = \dfrac{z_{\min}}{\cos^3\beta}$,故

$$z_{\min} = z_{v\min}\cos^3\beta \tag{5-49}$$

对于 $\alpha_n = 20°$ 的斜齿轮,$z_{v\min} = 17$;可得 $z_{\min} = 17\cos^3\beta$。

五、斜齿圆柱齿轮传动的受力分析

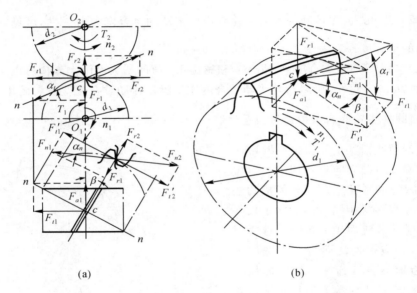

(a)   (b)

图 5-38

略去齿间的摩擦力,如图 5-38 所示,作用在主动轮 1 齿面上的法向力 F_{n1},在节点 C 的法向平面 n-n 内,可沿齿轮的圆周方向、径向和轴向分解成圆周力 F_{t1}、径向力 F_{r1} 和轴向力 F_{a1} 三个互相垂直的分力。从动轮 2 上所受的力与主动轮 1 上所受的力大小相等,方向相反。各分力的大小为:

圆周力 $\quad F_{t1} = \dfrac{2T_1}{d_1} = F_{t2}$ $\hfill (5-50)$

径向力 $\quad F_{r1} = F_{t1}\tan\alpha_n/\cos\beta = F_{r2}$ $\hfill (5-51)$

轴向力 $\quad F_{a1} = F_{t1}\tan\beta = F_{a2}$ $\hfill (5-52)$

法向力 $\quad F_{n1} = F_{t1}/(\cos\beta\cos\alpha_n) = F_{n2}$ $\hfill (5-53)$

斜齿轮圆周力和径向力方向的确定与直齿圆柱齿轮相同。其轴向力的方向随主、从动齿轮的螺旋线方向和齿轮的旋转方向而定；对主动轮，螺旋方向为右旋时，用右手判定，为左旋时，用左手判定，具体判定方法是用手上除拇指外的四指按主动齿轮的回转方向、环握其轴线，拇指的指向即代表主动轮上所受轴向力的方向，其反方向即为作用于从动轮上的轴向力方向。

六、斜齿圆柱齿轮传动的强度计算

如前所述，斜齿圆柱齿轮传动中齿间法向力在节点法向平面内，而法向平面内齿形又相当于当量直齿轮齿形，所以一对斜齿圆柱齿轮传动在法向平面内近似相当于一对当量直齿圆柱齿轮传动。因此，可以用直齿圆柱齿轮传动的强度计算公式来条件性地计算斜齿圆柱齿轮。但考虑到斜齿圆柱齿轮传动的重合度大，同时接触的接触线长，而且接触线是倾斜的，当量齿轮齿形曲率半径大等等因素，斜齿圆柱齿轮的接触强度和弯曲强度都比参数相同的直齿轮高。一对钢制外啮合标准斜齿圆柱齿轮传动接触强度的校核公式和设计公式相应为

$$\sigma_H = 590\sqrt{\frac{u+1}{u}\frac{KT_1}{bd_1^2}} \leqslant [\sigma_H] \quad (\text{MPa}) \tag{5-54}$$

$$d_1 \geqslant \sqrt[3]{\left(\frac{590}{[\sigma_H]}\right)^2 \frac{u+1}{u}\frac{KT_1}{\psi_d}} \quad (\text{mm}) \tag{5-55}$$

式中各符号及单位均与直齿圆柱齿轮计算相同。

若不是一对钢齿轮啮合，可将上两式中系数 590 改换为 $590Z_E/189.8$，材料弹性系数 Z_E 可按配对材料查表 5-7 确定之。

按式(5-55)算出小齿轮直径 d_1 后，可先选定齿数 z_1、z_2 和螺旋角 β，再按 $m_n = \dfrac{d_1\cos\beta}{z_1}$ 计算模数，算出的模数应按表 5-1 圆整为标准值。若中心距需取标准值（或整数值），再调整螺旋角 β。

斜齿圆柱齿轮的螺旋角 β 愈大，产生的轴向力愈大，从而使轴系结构复杂；螺旋角 β 愈小，则对传动平稳性的改善愈少，该斜齿轮传动优点愈不明显，所以一般取 $\beta = 8° \sim 20°$。高速重载齿轮传动常需较大的螺旋角，此时建议采用人字齿轮，使其轴向力互相抵消，人字齿轮螺旋角可达 $27° \sim 45°$，但人字齿轮在制造上要困难得多。

斜齿圆柱齿轮传动弯曲强度的校核公式和设计公式相应为

$$\sigma_F = \frac{1.6KT_1}{bd_1m_n}Y_{Fs} \leqslant [\sigma_F] \quad (\text{MPa}) \tag{5-56}$$

$$m_n \geqslant \sqrt[3]{\frac{1.6KT_1}{\psi_d z_1^2}\left(\frac{Y_{Fs}}{[\sigma_F]}\right)} \quad (\text{mm}) \tag{5-57}$$

式(5-57)中复合齿形系数 Y_{Fs} 和许用弯曲应力 $[\sigma_F]$ 的比值是指轮 1 的 $\left(\dfrac{Y_{Fs1}}{[\sigma_{F1}]}\right)$ 和轮 2 的 $\left(\dfrac{Y_{Fs2}}{[\sigma_{F2}]}\right)$ 两比值中之大者，Y_{Fs1} 和 Y_{Fs2} 应按斜齿轮的当量齿数在图 5-30 中查取，m_n 为法向模数，mm；其他符号和单位与直齿圆柱齿轮计算相同。

例 5-3   将例 5-2 的标准直齿圆柱轮传动改为标准斜齿圆柱齿轮传动，条件不变，中心距希望设计成整数，以便于加工检验。

解：

1）选择齿轮材料。

传动无特殊要求，采用软齿面齿轮。由表 5-5，小齿轮选用 40MnB 钢调质，241 ~ 286HBS，大齿轮选用 45 钢正火，169 ~ 217HBS

2）按齿面接触强度计算。

一对钢齿轮的设计公式按式(5-55)

$$d_1 \geqslant \sqrt[3]{(\frac{590}{[\sigma_H]})^2 \frac{u+1}{u} \frac{KT_1}{\psi_d}} \quad (\text{mm})$$

① 计算小齿轮传递的转矩，同例 5-2

$$T_1 = 9.55 \times 10^6 \frac{P_1}{n_1} = 73840(\text{N} \cdot \text{mm})$$

② 选择小齿轮齿数 $z_1 = 22$，大齿轮齿数 $z_2 = uz_1 = 4.5 \times 22 = 99$

③ 8 级精度制造(同例 5-2)

④ 载荷综合系数 $K = 1.2$(同例 5-2)

⑤ 齿宽系数 $\psi_d = 0.9$(同例 5-2)

⑥ 确定许用接触应力$[\sigma_H]$，同例 5-2 得$[\sigma_H] = 460\text{MPa}$

⑦ 计算小齿轮分度圆直径

$$d_1 \geqslant \sqrt[3]{(\frac{590}{460})^2 \frac{4.5+1}{4.5} \frac{1.2 \times 73840}{0.9}} = 58.28(\text{mm})$$

⑧ 计算中心距 $a = \frac{d_1}{2}(1+u) = \frac{d_1}{2}(1+\frac{z_2}{z_1}) = \frac{58.28}{2}(1+\frac{99}{22}) = 160.27(\text{mm})$

取　　　$a = 160\text{mm}$

⑨ 初选螺旋角 $\beta = 20°$

⑩ 计算齿轮模数 m_n

$$m_n = \frac{2a\cos\beta}{z_1+z_2} = \frac{2 \times 160\cos20°}{2+99} = 2.4851\text{mm}，圆整取 m_n = 2.5\text{mm}$$

⑪ 计算螺旋角 β

$$\beta = \arccos\frac{m_n(z_1+z_2)}{2 \times 160} = 19.036° = 19°2'10''$$

⑫ 计算齿轮主要尺寸及圆周速度

分度圆直径$d_1 = \frac{m_n z_1}{\cos\beta} = \frac{2.5 \times 22}{\cos19.036°} = 58.182(\text{mm})$

$$d_2 = \frac{m_n z_2}{\cos\beta} = \frac{2.5 \times 99}{\cos19.036°} = 261.818(\text{mm})$$

中心距 $a = \frac{1}{2}(d_1+d_2) = 160(\text{mm})$

齿轮宽度 $b = \psi_d \cdot d_1 = 0.9 \times 58.182 = 52.364(\text{mm})$　　取 $b_1 = 56\text{mm}，b_2 = 52\text{mm}$

圆周速度 $v = \frac{\pi d_1 n_1}{60 \times 1000} = \frac{\pi \times 58.182 \times 970}{60 \times 1000} = 2.955(\text{m/s})$，8 级精度可以。

3）校核齿根弯曲强度。

校核公式按式(5-56)　　$\sigma_F = \frac{1.6KT_1Y_{F_s}}{bd_1 m_n} \leqslant [\sigma_F] \quad (\text{MPa})$

① 复合齿形系数

小齿轮$z_{v1} = z_1/\cos^3\beta = 22/\cos^3 19.036° = 26.04$

$z_{v2} = z_2/\cos^3\beta = 99/\cos^3 19.036° = 117.19$

由图 5-30 查得复合齿形系数 $Y_{Fs1} = 4.19$；$Y_{Fs2} = 3.92$

② 确定许用弯曲应力　　同例 5-2，$[\sigma_{F1}] = 530\text{MPa}$；$[\sigma_{F2}] = 360\text{MPa}$

③ 式中已知 $K = 1.2$，$T_1 = 73840\text{N} \cdot \text{mm}$，$m_n = 2.5\text{mm}$，$b = 52\text{mm}$，$d_1 = 58.182\text{mm}$

④ 校核计算

$$\sigma_{F2} = \frac{1.6 \times 1.2 \times 73840 \times 3.92}{52 \times 58.182 \times 2.5} = 73.48(\text{MPa}) < [\sigma_{F2}] = 360(\text{MPa})$$

$$\sigma_{F1} = \sigma_{F2} \cdot \frac{Y_{Fs1}}{Y_{Fs2}} = 73.48 \times \frac{4.19}{3.92} = 78.54(\text{MPa}) < [\sigma_{F1}] = 530(\text{MPa})$$

校核计算安全

4）结构设计。（从略）

§5-10　锥齿轮传动

一、锥齿轮传动的应用、特点和分类

锥齿轮传动用来传递两相交轴之间的回转运动和动力，如图 5-39 所示。其轮齿是分布在一个截圆锥上，轮齿尺寸从小端到大端随截圆锥各断面的直径减小而减小，相应于圆柱齿轮传动中的各有关"圆柱"在锥齿轮传动中都变成"圆锥"，有节圆锥面、分度圆锥面、齿顶圆锥面、齿根圆锥面和基圆锥面等，定义与圆柱齿轮中类同。一对锥齿轮传动中作纯滚动的两圆锥面是节圆锥面。由于轮齿从大端到小端逐渐减小，所以在截圆锥体的各不同截面内模数是不同的。国标规定截圆锥体大端的参数为标准值，即取大端模数为标准，其值可按表 5-11 选取，其压力角一般为 $20°$。

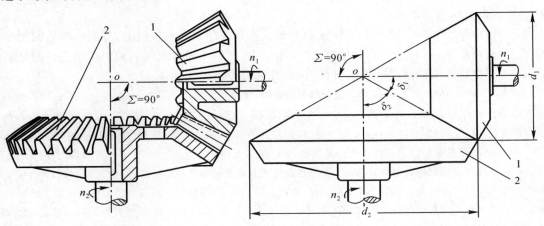

图 5-39

表 5-11　　锥齿轮模数（GB/T 12368—1990）　　　　　　　　mm

0.1	0.35	0.9	1.75	3.25	5.5	10	20	36
0.12	0.4	1.0	2	3.5	6	11	22	40
0.15	0.5	1.125	2.25	3.75	6.5	12	25	45
0.2	0.6	1.25	2.5	4	7	14	28	50
0.25	0.7	1.375	2.75	4.5	8	16	30	
0.3	0.8	1.5	3	5	9	18	32	

在锥齿轮中,我们定义大端模数和压力角均为标准值的某一锥面称为分度圆锥面。标准锥齿轮传动中,其节圆锥面和分度圆锥面重合。限制齿顶和齿槽底的圆锥面称为齿顶圆锥面和齿根圆锥面。

锥齿轮传动两轴线之间夹角 Σ 可以是任意角度,但机械中最常用的是两轴线直角相交,即 $\Sigma = 90°$ 的传动。本章只讨论直角相交的锥齿轮传动。

锥齿轮按两轮啮合的形式不同,可分为外啮合(图 5-40(a)),内啮合(图 5-40(b))和平面啮合(图 5-40(c))三种,本章只讨论外啮合锥齿轮传动。

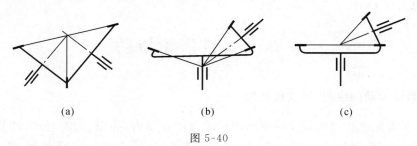

(a)   (b)   (c)

图 5-40

锥齿轮按齿线形状来分有直齿、斜齿和曲齿等多种形式,由于直齿锥齿轮的设计、制造和安装均较简便,应用最为广泛。曲齿锥齿轮由于传动平稳、承载能力高,常用于高速重载传动,但其设计和制造均较复杂,限于篇幅,本章只讨论直齿锥齿轮传动。

二、直齿锥齿轮齿廓的形成

1. 直齿锥齿轮的理论齿廓

一对锥齿轮传动时,其两分度圆锥面的锥顶重合于两轴线的交点 O,显然在两轮的工作齿廓上,只有离锥顶 O 等距离的对应点才互相啮合。所以两齿廓之间的相对运动是空间球面运动,一对共轭齿廓曲线是球面渐开线,现就其形成原理说明如下:

在图 5-41(a) 中 B_1 和 B_2 是两个共锥顶的基圆锥,轴线 O_1O 和 O_2O 就是两传动轴的轴线,锥顶 O 为两传动轴线的交点,ON_1 和 ON_2 是两基圆锥面的母线,$\overline{ON_1} = \overline{ON_2}$,所以 N_1、N_2 在同一球面上。今作一与两基圆锥面公切的大圆(用通过球心的平面截球,所截得的圆叫大圆)平面 S,分别和基圆锥面相切于 ON_1 和 ON_2,将大圆平面 S 分别绕两基圆锥面作纯滚动,大圆平面上任一条半径线(图中是半径线 OC)在空间运动轨迹就是这对锥齿轮的共轭曲面。显然,这样形成的两共轭曲面必然在半径线 OC 上相切接触,而且保证定传动比传动。传动时,接触线沿大圆平面移动。所以大圆平面 S 就是啮合面(接触线的轨迹)。其大端的齿廓曲线就是共轭齿面和球面的交线,在图 5-41(a) 中用 A_1CG_1 和 A_2CG_2 表示。根据共轭齿面的形成可以知道,它们是大圆弧 EF(大圆平面 S 和球面的交线)分别绕半径为 r_{b1} 和 r_{b2} 的两个小圆(基圆锥面和球面的交线)作纯滚动时,大圆弧 EF 上的 C 点在球面上所展成的曲线 —— 球面渐开线。两球面渐开线 A_1CG_1 和 A_2CG_2 相切于 C 点,当齿轮传动时,接触点沿大圆弧移动,图中还用虚线绘出了接触点移动到 K 点时两球面渐开线的啮合情况。线段 OC 分别绕 OO_1 和 OO_2 两轴线转动一周所形成的两锥面 J_1 和 J_2(图中用点划线表示)就是节圆锥面,两节圆锥面相切于 OC 线,在 OC 线上作纯滚动。

2. 直齿锥齿轮的背锥面、当量齿轮和当量齿数

如上所述,锥齿轮的齿廓曲线为球面曲线(球面渐开线),球面不能展成平面,这就给锥齿轮的设计和制造带来困难,因此不得不采用近似方法制定齿形代替球面渐开线。图 5-41(b) 所示为一标准直齿锥齿轮的轴向半个剖面图,OBC 表示分度圆锥,$\overset{\frown}{Ce}$ 和 $\overset{\frown}{Cf}$ 为大端

球面上齿形的齿顶高和齿根高。过 C 作球面的切线 CO' 与轴线相交于 O'，$CO' \perp OC$。再以 CO' 为母线绕 OO' 旋转一周形成锥面 $O'CB$，该锥面必与锥齿轮大端球面相切，称为该锥齿轮的大端背锥面，由于背锥面上的母线垂直于分度圆锥面的对应母线，所以背锥面是垂直于

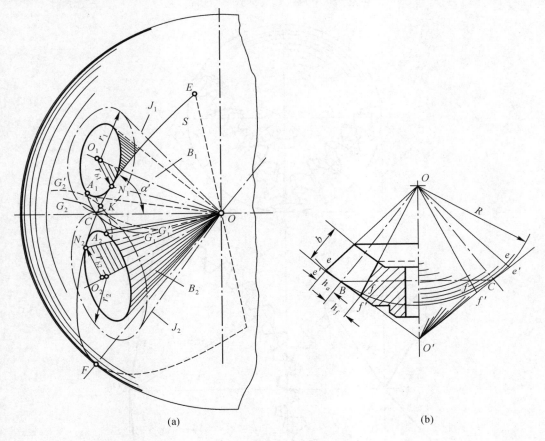

图 5-41

分度圆锥面。由图 5-41(b)可见在大端背锥面的母线上 $\overline{Ce'}$ 和 $\overline{Cf'}$ 与大端球面上的弧线 $\overarc{Ce}$ 和 $\overarc{Cf}$ 非常接近，球面半径与齿高的比值愈大，则两者愈接近，大端球面上的齿形和它在大端背锥上投影之间的差别就愈小。故可以近似用背锥上的齿形来替代球面上的理论齿形，背锥面可以展成平面，这样就可以把球面渐开线简化成平面曲线来进行研究，给设计和制造带来方便。

图 5-42 的上部是一对互相啮合的直齿锥齿轮传动，下图是将两个背锥面上的齿形展成两个平面扇形齿轮，若将两个扇形齿轮补全成为两个完整的假想直齿轮，则两个假想直齿轮分别叫做对应锥齿轮的大端当量齿轮（下角标用 v 表示）。所以当量齿轮的模数 m_v、压力角 α_v、齿顶高和齿根高分别等于锥齿轮大端模数 m、压力角 α、齿顶高 h_a 和齿根高 h_f。其分度圆半径 r_{v1}、r_{v2} 分别等于锥齿轮的大端背锥距 $\overline{O_1'C}$、$\overline{O_2'C}$，即

$$m_v = m, \alpha_v = \alpha$$
$$r_{v1} = \overline{O_1'C}, r_{v2} = \overline{O_2'C}$$

由此可得大端当量齿轮的分度圆直径

$$d_{v1} = 2r_{v1} = 2\overline{O_1'C} = \frac{2r_1}{\cos\delta_1} = \frac{d_1}{\cos\delta_1} = \frac{z_1 m}{\cos\delta_1}$$

$$d_{v2} = 2r_{v2} = 2\overline{O_2'C} = \frac{2r_2}{\cos\delta_2} = \frac{d_2}{\cos\delta_2} = \frac{z_2 m}{\cos\delta_2}$$

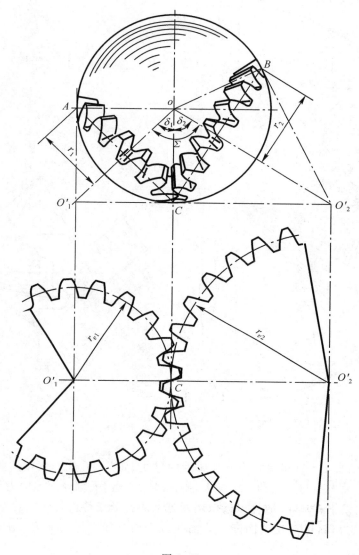

图 5-42

式中：z_1、z_2 为两齿轮齿数；r_1、r_2 为两齿轮大端分度圆半径；d_1、d_2 为两轮大端分度圆直径；δ_1、δ_2 为两轮分度圆锥面的圆锥角。所以当量齿轮的齿数（简称当量齿数）为

$$\left.\begin{aligned} z_{v1} = \frac{d_{v1}}{m_v} = \frac{z_1}{\cos\delta_1} \\ z_{v2} = \frac{d_{v2}}{m_v} = \frac{z_2}{\cos\delta_2} \end{aligned}\right\} \tag{5-58}$$

引入当量齿轮的概念可以把圆柱齿轮的某些结论近似地应用到锥齿轮，例如成形法加

工锥齿轮时,根据大端模数和压力角选择加工锥齿轮的成形铣刀是根据当量齿数 z_v 来选择刀号,标准直齿锥齿轮不发生根切的最少齿数 $z_{\min}$ 可据当量齿轮的最少齿数 $z_{v\min}$ 换算得出,即

$$z_{\min} = z_{v\min}\cos\delta \tag{5-59}$$

对于 $\alpha = 20°$ 的标准齿轮,$z_{v\min} = 17$,可得 $z_{\min} = 17\cos\delta$。

三、标准直齿锥齿轮传动的几何尺寸计算

锥齿轮在设计制造中均以大端的尺寸为基准。国标除规定其模数和压力角外,还规定:

$$\left.\begin{array}{ll} 齿顶高 & h_a = m \\ 齿根高 & h_f = 1.2m \\ 全齿高 & h = h_a + h_f = 2.2m \\ 顶\quad隙 & c = 0.2m \end{array}\right\} \tag{5-60}$$

对于两轮轴线夹角 $\Sigma = 90°$ 的标准直齿锥齿轮传动尺寸如图 5-43 所示,其分度圆锥面、齿顶圆锥面和齿根圆锥面三个锥顶重合于 O 点,其径向间隙沿齿宽方向不等,称为不等顶隙收缩齿(或叫正常收缩齿)锥齿轮传动。表 5-12 中列出了正确安装的标准直齿锥齿轮传动的几何尺寸计算公式。

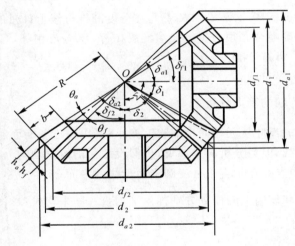

图 5-43

表 5-12 标准直齿锥齿轮传动的几何尺寸计算($\Sigma = 90°$)

名称	符号	小齿轮	大齿轮
齿数	z	z_1	z_2
齿数比	u	$u = z_2/z_1 = \cot\delta_1 = \tan\delta_2$	
分度圆锥面圆锥角	δ	$\delta_1 = \text{arccot}(z_2/z_1)$	$\delta_2 = \arctan(z_2/z_1)$
齿顶高	h_a	$h_a = m$	
齿根高	h_f	$h_f = 1.2m$	
分度圆直径	d	$d_1 = z_1 m$	$d_2 = z_2 m$
齿顶圆直径	d_a	$d_{a1} = d_1 + 2h_a\cos\delta_1$ $= m(z_1 + 2\cos\delta_1)$	$d_{a2} = d_2 + 2h_a\cos\delta_2$ $= m(z_2 + 2\cos\delta_2)$

续表 5-12

名称	符号	小齿轮	大齿轮
齿根圆直径	d_f	$d_{f1} = d_1 - 2h_f\cos\delta_1$ $= m(z_1 - 2.4\cos\delta_1)$	$d_{f2} = d_2 - 2h_f\cos\delta_2$ $= m(z_2 - 2.4\cos\delta_2)$
锥距	R	$R = \frac{1}{2}\sqrt{d_1^2 + d_2^2} = \frac{d_1}{2}\sqrt{u^2 + 1} = \frac{m}{2}\sqrt{z_1^2 + z_2^2}$	
齿顶角	θ_a	正常收缩齿　$\theta_a = \arctan(h_a/R)$	
齿根角	θ_f	$\theta_f = \arctan(h_f/R)$	
齿顶圆锥面圆锥角	δ_a	$\delta_{a1} = \delta_1 + \theta_a$	$\delta_{a2} = \delta_2 + \theta_a$
齿根圆锥面圆锥角	δ_f	$\delta_{f1} = \delta_1 - \theta_f$	$\delta_{f2} = \delta_2 - \theta_f$
齿宽	b	$\dfrac{R}{3} \geqslant b \geqslant 4m$	

　　需要指出,加工锥齿轮的盘状铣刀其刀刃的齿形曲线是按大端参数(m 和 α) 设计的,但铣刀的厚度一般都是按 $b/R = \dfrac{1}{3}$ 时小端齿槽宽来设计的,因此设计锥齿轮的齿宽 b 不宜太大,其最佳范围是$(0.25 \sim 0.3)R$,b 和 R 都是在分度圆锥母线上计量的。

　　一对锥齿轮的正确啮合必须两轮的大端模数相等、压力角相等,且分度圆锥共顶。锥齿轮的传动比 $i = \dfrac{z_2}{z_1} = \dfrac{\sin\delta_2}{\sin\delta_1}$,若 $\Sigma = \delta_1 + \delta_2 = 90°$,则 $i = \tan\delta_2 = \cot\delta_1$。

四、直齿锥齿轮传动的受力分析

　　直齿锥齿轮轮齿的尺寸从大端向小端收缩变小,所以轮齿各断面刚度不同,载荷分布应该是从大端向小端递减。但为分析简单起见,仍假设载荷沿齿宽均匀分布,并忽略摩擦力,法向力 F_n 作用于齿宽中点并在垂直于分度圆锥面母线的平面 n-n 内(图 5-44)。分度圆锥面在齿宽中点截圆的直径和该圆上的模数分别称为平均直径和平均模数,记作 d_m 和 m_m。令 $\dfrac{b}{R}$ 为 ψ_R,由图 5-44(a) 可见

$$\frac{d_m}{d} = \frac{R - 0.5b}{R} = 1 - 0.5\psi_R$$

可得

$$d_m = d(1 - 0.5\psi_R) \tag{5-61}$$

$$m_m = \frac{d_m}{z} = m(1 - 0.5\psi_R) \tag{5-62}$$

　　将法向载荷 F_n 分解成圆周力 F_t、径向力 F_r 和轴向力 F_a,齿轮1上各力的表达式及关系如下

$$\left. \begin{aligned} \text{圆周力} \quad F_{t1} &= \frac{2T_1}{d_{m1}} = \frac{2T_1}{d_1(1 - 0.5\psi_R)} \\ \text{径向力} \quad F_{r1} &= F_{t1}\tan\alpha\cos\delta_1 \\ \text{轴向力} \quad F_{a1} &= F_{t1}\tan\alpha\sin\delta_1 \end{aligned} \right\} \tag{5-63}$$

对于 $\Sigma = 90°$ 的锥齿轮传动,根据作用与反作用

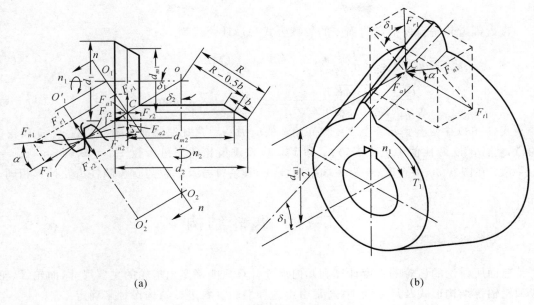

(a)   (b)

图 5-44

$$\boldsymbol{F}_{t2} = -\boldsymbol{F}_{t1};\boldsymbol{F}_{r2} = -\boldsymbol{F}_{a1};\boldsymbol{F}_{a2} = -\boldsymbol{F}_{r1} \tag{5-64}$$

由式(5-64)可见,主动锥齿轮所受的径向力与从动锥齿轮所受的轴向力大小相等,方向相反;而主动锥齿轮所受的轴向力与从动锥齿轮所受的径向力也大小相等、方向相反。

各力的方向:作用在主动轮上圆周力的方向与作用点的速度方向相反,作用在从动轮上圆周力的方向与作用点速度方向相同;径向力的方向都是由作用点分别指向各自的轮心;轴向力方向平行于各自轴线,且均由小端指向大端。

五、直齿锥齿轮传动的强度计算

锥齿轮传动的作用力 F_n 作用于齿宽中点的法向平面内,根据当量齿轮概念,在这法向平面内相当于一对模数为 m_m,齿数为 z_{v1}、z_{v2},宽度为 b 的当量直齿圆柱齿轮传动(图 5-44(a))。所以,不论是齿面接触强度计算还是轮齿弯曲强度计算,都可套用直齿圆柱齿轮对应的计算公式作条件性计算。但为计算方便将计算公式中当量齿轮的尺寸参数均用锥齿轮尺寸参数表示,由此得

一对钢制直齿锥齿轮的齿面接触强度的校核公式为

$$\sigma_H = 671\sqrt{\frac{KT_1}{(1-0.5\psi_R)^2 bd_1^2}\frac{\sqrt{u^2+1}}{u}} \leqslant [\sigma_H] \quad (\text{MPa}) \tag{5-65}$$

如取 $b = \psi_R \cdot R = \psi_R \cdot \frac{d_1}{2} \cdot \sqrt{u^2+1}$,则式(5-65)可变换成设计公式

$$d_1 \geqslant \sqrt[3]{(\frac{671}{[\sigma_H](1-0.5\psi_R)})^2 \frac{2KT_1}{\psi_R u}} \quad (\text{mm}) \tag{5-66}$$

式中:$u = z_2/z_1$ 为齿数比;$\psi_R = b/R$ 为齿宽系数;其余符号及单位均与直齿圆柱齿轮计算相同。

若不是一对钢齿轮啮合,以上两式中系数 671 应改换为 $671Z_E/189.8$,Z_E 按配对材料查

表 5-7。

直齿锥齿轮轮齿齿根弯曲强度的校核公式和设计公式为

$$\sigma_F = \frac{2KT_1}{bd_1 m(1-0.5\psi_R)^2} Y_{Fs} \leqslant [\sigma_F] \quad (\text{MPa}) \tag{5-67}$$

$$m \geqslant \sqrt[3]{\frac{4KT_1}{\psi_R(1-0.5\psi_R)^2 z_1^2 \sqrt{u^2+1}} \left(\frac{Y_{Fs}}{[\sigma_F]}\right)} \quad (\text{mm}) \tag{5-68}$$

式(5-68)中复合齿形系数 Y_{Fs} 和许用弯曲应力$[\sigma_F]$之比是指轮 1 的($Y_{Fs1}/[\sigma_{F1}]$)和轮 2 的($Y_{Fs2}/[\sigma_{F2}]$)两比值中之大者,Y_{Fs1} 和 Y_{Fs2} 应按锥齿轮的当量齿数 $z_{v1}=z_1/\cos\delta_1$、$z_{v2}=z_2/\cos\delta_2$ 在图 5-30 中查取;m 为大端模数,mm;其余符号及单位与直齿圆柱齿轮计算相同。

§5-11 齿轮结构

前面所讨论的齿轮的强度计算和几何尺寸计算只能确定出齿轮的主要尺寸,而轮缘、轮毂和轮辐等结构形式及尺寸大小,通常由工艺和经验资料进行结构设计来确定。

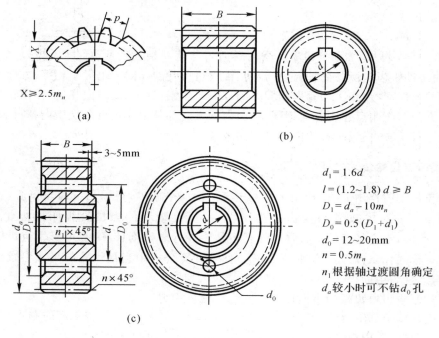

图 5-45

直径较小的锻钢圆柱齿轮如图 5-45 所示,锥齿轮如图 5-46 所示。当齿轮直径过小且与轴径接近(设从齿根圆到键槽顶部的径向距离为 X,对圆柱齿轮,当 $X < 2.5m$;对锥齿轮,当 $X < 1.6m$)时,可以将齿轮和轴制成一体,称为齿轮轴,如图 5-47 所示。

顶圆直径 $d_a \leqslant 500$mm 的齿轮可以是锻造的或铸造的。图 5-48 和图 5-49 是锻造腹板式圆柱齿轮和锻造腹板式锥齿轮。铸造齿轮也常用腹板式结构。

齿顶圆直径 $d_a \geqslant 400$mm 的齿轮常用铸铁或铸钢制成。图 5-50 和图 5-51 分别表示轮辐

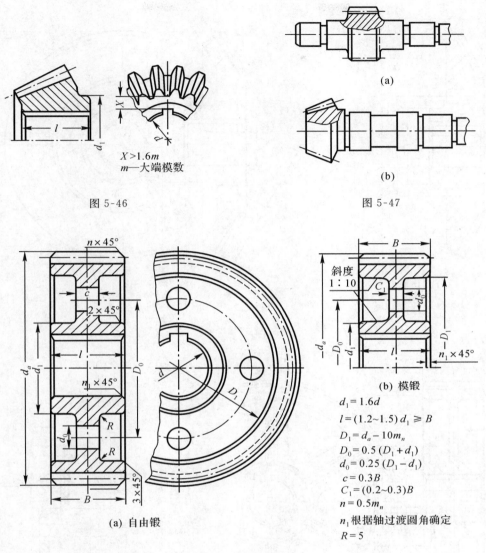

图 5-46

图 5-47

$X > 1.6m$
m—大端模数

(a)

(b)

(a) 自由锻

(b) 模锻

$d_1 = 1.6d$

$l = (1.2 \sim 1.5) d_1 \geqslant B$

$D_1 = d_a - 10m_n$

$D_0 = 0.5 (D_1 + d_1)$

$d_0 = 0.25 (D_1 - d_1)$

$c = 0.3B$

$C_1 = (0.2 \sim 0.3)B$

$n = 0.5m_n$

n_1 根据轴过渡圆角确定

$R = 5$

图 5-48

式圆柱齿轮和带加强肋的腹板式铸造锥齿轮的结构。

　　对于单件或小批生产的大齿轮,为缩短生产周期,减少铸造所需木模的制作费用,减轻齿轮重量,有时也采用焊接齿轮结构,如图 5-52 所示。

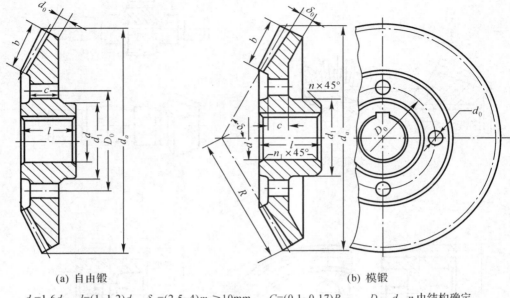

(a) 自由锻   (b) 模锻

$d_1=1.6d$ $l=(1\sim1.2)d$ $\delta_0=(2.5\sim4)m_n\geqslant10\text{mm}$ $C=(0.1\sim0.17)R$ D_0、d、n 由结构确定

图 5-49

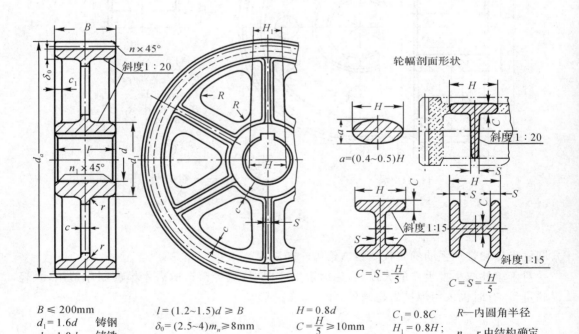

轮幅剖面形状

$a=(0.4\sim0.5)H$

斜度 1:20

$C=S=\dfrac{H}{5}$

斜度 1:15

$C=S=\dfrac{H}{5}$

斜度 1:15

$B\leqslant200\text{mm}$ $l=(1.2\sim1.5)d\geqslant B$ $H=0.8d$ $C_1=0.8C$ R—内圆角半径

$d_1=1.6d$ 铸钢 $\delta_0=(2.5\sim4)m_n\geqslant8\text{mm}$ $C=\dfrac{H}{5}\geqslant10\text{mm}$ $H_1=0.8H$; n_1、r 由结构确定

$d_1=1.8d$ 铸铁 $n=0.5m_n$ $S=\dfrac{H}{6}\geqslant10\text{mm}$ $c=0.8\delta$

图 5-50

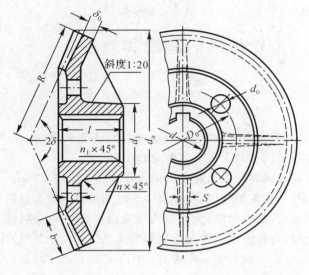

$d_1 = 1.6d$ (铸钢)

$d_1 = 1.8d$ 铸铁

$l = (1\sim1.2)\, d$

$\delta_0 = (3\sim4)m_n \geqslant 10\text{mm}$

$c = (0.1\sim0.17)R \geqslant 10\text{mm}$

$S = 0.8c \geqslant 10\text{mm}$

D_0、d_0 按结构确定

图 5-51

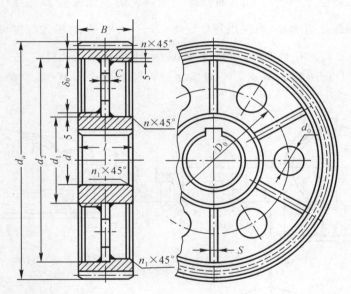

$B \leqslant 240\text{mm}$

$d_1 = 1.6d$

$n = 0.5m_n$

$n_1 = 1\sim3\text{mm}$

$D_0 = 0.5(d_1 + d_2)$

$l = (1.2\sim1.6)d \geqslant B$

$C = (0.1\sim0.15)B \geqslant 8\text{mm}$

$d_0 = 0.2(d_2 - d_1)$

$\delta_0 = 2.5m_n$

图 5-52

§5-12　齿轮传动的润滑和效率

一、齿轮传动的润滑

齿轮传动需良好的润滑,其目的主要是减少摩擦、磨损和提高传动效率,并起冷却和散热作用。另外,润滑还可以防止零件锈蚀和减少传动的振动和噪声。

一般闭式齿轮传动的润滑方式是随齿轮圆周速度 v 的大小而定。当 $v \leqslant 12\mathrm{m/s}$ 时常采用浸油润滑,即将大齿轮浸入油中,当齿轮回转时,粘在齿面上的油被带到啮合区进行润滑,同时油池中的一部分油也被甩到箱壁,借以散热。为避免浸油润滑的搅油功率损耗太大,又要保证齿轮轮齿啮合时的充分润滑,齿轮浸入油中深度既不宜太深,又不宜太浅。在一级圆柱齿轮减速器中,齿轮浸入油池深度 L 一般约为一个齿高,但不小于 10mm(图 5-53(a))。在多级圆柱齿轮减速器中,几个大齿轮直径往往不相等,这时高速级大齿轮的浸入深度 L_1 一般约为 0.7 个齿高,但不小于 10mm,而低速级大齿轮的浸油深度 L_2 按圆周速度的大小而定,速度小时浸油深度可大些,当圆周速度 $v < 0.5 \sim 0.8\mathrm{m/s}$ 时浸入深度可达($\frac{1}{6} \sim \frac{1}{3}$)齿轮半径(图 5-53(b))。若几个大齿轮直径相差悬殊,用带油轮溅油(图 5-53(c))或倾斜剖分面箱体(图 5-53(d))。锥齿轮减速器一般应将锥齿轮的整个齿宽(最少为半个齿宽)浸入油中。

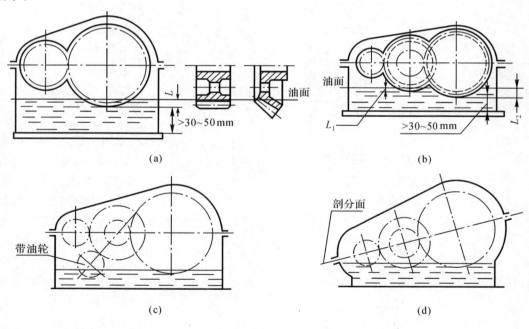

图 5-53

油池应保持一定的深度和贮油量。油池太浅易激起箱底沉渣和含有金属磨粒的油泥,把它带到齿轮工作面上将会加剧齿面的磨损。一般齿顶圆到油池底面的距离不应小于 30 ～

50mm(图 5-53(a)、(b))。当齿轮圆周速度 $v > 12\text{m/s}$ 时,由于黏附在轮齿上的油会被离心力甩掉,送不到啮合区,且对油的搅动功率损耗太大,油温升高,油易被氧化,此时宜用喷油润滑,在压力为 $0.2 \sim 0.25\text{MPa}$ 压力下用油泵将油直接喷到啮合区。喷油润滑也常用于速度不很高而工作条件相当繁重的重型减速器中。喷油润滑设备费用较高。闭式传动一般常采用牌号为 L-CKC68、L-CKC100、L-CKC150、L-CKC200、L-CKC320 的工业闭式齿轮油。润滑油的黏度是选择齿轮传动润滑油的主要指标。可根据齿轮传动的工作条件、齿轮材料及其圆周速度等因素来选择,一般来说,圆周速度高时宜选用黏度低的润滑油。具体选择详见有关资料。开式齿轮常用的润滑方式则是由人工定期在齿面上涂抹或充填润滑脂或黏度大的普通开式齿轮油。

二、齿轮传动的效率

齿轮传动的功率损耗主要包括:① 啮合中的摩擦损耗;② 搅动润滑油的油阻损耗;③ 轴承中摩擦损耗。计及上述三种损耗时的齿轮传动平均效率(采用滚动轴承)见表 5-13。

表 5-13　齿轮传动的平均效率

传动装置	闭式传动		开式传动
	6 级或 7 级精度齿轮	8 级精度齿轮	
圆柱齿轮	0.98	0.97	0.95
锥齿轮	0.97	0.96	0.93

§5-13　变位齿轮传动

一、什么是变位齿轮

为设计、制造方便而规定的具有标准参数的标准渐开线齿轮虽然获得了广泛的应用,但随着工业生产的不断发展以及使用条件的多样化,只采用标准齿轮已不能完全满足某些机械的特殊要求。标准齿轮存在下列主要不足之处:① 标准齿轮齿数必须大于或等于最少齿数 $z_{\min}$,否则加工时会产生根切。这样,对一些大传动比的齿轮传动装置必然引起大齿轮齿数过多,造成结构尺寸的增大。② 在一些有级变速的齿轮传动装置中,在两轴之间往往需要安装几对齿轮,而各对齿轮根据传动比及强度选定的齿数和模数算得的中心距 a 可能与两轴间的实际中心距 a' 不完全一样,当 $a < a'$ 时,采用标准齿轮,虽仍可保持定角速比,但会出现过大的齿侧间隙,影响传动平稳性,重合度也将减少;当 $a > a'$ 时,一齿轮的齿厚不能嵌入与之相配的另一齿轮的齿槽,致使标准齿轮无法安装。③ 相互啮合的一对标准齿轮,小齿轮的齿根厚度小于大齿轮的齿根厚度,其抗弯能力较差,而啮合次数又多,所以在两齿轮的材料及热处理等条件相同的情况下,标准小齿轮较易损坏,而标准大齿轮的承载能力却没有充分利用。为了弥补上述各项不足,在机械中出现了变位齿轮。本章讨论用标准齿条刀具滚切的渐开线直齿圆柱变位齿轮。

在 §5-6 中曾阐述了齿条刀具切削标准渐开线齿轮的过程。如图 5-54(a) 所示，齿条刀具的中线 NN 与齿轮分度圆相切并作纯滚动，如果滚动前将齿条刀具自轮坯中心向外(图 5-54(b)) 或向内(图 5-54(c)) 移动一段距离 xm，这时与被切齿轮分度圆相切并作纯滚动的

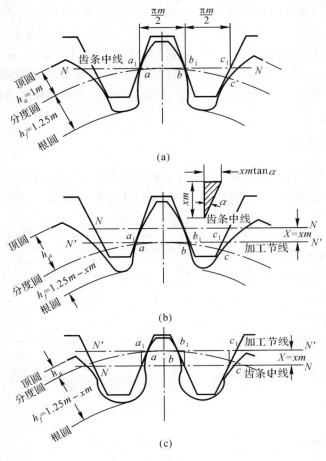

图 5-54

已不再是刀具的中线，而是另一条与中线平行的直线 $N'N'$，称为加工节线，这样切制出的齿轮称为变位齿轮。以切削标准齿轮时刀具的位置为基准，刀具的移动距离 xm 称为变位量，x 称为变位系数，并把刀具离开轮坯中心和移近轮坯中心分别称为正变位和负变位，相应切制出的齿轮称为正变位齿轮和负变位齿轮。

不论正变位还是负变位，刀具变位以后其上总有一条加工节线 $N'N'$ 与被切齿轮分度圆相切并保持纯滚动。因齿条刀具上任一条加工节线上的齿距 p、模数 m 和刀具角 α 均相等，故切出的变位齿轮的齿距、模数和压力角仍然等于刀具的齿距、模数和压力角。由此可知，m、α 相同的变位齿轮与标准齿轮可用同一刀具切制，其分度圆直径 d、基圆直径 d_b 当齿数相同时均不变。但所切制齿轮分度圆上的齿厚 s、齿槽宽 e 以及齿顶高 h_a、齿根高 h_f 却发生了变化。

刀具变位后，因其加工节线 $N'N'$ 上的齿槽宽 $\overline{a_1b_1}$ 和齿厚 $\overline{b_1c_1}$ 不等，故与加工节线作纯滚动的被切齿轮的分度圆上的齿厚 $\overparen{ab}$ 和齿槽宽 $\overparen{bc}$ 也不相等。图 5-54(b) 中刀具作 xm 正变

位,其加工节线上的齿槽宽比中线上的齿槽宽增大了 $2xm\tan\alpha$,齿厚减小了 $2xm\tan\alpha$,故与此相应,被切齿轮分度圆上的齿厚也增大了 $2xm\tan\alpha$,而分度圆上齿槽宽也减小了 $2xm\tan\alpha$。因此变位齿轮分度圆齿厚 s 和齿槽宽 e 的计算公式分别为

$$s = \frac{\pi m}{2} + 2xm\tan\alpha \tag{5-69}$$

$$e = \frac{\pi m}{2} - 2xm\tan\alpha \tag{5-70}$$

其实,以上两式对正变位和负变位均适用,只是将 x 分别以正值和负值代入即可。

由图 5-54(b) 和图 5-54(c) 可见,正变位齿轮齿根高减少了 xm,负变位齿轮齿根高增加了 xm,如需维持全齿高不变,则需将轮坯顶圆半径相应增大或减少 xm,这种变位齿轮的齿根高 h_f 和齿顶高 h_a 的计算公式分别统一写成

$$h_f = (1.25 - x)m \tag{5-71}$$
$$h_a = (1 + x)m \tag{5-72}$$

上两式中的 x 值在正变位和负变位时分别用正值和负值代入。

在 §5-6 中亦曾阐述了用齿条刀具切削齿数过少(即当 $z < z_{\min}$ 时)的标准齿轮时会出现齿条刀具理论齿顶线超出啮合线与被切齿轮基圆的切点 N_1(图 5-20),从而造成根切的现象。现在可以设想采用正变位切削,对照图 5-20,将刀具外移一个 xm,且使 $xm \geqslant m - \overline{CN_1}\sin\alpha = m - \frac{mz}{2}\sin^2\alpha$,则刀具理论齿顶线就不超过 N_1 点,从而避免了根切。由式(5-23)知 $\sin^2\alpha = \frac{2}{z_{\min}}$,

故得 $\qquad\qquad x \geqslant \dfrac{z_{\min} - z}{z_{\min}} \tag{5-73}$

当 $\alpha = 20°$ 时,$z_{\min} = 17$;这样,当齿数 $z < z_{\min}$ 时不发生根切所应取的最小变位系数为

$$x_{\min} = \frac{17 - z}{17} \tag{5-74}$$

正变位齿轮不仅可用于齿数小于 $z_{\min}$ 时避免根切,而且还能增加齿厚,提高轮齿的弯曲强度。负变位齿轮使齿厚减少,齿根弯曲强度有所降低,负变位量过大时,理论刀具齿顶可能超出 N_1 点,亦即即使在 $z > z_{\min}$ 的情况下当采用负变位时,也可能出现根切,但可利用负变位齿轮齿厚减小或正变位齿轮齿厚增大的特性配凑中心距,从而获得无齿侧间隙的传动。

二、变位齿轮传动的类型

模数和压力角相同的两只渐开线直齿圆柱齿轮,不论是标准齿轮还是变位齿轮均可实现定传动比的正确啮合传动。根据一对齿轮变位系数之和 $x_\Sigma = x_1 + x_2$ 的不同,可分为零传动、正传动和负传动三种类型。

1. 零传动

一对齿轮传动的变位系数之和 $x_\Sigma = x_1 + x_2 = 0$,称为零传动。零传动又可分为两种情况:

1) 标准齿轮传动。$x_\Sigma = 0$ 且 $x_1 = x_2 = 0$,即两只标准齿轮的啮合传动,如图 5-55(a) 所示,无齿侧间隙安装时,分度圆与节圆重合,其标准中心距 $a = \dfrac{m(z_1 + z_2)}{2}$,啮合角 α' 等于分

度圆压力角 α。为避免根切,两轮齿数都必须大于最少齿数 z_{min}。

2) 等变位齿轮传动。$x_\Sigma = 0$ 但 $x_1 = -x_2 \neq 0$,即两只齿轮变位量绝对值相等,但一个齿轮为正变位,另一个齿轮为负变位;为防止小齿轮根切及增大小轮根部齿厚,显然应使小齿轮取正变位,大齿轮取负变位(图 5-55(b))。为使两轮都不发生根切,必须使两轮的齿数和大于或者等于最少齿数的两倍,即 $z_1 + z_2 \geqslant 2z_{min}$。

这种传动,由于 $x_1 = -x_2$,由式(5-69)和式(5-70)可得 $s_1 = e_2$,$s_2 = e_1$,即一个齿轮在

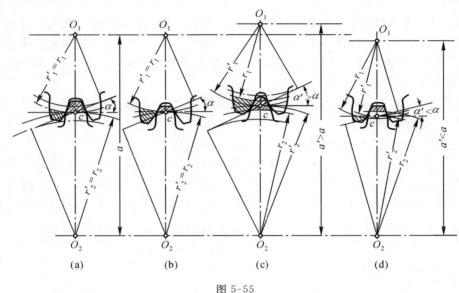

图 5-55

分度圆上的齿厚恰好等于另一个齿轮在分度圆上的齿槽宽,所以作无侧隙安装时,两齿轮的分度圆仍相切,分度圆与节圆重合。如图 5-55(b) 所示,等变位齿轮传动的中心距 a' 仍然和标准齿轮传动的中心距 a 相同,啮合 α' 也仍等于分度圆压力角 α。

2. 正传动

一对齿轮传动的变位系数之和 $x_\Sigma = x_1 + x_2 > 0$,称为正传动。

正传动变位齿轮的中心距 a' 大于标准齿轮传动的中心距 a(简称标准中心距)。例如取 $x_1 > 0$ 和 $x_2 > 0$,则由式(5-69)和式(5-70)可知,两轮均是分度圆上的齿厚增大,而齿槽宽减小,安装时无法使两轮分度圆相切;只有如图 5-55(c) 所示,加大两轮的中心距后(两分度圆分离)才能安装,所以 $a' > a$,分度圆与节圆不重合,啮合角 α' 大于分度圆压力角 α。

3. 负传动

一对齿轮传动的变位系数之和 $x_\Sigma = x_1 + x_2 < 0$,称为负传动。

负传动变位齿轮的中心距 a' 小于标准中心距 a。例如取 $x_1 < 0$、$x_2 < 0$,则由式(5-69)和式(5-70)可知,两轮在分度圆上齿厚都是减小,而齿槽宽增大,若仍安装成分度圆相切,必出现较大的齿侧间隙;只有如图 5-55(d) 所示,让两轮趋近(分度圆相交),才能消除上述侧隙,成为无侧隙传动,所以 $a' < a$,分度圆与节圆不重合,啮合角 α' 小于分度圆压力角 α。

必须说明,负传动不必 x_1、x_2 均小于零,只要 x_1 与 x_2 的代数和小于零就行。同样,正传动也不必 x_1、x_2 均大于零,只要 x_1 与 x_2 的代数和大于零就行。

正传动和负传动的啮合角 α' 均不等于标准齿轮传动中的啮合角,所以又统称为角变位

齿轮传动；而等变位齿轮传动仅齿顶高和齿根高不同于标准齿轮；故又称为高度变位齿轮传动。

三、变位齿轮传动的应用和计算

等变位齿轮传动可以用正变位切制齿数小于 z_{min} 而无根切的小齿轮；可以用负变位切制修复已磨损严重的巨型大齿轮；可以合理地调整两轮齿根厚度，使其弯曲强度或齿根部磨损大致相等，以提高传动的承载能力或耐磨性等，取代标准齿轮传动。

当 $z_\Sigma = z_1 + z_2 < 2z_{min}$ 时必须采用正传动才能使两轮都避免根切。正传动只要选择适当的变位系数，即可满足 $a' > a$ 的非标准中心距传动；亦即合理调整轮齿齿根的厚度和承载能力，但重合度略有减少。与正传动相反，负传动是降低轮齿弯曲强度，只有当所要求的中心距 a' 略小于标准中心距 a 时才采用。

与标准齿轮传动相比，变位齿轮没有互换性，必须成对设计、制造和使用，这是它们的一个缺点。

用变位齿轮传动配凑无齿侧间隙啮合中心距，核心问题是确定两齿轮变位系数之和 $x_\Sigma = x_1 + x_2$，为此要应用以下两个公式：

（1）中心距和啮合角函数方程

$$a'\cos\alpha' = a\cos\alpha \tag{5-75}$$

式中：a 和 a' 分别为标准齿轮传动和变位齿轮传动的中心距；α 和 α' 分别为其啮合角；$a = \dfrac{m}{2}(z_1 + z_2)$，$\alpha = 20°$。

（2）无侧隙啮合方程

$$inv\alpha' = \frac{2(x_1 + x_2)}{z_1 + z_2}\tan\alpha + inv\alpha = \frac{2x_\Sigma}{z_\Sigma}\tan\alpha + inv\alpha \tag{5-76}$$

式中：$z_\Sigma = z_1 + z_2$ 为齿数和；$x_\Sigma = x_1 + x_2$ 为变位系数和；$inv\alpha' = \tan\alpha' - \alpha'$ 和 $inv\alpha = \tan\alpha - \alpha$ 分别称为角 α' 和 α 的渐开线函数，角 α' 和 α 的单位为 rad。

当两轮的模数 m、齿数 z_1 和 z_2 已定，即标准中心距 a 已定时，可按要求配凑的中心距 a' 由式（5-75）求出 a' 然后由式（5-76）确定两轮的变位系数之和 x_Σ，再将 x_Σ 作合理分配，只要满足 $x_\Sigma = x_1 + x_2$ 就行。

合理选择和分配两轮的变位系数是个复杂的问题，如正变位量过大会导致齿顶变尖，大齿轮齿廓产生不完全切削等现象，负变位量过大会导致根切等现象，通常可近似按图 5-56 所示的线图来选择变位系数。该图分为左、右两部分，右边线图的横坐标为齿数和 z_Σ，纵坐标为变位系数和 x_Σ，阴格线内的区域为许用区域，许用区内的各射线为同一啮合角（如 $18°30'$，$19°$，$20°$，……，$24°$，$25°$）时 x_Σ 和 z_Σ 的函数曲线。左边线图的横坐标为小齿轮的变位系数 x_1（x_1 的取值是由坐标原点 O 向左为正值），纵坐标仍为变位系数和 x_Σ；图中各射线表示在齿数比 $u = z_2/z_1$ 的某一范围内分配给小齿轮的变位系数 x_1 和变位系数和 x_Σ 的关系曲线。由该线图选取的变位系数一般可保证切齿时不发生根切或只有微量根切、齿顶厚 $s_a \geqslant 0.4m$、重合度 $\varepsilon \geqslant 1.2$ 以及其他一些较好的性能。

变位系数 x_1、x_2 选定后，按式（5-69）、式（5-70）、式（5-71）计算出齿厚、齿槽宽和齿根高，然后仿照标准齿轮进行几何尺寸计算。必须注意的是：对于等变位齿轮传动，其齿顶高

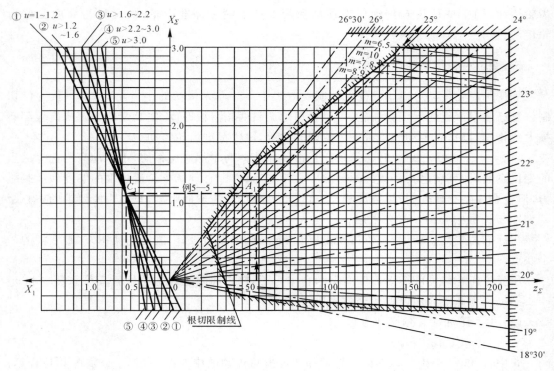

图 5-56

h_a 可以按式(5-72)计算,算出 h_a 后即可按 $d_a = d + 2h_a$ 计算毛坯齿顶圆直径。但对于正传动或者负传动,为保证径向齿顶间隙 $c = 0.25m$,两轮齿顶高应稍微缩短些,此时齿顶圆半径 r_a 可按下式计算(参见图 5-55):

$$r_{a1} = a' - r_{f2} - 0.25m = a' - \frac{mz_2}{2} + (1 - x_2)m \tag{5-77}$$

$$r_{a2} = a' - r_{f1} - 0.25m = a' - \frac{mz_1}{2} + (1 - x_1)m \tag{5-78}$$

变位齿轮传动的强度计算与标准齿轮传动的强度计算大体相同,基本区别在于:① 轮齿齿面的接触强度计算公式(5-31)和式(5-32)中的系数 671 换成 $671\sqrt{\frac{\sin 2\alpha}{\sin 2\alpha'}}$,即换成 $671\sqrt{\frac{0.643}{\sin 2\alpha'}}$;② 弯曲强度计算公式(5-34)和式(5-35)中的 Y_{Fs} 不仅与齿数 z 有关,还与变位系数 x 有关,根据齿数 z 和变位系数 x 查取 Y_{Fs}(参阅图 5-30)。

例 5-4　一对外啮合渐开线直齿圆柱齿轮传动,$m = 20$mm,$z_1 = 10$,$z_2 = 25$,分度圆压力角 $\alpha = 20°$,要求中心距 $a' = 350$mm,且不产生根切。试设计该对齿轮并计算两轮的分度圆、基圆、齿根圆和齿顶圆的直径。

解:计算标准中心距 $a = \frac{m}{2}(z_1 + z_2) = \frac{20}{2}(10 + 25) = 350\,(\text{mm}) = a'$

$z_1 + z_2 = 10 + 25 = 35 > 2z_{\min} = 34$,故采用等变位齿轮传动。由式(5-74)计算小齿轮不发生根切的最小变位系数 $x_{\min} = \frac{17 - z_1}{17} = \frac{17 - 10}{17} = 0.4118$,今取 $x_1 = 0.412$、$x_2 = -0.412$

小齿轮分度圆直径　$d_1 = mz_1 = 20 \times 10 = 200\,(\text{mm})$

大齿轮分度圆直径　　$d_2 = mz_2 = 20 \times 25 = 500(\text{mm})$

小齿轮基圆直径　　$d_{b1} = d_1 \cos\alpha = 200 \times \cos 20° = 187.94(\text{mm})$

大齿轮基圆直径　　$d_{b2} = d_2 \cos\alpha = 500 \times \cos 20° = 469.85(\text{mm})$

小齿轮齿根圆直径　　$d_{f1} = d_1 - 2h_{f1} = d_1 - 2(1.25 - x_1)m$

$= 200 - 2 \times (1.25 - 0.412) \times 20 = 166.48(\text{mm})$

大齿轮齿根圆直径　　$d_{f2} = d_2 - 2h_{f2} = d_2 - 2(1.25 - x_2)m$

$= 500 - 2 \times (1.25 + 0.412) \times 20 = 433.52(\text{mm})$

小齿轮齿顶圆直径　　$d_{a1} = d_1 + 2h_{a1} = d_1 + 2(1 + x_1)m$

$= 200 + 2 \times (1 + 0.412) \times 20 = 256.48(\text{mm})$

大齿轮齿顶圆直径　　$d_{a2} = d_2 + 2h_{a2} = d_2 + 2(1 + x_2)m$

$= 500 + 2 \times (1 - 0.412) \times 20 = 523.52(\text{mm})$

例 5-5　设一对外啮合渐开线直齿圆柱齿轮传动,已知 $z_1 = 21, z_2 = 33, m = 2.5\text{mm}, a' = 70\text{mm}$,试选取合适的变位系数 x_1 和 x_2,并计算两轮的分度圆、基圆、齿根圆和齿顶圆的直径。

解:1) 求啮合角。

$$a = \frac{m}{2}(z_1 + z_2) = \frac{2.5}{2}(21 + 33) = 67.5(\text{mm})$$

由式(5-75)

$$\cos\alpha' = \frac{a}{a'}\cos\alpha = \frac{67.5}{70}\cos 20° = 0.90613$$

所以　　　　$\alpha' = 25.0238° = 25°1'26''$

2) 求总变位系数。

按 $z_\Sigma = 21 + 33 = 54$ 及 $\alpha' = 25°1'26''$,由图 5-56 查得 $x_\Sigma = 1.125$(或按式(5-76)计算)

3) 分配变位系数。

因 $u = \frac{z_2}{z_1} = \frac{33}{21} = 1.57$,按左边线图中射线 ② 及 $x_\Sigma = 1.125$ 查得 $x_1 = 0.54$,故 $x_2 = x_\Sigma - x_1 = 0.585$

4) 计算两轮分度圆、基圆、齿根圆和齿顶圆的直径。

小齿轮分度圆直径　　$d_1 = mz_1 = 2.5 \times 21 = 52.5(\text{mm})$

大齿轮分度圆直径　　$d_2 = mz_2 = 2.5 \times 33 = 82.5(\text{mm})$

小齿轮基圆直径　　$d_{b1} = d_1 \cos\alpha = 52.5 \times \cos 20° = 49.333(\text{mm})$

大齿轮基圆直径　　$d_{b2} = d_2 \cos\alpha = 82.5 \times \cos 20° = 77.525(\text{mm})$

小齿轮齿根圆直径　　$d_{f1} = d_1 - 2h_{f1} = d_1 - 2(1.25 - x_1)m$

$= 52.5 - 2 \times (1.25 - 0.54) \times 2.5 = 48.95(\text{mm})$

大齿轮齿根圆直径　　$d_{f2} = d_1 - 2h_{f2} = d_2 - 2(1.25 - x_2)m$

$= 82.5 - 2 \times (1.25 - 0.585) \times 2.5 = 79.175(\text{mm})$

小齿轮齿顶圆直径　　$d_{a1} = 2r_{a1} = 2a' - d_{f2} - 0.5m$

$= 2 \times 70 - 79.175 - 0.5 \times 2.5 = 59.575(\text{mm})$

大齿轮齿顶圆直径　　$d_{a2} = 2r_{a2} = 2a' - d_{f1} - 0.5m$

$= 2 \times 70 - 48.95 - 0.5 \times 2.5 = 89.8(\text{mm})$

§5-14　圆弧齿轮传动简介

圆弧齿轮传动是近数十年来出现的一种新型齿轮传动。图 5-57 所示是最早出现于工业生产中的单圆弧齿轮传动,其小齿轮的齿廓曲面是凸圆弧螺旋面,大齿轮的齿廓曲面是凹圆弧螺旋面。

圆弧齿廓的形成原理如图 5-58(a) 所示,首先按给定的中心距和传动比作两轮的节圆(与分度圆重合),其直径分别用 d_1' 和 d_2' 表示,过节点 C 作直线 $\overline{KCm}$,$\overline{KCm}$ 是两齿廓间的压力线(即两齿廓接触点的公法线),α 称为端面压力角。在压力线上节圆 1 的外面选定 K 点,以 $\overline{CK}$ 为半径画出位于节圆 1 外面的齿轮 1 的凸圆弧端面齿廓,所以轮 1 端面的凸齿圆弧齿廓的曲率半径 $R_1 = \overline{CK}$。再从 $\overline{KC}$ 延长线上的 m 点为圆心,以 $\overline{mK} = R_2$ 为半径在节圆 2 的里面作圆弧,它

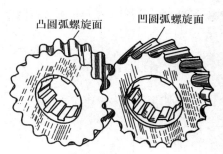

凸圆弧螺旋面　　凹圆弧螺旋面

图 5-57

就是轮 2 端面上的凹圆弧齿廓,在此位置两齿廓相切于 K 点。一对定传动比传动的凸凹圆弧齿廓只有在通过接触点 K 的瞬时才处于啮合;所以这样形成的圆弧齿齿轮的端面重合度 $\varepsilon_t = 0$。为了获得定传动比连续传动,圆弧齿轮的共轭曲面形成如图 5-58(b) 所示:当两齿轮的节圆柱作纯滚动时,令接触点 K 以某一相应速度沿平行于两轴线的直线 KK' 上等速移动。这时,K 点在两节圆柱面上分别形成两条螺旋角相同、方向相反的螺旋线 $K2'3'4'$ 和 $K234$,如图 5-58(b) 所示。对应的端面圆弧齿廓曲线分别沿螺旋线作平移运动,这样形成的两曲面就是这对圆弧齿圆柱齿轮的一对共轭的凸凹齿圆弧螺旋齿面,且要求齿轮有足够的宽度,使 $b/p_a > 1$(式中 b 是齿宽,p_a 是轴向齿距)。这样形成的一对圆弧齿圆柱齿轮传动的啮合过程如下:开始啮合时这对齿只是前端面的两齿廓在过 K 点接触,其他断面的齿廓都不接触。随着齿轮的转动,前端面的齿廓一接触立即分离。但其相邻的另一平面内的齿廓又转到对应于

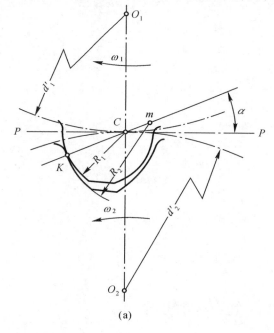

(a)

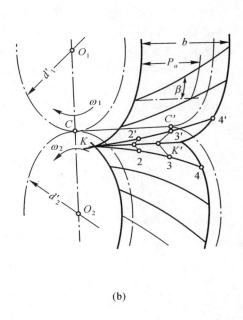

(b)

图 5-58

K 点的接触位置而处于啮合,即齿面 1 上的螺旋线 $K2'3'4'$ 与齿面 2 上的螺旋线 $K234$ 依次处于啮合,传动时啮合点轨迹就是过 K 点、平行于两轴线的直线 KK'。传动时任一瞬间过接触点的截面内的啮合情况和前端面内啮合情况完全一样,所以满足定传动比传动的要求。由于 $b/p_a > 1$,当后端面内轮 1 的 $4'$ 点和轮 2 的 4 点啮合时,前端面的后一对齿早已进入啮合状态,这就保证了一对齿轮能作连续定传动比传动的要求。

圆弧齿齿轮虽是点接触,但由于凹、凸圆弧半径 R_2 和 R_1 相差甚微,加上跑合,再考虑到轮齿齿面的接触变形和齿面间滚滑速度大而形成的油楔作用,齿面间实际接触不是一个点而是一小块面积。因此齿面接触强度反比渐开线齿轮高,且啮合过程中两齿面沿啮合线方向滚动速度大,给齿轮轮齿间的动力润滑造成了有利条件,因此圆弧齿齿轮齿面磨损小、效率高($\eta = 0.99 \sim 0.995$),寿命长;不会发生根切现象,小齿轮齿数可以少,故结构紧凑。缺点是安装中心距偏差和切齿深度偏差对接触影响比较大,它会降低齿轮的承载能力,所以要求较高的安装精度和切齿精度。

在上述单圆弧齿圆柱齿轮的基础上,近 50 年来又发展了双圆弧齿圆弧齿轮传动。如图 5-59(a) 所示,其齿形由凸、凹两段不连续的圆弧组成,两轮的齿顶部分都是凸圆弧,而齿根部分都是凹圆弧,齿根部分的弯曲强度得到加强。双圆弧齿轮传动有两个接触点 K_1 和 K_2,K_1 是小齿轮的凹圆弧齿面和大齿轮的凸圆弧齿面在节点 C 前的啮合点,K_2 是小齿轮的凸圆弧齿面和大齿轮的凹圆弧齿面在节点 C 后的啮合点。这两个啮合点不是在同一个垂直于轴线的截面上,而是相距某一距离 L(图 5-59(b)),两接触点是沿着各自的啮合线作等速移动,所以使整个传动过程中有在节点前和节点后两条啮合线;因此,双圆弧圆弧齿轮传动实

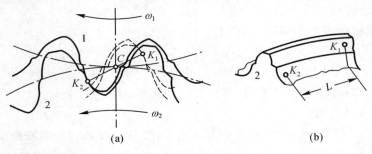

(a)   (b)

图 5-59

现了多齿、多点接触,比单圆弧圆柱齿轮传动有更大的承载能力和较小的振动与噪声;此外,加工模数相同的双圆弧大小齿轮可合用一把滚刀和一个砂轮,而单圆弧齿轮的凸齿和凹齿则需要用两把滚刀分别加工制造。

第6章 蜗杆传动

§6-1 概述

蜗杆传动由蜗杆及蜗轮组成(图 6-1)。通常用于传递空间交错成 90°的两轴之间的运动和动力,一般蜗杆为主动件。

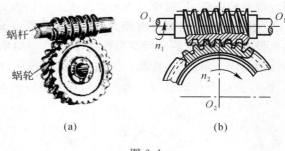

从外形上看,蜗杆和螺旋相仿,有右旋与左旋之分,常用的为右旋蜗杆;蜗轮好像一个斜齿圆柱齿轮,其传动原理如图 6-1(b) 所示,将通过蜗杆轴线并垂直于蜗轮轴线的平面称为主平面,在主平面上蜗杆蜗轮的传动相当于齿条齿轮的传动,当蜗杆绕轴 O_1 旋转时,蜗杆轮齿相当于螺旋作轴向移动而驱动蜗轮轮齿,使蜗轮绕轴 O_2 旋转。可见,蜗杆传动与螺旋传动、齿轮传动均有许多内在联系。蜗杆传动具有以下特点。

(a)　　　　　　(b)

图 6-1

1) 传动比大,结构紧凑。

蜗杆和螺旋一样,也有单线、双线和多线之分,螺纹的线数就是蜗杆的头数 z_1,如果蜗轮的齿数为 z_2,则蜗杆每转一圈,蜗轮将转过 z_1/z_2 圈。设 n_1、n_2 分别为蜗杆、蜗轮的转速,则蜗杆传动的传动比为

$$i = \frac{n_1}{n_2} = \frac{1}{z_1/z_2} = \frac{z_2}{z_1} \tag{6-1}$$

通常 z_1 较小($z_1 = 1 \sim 4$),而蜗轮齿数可以很多,由上式可见单级蜗杆传动即可获得大的传动比。在动力传动中,一般取传动比为 $10 \sim 80$;当功率很小、主要用来传递运动(如分度机构)时,传动比甚至可达 1000。

2) 传动平稳,噪声小。

3) 可以实现自锁。

和螺纹副相同,当蜗杆螺旋升角小于其齿面间的当量摩擦角时,反行程自锁,即只能是蜗杆驱动蜗轮,而蜗轮不能驱动蜗杆。这对某些要求反行程自锁的机械设备(如起重)很有意义。

蜗杆传动的主要缺点是由于齿面间存在较大的相对滑动,传动中摩擦大,发热大,效率

低（通常为 0.7～0.8），自锁时啮合效率低于 0.5，因而需要良好的润滑和散热条件，不适用于大功率传动（一般不超过 50kW）；为了减少齿面磨损和防止胶合，便于跑合，蜗轮齿圈常需用比较贵重的有色金属（如青铜）制造。

§6-2　普通圆柱蜗杆传动的主要参数和几何尺寸计算

普通圆柱蜗杆传动是目前应用较广泛的蜗杆传动。这种传动蜗杆的加工通常和车制螺杆相似（图 6-2），在车床上将刃形为标准齿条形的车刀水平放置在蜗杆轴线所在的平面内，刀尖夹角 $2\alpha=40°$。这样车出的蜗杆的轴向剖面 A-A 上的齿形相当于齿条齿形，在垂直于蜗杆轴线剖面上的齿廓是阿基米德螺旋线，这种蜗杆又称为阿基米德蜗杆。与之相啮合的蜗轮一般是在滚齿机上用蜗轮滚刀展成切制的。滚刀形状和尺寸必须与所切制蜗轮相啮合的蜗杆相当，只是滚刀外径要比实际蜗杆大两倍顶隙，以使蜗杆与蜗轮啮合时有齿顶间隙，这样加工出来的蜗轮在主平面上的

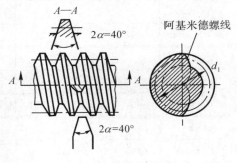

图 6-2

齿形是渐开线齿形。所以在阿基米德蜗杆传动的主平面上，蜗杆与蜗轮的啮合相当于齿条与渐开线齿轮的啮合。因此其设计计算均以主平面的参数和几何关系为准，本章的讨论也是针对普通圆柱蜗杆的传动。

一、模数 m 和压力角 α

如图 6-3 所示，在主平面内蜗轮与蜗杆的啮合相当于渐开线齿轮与齿条的啮合。蜗杆的

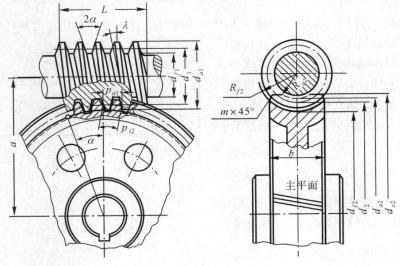

图 6-3

轴面齿距 p_{a1} 必等于蜗轮的端面齿距 p_{t2}，亦即蜗杆的轴面模数 $m_{a1}(=\dfrac{p_{a1}}{\pi})$ 必等于蜗轮的端面模数 $m_{t2}(=\dfrac{p_{t2}}{\pi})$；蜗杆的轴面压力角（齿廓角）$\alpha_{a1}$ 必等于蜗轮的端面压力角 α_{t2}，记为：$p_{a1}=p_{t2}=p$；$m_{a1}=m_{t2}=m$；$\alpha_{a1}=\alpha_{t2}=\alpha$。为了便于制造，我国将 m 和 α 规定为标准值，模数 m 的标准值见表 6-1，压力角 α 规定为 20°。

表 6-1　模数 m、蜗杆分度圆直径 d_1 及 $m^2 d_1$ 值（摘自 GB/T 10085—2028）

m(mm)	1	1.25		1.6		2			
d_1(mm)	18	20　22.4		20　28		(18)　22.4　(28)　35.5			
$m^2 d_1$(mm)	18	31.5　35		51.2　71.68		72　89.6　112　142			
m(mm)	2.5		3.15		4				
d_1(mm)	(22.4)　28　(35.5)　45		(28)　35.5　(45)　56		(31.5)　40　(50)　71				
$m^2 d_1$(mm³)	140　175　221.9　281		277.8　352.2　446.5　555.6		504　640　800　1136				
m(mm)	5		6.3		8				
d_1(mm)	(40)　50　(63)　90		(50)　63　(80)　112		(62)　80　(100)　140				
$m^2 d_1$(mm³)	1000　1250　1575　2250		1985　2500　3175　4445		4032　5376　6400　8960				
m(mm)	10		12.5		16				
d_1(mm)	(71)　90　(112)　160		(90)　112　(140)　200		(112)　140　(180)　250				
$m^2 d_1$(mm³)	7100　9000　11200　16000		14062　17500　21875　31250		28672　35840　46080　64000				

注：① 表中括号内的数字尽可能不采用。

　　② 表中 $m^2 d_1$ 值并非标准内容，是为便于强度计算而添入。

二、蜗杆分度圆直径 d_1 和分度圆柱上的螺旋升角 λ

　　与齿条相应，我们定义蜗杆上理论齿厚与理论齿槽宽相等的圆柱称为蜗杆的分度圆柱。

　　由于切制蜗轮的滚刀必须与其相啮合蜗杆的直径和齿形参数相当，为了减少滚刀数量并便于标准化，对每一个模数规定有限个蜗杆的分度圆直径 d_1 值（见表 6-1）。该分度圆直径与模数的比值称为蜗杆直径系数，用 q 表示，

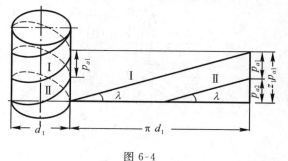

图 6-4

即　　　　　　$q = \dfrac{d_1}{m}$　　　　　　(6-2)

　　将蜗杆分度圆柱展开，如图 6-4 所示，蜗杆分度圆柱上的螺旋升角为 λ，由图得：

$$\tan\lambda = \frac{z_1 p_{a1}}{\pi d_1} = \frac{z_1 m}{d_1} = \frac{z_1}{q} \qquad (6\text{-}3)$$

z_1 和 q（即 z_1、m、d_1）值确定后，蜗杆的螺旋升角 λ 即可求出。

三、蜗杆头数 z_1 和蜗轮齿数 z_2

螺杆头数 z_1 的选择与传动比、效率、制造等有关。若要得到大传动比，可取 $z_1 = 1$，但传动效率较低。当传动功率较大时，为提高传动效率可采用多头蜗杆，取 $z_1 = 2 \sim 4$。头数过多，加工精度不易保证。

蜗轮齿数 $z_2 = iz_1$。为了避免蜗轮轮齿发生根切，z_2 不应少于 26；动力蜗杆传动，一般 $z_2 = 27 \sim 80$。若 z_2 过多，会使结构尺寸过大，蜗杆长度也随之增加，导致蜗杆刚度降低，影响啮合精度。z_1 和 z_2 的推荐值见表 6-2。

表 6-2 z_1、z_2 的荐用值

传动比 $i = z_2/z_1$	$7 \sim 8$	$9 \sim 13$	$14 \sim 27$	$28 \sim 40$	> 40
蜗杆头数 z_1	4	3,4	2,3	1,2	1
蜗轮齿数 z_2	$28 \sim 32$	$27 \sim 52$	$28 \sim 81$	$28 \sim 80$	> 40

标准普通圆柱蜗杆传动的基本几何尺寸关系和计算公式见图 6-3 和表 6-3。

表 6-3   蜗杆传动几何尺寸的计算

名称	符号	蜗杆	蜗轮
分度圆直径	d	$d_1 = mq = mz_1/\tan\lambda$	$d_2 = mz_2$
中心距	a	$a = 0.5m(q + z_2)$	
齿顶圆直径	d_a	$d_{a1} = d_1 + 2m$	$d_{a2} = d_2 + 2m$
齿根圆直径	d_f	$d_{f1} = d_1 - 2.4m$	$d_{f2} = d_2 - 2.4m$
蜗轮最大外圆直径	d_{e2}		$d_{e2} = d_{a2} + m$
蜗轮齿顶圆弧半径	R_{a2}		$R_{a2} = \dfrac{1}{2}d_{f1} + 0.2m$
蜗轮齿根圆弧半径	R_{f2}		$R_{f2} = \dfrac{1}{2}d_{a1} + 0.2m$
蜗轮轮缘宽度	b		$z_1 \leqslant 3$ 时，$b \leqslant 0.75d_{a1}$；$z_1 = 4$ 时，$b \leqslant 0.67d_{a1}$
蜗杆分度圆柱上螺旋升角	λ	$\lambda = \arctan z_1/q$	
齿距	p	$p = \pi m$	
蜗杆螺旋部分长度	L	$z_1 = 1$、2 时，$L \geqslant (11 + 0.06z_2)m$；$z_2 = 3$、4 时，$L \geqslant (12.5 + 0.09z_2)m$；磨削蜗杆加长量：当 $m < 10$(mm) 时，加长 25(mm)；$m = 10 \sim 16$(mm) 时，加长 $35 \sim 40$(mm)；$m > 16$(mm) 时，加长 50(mm)	

此外，尚需指出两点：

① 对于轴间交错角为 $90°$ 的蜗杆传动，蜗轮轮齿的分度圆螺旋角 β 应等于蜗杆螺旋升角

λ,且两者旋向必须一致。

② 设计时为了配凑中心距,或消除蜗轮轮齿的根切,常需采用变位的蜗杆传动。蜗杆传动的变位与齿轮传动的变位基本相同,不同的是蜗杆不变位,仅在加工蜗轮时滚刀进行径向变位,有关变位传动的计算,可参阅机械设计手册。

§6-3　蜗杆传动的运动分析和受力分析

一、蜗杆传动的运动分析

蜗杆传动的运动分析目的是确定传动的转向及滑动速度。

蜗杆传动中,一般蜗杆为主动,蜗轮的转向取决于蜗杆的转向与螺旋方向以及蜗杆与蜗轮的相对位置,如图 6-5 所示,蜗杆为右旋、下置,当蜗杆按图示方向 n_1 回转时,则蜗杆的螺旋齿把与其啮合的蜗轮轮齿沿 v_2 方向向左推移,故蜗轮沿顺时针方向 n_2 回转。上述转向判别亦可用螺旋定则来进行:当蜗杆为右(左)旋时,用右(左)手四指弯曲的方向代表蜗杆的旋转方向,则蜗轮的啮合节点速度 v_2 的方向就与大拇指指向相反,从而确定蜗轮的转向。

图 6-5(b) 表明 v_1、v_2 分别为蜗杆、蜗轮在啮合节点 C 的圆周速度,由于 v_1、v_2 相互垂直,可见轮齿间有很大的相对滑动,v_1、v_2 的相对速度 v_s 称为滑动速度,它对蜗杆传动发热和啮合处的润滑情况以及损坏有相当大的影响。由图知

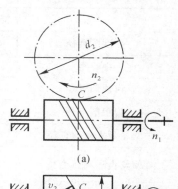

$$v_s = \frac{v_1}{\cos\lambda} = \frac{d_1 n_1}{19100\cos\lambda} \quad \text{(m/s)} \qquad (6\text{-}4)$$

式中:d_1 为蜗杆分度圆直径,mm;v_1 为蜗杆节点圆周速度,m/s;n_1 为蜗杆转速,r/min;λ 为蜗杆分度圆柱上螺旋升角。

二、蜗杆传动的受力分析

蜗杆传动的受力分析和斜齿圆柱齿轮传动相似,如图 6-6 所示,将啮合节点 C 处齿间法向力 F_n 分解为三个互相垂直的分力:圆周力 F_t、轴向力 F_a 和径向力 F_r。蜗杆为主动件,作用在蜗杆上的圆周力 F_{t1} 与蜗杆在该点的速度方向相反;蜗轮是从动件,作用在蜗轮上的圆周力 F_{t2} 与蜗轮在该点的速度方向相同,当蜗杆轴与蜗轮轴交错角 $\Sigma = 90°$ 时,作

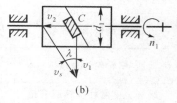

图 6-5

用于蜗杆上的圆周力 F_{t1} 等于蜗轮上的轴向力 F_{a2},但方向相反;作用于蜗轮上的圆周力 F_{t2} 等于蜗杆上的轴向力 F_{a1},方向亦相反;蜗杆、蜗轮上的径向力 F_{r1}、F_{r2} 都分别由啮合节点 C 沿半径方向指向各自的中心,且大小相等、方向相反。如果 T_1 和 T_2 分别表示作用于蜗杆和蜗轮上的转矩,并略去摩擦力不计,则各力的大小按下式确定

$$F_{t1} = F_{a2} = 2T_1/d_1 \qquad (6\text{-}5)$$

$$F_{a1} = F_{t2} = 2T_2/d_2 \qquad (6\text{-}6)$$

$$F_{r1} = F_{r2} = F_{t2} \cdot \tan\alpha \qquad (6\text{-}7)$$

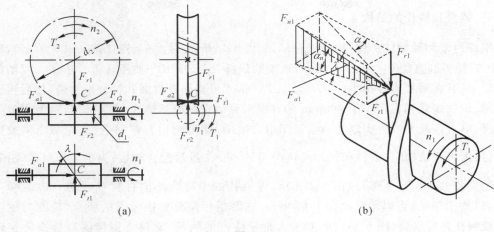

图 6-6

§6-4 蜗杆传动的失效形式、材料和结构

一、蜗杆传动的失效形式

齿轮传动中轮齿所能发生的点蚀、弯曲折断、胶合和磨损等失效形式,在蜗轮传动中也都可能出现。但是由于蜗杆传动在齿面间有较大的相对滑动,磨损、发热和胶合的现象就更易发生。

二、蜗杆传动的材料选择

基于蜗杆传动的特点,蜗杆副的材料组合首先要求具有良好的减摩、耐磨、易于跑合的性能和抗胶合能力;此外,也要求有足够的强度。

蜗杆绝大多数采用碳钢或合金钢制造,其螺旋面硬度愈高,光洁度愈高,耐磨性就愈好。对于高速重载的蜗杆常用 20Cr、20CrMnTi 等合金钢渗碳淬火,表面硬度可达 $56 \sim 62$ HRC;或用 45、40Cr、38SiMnMo 等钢表面淬火,硬度可达 $45 \sim 55$ HRC;淬硬蜗杆表面应磨削或抛光。一般蜗杆可采用 45、40 等碳钢调质处理,硬度约 $220 \sim 250$ HBS。在低速或手摇传动中,蜗杆也可不经热处理。

在高速重要的蜗杆传动中,蜗轮常用铸造锡青铜 ZCuSn10P1 制造。它的抗胶合和耐磨性能好,允许的滑动速度 v_s 可达 25m/s;易于切削加工,但价格贵。在滑动速度 $v_s < 12$m/s 的蜗杆传动中,可采用含锡量低的铸造锡锌铅青铜 ZCuSn5Pb5Zn5。无锡青铜,例如铸造铝铁青铜 ZCuAl10Fe3 强度较高、价廉,但切削性能差、抗胶合能力较差,宜用于配对经淬火的蜗杆、滑动速度 $v_s < 10$m/s 的传动。在滑动速度 $v_s < 2$m/s 的传动中,蜗轮也可用球墨铸铁、灰铸铁。但蜗轮材料的选取,并不完全决定于滑动速度 v_s 的大小,对重要的蜗杆传动,即使 v_s 值不高,也常采用锡青铜制作蜗轮。

三、蜗杆和蜗轮的结构

蜗杆通常和轴制成一体,称为蜗杆轴,如图 6-7 所示。对于车制的蜗杆(图 6-7(a)),轴径 d 应比蜗杆根圆直径 d_{f1} 小 $2 \sim 4$mm;铣削的蜗杆(图 6-7(b))轴径 d 可大于 d_{f1},以增加蜗杆刚度。只有在蜗杆直径很大($d_{f1}/d \geqslant 1.7$)时,才可将蜗杆齿圈和轴分别制造,然后再套装在一起。铸铁蜗轮和直径小于 100mm 的青铜蜗轮适宜制成整体式(图 6-8(a))。为了节省有色金属,对直径较大的青铜蜗轮通常采用组合结构,即齿圈用青铜制造,而轮芯用钢或铸铁制成。采用组合结构时,齿圈和轮芯间可以用 $\dfrac{\text{H}_7}{\text{s}_5}$ 或 $\dfrac{\text{H}_7}{\text{r}_6}$ 过盈配合联接;为了工作可靠,沿着接合面圆周装上 $4 \sim 8$ 个螺钉(图 6-8(b)),螺钉孔的中心线均向材料较硬的一边偏移 $2 \sim 3$mm,以便于钻孔。当蜗轮直径大于 600mm,或磨损后需要更换齿圈的场合,轮圈与轮芯也可用铰制孔螺栓联接(图 6-8(c))。对于大批量生产的蜗轮,常将青铜齿圈直接浇铸在铸铁轮芯上(图 6-8(d)),为了防止滑动应在轮芯上预制出榫槽。

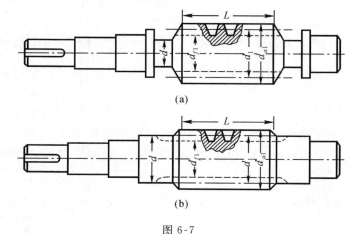

图 6-7

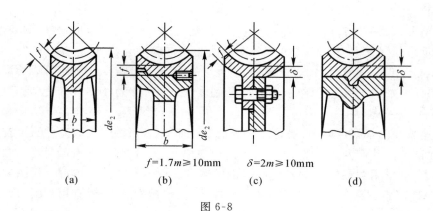

$f=1.7m \geqslant 10$mm $\delta=2m \geqslant 10$mm

(a)   (b)   (c)   (d)

图 6-8

§6-5 蜗杆传动的强度计算

由于蜗杆材料的强度较蜗轮高得多,其螺牙通常不会先于蜗轮损坏,一般不进行蜗杆齿的强度计算。只是由于蜗杆通常和轴做成一体,仅以蜗杆齿根圆直径采用轴的计算方法验算其强度和刚度。

胶合与磨损在蜗杆传动中虽属常见的失效形式,但目前尚无成熟的计算方法;不过由于它们均随齿面接触应力的增加而加剧,因此可统一作为齿面接触强度进行条件性计算,而根据不同材料的失效形式以相应的许用接触应力$[\sigma_H]$值加以补偿。这样,蜗杆齿面的接触强度计算便成为蜗杆传动最基本的轮齿强度计算。

蜗杆传动的齿面接触强度计算与斜齿轮类似,也是以赫兹公式为计算基础。将蜗杆作为齿条,蜗轮作为斜齿轮以其节点处啮合的相应参数代入赫兹公式,对于钢制蜗杆和青铜或铸铁制的蜗轮可得如下蜗轮齿面接触强度的条件性计算公式

$$m^2 d_1 \geqslant \left(\frac{480}{[\sigma_H]z_2}\right)^2 K T_2 \qquad (\text{mm}^3) \qquad (6\text{-}8)$$

式中:T_2为作用在蜗轮上的转矩,MPa;K为载荷系数,用来考虑载荷集中和动载荷的影响,$K = 1 \sim 1.3$,当载荷平稳,滑动速度低以及制造和安装精度较高时,取低值;$[\sigma_H]$为蜗轮的许用接触应力,MPa,查表 6-4;z_2为蜗轮的齿数;m为模数,mm;d_1为蜗杆分度圆直径,mm。

根据式(6-8)求得$m^2 d_1$后,按表 6-1 确定m及d_1的标准值。

表 6-4 常用的蜗轮材料及其许用接触应力 MPa

蜗轮材料牌号	铸造方法	适用的滑动速度(m/s)	许用接触应力$[\sigma_H]$						
			滑动速度(m/s)						
			0.5	1	2	3	4	6	8
ZCuSn10P1	砂 模	≤ 25	134						
	金属模		200						
ZCuSn5Pb5Zn5	砂 模	≤ 12	128						
	金属模		134						
	离心浇铸		174						
ZCuAl10Fe3	砂 模	≤ 10	250	230	210	180	160	120	90
	金属模								
	离心浇铸								
HT150	砂 模	≤ 2	130	115	90	—	—	—	—
HT200									

注:① 表中$[\sigma_H]$值是用于蜗杆螺纹表面硬度 HBS > 350 的,若 HBS ≤ 350 时,需降低 15% ~ 20%。

② 当传动为短时工作的,锡青铜的$[\sigma_H]$值可提高 40% ~ 50%。

蜗轮轮齿弯曲强度所限定的承载能力,大都超过齿面点蚀和热平衡计算(见§6-6)所

限定的承载能力。蜗轮轮齿折断的情况很少发生,只有在受强烈冲击的传动等少数情况下,并且蜗轮采用脆性材料,计算其弯曲强度才有实际意义。需要计算时可参阅有关文献。

§6-6 蜗杆传动的效率、润滑和热平衡计算

一、蜗杆传动的效率

闭式蜗杆传动的效率为

$$\eta = \eta_1 \eta_2 \eta_3 \tag{6-9}$$

式中:η_1—— 啮合效率;

η_2—— 搅油效率,一般 $\eta_2 = 0.94 \sim 0.99$;

η_3—— 轴承效率,每对滚动轴承 $\eta_3 = 0.99 \sim 0.995$,滑动轴承 $\eta_3 = 0.97 \sim 0.99$。

上述三项效率中,啮合效率 η_1 是三项效率中的最低值,因而在计算总效率 η 时,它是主要的,η_1 可按螺旋副的效率公式计算。

当蜗杆主动时, $$\eta_1 = \frac{\tan\lambda}{\tan(\lambda + \rho_v)} \tag{6-10}$$

式中的 ρ_v 为蜗杆与蜗轮轮齿面间的当量摩擦角。

当量摩擦角 ρ_v 与蜗杆蜗轮的材料、表面情况、相对滑动速度及润滑条件有关。啮合中齿面间的滑动,有利于油膜的形成,所以滑动速度愈大,当量摩擦角愈小。表 6-5 为实验所得的当量摩擦角。

表 6-5 蜗杆传动的当量摩擦角 ρ_v

蜗轮材料		锡青铜		无锡青铜	灰铸铁	
钢蜗杆齿面硬度		HRC ≥ 45	其他情况	HRC ≥ 45	HRC ≥ 45	其他情况
	0.01	6°17′	6°51′	10°12′	10°12′	10°45′
	0.05	5°09′	5°43′	7°58′	7°58′	9°05′
	0.10	4°34′	5°09′	7°24′	7°24′	7°58′
	0.25	3°43′	4°17′	5°43′	5°43′	6°51′
	0.50	3°09′	3°43′	5°09′	5°09′	5°43′
滑	1.0	2°35′	3°09′	4°00′	4°00′	5°09′
动	1.5	2°17′	2°52′	3°43′	3°43′	4°34′
速	2.0	2°00′	2°35′	3°09′	3°09′	4°00′
度	2.5	1°43′	2°17′	2°52′		
v_s	3.0	1°36′	2°00′	2°35′		
(m/s)	4	1°22′	1°47′	2°17′		
	5	1°16′	1°40′	2°00′		
	8	1°02′	1°29′	1°43′		
	10	0°55′	1°22′			
	15	0°48′	1°09′			
	24	0°45′				

注:① 蜗杆螺纹表面粗糙度为 $\frac{1.6}{} \sim \frac{0.8}{}$。

② 实验时蜗杆及蜗轮支承在滚动轴承上,测定的 ρ_v 值中包括轴承的效率,即用式(6-9)计算传动效率时,应取 $\eta_3 = 1$。

分析式(6-10)知,当蜗杆螺旋升角 λ 近于 $45°$ 时啮合效率 η_1 达最大值。在此之前,η_1 随 λ 的增大而增大,故动力传动中常用多头蜗杆以增大 λ。但大螺旋升角的蜗杆制造困难,所以在实际应用中 λ 很少超过 $27°$。

在初步设计时,蜗杆传动的总效率 η 可近似地取为:对闭式传动,当 $z_1 = 1$ 时,$\eta = 0.70 \sim 0.75$;$z_1 = 2$ 时,$\eta = 0.75 \sim 0.82$;$z_1 = 3$ 时,$\eta = 0.82 \sim 0.87$;$z_1 = 4$ 时,$\eta = 0.87 \sim 0.92$。对开式传动,$z_1 = 1, 2$ 时,$\eta = 0.60 \sim 0.70$。

二、蜗杆传动的润滑

为了提高传动效率,降低工作温度,避免胶合和减少磨损,蜗杆传动的润滑是十分重要的。

闭式蜗杆传动所用润滑油可采用 L-CKE 轻载荷蜗轮油、L-CKE/P 重载蜗轮油,其黏度及润滑方法见表 6-6。开式蜗杆传动可用黏度较高的油润滑或脂润滑。

表 6-6　蜗杆传动润滑油的黏度和润滑方法

滑动速度 v_s (m/s)	< 1	< 2.5	$\leqslant 5$	$> 5 \sim 10$	$> 10 \sim 15$	$> 15 \sim 25$	> 25
工作条件	重载	重载	中载	(不限)	(不限)	(不限)	(不限)
黏度 cSt_{40}	900	500	350	220	150	100	68
润滑方法	浸油润滑			浸油或喷油润滑	压力喷油润滑		

三、蜗杆传动的热平衡计算

蜗杆传动的效率较低,发热量较大。对闭式传动,如果散热不充分,温升过高,就会使润滑油黏度降低,减小润滑作用,导致齿面磨损加剧,甚至引起齿面胶合。所以,对于连续工作的闭式蜗杆传动,应进行热平衡计算。

所谓热平衡计算,就是闭式蜗杆传动正常连续工作时,由摩擦产生的热量应小于或等于箱体表面散发的热量,以保证温升不超过许用值。

转化为热量的摩擦耗损功率为

$$P_s = 1000P(1 - \eta) \quad (\text{W}) \tag{6-11}$$

经箱体表面散发热量的相当功率为

$$P_c = kA(t_1 - t_2) \quad (\text{W}) \tag{6-12}$$

达到热平衡时 $P_s = P_c$,则蜗杆传动的热平衡条件是

$$t_1 = \frac{1000P(1 - \eta)}{kA} + t_2 \leqslant [t_1] \quad (\text{℃}) \tag{6-13}$$

式中:P 为传动输入的功率,kW;k 为平均散热系数,W/(m² · ℃),环境通风良好时 $k = 14 \sim 17.5$,通风不良时 $k = 8.5 \sim 10.5$;A 为有效散热面积,指内部有油浸溅,而外部与流通空气接触的箱体外表面积,m²;η 为传动效率;t_2 为环境(空气)温度,℃;t_1 为润滑油的工作温度,℃,一般 $[t_1] = 75 \sim 85$℃。

如果 $t_1 > [t_1]$,可采用下列措施以增加传动的散热能力:

① 在蜗轮箱体外表面上铸出或焊上散热片(图 6-9),以增加散热面积,散热片本身面积作 50% 计算。

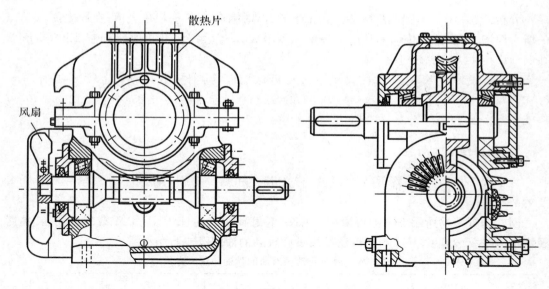

图 6-9

② 在蜗杆轴上装风扇（图 6-9），进行人工通风，以增加散热系数，这时可取 $k = 21 \sim 28 \mathrm{W/m^2} \cdot ℃$。

③ 用上述方法，散热能力仍不够时，可在箱体油池内装蛇形水管，用循环水冷却（图 6-10）。

§ 6-7   新型蜗杆传动简介

如图 6-11 所示，在压力 F_n 作用下物体 A 在物体 B 上相对滑动，实践与理论均可表明：滑动速度 v_s 的方向与接触线 $t\text{-}t$ 间的夹角 Ω 愈大（譬如接近 $90°$），润滑油建立的动压力就愈容易将物体 A 浮起，而使物体 A 与物体 B 之间被形成的一层动压油膜所隔开。如果 Ω 愈小（譬如接近 $0°$），就不能形成动压油膜，润滑油就难以将物体 A 浮起，润滑情况就愈不好，两物体之间将成为干摩擦或半干摩擦。

图 6-12(a) 所示为普通圆柱蜗杆传动在啮合过程中接触线的连续位置（1，2，3，…），其滑动速度 v_s 的方向与接触线间的夹角 Ω 较小（一般在 $30° \sim 0°$），尤其在节点附近 Ω 很小，几乎为零，在夹角 Ω 小的地方难以形成动压油膜。因而摩擦大，效率低，限制承载能力的提高。

而圆弧齿圆柱蜗杆传动时夹角 Ω 绝大部分在 $40° \sim 90°$ 之间（图 6-12(b)），尤其是圆弧面蜗杆传动时夹角 Ω 为 $90°$ 或接近于 $90°$（图 6-12(c)）。这两种新型蜗杆传动形成动压油膜的条件都比较好，因此，抗胶合能力及传动效率都比普

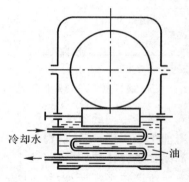

图 6-10

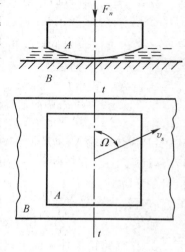

图 6-11

通圆柱蜗杆传动有显著的提高。以下对这两种新型蜗杆传动加以简介。

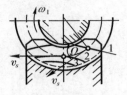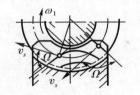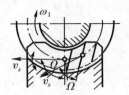

(a) 普通圆柱蜗杆传动   (b) 圆弧齿圆柱蜗杆传动   (c) 圆弧面蜗杆传动

图 6-12

一、圆弧齿圆柱蜗杆传动

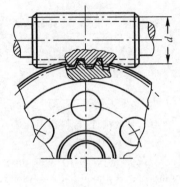

圆弧齿圆柱蜗杆传动(图 6-13)的蜗杆外形仍然是圆柱形螺杆,但在传动的主平面内,蜗杆齿廓是凹圆弧形,而蜗轮齿廓是凸圆弧形。

这种蜗杆传动,由于形成动压油膜的条件较好,而且凹凸齿廓相啮合,接触齿廓当量曲率半径较大,因此接触应力较低,其承载能力为普通圆柱蜗杆传动的 $1.5 \sim 2.5$ 倍,啮合效率约可提高 $10\% \sim 15\%$,制造工艺性亦较好。在动力传动中,圆弧齿圆柱蜗杆传动日益获得推广,我国已制订了该类减速器的标准,并已有工厂成批生产。

图 6-13

二、圆弧面蜗杆传动

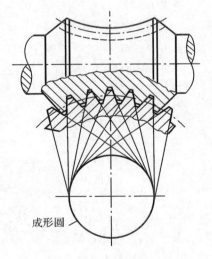

圆弧面蜗杆传动(图 6-14)的蜗杆是将螺旋做在以凹圆弧为母线的回转体上,常见的是直线齿。在传动的主平面内,蜗杆具有直线齿廓,齿廓两边的延长线与以蜗轮中心为圆心的某个圆(成形圆)相切。

由于直线齿圆弧面蜗杆传动形成油膜条件比较优越,而且圆弧面蜗杆包住蜗轮上的齿数较多,其承载能力约为普通圆柱蜗杆传动的 $2 \sim 4$ 倍,传动效率可达 $0.85 \sim 0.9$,且不易磨损与胶合。

圆弧面蜗杆需在专门设备上加工,制造和安装精度要求也较高,当精度不高时,承载能力会显著降低。

例 6-1   设计计算驱动输送带的单级闭式蜗杆传动。已知电动机功率 $P_1 = 7.5\mathrm{kW}$,转速 $n_1 = 960\mathrm{r/min}$,蜗轮轴转速 $n_2 = 48\mathrm{r/min}$,载荷平稳、单向连续回转。

成形圆

图 6-14

解:

1)选择材料并确定许用应力。

根据电动机转速一般、功率不算大,估计齿面滑动速度 $v_s = 6\mathrm{m/s}$,蜗轮材料选用 ZCuSn5Pb5Zn5,砂模铸造;蜗杆材料选用 45 钢,表面淬火 $\mathrm{HRC} = 45 \sim 50$。由表 6-4 查得 $[\sigma_H] = 128\mathrm{MPa}$。

2)选择齿数。

由传动比 $i = n_1/n_2 = 960/48 = 20$,查表 6-2 取 $z_1 = 2$,

则 $z_2 = iz_1 = 20 \times 2 = 40$

3）齿面接触强度计算。

按式（6-8）

$$m^2 d_1 \geqslant (\frac{480}{[\sigma_H]z_2})^2 kT_2 \quad （\text{mm}^3）$$

式中　　$T_2 = 9550 \times 10^3 \dfrac{P_2}{n_2} = 9550 \times 10^3 \dfrac{P_1 \eta}{n_2}$;

取 $\eta = 0.81$（见 §6-6），则 $T_2 = 9550 \times 10^3 \dfrac{7.5 \times 0.81}{48} = 1208672 \quad （\text{N} \cdot \text{mm}）$

载荷平稳，取 $K = 1.05$。

将已知数据代入得

$$m^2 d_1 \geqslant (\frac{480}{128 \times 40})^2 \times 1.05 \times 1208672 = 11155（\text{mm}^3）$$

查表 6-1　　取 $m = 10\text{mm}, d_1 = 112\text{mm}$

$\lambda = \arctan \dfrac{z_1 m}{d_1} = \arctan \dfrac{2 \times 10}{112} = 10.1247°$（即 $\lambda = 10°07'30''$）

4）验算滑动速度。

$$v_s = \frac{\pi d_1 n_1}{60 \times 1000 \times \cos\lambda} = \frac{\pi \times 112 \times 960}{60 \times 1000 \times \cos 10.1247°} = 5.72（\text{m/s}）$$

与原假设接近，材料选用合适。

5）主要尺寸计算。

按表 6-3 中公式计算可得：$d_2 = 400\text{mm}; a = 256\text{mm}; d_{a1} = 132\text{mm}; d_{f1} = 88\text{mm}; d_{a2} = 420\text{mm}; d_{f2} = 376\text{mm}; d_{e2} = 430\text{mm}; R_{e2} = 46\text{mm}; b = 99\text{mm}; L = 150\text{mm}$（磨削再加长 35mm）

6. 热平衡计算。

按式（6-13）　　$\dfrac{1000P(1-\eta)}{kA} + t_2 \leqslant [t_1] \quad （℃）$

式中　　$P = 7.5\text{kW}$;

通风良好，取 $k = 15\text{W}/(\text{m}^2 \cdot ℃)$;

取允许润滑油工作温度 $[t_1] = 75℃$，室温 $t_2 = 20℃$;

$\eta = \eta_1 \cdot \eta_2 \cdot \eta_3$

取 $\eta_2 = 0.94, \eta_3 = 1$

因 $v_s = 5.72\text{m/s}$，查表 6-5 得

$\rho_v \approx 1°14'30''$　　代入计算

$\eta_1 = \dfrac{\tan\lambda}{\tan(\lambda + \rho_v)} = \dfrac{\tan 10°7'30''}{\tan(10°7'30'' + 1°14'30'')} = 0.888$

故 $\eta = 0.888 \times 0.94 \times 1 = 0.83$，和原假定接近。

将以上数据代入计算箱体所需有效散热面积 A

$A \geqslant \dfrac{1000P(1-\eta)}{([t_1] - t_2)k} = \dfrac{1000 \times 7.5(1 - 0.83)}{(75 - 20) \times 15} = 1.55（\text{m}^2）$

这将为箱体设计和是否考虑采取散热措施提供依据。

第7章　轮系、减速器及机械无极变速传动

§7-1　轮系的应用及分类

由一对齿轮所组成的传动是齿轮传动中最简单的形式。在生产实践中根据需要,常采用几对互相啮合的齿轮将主动轴与从动轴联接起来进行传动。这种由若干对互相啮合的齿轮所组成的传动系统称为轮系。

轮系的主要功用如下:

1) 可作距离较远的传动。

当两轴之间的距离较远时,若仅用一对齿轮传动,如图 7-1 中点划线所示,两轮的轮廓尺寸就很大;如果改用图中实线所示轮系传动,总的轮廓尺寸就小得多,从而可节省材料、减轻重量、降低成本和所占空间。

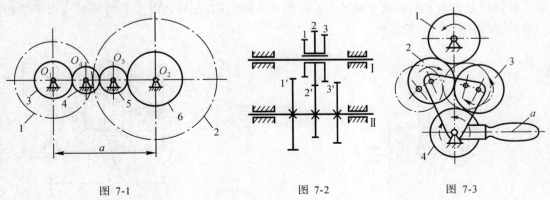

图 7-1　　　　　　　图 7-2　　　　　　　图 7-3

2) 实现变速与换向。

当主动轴转速、转向不变时,利用轮系可使从动轴获得多种转速或换向。如图 7-2 所示的轮系中,用滑动键和轴 I 相联的三联齿轮块 1-2-3 处于三个不同位置,即使齿轮 1 与 1′、2 与 2′、3 与 3′ 分别相啮合,可获得三种不同的传动比,实现三级变速。图 7-3 所示为三星轮换向机构。轮 1 为主动轮,旋转手柄 a 可以使一个中间齿轮 3(图中点划线位置所示)或两个中间齿轮 2 和 3(图中实线位置所示)分别参与啮合,从而使从动轮 4 实现正向或反向转动。

3) 可获得大的传动比。

当两轴间需要较大的传动比时,若仅用一对齿轮传动,如图 7-4 中点划线所示,则两轮直径相差很大,不仅使传动轮廓尺寸过大,而且由于两轮齿数必然相差很多,小轮极易磨损,

---

155

两轮寿命相差过分悬殊。若采用图中实线所示的轮系,就可在各齿轮直径不大的情况下得到很大的传动比。图 7-5 所示的轮系中,套装在构件 H 转臂小轴上的齿轮块 2-2′ 分别与齿轮 1、3 相啮合,构件 H 又绕固定轴线 O-O 旋转,若各轮齿数为 $z_1 = 100$、$z_2 = 101$、$z_2′ = 100$、$z_3 = 99$,当轮 3 固定不动时,则经计算可求得构件 H 和齿轮 1 的转速比 n_H/n_1 竟高达 10000 之巨(计算见例 7-2)。

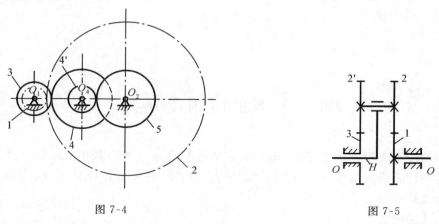

图 7-4　　　　　　　　　　　图 7-5

4) 可合成或分解运动。

如图 7-6 所示轮系,齿轮 1 和齿轮 3 分别独立输入转动 n_1 和 n_3,可合成输出构件 H 的转动 $n_H = \dfrac{n_1 + n_3}{2}$。图 7-7 所示为汽车后桥差速器的轮系,当汽车拐弯时,它能将发动机传动齿轮 5 的运动分解为不同转速分别送给左右两个车轮,以避免转弯时左右两轮对地面产生相对滑动,从而减轻轮胎的磨损。

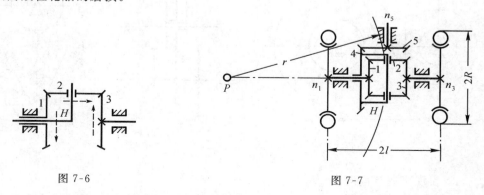

图 7-6　　　　　　　　　　　图 7-7

轮系可以分为两大类:传动时每个齿轮的几何轴线位置相对机架都是固定的,称为定轴轮系或普通轮系(如图 7-1 至图 7-4 所示);传动时至少有一个齿轮的几何轴线位置相对机架不固定,而是绕着另一齿轮的固定几何轴线转动的,称为周转轮系(如图 7-5 至图 7-7 所示)。

§7-2 定轴轮系及其传动比

轮系中主动轴与从动轴的转速（或角速度）之比，称为轮系的传动比，用 i_{GJ} 表示。下标 G、J 为主动轴和从动轴的代号，即 $i_{GJ} = n_G/n_J$（或 ω_G/ω_J）。

一对圆柱齿轮传动，其传动比为

$$i_{12} = \frac{n_1}{n_2} = \frac{\omega_1}{\omega_2} = \mp \frac{z_2}{z_1}$$

式中负号和正号相应表示两轮转向相反的外啮合（图 7-8(a)）与两轮转向相同的内啮合（图 7-8(b)）。

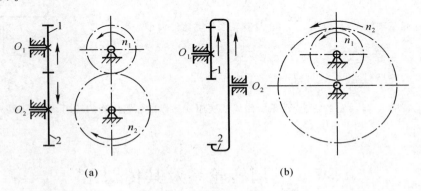

(a)   (b)

图 7-8

如图 7-9 所示，由圆柱齿轮组成的定轴轮系，若已知各齿轮的齿数，则可求得各对齿轮的传动比为

$$i_{12} = \frac{n_1}{n_2} = -\frac{z_2}{z_1}$$

$$i_{2'3} = \frac{n_2{}'}{n_3} = -\frac{z_3}{z_2{}'}$$

$$i_{34} = \frac{n_3}{n_4} = \frac{z_4}{z_3}$$

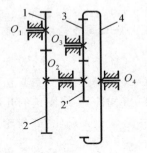

图 7-9

将上列各式顺序连乘，且考虑到由于齿轮 2 与 2′ 固定在同一根轴上，即 $n_2 = n_2{}'$，故得

$$i_{14} = \frac{n_1}{n_4} = \frac{n_1}{n_2} \cdot \frac{n_2{}'}{n_3} \cdot \frac{n_3}{n_4} = i_{12} \cdot i_{2'3} \cdot i_{34} = (-1)^2 \frac{z_2 z_3 z_4}{z_1 z_2{}' z_3}$$

即该定轴轮系的传动比，等于组成该轮系的各对啮合齿轮的传动比的连乘积，也等于各对齿轮传动中的从动轮齿数的乘积与主动轮齿数的乘积之比；而传动比的正负（首末两轮转向相同或相反）则取决于外啮合齿轮的对数。

图中齿轮 3 既为主动又为从动，由上式可见，其齿数 z_3 对传动比的大小不发生影响，仅起改变转向或调节中心距的作用，这种齿轮称为惰轮或过桥齿轮。

根据以上分析，设一由圆柱齿轮组成的定轴轮系的首轮以 G 表示，其转速为 n_G；末轮以 J 表示，其转速为 n_J；m 表示该定轴轮系中外啮合齿轮的对数，则得到计算其传动比的普遍

公式为

$$i_{GJ} = \frac{n_G}{n_J} = (-1)^m \frac{\text{从齿轮}G\text{至}J\text{之间啮合的各从动轮齿数连乘积}}{\text{从齿轮}G\text{至}J\text{之间啮合的各主动轮齿数连乘积}} \qquad (7\text{-}1)$$

需要指出,定轴轮系中各轮的转向也可用图 7-8 所示以标注箭头的方法来确定。

如果轮系是含有锥齿轮、螺旋齿轮和蜗杆传动等组成的空间定轴轮系,其传动比的大小仍可用式(7-1) 来计算,但式中的$(-1)^m$不再适用,只能在图中以标注箭头的方法确定各轮的转向。

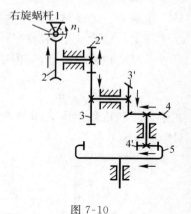

图 7-10

例 7-1   图 7-10 所示的轮系中,设蜗杆 1 为右旋,转向如图所示,$z_1 = 2$,$z_2 = 40$,$z_2' = 18$,$z_3 = 36$,$z_3' = 20$,$z_4 = 40$,$z_4' = 18$,$z_5 = 45$。若蜗杆转速 $n_1 = 1000\text{r/min}$,求内齿轮 5 的转速 n_5 和转向。

解:

本题为空间定轴轮系,只应用式(7-1) 计算轮系传动比的大小

$$i_{15} = \frac{n_1}{n_5} = \frac{z_2 z_3 z_4 z_5}{z_1 z_2' z_3' z_4'} = \frac{40 \times 36 \times 40 \times 45}{2 \times 18 \times 20 \times 18} = 200$$

所以,$n_5 = \dfrac{n_1}{i_{15}} = \dfrac{1000}{200} = 5\text{r/min}$

蜗杆轴的转向 n_1 是给定的,按传动系统路线依次用箭头标出各级传动的转向,最后获得 n_5 的转向如图所示。

§7-3   周转轮系及其传动比

一、周转轮系的组成

图 7-11(a) 所示为一最常见的周转轮系。齿轮 1 和 3 以及构件 H 均各绕固定的几何轴线 $O\text{-}O$ 回转。齿轮 2 空套在构件 H 上,一方面绕其自身的几何轴线 $O_2\text{-}O_2$ 回转(自转),同时又随着构件 H 绕固定的几何轴线 $O\text{-}O$ 回转(公转)。在周转轮系中,轴线位置固定的齿轮称为中心轮或太阳轮(如齿轮 1 和 3,常用 K 表示);而轴线位置变动的齿轮称为行星轮(如齿轮

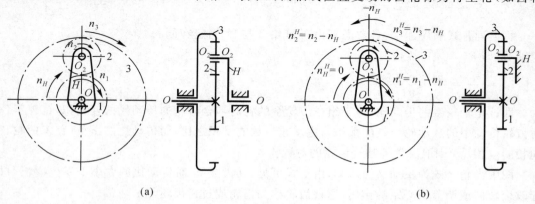

(a)   (b)

图 7-11

2）；支持行星轮自转的构件称为转臂（又称为系杆或行星架，常用 H 表示）。周转轮系是由行星轮、中心轮和转臂组成的，每个单一的周转轮系具有一个转臂，中心轮的数目不超过两个，且转臂与中心轮的几何轴线必须重合，否则便不能转动。当周转轮系的转臂固定不动时，即成为定轴轮系。

二、周转轮系传动比的计算

因为周转轮系中有回转的转臂使行星轮的运动不是绕固定轴线的简单运动，所以其传动比不能直接用求解定轴轮系传动比的方法来计算。如图 7-11(a) 所示的周转轮系，设齿轮 1、2、3 及转臂 H 的绝对转速分别为 n_1、n_2、n_3 及 n_H，并假设回转方向均相同。若给整个周转轮系各构件都加上一个与转臂 H 的转速大小相等、转动方向相反且绕固定轴线 OO 回转的公共转速 $-n_H$，根据相对运动原理知其各构件之间的相对运动关系将仍然保持不变。但这时转臂 H 的转速为 $n_H - n_H = 0$，即转臂可以看成固定不动，于是，该周转轮系转化为定轴轮系。这种经过一定条件的转化，把周转轮系变为假想的定轴轮系，称为原周转轮系的"转化轮系"，如图 7-11(b) 所示。若以 n_1^H、n_2^H、n_3^H 和 n_H^H 表示转化轮系中构件 1、2、3 和转臂 H 的转速，则转化前后各构件转速如表 7-1 所示。

转化轮系中各构件的转速的右上方都带有角标 H，表示这些转速是各构件对转臂 H 的相对转速。

表 7-1　轮系转化前后各构件转速

构件	原来的转速	转化轮系的转速（即加上 $-n_H$ 后的转速）
1	n_1	$n_1^H = n_1 - n_H$
2	n_2	$n_2^H = n_2 - n_H$
3	n_3	$n_3^H = n_3 - n_H$
H	n_H	$n_H^H = n_H - n_H = 0$

既然周转轮系的转化轮系是一定轴轮系，就可应用求解定轴轮系传动比的方法，求出转化轮系中任意两个齿轮的传动比来。如图 7-11(b) 的转化轮系中，齿轮 1 与 3 的传动比为

$$i_{13}^H = \frac{n_1^H}{n_3^H} = \frac{n_1 - n_H}{n_3 - n_H} = (-1)^1 \frac{z_2 z_3}{z_1 z_2} = -\frac{z_3}{z_1}$$

读者应注意区分：$i_{13} = n_1/n_3$ 和 $i_{13}^H = n_1^H/n_3^H$ 的概念是不一样的，前面是两轮真实的传动比；而后者是假想的转化轮系中两轮的传动比，可见上式右边的"一"号表示轮 1 与轮 3 在转化轮系中的转速 n_1^H 和 n_3^H 反向，而并非指实际的转速 n_1 和 n_3 反向。

将以上分析推广到一般情形。设 n_G 和 n_J 为单一周转轮系中任意两个齿轮 G 和 J 的转速，在转化轮系中，G、J 分别为主动轮和从动轮，则它们与转臂 H 的转速 n_H 之间的关系为

$$i_{GJ}^H = \frac{n_G - n_H}{n_J - n_H}$$

$$= (-1)^m \frac{\text{假设转臂 } H \text{ 不动时从齿轮 } G \text{ 至 } J \text{ 间啮合的各从动轮齿数连乘积}}{\text{假设转臂 } H \text{ 不动时从齿轮 } G \text{ 至 } J \text{ 间啮合的各主动轮齿数连乘积}} \tag{7-2}$$

式中：m 为齿轮 G 至 J 间外啮合齿轮的对数。

公式(7-2)中，如果已知各轮的齿数及 n_G、n_J 和 n_H 三个转速中的任意两个，即可求出另

一个转速。在周转轮系中,若两个中心轮和转臂都是运动的,需要给出两个原动件才能确定该轮系的运动,这种轮系称为差动轮系;如果两个中心轮只有一个是固定的,只需给出一个原动件便能确定该轮系的运动,这种轮系称为行星轮系。此外,在应用式(7-2)求周转轮系的传动比时,还必须注意以下几点:

① 此式只适用于单一周转轮系中齿轮 G、J 和转臂 H 轴线平行的场合。

② 代入上式时,n_G、n_J、n_H 值都应带有自己的正负符号,设定某一转向为正,则与其相反的方向为负。

③ 上式如用于由锥齿轮组成的单一周转轮系,转化轮系的传动比的正负号,$(-1)^m$ 不再适用,此时必须用标注箭头的方法确定。

例 7-2 图 7-5 所示行星轮系中,已知各轮的齿数为 $z_1 = 100$,$z_2 = 101$,$z_2' = 100$,$z_3 = 99$,求传动比 i_{H1}。

解:由式(7-2)得

$$i_{13}^H = \frac{n_1 - n_H}{n_3 - n_H} = (-1)^2 \cdot \frac{z_2 z_3}{z_1 z_2'}$$

代入已知数值得

$$\frac{n_1 - n_H}{0 - n_H} = \frac{101 \times 99}{100 \times 100}$$

解得:$i_{1H} = \frac{n_1}{n_H} = 1/10000$

因此,$i_{H1} = 1/i_{1H} = 10000$

本例说明行星轮系可以用少数齿轮得到很大的降速比,结构非常紧凑、轻便,但减速比越大,其机械效率越低,不宜用于传动大功率。如将其用于增速传动,可能发生自锁。

例 7-3 图 7-12 所示锥齿轮组成的行星轮系中,各轮的齿数为:$z_1 = 18$,$z_2 = 27$,$z_2' = 40$,$z_3 = 80$。已知 $n_1 = 100\text{r/min}$。求转臂 H 的转速 n_H 和转向。

解:

因在该轮系中,齿轮 1、3 和转臂 H 的轴线相重合,所以可用式(7-2)进行计算

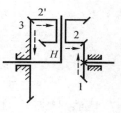

$$i_{13}^H = \frac{n_1 - n_H}{n_3 - n_H} = -\frac{z_2 z_3}{z_1 z_2'}$$

图 7-12

上式等号右边的负号,是由于在转化轮系中标注转向箭头(如图中虚线箭头)后,1、3 两轮的箭头方向相反。其实,在原周转轮系中,轮 3 是固定不动的。

设 n_1 的转向为正,则

$$\frac{100 - n_H}{0 - n_H} = -\frac{27 \times 80}{18 \times 40}$$

解得 $n_H = 25$ (r/min)

正号表示 n_H 的转向与 n_1 的转向相同。

本例中行星齿轮 2-2' 的轴线和齿轮 1(或齿轮 3)及转臂 H 的轴线不平行,所以不能利用式(7-2)来计算 n_2。

例 7-4 图 7-6 所示差动轮系,已知各轮齿数(且 $z_1 = z_3$)及轮 1、3 之转速 n_1、n_3,求 n_H。

解 由式(7-2)得

$$i_{13}^H = \frac{n_1 - n_H}{n_3 - n_H} = -\frac{z_2 z_3}{z_1 z_2} = -\frac{z_3}{z_1} = -1$$

上式等号右边的负号也是由于在转化轮系中标注转向箭头(如图中虚线箭头)后,1、3 两轮的箭头方向相反。

由上式解得 $n_H = (n_1 + n_3)/2$。

这可表明当由齿轮 1、3 分别输入被加数与加数的相应转角,转臂 H 的输出转角即为两者输入转角之和的一半。这种轮系可用作合成运动的加(减)法机构。

§7-4 混合轮系及其传动比

在机械设备中,除了采用定轴轮系和单一周转轮系外,还大量应用既有定轴轮系又有单一周转轮系的混合轮系。求解混合轮系的传动比,首先必须正确地把混合轮系划分为定轴轮系与各个单一的周转轮系,并分别列出它们的传动比计算公式,找出其相互联系,然后联立求解。

正确地找出各个单一周转轮系是求解混合轮系传动比的关键。其方法是:先找出具有动轴线的行星轮,再找出支持行星轮的转臂,最后找出轴线与转臂的回转轴线重合、同时又与行星轮直接啮合的一个或两个中心轮。混合轮系在划出各个单一周转轮系后,如有剩下的就是一个或多个定轴轮系。

例 7-5 图 7-13 所示为电动卷扬机的传动装置,已知各轮齿数,求 i_{15}。

解:在该轮系中,双联齿轮 2-2′ 的几何轴线是绕着齿轮 1、3 固定轴线回转的,所以是行星轮;支持它运动的构件(卷筒 H)就是转臂;和行星轮相啮合的齿轮 1、3 是两个中心轮。这样齿轮 2-2′、转臂 H 和齿轮 1、3 组成一个单一的周转轮系,剩下的齿轮 5、4、3′ 则是一个定轴轮系。

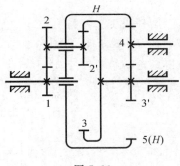

图 7-13

齿轮 1、2、2′、3 和 H 组成的单一周转轮系的转化轮系传动比为

$$i_{13}^H = \frac{n_1 - n_H}{n_3 - n_H} = -\frac{z_3 z_2}{z_{2'} z_1}$$

齿轮 5、4 和 3′ 组成的定轴轮系的传动比

$$i_{3'5} = \frac{n_3'}{n_5} = -\frac{z_5}{z_3'}$$

以上划分的两个轮系间的联系是:齿轮 3 和 3′ 为同一构件,转臂 H 和齿轮 5 为同一构件,故 $n_3 = n_3'$,$n_5 = n_H$,可得

$$i_{15} = \frac{n_1}{n_5} = (1 + \frac{z_3 z_2}{z_{2'} z_1} + \frac{z_5 z_3 z_2}{z_3' z_{2'} z_1})$$

例 7-6 图 7-7 所示为汽车后桥差速器,已知其尺寸和齿轮 5 的转速 n_5,求当汽车走直线和沿半径 r 的弯道转弯时后轴左右两车轮的转速。

解:由图分析可知,齿轮 5、4 为定轴轮系;齿轮 1、2、3 和转臂 H 组成单一周转轮系,且齿轮 4 和转臂 H 为同一构件。

由 $i_{54} = \frac{n_5}{n_4} = \frac{z_4}{z_5}$,得 $n_4 = \frac{z_5}{z_4} \cdot n_5 = n_H$

又由 $z_1 = z_2 = z_3$,故 $i_{13}^H = \frac{n_1 - n_H}{n_3 - n_H} = -\frac{z_3}{z_1} = -1$,可得

$$n_4 = \frac{n_1 + n_3}{2} \tag{Ⅰ}$$

当汽车直线行驶时,左右两轮所行驶的距离相等,且其直径也相同,所以其转速应相同,即 $n_1 = n_3 = n_4 = \frac{z_5}{z_4} \cdot n_5$。这时齿轮 1 和 3 之间没有相对运动,它们如同一个整体,共同随齿轮 4 一起转动。

当汽车转弯时,例如绕 P 点向左转,其右轮所行驶的外圈距离大于左轮所行驶的内圈距离,由于两车轮的直径相等而它们和地面间又是纯滚动(不打滑),则右轮转速 n_3 应大于左轮转速 n_1,其关系式应为

$$\frac{n_1}{n_3} = \frac{r-l}{r+l} \tag{II}$$

联立解(I)、(II)两式,即得转弯时后轴左右两车轮的转速分别为

$$n_1 = \frac{r-l}{r}n_4 = \frac{r-l}{r} \cdot \frac{z_5}{z_4} \cdot n_5$$

及

$$n_3 = \frac{r+l}{r}n_4 = \frac{r+l}{r} \cdot \frac{z_5}{z_4} \cdot n_5$$

需要指出:读者如需进一步研习行星轮系各轮齿数和行星数目的确定可参阅本书主要参考书目[11]、[28]。

§7-5 几种特殊形式的行星传动简介

除前述的一般行星轮系以外,工程中还常使用下面几种特殊形式的行星传动。

一、渐开线少齿差行星传动

渐开线少齿差行星传动的基本原理如图 7-14 所示。通常,中心轮 1 固定,转臂 H(制成偏心轴)为主动件,行星轮 2 为从动件,通过传动比为 1 的等角速比输出机构,把作复杂运动的行星轮的绝对转速 n_2 由与输入轴同轴线的轴 V 输出。由于中心轮常以 K 表示,故此传动一般称为 K-H-V 传动。

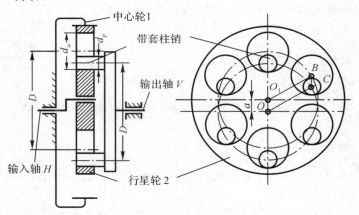

图 7-14

这种传动转化轮系的传动比仍用式(7-2)求出

$$i_{21}^H = \frac{n_2 - n_H}{n_1 - n_H} = +\frac{z_1}{z_2}$$

因 $n_1 = 0$,

故 $\quad \dfrac{n_2 - n_H}{0 - n_H} = +\dfrac{z_1}{z_2}$

解得

$$i_{2H} = \frac{n_2}{n_H} = 1 - \frac{z_1}{z_2} = \frac{z_2 - z_1}{z_2} = -\frac{z_1 - z_2}{z_2}$$

故

$$i_{HV} = \frac{n_H}{n_V} = i_{H2} = \frac{1}{i_{2H}} = -\frac{z_2}{z_1 - z_2}$$

由上式可知,两轮齿数差 $z_1 - z_2$ 越少,传动比越大。通常齿数差为 $1 \sim 4$,且以齿数差为 1 和 2 的机构用得最多,故称少齿差。当齿数差 $z_1 - z_2 = 1$ 时,称为一齿差行星传动,这时的传动比最大,为

$$i_{HV} = -z_2$$

式中负号表示 H 和 V 转向相反。

少齿差行星传动通常采用销孔输出机构,如图 7-14 所示。它的结构原理是:在输出轴的圆盘上均布有 6 个(也有 8、10、12 个)圆柱销,柱销上套有直径为 d_p 的柱销套,带套的柱销分别插在行星轮的柱销孔中。柱销孔的直径为 $d_w = d_p + 2a$,其中 a 为偏心轴(即转臂 H)的偏心距,亦即内啮合齿轮副 1、2 的中心距。在图中 O 是输入、输出轴的轴线,O_1 是行星轮的几何轴线,C 是柱销的中心,B 是柱销孔的中心。行星轮上柱销孔中心的分布圆与输出轴圆盘上带套柱销中心的分布圆具有相同的直径 D,即 $\overline{OC} = \overline{O_1B} = D/2$。当输入轴(即偏心轴)$H$ 回转时,柱销套始终与行星轮上的柱销孔壁接触,由于柱销孔直径 $d_w = d_p + 2a$,所以无论柱销套与柱销孔在任何部位接触,柱销中心 C 与柱销孔中心 B 的距离 $\overline{CB}$ 始终等于偏心轴的偏心距 $\overline{OO_1}(=a)$。因此行星轮传动过程中,OO_1BC 四点始终构成平行四边形。由于平行四边形两对边在任一时间间隔的角位移是相等的,所以构件 OC(即输出轴 V)的角速度始终等于构件 O_1B(即行星轮 2)的角速度。

渐开线少齿差传动的主要优点是传动比大,结构紧凑,体积小,重量轻,加工容易,与蜗杆传动相比,效率较高,且可节约有色金属,近年来在工业上应用日益增多;其主要缺点是同时啮合的齿数少,承载能力较低,而且因齿数差很少,为避免轮齿发生干涉现象,必须采用大的角变位,计算比较复杂。

二、摆线针轮行星传动

摆线针轮行星传动的工作原理、传动比计算与渐开线少齿差行星传动相同,属于少齿差的 K-H-V 传动。二者在结构上的不同点主要是在齿廓曲线上。如图 7-15 所示的摆线针轮行星传动,固定的中心轮为圆柱形的针轮,即用许多针齿销(为改善摩擦,外面套上针齿套)固定在机壳上而成;而与针齿啮合的行星齿轮的齿廓曲线是短幅外摆线的等距曲线,故又称为摆线轮。

与少齿差渐开线行星传动相比较,摆线针轮行星传动同时啮合的齿数较多,并且摆线轮和针齿都可淬硬精磨,故其承载能力、使用寿命以及平稳性均比少齿差渐开线行星传动高。但是由于无可分性,对中心距误差要求较严格,而且摆线轮的制造需要专用的加工设备;不过,这些困难,这几年已逐渐解决,摆线针轮减速器制造厂已十分普遍,年产量也十分可观。

三、谐波齿轮传动

谐波齿轮传动是利用行星轮的弹性变形实现传动的一种少齿差行星齿轮传动。其主要组成部分如图 7-16 所示,H 为波发生器,相当于转臂;1 为带有内齿的刚轮,相当于中心轮;

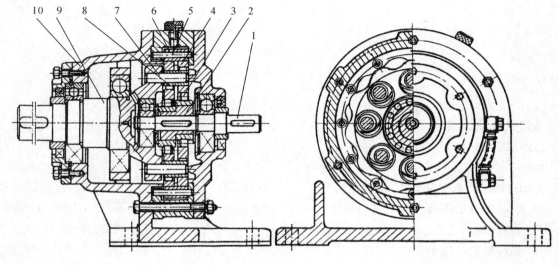

1—输入轴　2—双偏心套　3—转臂轴承　4—摆线轮　5—针齿销　6—针齿套

7—柱销　8—柱销套　9—输出轴　10—机座

图 7-15

2 为带有外齿的柔轮,可产生较大的弹性变形,相当于行星轮。转臂 H 的两端装上滚动轴承构成滚轮,其外缘尺寸略大于柔轮内孔直径,所以将其装入柔轮内孔后,柔轮即产生径向变形而成椭圆形,椭圆长轴处的轮齿与刚轮内齿相啮合,而短轴处的两轮的齿完全脱开,其他各处则处于啮合和脱开的过渡阶段。一般刚轮固定不动,当主动件

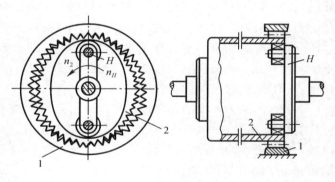

图 7-16

波发生器 H 回转时,柔轮 2 的弹性变形位置也随之改变,致使柔轮与刚轮的啮合位置也就跟着发生转动。由于柔轮比刚轮少 $(z_1 - z_2)$ 个齿,所以当波发生器转一周时,柔轮相对刚轮沿波发生器转动的相反方向转过 $(z_1 - z_2)$ 个齿的角度,即反转 $(z_1 - z_2)/z_2$ 周,故得传动比 i_{H2} 为

$$i_{H2} = \frac{n_H}{n_2} = \frac{1}{\left[-(z_1 - z_2)/z_2\right]} = -\frac{z_2}{z_1 - z_2}$$

此式和渐开线少齿差行星传动的传动比公式完全相同。

按波发生器上装置的滚轮数不同,可有双波传动和三波传动等,而最常用的是双波传动(图 7-16)。谐波传动目前多为直线齿廓。两轮的齿数差应等于波发生器的滚轮数(即变形峰数)或其整倍数。

谐波传动的主要优点是:

1)传动比大,单级传动比最大可达 500;

2)由于无需等角速比输出机构,结构简单,零件数目少,体积小,重量轻;

3)齿与齿之间是面接触,且同时啮合的齿数很多,承载能力高,而且传动平稳,无冲击。

这种传动装置的缺点是：柔轮周期性地变形，易于发热和疲劳损坏，对柔轮的材料性能、加工精度和热处理等要求均很高。谐波传动是一种很有发展前途的新型传动，适用于要求体积小、重量轻、大速比的传动装置中。但由于上述这些限制，目前一般只用于小功率传动中。

§7-6 减速器

减速器是一种由封闭在刚性箱体内的齿轮传动或蜗杆传动所组成的、具有固定传动比的独立部件。减速器装置在原动机和工作机之间作为减速之用，经减速以后，相应地也增大了输出的转矩，使之符合工作机要求；个别情况也用来增大转速，这时称为增速器。减速器由于结构紧凑，闭式传动，润滑良好，传动质量可靠，使用维护简单，并有标准系列，成批生产，故应用十分广泛。

一、减速器的类型

表 7-2 减速器的主要类型及其分类

		单级减速器	二级减速器	三级减速器
齿轮减速器	圆柱齿轮	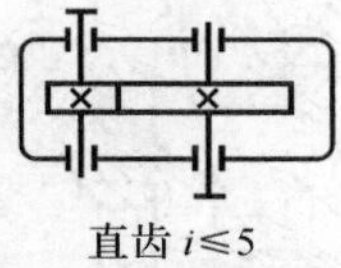 直齿 $i \leqslant 5$ 斜齿、人字齿 $i \leqslant 10$	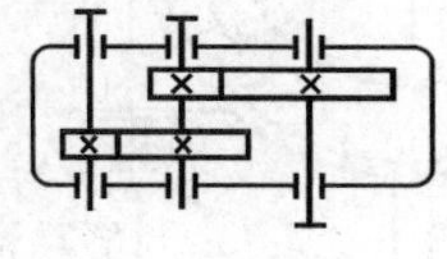 $i = 8 \sim 40$	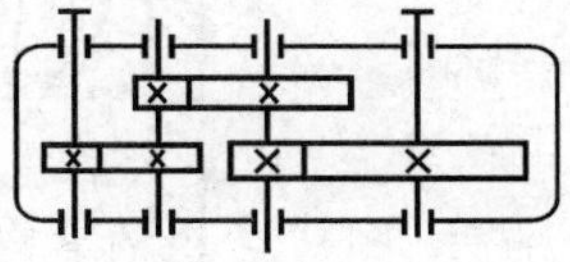 $i = 40 \sim 400$
	圆锥齿轮	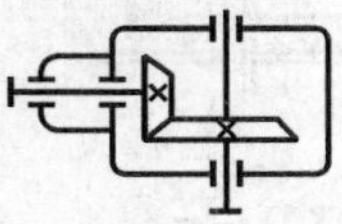 直齿 $i \leqslant 3$ 斜齿、曲齿 $i \leqslant 6$	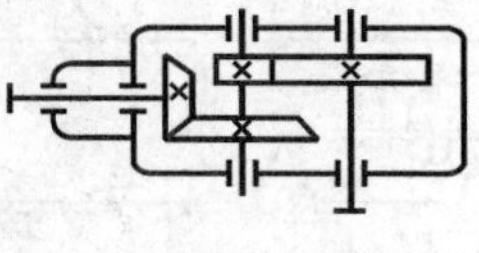 $i = 8 \sim 15$	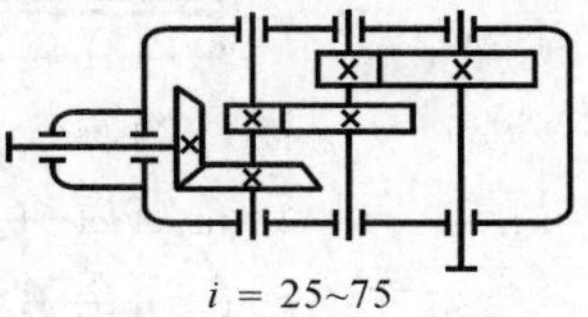 $i = 25 \sim 75$
蜗杆减速器		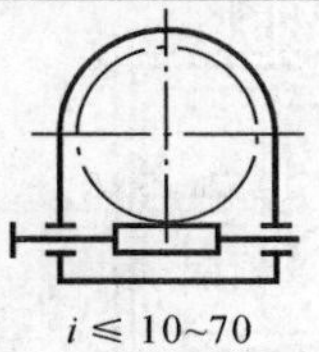 $i \leqslant 10 \sim 70$	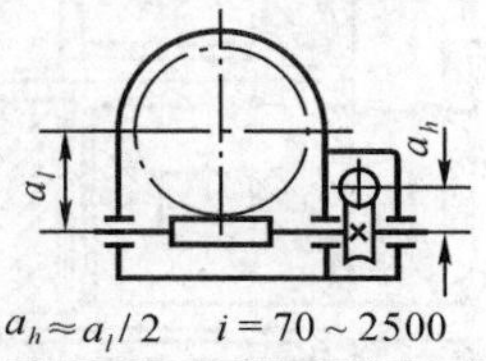 $a_h \approx a_l / 2$ $i = 70 \sim 2500$	—
齿轮-蜗杆减速器		—	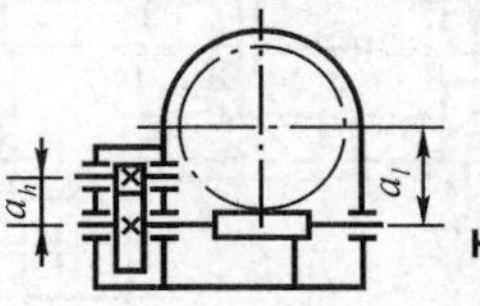 $a_h \approx a_l / 2$ $i = 35 \sim 1500$ 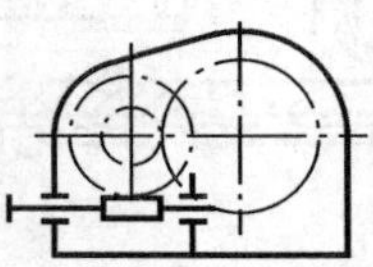 $i = 50 \sim 2500$	—
行星齿轮减速器		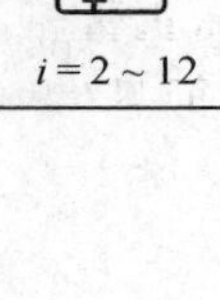 $i = 2 \sim 12$	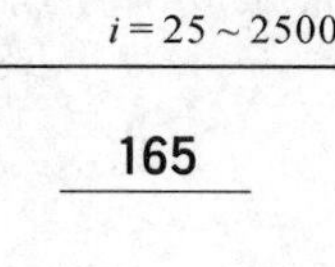 $i = 25 \sim 2500$	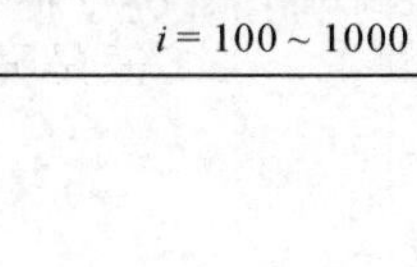 $i = 100 \sim 1000$

为了适应各种工作条件的需要,减速器被设计成多种类型。其主要类型、分类及传动比适用范围参见表 7-2。

二、减速器的结构

减速器主要由齿轮(或蜗轮)、轴、轴承及箱体四部分组成。现以图 7-17 所示单级圆柱齿轮减速器为例,对其结构加以简介。关于齿轮、轴及轴承的构造可参阅有关章节,这里不作一一赘述。

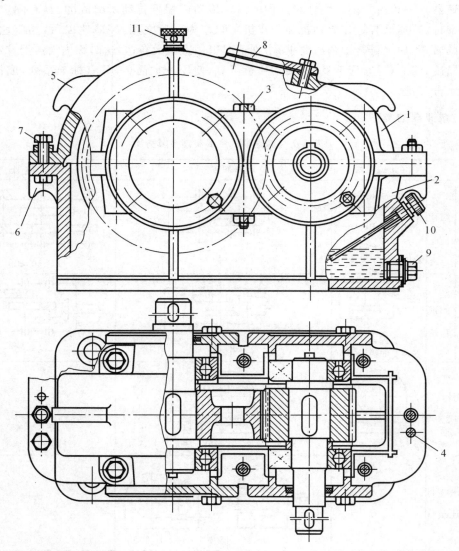

图 7-17

箱体是减速器中传动的支座。通常用灰铸铁(HT150 或 HT200)铸成,对于受冲击载荷的重型减速器可以采用铸钢(ZG270－500 或 ZG310－570)铸造,对于单件生产,也可以用钢板焊接制成。为了便于装拆,箱体通常做成剖分式,箱盖 1 与箱座 2 的剖分面常与齿轮轴线所在平面相重合。箱盖与箱座用一定数量的螺栓 3 联成一个整体,并用两个圆锥销 4 来精确固定箱座与箱盖的相对位置。与箱盖铸成一体的吊耳 5 是用来提升箱盖;而整个减速器提升则是用与箱座铸成一体的吊钩 6。为便于揭开箱盖,常在箱盖上开螺纹孔,拆卸箱盖时用起盖螺钉 7 拧入,即可顶开箱盖。

减速器中齿轮、蜗杆和蜗轮以及轴承的润滑是非常重要的。润滑的目的在于减少磨损、减少摩擦损失和发热,以保证减速器的正常工作。

在中小型减速器中常采用滚动轴承。当齿轮的圆周速度和传递的功率不是很大时,减速器常用齿轮浸油润滑。这时减速器的滚动轴承可以靠溅起的油雾以及飞溅到箱盖内壁上的润滑油汇集到箱体接合面上的油沟中,经油沟再导入轴承内进行润滑。如果浸入油池的传动件圆周速度低于 2m/s,油不能飞溅时,轴承需另用油脂或其他方式进行润滑。

箱盖所开的窥视孔是为了检查齿轮啮合情况以及向箱内注油而设置的,平时用盖板 8 盖住。箱座下部设有一放油孔,平时用油塞 9 封闭,需要更换润滑油时,可拧去油塞放油。为了能随时检查箱内油面的高低,应在箱座上设置油尺 10 或油面指示器。减速器工作时,箱内温度升高导致箱内空气膨胀,会将油自剖分面处或旋转轴的密封处挤出,造成漏油。为此,在箱盖上设有通气帽 11,以便使热空气能自由逸出,降低箱内空气压力,减少漏油。

为防止润滑油(脂)漏出和箱外杂质、水及灰尘等侵入,减速器在轴的伸出处、箱体结合面处和轴承盖、窥视孔及放油孔与箱体的接合面处需要密封。采用油脂润滑的轴承室内侧也需要密封。

由以上组成减速器的其他零件的功能介绍可知,各个零件的作用均不可缺,润滑、密封、起重、观察、装拆、定位等使用中的问题也不可忽略,否则减速器就不能正常工作或维护,这一原则同样也适用于其他运动部件或整台机械设备。

三、标准减速器与非标准减速器

减速器是通用性较大的传动部件,为了减少设计工作量,有利于产品的互换、维修、组织专业化生产,以提高产品质量和降低成本,我国的一些部门和工厂都制定了有关减速器的标准,作为减速器进行批量生产和检验的依据。

目前我国已系列化的标准减速器主要有:外啮合渐开线圆柱齿轮减速器、圆弧圆柱齿轮减速器、普通圆柱蜗杆减速器、圆弧齿圆柱蜗杆减速器、NGW 型行星齿轮减速器、摆线针轮减速器等。

各种标准减速器通常都按照型号规格根据中心距、工作类型、传动比列出相应的承载能力表,其适用范围、主要参数及外形、安装尺寸等均可查阅有关手册资料进行选用。

选用标准减速器时应具有的已知条件一般为:高速轴传动功率(或低速轴传递的转矩);高速轴和低速轴转速;载荷情况;使用寿命;装配形式;工作环境及工况、供应情况等等。

选用程序一般为:

1) 确定标准减速器的类型,即根据工作要求选定圆柱齿轮减速器还是蜗杆减速器等类型,同时根据转速要求导出总传动比,确定所选用类型中采用单级、两级或三级的减速器。

2) 由输入功率 P_1(或输出转矩 T)、工作类型、载荷性质、输入轴转速 n_1、总传动比 i 等条件,在减速器承载能力表中查出所需减速器的中心距及减速器型号、外形尺寸和参数。

在一般标准中,减速器承载能力表中的许用功率(或许用转矩)是在特定的工作条件下计算出来的,当工作条件(例如工作类型、载荷性质、环境温度、使用场合、齿轮材料、加工精度等)与其不同时,就要用系数来修正许用功率或转矩。

如果选不到合适的标准减速器时,工程实际中还针对具体要求设计、制造和使用非标准减速器。

需要指出,近年来除普遍使用的传动型减速器外还出现许多新型的减速器,如组装式减速器、多安装式减速器、联体式减速器等。联体式减速器是由电动机和减速器相联而组成的独立部件,因其结构紧凑、占空间小,费用较分离的便宜,很受广大用户的欢迎,现已有进一步扩展为多联体的发展趋势,从而可组合成更为完善的传动系统,以满足用户的各种需要。

§7-7 摩擦轮传动和机械无级变速传动

一、摩擦轮传动的工作原理和应用

摩擦轮传动是两个互相直接接触的回转体在外加压力 Q 的作用下,靠接触点(线)处的摩擦力传递转矩的。

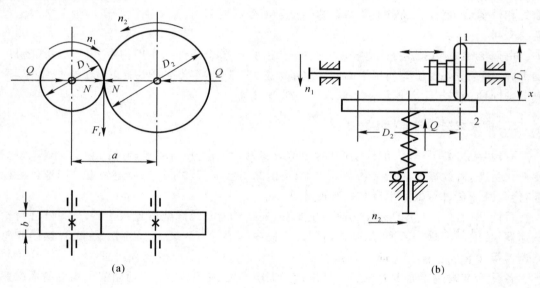

图 7-18

图 7-18 中,举出两种典型的摩擦轮传动。图 7-18(a) 为定速比的圆柱摩擦轮传动,其传动比 $i = n_1 / n_2 = D_2 / D_1$,设压紧两轮的力为 Q,轮面间的摩擦系数为 f(见表 7-3),则接触处最大摩擦力 $F_f = N \cdot f = Q \cdot f$,故摩擦传递最大圆周力 F 必须满足

$$F \leqslant Qf \qquad (7-3)$$

否则,主动轮就不能带动从动轮,而将在轮面上打滑并发生严重的磨损。

表 7-3　摩擦系数 f

轮面材料	工作条件	摩擦系数
淬火钢 — 淬火钢	在油中	$0.03 \sim 0.05$
钢 — 钢	干燥	$0.1 \sim 0.2$
铸铁 — 钢	干燥	$0.1 \sim 0.15$
铸铁 — 铸铁	干燥	$0.1 \sim 0.15$
夹布胶木 — 钢或铸铁	干燥	$0.2 \sim 0.25$
皮革 — 铸铁	干燥	$0.25 \sim 0.35$
木材 — 铸铁	干燥	$0.4 \sim 0.5$
橡胶 — 铸铁	干燥	$0.5 \sim 0.7$

图 7-18(b) 为变速比的摩擦轮传动,设 D_1、D_2 为两轮接触点的直径,主动轮 1 可以在其轴上一定范围以内沿轴线作左右移动。当主动轮转速 n_1 一定时,从动轮转速 n_2 可随主动轮在轴上的位置不同(即 D_2 不同)而改变;这样,从动轮转速可在一定范围内连续改变,从而实现无级变速传动。以主动轮的位置 x 为横坐标,以从动轮转速 n_2 为纵坐标,由 $n_2 = n_1 D_1 / D_2$ 求得 n_2 的变化情况如图 7-19 所示。如果主动轮可以经过从动轮轴线、并继续左移,则从动轮不但可以改变转速,而且可以改变转向。但从动轮在靠近其中心线处和主动轮接触时,此时直径 D_2 变成很小,接近于

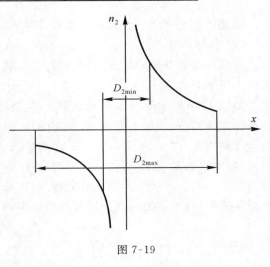

图 7-19

零,传动比会变得过大,这在实际上很难实现;所以,设计时,直径 D_2 实际上受限制于某一最小值 D_{2min}。

摩擦传动结构简单,加工方便,运转平稳,过载时会自动打滑,起到保安作用。但是其轮廓尺寸偏大,作用在轴上的压紧力也大,轴和轴承受载也因而增大,效率较低,不宜用于传递大的功率,也不能用于要求传动比精确的场合。

二、机械无级变速传动

无级变速传动是在某种控制机构作用下,不必停车就可使机器输出轴的转速在两个极限值范围内平稳而连续地改变,以符合工作机对变速的要求,提高工作机的生产率或改善产品的质量。做成独立部件形式的无级变速传动装置称为无级变速器。无级变速器按变速原理不同,有机械的、电力的和液力的等多种。

用机械方法实现无级变速多数是利用摩擦传动的原理,其结构形式很多,有些已有标准系列产品,并在专业工厂中批量生产,可供设计者选用。这里仅对机械无级变速器的主要性能及其常见形式加以简介。

1. 无级变速器的主要性能指标

(1) 调速范围

无级变速器主动轴转速 n_1 一定时,从动轴转速可以按工作需要在一定的范围($n_{2max} \sim n_{2min}$)内变化。

由无级变速器的结构尺寸可以求得 n_{2max} 和 n_{2min}。如图 7-18(b) 所示的圆盘式无级变速器，主动轮直径 D_1 一定，从动轮直径 D_2 在一定范围（$D_{2min} \sim D_{2max}$）内变化，则

$$\left.\begin{array}{l} n_{2max} = n_1 \cdot \dfrac{D_1}{D_{2min}} \\[2mm] n_{2min} = n_1 \cdot \dfrac{D_1}{D_{2max}} \end{array}\right\} \tag{7-4}$$

把 n_{2max} 与 n_{2min} 之比称为调速范围 R，即

$$R = \frac{n_{2max}}{n_{2min}} \tag{7-5}$$

调速范围是无级变速器的主要性能指标之一，也是重要的设计参数。

（2）机械特性

无级变速器在输入转速一定的情况下，其输出轴的转矩 T（或功率 P）与其转速 ω 的关系称为机械特性。

如图 7-20 所示的圆盘式无级变速器，当轮 2 与轮 1 间的压力 Q 保持不变时，则两轮之间的摩擦力为常值。若轮 1 主动（图 7-20(a)），输入转矩 T_1 为定值，则输出转矩 T_2 将随直径 D_2 的变化而变化，即 $T_1 = D_1 \cdot Qf/2 = $ 常量，$T_2 = D_2 \cdot Qf/2 = $ 变量，设计计算中若不计摩擦损失，则输出轴功率 $P_2 = T_2\omega_2 = (D_2Qf/2) \times \omega_1 D_1/D_2 = D_1 Qf\omega_1/2 = P_1 = $ 常量。由此得到图 7-20(c) 所示的恒功率输出特性。在低速运转时，载荷变化对转速的影响小，工作中有很高的稳定性，能充分利用原动机的全部功率。

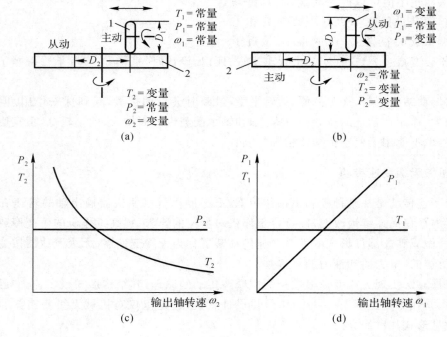

图 7-20

若轮 2 主动（图 7-20(b)），则主动轮转速 ω_2 为常量，而从动轮 1 的转速 ω_1 为变量，此时输出转矩 $T_1 = D_1 Qf/2 = $ 常量，而输出功率 $P_1 = T_1 \cdot \omega_1 = $ 变量，由此可得图 7-20(d) 所示的恒转矩输出特性。如果输出转矩小于负载转矩，输出转速就立即下降，甚至引起打滑和

运转中断,不能充分利用原动机的输入功率。

在选择无级变速器的结构形式时,必须注意使无级变速器的机械特性曲线与原动机和工作机的工作特性要求相匹配,才能充分发挥它的工作能力。

2. 常用的机械无级变速器

机械无级变速器的结构形式很多,有些已有标准系列产品可供选用。表 7-4 中列举了部分常用的机械无级变速器的工作原理图。这些无级变速器都是利用摩擦传动,并通过改变接触点(区)到两轮回转轴线的距离,从而改变两轮的工作半径,使传动比连续可调。摩擦轮的形状主要有圆盘式、圆锥式和球面式等多种。

表 7-4　摩擦无级变速器基本形式

输入轴与输出轴位置	圆盘式	圆锥式	球面式
互相垂直	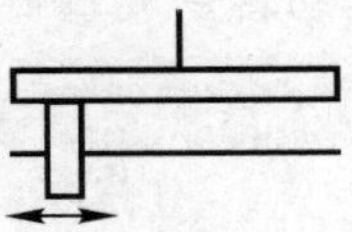		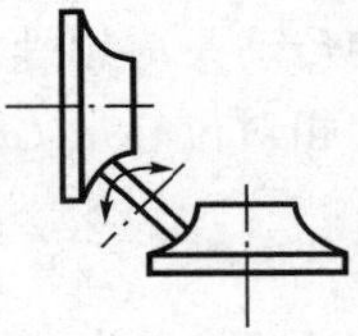
互相平行	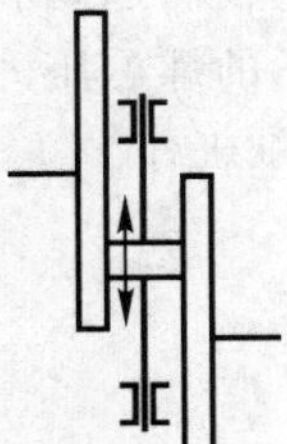	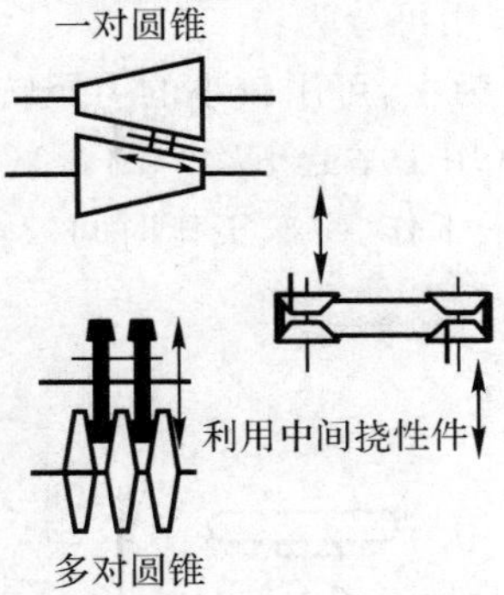 一对圆锥 利用中间挠性件 多对圆锥	
同轴	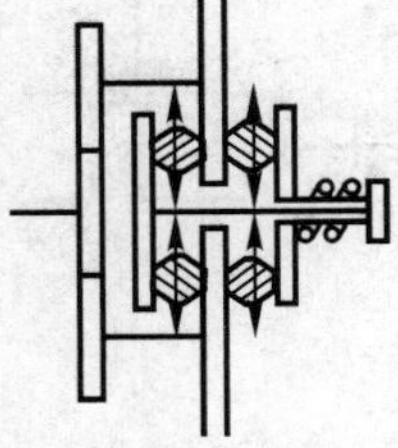	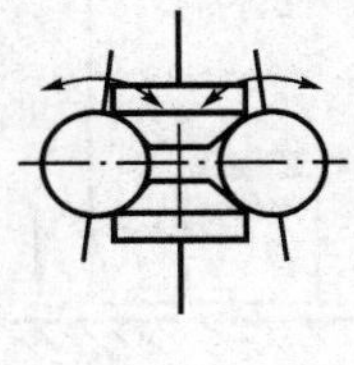	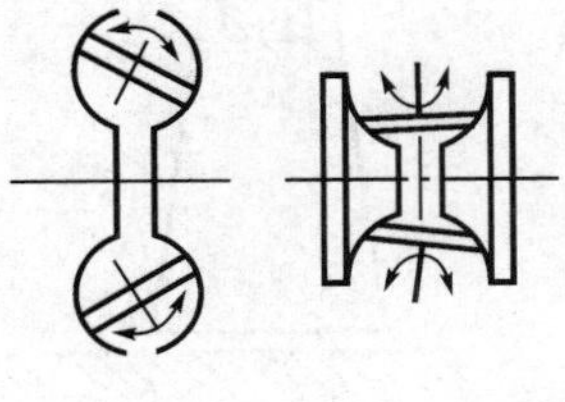
任意		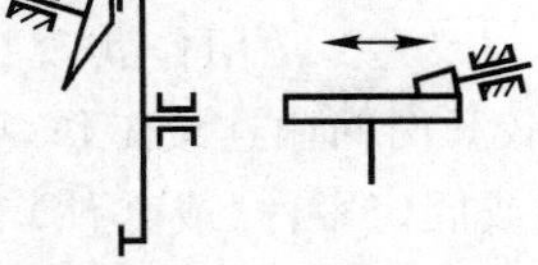	

第8章　螺旋传动

§8-1　螺旋传动的类型和应用

螺旋传动是应用螺旋(或称螺杆)和螺母来实现将旋转运动转变成直线运动的,螺杆和螺母间的相对位移量 l 和相对转角 $\varphi(\mathrm{rad})$ 有以下关系

$$l = \frac{S}{2\pi}\varphi = \frac{nP}{2\pi}\varphi \qquad (8\text{-}1)$$

式中:S 为导程;P 为螺矩;n 为螺纹线数。

螺旋传动按其在机械中的作用可分为:

1) 传力螺旋传动。以传递力为主,可用较小的力矩转动产生轴向运动和大的轴向力,例如图 8-1(a) 所示的螺旋千斤顶(用于举起重物),图 8-1(b) 所示的螺旋压力机(给工件施加很大的压力) 等。一般在低转速下工作,每次工作时间较短或间歇工作。

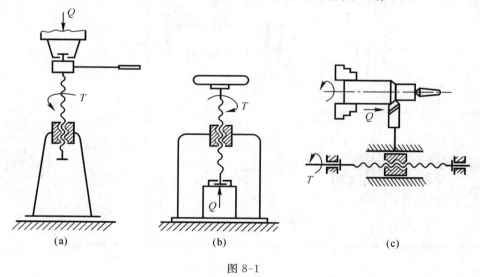

图 8-1

2) 传导螺旋传动。以传递运动为主,常用作实现机床中刀具和工作台的直线进给(图 8-1(c))。通常工作速度较高,在较长时间内连续工作,要求具有较高的传动精度。

3) 调整螺旋传动。用于调整或固定零件(或部件) 之间的相对位置,如带传动调整中心距的张紧螺旋,一般不经常转动。

螺旋传动根据螺杆与螺母相对运动的组合情况,有四种基本的传动形式。

1) 螺母固定,螺杆转动并移动(图 8-2(a)),实例见图 8-1(a)、8-1(b)。

2) 螺杆转动,螺母移动(图 8-2(b)),实例见图 8-1(c)。

3) 螺母转动,螺杆移动(图 8-2(c)),实例见图 8-3 所示的螺旋式水闸门。

4) 螺杆固定,螺母转动并移动(图 8-2(d)),实例见图 8-4 所示火炮螺旋式方向机。

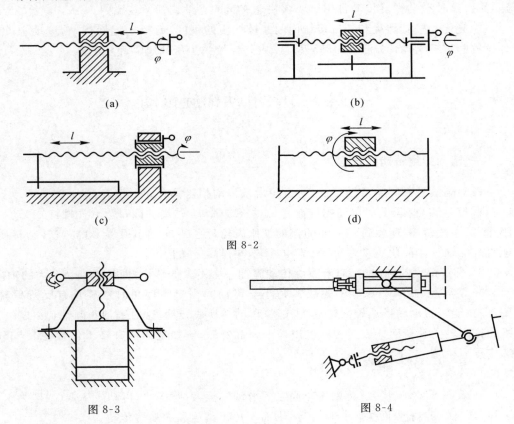

图 8-2

图 8-3   图 8-4

除以上几种基本的传动形式外,还有差动螺旋传动,其工作原理如图 8-5 所示。螺杆 3 由左右两段不同导程的螺旋组成,其中右段螺旋在固定的螺母 1 中转动;而左段螺旋在只能移动不能转动的螺母 2 中转动。设右段和左段螺纹的导程分别为 S_1 和 S_2,它们的螺纹方向相同,假定均为右螺纹。当螺杆如图示方向转

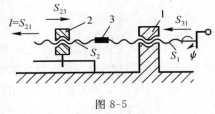

图 8-5

过 $\varphi(\text{rad})$ 角时,螺杆要对机架(即固定螺母 1)左移 $S_1 \dfrac{\varphi}{2\pi}$,同时螺母 2 相对螺杆向右移动

$S_2 \dfrac{\varphi}{2\pi}$,则可动螺母 2 相对机架的移动距离 l 应为两个移动量的代数和,即

$$l = (S_1 - S_2) \frac{\varphi}{2\pi} \tag{8-2}$$

若 $S_1 > S_2$,螺母 2 相对机架向左移动;反之,向右。如果 S_1 和 S_2 相差很小,即使 φ 角很大,移动距离 l 也很小,因此这种差动螺旋传动多用于各种微动装置中。

若螺杆 3 的左右两段螺纹方向相反,今设 1 为右旋螺纹,2 为左旋螺纹,当螺杆如图示方向转过 $\varphi(\text{rad})$ 角时,则可动螺母 2 相对机架向左移动,移动距离 l 为

$$l = (S_1 + S_2)\frac{\varphi}{2\pi} \tag{8-3}$$

这时螺母 2 相对螺母 1(即机架)快速离开;反之,若 1 为左旋螺纹,2 为右旋螺纹,则为快速趋近。这种差动螺旋传动常用于要求快速夹紧的夹具或锁紧装置中。

螺旋传动按其螺旋和螺母接触面间摩擦性质的不同,有滑动螺旋传动、滚动螺旋(在内外螺纹间装有滚动体)传动和静压螺旋(内外螺纹被静压油膜隔开)传动。

§8-2　滑动螺旋传动

一、滑动螺旋传动的特点

螺旋副接触面间是滑动摩擦,与齿轮齿条传动相比具有如下特点:

1) 降速传动比大。对单线螺旋而言,螺杆(或螺母)转动一圈,螺母(或螺杆)移动一个螺距,螺距一般很小,所以每转一圈的移动量比齿轮齿条传动要小得多,对高速转动转换成低速直线运动可以简化传动系统,使结构紧凑,并提高传动精度。

2) 可获得大的轴向力。对于螺旋传动施加一个不大的转矩,即可得到一个大的轴向力。

3) 能实现自锁。当螺旋的螺纹升角小于齿面间当量摩擦角时螺旋具有反行程自锁作用,即只能将转动转换成轴向移动,不能将移动转换成转动。这对于某些调整到一定位置后,不允许因轴向载荷而造成逆转的机械是十分重要的,例如铣床的升降工作台、螺旋千斤顶、螺旋压力机等。

4) 工作平稳无噪声。

5) 效率低、磨损快。螺旋副接触面之间滑动摩擦大,磨损快,传动效率低(一般为 0.25 ～ 0.7),在自锁的情况下效率小于 50%。因而不适于高速和大功率传动。

二、螺杆和螺母的材料

螺杆和螺母的材料除应具有足够的强度外,还应具有较好的减摩性和耐磨性,且为了使磨损主要发生在螺母上,螺母材料要比螺杆的材料软。一般螺杆常用的材料为 45、50 号钢;对于重要传动,要求耐磨性高,需经热处理获得硬表面时,可选用 T12、65Mn、40Cr、40WMn 或 18CrMnTi 等;对于精密螺杆,还要求热处理后有较好的尺寸稳定性,可选用 9Mn2V、CrWMn、38CrMoAl 等。螺母常用的材料为青铜和铸铁。要求较高的情况下,可采用 ZCuSn10P1 和 ZCuSn5Pb5Zn5;重载低速的情况下,可用无锡青铜 ZCuAl9Mn2;轻载低速的情况下可用耐磨铸铁或铸铁。

三、螺旋传动的结构

螺旋传动的结构,主要是指螺杆和螺母的固定与支承的结构形式。固定不动的(如图 8-6 中的螺母 5)多采用螺钉或销钉与机座固接,既转又移的(如图 8-6 中的螺杆)则采用螺

旋副本身作支承。对于只转不移的或只移不转的,则在给予转动、移动相应的轴承、导轨支承外还须相应采取限制移动、限制转动的结构措施。如图 8-2(c) 所示的传动形式,螺母只转不移,螺杆只移不转,可采用图 8-7 所示的结构,螺母 1 支承在机架 2 中,由齿轮 3 带动一起回转,用推力轴承 4、5 限制其移动,螺杆 6 则通过滑键 7 由与机架固联的压盖 8 中支承移动而限制其转动。

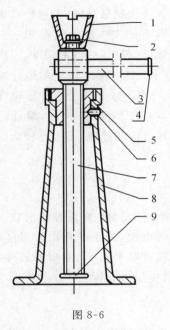

图 8-6

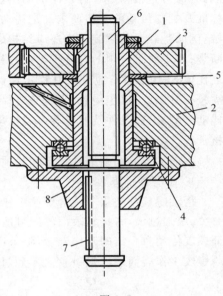

图 8-7

螺母的结构形式很多,整体螺母(如图 8-6 中的螺母 5)结构简单,但由于磨损而产生的轴向间隙不能补偿,只适用于传动精度要求较低的螺旋传动中。对于精度要求较高,经常双向传动的传导螺旋传动,为了补偿旋合螺纹的磨损和消除轴向间隙,避免反向传动出现空行程(回差),采用剖分螺母(图 8-8)和组合螺母(图 8-9)等结构。前者利用圆盘、圆销,使螺母径向开合压紧;后者则是调整楔块产生主、副螺母的相对轴向位移,使得主、副螺母的螺纹分别压紧在螺杆螺纹相反的侧面上来调整间隙。

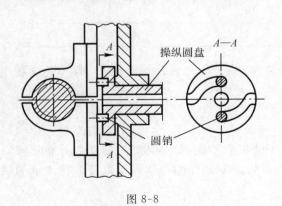

操纵圆盘

A—A

圆销

图 8-8

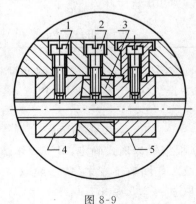

图 8-9

四、滑动螺旋传动的设计计算

螺旋传动主要采用梯形螺纹,还有锯齿形螺纹和矩形螺纹。传动需确定的主要参数有螺杆的直径和螺纹部分的长度、螺距、线数和螺母高度等。滑动螺旋工作时,主要承受转矩和轴向载荷;同时,螺杆和螺母的旋合螺纹间有相对滑动。螺旋传动的主要失效形式是螺纹磨损,因此,通常是根据旋合螺纹间的耐磨性条件确定螺杆的直径和螺母高度,参照所选的螺纹的标准及螺旋传动的工作要求确定传动的其他参数。而后对可能发生的失效形式一一进行校核。例如受载大的螺旋传动还应校核螺杆的危险截面及螺母螺纹牙的根部强度,以防止发生断裂;对于要求自锁的螺旋传动应校核其自锁条件;对于长径比(螺杆长度和螺杆螺纹小径之比值)大的螺杆,应校核其稳定性,以防止螺杆受压后失稳;对于精密的传导螺旋传动尚需校核其刚度,以免受载后由于螺杆导程的变化引起传动精度的降低。当然,设计时是根据传动类型、工作条件及要求和可能出现的失效形式等进行必要的计算,不必逐项全部进行校核计算。

下面主要介绍耐磨性计算和几项常用的校核计算。

1. 耐磨性计算

滑动螺旋的磨损与旋合螺纹工作面上的压强、滑动速度、表面粗糙度及润滑状态等因素有关。压强过大,将接触表面的润滑油挤出,加速螺纹牙的磨损。为了防止出现过度磨损,保证螺旋传动有一定的工作寿命,除了选择合适的表面粗糙度和润滑剂、润滑方式外,必须限制螺纹工作表面的压强 p 使之不超过螺旋传动副的许用压强 $[p]$。即

$$p = \frac{Q}{\pi d_2 hZ} = \frac{QP}{\pi d_2 hH} \leqslant [p] \quad \text{(MPa)} \tag{8-4}$$

式中:Q 为轴向载荷,N;d_2 为螺纹中径,mm;H 为螺母高度(即旋合长度),mm;P 为螺距,mm;h 为螺纹接触高度,mm;Z 为旋合长度内螺纹工作圈数,$Z = H/P$;$[p]$ 为螺旋传动副的许用压强,MPa;见表 8-1。

表 8-1 螺旋传动副的许用压强 $[p]$ MPa

螺杆 —— 螺母材料			钢对铸铁	钢对青铜	淬火钢对青铜
许用压强 $[p]$	滑动速度 (m/min)	$6 \sim 12$	$4 \sim 7$	$7 \sim 10$	$10 \sim 13$
		$\leqslant 3$	$10 \sim 18$	$11 \sim 18$	—
		低,如人力传动	$13 \sim 18$	$18 \sim 25$	—

公式(8-4)作为螺旋传动耐磨性校核计算用。为了导出设计计算公式,引入系数 $\psi = H/d_2$、$\varphi = h/P$,代入式(8-4)得

$$d_2 \geqslant \sqrt{\frac{Q}{\pi \varphi \psi [p]}} \quad \text{(mm)} \tag{8-5}$$

系数 ψ 根据螺母形式确定:对于整体螺母,由于磨损后不能调整间隙,为使受力分布比较均匀,螺纹工作圈数不宜太多,一般取 $\psi = 1.2 \sim 2.5$;对于间隙可调螺母以及兼作支承的螺母,可取 $\psi = 2.5 \sim 3.5$。

系数 φ 根据螺纹类型确定:梯形和矩形螺纹,$\varphi = 0.5$;锯齿形螺纹,$\varphi = 0.75$。

根据公式(8-5)算得螺纹中径 d_2 后,应按标准及工作要求选定相应的螺纹的公称直径

（螺纹大径）、螺距 P 及螺纹线数 n。螺母高度为 $H = \psi d_2$，考虑到螺纹间载荷实际分布不均匀，螺母螺纹圈数 Z 一般最好不超过 10，若 $Z = H/P > 10$ 时可更换材料或增大直径。

2. 螺杆的强度计算

受力较大的螺杆需进行强度计算，螺杆工作时承受轴向力 Q（拉力或压力），又承受扭矩 T 的作用，使得螺杆危险截面上既有正应力又有剪应力。因此，校核螺杆强度时应按第四强度理论求出危险截面上的当量应力 σ_c 使其小于或等于许用应力 $[\sigma]$。即

$$\sigma_c = \sqrt{\sigma^2 + 3\tau^2} = \sqrt{\left[\frac{Q}{\frac{\pi}{4}d_1^2}\right]^2 + 3\left[\frac{T}{\frac{\pi}{16}d_1^3}\right]^2} \leqslant [\sigma] \quad (\text{MPa}) \tag{8-6}$$

式中：Q 为轴向载荷，N；T 为螺杆承受轴向载荷一段上的最大扭矩，N·mm；d_1 为螺杆螺纹小径，mm；$[\sigma]$ 为螺杆材料的许用应力，$[\sigma] = \sigma_S/(3 \sim 5)$，MPa；$\sigma_S$ 为螺杆材料的屈服极限，MPa。

3. 螺纹强度计算

由于螺杆材料强度一般远大于螺母材料强度，因此，只需校核螺母螺纹的牙根强度。

设轴向载荷 Q 作用于螺纹的中径上，由图 8-10 可见，若忽略螺杆大径 d 和螺母螺纹大径 D 之间的半径间隙 z_1，则 $D \approx d$。今将螺母螺纹的一圈沿螺母螺纹大径 D 处展开，如图 8-11 所示，可得螺母螺纹根部的剪切强度计算式为

$$\tau = \frac{Q}{\pi D b Z} \approx \frac{Q}{\pi d b Z} \leqslant [\tau] \quad (\text{MPa}) \tag{8-7}$$

式中：b 为螺纹牙根部宽度，对于梯形螺纹 $b = 0.65P$；矩形螺纹 $b = 0.5P$；$30°$ 锯齿形螺纹 $b = 0.75P$。$[\tau]$ 为螺母材料的许用剪切应力，对于青铜螺母 $[\tau] = 30 \sim 50\text{MPa}$；对于铸铁螺母 $[\tau] = 40\text{MPa}$。

螺母螺纹根部一般不会弯曲折断，通常可以不进行弯曲强度校核。

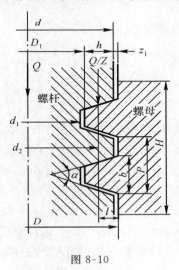

图 8-10

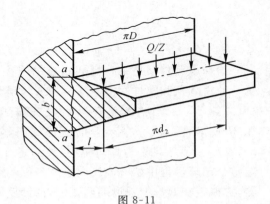

图 8-11

4. 螺杆的稳定性计算

螺杆受压不失稳的条件式为

$$\frac{Q_c}{Q} \geqslant S_s \tag{8-8}$$

式中：Q 为螺杆承受的轴向压力，N；S_s 为保证螺杆不失稳的最小安全系数，对于传力螺旋传动 $S_s = 3.5 \sim 5.0$；对于传导螺旋传动 $S_s = 2.5 \sim 4.0$；对于精密螺旋传动或水平螺杆 $S_s > 4$。Q_c 为螺杆失稳时的临界载荷，N。

根据材料力学，失稳时的临界载荷 Q_c 与螺杆的柔度 $\lambda_s = \frac{\mu l}{i}$ 的值有关，此处 l 为螺杆承受压力的一段长度，mm；i 为螺杆危险截面的惯性半径，mm；若危险截面近似看作是直径为 d_1（螺纹小径）的圆，则 $i = \frac{d_1}{4}$，mm；μ 为螺杆的长度系数，取决于螺杆支承情况，对于螺旋千斤顶可视为一端固定、一端自由，取 $\mu = 2$；对于螺旋压力机，可视为一端固定、一端铰支，取 $\mu = 0.7$；对于传导螺旋可视为两端铰支，取 $\mu = 1$。

当 $\lambda_s \geqslant 100$ 时，临界载荷按下式计算

$$Q_c = \frac{\pi^2 EI}{(\mu l)^2} \quad \text{(N)} \tag{8-9}$$

式中：E 为螺杆材料的弹性模量，钢螺杆 $E = 2.06 \times 10^5 \text{MPa}$；$I$ 为螺杆危险截面的惯性矩，$I = \frac{\pi d_1^4}{64}$，mm^4。

当 $40 < \lambda_s < 100$ 时，对于强度极限 $\sigma_B \geqslant 380 \text{ MPa}$ 的普通碳素钢，如 Q235 等，取

$$Q_c = (304 - 1.12\lambda_s)\frac{\pi}{4}d_1^2 \quad \text{(N)} \tag{8-10}$$

对于强度极限 $\sigma_B \geqslant 480 \text{MPa}$ 的优质碳素钢，如 $35 \sim 50$ 钢，取

$$Q_c = (461 - 2.57\lambda_s)\frac{\pi}{4}d_1^2 \quad \text{(N)} \tag{8-11}$$

当 $\lambda_s < 40$ 时，不必进行稳定性校核。

若上述计算结果不满足稳定性条件时，应适当增加螺杆直径。

§8-3　滚珠螺旋传动简介

滚珠螺旋传动是在螺杆和螺母的螺纹槽之间连续填装滚珠作为滚动体（如图 8-12 所示），使得螺杆和螺母间滑动摩擦变成滚动摩擦。螺母螺纹的出口和进口用导路连起来，当螺杆（或螺母）转动时，带动滚珠沿螺纹螺旋槽滚道向前滚动，经返回通道出而复入，如此往复循环，使滚珠形成一个闭合的循环回路。滚珠的循环方式分为外循环和内循环两种。图 8-12(a) 所示滚珠在返回过程中，离开螺纹表面的称为外循环，其返回通道为一导管；滚珠在整个循环过程中始终不脱离螺纹表面的称为内循环，如图 8-12(b) 所示，返回通道为反向器，它镶装在螺母上开设的侧孔内，借助反向器上的返回通道将相邻两螺纹滚道连通起来。外循环加工方便，但径向尺寸较大。

与滑动螺旋传动相比，滚珠螺旋传动具有以下特点。

1) 传动效率高，一般可达 90% 以上。

2) 起动力矩小，传动灵敏平稳。

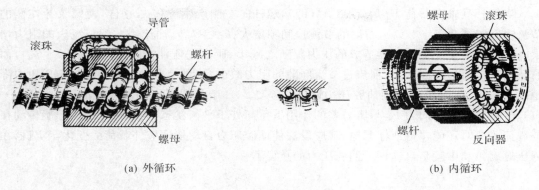

(a) 外循环　　　　　　　　　　　　　　(b) 内循环

图 8-12

3）磨损小，寿命长，维护简单。

4）经调整预紧后，可消除滚珠螺旋中的间隙，因而具有较高的传动精度和轴向刚度。

5）不能自锁，传动具有可逆性，需采用防止逆转的措施。

6）结构、工艺比较复杂，成本较高。

滚珠螺旋传动的主要参数是公称直径 d_0（滚珠中心位置的直径）和公称导程，滚珠螺旋传动副我国有专业生产厂制造。

§8-4　静压螺旋传动简介

静压螺旋传动是依靠外界供给压力油而形成承载油膜平衡外载，使螺杆、螺母牙间处于完全液体摩擦状态。其螺杆仍是一个具有梯形螺纹的普通螺杆，但在螺母每圈螺纹牙两个侧面的中径处，各开有 3 个油腔，互隔 120° 均匀分布（图 8-13），把同侧同母线上的油腔连通起来，用一个节流器来加以控制。油泵供油压力为 p_s 的高压油经节流器进入油腔，产生一定的油腔压力 p_0，再经节流边间隙进入牙根的回油孔（图中未画出）流回油箱。当螺杆未受轴向载荷时（图 8-14（a）），螺杆的螺纹牙位于螺母螺纹槽的中间位置，处于平衡状态。此时，螺杆螺纹牙两侧节流边的间隙相等（$h_{01} = h_{02} = h_0$），经螺纹牙两侧节流边流出的油的流量相等，因此高压油（压力为 p_s）流经节流器所造成的压力降相等，所以油腔油压 p_0 也相等。

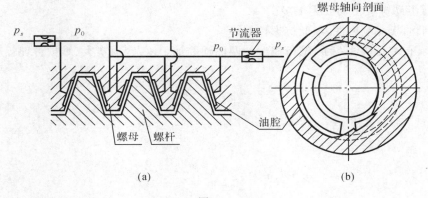

(a)　　　　　　　　　　　　　　　(b)

图 8-13

当螺杆受轴向载荷 F_a 后(图 8-14(b)),螺杆向左侧产生位移 e,这样,使螺纹牙左侧的节流边间隙减小($h_2 < h_0$),右侧的节流边间隙增大($h_1 > h_0$)。油流经左侧节流边的阻力增大,流量减少,使左侧节流器造成的压力降随之减小,所以左侧油腔压力增大($p_2 > p_0$),而右侧由于节流边间隙增大,油流过节流间隙的阻力减少,流量增大,这样,节流器造成压力降也随之增大,所以使得右侧油腔压力降低($p_1 < p_0$)。于是螺杆两侧油腔形成压力差($p_2 - p_1$),使得螺杆在轴向力 F_a 与压力差的作用下重新处于平衡状态。为了保证静压螺旋传动在外载荷改变时还能保持液体摩擦,就应设法使油腔压力自动地适应外载荷的变化,节流器在静压螺旋传动中就是自动调节油腔压力的重要器件。

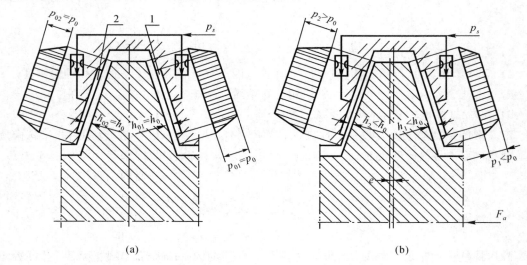

图 8-14

当螺杆承受径向载荷或倾覆力矩时,静压原理亦与上述类同,这里不再赘述。

与普通滑动螺旋传动相比,静压螺旋传动具有以下特点。

1)螺纹牙间有压力油膜隔开,实现液体摩擦,摩擦系数很小,保证螺杆螺母不被磨损,传动效率高,并能长期保持精度,寿命长。

2)螺旋传动的刚度大,轴向载荷 F_a 与螺杆位移量 e 的比值称为螺杆的轴向刚度,对精密螺旋传动是影响定位精度的一项重要性能指标。油膜承载轴向刚度可达数百 $N/\mu m$,这个数值比普通滑动螺旋传动要大很多。

3)由于油膜有吸振性,因此抗振性好。

4)必须有一套供油系统,螺母螺纹牙两侧油腔加工复杂、成本大、维护管理较麻烦。

第 **9** 章　　连杆传动

§9-1　　连杆传动的组成、应用及特点

　　连杆传动是由若干刚性构件用铰链(回转副)或导轨(移动副)联接而成的一种传动装置,广泛应用于各种机械和仪器中。图 9-1(a) 所示为活塞式压缩机,构件 1 回转时通过构件 2 推动活塞 3 在气缸 4 中作往复运动,将空气从进气管吸入,在气缸中进行压缩,然后向排气管排出;如为膨胀机,则作用相反,高压气进入气缸进行膨胀,推动活塞移动使构件 1 回转,输出机械能。图 9-1(b) 所示为调整雷达天线的传动装置,构件 1 回转时通过构件 2 使构件 3 绕 D 点在一定角度范围内摆动,从而使固接在构件 3 上的抛物面天线在一定俯仰角内摆动,用以搜索目标。图 9-1(c) 所示为脚踏缝纫机传动装置,当踏动踏板(构件 1) 作往复摆动时,通过构件 2 带动曲轴 3 转动,再由带传动增速驱动机头主轴转动。图 9-1(d) 所示为搅拌机传动装置,当构件 1 绕 A 连续回转时,可使构件 2 上一点 E 获得所需的曲线轨迹运动,在容器绕本身轴线 Z-Z 转动的同时,使容器内的物料得到充分的搅拌。由此可以看出,连杆传动能够使回转运动和往复摆动或往复移动得到互相转换,以实现预期的运动规律或轨迹。

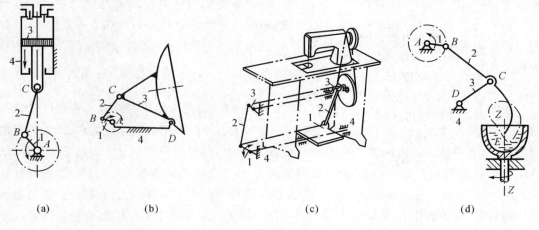

(a)　　　　　　　(b)　　　　　　　　(c)　　　　　　　(d)

图 9-1

　　连杆传动构件相联处都是面接触,压强较小,磨损也小,因而能用于重载,使用寿命较长;其接触表面是平面或圆柱面,加工简单,可以获得较高的精度;但由于运动副内有间隙,当构件数目较多或精度较低时,运动积累误差较大,此外,如要精确实现任意运动规律,设计

比较困难。由于这种传动所组成的构件大多数呈杆状,在研究运动时又常称为连杆机构。由四个构件组成的平面连杆机构在生产中应用很广,本章将予重点讨论。

§9-2　铰链四杆机构的基本形式及其特性

只含回转副的平面四杆机构称为铰链四杆机构,如图 9-2 所示。其中,固定构件 4 称为机架;用回转副与机架相联的构件 1 和构件 3 称为连架杆;用回转副和连架杆 1、3 相联的构件 2 称为连杆。如果连架杆能作整周转动,称为曲柄;若仅能在某一角度(小于 180°)内摆动,称为摇杆。铰链四杆机构按两连架杆是否成为曲柄或摇杆分为三种基本形式:曲柄摇杆机构、双曲柄机构和双摇杆机构。

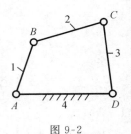

图 9-2

一、曲柄摇杆机构

具有一个曲柄和一个摇杆的铰链四杆机构称为曲柄摇杆机构(图 9-3)。通常,曲柄为主动构件且等速转动,而摇杆为从动构件作变速往复摆动,连杆作平面复合运动(如图 9-1(b)、图 9-1(d))。曲柄摇杆机构中也有用摇杆作为主动构件,摇杆的往复摆动转换成曲柄的转动(如图 9-1(c))。曲柄摇杆机构是四杆机构最基本的形式,下面讨论它的一些基本特性。

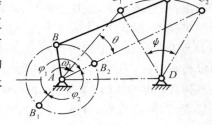

图 9-3

1. 摇杆的极限位置和摆角

曲柄摇杆机构如图 9-3 所示,曲柄 AB 转动一周的过程中,在 AB_1 与 AB_2 位置两次与连杆 BC 共线,相应的铰链中心 A 点与 C 点之间的距离 AC_1 和 AC_2 分别为最短和最长,因而摇杆 CD 相应的位置 C_1D 和 C_2D 为两个极限位置,摇杆在这两个极限位置间的夹角 ψ 为摇杆的摆角,而曲柄与连杆两共线位置之间所夹的锐角 θ 称为极位夹角。

2. 急回运动

图 9-3 所示曲柄摇杆机构,当曲柄 AB 由位置 AB_1 按图示的顺时针方向转到位置 AB_2 时,转过的角度为 $\varphi_1 = 180° + \theta$,这时摇杆 CD 由极限位置 C_1D 摆到极限位置 C_2D,设其所需时间为 t_1;当曲柄继续由位置 AB_2 转回到位置 AB_1 时,转过的角度为 $\varphi_2 = 180° - \theta$,这时摇杆由位置 C_2D 摆回到位置 C_1D,设其所需时间为 t_2。由于曲柄的角速度 ω_1 为常数,故摇杆往返的时间比 $t_1/t_2 = \varphi_1/\varphi_2$。显然,$t_1 > t_2$,即摇杆进程时间大于回程时间,表明摇杆具有急回运动的特性,在生产中有许多机械(如牛头刨床、往复式运输机等)常利用这种急回特性来缩短非生产时间、以提高生产率。

将摇杆往返的时间比称为行程速比系数,用 K 表示,即

$$K = \frac{t_1}{t_2} = \frac{\varphi_1}{\varphi_2} = \frac{180° + \theta}{180° - \theta} \tag{9-1}$$

θ 愈大,K 值愈大。将式(9-1)改写为

$$\theta = 180° \frac{K-1}{K+1} \tag{9-2}$$

上式用于有急回要求的机械设计,按所需的 K 值,由式(9-2)算出极位夹角 θ,在确定各构件尺寸中予以保证。

3. 压力角和传动角

在图 9-4 所示曲柄摇杆机构中,如不计各构件质量和运动副中的摩擦,主动曲柄 1 通过连杆 2 作用于从动摇杆 3 上的力 F 是沿杆 BC 方向的,它与力的作用点 C 的绝对速度 v_c 之间所夹的锐角 α 称为压力角。力 F 在 v_c 方向的分力 $F\cos\alpha$ 是从动件作功的力,而沿摇杆 CD 方向的分力 $F\sin\alpha$ 是不作功的力,并且此力越大,铰链 C 和 D 中的摩擦也越

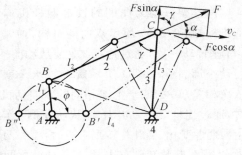

图 9-4

大、磨损越快、传动效率降低、传力费劲,甚至可能使机构发生自锁现象;因此,从传力观点来看,压力角 α 越小越好,且可用它作为判断连杆机构传力性能优劣的标志。但在实用上为度量方便,通常以压力角的余角 $\gamma = 90° - \alpha$(即连杆与从动摇杆之间所夹锐角)来判断连杆机构的传力性能,γ 称为传动角,γ 越大越好。机构运动中,传动角是变化的。为了保证机构良好的传力性能,设计时对一般机构应使最小的传动角 $\gamma_{\min} \geqslant 40°$(传递大功率时 $\gamma_{\min} \geqslant 50°$)。

运转过程中出现最小传动角 $\gamma_{\min}$ 的位置可由图 9-4 中 $\triangle ABD$ 和 $\triangle BCD$ 分别写出 $\overline{BD^2} = l_1^2 + l_4^2 - 2l_1 l_4 \cos\varphi$ 和 $\overline{BD^2} = l_2^2 + l_3^2 - 2l_2 l_3 \cos\angle BCD$,获得

$$\cos\angle BCD = \frac{l_2^2 + l_3^2 - l_1^2 - l_4^2 + 2l_1 l_4 \cos\varphi}{2l_2 l_3} \tag{9-3}$$

分析上式可见,式中构件长 l_1、l_2、l_3、l_4 一定后,$\angle BCD$ 仅和 φ 角有关。当 $\varphi = 0$ 时,$\cos\varphi = +1$,$\angle BCD$ 最小;当 $\varphi = 180°$ 时,$\cos\varphi = -1$,$\angle BCD$ 最大。传动角 γ 是用锐角表示的,当 $\angle BCD$ 为锐角时,$\gamma = \angle BCD$,显然 $\angle BCD$ 最小即为传动角的极小值;当 $\angle BCD$ 为钝角时,传动角应以 $\gamma = 180° - \angle BCD$ 来表示,显然 $\angle BCD$ 最大值时对应传动角的另一极小值。由此可知,曲柄摇杆机构的最小传动角 $\gamma_{\min}$ 将出现在曲柄与机架两次共线位置 AB' 和 AB'' 之一处,应比较此两位置 γ 角的大小,取其中较小的一个。

4. 死点位置

如图 9-3 所示曲柄摇杆机构中,如以摇杆 3 作主动件往复摆动,一般也可驱使从动件曲柄 1 作回转运动。但当摇杆处于极限位置 $C_1 D$ 和 $C_2 D$ 时,连杆 2 和从动曲柄 1 共线,若忽略不计运动副中的摩擦与各构件的质量和转动惯量,则摇杆通过连杆传给曲柄的力将通过铰链中心 A。因该力对 A 点不产生力矩,所以不能驱使曲柄转动。机构的这种位置称为"死点"位置。机构处于死点位置时从动件会出现自锁或曲柄正反转运动不确定现象。例如脚踏缝纫机有时出现脚踏不动或倒车现象便是由于机构处于死点位置的缘故。为使传动连续运转,必须使机构能顺利越过死点位置,为此可以利用回转构件的惯性(或在回转轴上安装飞轮增大惯性)以及添加辅助构件、使机构死点位置相互错开等许多措施。但是,工程中有时也利用机构的死点位置来实现某些工作要求。例如图 9-5 所示工件夹紧装置,当手柄 2 上用外力 F 夹紧时,铰链中心 B、C、D 成一直线。在去掉外力 F 后,由工件加在构件 1 上的反作用力 N 无

论多大,也不可能使构件 3 转动而导致夹紧松弛。只有向上扳动手柄,才能松开夹具,取出工件。

二、双曲柄机构

两连架杆均为曲柄的铰链四杆机构称为双曲柄机构。图 9-6(a) 所示双曲柄机构,通常主动曲柄 1 等速转动一周,通过连杆 2 驱使从动曲柄 3 作变速转动一周。图 9-6(b) 所示旋转式水泵就是由相位

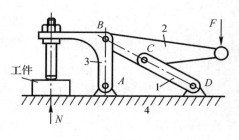

图 9-5

依次相差 90° 的四个上述相同的双曲柄机构组成,当圆盘 1(主动曲柄)作等角速顺时针转动时,通过连杆 2 带动叶片 3(从动曲柄)作周期性变速转动,因此两相邻叶片之间的夹角也发生周期性变化。当叶片转到右边时,相邻两叶片间的夹角及容积逐渐增大形成负压,从进水口吸水;而当叶片转到左边时,相邻两叶片间的夹角及容积逐渐减小,压力升高,从出水口排水。

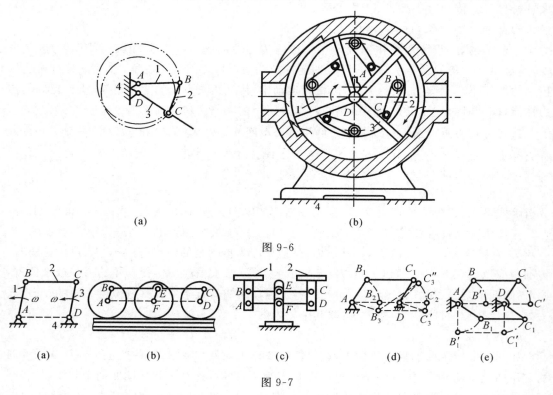

(a)   (b)

图 9-6

图 9-7

两相对构件长度相等的双曲柄机构,称为平行双曲柄机构。其中,四杆构成一平行四边形的称为正平行四边形机构(图 9-7(a)),其主动曲柄 1 和从动曲柄 3 的运动完全相同并同步,连杆 2 只作平移运动而无转动。图 9-7(b) 所示机车车轮联动装置就是利用这种同向等速比的特性而使从动轮和主动轮运动完全相同。图 9-7(c) 所示为天平中使用的正平行四边形机构,它能使天平托盘 1、2 始终处于水平位置。但正平行四边形机构当四个铰链中心处于同一直线上时,将出现运动不确定状态。如图 9-7(d) 所示,当曲柄由位置 AB_2 转到位置 AB_3 时,从动曲柄 3 可能转到位置 DC_3' 或 DC_3''。为防止这种情况,除利用回转构件本身或附加质

量的惯性导向而外,可在单平行四边形机构中添装一平行曲柄(如图 9-7(b) 中 *ABCD* 添装 *EF*)或采用彼此错开 90° 的两组相同的平行四边形机构(如图 9-7(d) 中 *ABCD* 和 AB_1C_1D)的方法来解决。

图 9-8(a) 所示双曲柄机构,相对两构件长度虽然相等,但不平行,称为反平行四边形机构。当主动曲柄 1 作等速转动时,从动曲柄 3 作反向变速转动,连杆 2 作平面复合运动。图 9-8(b) 所示的车门启闭机构为其应用实例,使两扇门得以反向开启和关闭。

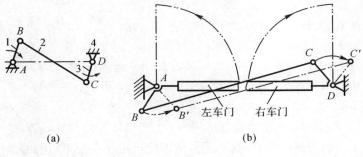

(a)   (b)

图 9-8

三、双摇杆机构

两连架杆均为摇杆的铰链四杆机构称为双摇杆机构(图 9-9(a))。图 9-9(b) 所示为其用于飞机起落架的简图。当飞机将要着陆时,其着陆轮需要从机翼 4 中推放出来(图中实线位置);起飞后为减少飞行中的阻力,又需将其收藏到机翼中(图中虚线位置)。这一要求是由主动摇杆 1 通过连杆 2,驱动从动摇杆 3 带动着陆轮来实现的。

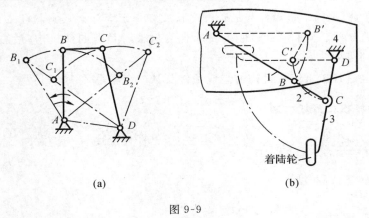

(a)   (b)

图 9-9

§9-3 铰链四杆机构的尺寸关系及其演化形式

一、铰链四杆机构的尺寸关系

铰链四杆机构的三种基本形式差异在于是否存在曲柄和存在几个曲柄,实质取决于各杆的相对长度以及选取哪一根杆作为机架。首先对存在一个曲柄的铰链四杆机构进行分析,如图 9-10 所示的机构中,杆 1 为曲柄、杆 2 为连杆、杆 3 为摇杆、杆 4 为机架,各杆的长度分别以 l_1、l_2、l_3、l_4 表示。为保持曲柄 1 能作整周回转,曲柄 1 必须能顺利通过与机架 4 共线的两个位置 AB' 和 AB''。当曲柄处于 AB' 位置时,形成 $\triangle B'C'D$,可得 $l_2 \leqslant (l_4 - l_1) + l_3$,$l_3 \leqslant (l_4 - l_1) + l_2$;处于 AB'' 位置时,形成 $\triangle B''C''D$,可得 $l_1 + l_4 \leqslant l_2 + l_3$。将上述三式整理可得

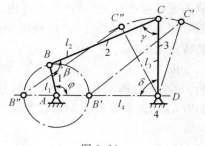

图 9-10

$$l_1 + l_2 \leqslant l_3 + l_4; l_1 + l_3 \leqslant l_2 + l_4; l_1 + l_4 \leqslant l_2 + l_3 \qquad (9\text{-}4)$$

将式(9-4)中两两相加,可得

$$l_1 \leqslant l_2; l_1 \leqslant l_3; l_1 \leqslant l_4 \qquad (9\text{-}5)$$

由式(9-4)和式(9-5)表明,在曲柄摇杆机构中:1)最短杆与最长杆长度之和小于或等于另外两杆长度之和;2)曲柄是最短杆。这也是铰链四杆机构存在一个曲柄的条件。

现进一步分析各杆间的相对运动。图 9-10 中最短杆 1 为曲柄,φ、β、γ 和 δ 分别为相邻两杆间的夹角。当曲柄 1 作整周转动时,曲柄与相邻两杆的夹角 φ、β 的变化范围为 $0° \sim 360°$;而摇杆与相邻两杆的夹角 δ、γ 的变化范围小于 $360°$。根据相对运动原理可知,连杆 2 和机架 4 相对曲柄 1 也是整周转动;而相对摇杆 3 作小于 $360°$ 的摆动。综合上述分析,可得如下结论:

1)若铰链四杆机构中最短杆与最长杆之长度和大于其余两杆长度之和时,不可能有曲柄存在,必为双摇杆机构;

2)若铰链四杆机构中最短杆与最长杆之长度和小于或等于其余两杆之长度和,则当最短杆的邻杆为机架时,是曲柄摇杆机构;最短杆为机架时是双曲柄机构;最短杆对面的杆为机架时是双摇杆机构。

以上结论也是各铰链四杆机构的组成条件及其内在联系。

二、铰链四杆机构形式之演化

通过将回转副用移动副取代、改变固定件、变更杆件长度以及扩大回转副等途径,还可以将铰链四杆机构"演化"成其他形式。

1. 回转副转化成移动副

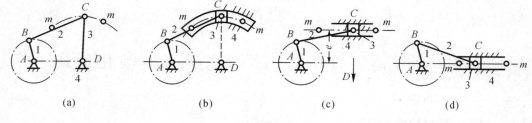

图 9-11

在图 9-11(a)所示的曲柄摇杆机构中,摇杆 3 上 C 点运动轨迹 $m\text{-}m$ 是以 D 为圆心、CD

长为半径的圆弧。如将机架 4 作成如图 9-11(b) 所示的以 D 为圆心、CD 为半径的弧形槽，摇杆 3 作成与弧形槽相配的弧形块，这时点 C 的轨迹仍是圆弧 $m\text{-}m$，图 9-11(a) 与图 9-11(b) 两者制造形状虽然不同，但其运动完全相当。如果将弧形槽半径增大到无穷大，即回转副中心 D 移到无穷远，则弧形槽变为直槽，回转副 D 转化为移动副，摇杆 3 演化成滑块，原曲柄摇杆机构演化成曲柄滑块机构（图 9-11(c)）。滑块上回转副中心的移动方位线 $m\text{-}m$ 与曲柄转动中心 A 的距离 e 称为偏距。$e = 0$ 时称为对心曲柄滑块机构（图 9-11(d)），$e \neq 0$ 时称为偏置曲柄滑块机构。曲柄滑块机构在工程上应用很广，偏置曲柄滑块机构具有急回特性。

    2. 取不同构件为固定件

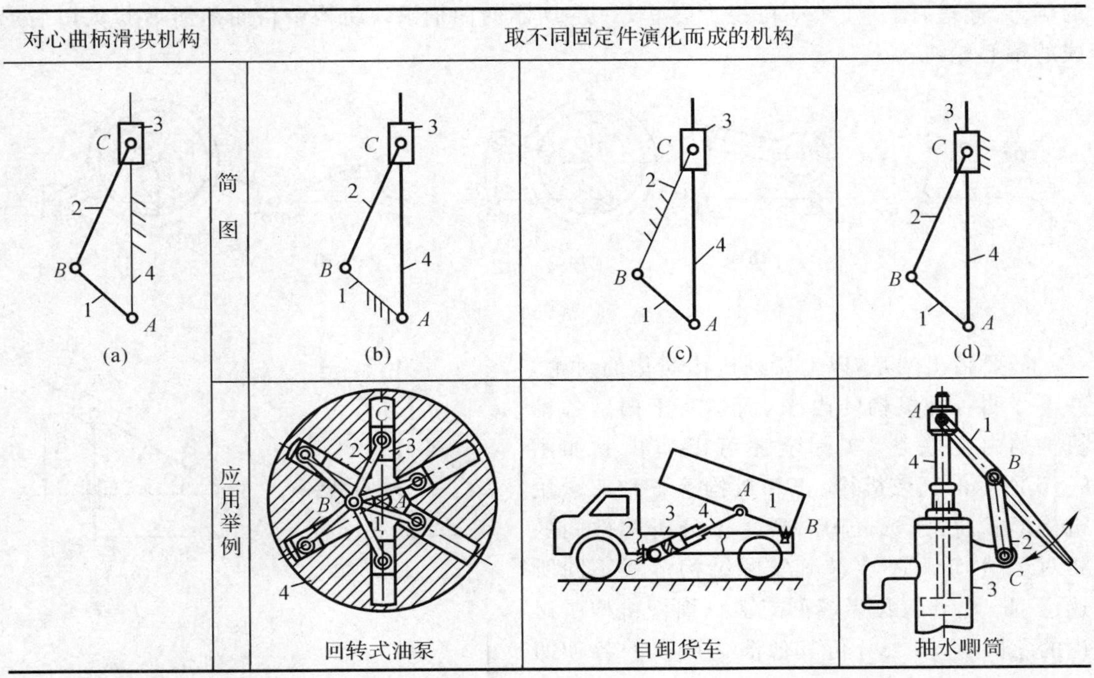

对心曲柄滑块机构		取不同固定件演化而成的机构		
简图	(a)	(b)	(c)	(d)
应用举例		回转式油泵	自卸货车	抽水唧筒

图 9-12

    在一机构中如取不同构件作固定件，则机构的性质也将发生变化而成为新的机构。如前所述，在曲柄摇杆机构中取最短杆或最短杆对面的杆为固定件，则分别成为双曲柄机构和双摇杆机构。现在图 9-12(a) 所示对心曲柄滑块机构中取不同构件为机架，便可演化为转动导杆机构（图 9-12(b)）、摇块机构（图 9-12(c)）和定块机构（图 9-12(d)）。图 9-12(b) 所示转动导杆机构中若 $l_{AB} < l_{BC}$，曲柄 2 和导杆 4 均可作整周回转；若 $l_{AB} > l_{BC}$（图 9-13），则以杆 2 为曲柄，导杆 4 只能作绕 A 点的往复摆动，称为摆动导杆机构，它具有急回特性。需要指出，导杆机构中滑块对导杆的作用力 F 总是垂直于导杆，所以压力角 $\alpha = 0°$，传动角 γ 始终为 $90°$，传动性能最好，常用于刨床、插床等工作机械。

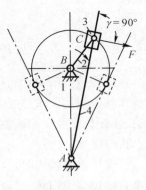

图 9-13

3. 扩大回转副

在图 9-14(a) 所示的曲柄摇杆机构中,回转副 B 是曲柄上的轴销与连杆上的轴孔所组成。为承载更大的力,将轴销直径加大,则连杆的轴孔也必须相应地加大。当曲柄的轴销直径加大到大于连杆的宽度时,则连杆的轴孔 B 处就形成了环状,如图 9-14(b) 所示。当曲柄的轴销直径继续扩大,直到其半径大于曲柄 AB 本身的长度时,曲柄 AB 变成为一个仍然绕 A 点转动而几何中心为 B 的圆盘(亦称偏心轮),如图 9-14(c) 所示。虽然结构外形改变了,但由于杆件 AB、BC、CD、AD 的长度均未改变,因此各构件间的相对运动关系均未改变。点 B 到点 A 的距离 e 称为偏心距,它等于曲柄 AB 的长度。这种偏心轮机构适用于曲柄短、受力大的场合。同理,图 9-14(e) 可视为图 9-14(d) 所示的曲柄滑块机构中将曲柄销 B 扩大以后形成的偏心轮机构。

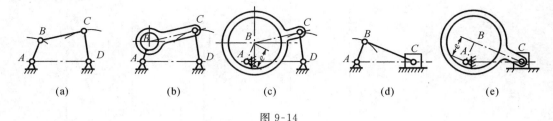

图 9-14

需要指出的是,以上所列机构演化的讨论,并不表明各种机构的由来,而是在于揭示各种机构的内在联系,实际上还可以演化成如图 9-15 所示的正弦机构、正切机构等各种双滑块机构形式。在分析机构时要善于分析构件间的相对运动,千万不要被其实际结构形式不同所迷惑。此外,建议读者参照对曲柄摇杆机构所讨论的急回运动,去分析其他演化所得的各种四杆机构,本章就不再一一赘述了。

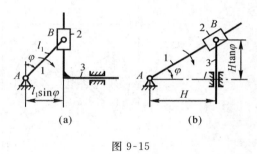

图 9-15

§9-4 平面四杆机构设计

连杆传动的设计,首先要根据工作的需要选择合适的机构类型,再按照所给定的运动要求和其他附加要求(如传动角的限制等)确定机械运动简图的尺寸参数(如图 9-11(c) 中曲柄、连杆长度及导路偏距 e 等),最后作强度计算和结构设计,以确定各构件的结构和零件的形状与尺寸。

设计连杆机构时,生产实际中所提出的运动要求归纳起来为实现从动件预期的运动规律和轨迹两类问题。实现任意运动规律和轨迹是一个比较复杂、而且尚无成熟方法的设计综合问题。连杆机构运动设计的方法有解析法、几何作图法和实验法。作图法直观,解析法精确,实验法常需试凑。本节将通过举例阐述平面四杆机构的运动设计,读者不仅要掌握这几个具体问题的设计,更期由此进一步在设计思想和方法上得到启迪,分析和解决其他设计问题。

一、按给定从动件的位置设计四杆机构

1. 已知滑块的两个极限位置（即行程 H），设计对心曲柄滑块机构

如图 9-16 所示，设计的关键是找出曲柄长 l_1、连杆长 l_2 满足行程 H 的关系，H 是滑块两个极限位置 C_1、C_2 的距离，C_1、C_2 应分别是在曲柄和连杆两次共线 AB_1、AB_2 时滑块的位置，由图得 $l_{AC_2} = l_1 + l_2$，$l_{AC_1} = l_2 - l_1$，$H = l_{AC_2} - l_{AC_1} = (l_1 + l_2) - (l_2 - l_1) = 2l_1$，故 $l_1 = H/2$。这表明曲柄长为 $H/2$ 的对心曲柄滑块机构均能实现这一运动要求，可有无穷多个解。这时应考虑其他辅助条件，设 $\lambda = l_2/l_1$，显然 λ 必须大于 1，$l_2 = \lambda l_1$，一般取 $\lambda = 3 \sim 5$，要求结构尺寸紧凑时取小值，要求受力情况好（即传动角大）时取大值。

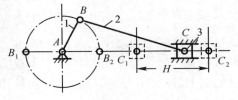

图 9-16

2. 已知摇杆的长度 l_3 及其两个极限位置（即摆角 ψ），设计曲柄摇杆机构

如图 9-17 所示，摇杆在极限位置 C_1D 和 C_2D 时连杆和曲柄共线，考虑结构确定固定铰链中心 A 的位置。由图得 $l_{AC_2} = l_1 + l_2$，$l_{AC_1} = l_2 - l_1$，联立求解可得曲柄长度 $l_1 = (l_{AC_2} - l_{AC_1})/2$，连杆长度 $l_2 = (l_{AC_2} + l_{AC_1})/2$。式中 l_{AC_1} 和 l_{AC_2} 可由图中量得。l_{AD} 即为固定杆 4 的长度 l_4。

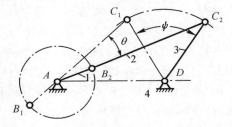

图 9-17

上述 A 点的选择可以有多种方案。显然，要检查各杆长度是否符合曲柄摇杆机构的尺寸关系，同时还需检查传动角是否符合要求等附加辅助条件。如不合适，就应调整 A 点的位置重新设计。

3. 已知连杆长度及其两个位置，设计铰链四杆机构

如图 9-18 所示加热炉炉门启闭机构，连杆 BC 即为炉门。为便于加料，给定炉门关闭时 BC 在垂直位置 B_2C_2，炉门打开时 BC 在水平位置 B_1C_1。按此要求设计铰链四杆机构 $ABCD$，关键是确定机架上两个固定铰链中心 A、D 的合适位置。由于 B

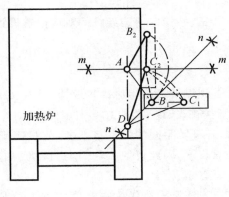

图 9-18

点的轨迹是以 A 为圆心、AB 为半径的圆弧，现 B_1、B_2 两点已知，故 A 点必在 B_1B_2 的中垂线 m-m 上；同理，D 点必在 C_1C_2 的中垂线 n-n 上。按此分析，在图上画出连杆两个位置 B_1C_1 和 B_2C_2，并分别在 B_1B_2、C_1C_2 联线的中垂线 m-m 与 n-n 上任取 A、D 两点，均能实现运动要求，可有无穷多解。这时应考虑实际结构尺寸以及传动角是否符合要求等等附加辅助条件加以分析选定。

二、按给定行程速比系数 K 设计四杆机构

如图 9-19 所示,已知摇杆 CD 的长度 l_3 及其摆角 ψ 和行程速比系数 K,设计曲柄摇杆机构。

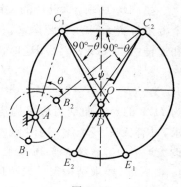

要保证行程速比系数 K,关键是确定曲柄回转中心 A、使其极位夹角 $\angle C_1AC_2 = \theta = 180° \times \dfrac{K-1}{K+1}$。利用圆周角等于同弧所对圆心角之半的几何原理,可知满足 $\angle C_1AC_2 = \theta$ 的 A 点必在以 O 点为圆心,C_1、C_2 所成圆心角 $\angle C_1OC_2 = 2\theta$ 的圆周上。按以上分析,任选摇杆回转中心 D 的位置,由摇杆长度 l_3 和摆角 ψ 作出摇杆两个极限位置,连接点 C_1 和 C_2,并作与 $\overline{C_1C_2}$ 成 $90°-\theta$ 的两直线,设交于 O 点,则 $\angle C_1OC_2 = 2\theta$,以 O 为圆心,$\overline{OC_2}$ 长度为半径画圆,在圆弧 $\overset{\frown}{C_1E_2}$ 或 $\overset{\frown}{C_2E_1}$ 上任取一点 A 作为曲柄回转中心,连接 AC_1、AC_2,则

图 9-19

$\angle C_1AC_2 = \theta$。A 点确定后,量出长度 l_{AC_1} 和 l_{AC_2},再按前述实际摇杆两极限位置曲柄和连杆共线的条件求出曲柄长 l_1 和连杆长 l_2。由于 A 点的位置可以很多,仍为无穷多解,需按其他辅助条件来确定 A 点的位置。应该注意,A 点位置选在圆弧 $\overset{\frown}{C_1E_2}$ 还是 $\overset{\frown}{C_2E_1}$ 上应根据摇杆工作行程和回程的摆动方向以及曲柄 AB 的转向而定,如图示位置,曲柄 AB 顺时针旋转,则摇杆从位置 C_1D 摆到 C_2D 为工作行程,从位置 C_2D 摆到 C_1D 为急回行程。

对具有急回特性的偏置曲柄滑块机构、摆动导杆机构等均可参照上例进行分析设计之。

三、按给定两连架杆间对应位置设计四杆机构

如图 9-20 所示铰链四杆机构中,已知连架杆 AB 和 CD 的三对对应位置 φ_1、ψ_1;φ_2、ψ_2 和 φ_3、ψ_3,设计该机构。

现以解析法来讨论本设计,设 l_1、l_2、l_3、l_4 分别代表各杆长度。此机构各杆长度按同一比例增减时,各杆转角间的关系将不变,故只需确定各杆的相对长度。因此可取 $l_1 = 1$,则该机构的待求参数就只有 l_2、l_3、l_4 三个了。

当该机构在任意位置时,取各杆在坐标轴 x、y 上的投影,可得以下关系式

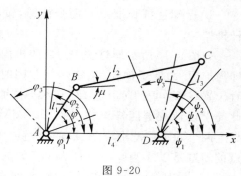

$$\left.\begin{aligned}\cos\varphi + l_2\cos\mu &= l_4 + l_3\cos\psi \\ \sin\varphi + l_2\sin\mu &= l_3\sin\psi\end{aligned}\right\} \tag{9-6}$$

图 9-20

将上式移项、整理、消去 μ 后可得

$$\cos\varphi = \frac{l_4^2 + l_3^2 + 1 - l_2^2}{2l_4} + l_3\cos\psi - \frac{l_3}{l_4}\cos(\psi - \varphi)$$

为简化上式,令 $\lambda_0 = l_3$,$\lambda_1 = -l_3/l_4$,$\lambda_2 = (l_4^2 + l_3^2 + 1 - l_2^2)/(2l_4)$ $\tag{9-7}$

则式(9-6)变成 $\quad \cos\varphi = \lambda_0\cos\psi + \lambda_1\cos(\psi - \varphi) + \lambda_2$ $\tag{9-8}$

上式即为两连架杆 AB 与 CD 转角之间的关系式。将已知的三对对应转角 φ_1、ψ_1；φ_2、ψ_2；φ_3、ψ_3 分别代入式(9-8)可得方程组

$$\left.\begin{array}{l} \cos\varphi_1 = \lambda_0 \cos\psi_1 + \lambda_1 \cos(\psi_1 - \varphi_1) + \lambda_2 \\ \cos\varphi_2 = \lambda_0 \cos\psi_2 + \lambda_1 \cos(\psi_2 - \varphi_2) + \lambda_2 \\ \cos\varphi_3 = \lambda_0 \cos\psi_3 + \lambda_1 \cos(\psi_3 - \varphi_3) + \lambda_2 \end{array}\right\} \qquad (9\text{-}9)$$

由方程组可解出三个未知数 λ_0、λ_1、λ_2。将它们代入式(9-7)即可求得 l_2、l_3、l_4。这里求出的杆长为相对于 $l_1 = 1$ 的相对杆长,可按结构情况乘以同一比例常数后所得的机构均能实现对应的转角。

如果设计仅给定连架杆两对对应位置(如 φ_1、ψ_1；φ_2、ψ_2),则式(9-9)方程组中只能得到两个方程,λ_0、λ_1、λ_2 三个参数中的一个可以任意给定,这样便有无穷多解。

如果设计给定连架杆的对应位置数目超过三对,则因 φ 和 ψ 每一对相应值即可构成一个方程式,这样式(9-9)方程组中方程式的个数超过待求的三个未知数 λ_0、λ_1、λ_2,因而使问题成为无精确解。在这种情况下可用下述电子计算机迭代或实验试凑的方法求其近似解。

1) 用电子计算机迭代求近似解。设给定两连架杆 m 对对应转角关系 φ_1、ψ_1；φ_2、ψ_2；$\cdots$；φ_m、ψ_m。任取其中三对相应转角 φ 和 ψ 对应值(如 φ_1、ψ_1；φ_2、ψ_2；φ_3、ψ_3),按上述解析法即可确定一个铰链四杆机构,但该机构仅保证精确实现所取的三对对应位置,在其余 $m-3$ 个 φ_i 位置机构所实现的 $\psi_i{}'$ 的值将与原给定的 ψ_i 值有一定偏差,如图

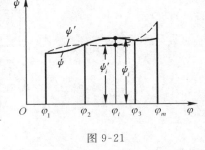

图 9-21

9-21 所示,计算其均方根偏差值 $\Delta_k = \sqrt{\sum\limits_{i=1}^{m}(\psi_i{}' - \psi_i)^2}$ 表征该机构所能实现的运动与预定的运动之偏差程度。根据这个道理,在计算中若取不同的三组 φ 与 ψ 的对应值时,将得到不同的四杆机构;而这些机构对于 φ 角为其余数值时所实现的 $\psi_i{}'$ 值与原给定的 ψ_i 值的偏差值也不同。重复上述过程可得 C_m^3(即 m 中取 3 的组合数)个四杆机构及其相应的均方根偏差值 $\Delta_k(k = 1,2,\cdots,C_m^3)$,于是我们选其中偏差值最小的那个四杆机构作为近似解答。根据上述原理设计成图 9-22 所示的计算机程序框图。

解析法计算工作量很大,但随着电子计算机的飞速发展和应用,大量的逐次迭代计算能迅速完成。当给定两连架杆之间转角在一定范围内呈函数关系 $\psi = \psi(\varphi)$ 时,亦可用上述迭代优化的原理求近似解。

2) 用实验法试凑求近似解。设给定两连架杆之间的四对对应转角 φ_{12}、ψ_{12}；φ_{23}、ψ_{23}；φ_{34}、ψ_{34}；φ_{45}、ψ_{45}(图 9-23(a)),可按如下步骤实验试凑。

① 如图 9-23(b)所示,在图纸上选取一点作为连架杆 1 的转动中心 A,并任选 AB_1 作为连架杆 1 的长度 l_1,按给定的 φ_{12}、φ_{23}、φ_{34}、φ_{45} 作出 AB_2、AB_3、AB_4、AB_5。

② 选取连杆 2 的适当长度 l_2,以 B_1、B_2、B_3、B_4、B_5 各点为圆心,l_2 为半径,作圆弧 S_1、S_2、S_3、S_4、S_5。

③ 如图 9-23(c)所示,在透明纸上选取一点作为连架杆 3 的转动中心 D,并任选 Dd_1 作为连架杆 3 的第一位置,按给定的 ψ_{12}、ψ_{23}、ψ_{34}、ψ_{45} 作出 Dd_2、Dd_3、Dd_4 和 Dd_5。再以 D 为圆心,用连架杆 3 可能的不同长度为半径作同心圆弧。

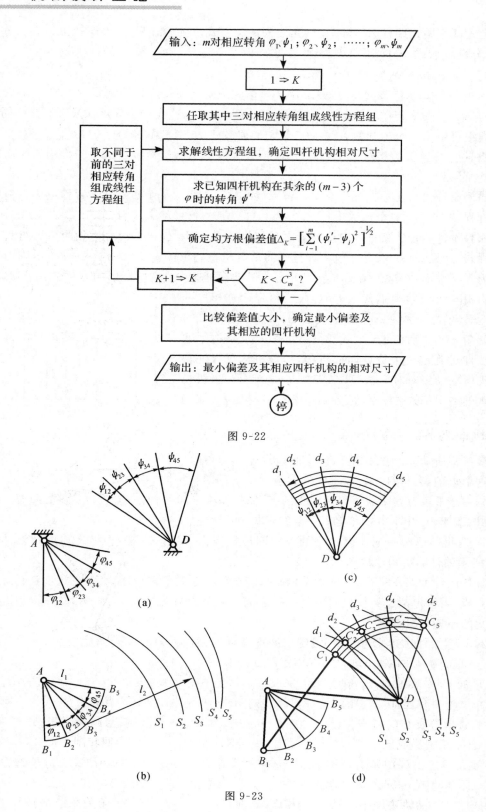

输入：m 对相应转角 φ_1、ψ_1；φ_2、ψ_2；……；φ_m、ψ_m

$1 \Rightarrow K$

任取其中三对相应转角组成线性方程组

求解线性方程组，确定四杆机构相对尺寸

求已知四杆机构在其余的 $(m-3)$ 个 φ 时的转角 ψ'

确定均方根偏差值 $\Delta_K = \left[\sum\limits_{i-1}^{m} (\psi_i' - \psi_i)^2 \right]^{1/2}$

取不同于前的三对相应转角组成线性方程组

$K+1 \Rightarrow K$ ← + $K < C_m^3$?

−

比较偏差值大小，确定最小偏差及其相应的四杆机构

输出：最小偏差及其相应四杆机构的相对尺寸

停

图 9-22

(a)

(b)

(c)

(d)

图 9-23

④ 将画在透明纸上的图 9-23(c) 覆盖在图 9-23(b) 上（如图 9-23(d) 所示）进行试凑。使圆弧 S_1、S_2、S_3、S_4、S_5 分别与连架杆 3 的对应位置 Dd_1、Dd_2、Dd_3、Dd_4、Dd_5 的交点 C_1、C_2、C_3、C_4、C_5 均落在（或近似落在）以 D 为圆心的同一圆弧上，则可由 AB_1C_1D 求得或近似求得四杆机构各杆相对长度的近似解。如果移动透明纸不能使交点 C_1、C_2、C_3、C_4、C_5 落在同一圆弧上，则需改变连杆 2 的长度重复以上步骤试凑，直到这些交点正好落在或近似落在同一圆弧上为止。

四、按给定点的运动轨迹设计四杆机构

四杆机构运动时，其连杆作平面复合运动，连杆上任一点都沿一条曲线轨迹运动，该条曲线称为连杆曲线。连杆曲线的形状随着连杆上点的位置、各杆相对尺寸的不同而变化。由于连杆曲线的多样性，使其有可能用于在各种机械上实现复杂的轨迹。图 9-1(d) 所示搅拌机即为利用连杆曲线的一个实例。

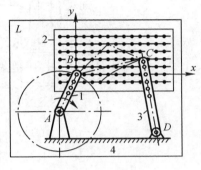

图 9-24

图 9-24 为利用装置描绘连杆曲线。这种装置的各杆长度可以调节。在连杆 2 上固联一块薄板，板上钻有一定数量的小孔代表连杆平面上不同点的位置。机架 4 与感光纸 L 固联。转动曲柄 1，薄板上的每一个孔的运动轨迹都是一条连杆曲线，可利用光束照射的办法把这些曲线印在感光纸上，得到一组连杆曲线，依次改变 2、3、4 相对杆 1 的长度就可得到许多组连杆曲线，将它们顺序整理编排成册，即成为供设计查用的连杆曲线图谱。

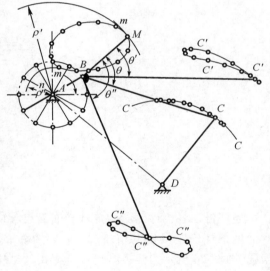

图 9-25

工程上常采用的图谱法，即是从上述连杆曲线图谱中找出与预定的运动轨迹相同或近似的曲线，再查出与其相应的四杆机构各尺寸参数。如图谱中没有所需的曲线，则可用实验法进行试凑设计。如图 9-25 所示，要求设计能实现已知轨迹 m-m 的四杆机构。我们可以在图纸上选一点 A 作为曲柄的回转中心，并选定曲柄长 l_{AB} 和连杆上一点 M，使曲柄 AB 绕 A 回转，同时使 M 点沿轨迹 m-m 运动（显然应使 $l_{AB} + l_{BM} = \rho'$，$l_{BM} - l_{AB} = \rho''$），则固接在连杆上的其他点 C、C'、C''、…（调节 θ 角和各点到 B 点的长度）也将绘出各自不同的轨迹曲线 C-C、C'-C'、C''-C''、…，在这些曲线中，找出圆弧或与圆弧相近的曲线，如图示 C-C，于是把形成该圆弧轨迹的 C 点看作为连杆与另一连架杆的回转副中心，而以此圆弧曲线的近似中心 D 作为该连架杆与机架的回转副中心。如此求得的 $ABCD$ 四杆机构就能近似实现已知轨迹 m-m。如果 C 点的轨迹为直线，则得曲柄滑块机构。

按给定点的轨迹设计四杆机构，也可比照前述按两连架杆间转角关系设计四杆机构的

方法,用电子计算机迭代优化求出近似解。

§9-5   连杆传动的结构与多杆机构简介

一、连杆传动的结构

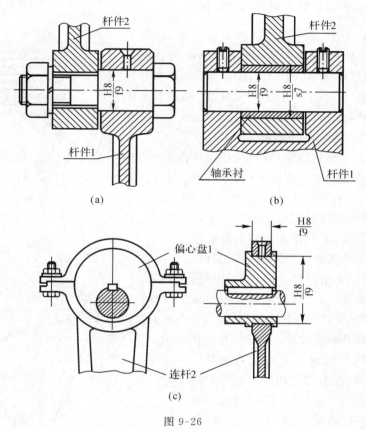

图 9-26

连杆传动各构件的结构形状和断面尺寸应根据工艺和强度条件确定,回转副和移动副的结构均需注意润滑问题。图 9-26 所示为几种常用铰链接头的结构。

连杆和偏心盘材料,当载荷不太大且冲击不太大时,大多用铸铁,销轴常用碳素钢、经表面淬硬,以提高其耐磨性。构成移动副的两构件接触面有平面形的(图9-27(a))、V 形的(图 9-27(b))、燕尾形的(图 9-27(c))及其组合(图 9-27(d));也有圆柱面接触的,采用圆柱面的移动副时要有防止相对转动的结构与措施。

连杆传动在结构设计中常需考虑避免轨迹干涉和行

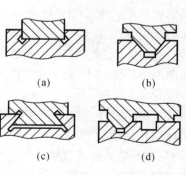

图 9-27

程与位置调节问题。如图 9-28 所示为某印刷机中的出书机构 ABCD，工作时 CD 杆要能在图示的 CD 和 C'D 范围内摆动，但因整机布置，在 CD 线摆动范围内有一个链轮轴毂 M，为避免干涉，摇杆 CD 的结构形状不能做成直杆，而必须做成如图所示的弯杆形状。在许多应用连杆传动的机构中，从动件的起始位置和行程要求在一定范围内调节，以适应工作的需要，可采取改变连杆机构中某些杆的长度来实现。如图 9-29(a) 所示机构，可通过调节曲柄长度 l_{AB} 来改变摇杆摆角的大小，图 9-29(b) 所示机构则可通过调节连杆长度 l_{BC} 来调节滑块的起始位置。

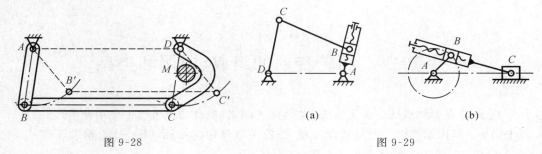

图 9-28　　　　　　　　　　　图 9-29

二、多杆机构

连杆传动不仅广泛应用四杆机构，在生产实际中也常应用多杆机构。但多数的多杆机构可以看成是由几个四杆机构组合而成。图 9-30(a) 所示的手动冲床就是一个六杆机构，图 9-30(b) 是它的机构简图，显然它可以看成是由 ABCD 和 DEFG 两个四杆机构共用同一机架，以及前者的从动构件 3 作为后者的主动构件组合而成，采用该六杆机构使扳动手柄 1 的力经两次放大传给冲杆 6 能产生较大的冲压力。图 9-31 所示为一筛料机的主体机构的运动简图。这个六杆机构可以看成是由双曲柄机构 ABCD 和曲柄滑块机构 DCEF 组合而成，当曲柄 1 匀速转动时曲柄 3 作变速回转，因而再由曲柄 3 驱使筛子(即滑块 5)使其获得所需的加速度，从而可获更好的筛料效果。

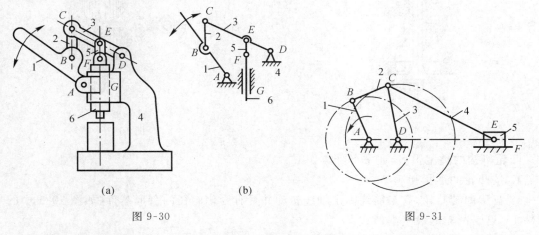

图 9-30　　　　　　　　　　　图 9-31

生产实际中，亦有一些多杆机构不是由四杆机构所组成，本章不作阐述。

第 10 章　　凸轮传动

§10-1　凸轮传动的组成、应用和类型

凸轮传动在各种机械中很为常见,尤其在自动化、半自动化机械中应用非常广泛。

图 10-1 是内燃机配气凸轮传动装置。凸轮 1 以等角速度回转时,凸轮轮廓驱使从动件 2(阀杆)按预定的运动规律开启或关闭阀门。

图 10-2 为自动车床上控制刀架运动的凸轮传动。当具有凹槽的圆柱凸轮 1 回转时,凸轮轮廓(凹槽侧面)迫使从动件 2 摆动,从而控制与从动件 2 相连的刀架实现进刀和退刀运动。

可见,凸轮传动是由凸轮、从动件和机架三个基本构件组成的。凸轮作等速回转运动或往复移动(见图 10-3)转变为从动件所需连续的或间歇的往复移动或摆动。

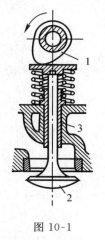

图 10-1

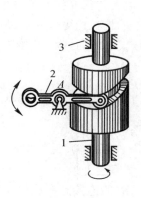

图 10-2

凸轮机构的类型很多,通常可分类如下。

1. 按凸轮的形状和运动

1)盘形回转凸轮。它是能绕固定轴线转动并具有变化向径的盘形零件(如图 10-1 中的构件 1),这是凸轮的最基本形式。

2)平板移动凸轮。这种凸轮是相对机架作直线运动的平板状零件(如图 10-3 中的构件 1)。

3)圆柱回转凸轮。这种凸轮可看作是平板移动凸轮卷绕在圆柱体上演化而成(如图

10-2 所示的构件 1)。

2. 按从动件的形式

1) 尖底从动件。如图 10-3 所示的从动件 2。这种从动件构造最简单,其尖底能与外凸或内凹轮廓相接触,可以实现复杂运动规律,但尖底易磨损,只适用于传力不大的低速凸轮传动。

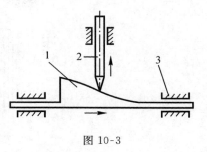

图 10-3

2) 滚子从动件。如图 10-2 所示的从动件 2。这种从动件通过装于其上并可自由回转的滚子与凸轮轮廓相接触,接触处为滚动摩擦,磨损较小,可以承受较大的载荷,故应用很广。

3) 平底从动件。如图 10-1 所示的从动件 2。这种从动件的底平面与凸轮轮廓接触处在一定条件下可形成油膜,利于润滑,故传动效率较高,常用于高速凸轮传动中;但平底从动件不能与具有内凹或凹槽轮廓相接触。

从动件亦可按其运动形式分为直动从动件(图 10-1 和图 10-3)和摆动从动件(图 10-2)。前述三种形式的从动件均可用作直动或摆动从动件。各种形式的从动件和各种形状的凸轮可以组合成不同形式的凸轮传动。

凸轮传动中,应使从动件与凸轮轮廓始终保持接触,可利用重力、弹簧力(图 10-1)或依靠特殊的几何形状(如图 10-2 中的凹槽)来实现。

与连杆传动相比,凸轮传动结构简单、紧凑,能方便地设计凸轮轮廓以实现从动件预期的运动规律;但凸轮轮廓与从动件之间为点接触或线接触,易磨损,不宜承受重载荷和冲击载荷。

§10-2   从动件的常用运动规律及其选择

在凸轮传动中,从动件的运动是受凸轮轮廓控制的;而设计凸轮传动时,则是根据工作要求先确定从动件的运动规律,然后按此运动规律设计凸轮应具有的轮廓曲线。所以根据工作要求选定从动件的运动规律是设计凸轮传动的前提。现以图 10-4(a) 所示尖底直动从动件盘形凸轮机构为例,说明从动件的运动与凸轮轮廓线之间的相互关系。图中,以凸轮的最小向径 r_0 为半径所作的圆称为凸轮的基圆,r_0 称为基圆半径。A 点为基圆与轮廓 AB(向径由 A 至 B 渐增)的连接点;图示从动件的尖底与凸轮在 A 点相接触处于最低位置。当凸轮逆时针方向转过角 δ_t 时,轮廓 AB 将从动件的尖底推至最高位置 B'。从动件的这个运动过程称为推程;推程中从动件上升的最大位移 h 称为从动件的升程,相应的凸轮转角 δ_t 称为推程运动角。当凸轮继续转过角度 δ_s 时,由于凸轮轮廓 BC(BC 所对中心角为 δ_s)是以 O 为圆心、OB 长为半径的圆弧,故从动件的尖底在最高位置 B' 点静止不动,即从动件在这一期间静止不动;转角 δ_s 称为远休止角。凸轮又继续转过角 δ_t',从动件从最高位置 B' 又退回到最低位置 A;这一过程称为回程,δ_t' 称为回程运动角。凸轮再继续转过角 δ_s',(δ_t、δ_s、δ_t'、δ_s' 构成圆周角),从动件在最低位置 A 静止不动,δ_s' 称为近休止角。图 10-4(b) 为从动件的位移线图,它表示了从动件位移 s_2 与凸轮转角 δ_1 之间的关系。凸轮一般作等速回转运动,其转角 δ_1 与时间 t 成正比,故图10-4(b)的横坐标也可用时间t来表示。从动件的位移线图、速度线图和加速度线图统称为从动件的运动线图,它反映了从动件的运动规律。下面介绍几种常用的从动件运动规律。

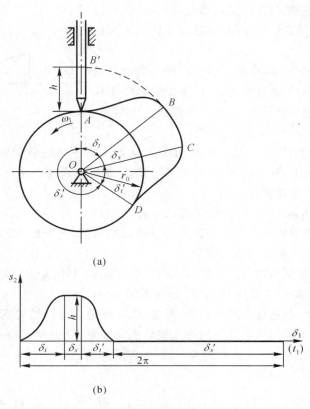

(a)

(b)

图 10-4

一、从动件的常用运动规律

1. 等速运动

图 10-5 所示为从动件在推程中作等速运动时的位移 s_2、速度 v_2 和加速度 a_2 的运动线图。在推程阶段,经过时间 t_0(相应的凸轮转角为 δ_t),从动件走完升程 h,所以从动件的速度为 $v_2 = h/t_0 =$ 常数,速度线图为水平直线(图10-5(b));从动件的位移为 $s_2 = v_2 t$,其位移线图为一斜直线(图10-5(a));从动件的加速度 a_2 为零(推程的起始和终止位置除外),其加速度线图如图10-5(c)所示。由图可知,从动件在推程运动开始和终止的瞬时,因有速度突变,故这一瞬时的加速度理论上为由零突变为无穷大,因而使从动件产生无穷大的惯性力(实际上由于材料的弹性变形,惯性力不可能达到无穷大),导致凸轮机构受到极大的冲击,称为刚性冲击。因此,等速运动规律只适用于低速或从动件质量较小的凸轮传动。如果必须采用等速运动规律,则往往在其位移线图的始末两小段直线改为圆弧、抛物线或其他的过渡曲线,以缓和冲击。

由于 $t/t_0 = \delta_1/\delta_t$,上述的运动方程也可表达为 $s_2 = h\delta_1/\delta_t$,$v_2 = h\omega_1/\delta_t$ 和 $a_2 = 0$。类似地,可写出回程时的等速运动方程。

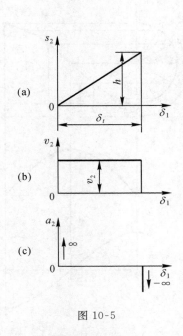

图 10-5

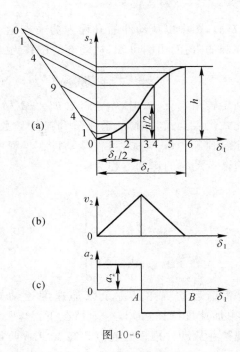

图 10-6

2. 等加速运动和等减速运动

图 10-6 所示为从动件在推程运动中作等加速等减速运动时的运动线图。通常从动件在前半个推程中作等加速运动,后半个推程作等减速运动;一般等加速度和等减速度的绝对值相等。以前半个推程为例,等加速运动时,加速度线图为平行于横坐标轴的直线(图 10-6(c))。从动件的速度 $v_2 = a_2 t$,在速度线图上为斜直线(图 10-6(b))。从动件的位移 $s_2 = \frac{1}{2}at^2$,在位移线图上为抛物线(图 10-6(a))。抛物线可如图 10-6(a) 用作图法绘出。由图可知,这种运动规律虽然加速度 a_2 为常数,但在 O、A、B 诸点处加速度亦出现有限值突变,导致从动件惯性力的有限突变;由此,凸轮机构受到的冲击称为柔性冲击。因此,等加速等减速运动规律也只适用于中速场合。

以凸轮转角 δ_1 代替时间 t 并考虑到初始条件,则推程中的等加速运动方程也可表示为

$$\left.\begin{array}{l} s_2 = 2h\delta_1^2/\delta_t^2 \\ v_2 = 4h\omega_1\delta_1/\delta_t^2 \\ a_2 = 4h\omega_1^2/\delta_t^2 \end{array}\right\} \tag{10-1}$$

以上讨论的是推程运动中的前半行程($0 \leqslant \delta_1 \leqslant \delta_t/2$);后半行程($\delta_t/2 \leqslant \delta_1 \leqslant \delta_t$)为等减速运动,其运动方程为

$$\left.\begin{array}{l} s_2 = h - 2h(\delta_t - \delta_1)^2/\delta_t^2 \\ v_2 = 4h\omega_1(\delta_t - \delta_1)/\delta_t^2 \\ a_2 = -4h\omega_1^2/\delta_t^2 \end{array}\right\} \tag{10-2}$$

3. 简谐运动

质点在圆周上作匀速运动时,该质点在这个圆的直径上的投影所构成的运动规律即为简谐运动。图 10-7 所示为从动件在推程作简谐运动时的运动线图;其中位移线图作法如图

10-7(a)，图中以从动件的升程 h 为质点运动所在圆的直径。由图可知，从动件的位移为

$$s_2 = \frac{h}{2} - \frac{h}{2}\cos\theta = \frac{h}{2}(1 - \cos\theta)$$

因凸轮转角 $\delta_1 = \delta_t$ 时，$\theta = \pi$，故 $\theta = \pi\delta_1/\delta_t$；将此式代入上式并对 δ_1 求一阶和二阶导数，再注意到 $\mathrm{d}\delta_1/\mathrm{d}t = \omega_1$，可得从动件在推程中作简谐运动时的运动方程为

$$\left.\begin{array}{l} s_2 = \dfrac{h}{2}\left[1 - \cos(\dfrac{\pi}{\delta_t}\delta_1)\right] \\[2mm] v_2 = \dfrac{\pi h\omega_1}{2\delta_t}\sin(\dfrac{\pi}{\delta_t}\delta_1) \\[2mm] a_2 = \dfrac{\pi^2 h\omega_1^2}{2\delta_t^2}\cos(\dfrac{\pi}{\delta_t}\delta_1) \end{array}\right\} \qquad (10\text{-}3)$$

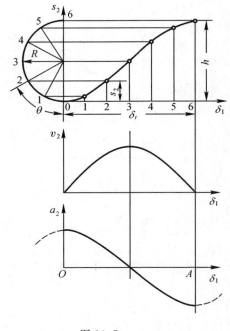

图 10-7

简谐运动规律又称余弦加速度运动规律，由加速度线图可知，一般情况下，这种运动规律在从动件推程的起点和终点 O、A 两点处，从动件的加速度也可能有有限数值的突变（如 δ_s、$\delta_s{}'$ 不为零时），故也可能有柔性冲击，因此也只适用于中速场合；只有当从动件在整个运动中作连续的升 — 降 — 升运动时，加速度曲线保持连续（如图 10-7(c) 中的虚线所示），才能避免冲击，方可用于高速场合。

除上述介绍过的几种运动规律外，工程上还应用正弦加速度、多项式等运动规律，也可将几种基本运动规律（曲线）拼接起来，成为组合运动规律。

二、从动件运动规律的选择

选择从动件运动规律时需考虑的问题很多。所选的运动规律首先应满足凸轮在机械中执行工作的要求，同时还应使凸轮机构具有良好的动力特性以及使所设计的凸轮便于制造等。一般来说：

1) 对于只要求从动件实现一定的位移，而对行程中的运动规律无严格要求的低速凸轮传动（如图 10-8 所示的夹紧工件及变速箱中使滑移齿轮作轴向滑移的凸轮），只需保证从动件的位移达到要求即可，运动规律的确定宜从便于凸轮加工出发来考虑，如选用等速运动规律；因为直动从动件作等速运动时，对于盘形凸轮，其轮廓曲线是阿基米德螺线；对于圆柱凸轮，其轮廓是普通螺旋线，制造简便，也可采用易于加工的圆弧和直线作为凸轮的轮廓线。

2) 对从动件的运动规律有特殊要求的凸轮传动，应按其要求确定运动规律。如图 10-9 所示的控制刀架进刀的凸轮传动，为使加工表面光洁，要求刀具（即从动件）作等速进给，所以宜选用等速运动规律。

3) 在高速运转下工作的凸轮传动，选择从动件运动规律时特别要考虑它的动力特性、加速度变化情况，力求避免过大的惯性力，减小冲击和振动。为此，从动件以选用正弦加速度运动规律为好，但其凸轮轮廓曲线不易加工。有时可采用几段圆弧光滑地连接起来的轮廓线，替代上述廓线，只要使两者的误差在允许范围内就行，这样仍可获得近似的运动规律。

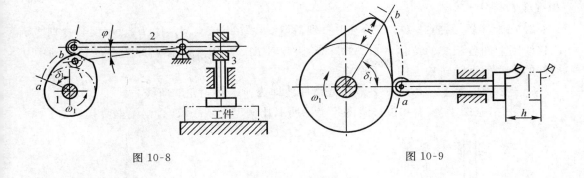

图 10-8   图 10-9

§10-3   用作图法设计凸轮轮廓曲线

当从动件的运动规律已选定并据此作出位移线图后,各种平面凸轮的轮廓曲线都可用作图法作出。作图法所依据的原理是相对运动原理,通常称为反转法。

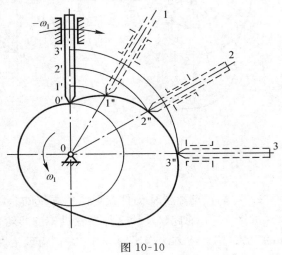

图 10-10

在图 10-10 所示的凸轮机构中,当凸轮以等角速度 ω_1 绕轴心 O 转动时,从动件、凸轮和机架三构件之间的相对运动关系是确定的;现在设想给整个凸轮机构加上一个绕 O 轴转动的公共速度 $-\omega_1$,这时,三个构件之间的相对运动关系并没有改变。但这样一来,凸轮却可看成静止不动了,而从动件则随导路以角速度 $-\omega_1$ 绕 O 轴转动,同时又在自身的导路中作预期的往复运动。由于尖底始终与凸轮轮廓相接触;很显然,反转后,凸轮的轮廓曲线就是从动件尖底的运动轨迹。设计时则相反,而是根据从动件的位移线图和设计的凸轮基圆半径 r_0,求出从动件的尖底在反转运动中的轨迹(以轨迹上的若干个点表示),该轨迹就是所求的凸轮轮廓曲线。

凸轮的形式很多,从动件的运动规律也各不相同;但是作图法设计的原理和步骤却是相同的。下面对几种常见的凸轮轮廓曲线的作法加以讨论。

1. 对心直动尖底从动件盘形凸轮廓线的绘制

设已知凸轮的基圆半径 r_0 和所要求的从动件的位移线图(如图 10-11(b))。从动件导路 OB_0 与基圆的交点 B_0 即是从动件的起始(最低)位置(图 10-11(a))。根据反转法,凸轮廓线的绘制步骤如下:

1)自 OB_0 沿 $-\omega_1$ 方向量取 δ_t、δ_s、δ_t',并将推程运动角 δ_t 和回程运动角 δ_t' 各分成与图 10-11(b)横坐标上的等分数相同的若干等分(图中 δ_t 为 6 等分,δ_t' 为 4 等分),得 B_1'、B_2'、B_3'、… 等点,OB_1'、OB_2'、OB_3'、… 便是从动件导路在反转运动中途经的若干个特定位置

$O1$、$O2$、$O3$、$\cdots$。

2）在上述各导路 $O1$、$O2$、$O3$、$\cdots$ 上分别量取线段 $\overline{B_1'B_1}$、$\overline{B_2'B_2}$、$\overline{B_3'B_3}$、$\cdots$，使其分别等于位移线图上的各相应的位移量 $\overline{11'}$、$\overline{22'}$、$\overline{33'}$、$\cdots$，则 B_1、B_2、B_3、$\cdots$ 各点即为在反转运动中从动件的尖底的运动轨迹上的若干个点。

3）连接 B_0、B_1、B_2、B_3、$\cdots$ 各点成光滑曲线即为所求凸轮轮廓曲线。

作图时，基圆半径 r_0 和位移线图纵坐标所取比例尺必须一致，否则不能直接量取。

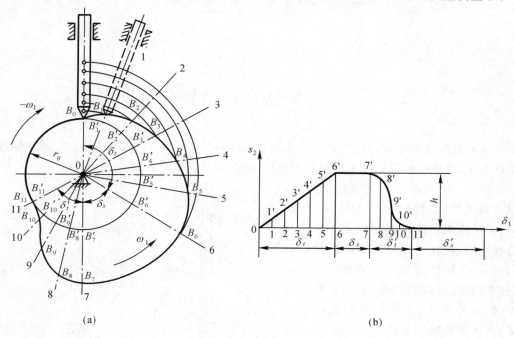

图 10-11

2. 对心直动滚子从动件盘形凸轮廓线的绘制

如图 10-12 所示，设计这种凸轮机构的凸轮廓线时，先将滚子中心 B_0 看作为尖底从动件的尖底，按上述方法作出廓线 β_0，β_0 称为理论廓线。然后在曲线 β_0 上任取一系列的点作为圆心、以滚子半径 r_T 为半径画一系列的圆，再作这些圆的包络线 β，β 即是所求凸轮的实际廓线（工作廓线）。由作图过程可知，r_0 是指理论廓线的基圆半径。

3. 对心直动平底从动件盘形凸轮廓线的绘制

如图 10-13 所示，设计时，先将从动件导路的中心线与从动件平底的交点 B 看作为尖底从动件的尖底，按照前述方法求出从动件上的 B 点在反转运动中的轨迹上的若干个点 B_1、B_2、B_3、$\cdots$；然后过 B_1、B_2、B_3、$\cdots$ 各点分别作导路的垂线（导路与平底一般均为垂直；否则，应作相应角度的直线）以代表平底，再作这些垂线（代表平底）的包络线，便是凸轮的实际廓线。由图可见，从动件平底上与实际凸轮廓线的切点在运动中是随机构位置不同而变化的；因此，距导路中心线左右两侧的平底的实际结构长度必须分别大于导路至左、右最远切点的距离 m 和 l，以保证平底与轮廓始终保持相切关系。通常导路两侧的平底宽度设计成对导路中心线对称，即取 m 或 l 中的大者，再加$(5 \sim 7)$mm 为平底总长的一半，有时则以此长为半径将平底做成圆盘形。

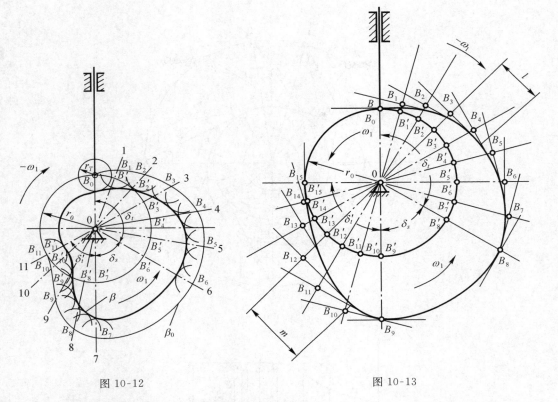

图 10-12   图 10-13

4. 偏置直动尖底从动件盘形凸轮廓线的绘制

如图 10-14 所示,这类凸轮机构的从动件导路不通过凸轮回转中心 O,而与回转中心 O 有一偏距 e。因此,在反转运动中,从动件导路所依次途经的位置也不通过回转中心 O,而是与 O 点保持定距离(即偏心距 e)的一组直线,显然,这组直线均切于以 O 点为圆心、以 e 为半径的圆,此圆称为偏距圆;或者说,从动件导路在反转运动中依次途经的位置都与偏距圆相切。运动角的等分可在偏距圆上进行,从 K_0 点开始沿 $-\omega_1$ 方向将偏距圆等分,得 K_1、K_2、K_3、… 诸点,过 K_1、K_2、K_3、… 等点分别作偏距圆的切线 K_1B_1'、K_2B_2'、K_3B_3'、…,这些切线即为反转运动中从动件导路依次途经的若干个位置。导路已确定,从动件位移自然是沿导路方向。图中,线段 $\overline{B_1'B_1}$、$\overline{B_2'B_2}$、$\overline{B_3'B_3}$、… 即为从动件相应于位移线图上的位移量。联接 B_1、B_2、B_3、… 诸点的曲线即为所求的凸轮廓线。

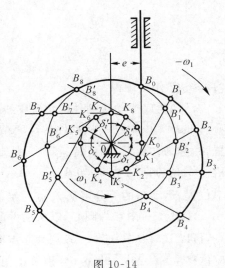

图 10-14

5. 摆动从动件盘形凸轮廓线的绘制

如图 10-15 所示,这种凸轮机构从动件的位移是以其摆角 δ_2 表示的,图 10-15(b) 表示了摆角 δ_2 与凸轮转角 δ_1 的对应关系;其凸轮廓线的绘制方法与上述直动从动件相仿,仍按

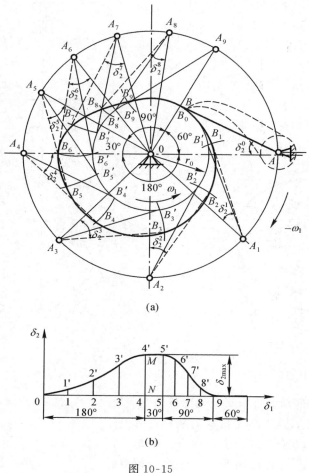

(a)

(b)

图 10-15

"反转法"作图求得。

　　已知尖底摆动从动件的角位移线图(图 10-15(b))、凸轮回转中心 O 与从动件的摆动中心 A 的距离 $\overline{OA}$、摆动从动件的长度 $\overline{AB}$ 和凸轮的基圆半径 r_0。图中 AB_0 为从动件的起始位置,δ_2^0 称为初位角。在反转运动中,从动件的摆动中心 A,将在以 O 为圆心,$\overline{OA}$ 为半径的圆上沿 $-\omega_1$ 的方向运动;例如 A_1、A_2、A_3、$\cdots$ 各点即为摆动中心 A 在反转运动中依次途经的若干个位置。运动角的等分可从 A 点开始,沿 $-\omega_1$ 方向进行,得 A_1、A_2、A_3、$\cdots$ 诸点;然后分别以 A_1、A_2、A_3、$\cdots$ 诸点为圆心,以从动件的长度 $\overline{AB}$ 为半径作圆弧交基圆于 B_1'、B_2'、B_3'、$\cdots$ 各点,再以 B_1'、B_2'、B_3'、$\cdots$ 各点为起点截取 $\overset{\frown}{B_1'B_1}$、$\overset{\frown}{B_2'B_2}$、$\overset{\frown}{B_3'B_3}$、$\cdots$ 分别等于位移线图上的对应位移量 $\overline{11'}$、$\overline{22'}$、$\overline{33'}$、$\cdots$(分别等于角位移 $\delta_2^{1'}$、$\delta_2^{2'}$、$\delta_2^{3'}$、$\cdots$ 与从动件长度 $\overline{AB}$ 的乘积,显然,$\overline{MN}$ 为最大角位移 δ_{2max} 与长度 $\overline{AB}$ 的乘积),得 B_1、B_2、B_3、$\cdots$ 诸点。将 B_1、B_2、B_3、$\cdots$ 连成光滑曲线,便得所求的凸轮廓线。图上的 $\delta_2^1 = \delta_2^0 + \delta_2^{1'}$,$\delta_2^2 = \delta_2^0 + \delta_2^{2'}$,$\cdots$,其余类推。

　　如采用滚子或平底从动件,则先按尖底从动件求得 B_1、B_2、B_3、$\cdots$ 诸点,然后参照前述方法,作出其实际凸轮廓线。

6. 直动滚子从动件圆柱凸轮廓线的绘制

图 10-16(a) 所示为直动滚子从动件圆柱凸轮机构。如果将圆柱凸轮外表面展开，便成平板移动凸轮。这样，设计圆柱凸轮廓线就可转化为设计平板移动凸轮的廓线，然后将此廓线重新卷绕在圆柱体上而成。平板移动凸轮同样可以用"反转法"绘制廓线。

圆柱凸轮展开成平板移动凸轮时，外圆柱的展开长度为 $2\pi R$，移动速度 $v_1 = R\omega_1$。在反转运动中，从动件的导路沿 $-v_1$ 方向平行移动，如图 10-16(b) 所示，图中 $11'$、$22'$、$33'$、$\cdots$ 各直线即为从动件在平行移动中依次途经的若干位置（与图 10-16(c) 所示位移线图上横坐标等分点相对应）；然后依据位移线图截取对应的位移量 $\overline{11'}$、$\overline{22'}$、$\overline{33'}$、$\cdots$，连接 $1'$、$2'$、$3'$ $\cdots$ 诸点成光滑曲线即为凸轮的理论廓线 β_0。在 β_0 上取一系列点为圆心，以滚子半径 r_T 为半径作一系列小圆，再作这些小圆的上、下两条包络线即得凸轮槽的实际廓线 β。

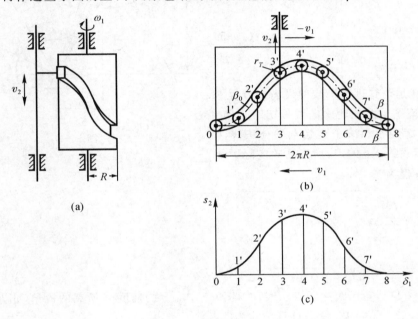

图 10-16

§10-4　用解析法设计凸轮轮廓曲线

用作图法设计凸轮廓线简便有效，但作图误差较大。对于高速凸轮、精加工用的靠模凸轮、检验用的样板凸轮等精度要求高的凸轮，从设计角度来说，则必须用解析法进行精确计算，确定凸轮廓线。

解析法设计凸轮轮廓曲线，就是根据凸轮机构的结构形式，建立与从动件运动相关的凸轮廓线的数学方程式，从而可以精确计算出凸轮廓线上各点的坐标。凸轮廓线方程可以用极坐标或直角坐标来表达，且二者可以互相换算。现仅以偏置直动滚子从动件盘形凸轮机构为例，介绍凸轮廓线的解析法设计的一般方法。

已知凸轮的基圆半径 r_0、偏距 e、滚子半径 r_T 以及从动件的运动方程 $s_2 = f(\delta_1)$，就可建立凸轮廓线方程。图 10-17 所示，当凸轮以等角速度 ω_1 顺时针方向转过角 δ_1 时，从动件的滚子中心 B（也是凸轮理论廓线 β_0 上的点）所处位置的极坐标为

$$\left.\begin{array}{l} \rho = \sqrt{(s_0 + s_2)^2 + e^2} \\ \theta = \delta_1 - (\lambda_0 - \lambda) \end{array}\right\} \tag{10-4}$$

式中：

$$\left.\begin{array}{l} s_0 = \sqrt{r_0^2 - e^2} \\ \lambda_0 = \arctan \dfrac{e}{s_0} \\ \lambda = \arctan \dfrac{e}{s_0 + s_2} \end{array}\right\} \tag{10-5}$$

式(10-4)就是凸轮理论廓线的极坐标方程。

图上，滚子与凸轮轮廓曲线 β 切于 C 点，BC 为实际廓线 β 和滚子接触点的公法线，C 点就是实际廓线 β 上的点，所以凸轮实际廓线的极坐标方程为

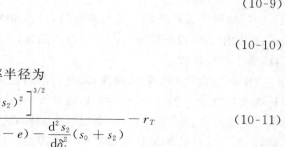

图 10-17

$$\left.\begin{array}{l} \rho_c = \sqrt{\rho^2 + r_T^2 - 2r_T\rho\cos(\alpha + \lambda)} \\ \theta_c = \theta + \tau \end{array}\right\} \tag{10-6}$$

式中：

$$\tau = \arctan\left[\frac{r_T\sin(\alpha + \lambda)}{\rho - r_T\cos(\alpha + \lambda)}\right] \tag{10-7}$$

其中 α 为滚子与凸轮廓线接触点法线 BC 与滚子中心 B 的速度 v_2 所夹的锐角（亦即下一节所述的压力角），可推导得 α 角的计算公式为

$$\alpha = \arctan\left[\frac{\dfrac{\mathrm{d}s_2}{\mathrm{d}\delta_1} - e}{s_0 + s_2}\right] \tag{10-8}$$

凸轮的理论廓线和实际廓线也可分别用式(10-9)和(10-10)表示为

$$\left.\begin{array}{l} x = \rho\cos\theta \\ y = \rho\sin\theta \end{array}\right\} \tag{10-9}$$

$$\left.\begin{array}{l} x_c = \rho_c\cos\theta_c \\ y_c = \rho_c\sin\theta_c \end{array}\right\} \tag{10-10}$$

通过数学推导可得凸轮实际廓线的曲率半径为

$$R = \frac{\left[\left(\dfrac{\mathrm{d}s_2}{\mathrm{d}\delta_1} - e\right)^2 + (s_0 + s_2)^2\right]^{3/2}}{\left(\dfrac{\mathrm{d}s_2}{\mathrm{d}\delta_1} - e\right)^2 + (s_0 + s_2)^2 + \dfrac{\mathrm{d}s_2}{\mathrm{d}\delta_1}\left(\dfrac{\mathrm{d}s_2}{\mathrm{d}\delta_1} - e\right) - \dfrac{\mathrm{d}^2 s_2}{\mathrm{d}\delta_1^2}(s_0 + s_2)} - r_T \tag{10-11}$$

以上各式也适用于尖底直动从动件，此时 $r_T = 0$。

§10-5 凸轮机构基本尺寸的确定

前述用作图法和解析法设计凸轮廓线,其基圆半径 r_0、滚子半径 r_T、直动从动件偏距 e 等基本参数都是预先给定的。设计凸轮传动,不仅要保证能实现从动件的预定运动规律,还要使运动不失真,传动时受力情况良好,效率高,结构紧凑。满足这些要求,与凸轮基圆半径 r_0、滚子半径 r_T 等基本参数的选择有关。

一、凸轮机构的压力角和自锁

现用图 10-18 来分析凸轮传动的受力情况。当不考虑从动件与凸轮接触处的摩擦时,凸轮对从动件的作用力 F 沿接触点的法线 n-n 方向。力 F 可分解为 F' 和 F'' 两个分力,其中分力 F' 是克服从动件工作阻力 Q 并使从动件运动的有效分力;而另一分力 F'' 则是从动件对导路的压紧力,它导致从动件在导路中运动时产生摩擦阻力,从而产生功耗,降低传动效率,因而 F'' 是有害分力。由图可知,$F'' = F'\tan\alpha$,式中 α 为凸轮对从动件的作用力 F 的方向与从动件尖底的速度方向之间所夹的锐角,称为压力角。当驱动从动件运动的有效分力 F' 一定时,有害分力 F'' 随压力角 α 的增大而增大;当 F'' 增大到一定值时,由分力 F'' 引起的摩擦阻力将超过驱动从动件的有效分力 F',此时从动件将不能被驱动,这种现象称为自锁。由上述讨论可知,为使凸轮传动工作可靠,受力良好,必须对压力角 α 加以限制。凸轮廓线上各点的压力角是变化的;在设计时应使最大压力角不超过许用值 $[\alpha]$。根据分析和实际经验,推程时对于直动从动件取 $[\alpha] = 30° \sim 40°$;对于摆动从动件取 $[\alpha] = 40° \sim 50°$。回程时从动件通常

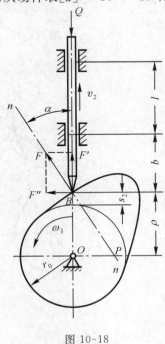

图 10-18

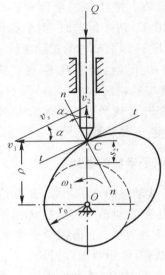

图 10-19

在重力或弹簧力作用下运动,因此不会出现自锁现象,对这类凸轮传动,可取其回程许用压力角$[\alpha'] = 70° \sim 80°$,也可不校验。

二、凸轮基圆半径的确定

如图 10-19 所示,凸轮与从动件在 C 点接触。设凸轮上 C 点的速度为 v_1,从动件上 C 点的速度为 v_2,凸轮与从动件在 C 点的相对速度为 v_s(平行于凸轮上 C 点的切线 t-t),则由速度多边形可知

$$v_2 = v_1 \tan\alpha = \rho\omega_1 \tan\alpha$$

式中:$\rho = r_0 + s_2$,而 s_2 为从动件的位移;代入上式并解出 r_0,得

$$r_0 = \frac{v_2}{\omega_1 \tan\alpha} - s_2 \tag{10-12}$$

由上式可知,在凸轮和从动件的运动规律(即 ω_1、v_2、s_2)给定后,压力角愈大,基圆半径愈小,凸轮传动愈紧凑;但压力角要受到许用值的限制,也就是基圆半径不能过小。

压力角随凸轮与从动件的相对位置不同而变化。满足 $\alpha_{\max} \leqslant [\alpha]$ 的基圆半径 r_0 很难直接算出;设计时,通常是根据具体结构条件(如凸轮传动所能占用的空间、凸轮轴直径等)并参考下列经验公式选定 r_0

$$r_0 \geqslant 0.9d + (7 \sim 10) \quad (\text{mm}) \tag{10-13}$$

式中:d 为安装凸轮处轴的直径,mm。

根据所选基圆半径 r_0 设计出凸轮轮廓曲线后,再对廓线上的某些点(一般选在推程阶段曲线较陡的位置上)进行压力角检验;若发现 $\alpha_{\max} > [\alpha]$,则应适当增大 r_0,重新设计。

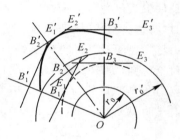

必须指出,设计平底从动件盘形凸轮传动时,基圆半径选择是否恰当,还会对从动件运动规律能否实现带来影响。如图 10-20 所示,B_1E_1、B_2E_2、B_3E_3 为从动件的平底在反转运动中途经的三个位置;从动件平底位于 B_1E_1 和 B_3E_3 两个位置时,两平底相交点处于位置 B_2E_2 的下方,因而凸轮的实际廓线不可能再与从动件相切于 B_2E_2,也就是 B_2E_2 所代表的从动件的位移将不能实现,使从动件运动失真。要消除这类凸轮传动的失真现象,必须加大基圆半径 r_0,如图 10-20 中将 r_0 增大到 r_0'。

图 10-20

三、滚子半径的选择

滚子从动件的滚子半径,从强度考虑宜取得大些;但滚子半径对凸轮实际轮廓曲线的形状有很大影响,也不宜过大。下面就滚子半径对凸轮的实际廓线形状的具体影响加以讨论。

图 10-21 中,β_0 为理论廓线,ρ_0 为理论廓线上某点的曲率半径,ρ 为对应点的实际廓线的曲率半径,

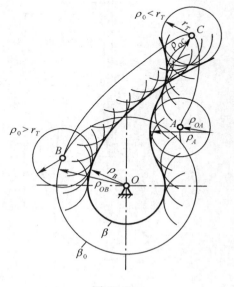

图 10-21

r_T 为滚子半径。

当理论廓线内凹时,如图中的 A 点处,$\rho_A = \rho_{0A} + r_T$,ρ_A 恒大于 0,实际廓线是光滑的曲线,能实现从动件的预定运动规律。

当理论廓线外凸时,如图中的 B、C 诸点处,$\rho = \rho_0 - r_T$,这时可能出现三种情况:① 如图中 B 点处,因 $\rho_{0B} > r_T$,则 $\rho_B > 0$,凸轮实际廓线亦为光滑曲线。② 如图中 C 点处,因 $\rho_{0C} < r_T$,则 $\rho_C < 0$;这时实际轮廓曲线相交,交点以外部分曲线在加工时实际上将被切去,已不复存在,致使由这部分轮廓曲线确定的从动件的运动规律无法实现,造成从动件运动失真。③ 如 $\rho_0 = r_T$(图中未画出相应的点),则 $\rho = 0$,实际廓线将在这点上相交,出现尖点。因凸轮廓线上的尖点处工作时极易磨损,所以,所设计的实际凸轮廓线上一般不容许出现此种尖点。

通过上述讨论可知,滚子半径 r_T 必须小于外凸理论廓线最小曲率半径 $\rho_{0\min}$,内凹部分则无此要求。设计时通常要求 $r_T \leqslant 0.8\rho_{0\min}$,同时要求 $\rho \geqslant (1 \sim 5)\,\mathrm{mm}$。实际选用的滚子半径的大小还要受到强度、结构等的限制,不能做得太小,通常取 $r_T = (0.1 \sim 0.5)r_0$。若不满足强度及上述尺寸关系,则应加大基圆半径 r_0,重新设计。

四、凸轮机构基本尺寸的确定

如前所述,预选凸轮机构基本参数设计出凸轮廓线以后,还必须校核最大压力角 $\alpha_{\max} < [\alpha]$ 和外凸理论廓线最小曲率半径 $\rho_{0\min} > r_T$。因此 $\alpha_{\max}$ 和 $\rho_{0\min}$ 的搜求就成为关键问题。用作图法设计凸轮廓线以后,通常通过目测对廓线上某些点用作图法近似求出相应的 α 和 ρ_0,再由其中确定 $\alpha_{\max}$ 和 $\rho_{0\min}$。这种方法既费时,精度也差。如采用解析法设计凸轮廓线,则可通过计算求出 $\alpha_{\max}$ 和 $\rho_{0\min}$。图 10-22 所示为用解析法设计计算直动从动件盘形凸轮廓线的计算机程序框图。

§10-6　凸轮传动的材料、结构和强度校核

设计凸轮传动,除了前述根据从动件所要求的运动规律设计出凸轮轮廓曲线外,还要选择适当的材料,确定合理的结构和技术要求,必要时进行强度校核。

一、凸轮和滚子材料的选择

凸轮传动中,凸轮轮廓与从动件之间理论上为点或线接触。接触处有相对运动并承受较大的反复作用的接触应力,因此容易发生磨损和疲劳点蚀。这就要求凸轮和滚子的工作表面硬度高、耐磨,有足够的表面接触强度。凸轮传动还经常受到周期性的冲击载荷,这时要求凸轮芯部有较大的韧性。由于更换从动件比更换凸轮价廉而简便,一般取从动件上与凸轮相接触部分的硬度略低于凸轮的硬度。凸轮副常用材料及其热处理可参考表 10-1 选用。

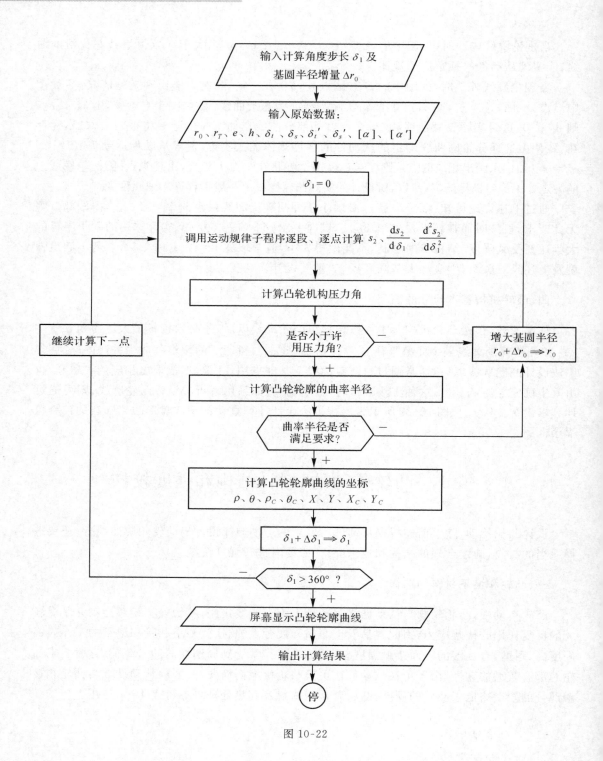

图 10-22

表 10-1　凸轮副常用材料及热处理

工作情况	凸　轮		从动件接触端	
	材　料	热　处　理	材　料	热　处　理
低速轻载	40、45、50 钢	调质 220～260HBS	45 钢	表面淬火 40～45HRC
	优质灰铸铁 HT200、HT250、HT300	退火 170～250HBS	青　铜	时效 80～120HBS
	球墨铸铁 QT600—3	正火 190～270HBS	黄　铜	退火 140～160HBS
中速中载	45 钢	表面淬火 40～45HRC	尼　龙	
	45 钢、40Cr	表面高频淬火 52～58HRC	20Cr	渗碳淬火,渗碳层深 0.8～1mm 55～60HRC
	15、20、20Cr、20CrMnTi	渗碳淬火,渗碳层深 0.8～1.5mm,56～62HRC		
高速重载或靠模凸轮	40Cr	高频淬火表面 56～60HRC,芯部 45～50HRC	GCr15 工具钢 T8、T10、T12	淬火 58～62HRC
	38CrMOAl、35CrAl	氮化,表面硬度 700～900HV		

二、凸轮传动的强度校核

一般凸轮传动主要用于传递运动,传力通常不是主要的,所以可以不作强度计算。但对受力较大或转速高的凸轮(惯性力大)以及受到冲击载荷的凸轮,则应进行接触强度校核。校核应用式(5-28)计算接触应力 σ_H,使满足

$$\sigma_H = \sqrt{\frac{F_n}{\pi b} \cdot \frac{\frac{1}{\rho_1} \pm \frac{1}{\rho_2}}{\frac{1-\mu_1^2}{E_1} + \frac{1-\mu_2^2}{E_2}}} \leqslant [\sigma_H] \quad \text{(MPa)} \quad (10\text{-}14)$$

式中:"±"中的"+"用于凸轮轮廓外凸时;"−"用于凸轮轮廓内凹时;F_n 为凸轮与从动件接触处的法向力,N;b 为从动件与凸轮接触处的接触长度,mm;ρ_1、ρ_2 分别为凸轮廓线与从动件接触处各自的曲率半径,mm,当廓线内凹时,ρ_1 应以负值代入;当平底从动件时,$\rho_2 = \infty$;E_1、E_2 分别为凸轮和滚子材料的弹性模量,MPa;μ_1、μ_2 分别为凸轮和滚子材料的泊松比;$[\sigma_H]$ 为凸轮的许用接触应力,MPa;可参考表 10-2 选取 $[\sigma_H]$。需要指出凸轮运转过程中,接触应力 σ_H 是变化的,校核应以一个运动循环中的最大接触应力 σ_{Hmax} 进行,即 $\sigma_{Hmax} \leqslant [\sigma_H]$,这是很繁琐的。

表 10-2　凸轮的许用接触应力 $[\sigma_H]$

材料	45 号钢调质	45 号钢淬火	20Cr 渗碳淬火	铸铁	球墨铸铁
$[\sigma_H]$(MPa)	2.6×HBS 值	27×HRC 值	(28−30)×HRC 值	1.5×HBS 值	1.8×HBS 值

三、凸轮传动的结构

1. 从动件的结构

图 10-23 所示为滚子从动件上的滚子结构及其联接方式,其中图 10-23(a) 直接采用滚动轴承作为滚子,图 10-23(b) 为滑动摩擦滚子结构,图 10-23(c) 为滚动轴承的外圈上再压配一个套圈,套圈磨损后可以更换。图 10-24 为回转式平底从动件的结构,其平底采用圆盘

形工作面。

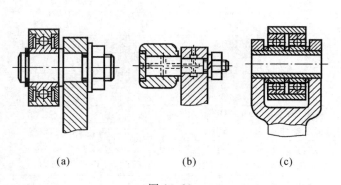

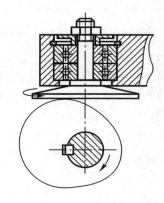

图 10-23

图 10-24

　　直动从动件的导路结构应用较多的是从动件的导路在凸轮的一侧,如图 10-18 所示。从动件悬臂长度 b 不宜过长,一般应小于导路长度 l 的一半。为了改善从动件的运动灵活性,还可将导路分设在凸轮的两侧,如图 10-25(a)所示;图 10-25(b)是双侧导路的另一种结构形式;这种结构将凸轮轴当成导路的一端。

　　2.凸轮的结构

　　最简单、最常见的是整体式凸轮,不需要经常更换的凸轮、较小的凸轮一般均采用这种结构。图 10-26 所示的为镶块式凸轮,其凸轮廓线由若干镶块拼接、固定在鼓轮上组合而成。鼓轮上加工出许多螺纹孔,供固定镶块用。这种凸轮可以更换镶块,改变凸轮廓线形状,以适应工作情况变化;用于需要经常更换凸轮的场合(如自动机)。

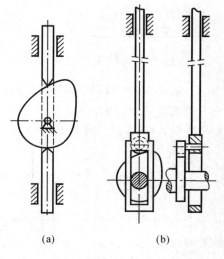

图 10-25

　　图 10-27 所示为组合式凸轮,盘状凸轮与轮毂是分离的,用螺栓将它们紧固成整体。盘状凸轮上螺栓的通过孔开成长圆弧槽,这样凸轮与轴的周向相对位置便于调节,因而使从动

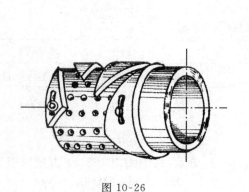

图 10-26

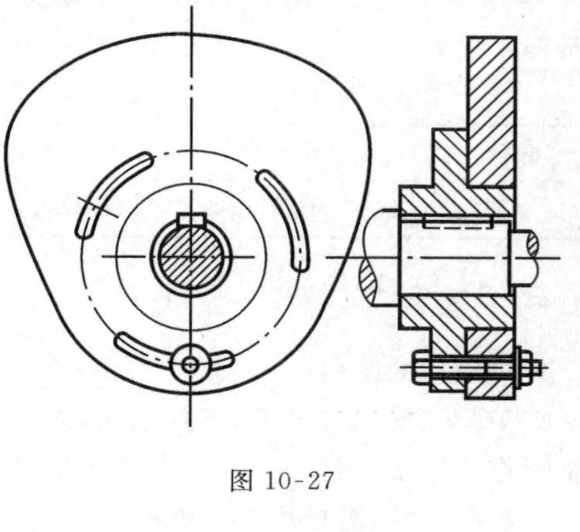

图 10-27

件的起始位置与轴的相对位置可以根据需要进行调节。

3. 凸轮的公差

凸轮的公差应根据工作要求来确定。低速凸轮、操纵用凸轮等,精度可低些;只要求保证从动件行程大小的凸轮,往往只需控制起始点和终止点的向径公差,而且公差值可取得大些。对于要求较高的凸轮,如精密仪表中的凸轮、高速凸轮(由于轮廓曲线的误差对凸轮传动的动力特性影响很大),精度要求应高些。向径不超过 300mm 的凸轮,其公差及轮廓工作表面粗糙度可参考表 10-3 确定。

表 10-3　凸轮公差及轮廓工作表面粗糙度

凸轮精度	极限偏差			表面粗糙度		位置公差级别
	向径(mm)	基准孔	槽式凸轮槽宽	盘状凸轮	槽式凸轮	
高精度	±(0.05～0.10)	H7	H7(H8)	0.4	0.8	6～7
一般精度	±(0.10～0.20)	H7(H8)	H8	0.8	1.6	7～8
低精度	±(0.20～0.50)	H8	H8(H9)	1.6	1.6	8～10

图 10-28 为一盘形凸轮的工作图示例。

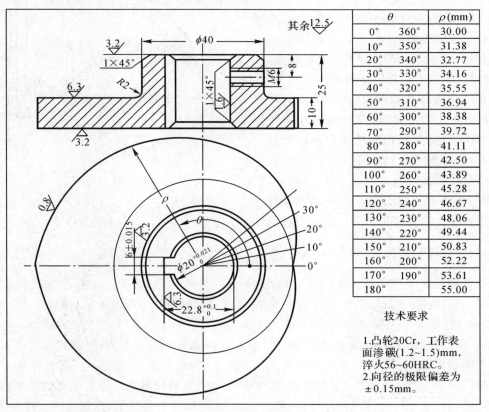

θ		ρ(mm)
0°	360°	30.00
10°	350°	31.38
20°	340°	32.77
30°	330°	34.16
40°	320°	35.55
50°	310°	36.94
60°	300°	38.38
70°	290°	39.72
80°	280°	41.11
90°	270°	42.50
100°	260°	43.89
110°	250°	45.28
120°	240°	46.67
130°	230°	48.06
140°	220°	49.44
150°	210°	50.83
160°	200°	52.22
170°	190°	53.61
180°		55.00

技术要求

1.凸轮20Cr,工作表面渗碳(1.2~1.5)mm,淬火56~60HRC。
2.向径的极限偏差为±0.15mm。

图 10-28

213

第 11 章　　棘轮传动、槽轮传动和其他步进传动

在许多机械和仪表如钟表、多工位转台、牛头刨床进给、电影放映机送片等机构中,需要间歇地传递运动和动力。实现间歇步进运动,常用的有棘轮传动、槽轮传动以及其他步进传动。

§11-1　　棘轮传动

一、棘轮传动的工作原理

典型的棘轮传动如图 11-1 所示。它主要由摇杆 1、棘爪 2、棘轮 3 和机架等所组成。簧片 5 用来使止动爪 4 和棘轮 3 始终保持接触。棘轮 3 与 O 轴固联;棘爪 2 与原动件摇杆 1 铰接,而摇杆 1 则空套在 O 轴上并可绕 O 轴作往复摆动。当摇杆 1 作逆时针方向摆动时,带动棘爪 2 推动棘轮 3 沿逆时针方向转过一定角度;反之,摇杆作顺时针摆动时,止动爪 4 将阻止棘轮 3 不致被棘爪 2 带动而产生顺时针回转运动;这时棘爪 2 将在棘轮 3 的齿背上滑动。这样,当摇杆 1 作连续往复摆动时,棘轮 3 便只能作单向的、间歇的转动。

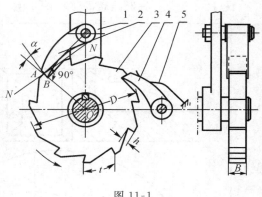

图 11-1

二、棘轮传动的类型、特点和应用

按棘轮轮齿分布在外缘或内缘,可分为外接式棘轮传动(图 11-1)和内接式棘轮传动(图 11-2)。如果要使棘轮能作双向间歇运动,可将棘轮制成矩形端面齿形,而棘爪 2 可翻转,如图 11-3 所示即为可换向棘轮传动。图中当棘爪 2 处于实线位置时,摇杆 1 的摆动将带动棘轮 3 沿逆时针方向作间歇转动;而当棘爪 2 绕销轴 A 翻转至虚线位置时,棘轮 3 将沿顺时针方向作间歇转动。图 11-4 所示为另一种可实现双向间歇转动的棘轮传动,它的棘爪 1 可绕自身轴线 A-A 回转。当棘爪 1 按图示位置放置时,棘轮 2 将由棘爪 1 带动作逆时针方向的单向间歇转动;当把棘爪 1 提起并绕自身轴线 A-A 转过 $180°$ 后再放下时,则棘轮 2 将由棘爪 1 带动作顺时针方向的单向间歇转动。

图 11-5 所示为双动式棘轮传动,主动件 1 作往复摆动时都可使两个棘爪 2 交替带动棘

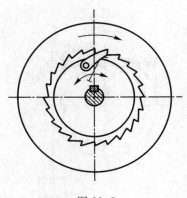

图 11-2

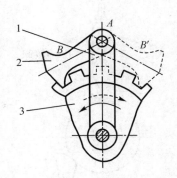

图 11-3

轮 3 沿同一方向作间歇转动。

要改变棘轮每次间歇转动的角度,可通过改变主动件摇杆的摆动角度的大小来达到。还可以如图 11-6 所示,用棘轮罩 4 遮去摇杆摆角 ψ 范围内棘轮上的一部分齿的办法来实现;当摇杆 1 作逆时针方向摆动时,棘爪 2 先在罩上滑过,然后才嵌入棘轮齿以推动棘轮转动。只要改变棘轮罩的位置,即改变被遮住的齿数,也就可以改变棘轮每次的转动角的大小。

无论棘轮的转动角可调与否,棘轮每次转动角的大小总是棘轮上相邻两齿所对的中心角的整倍数,即棘轮转动角及其改变仅是有级可调的。这种特性可能不满足某些机械的工作要求。如要实现棘轮转动角的无级调节,可采用如图 11-7 所示的无棘齿的棘轮传动;它是靠棘爪 2 和棘轮 3 之间的摩擦力传递运动的,故又称摩擦式棘轮传动,其中棘爪 4 起止动作用。

在棘轮传动中,一般是以棘爪为主动件,而棘轮则为从动件。棘爪本身的运动可由凸轮传动、连杆传动等机构来驱动。

图 11-4 所示为牛头刨床进给机构中所采用的棘轮传动,与棘轮固联的 O 轴为传动丝

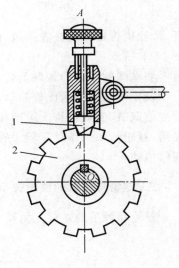

图 11-4

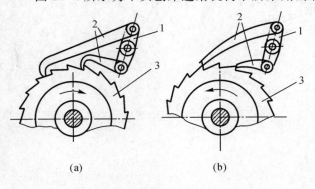

(a)   (b)

图 11-5

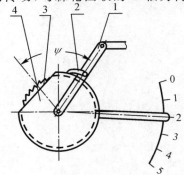

图 11-6

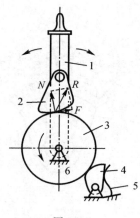

图 11-7

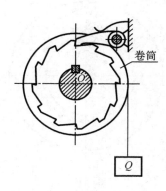

图 11-8

杆。棘轮机构还常用在卷扬机、提升机等需防止因自重而逆转的机械中,作为止逆停止器,如图 11-8 所示。

如在间歇回转的棘轮上联上螺旋传动或齿轮齿条传动,则可实现间歇直线移动。

棘轮传动的结构比较简单,且棘轮每完成一次间歇运动转过的角度可以在较大范围内改变或调节,而棘轮每次运动和停止的时间之比可以通过选择适当的驱动机构来改变,比较灵活。棘轮传动工作时有较大的冲击和噪声,传动精度也较低,故一般只适用于低速轻载的间歇传动。

三、棘轮与棘爪的位置关系及几何尺寸

棘轮和棘爪的主要几何尺寸(如图 11-9)可按表 11-1 所列经验公式计算。

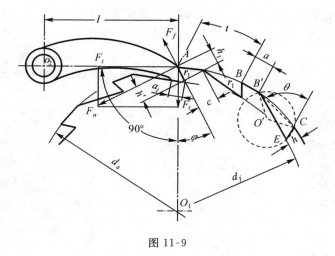

图 11-9

表 11-1　棘轮和棘爪的主要几何尺寸计算

名称及符号	计算公式及参数选择
齿数,z	常取 $z = 12 \sim 25$,或按整体设计需要选定
模数,m	由强度计算确定
顶圆直径,d_a	$d_a = mz$
齿高,h	$h = 0.75m$
齿顶厚,a	$a = m$
棘轮齿宽,b	由结构或强度计算确定
棘爪工作面长度,a_1	$a_1 = (0.5 \sim 0.7)a$
齿槽夹角,θ	$\theta = 60° $ 或 $55°$
棘爪长度,l	$l = 2\pi m$,或由结构确定
轮齿工作面偏角,φ	常取 $\varphi = 20°$,详见受力分析

注:常用模数 m 有 $1;1.5;2;2.5;3;3.5;4;5;6;8;10$mm。

为了使棘爪受力最小,应使棘轮齿顶 A 和棘爪的摆动中心 O_2 的连线垂直于棘轮半径 O_1A。

在棘轮传动中,必须保证棘爪一旦与轮齿工作面上的 A 点接触,就能顺利地进入棘轮的齿根而不向外滑脱。为此棘轮齿的工作面相对于棘轮半径必须向齿体内偏斜一角度 φ(如图 11-9),称为棘轮齿工作面的偏角。

φ 角的大小分析如下。正常工作时,棘爪受正压力 F_n 和摩擦力 F_f 作用;这样,棘爪不向外滑脱的条件是:F_n 力对 O_2 点的力矩必须大于 F_f 力对 O_2 点的力矩,即

$$F_n l \sin\varphi > F_f l \cos\varphi$$

分别以 f 和 ρ 表示棘轮齿与棘爪之间的摩擦系数和摩擦角,则 $F_f = F_n f$,$f = \tan\rho$,代入上式可得

$$\tan\varphi > \tan\rho$$

即

$$\varphi > \rho$$

当 $f \approx 0.2$ 时,ρ 约为 $11°30'$,故设计时通常取 $\varphi = 20°$。

棘轮齿形画法如图 11-9 所示。先根据 d_a 和 h 画出齿顶圆和齿根圆;将齿顶圆按齿数 z 等分,得等分点 A、B、C… 等点。由任一等分点(如图中 B 点)作弦 $\overline{BB'} = a = m$;连接点 B' 和点 C,然后自点 B' 和点 C 分别作角 $\angle O'B'C = \angle O'CB' = 90° - \theta$($\theta$ 为齿槽夹角),得 O' 点;以 O' 点为圆心、$\overline{O'B'}$ 为半径作圆,交齿根圆于 E 点,CE 即为轮齿的工作面,连接 $B'E$ 即得一个完整的齿形。

四、棘轮传动的强度计算

如图 11-9 所示、棘轮轮齿和棘爪在顶点 A 接触时,棘轮齿的受力情况犹如悬臂梁,对轮齿强度最为不利,轮齿可能因为 F_t 产生的弯矩作用而折断。为了不使轮齿折断必须满足弯曲强度条件:

$$\sigma_b = \frac{M}{W} = \frac{F_n(h/\cos\varphi)}{bc^2/6} = \frac{6F_t h}{bc^2\cos^2\varphi} \leqslant [\sigma]_b \quad (\text{MPa}) \tag{11-1}$$

式中:b 为齿宽,取 $b = \psi m$,mm;ψ 为齿宽系数,见表 11-2;c 见图 11-9,可取 $c = 1.4m$;$h = 0.75m$。$F_t = \frac{2T}{d_a}$,N;T 为棘轮所传递的转矩,N·mm;$d_a = mz$,mm;$[\sigma]_b$ 为棘轮齿的许用弯曲应力,MPa,可查表 11-2。将这些关系式代入式(11-1),整理后,得

$$m \geqslant 17.5\sqrt[3]{\frac{T}{z\psi[\sigma]_b}} \quad (\text{mm}) \tag{11-2}$$

另外,若棘轮齿顶磨损过大,棘爪在进入齿根时仍可能向外滑脱,从而使传动失效,为此还应限制轮齿单位接触线长度上所受到的载荷(称为线压力),以减缓磨损。线压力以 p 表示,其验算式为

$$p = \frac{F_t}{b} = \frac{2T}{m^2 \cdot z \cdot \psi} \leqslant [p] \quad (\text{N/mm}) \tag{11-3}$$

式中:$[p]$ 为许用线压力,N/mm,$[p]$ 值见表 11-2;其余各符号同前。

表 11-2　ψ、$[\sigma]_b$ 和 $[p]$ 值

棘轮材料	HT150	ZG270-510　ZG310-570	Q235	45
齿宽系数 ψ	1.5~6	1.5~4	1~2	1~2
$[\sigma]_b$(MPa)	30	80	100	120
$[p]$(N/mm)	150	300	350	400

至于棘爪强度,视其结构和受载情况,可按偏心压缩(图 11-10(a)),或偏心拉伸(图 11-10(b))进行强度计算,两者的计算式均为

$$\sigma_b{}' = \frac{M'}{W'} + \frac{F_t}{A} \leqslant [\sigma]_b{}' \quad (\text{MPa}) \tag{11-4}$$

式中:M' 为棘爪所受弯矩,$M' = F_t e$,N·mm;W' 为棘爪危险截面的抗弯截面模量,$W' = \frac{b_1\delta^2}{6}$,mm³;其中 b_1 为棘爪宽度,通常取 $b_1 = b + (2\sim3)$,mm,b 为棘轮齿宽度,mm;A 为棘爪危

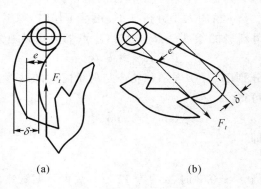

(a)　　　　　　(b)

图 11-10

险截面的面积,$A = b_1\delta$,mm²;$[\sigma]_b{}'$ 为棘爪材料的许用弯曲应力,由于棘爪常为钢制,为了增强耐磨性,其端部通常还需经淬火处理,故可取 $[\sigma]_b{}' = 100 \sim 120\text{MPa}$。

棘爪轴可按第 12 章所述的方法进行强度计算。

§11-2 槽轮传动

一、槽轮传动的工作原理

槽轮传动的工作原理如图 11-11 所示。它由装有圆销 A 的拨盘 1(主动件)、具有径向槽的槽轮 2 及机架所组成。当拨盘回转而其上的圆销 A 进入槽轮的径向槽前,槽轮不被驱动,加之槽轮上的锁止弧 $\overgroup{nm}$ 被拨盘上的外凸圆弧 $\overgroup{mm}$ 卡住,故槽轮静止不动并被锁住。当圆销 A 开始进入径向槽时(如图 11-11 所示位置),此时被锁住的槽轮也正被松开(锁止弧 $\overgroup{nm}$ 的一半还与外凸圆弧 $\overgroup{mm}$ 接触,另一半已脱开)。此后,槽轮将被圆销 A 驱使而转动。当圆销 A 转至连心线 O_1O_2 的另一侧正要离开径向槽时,槽轮又静止不动并被锁住。当圆销 A 再次进入槽轮的另一径向槽时,上述的槽轮运动又循环一次。这样,当拨盘带动圆销 A 作匀速转动时,槽轮将作时停时动的单向、间歇回转运动。

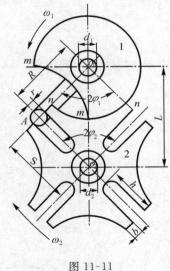

图 11-11

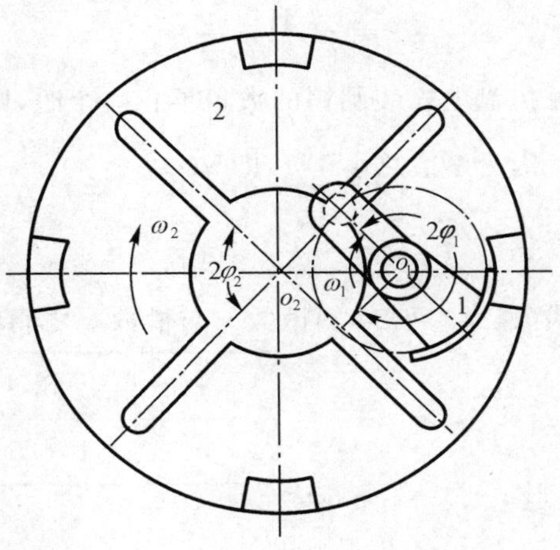

图 11-12

二、槽轮传动的类型、特点及应用

根据槽轮径向槽的开口在外缘或内缘,分为外槽轮传动(图 11-11)和内槽轮传动(图 11-12)。两者都用于平行轴之间的传动,前者两轴转向相反,后者转向相同。

槽轮传动有结构简单、传动效率高、比棘轮传动运转平稳和冲击小等特点,在自动机床转位机构、电影放映机卷片机构等自动或半自动机械中获得广泛应用。但槽轮的间歇转动角度大小一经设计制成,就不能再改变。

三、槽轮传动的运动系数

槽轮传动中,主动拨盘 1 回转一周时,槽轮 2 的运动时间 t_m 与拨盘回转一周的时间 t 之比称为运动系数,以 τ 表示,即

$$\tau = \frac{t_m}{t} \tag{11-5}$$

由图 11-11 可知，为了避免冲击，圆销 A 开始进入径向槽和自径向槽脱出时，径向槽的中心线应切于圆销 A 的中心轨迹圆，即必须使 O_1A 与 O_2A 相垂直。显然，拨盘上只有一个圆销时，时间 t_m 和 t 所对应的拨盘转角分别为 $2\varphi_1$ 和 2π。由图 11-11 所示的几何关系可知

$$2\varphi_1 = \pi - 2\varphi_2 = \pi - \frac{2\pi}{z}$$

式中 z 为槽轮的槽数。这样，拨盘作等速回转时，上述运动系数可以用 $2\varphi_1$ 与 2π 之比表示，即

$$\tau = \frac{t_m}{t} = \frac{2\varphi_1}{2\pi} = \frac{\pi - \frac{2\pi}{z}}{2\pi} = \frac{1}{2} - \frac{1}{z} = \frac{z-2}{2z} \tag{11-6}$$

显然，运动系数应大于零。故由上式可知，槽轮的径向槽数 z 至少为 3；由式(11-6)还可知，运动系数 τ 必小于 0.5，也就是说，拨盘上只有一个圆销的外槽轮传动，其槽轮的运动时间总是小于静止时间。

如果拨盘上装有 n 个圆销，且均匀分布在同一回转半径上，则拨盘回转一周时，槽轮将被拨动 n 次，槽轮传动的运动系数将是

$$\tau = n\left(\frac{1}{2} - \frac{1}{z}\right) \tag{11-7}$$

可见拨盘上安装圆销的数目不止一个时，则可得到运动系数 τ 大于 0.5 的传动。

因为 τ 值总小于 1，即 $n\left(\frac{1}{2} - \frac{1}{z}\right) < 1$，由此得

$$n < \frac{2z}{z-2} \tag{11-8}$$

由式(11-8)可知，圆销数 n 与槽数 z 之间应有如下关系

z	3	4	$\geqslant 6$
n	$1 \sim 5$	$1 \sim 3$	$1 \sim 2$

内槽轮传动的运动分析与上述分析方法相似，不再详细讨论。由分析可知，内槽轮传动中心拨盘上的圆销数只能有一个，内槽轮槽数 z 最少为 3，而运动系数总大于 0.5。

上述的槽轮传动中，槽轮的径向槽和拨盘上的圆销都是对圆周均匀分布的，且各圆销的回转半径也相同，所以槽轮一转中每次的运动时间相等，每次的停歇时间也相等。若欲使槽轮一转中各次的停歇时间不相等，则拨盘上的各圆销应对圆周作不均匀分布；如欲使槽轮每次运动时间不相等，则应使各圆销的回转半径不相等。图 11-13 所示的槽轮传动，在拨盘转一周内，槽轮每次的停歇和运动的时间均不相同。

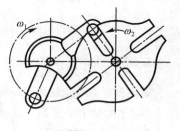

图 11-13

四、槽轮机构的几何尺寸计算

外槽轮机构的基本几何尺寸可根据槽数 z 和拨盘上的圆销数 n 按图 11-11 和表 11-3 所列的公式计算。

表 11-3　外槽轮机构的几何尺寸计算公式

名称	符号	计算公式与说明
中心距	L	由结构定
圆销的回转半径	R	$R = L\sin\dfrac{\pi}{z}$
圆销半径	r	取 $r \approx \dfrac{1}{6}R$
槽顶高	S	$S = L\cos\dfrac{\pi}{z}$
槽深	h	$h = S - (L - R - r) = L(\sin\dfrac{\pi}{z} + \cos\dfrac{\pi}{z} - 1) + r$
锁止弧半径	R_s	$R_s = KS$　其中 表格见下 要求轮槽一侧顶厚 $b = (0.6 \sim 0.8)r > (3 \sim 5)\text{mm}$
锁止弧张开角	γ	$\gamma = \dfrac{2\pi}{n} - 2\varphi_1 = 2\pi(\dfrac{1}{n} + \dfrac{1}{z} - \dfrac{1}{2})$　n 为圆销数

z	3	4	5	6	8
K	1.4	0.70	0.48	0.34	0.20

§11-3　其他步进传动

一、不完全齿轮传动

不完全齿轮传动如图 11-14 所示，它也是一种间歇运动机构。它的主动轮 1 不是整周上布满轮齿，而是只有一个或几个齿的不完全齿轮；从动轮 2 可以是普通齿轮（图 11-14(a)），也可以是由正常齿和厚齿按一定的排列组成的特殊齿轮（图 11-14(b)、图 11-14(c)），厚齿齿顶上带有锁止弧 s_2。由图 11-14(b) 可看出，主动轮 1 转过一周时，从动轮 2 只转过 1/8 周，故从动轮每转一周的过程中需停歇 8 次。停歇时锁止弧 s_2 和 s_1 相互锁住，以防从动轮游动。

图 11-14(a) 中主动轮以角速度 ω_1 匀速转动时，从动轮 2 在运动期间也以 ω_2 匀速转动，$\omega_2 = \dfrac{z_1}{z_2}\omega_1$（其中 z_1 为主动轮整周布满轮齿时的齿数）；但是，当从动轮由停歇而突然获得某一转速 ω_2，以及相反由转速 ω_2 突然停止下来，都会因转速突变使（齿轮）传动受到刚性冲击。为了消除不完全齿轮传动中的速度突变，可以在两轮上各加装一瞬心线附加杆，如图 11-14(a) 中的杆 K、L，其作用是使从动轮在运动开始阶段的角速度从零逐渐增大到正常值 ω_2，从而避免冲击。

不完全齿轮机构一般用于低速、轻载的场合,如计数机构、间歇的进给机构、有特殊运动要求的专用机械等。

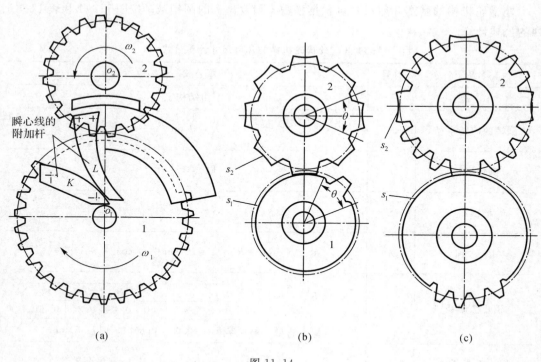

图 11-14

二、利用连杆曲线实现步进移动

图 11-15 所示为自动线上的一种搬运步进传送机构。该机构包含两个完全相同的曲柄摇杆机构。当曲柄 AB 作等角速度回转时,连杆 BC 上的 E 点沿虚线所示的轨迹曲线运动。在 $E(E')$ 点上铰接推杆 5,则此时推杆上的各点也按此虚线轨迹运动。当推杆行经虚线轨迹曲线的上部作近似水平直线移动时,即推动工件 6 向前移动,当 $E(E')$ 点行经虚线轨迹曲线其他部分时,推杆作空行程,此时推杆下降、返回并再度上升,以便实现第二次工件推进。其虚线轨迹曲线可按连杆曲线图谱选用和进行设计。

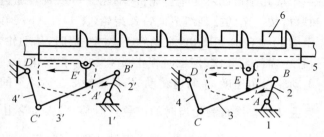

图 11-15

三、利用步进电机实现步进传动

前面所介绍的均为机械式的步进传动。目前许多步进运动也可直接由步进电机来实现。步进电机是一种将电脉冲信号转换成相应的角位移或直线位移的机电执行装置,每外加一个控制脉冲,电机输出轴转动一个角度(步距角),不断输入电脉冲信号,步进电机就一步一步地转动。与其他驱动元件相比,步进电机的特点有:① 输出角与输入的脉冲严格成正比,且在时间上同步;转子的速度主要取决于脉冲信号的频率,总的位移量则取决于总脉冲数;② 输出转角的精度高,无积累误差;③ 可正、反转和启动、停止;④ 控制系统结构简单,与数字设备兼容,与计算机接口方便,能够直接接受计算机输出的数字量。用步进电机实现步进传动广泛用于机械、冶金、仪器、仪表等领域。

四、机 — 电 — 液组合步进机构

图 11-16 所示为以棘轮机构为核心的机 — 电 — 液组合步进机构。当二位四通换向阀 3 的电磁铁通电,单向定量油泵 1 输出的压力油经单向节流阀 5 进入油缸 6 的右腔,推动活塞杆 7 向左行,摇杆 8 作逆时针方向摆动并通过棘爪带动棘轮 9 转位,此时油缸 6 左腔回油。当电磁铁断电时,泵 1 输出的压力油经单向节流阀 4 进入油缸 6 的左腔,推动活塞杆 7 向右行并带动摇杆 8 作顺时针方向摆动,此时棘爪在棘轮齿背滑过,棘轮不动,油缸 6 右腔回油。该组合机构的特点为摇杆的往复摆动由电讯号的指令控制,其周期的长短、停歇的时间都可以不受限制,并可通过单向节流阀的流量控制实现调节摇杆往复摆动的速度,其适应性更广。

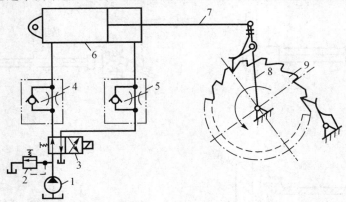

图 11-16

第 12 章　轴

§12-1　轴的功用和分类

　　轴是组成机器的重要零件之一。凡是作回转运动的零件（如齿轮、带轮、滑轮和车轮等）都必须用轴来支持才能运动和传递动力。

　　根据所受载荷的不同，轴可分为心轴、传动轴和转轴三种。心轴只承受弯矩，不传递转矩。心轴可分为转动的心轴（如图 12-1(a) 所示的机车轮轴）和固定的心轴（如图 12-1(b) 所示的自行车前轮轴）。传动轴只传递转矩，不承受弯矩或弯矩很小（如图 12-2 所示的汽车的传动轴）。转轴则既传递转矩又承受弯矩（如图 12-3 所示的齿轮减速器中的轴）；实际应用的轴大多数属于转轴。

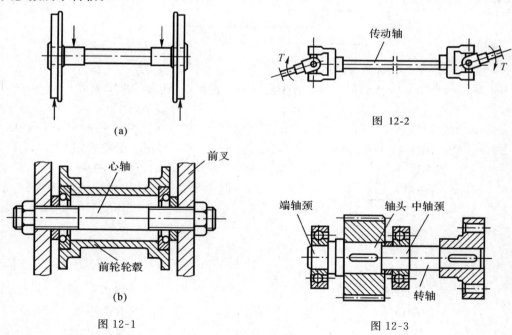

(a)

图 12-2

图 12-1

图 12-3

　　按轴线形状，轴又分为直轴（图 12-4）、曲轴（图 12-5）和挠性钢丝轴（图 12-6）。曲轴常用于往复式机械（如曲柄压力机、内燃机等）和行星传动中。挠性钢丝轴的结构如图 12-6(a) 所示，它是由几层紧贴在一起的钢丝层所构成的，可以把转矩和回转运动灵活地传到任何位

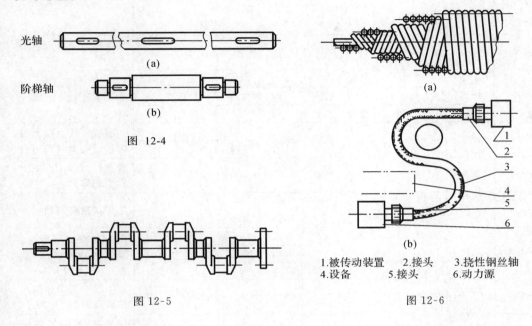

置,如图 12-6(b) 所示。挠性钢丝轴只能传递转矩,不能承受弯矩。轴类零件中绝大多数为直轴,它包括各段直径不变的光轴(图 12-4(a))和各段直径变化的阶梯轴(图 12-4(b)),本章仅讨论直轴。

光轴

(a)

阶梯轴

(b)

图 12-4

(a)

1.被传动装置　2.接头　3.挠性钢丝轴
4.设备　5.接头　6.动力源

(b)

图 12-5

图 12-6

§12-2　轴的材料

　　轴常用碳素钢和合金钢制造。碳素钢比合金钢价廉,且对应力集中敏感性较低,应用更为广泛。

　　常用作轴的材料的碳素钢有 35、45 和 50 等优质中碳钢,其中尤以 45 号钢的应用更为普遍。为保证其机械性能,一般均应进行调质或正火处理。轴也可用普通碳素钢 Q215、Q235 等制成,但此类钢不适于进行热处理,故只限于用在不重要的或载荷较小的场合。

　　合金钢具有较高的机械强度,可淬性亦较好,但对应力集中较敏感,价格也较贵。重载或重要的轴,要求尺寸、重量轻的轴,要求高耐磨性以及在高温等特殊环境下工作的轴,常采用合金钢。常用的合金钢有 20Cr、40Cr、40MnB 等。

　　必须指出,各种合金钢和碳钢的弹性模量均很接近,热处理对其影响也甚少;因此,为提高轴的刚度而采用合金钢并不能奏效。

　　轴的毛坯一般采用轧制圆钢或锻件。尺寸偏大形状复杂(如曲轴)时,也可采用铸钢或球墨铸铁。铸钢的品质不易保证,容易出现缩孔等缺陷。球墨铸铁具有成本低、吸振性和耐磨性较好以及对应力集中敏感性较低等优点。但球墨铸铁的质量需靠良好的铸造工艺予以保证。

　　表 12-1 列出了轴的常用材料及其主要力学性能。

机械设计基础

表 12-1　轴的常用材料及其主要力学性能

材料牌号	热处理	毛坯直径（mm）	硬度（HBS）	抗拉强度 σ_B	屈服极限 σ_S	弯曲疲劳极限 σ_{-1}	剪切疲劳极限 τ_{-1}	备注
				(MPa)				
Q235				440	240	180	105	用于不重要或承载不大的轴
45	正火回火	≤100	170～217	590	295	255	140	应用最广泛
		>100～300	162～217	570	285	245	135	
	调质	≤200	217～255	640	355	275	155	
40Cr	调质	≤100	241～286	735	540	355	200	用于载荷较大而无很大冲击的重要的轴
		>100～300		685	490	335	185	
40MnB	调质	≤200	241～286	735	490	335	195	性能接近40Cr，用于重要的轴
40CrNi	调质	≤100	241～286	735	540	355	200	用于很重要的轴
		>100～300		685	490	335	185	
38CrMoAlA	调质	≤60	293～321	930	785	440	280	用于要求高耐磨性、高强度且热处理（渗氮）变形很小的轴
		>60～100	277～302	835	685	410	270	
		>100～160	241～277	785	590	375	220	
20Cr	渗碳淬火回火	≤60	表面 56～62 HRC	640	390	305	160	用于要求强度和韧性均较高的轴
1Cr18Ni9Ti	淬火	≤100	≤192	530	195	190	115	用于高、低温及强腐蚀条件下工作的轴
		>100～200		490		180	110	
QT500-7			187～255	500	380	180	155	用于制造复杂外形的轴
QT600-3			197～269	600	420	215	185	

§12-3　轴的结构设计

轴的结构设计就是在满足强度和刚度要求的基础上，综合考虑轴上零件的装拆、定位、固定以及加工工艺等要求，以确定轴的合理结构形状和尺寸的过程。

由于须考虑的因素很多，轴的结构设计具有较大的灵活性和多样性；但轴的结构设计原则上都应满足如下要求：轴和安装在轴上的零件都要有确定的工作位置；轴上零件要便于装拆；轴应具有良好的工艺性；不应使轴的强度和刚度因结构设计不当而遭到过多削弱。下面分别讨论这些要求。

一、轴上零件的轴向定位和固定

轴上零件利用轴肩（阶梯轴上截面变化处）定位是最方便而有效的方法，如图 12-7 和图 12-8 中齿轮左侧的定位。为了保证轴上零件靠紧定位面（轴肩端面），轴肩的圆角半径 r 必须小于零件毂孔的倒角 c_1（或圆角半径 R）；定位轴肩的高度 h 一般取 $(2 \sim 3)c_1$，或 $h = (0.07 \sim 0.1)d$，如图 12-8 所示。

226

图 12-7 中的滚动轴承系利用套筒作轴向定位；而套筒则借助于已定位的齿轮右侧端面起定位作用。套筒端面须紧靠被定位零件端面，如靠紧图中的齿轮和滚动轴承。为此，应使齿轮宽度 L_1 大于相配轴段长度 l_1；同理，应使尺寸 $L > l$。在此，轴肩 A、B 已不起定位作用，是否设轴肩应从方便装拆等角度考虑，而轴肩高度 h 在此也就无严格规定和要求了。

若轴上相邻两零件相距较大，使用套筒定位会使套筒过长，这时齿轮右侧可用圆螺母固定，如图 12-8 所示。用圆螺母固定时，轴上零件装拆方便；但轴上因切制螺纹，应力集中较严重，于轴的强度不利。为防止螺母松脱，一般均采用双圆螺母结构（如图 12-8）。

当零件位于轴端且需轴向固定时，可用轴端挡圈压紧的固定方式，如图 12-7 和图 12-8 中滚动轴承右侧的固定。轴端零件也可用圆螺母固定。

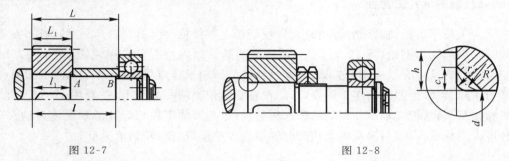

图 12-7   图 12-8

当零件上的轴向力不大时，可采用弹性挡圈（图 12-9）、紧定螺钉（图 12-10）和锁紧挡圈（图 12-11）等轴向固定方法。

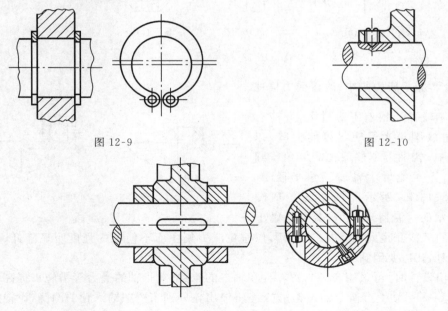

图 12-9   图 12-10

图 12-11

二、轴上零件的周向固定

凡是与轴一起传递转矩的轴上零件均需与轴作周向固定。常用的周向固定方法有键联接(如图 12-7、图 12-8 中的齿轮与轴的联接)、花键联接、过盈配合联接和紧定螺钉联接(如图 12-10)等。选择固定方式时应根据所传递的转矩的大小和性质、对中精度要求等因素来决定。有关内容在相应章节已作过介绍,不再重复。

三、轴的定位

除了上述的轴上零件应相对于轴作轴向和周向的固定外,还应使轴相对机架定位;只有这样,才能确保轴上零件具有确定的工作位置。整个轴的轴向定位最常见的方法是通过滚动轴承,利用轴承端盖等结构来实现(参看图 12-16 及第 14 章滚动轴承的组合设计)。

四、轴的结构工艺性

为了便于装拆,轴常制成阶梯形,以便于轴上零件依序装拆。装有零件的轴段,在零件装入端一般应制出倒角(图 12-12(a));须经磨削的轴段应留有砂轮越程槽(图 12-12(b));车制螺纹的轴段应有退刀槽(图 12-12(c));各过渡圆角半径应尽可能统一,以减少刀具种类和换刀时间;当轴上的键槽多于一个时,应使各键槽位于同一直线上(参看图 12-16)。此外,轴头和轴颈(通常把与轴承相配处的轴段称为轴颈,与其他零件相配处的轴段称为轴头)的直径应采用标准直径,与滚动轴承相配的轴颈直径则应符合滚动轴承标准。

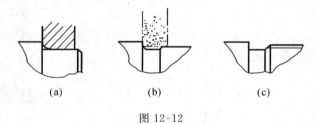

(a)　　　　(b)　　　　(c)

图 12-12

五、避免和减小应力集中,改善受力情况

相邻两轴段直径相差不应过大,并应有过渡圆角,过渡圆角半径应尽可能大些,以减小应力集中;若轴上零件毂孔的倒角或圆角半径很小,不可能增大轴肩圆角半径时,可采用图 12-13(a) 所示的凹切圆角或图 12-13(b) 所示的过渡肩环;尽量避免在轴上受应力较大的部位开径向孔、切口或凹槽,以避免应力集中而不使轴的强度明显降低;若必须开径向孔时,孔边要倒圆。

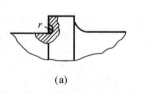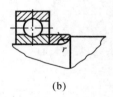

(a)　　　　　　(b)

图 12-13

在作结构设计时,可采用合理布置零件在轴上的位置、减小轴的受力等措施来提高轴的强度。图 12-14 表示轴上有两个输出轮;方案 a 将输出轮分别布置在输入轮的两侧,设输入转矩为 $T_1 + T_2$,且 $T_1 > T_2$,则轴所受的最大转矩仅为 T_1;方案 b 将输出轮设在输入轮的同侧,则轴所受的最大转矩是 $T_1 + T_2$,方案 a 的受载情况优于方案 b。图 12-15 所示为起重卷筒的两种结构方案;其中图(a)的方案系将大齿轮和卷筒固联在一起而后空套在轴上,转矩不经由轴传递,因而轴只承受弯矩;图(b)方案的轴则既传递转矩又承受弯矩。显然,图(a)的结构方案受载情况优于图(b)的结构方案。

图 12-16 所示为一单级齿轮减速器的低速轴结构实例。轴段 ③ 也可分为两段,但有可能使轴的最大直径增大。整个轴的轴向定位利用两端的轴承端盖来实现。轴承端盖用螺钉固定在箱体上。

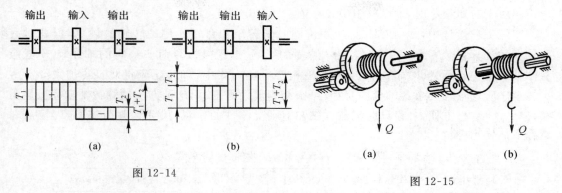

图 12-14

图 12-15

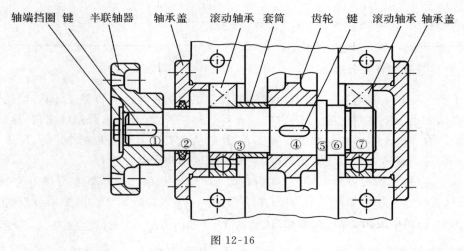

图 12-16

§12-4　轴的强度计算

轴的强度计算有三种方法:按转矩计算、按当量弯矩计算和按安全系数校核。

一、按转矩计算

对于只传递转矩、不受弯矩(或弯矩较小)的轴,可按转矩计算轴的直径,其强度条件为

$$\tau = \frac{T}{W_T} = \frac{9.55 \times 10^6 P/n}{0.2d^3} \leqslant [\tau] \quad (\text{MPa}) \qquad (12\text{-}1)$$

式中:τ 为轴的扭转剪应力,MPa;T 为轴所传递的转矩,N·mm;d 为计算截面处轴的直径,mm;W_T 为轴的抗扭截面模量,mm³,对于圆截面轴,$W_T = \pi d^3/16 \approx 0.2d^3$;$P$ 为轴所传递的功率,kW;n 为轴的转速,r/min;$[\tau]$ 为轴的许用扭转剪应力,MPa。

由式(12-1)可得轴的直径为

$$d \geqslant \sqrt[3]{\frac{9.55 \times 10^6}{0.2[\tau]}} \cdot \sqrt[3]{\frac{P}{n}} = C\sqrt[3]{\frac{P}{n}} \quad \text{(mm)} \tag{12-2}$$

式中 C 是由轴的材料和承载情况确定的计算系数。$[\tau]$ 值和 C 值见表 12-2。若只传递转矩或弯矩相对于转矩很小时,C 可取表中较小值。

实际工程设计中,式(12-2)也应用于同时受转矩和弯矩作用的转轴的计算,但此时宜取较大的计算系数 C 值,以补偿未计入弯矩的影响。按式(12-2)计算所得的轴径 d,一般应看作轴的最小直径;同时,若在该直径处有键槽等应力集中源时,还应将此直径加大 3% ～ 7%。至于阶梯形轴其余各轴段的直径,可由结构设计确定。用这种方法估算转轴轴径虽显粗糙,但方法快捷、方便,且设计时无需详细知道轴上零件的位置、尺寸和载荷等要素,仅需知道轴上的转矩即可。

表 12-2　按转矩计算轴用的[τ]和 C 值

轴的材料	20,Q235	35,Q275	45	40Cr,35SiMn,38SiMnMo
$[\tau]$ (MPa)	15 ～ 25	20 ～ 35	25 ～ 48	40 ～ 52
C	149 ～ 126	135 ～ 112	126 ～ 103	112 ～ 97

二、按当量弯矩计算

对于同时受转矩和弯矩的轴,可以按材料力学中的当量弯矩进行强度计算,但用这种方法计算必须知道轴上作用力的大小、方向和作用点的位置,以及轴承跨距等要素。显然,这种计算方法只有当轴上零件在草图上布置妥当、外载荷和支反力等已知才能进行。所以这种计算一般是前述的按转矩初步估算出轴径,并初步完成结构设计后进行。

按这一方法,一般应将轴上零件(如齿轮等)所受的载荷先分解到水平面和垂直面,求出各支点的反力,并绘出轴的受力简图(参看图 12-18);然后分别计算水平面弯矩 M_H 和垂直面弯矩 M_V,并绘出相应平面的弯矩图,再按 $M = (M_H^2 + M_V^2)^{\frac{1}{2}}$ 求得合成弯矩 M,绘出其弯矩图,同时绘出扭矩 T 图;最后将扭矩 T 和合成弯矩 M 按公式 $M_e = [M^2 + (\alpha T)^2]^{\frac{1}{2}}$ 合并成当量弯矩 M_e,并绘出 M_e 图。

当量弯矩 $M_e = [M^2 + (\alpha T)^2]^{\frac{1}{2}}$ 的算式是根据第三强度理论推出,其中 α 为考虑弯曲应力与扭剪应力的循环特性不同而引入的应力校正系数。因为轴的弯曲应力几乎均为对称循环变化,而轴的扭剪应力则不然,故引入系数 α;因此,对于大小、方向均不变的稳定转矩,取 $\alpha = \frac{[\sigma_{-1}]_b}{[\sigma_{+1}]_b}$;对于脉动变化的转矩则取 $\alpha = \frac{[\sigma_{-1}]_b}{[\sigma_0]_b}$;对于呈对称循环变化的转矩(如频繁正反转的轴),则由于扭剪应力与弯曲应力一样具有对称循环特性,故取 $\alpha = \frac{[\sigma_{-1}]_b}{[\sigma_{-1}]_b} = 1$,$[\sigma_{+1}]_b$、$[\sigma_0]_b$ 和 $[\sigma_{-1}]_b$ 分别为静应力、脉动循环变应力和对称循环变应力时轴的许用弯曲应力,MPa,其值见表 12-3。若转矩的变化规律不清楚,一般可按脉动循环处理,钢轴可近似取 $\alpha \approx 0.6$。

对于圆截面轴,所计算截面的强度条件为

$$\sigma_e = \frac{M_e}{W} \approx \frac{1}{0.1d^3}\sqrt{M^2 + (\alpha T)^2} \leqslant [\sigma_{-1}]_b \quad \text{(MPa)} \tag{12-3}$$

或者,按式(12-3)求得轴在所计算截面处的直径 d 为

$$d \geqslant \sqrt[3]{\frac{M_e}{0.1\left[\sigma_{-1}\right]_b}} = \sqrt[3]{\frac{\sqrt{M^2 + (\alpha T)^2}}{0.1\left[\sigma_{-1}\right]_b}} \quad (\text{mm}) \tag{12-4}$$

以上两式中,M,T 和 M_e 的单位均为 N·mm;d 的单位为 mm;$\left[\sigma_{-1}\right]_b$ 的单位为 MPa。

表 12-3　轴的许用弯曲应力　　　MPa

材料	σ_B	$\left[\sigma_{+1}\right]_b$	$\left[\sigma_0\right]_b$	$\left[\sigma_{-1}\right]_b$
碳素钢	400	130	70	40
	500	170	75	45
	600	200	95	55
	700	230	110	65
合金钢	800	270	130	75
	900	500	140	80
	1000	330	150	90
铸　钢	400	100	50	30
	500	120	70	40

若所计算截面有键槽,可将计算所得的轴径加大 4% 左右。

需要指出的是,若计算所得的轴径比结构设计所确定的轴径小,则表明结构设计所确定的轴径强度足够,一般就以结构设计所确定的直径为准;只有当计算结果比结构设计确定的直径小得多,才修改结构设计,缩小该处截面尺寸。反之,若计算结果比结构设计确定的直径大,则应按计算结果放大该处轴径,修改结构设计,以保证轴的安全。

对于一般用途的轴,此法可作为最终的强度计算;对于重要的轴,则还须进一步按疲劳强度校核其安全系数(可参阅本书主要参考书目[11]、[28])。

例 12-1　试设计图 12-17 所示斜齿圆柱轮减速器的低速轴。已知轴的转速 $n = 140\text{r/min}$,传递功率 $P = 5\text{kW}$。轴上齿轮的参数为:齿数 $z = 58$,法面模数 $m_n = 3\text{mm}$,分度圆螺旋角 $\beta = 11°17'3''$,齿宽及轮毂宽 $b = 70\text{mm}$。

解:1) 选择轴的材料。

减速器功率不大,又无特殊要求,故选最常用的 45 号钢并作正火处理。由表 12-1 查得 $\sigma_B = 590\text{MPa}$。

2) 按转矩估算轴的最小直径。

应用式(12-2)估算。由表 12-2 取 $C = 118$,于是得

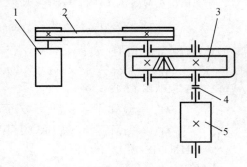

1.电动机　2.带传动　3.齿轮传动
4.联轴器　5.滚筒

图 12-17

$$d \geqslant C\sqrt[3]{\frac{P}{n}} = 118\sqrt[3]{\frac{5}{140}} = 38.86(\text{mm})$$

计算所得应是最小轴径(即安装联轴器)处的直径。该轴段因有键槽,应加大 3% ~ 7% 并圆整,取 $d = 40\text{mm}$。

3) 轴的结构设计。

根据估算所得直径、轮毂宽及安装情况等条件,轴的结构及尺寸可进行草图设计,如图 12-18(a) 所示,

轴的输出端用 LT7 型(GB/T 4323—2017)弹性套柱销联轴器,孔径 40mm,孔长 84mm,取轴肩高 4mm 作定位用。齿轮两侧对称安装一对 7210C(GB/T 292—2023)角接触球轴承,其宽度为 20mm。左轴承用套筒定位,右轴承用轴肩定位,根据轴承对安装尺寸的要求,轴肩高度取为 3.5mm。轴与齿轮、轴与联器均选用平键联接。根据减速器的内壁到齿轮和轴承端面的距离以及轴承盖、联轴器装拆等需要,参考设计手册中有关经验数据,将轴的结构尺寸初步取定如图中所示,这样轴承跨距为 128mm,由此可进行轴和轴承等的计算。

4) 计算齿轮受力。

齿轮分度圆直径 $\quad d = \dfrac{m_n z}{\cos\beta} = \dfrac{3 \times 58}{\cos 11°17'3''} = 177.43\ (\text{mm})$

齿轮所受转矩 $\quad T = 9.55 \times 10^6\ \dfrac{P}{n} = 9.55 \times 10^6 \cdot \dfrac{5}{140} = 341070\ (\text{N·mm})$

齿轮作用力

圆周力 $\quad F_t = \dfrac{2T}{d} = \dfrac{2 \times 341070}{177.43} = 3845\quad (\text{N})$

径向力 $\quad F_r = \dfrac{F_t \tan\alpha_n}{\cos\beta} = \dfrac{3845 \times \tan 20°}{\cos 11°17'3''} = 1427\quad (\text{N})$

轴向力 $\quad F_a = F_t \tan\beta = 3845\tan 11°17'3'' = 767\quad (\text{N})$

轴受力的大小及方向如图 12-18(b) 所示。

5) 计算轴承反力(图 12-18(c) 及(e))。

水平面 $\quad R_{IH} = \dfrac{F_a \cdot d/2 + 64F_r}{128} = \dfrac{767 \times 177.43/2 + 64 \times 1427}{128} = 1245.1(\text{N})$

$\quad\quad\quad\quad R_{IIH} = F_r - R_{IH} = 1427 - 1245.1 = 181.9(\text{N})$

垂直面 $\quad R_{IV} = R_{IIV} = F_t/2 = \dfrac{3845}{2} = 1922.5(\text{N})$

6) 绘制弯矩图。

水平面弯矩图(图 12-18(d))

截面 b: $M'_{bH} = 64R_{IH} = 64 \times 1245.1 = 79686.4(\text{N·mm})$

$\quad\quad\quad M''_{bH} = M'_{bH} - \dfrac{F_a d}{2} = 79686.4 - \dfrac{767 \times 177.43}{2} = 11642(\text{N·mm})$

垂直面弯矩图(图 12-18(f))

$\quad\quad M_{bV} = 6R_{IV} = 64 \times 1922.5 = 123040(\text{N·mm})$

合成弯矩图(图 12-18(g))

$\quad\quad M'_b = \sqrt{M'_{bH}{}^2 + M_{bV}{}^2} = \sqrt{79686.4^2 + 123040^2} = 146590(\text{N·mm})$

$\quad\quad M''_b = \sqrt{M''_{bH}{}^2 + M_{bV}^2} = \sqrt{11642^2 + 123040^2} = 123590(\text{N·mm})$

7) 绘制扭矩图(图 12-18(h))。

由前知 $T = 341070(\text{N·mm})$

又根据 $\sigma_B = 590\text{MPa}$,由表 12-3 查得 $[\sigma_{-1}]_b \approx 55\text{MPa}$ 和 $[\sigma_0]_b \approx 95\text{MPa}$,故 $\alpha = \dfrac{55}{95} \approx 0.58$

$\quad\quad \alpha T = 0.58 \times 341070 = 197820\quad (\text{N·mm})$

8) 绘制当量弯矩图(图 12-18(i))。

对于截面 b:

$\quad\quad M'_{be} = \sqrt{M'_b{}^2 + (\alpha T)^2} = \sqrt{146590^2 + 197820^2} = 246214\quad (\text{N·mm})$

$\quad\quad M''_{be} = M''_b = 123590\quad (\text{N·mm})$

对于截面 a 和 I

$\quad\quad M_{ae} = M_{Ie} = \alpha T = 197820\quad (\text{N·mm})$

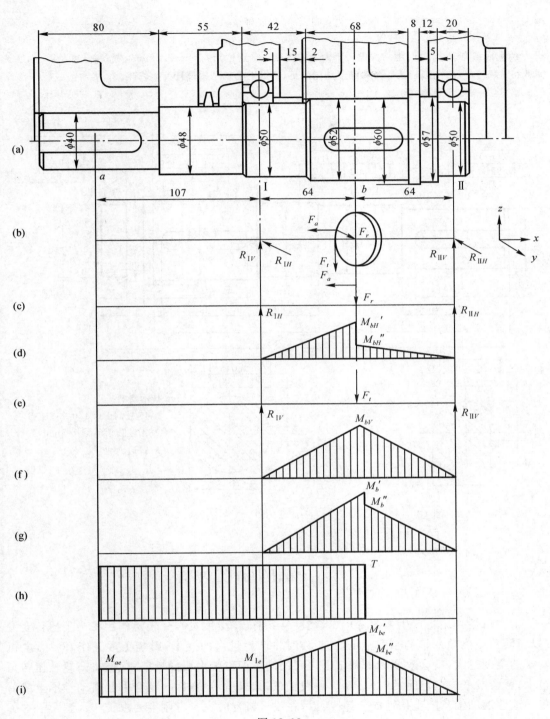

图 12-18

9) 分别计算轴截面 a 和 b 处的直径。

$$d_a = \sqrt[3]{\frac{M_{ae}}{0.1[\sigma_{-1}]_b}} = \sqrt[3]{\frac{197820}{0.1 \times 55}} = 33 \quad (\text{mm})$$

$$d_b = \sqrt[3]{\frac{M'_{be}}{0.1[\sigma_{-1}]_b}} = \sqrt[3]{\frac{246214}{0.1 \times 55}} = 35.51 \quad (\text{mm})$$

两截面虽有键槽削弱，但结构设计所确定的直径已分别达到40mm和52mm，所以，强度足够。如所选轴承和键联接等经计算，确认寿命和强度均能满足，则以上轴的结构设计无须修改。

10) 绘制轴的工作图(图12-19)。

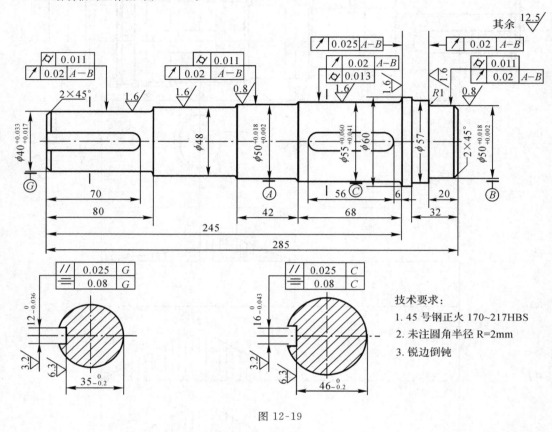

图 12-19

技术要求：
1. 45 号钢正火 170~217HBS
2. 未注圆角半径 R=2mm
3. 锐边倒钝

§12-5   轴的刚度计算

轴受弯矩作用将产生弯曲变形(以挠度 y 或偏转角 θ 度量)，受转矩作用将产生扭转变形(以扭转角 φ 度量)。轴的刚度不足，在工作时将产生过大的变形，影响正常工作。例如，电机转子的挠度过大，就会改变转子和定子之间的间隙而影响电机的性能；内燃机凸轮轴扭转角过大，就会改变汽门启闭的时间；对于一般轴颈，如果偏转角过大，就会引起滑动轴承上载荷集中或使滚动轴承的工作性能变差。所以，在设计机器时也常有刚度要求。

所谓轴的刚度设计，通常是指计算轴在预定的工作条件下的上述变形量，使其不大于允许值，即

$$\left. \begin{array}{l} \text{挠度} \quad y \leqslant \left[y \right] \\ \text{偏转角} \; \theta \leqslant \left[\theta \right] \\ \text{转角} \quad \varphi \leqslant \left[\varphi \right] \end{array} \right\} \tag{12-5}$$

式中：$\left[y \right]$、$\left[\theta \right]$ 和 $\left[\varphi \right]$ 分别为轴的许用挠度、许用偏转角和许用扭转角，其值见表 12-4。

表 12-4　轴的许用挠度 $\left[y \right]$、许用偏转角 $\left[\theta \right]$ 和许用扭转角 $\left[\varphi \right]$

变形种类	应用场合	许用值	变形种类	应用场合	许用值
挠度 (mm)	一般用途的轴	$(0.0003 \sim 0.0005)l$	偏转角 (rad)	滑动轴承	$\leqslant 0.001$
	刚度要求较高的轴	$\leqslant 0.0002l$		向心球轴承	$\leqslant 0.005$
	感应电机轴	$\leqslant 0.1\Delta$		向心球面轴承	$\leqslant 0.05$
	安装齿轮的轴	$\leqslant (0.01 \sim 0.03)m_n$		圆柱滚子轴承	$\leqslant 0.0025$
	安装蜗轮的轴	$(0.02 \sim 0.05)m_t$		圆锥滚子轴承	$\leqslant 0.0016$
	l — 支承间跨距； Δ — 电机定子与转子间的气隙； m_n — 齿轮法面模数； m_t — 蜗轮端面模数。			安装齿轮处轴的截面	$\leqslant 0.001 \sim 0.002$
			扭转角	一般传动	$(0.5 \sim 1)°/m$
				较精密的传动	$(0.25 \sim 0.5)°/m$
				重要传动	$\leqslant 0.25°/m$

1. 弯曲变形计算

计算轴的弯曲变形有多种方法，材料力学课程对光轴已作过介绍。这里针对阶梯轴介绍一种当量直径法。当量直径法就是把阶梯轴当作直径为 d_v 的光轴看待，然后利用材料力学中的公式计算其弯曲挠度 y 和偏转角 θ。当量直径 d_v 可由下式求得

$$d_v = \frac{\sum d_i l_i}{l} \quad (\text{mm}) \tag{12-6}$$

式中：d_i 和 l_i 分别为阶梯轴上第 i 段的直径和长度，mm；l 为支点间距离，mm。

2. 扭转变形计算

对实心光轴的扭转角 φ 按下式计算

$$\varphi = \frac{Tl}{G I_P} \cdot \frac{180}{\pi} = \frac{Tl}{G \cdot \frac{\pi}{32} d^4} \cdot \frac{180}{\pi} = 584 \cdot \frac{Tl}{G d^4} \quad (°) \tag{12-7}$$

式中：T 为轴所传递的转矩，N·mm；d 为轴的直径，mm；l 为轴受该转矩作用的长度，mm；G 为轴材料的切剪弹性模量，MPa。

对于阶梯轴，扭转角 φ 的计算式为

$$\varphi = \frac{584}{G} \sum \frac{T_i l_i}{d_i^4} \quad (°) \tag{12-8}$$

式中：T_i 和 l_i、d_i 分别为阶梯轴上第 i 段所受的转矩和长度、直径，单位分别为 N·mm 和 mm。其余符号同前。

例 12-2　一钢质等直径传动轴，传递转矩 $T = 3 \times 10^6$ N·mm。已知轴的许用扭转剪应力 $\left[\tau \right] = 35$MPa；$G = 8.1 \times 10^4$ MPa。轴的长度 $l = 180$mm。要求轴在全长上的扭转角 φ 不超过 1°。试分别按强度和刚度要求确定该轴的直径。

解:满足强度要求时,

$$\tau = \frac{T}{W_T} = \frac{T}{0.2d^3} \leqslant [\tau]$$

将已知数值代入,故轴的直径应为

$$d \geqslant \sqrt[3]{\frac{T}{0.2[\tau]}} = \sqrt[3]{\frac{3 \times 10^6}{0.2 \times 35}} = 75.39(\text{mm})$$

满足扭转刚度要求时,

$$\varphi = 584 \cdot \frac{Tl}{Gd^4} \leqslant [\varphi]$$

允许$[\varphi] = 1°$,故轴的直径为

$$d \geqslant \sqrt[4]{\frac{584Tl}{G[\varphi]}} = \sqrt[4]{\frac{584 \times 3 \times 10^6 \times 1800}{8.1 \times 10^4 \times 1}} = 78.99(\text{mm})$$

可见本例中满足刚度要求所需的直径较大,即该轴的直径由刚度要求确定。圆整后可取 $d = 80\text{mm}$。

§12-6 轴的振动及振动稳定性的概念

轴是一个弹性体。由于轴及其上零件的材质不均匀、加工有误差、对中不良等原因,将使轴系的质心偏离轴线;当轴旋转时,就要产生离心力,使轴受到周期性干扰力,因而引起轴的振动。如果这种强迫振动的频率与轴的自振频率相一致,就会出现共振现象,使轴不能维持正常工作甚至遭到破坏。

发生共振时轴的转速称为轴的临界转速,它是轴系结构本身所固有的。因此,应使轴的工作转速 n 避开其临界转速 n_c。轴的临界转速有许多个,其中最低的称为一阶临界转速,以 n_{c1} 表示;其余的按由小到大的顺序分别称为二阶、三阶、……,以至 i 阶临界转速。

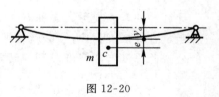

图 12-20

轴的振动计算,实质上就是计算轴的临界转速。单圆盘双铰支轴(图 12-20)的一阶临界转速 n_{c1} 可由下式计算

$$n_{c1} = 946\sqrt{\frac{1}{y_0}} \quad (\text{r/min}) \tag{12-9}$$

式中 y_0 为轴在圆盘处的静挠度,mm。

工作转速 n 低于一阶临界转速 n_{c1} 的轴称为刚性轴,超过一阶临界转速的轴称为挠性轴。对于刚性轴,应使轴的工作转速 $n \leqslant 0.8n_{c1}$;对于挠性轴,应使轴的工作转速 n 满足 $1.4n_{c1} < n < 0.7n_{c2}$。满足上述条件的轴工作时就具有振动稳定性。如果计算结果不符上述条件,则应采取措施,改进设计;如改变轴的直径,移动轴承位置,增加支承数,以改变其临界转速的值;当然也可以改变轴的工作转速,以期改变周期性干扰力的频率,避开临界转速。

一般用途的轴可不作振动稳定性计算。

第 13 章　　滑动轴承

§13-1　　概述

　　轴承是支承轴颈的部件,有时也用来支承轴上的回转零件。按摩擦性质,轴承分为滑动摩擦轴承(简称滑动轴承)和滚动摩擦轴承(简称滚动轴承)两大类。本章只讨论滑动轴承。按照承受载荷的方向,滑动轴承分为向心滑动轴承(承受径向载荷)和推力滑动轴承(承受轴向载荷)。

　　组成滑动轴承摩擦副的运动形式是相对滑动,因此摩擦、磨损就成为滑动轴承中的重要问题,为减小滑动轴承的工作表面与轴颈表面间摩擦,减轻磨损,通常采取润滑这一重要手段。润滑是通过在滑动轴承摩擦副两运动表面间添放润滑剂来实现。不同的润滑条件,产生不同的摩擦状态。按滑动轴承的摩擦润滑状态,滑动轴承可分为混合摩擦润滑滑动轴承,流体动压摩擦润滑滑动轴承和流体静压摩擦润滑滑动轴承。

　　滑动轴承具有承载能力高、抗振性好、噪声低,寿命长等优点。在液体润滑条件下,可高速运转。在汽轮机、内燃机、离心式压缩机、大型电机、机床中均获得广泛应用。

　　滑动轴承设计主要包括下列一些内容:① 决定轴承的结构形式;② 选择轴瓦和轴承衬的材料;③ 决定轴承结构参数;④ 选择润滑剂和润滑方法;⑤ 计算轴承工作能力。

§13-2　　滑动轴承的结构形式

一、向心滑动轴承

　　图 13-1 所示是一种常见的整体式向心滑动轴承。轴承座多为铸铁件,并用螺栓与机架联接,顶部的螺纹孔用来安装油杯进行注油润滑。轴承孔内压入用减摩材料制成的圆筒形轴套,使其直接与轴颈相配合,可节省贵重的减摩材料,而且磨损后便于更换。不重要的场合也可以不装轴套。

　　整体式轴承构造简单,成本低,常用于低速、轻载、间歇工作以及不重要的场合。这种轴承磨损后轴颈与轴套间的间隙增大无法调整,且轴的装拆必须通过轴端,对于粗重的轴或具有中间轴颈的轴装拆不便。

　　图 13-2(a) 所示为剖分式向心滑动轴承,主要由轴承座 1、轴承盖 2、剖分的上下轴瓦 3

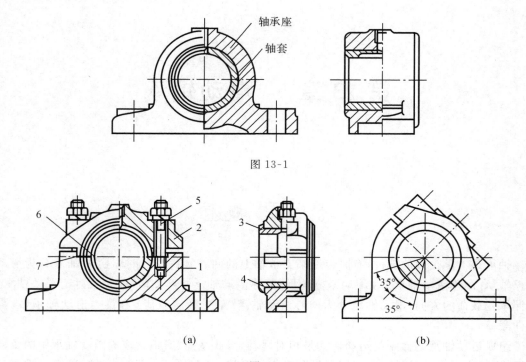

图 13-1

图 13-2

和 4, 以及联接螺栓 5 等组成。剖分的上下轴瓦由两个半圆形的瓦块组成, 安装后合并成圆筒形轴套, 它是轴承直接和轴颈接触相配合的零件。这种轴承, 轴可由径向装拆; 同时由于在上下轴瓦剖分面间放置少量垫片 6, 轴瓦磨损后, 可用减少垫片的办法调整轴颈与轴瓦间的间隙。轴承盖和轴承座的剖分面上设置阶梯形止口 7, 是为了准确对中和承担横向载荷。剖分式滑动轴承 (图 13-2(a)) 的剖分面是水平的, 轴承所受径向载荷的方向一般不超过剖分面垂线 35° 左右的范围, 否则应采用如图 13-2(b) 所示的剖分式斜滑动轴承。

剖分式滑动轴承便于装拆和调整间隙, 应用广泛, 结构尺寸已标准化。

因安装误差, 或轴的弯曲变形较大时, 轴承两端会产生边缘接触、载荷集中 (图 13-3), 导致发热和严重的局部磨损。轴承宽度 B 与轴颈直径 d 的比值 (宽径比) 越大, 这种情况越严重, 一般取 $B/d = 0.5 \sim 1.5$。当 $B/d > 1.5$ 时, 常用调心式滑动轴承, 又称自位滑动轴承 (图 13-4)。这种轴承的轴瓦外表面作成凸球面与轴承盖、座上的凹球面相配合 (球面中心位于轴颈轴线上), 轴瓦能随轴的弯曲变形在任意方向转动调位以适应轴颈的偏斜, 使轴颈与轴瓦均匀接触。

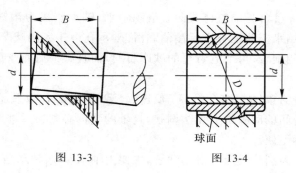

图 13-3   图 13-4

二、推力滑动轴承

图 13-5(a) 所示为立式平面推力滑动轴承,它由铸铁或铸钢制成的轴承座 1、青铜或其他减摩材料制成的止推轴瓦 2 和防止止推轴瓦随轴 5 转动的销钉 4 等组成。由于支承面上离中心越远处,滑动速度越大,从而使端面磨损和压力分布极不均匀;为避免这一状况,常将止推瓦中心(或轴颈端面中心)直径为 d_0 的部分做成中空形,一般取 $d_0 = (0.4 \sim 0.6)d$。止推瓦下表面可制成球形面,以便自动调心,使摩擦面压力分布均匀。径向轴瓦 3 用作径向支承。

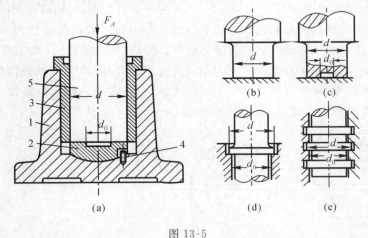

图 13-5

推力滑动轴承的止推面可用轴的端面或轴环的凸肩,常见的止推面结构形式有实心(图 13-5(b))、空心(图 13-5(c))、单环形(图 13-5(d)) 和多环形(图 13-5(e)) 四种。多环形轴颈承受轴向载荷的能力较大,且能承受双向轴向载荷。

§13-3 轴瓦(轴套)结构和轴承材料

一、轴瓦结构

通常整体式滑动轴承采用圆筒形轴套,剖分式滑动轴承采用剖分式轴瓦,它们的工作表面既是承载面又是摩擦面,是滑动轴承中的核心零件。剖分式轴瓦的结构见图 13-6,其两端的凸肩用以防止轴瓦的轴向窜动,并能承受一定的轴向力。对

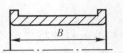

图 13-6

于重要轴承,为提高其承载能力、改善轴瓦的摩擦性能和节省贵重的减摩材料,常在轴瓦的内表面上浇铸一层减摩性能好的材料(如轴承合金),称为轴承衬(如图 13-7 所示),其厚度一般为 $0.5 \sim 6mm$,轴承直径越大,轴承衬应越厚。为使轴承衬与轴瓦贴附牢固,常在轴瓦内表面预制出一些沟槽。

为了使润滑油能流到轴瓦的整个工作表面上,轴瓦上要制出进油孔和

图 13-7

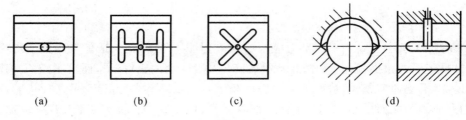

图 13-8

油沟以输送和分布润滑油。图 13-8(a)、(b)、(c) 所示分别为轴向、周向和斜向三种常见的油沟形式,轴向油沟也可以开在轴瓦剖分面上(图 13-8(d))。一般油孔和油沟不应该开在轴承油膜承载区内,否则会破坏承载区油膜的连续性、降低油膜承载能力(图 13-9)。油沟轴向应有足够的长度,一般取轴瓦宽度的 80% 左右,但绝不能开通,以免油从油沟端部大量流失。一些重型机器的轴承,常开设油室(图 13-10) 代替油沟,并从两侧同时进油,这样可稳定供油和增加流量以提高散热能力。

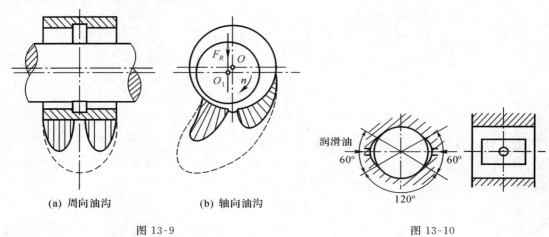

(a) 周向油沟   (b) 轴向油沟

图 13-9   图 13-10

为了提高轴瓦刚度和散热性能,并保证轴瓦与轴承座之间的同轴度,轴瓦和轴承座应配合紧密,而轴颈与轴瓦之间则要具有合适的间隙,通常可由选择适当的配合并经刮研而得。

关于轴瓦、轴承衬的结构尺寸和标准可查阅有关资料。

二、轴承材料

轴瓦(或轴套)和轴承衬的材料统称为轴承材料。

轴瓦的主要失效形式是磨损和胶合,此外还有疲劳破坏、腐蚀等。为保证轴承正常工作,要求轴承材料有足够的强度和塑性,减摩性(对油的吸附能力强、摩擦系数小)和耐磨性好,耐蚀和抗胶合能力强,导热性好,容易跑合(经短期轻载运转后能消除表面不平度使轴颈与轴瓦表面相互吻合)且易于加工制造。显然,现有轴承材料不能同时满足上述要求,应根据具体情况,满足主要使用要求,综合考虑进行选择。

轴承材料有金属材料、粉末冶金材料和非金属材料。

1. 金属材料。

轴承金属材料包括轴承合金、青铜、铸铁等,其应用及许用数据见表 13-1。

轴承合金(又称白合金或巴氏合金)的金相组织是在锡或铅的软基体中悬浮锑锡(Sb-Sn)及铜锡(Cu-Su)的硬晶粒;硬晶粒起支承和抗磨作用,受重载时硬晶粒可以嵌陷到软基体里,使载荷由更大的面积承担。轴承合金在减摩性上超过了所有其他摩擦材料,且很容易和轴颈跑合,它与轴颈的抗胶合能力也较好;但轴承合金价格贵,而且机械强度比青铜、铸铁等低得多,通常只能作为轴承衬浇铸在青铜、铸铁或软钢的轴瓦上。

青铜的强度度、承载能力大、导热性好,且可以在较高的温度下工作,但与轴承合金相比,抗胶合性能较差,不易跑合,与之相配的轴颈必须淬硬。

2. 粉末冶金材料。

粉末冶金材料是将铁或青铜粉末与石墨等均匀混合后高压成型,再经过高温烧结而成,具有多孔组织。孔隙中可预先浸渍润滑油,运转时贮存于孔隙中的油因热胀而自动进入滑动表面,起润滑作用,故又称含油轴承。含油轴承加一次油可以使用相当长的一段时间,常用于轻载,不便于加油的场合。

3. 非金属材料。

非金属轴承材料主要有塑料、石墨、橡胶和木材等,其应用及许用数据见表13-1。

表 13-1 常用轴瓦材料性能

轴瓦材料		最大许用值			t(℃)	轴颈最小硬度(HBS)	备 注
		[p](MPa)	[v](m/s)	[pv]*(MPa·m/s)			
锡锑轴承合金	ZSnSb11Cu6	平稳载荷			150	150	用于高速、重载下工作的重要轴承。变载荷下易于疲劳。价贵。
		25	80	20			
	ZSnSb8Cu4	冲击载荷					
		20	60	15			
铅锑轴承合金	ZPbSb16Sn16Cu2	15	12	10	150	150	用于中速、中等载荷的轴承,不宜受显著的冲击载荷。可作为锡锑轴承合金的代用品。
	ZChPbSb15Sn15Cu3Cd2	5	8	5			
锡青铜	ZCuSn10P1	15	10	15	280	300～400	用于中速、重载或变载荷的轴承。
	ZCuSn5Pb5Zn5	8	3	15			用于中速、中等载荷的轴承。
铝青铜	ZCuAl10Fe3	15	4	12	280	280	最宜用于润滑充分的低速重载轴承。
铸铁	HT150 HT250	1～4	0.5～2	0.3～4.5	150	163～241	用于低速、轻载的不重要轴承。价廉。
酚醛塑料		40	12	0.5	110		抗胶合性好,强度好,能耐水、酸、碱,导热性差。重载时需用水或油充分润滑,易膨胀,间隙应大些。
聚四氟乙烯		3.5	0.25	0.035	280		摩擦系数低,自润滑性好,耐腐蚀。
碳-石墨		4	12	0.5	420		有自润滑性,耐化学腐蚀,常用于要求清洁工作的机器中。

注:[pv]值为混合摩擦润滑下的许用值。

§13-4　滑动轴承的润滑

一、滑动轴承润滑剂的选用

滑动轴承使用润滑剂主要是为了减少摩擦、减轻磨损,此外还可起到冷却、吸振、防锈等作用。滑动轴承使用的润滑剂有润滑油、润滑脂、固体润滑剂、气体润滑剂、水等。绝大多数滑动轴承使用润滑油,在一些要求不高的重载低速(轴颈圆周速度小于 $1\sim2\mathrm{m/s}$)的场合或难以供油的情况下使用润滑脂。固体润滑轴承多用于不允许任何油污污染或无法用流体润滑剂稳定润滑的工况,如某些食品机械、航空机械装置等。在水中工作的轴承(如船舶的螺旋桨轴承)或用橡胶、树脂制的轴瓦可以用水润滑。

在一般条件下的大多数滑动轴承使用矿物油,有特殊条件时使用合成油。选用润滑油时,应考虑轴承载荷、速度、工作情况以及摩擦表面状况等条件。除动压轴承和静压轴承外,对于一般滑动轴承可以根据轴颈圆周速度 v 和轴承压强 p 由表 13-2 选取润滑油的黏度。

表 13-2　滑动轴承润滑油黏度范围选用表

轴颈圆周速度 v(m/s)					< 0.1	0.1 ~ 0.3	0.3 ~ 0.6	0.6 ~ 1.2	1.2 ~ 2.0	2.0 ~ 5.0	5.0 ~ 9.0	> 9.0
轴承压强 p (MPa)	< 3	工作温度	10 ~ 60℃	黏度等级	68, 100	68	46,68		46	32,46	15,22, 32	7,10
	3 ~ 7.5				150	100, 150	100	68, 100	68		—	
	7.5 ~ 30		20 ~ 80℃		680, 1000	680	460, 320	150, 220		—		

润滑脂的主要性能指标是针入度和滴点。脂润滑轴承可根据工作温度、抗水性、机械安定性选取润滑脂品种;承载要求高时宜选针入度小的润滑脂,相对滑动速度大且温度高时,可选针入度大、安定性好的润滑脂。

二、润滑方法和润滑装置

选定润滑剂后,需要采用适当的方法和装置将润滑剂送至润滑表面以进行润滑。滑动轴承给油的方法多种多样,按给油方式可分为间断润滑和连续润滑。间断润滑是利用油壶或油枪,靠手工定时通过轴承油孔加油、加脂。为避免加油使污物进入轴承,可在油孔上装压注油杯(图 13-11(a))和旋盖式油杯(图 13-11(b))。旋盖式油杯杯盖用螺纹与杯体联接,定期旋拧杯盖可将贮存于杯体内的润滑脂压送到轴承孔内。比较重要的轴承应采用润滑油连续润滑,常用的有:

1) 油绳润滑。图 13-12 所示,弹簧盖油杯中把毛质绳索的一端浸入杯体的油中,利用毛细管和虹吸管作用从另一端向润滑部位供油。供油连续均匀,结构简单,但供油量不大,且停机时仍在供油,直至吸完为止。

2) 滴油润滑。图 13-13 所示,需供油时,将针阀式给油杯的手柄直立,针阀被提起,油经

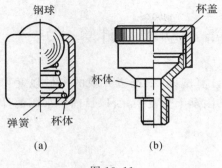

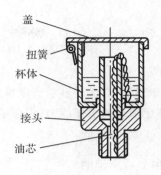

图 13-11

图 13-12

油孔自动流到待润滑的轴颈和轴承工作表面上。当不需供油时,可将手柄按倒,针阀受弹簧的压力堵塞住油孔,随即停止供油。用调节螺母控制针阀的开启高度,调节供油量。但一旦油中存在杂质时,阀有被堵塞的危险。

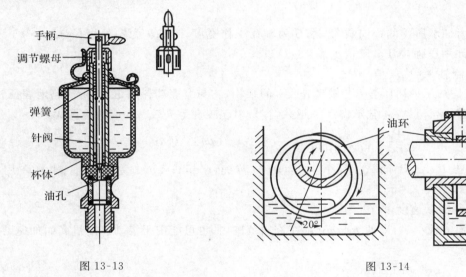

图 13-13

图 13-14

3) 油环润滑。图 13-14 所示,油环套在轴颈上,下部浸在油池中。当轴颈回转时,油环将油带到轴颈与轴瓦的工作表面进行润滑。这种方法十分可靠,适用于转速在 $50 \sim 300 \text{r/min}$ 的水平轴上的滑动轴承供油。

4) 飞溅润滑。利用浸在油池中的转动件(如齿轮或加装在轴上的溅油盘),从油池中将润滑油飞溅成油沫,沿箱壁经油沟流入轴承,用于闭式润滑。当浸油件的旋转线速度 $v < 2 \text{m/s}$ 时,飞溅效果较差,应采取其他措施解决轴承供油问题。

5) 压力循环润滑。利用油泵压力经油管供油,由轴承回油经冷却和过滤后继续循环使用。供应油量充分,且压力和流量均可调节,还能冷却轴承和对几个润滑点集中润滑。在重载、振动或交变载荷的工作条件下,能取得良好的润滑效果,但要有专门的润滑系统,成本较高。

§13-5　混合摩擦润滑滑动轴承计算

混合摩擦润滑滑动轴承应以维持边界润滑为计算准则,根据边界膜的机械强度和破裂温度来决定轴承的工作能力。但影响边界膜强度的因素十分复杂,所以目前所采用的计算方法是间接的、条件性的。

一、向心滑动轴承

1. 限制轴承平均压强 p

限制轴承平均压强 p,以保证润滑油不被过大的压力所挤出,边界油膜不易破裂,使轴瓦不致产生过度的磨损。即

$$p = \frac{F_R}{Bd} \leqslant [p] \quad (\text{MPa}) \tag{13-1}$$

式中:F_R 为轴承所受的径向载荷,N;B 为轴瓦工作宽度,mm;d 为轴颈直径,mm;$[p]$ 为轴瓦材料的许用压强,MPa,其值见表 13-1。

2. 限制轴承的 pv 值

pv 值是轴承平均压强 p 与滑动速度 v 的乘积,它与摩擦功耗成正比,可简略地表征轴承的发热因素;pv 值越高,轴承温度也越高,容易引起胶合等失效。pv 值的验算式为

$$pv = \frac{F_R}{Bd} \cdot \frac{\pi dn}{60 \times 1000} = \frac{F_R n}{19100 B} \leqslant [pv] \quad (\text{MPa} \cdot \text{m/s}) \tag{13-2}$$

式中:符号 F_R、d、B 同式(13-1),n 为轴的转速,r/min;$[pv]$ 为轴瓦材料的许用值,MPa·m/s,见表 13-1。

3. 限制滑动速度 v

当压强 p 较小时,即使 p 与 pv 都在许用范围内,也可能由于滑动速度过高而加速磨损,因而要求

$$v \leqslant [v] \quad (\text{m/s}) \tag{13-3}$$

式中 $[v]$ 为轴承材料的许用值,m/s,见表 13-1。

例 13-1　混合摩擦向心滑动轴承,轴颈直径 $d = 100$mm,轴承宽度 $B = 120$mm,轴承承受径向载荷 $F_R = 150000$N,轴的转速 $n = 200$r/min,轴颈材料为淬火钢,设选用轴瓦材料为 ZCuSn10P1,试进行轴承的校核计算,看轴瓦选用是否合适。

解:查表 13-1 得轴瓦材料 ZCuSn10P1 的 $[p] = 15$MPa,$[pv] = 15$MPa·m/s,$[v] = 10$m/s。

由式(13-1)得

$$p = \frac{F_R}{Bd} = \frac{150000}{100 \times 120} = 12.5(\text{MPa}) < [p]$$

由式(13-2)得

$$pv = \frac{F_R \cdot n}{19100 B} = \frac{150000 \times 200}{19100 \times 120} = 13.09(\text{MPa} \cdot \text{m/s}) < [pv]$$

由式(13-3)得

$$v = \frac{\pi dn}{60 \times 1000} = \frac{\pi \times 100 \times 200}{60 \times 1000} = 1.0472(\text{m/s}) < [v]$$

故所选轴瓦材料符合要求。

二、推力滑动轴承(参见图 13-5)

$$p = \frac{F_A}{\frac{\pi}{4}(d^2 - d_0^2)Z} \leqslant [p] \quad (MPa) \tag{13-4}$$

$$pv_m \leqslant [pv] \quad (MPa \cdot m/s) \tag{13-5}$$

以上两式中：F_A 为轴承所受的轴向载荷，N；d_0、d 为止推环受载面承载的实际内径及外径，mm；Z 为推力轴环数；v_m 为推力环的平均速度，$v_m = \frac{\pi d_m n}{60 \times 1000}$(m/s)，而 d_m 为平均直径，$d_m = \frac{d_0 + d}{2}$，mm；n 为轴的转速，r/min；$[p]$ 和 $[pv]$ 为推力滑动轴承材料的相应的许用值，可按表 13-3 选取。

表 13-3　推力滑动轴承的许用 $[p]$ 及 $[pv]$ 值

轴颈材料	未淬火钢			淬火钢	
轴瓦(衬)材料	铸铁	青铜	轴承合金	青铜	轴承合金
$[p]$　(MPa)	$2 \sim 2.5$	$4 \sim 5$	$5 \sim 6$	$7.5 \sim 8$	$8 \sim 9$
$[pv]$　(MPa·m/s)		$2 \sim 4$	$2 \sim 4$	$2 \sim 4$	

注：对多环推力轴承，表值应降低 50%

§13-6　液体动压润滑的形成及其基本方程

一、液体动压润滑的形成

先分析两平行板的情况。如图 13-15(a)所示，设板 B 固定不动。板 A 以速度 v 按图示方向运动，板间充满润滑油。如前所述，当无载荷时两平行板之间各层油液的速度图形呈三角形分布，板 A、B 之间由进口截面带进的油量等于由出口截面带出的油量，因此两板间油量没有增加的趋势，如果板 A 没有重量就不会下沉。但若板 A 有重量或其上承受载荷 F 时，板 A 会逐渐下沉，如图 13-15(b)所示，直到与板 B 接触。这说明两平行板之间在图 13-15(b)所示情况下运动是不可能形成压力油膜的。

如果板 A 与板 B 不平行，板间的间隙沿运动方向由大到小呈收敛的楔形，板 A 上并承受载荷 F，如图 13-15(c)所示。在板 A 运动时，若两端各油层的速度图形仍如虚线所示的三角形分布，由于进口端间隙 h_1 大于出口端间隙 h_2，则将进油多而出油少，但由于油液实际上是不可压缩的，必将在间隙内"拥挤"而形成压力，由于两板间形成了压力，使两板有分开的趋势，但板 A 上承受的载荷 F，将"阻碍"板 A 分开，当板 A 上油压力之和与载荷 F 取得平衡时，两板将既不分开，也不靠拢，维持原运动状态。同时，正是两板之间形成了压力，润滑油体积不可压缩，必然迫使出口端平均流速加快，进口端平均流速减慢，以维持流量平衡。即迫使进口端各油层的速度图形向内凹，出口端速度图形向外凸，如图中实线所示。这种借助于相对运动而在间隙内形成压力的油膜称为动压油膜。图 13-15(c)表明从截面 aa 到 cc 之间，各截

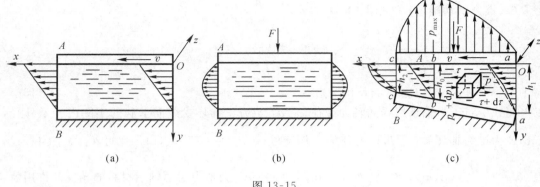

图 13-15

面的速度图形是各不相同的,由内凹逐渐变成外凸,但可以想象,在 aa 到 cc 截面之间必有一截面 bb 存在,该截面中油的速度图形既不内凹,也不外凸,而呈三角形分布;图 13-15(c) 还表明了流体单位压力 p 沿 x 轴方向的变化规律,这与理论分析所得流体动压润滑基本方程是吻合的。该方程的最简形式如下(推导见后)

$$\frac{\mathrm{d}p}{\mathrm{d}x} = 6\eta v \frac{h - h_0}{h^3} \tag{13-6}$$

式中:h_0 为速度图形呈直线三角形分布的 bb 截面处的间隙(油膜)厚度;h 为任意截面处的间隙(油膜)厚度。由式(13-6)可以看到,油压的变化与润滑油的黏度 η、表面滑动速度 v 以及油膜厚度的变化有关。参看图 13-15(c) 可以看出,在截面 h_0 右边,$h > h_0$,$\frac{\mathrm{d}p}{\mathrm{d}x} > 0$,即压力 p 沿 x 方向逐渐增大;在 h_0 左边,$h < h_0$,$\frac{\mathrm{d}p}{\mathrm{d}x} < 0$,即 p 沿 x 方向逐渐减小;当 $h = h_0$ 时,$\frac{\mathrm{d}p}{\mathrm{d}x} = 0$,$p$ 有极大值 $p_{\max}$。这表明移动件带着润滑油从大口走向小口,油膜沿 x 方向各处油压都大于入口和出口处的油压,能产生正的压力以支承外载。若两滑动表面平行(图 13-15(b)),则任何截面处的油膜厚度 $h \equiv h_0$,即 $\frac{\mathrm{d}p}{\mathrm{d}x} = 0$,这表示平行油膜各处油压总是等于入口和出口的油压,因此不能产生高于外面的油压以支承外载。

从上述分析可知,形成液体动压润滑的必要条件是:① 被润滑的两表面间必须有楔形间隙;② 被润滑的两表面间必须连续充满具有一定黏度的润滑油;③ 被润滑的两表面间必须有一定的相对滑动速度,其运动方向必须使润滑油由大口流进,从小口流出。此外,为了能承受一定的载荷 F,还必须使速度 v、黏度 η 及间隙等匹配恰当。

图 13-16 表明向心滑动轴承形成动压油膜的过程,轴颈与轴承孔配合时具有一定间隙,静止时轴颈由于受图示方向载荷而处在轴承孔的最下方、并与之直接接触,两表面间自然形成弯弧形的楔形间隙(图 13-16(a))。当轴颈开始按图示方向转动时,速度很低,轴颈与轴承孔两金属表面接触所产生的摩擦力(与轴颈转向相反),迫使轴颈沿轴承孔内壁爬向右上方,两者在 b 点接触(图 13-16(b))。随后,随着轴的转速增大,吸附于轴颈上的润滑油越来越多地由大口挤向楔形间隙的小口,形成的油膜压力的合力将轴颈由右向左推开而与轴承孔分离(图 13-16(c)),但这种情况不能持久,当转速到达一定值时,油膜内各点的压力,其垂直方向的压力的合力与外载荷 F_R 平衡,其水平方向的压力的合力为零,取得平衡,这样,轴颈

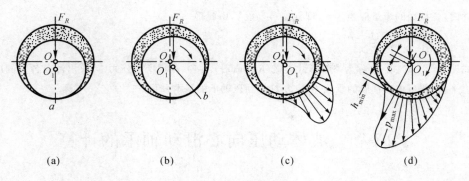

图 13-16

就稳定于 O_1 点平衡位置上旋转(图 13-16(d))。轴颈中心 O_1 与轴承孔中心 O 不重合,$\overline{OO_1} = e$,称为偏心距。其他条件相同时,工作速度越高,e 值越小,即轴颈中心越接近轴承孔中心。

二、液体动压润滑基本方程的推导

式(13-6)的推导对照图 13-15(c),并假设:① z 方向为无限长,润滑油在 z 方向没有流动;② 由于油膜很薄,压力 p 不随 y 值的大小而变化,即同一油膜截面上压力为常数;③ 润滑油黏度 η 不随压力大小的变化而变化,即假设油的黏度 η 为常量;④ 忽略油层的重力和惯性;⑤ 润滑油处于层流状态。

在油膜中取出一微单元体 $\mathrm{d}x\mathrm{d}y\mathrm{d}z$,分析该单元体有 x 方向(该方向和速度 v 的方向一致)的受力,作用着油压 p 和内摩擦切应力 τ。根据 x 方向力系平衡条件,得

$$p\mathrm{d}y\mathrm{d}z - (p + \mathrm{d}p)\mathrm{d}y\mathrm{d}z + \tau\mathrm{d}x\mathrm{d}z - (\tau + \mathrm{d}\tau)\mathrm{d}x\mathrm{d}z = 0$$

整理后,得 $\dfrac{\mathrm{d}p}{\mathrm{d}x} = -\dfrac{\mathrm{d}\tau}{\mathrm{d}y}$

由 §1-6 中式(1-8)知 $\tau = -\eta\dfrac{\mathrm{d}u}{\mathrm{d}y}$

因而 $\dfrac{\mathrm{d}p}{\mathrm{d}x} = \eta\dfrac{\mathrm{d}^2 u}{\mathrm{d}y^2}$

将上式对 y 积分两次,此时根据假设 ② 可认为 $\dfrac{\mathrm{d}p}{\mathrm{d}x}$ 是一常数,因此得油膜沿 y 方向的速度分布

$$u = \frac{1}{2\eta}\frac{\mathrm{d}p}{\mathrm{d}x}y^2 + c_1 y + c_2 \tag{13-7}$$

式中 c_1、c_2 为积分常数,可由边界条件确定。

当 $y = 0$ 时,$u = v$,则 $c_2 = v$;当 $y = h$ 时,$u = 0$,则 $c_1 = -\dfrac{h}{2\eta}\dfrac{\mathrm{d}p}{\mathrm{d}x} - \dfrac{v}{h}$,代回式(13-7)得

$$u = \frac{v(h - y)}{h} - \frac{y(h - y)}{2\eta}\frac{\mathrm{d}p}{\mathrm{d}x} \tag{13-8}$$

式中 h 为在 x 轴出入端间垂直于 x 轴的任一截面处的油膜厚度,流过该截面单位宽度(即取 $\mathrm{d}z = 1$)的流量应为

$$q_{x(h)} = \int_0^h u\mathrm{d}y = \frac{vh}{2} - \frac{h^3}{12\eta}\frac{\mathrm{d}p}{\mathrm{d}x} \tag{13-9}$$

在油压最大处,必有 $\dfrac{\mathrm{d}p}{\mathrm{d}x} = 0$。设该处油膜厚度为 h_0,则该截面的流量等于速度三角形的面积值,即

$$q_{x(h_0)} = \frac{1}{2}vh_0 \tag{13-10}$$

连续流动时,各截面的流量应当相等,即 $q_{x(h)} = q_{x(h_0)}$,由此得

$$\frac{\mathrm{d}p}{\mathrm{d}x} = 6\eta v \frac{(h-h_0)}{h^3}$$

上式即为(13-6)式,又称为一维形式雷诺(Reynolds)方程,利用这一公式,可求出油膜各点的压力 p,再按静力平衡,便可求出油膜的承载力,它是计算动压轴承的基本方程。

§13-7 液体动压向心滑动轴承的计算

液体动压润滑向心滑动轴承主要进行承载量计算、最小油膜厚度计算和轴承的热平衡计算。

一、承载量计算

承载量计算的目的是确定轴承在液体动压润滑下运转时能承受多大的径向外载荷 F_R。计算的基础和思路是将式(13-6)两倾斜平板间液体动压润滑的基本方程用于圆柱形的向心滑动轴承,将该方程换成极坐标形式,求出任意点处轴颈中心射线方向的油膜压力 p 沿圆周方向的分布规律,再从静力平衡条件求出与外载荷 F_R 平行方向的油膜压力的合力,使之与外载荷 F_R 相平衡。

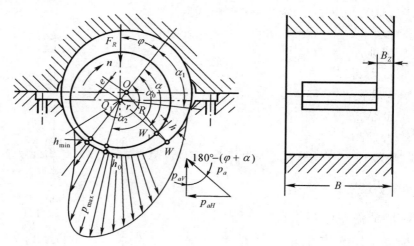

图 13-17

轴承在工作中的位置如图 13-17 所示,R、r 分别为轴承孔与轴颈的半径,载荷 F_R 与连心线 O_1O 的夹角 φ 称为偏位角。取轴颈中心 O_1 为极坐标原点,连心线 O_1O 为极坐标轴,α_1、α_2 分别为油膜的起始角和终止角。设 W 为动压油膜(在轴瓦上)的任意点,其对应的位置角和油膜厚度分别为 α 和 h,可由几何关系求出

$$h = R - r + e\cos\alpha = e(\varepsilon + \cos\alpha) \tag{13-11}$$

同理,在油压最大处,$\alpha = \alpha_0$,其油膜厚度为

$$h_0 = e(\varepsilon + \cos\alpha_0) \tag{13-12}$$

上两式中,$\varepsilon = \dfrac{R-r}{e} = \dfrac{1}{\chi}$,$\chi$ 称为偏心率。$0 \leqslant \chi \leqslant 1$。

使雷诺方程转换为极坐标形式时,用 $r\alpha$ 取代 x,因而 $r\mathrm{d}\alpha = \mathrm{d}x$,将式(13-11)和(13-12)以及 $\mathrm{d}x = r\mathrm{d}\alpha$ 的函数关系一并代入式(13-6),得极坐标形式的雷诺方程如下

$$\frac{\mathrm{d}p}{\mathrm{d}\alpha} = \frac{6\eta vr}{e^2}\left[\frac{\cos\alpha - \cos\alpha_0}{(\varepsilon + \cos\alpha)^3}\right] \tag{13-13}$$

此式对 α 积分,可求出沿圆周方向任意位置角 α 处(即 W_1 点处)的径向油压 p_α 为

$$p_\alpha = \frac{6\eta vr}{e^2}\int_{a_1}^{\alpha}\left[\frac{\cos\alpha - \cos\alpha_0}{(\varepsilon + \cos\alpha)^3}\right]\mathrm{d}\alpha \tag{13-14}$$

将该轴颈任意点 W_1 处的径向油压 p_α 分解成如图 13-17 所示沿载荷 F_R 方向的分压力 $p_{\alpha V}$ 和垂直于载荷 F_R 方向的分压力 $p_{\alpha H}$。在平衡条件下,分压力 $p_{\alpha H}$ 在整个轴颈上的合力应为零。而分压力 $p_{\alpha V}$ 的合力则应与外载荷 F_R 相平衡。且因:

$$p_{\alpha V} = p_\alpha\cos[180° - (\varphi + \alpha)] = -p_\alpha\cos(\varphi + \alpha) \tag{13-15}$$

在宽度 B 方向取单位长,则当轴承宽度 B 为无穷大时,单位轴承宽度上的油膜承载力应与单位宽度上外载荷 ${F_R}'$ 相平衡,故此时

$$\begin{aligned}{F_R}' &= \int_{a_1}^{a_2}[-p_\alpha\cos(\varphi + \alpha)]r\mathrm{d}\alpha \\ &= \frac{6\eta vr^2}{e^2}\left\{\int_{a_1}^{a_2}\int_{a_1}^{\alpha}\left[\frac{\cos\alpha_0 - \cos\alpha}{(\varepsilon + \cos\alpha)^3}\right]\mathrm{d}\alpha\cos(\varphi + \alpha)\mathrm{d}\alpha\right\}\end{aligned} \tag{13-16}$$

实际上轴承宽度为有限长,油一定会向两端泄漏,轴承沿轴向的两端面处压力将降到零,如图 13-18 所示为轴瓦上油膜压力沿轴向的分布的情况。由于油在轴承两端处泄漏,轴承中实际的压力 p_α 将低于式(13-14)求出的 p_α 值,且轴承的宽径比 $\dfrac{B}{d}$ 越小,实际的 p_α 值越低,故需在上式中引入一修正系数 K_A,以考虑有限长

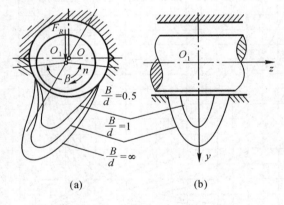

图 13-18

轴承的端泄对承载量降低的影响。系数 K_A 除与宽径比 $\dfrac{B}{d}$ 有关外,还与偏心率 χ 有关,由实验确定。因此,在式(13-16)中乘以轴承宽度 B 和引入系数 K_A 以后,就代表轴瓦宽度为 B 并计及端泄影响后油膜的实际承载能力,它与作用在轴颈上的总的外载荷 F_R 相平衡。设 D、d 分别为轴承孔和轴颈的直径,将 $\Delta = D - d$ 称为直径间隙,$\psi = \dfrac{\Delta}{d} = \dfrac{R-r}{r}$ 称为相对间隙,可得 $\varepsilon = \dfrac{R-r}{e} = \dfrac{\psi r}{e}$,亦即 $\dfrac{\varepsilon^2}{\psi^2} = \dfrac{r^2}{e^2}$,将此一并代入式(13-16)得油膜的承载能力

$$F_R = \frac{6\eta vBK_A\varepsilon^2}{\psi^2}\{\int_{\alpha_1}^{\alpha_2}\int_{\alpha_1}^{\alpha}[\frac{\cos\alpha_0 - \cos\alpha}{(\varepsilon - \cos\alpha)^3}]\mathrm{d}\alpha\cos(\varphi + \alpha)\mathrm{d}\alpha\} \tag{13-17}$$

令 $\Phi_F = 6K_A\varepsilon^2\int_{\alpha_1}^{\alpha_2}\int_{\alpha_1}^{\alpha}[\frac{\cos\alpha_0 - \cos\alpha}{(\varepsilon - \cos\alpha)^3}]\mathrm{d}\alpha\cos(\varphi + \alpha)\mathrm{d}\alpha \tag{13-18}$

则 $\qquad F_R = \frac{\eta vB}{\psi^2}\Phi_F \quad$ 或 $\dfrac{F_R\psi^2}{\eta vB} = \Phi_F \tag{13-19}$

式中：F_R 为轴承承受的径向载荷，N；η 为润滑油在轴承平均工作温度下的黏度，$P_a \cdot s$；v 为轴颈圆周速度，m/s；B 为轴承宽度，m；ψ 为相对间隙；Φ_F 称为承载量系数，无量纲，Φ_F 是 χ、B/d 和轴承包角 β（见图 13-18(a)）的函数。通常将式（13-18）用数值积分法求解，并制成线图供设计使用。当轴承包角 β 为 180° 时承载量系数 Φ_F 的值可按图 13-19(a) 和图 13-19(b) 选取。

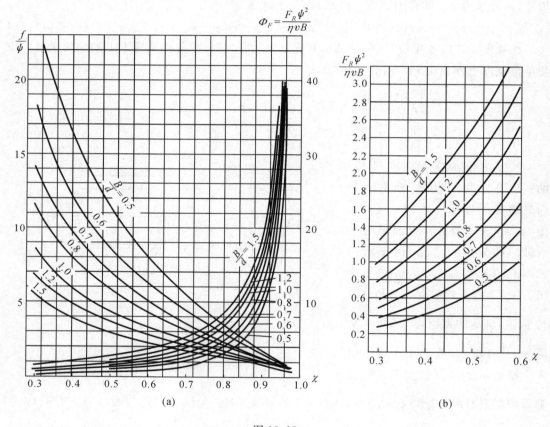

图 13-19

通常轴承设计时载荷 F_R 与速度 v 为已知值，而参量 ψ、η、B/d 等可先自行选取，按式（13-19）求得 Φ_F 值后，查图 13-19(a) 和图 13-19(b) 得偏心率 χ，再进一步计算轴承间隙 Δ 和轴承中最小油膜厚度 $h_{\min}$，检查能否实现液体摩擦。反之，也可按实现液体摩擦要求而先限定偏心率 χ，求得 Φ_F 值，从而可决定轴承所能承受的载荷 F_R 或据此确定载荷 F_R、黏度 η、速

度 v 和相对间隙 ψ 之间的相互制约关系与相互搭配值。

相对间隙 ψ 是滑动轴承设计中要给予正确选定的一项重要参数,一般而言,ψ 小时承载能力较大,但也非尽然;一般 ψ 值取 $0.001\sim0.003$,对高速轻载轴承取大值,对低速重载轴承取小值,对要求精密的设备(如机床)也应取小值。宽径比 B/d 一般在 $0.5\sim1.5$ 的范围内,常取 $B/d\approx0.5\sim1$。各类专业机械如汽轮机等,其 ψ、$\dfrac{B}{d}$ 等参量均有自行制定的规范作为设计依据。

二、最小油膜厚度 h_{min}

最小油膜厚度 $h_{\min}$ 在 OO_1 连心线上,见图 13-17,其几何关系为 $h_{\min}=R-r-e$;而 $\chi=\dfrac{e}{R-r}$,$\Delta=2(R-r)$,故得

$$h_{\min}=\frac{\Delta}{2}(1-\chi) \tag{13-20}$$

为确保轴承在液体摩擦状态下安全运转,最小油膜厚度 $h_{\min}$ 应保证轴孔和轴颈表面的粗糙度凸峰不能直接接触,即必须满足下列条件

$$h_{\min}\geqslant K_s(R_{z1}+R_{z2}) \tag{13-21}$$

式中:R_{z1} 和 R_{z2} 分别为轴颈、轴瓦表面微观不平度的十点平均高度,其值可参见表 13-4;K_s 为考虑制造误差、轴的挠曲变形等不利因素而引入的安全裕度,通常取 $K_s=2\sim3$。

表 13-4   表面微观不平度的十点平均高度 R_z

加工方法	精车或精镗、中等磨光、刮(每 $1cm^2$ 内有 $1.5\sim3$ 个点)	铰、精磨、刮(每 $1cm^2$ 内有 $3\sim5$ 个点)	钻石刀头镗、研磨	研磨、抛光、超精加工等
$R_z(\mu m)$	$>3.2\sim6.3$	$>0.8\sim3.2$	$>0.2\sim0.8$	~0.2

三、轴承的热平衡计算

当滑动轴承在液体摩擦状态下工作时,由于液体内摩擦(黏性)而造成的摩擦功耗将转化成热量,引起轴承和润滑油升温。如果平均油温超过计算承载能力时所预设的数值,油的黏度将显著降低,使最小油膜厚度变薄,摩擦状态可能由液体摩擦转化为混合摩擦,甚至产生胶合;因此在设计时需进行轴承的热平衡计算,借以控制温升。

由摩擦功所产生的热量,一部分由润滑油从轴承端泄而被带走,另一部分由于轴承壳体的温度上升而向周围空气散逸。热平衡的条件是单位时间内发热量与散热量相等,因而

$$fF_Rv=c\rho Q_z\Delta t+S\cdot K\Delta t_m \tag{13-22}$$

式中:F_R 为轴承载荷,N;v 为轴颈的圆周速度,m/s;f 为摩擦系数,由图 13-19(a)查得;c 为润滑油的比热,一般为 $1680\sim2100J/(kg\cdot℃)$;ρ 为润滑油密度,通常为 $850\sim900kg/m^3$;Q_z 为端泄的总体积流量,m^3/s,$Q_z=Q_{z1}+Q_{z2}$,Q_{z1} 为承载区端泄(查图 13-20),Q_{z2} 为非承载区端泄,其值见后列公式(13-25);S 为轴承的散热面积,m^2;K 为轴承的散热系数,为 $50\sim140J/(m^2\cdot s\cdot℃)$,可依轴承结构、通风、冷却条件而定;$\Delta t$ 为润滑油由进油到出油过程中的温升,即出油温度 t_2 和进油温度 t_1 之差值,$\Delta t=t_2-t_1$,℃;Δt_m 为润滑油的平均温度 t_m($t_m=$

$\dfrac{t_1 + t_2}{2}$）和外界环境温度之差值，℃。

对于利用油泵循环的供油系统，绝大部分热量被端泄的润滑油所带走，相比之下，后一项向周围散逸的热量甚微，可以略去不计。因而公式(13-22)可简化为

$$\Delta t = \frac{f F_R v}{c \rho Q_z} \tag{13-23}$$

而

$$t_m = t_1 + \frac{\Delta t}{2} \tag{13-24}$$

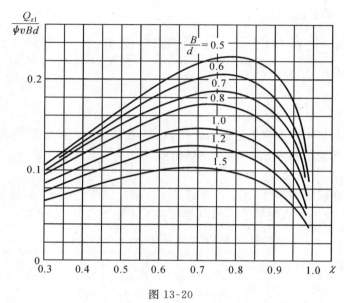

图 13-20

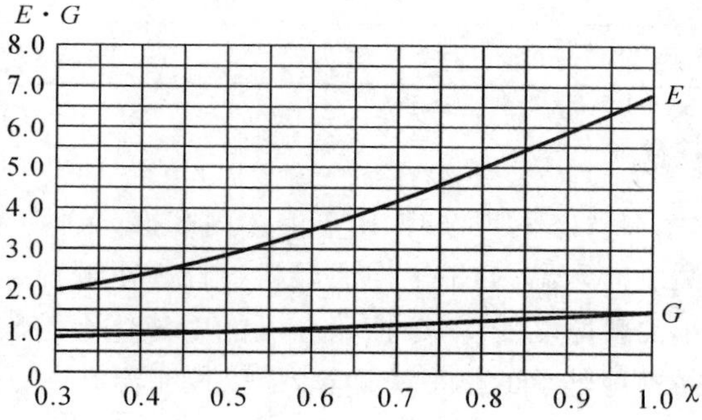

图 13-21

一般进油温度 t_1 控制在 $35 \sim 45℃$，如太低，外部冷却困难。温升 Δt 应控制在 $30℃$ 以内。平均温度 t_m 不应超过 $75℃$。需要指出，设计时轴承润滑油黏度是按预设的平均温度 t_m 确定的，用式(13-23)算出 Δt 后，还需按式(13-24)校核 t_m 是否与预设值相符，一般相差不应超过 $\pm 5℃$，如两者相差较大，一般应重新计算。因而，轴承设计出现反复试算的情况是常有的。

非承载区的端泄 Q_{z2} 可由下述经验公式求得

$$Q_{z2} = \frac{1}{48} p_s d \Delta^3 \left(\frac{2E}{B} + \frac{G}{B_z} \right) \tag{13-25}$$

式中：p_s 为供油压力，可取 $5 \times 10^4 \mathrm{Pa}$；$E$、$G$ 为系数，由图 13-21 中选取；d 为轴颈直径，m；Δ 为直径间隙，m；B 为轴瓦宽度，m；B_z 为结构尺寸（见图 13-17），可取 $B_z = (0.05 \sim 0.06)d$，m。

例 13-2　设计一发电机转子的液体动压润滑向心滑动轴承。已知轴承径向载荷 $F_R = 50000\mathrm{N}$，轴颈直径 $d = 150\mathrm{mm}$，转速 $n = 1000\mathrm{r/min}$，直径间隙 $\Delta = 0.135\mathrm{mm}$，工作稳定。用油泵循环供油，供油压力为 $p_s = 10 \times 10^4 \mathrm{Pa}$。

解：1）承载量计算。

计算轴颈圆周速度

$$v = \frac{\pi dn}{60 \times 1000} = \frac{\pi \times 150 \times 1000}{60 \times 1000} = 7.854(\mathrm{m/s})$$

选择宽径比 B/d，由于载荷较重，故选

$B/d = 1$，则 $B = 150\mathrm{mm}$

验算压强 p

$$p = \frac{F_R}{Bd} = \frac{50000}{150 \times 150} = 2.222(\mathrm{MPa})$$

选用 ZSnSb11Cu6，由表 13-1 查得 $[p] = 25\mathrm{MPa}$

计算相对间隙 ψ

$$\psi = \Delta/d = 0.135/150 = 0.0009$$

选择润滑油，决定 η 值

为避免温升过高，拟选用较稀的 L-AN22 全损耗系统用油，设平均温度 $t_m = 50℃$，运动黏度 $\gamma = 16\mathrm{mm}^2/\mathrm{s} = 16 \times 10^{-6}\mathrm{m}^2/\mathrm{s}$（参见图 1-16），密度 $\rho = 900\mathrm{kg/m}^3$，故其动力黏度 $\eta = \gamma\rho = 16 \times 10^{-6} \times 900 = 0.0144$（$\mathrm{N \cdot s/m}^2$，即 $\mathrm{Pa \cdot s}$）

计算承载量系数 Φ_F　由式（13-19）得

$$\Phi_F = \frac{F_R \psi^2}{\eta v B} = \frac{5 \times 10^4 \times 0.0009^2}{0.0144 \times 7.854 \times 0.15} = 2.387$$

求偏心率 χ　由图 13-19(a) 查得偏心率 χ

$\chi = 0.6$

2）计算最小油膜厚度 $h_{\min}$。

由式（13-20）

$$h_{\min} = \frac{\Delta}{2}(1-\chi) = \frac{0.135}{2}(1-0.6) \approx 0.027(\mathrm{mm})$$

由表 13-4，若轴颈表面十点微观不平度的平均高度 $R_{z1} = 0.0032\mathrm{mm}$，轴瓦表面不平度平均高度 $R_{z2} = 0.0063\mathrm{mm}$，则 $R_{z1} + R_{z2} = 0.0095\mathrm{mm}$，由式（13-21）得 $K_s = \dfrac{h_{\min}}{R_{z1} + R_{z2}} = \dfrac{0.027}{0.0095} = 2.842 > 2$

可以实现液体润滑。

3）热平衡计算。

计算摩擦系数 f，由图 13-19(a) 查得

$f/\psi = 3.3$，所以　$f = 3.3 \times 0.0009 \approx 0.003$

计算端泄流量 Q_z，先由图 13-20 查得

$\dfrac{Q_{z1}}{\psi v B d} = 0.138$，所以承载区端泄为

$Q_{z1} = 0.138 \times \psi v B d = 0.138 \times 0.0009 \times 7.854 \times 0.15 \times 0.15 = 2.195 \times 10^{-5}(\mathrm{m}^3/\mathrm{s})$

再由图 13-21 查得系数 $E = 3.5$，$G = 1.2$，而取 $B_z = 0.05d = 7.5\mathrm{mm}$，一并代入式（13-25）计算非承载区端泄为

$$Q_{z2} = \frac{1}{48\eta}p_s d\Delta^3\left(\frac{2E}{B} + \frac{G}{B_z}\right)$$

$$= \frac{10 \times 10^4 \times 0.15 \times 0.135^3 \times 10^{-9}}{48 \times 0.0144} \left(\frac{2 \times 3.5}{0.15} + \frac{1.2}{0.0075} \right) = 1.1 \times 10^{-5} (m^3/s)$$

所以总端泄流量为

$$Q_z = Q_{z1} + Q_{z2} = (2.195 + 1.1) \times 10^{-5} = 3.295 \times 10^{-5} (m^3/s)$$

计算温升 Δt　取润滑油比热 $c = 2 \times 10^3 J/(kg \cdot ℃)$

$$\Delta t = \frac{f F_R v}{c \rho Q_z} = \frac{0.003 \times 50000 \times 7.854}{2 \times 10^3 \times 900 \times 3.295 \times 10^{-5}} \approx 19.86℃$$

检查进出口端油温

预设 $t_m = 50℃$

故进油油温 $t_1 = t_m - \Delta t/2 \approx 40.07℃$，可用，$t_m$ 与预设值相近。

出油油温　$t_2 = t_m + \Delta t/2 \approx 59.93℃$，亦可行。

实际上，如果环境温度 t_0 为20℃左右，则进口油温 t_1 一般也和 t_0 相近，不会是40.07℃，故此时轴承内实际润滑油的平均油温 t_m 将低于50℃，黏度 η 也将大于本例计算值，最小油膜厚度 h_{min} 也将更大，更安全，因此可不必重新进行计算。

§13-8　液体静压轴承和气体轴承简介

一、液体静压轴承

如前所述，要建立全液体润滑的动压油膜轴承需要满足一定的条件，特别是轴颈要有足够的转速，这在某些设备中是不可能的，但如果轴承又特别重要，要求良好润滑就宜采用本节介绍的静压轴承。所谓液体静压轴承是用油泵把高压油送到轴承间隙里，强制形成油膜、靠液体的静压平衡外载荷的一种滑动轴承。图13-22为液体静压向心轴承工作原理图。压力为 p_s 的高压油经节流器降压后流入四个相同并对称布置的油腔，然后一部分经过径向封油面流入回油槽，沿槽流出轴承，另一部分经过轴向封油面流出轴承。

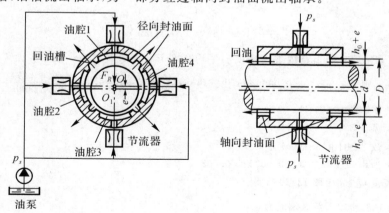

图 13-22

设略去轴及轴上零件的重量，当无外载荷时，四个油腔的油压相等，即 $p_1 = p_2 = p_3 = p_4$，轴颈中心将位于轴承中心。此时四个油腔的封油面与轴颈间的间隙相等，其值为

$h_0 (= \dfrac{D-d}{2})$；因此流经四个油腔的润滑油流量相等。油流经四个节流器时产生的压力降也相等。

当轴受到图示方向的外加载荷 F_R 后，轴颈将向下偏移，下部油腔 3 的封油间隙减小，间隙处的阻力增大、流量减小，因而润滑油流过下部节流器时的压力降也减小；但由于油泵的压力 p_s 保持不变，这样，下部油腔的压力 p_3 将加大。与此相反，上部油腔 1 的封油间隙加大，流量也增大，润滑油经上部节流器后压力降加大，所以上部油腔的压力 p_1 将减小。结果，在上下两个油腔之间形成一个压力差 $p_3 - p_1$，由此所产生的向上的作用力，与加在轴颈上的外载荷 F_R 相平衡，遂使轴颈中心稳定在一个新的位置上。同样，当载荷 F_R 在水平方向作用时，可由油腔 2 和 4 加以平衡，只要油腔的封油面间隙大于轴颈与轴承两表面微观不平度之和，就可保证轴承能在全液体摩擦条件下工作。

液体静压轴承与动压轴承相比，特点为：

1）滑润状态和油膜压力与轴颈转速大小基本无关，即使轴颈不旋转也可以形成油膜。速度变化以及转向改变对油膜刚性的影响很小。

2）提高油压 p_s 就可提高承载能力，在重载条件下也可获得液体润滑。

3）由于机器在启动前就能建立润滑油膜，因此启动力矩小。即使经常启动和停车，轴颈与轴承工作表面亦始终被油膜隔开，轴承基本上不磨损，寿命长，能经久保持精度。

液体静压轴承总体来说，特别适用于低速、重载、高精度以及经常启动、换向而又要求良好润滑的场合，但需附加一套复杂而又可靠的供油装置，致使轴承费用大为增加；另外，供油系统，本身也消耗相当能量，经济上不合算，非必要时不采用。

二、气体轴承

使用气体作为润滑剂的滑动轴承称为气体轴承。空气最为常用，但也有用氢气和其他气体的。

气体轴承亦分动压和静压两类，其工作原理和液体润滑轴承基本相同。

空气的黏度低，只有机械油黏度的 $1/5000 \sim 1/4000$。因此空气轴承能超高速回转。根据目前资料，转速可达每分钟几十万甚至几百万转。空气轴承的摩擦阻力很小，因而功耗甚微，更重要的是，空气黏度受温度变化的影响很少，能在很大的温度范围内（$-100 \sim -200℃$ 低温，$300 \sim 500℃$ 高温）应用。无污染、密封简单。但动压空气轴承形成的动压力一般是很低的，气膜厚度很薄，故对空气轴承制造要求十分精确，其承载能力亦较液压轴承要低得多。

第 14 章　　滚动轴承

§14-1　滚动轴承的构造、类型及代号

一、滚动轴承的构造

典型的滚动轴承构造如图 14-1 所示,由外圈 1、内圈 2、滚动体 3 和保持架 4 组成。通常内圈装在轴颈上,与轴一起回转,外圈则装在机件的轴承座孔内,当内圈相对外圈转动时,滚动体在内外圈滚道间滚动并传递载荷。常见的滚动体形状如图 14-2 所示,图 14-2(a) ～ (e)分别为球、圆柱滚子、圆锥滚子、鼓形滚子和滚针。保持架的作用是将滚动体均匀地隔开。

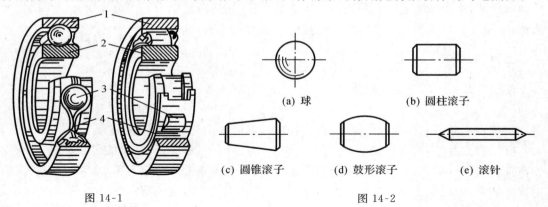

(a) 球　　　　　　(b) 圆柱滚子

(c) 圆锥滚子　　　(d) 鼓形滚子　　　(e) 滚针

图 14-1　　　　　　　　　　　图 14-2

滚动体与内外圈的材料一般均用强度高、耐磨性好的含铬合金的专用滚珠轴承钢 GCr15 制造,热处理后硬度达 62 ～ 65HRC,工作表面须经磨削或抛光。保持架多用软钢冲压而成,也有用铜合金或塑料制成。

滚动轴承已经标准化,由专业厂大批生产。

二、滚动轴承的主要类型及特性

滚动轴承的主要类型及其特性列于表 14-1,并说明如下。

1) 按照滚动体形状,滚动轴承分为球轴承和滚子轴承两大类。在同样外形尺寸下,滚子轴承的滚动体与滚道成线接触,它比成点接触的球轴承承载能力大、抗冲击能力强;但球轴承制造方便、价廉,且运转比前者灵活。

表 14-1　滚动轴承的主要类型及特性

轴承名称	结构简图	承载方向	极限转速	允许角偏差	类型代号	尺寸系列代号	基本代号	主要特性和应用
深沟球轴承		极高	$8'\sim16'$		6 6 6 6 16 6 6 6 6	17 37 18 19 (0)0 (1)0 (0)2 (0)3 (0)4	61700 63700 61800 61900 16000 6000 6200 6300 6400	主要承受径向载荷,也可承受一定的双向轴向载荷;摩擦系数最小,适用于刚性较大和转速高的轴,当转速很高而轴向载荷不太大时,可代替推力球轴承承受纯轴向载荷
调心球轴承		中	$2'\sim3'$		1 (1) 1 (1)	(0)2 22 (0)3 23	1200 2200 1300 2300	主要承受径向载荷,也可承受小的轴向载荷;因外圈滚道是以轴承中心为中心的球面,故能自动调心;适用于多支点和弯曲刚度不足的轴及难以对中的轴
圆柱滚子轴承		较高	$2'\sim4'$		N N N N N	10 (0)2 22 (0)3 (0)4	N 1000 N 200 N 2200 N 300 N 400	能承受较大的径向载荷,不能承受轴向载荷;因为是线接触,承载能力大,耐冲击;对角偏位敏感,适用于刚性很大、对中良好的轴;内外圈可分离
调心滚子轴承		中	$0.5°\sim2°$		2 2 2 2 2 2 2 2	13 22 23 30 31 32 40 41	21300 22200 22300 23000 23100 23200 24000 24100	能承受很大的径向载荷和少量的轴向载荷,耐振动及冲击,能自动调心,加工要求高,常用于其他轴承不能胜任的重载情况
滚针轴承		低	不允许		NA NA NA	48 49 69	NA 4800 NA 4900 NA 6900	只能承受径向载荷,承载能力很大,旋转精度较低,极限寿命短,径向尺寸小,适用于径向载荷很大而径向尺寸受限制与刚度大的场合
角接触球轴承		高	$2'\sim10'$		7 7 7 7 7	19 (1)0 (0)2 (0)3 (0)4	71900 7000 7200 7300 7400	能同时承受径向载荷和轴向载荷;公称接触角 α 有 15°、25°、40° 三种,接触角越大,轴向承载能力也越大,通常成对使用,适用于刚性较大、跨距不大的轴
圆锥滚子轴承		中	$2'$		3 3 3 3 3 3 3 3 3 3	02 03 13 20 22 23 29 30 31 32	30200 30300 31300 32000 32200 32300 32900 33000 33100 33200	能同时承受较大的径向与轴向联合载荷,通常成对使用,内外圈可分离,游隙可调,装拆方便;适用于刚性较大的轴
推力球轴承		低	不允许		5 5 5 5 5 5 5	11 12 13 14 22 23 24	51100 51200 51300 51400 52200 52300 52400	套圈与滚动体是分离的。只能承受轴向载荷(单列单向,双列双向);高速时滚动体离心力大,寿命较低,适用于轴向载荷大、转速较低的场合
推力调心滚子轴承		低	$2°\sim3°$		2 2 2	92 93 94	29200 29300 29400	能同时承受很大的轴向载荷和不大的径向载荷;能自动调心,主要用于承受轴向重载荷和要求调心性能好的场合

2）按照承受载荷的方向，滚动轴承分为向心轴承（承受或主要承受径向载荷）和推力轴承（承受或主要承受轴向载荷）两大类，这和滚动轴承的一个主要参数——接触角有关。轴承的径向平面（垂直于轴承轴心线的平面）与滚动体和外圈滚道接触点的法线之间的夹角称为接触角，用 α 表示，接触角越大，轴承承受轴向载荷的能力也越大。向心轴承公称接触角 α 从 0°到 45°，其中 $\alpha = 0°$ 的称径向接触向心轴承（如深沟球轴承、圆柱滚子轴承），$0° < \alpha \leqslant 45°$ 的称角接触向心轴承（如角接触球轴承、圆锥滚子轴承）；推力轴承公称接触角 α 从大于 45°到 90°，其中 $\alpha = 90°$ 的称轴向推力轴承（如推力球轴承），$45° < \alpha < 90°$ 的称角接触推力轴承（如角接触推力滚子轴承）。

3）轴承由于安装误差或轴的变形等都会引起内外圈轴心线发生相对倾斜，各轴承使用时的倾斜角应控制在允许的角偏差之内（见表 14-1），否则滚动体和滚道间接触情况会恶化、降低轴承寿命。对轴承使用时内外圈倾斜角过大的应采用调心轴承。如调心球轴承，其外圈滚道是球面形的，能自动适应两滚道轴心线的偏斜；而圆柱滚子轴承接触线与轴线平行，会阻抗内外圈轴心线的倾斜，不能自动调心，属于非调心轴承的范畴。

4）滚动轴承转速过高，滚动体的离心力和相对速度均很大，会使摩擦面间产生高温、润滑失效，从而导致滚动体回火或胶合损坏。滚动轴承在一定载荷和润滑条件下允许的最高转速称为极限转速，其具体数值见有关手册，各类轴承极限转速的比较可见表 14-1。

三、滚动轴承的代号

滚动轴承的类型很多，而每一种类型又有不同的尺寸、结构和公差等级等。为了便于设计、制造和选用，在国家标准 GB/T 272—2017 中规定了轴承代号的表示方法。滚动轴承代号由基本代号、前置代号和后置代号构成，其排列如下：

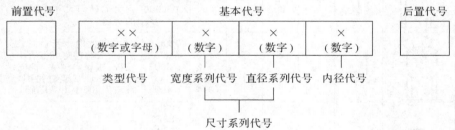

1. 基本代号

基本代号是轴承代号的基础，它由类型代号、尺寸系列代号、内径代号组成。尺寸系列代号又包括宽度系列代号和直径系列代号。基本代号的具体形式见表 14-1。

类型代号用数字或字母表示轴承的类型，常用轴承的具体类型代号见表 14-1。

宽度系列代号用一位数字表示，在基本代号中有时被省略不写。直径系列代号用一位数字表示。尺寸系列代号表示内径 d 相同时，外径 D、宽度 B 及接触角 α 等的变化（图 14-3）。由表 14-1 中的尺寸系列代号对每一类型轴承从上向下轴承的结构尺寸逐渐增大。表中用括号括住的数字在基本代号中省略。

内径代号用两位数字表示轴承的内径尺寸。常用内径 $d = 10 \sim 480\mathrm{mm}$（22mm、28mm、32mm 除外）的轴承，内径代号的意义见表 14-2。

对于内径小于 10mm 和大于 495mm（包括 22mm、28mm、32mm）的轴承，内径代号用公称内径毫米数直接表示，只是与直径系列代号用"/"分开，如基本代号 6222 表示轴承内径

110mm,直径系列代号为2,宽度系列代号为(0)、省略不写,类型代号为6表示深沟球轴承;若基本代号为62/22,则表示轴承内径为22mm,其余同上。

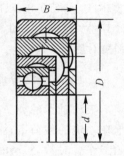

图 14-3

表 14-2　轴承内径代号

内径代号	00	01	02	03	04 ～ 96
轴承内径(mm)	10	12	15	17	内径代号×5

2.前置、后置代号

前置、后置代号是轴承在结构形状、尺寸、公差、技术要求等有改变时,在基本代号左右添加的补充代号,其排列见表14-3。前置代号用字母表示,后置代号用字母或加数字表示。例如角接触球轴承,内部结构代号表示公称接触角,代号 C 表示 $\alpha = 15°$;代号 AC 表示 $\alpha = 25°$;代号 B 表示 $\alpha = 40°$;代号 E 表示轴承是加强型。公差等级代号 /P0、/P6、/P6x、/P5、/P4、/P2 分别表示公差等级符合 0 级、6 级、6x 级、5 级、4 级、2 级,其中 /P0 在代号中省略不标。更详细的前置、后置代号的含义及表示方法参见 GB/T 272—2017。对于一般用途的轴承,没有特殊改变,公差等级为 /P0 级时,无前置、后置代号,即只用基本代号表示。

表 14-3　轴承的前置、后置代号的排列

前置代号	基本代号	轴　承　代　号							
		后置代号序列							
		1	2	3	4	5	6	7	8
成套轴承分部件		内部结构	密封与防尘套圈变型	保持架及其材料	轴承材料	公差等级	游隙	配置	其他

§14-2　滚动轴承的失效形式和承载能力计算

一、滚动轴承的失效形式

图 14-4 所示滚动轴承受径向载荷 R 后,设内圈沿 R 力作用方向下移一距离 δ,上半圈滚动体不承载,下半圈各滚动体的受力大小不同(各接触点的弹性变形量不同),处于正对 R 力作用线方向的滚动体承载最大(Q_{max});在运转后,滚动体与内外圈滚道接触处产生变化的接触应力,当应力足够大且循环次数达到一定值后,接触表面将发生疲劳点蚀。在很大的静载荷或冲击载荷作用下也会使滚动体和滚道接触处的局部应力超过材料的屈服限而出现塑性变形。此外,由于使用维护不当或密封润滑不良等也可能引起磨损、胶合等其他形式的失

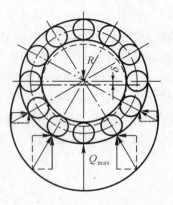

图 14-4

效。对于一般在正常工作状态下运转的轴承,疲劳点蚀是主要的失效形式,应按此进行寿命计算;对于不常转动、摆动或转速很低的重载轴承,塑性变形常是主要的失效形式,应进行静强度计算。

二、基本额定寿命、基本额定动载荷、基本额定静载荷

滚动轴承的疲劳点蚀与轴承承受的载荷和工作总转数有关。通常讲轴承的寿命是指轴承在一定的载荷下运转,任一元件出现疲劳点蚀前所经历的总转数,或在一定转速下所经历的工作总时数。实验和研究表明,一批同型号的轴承,由于其材料均匀程度、加工、热处理、装配精度等方面不可避免的、随机的差异,即使在同样工作条件下使用,每个轴承的使用寿命也不是都相等的,寿命最长和最短可相差很多倍(这种现象称为轴承寿命的离散性),所以不能以单个轴承试验所得的寿命作为依据,为此引入基本额定寿命的概念。

一批同型号的轴承,在相同的条件下运转,其中 10% 的轴承已发生疲劳点蚀,而 90% 的轴承尚未发生疲劳点蚀时所能达到的总转数称为轴承的基本额定寿命,用 L_{10} 表示,单位百万转,即 10^6 r。图 14-5 为对一批同型号的轴承在相同条件下进行试验所得轴承的基本额定寿命 L_{10} 与轴承所受的载荷 P 的关系曲线。显然,载荷愈大,其基本额定寿命愈短,反之则愈长。为了比较不同型号轴承的承载能力,引入基本额定动载荷的概念。

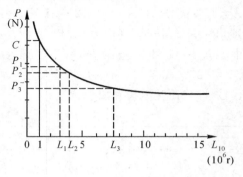

图 14-5

一批同型号的轴承,其基本额定寿命为 10^6 r 时所能承受的最大载荷称为轴承的基本额定动载荷。不同型号的轴承,基本额定动载荷的值不同。对于径向接触轴承,是指纯径向载荷,对于角接触球轴承或圆锥滚子轴承,是指载荷的径向分量,均称为径向基本额定动载荷,用 C_r 表示。对于推力轴承,是指纯轴向载荷,称为轴向基本额定动载荷,用 C_a 表示。C_r、C_a 可统一用 C 表示基本额定动载荷。它反映了轴承承载能力的大小,工作温度 $t \leqslant 120℃$ 时,各类轴承的 C_r 和 C_a 值可查阅有关手册标准。本书将常用的某几种代号的深沟球轴承、角接触球轴承和圆锥滚子轴承的 C 值摘列于表 14-4、表14-5 及表 14-6 中。当轴承工作温度高于 120℃ 时,因材料金属组织、硬度等的变化,其基本额定动载荷值将降低,需用温度系数 K_t(见表 14-7)加以修正,即以 $K_t \cdot C$ 作为轴承计算的基本额定动载荷。

为了限制滚动轴承的塑性变形量,轴承标准中规定,在内外圈相对转速为零的情况下,滚动体与内外圈接触处的最大接触应力达到规定数值时,作用在轴承上的载荷称为基本额定静载荷,用 C_0(径向 C_{0r},轴向 C_{0a})表示,各种轴承的 C_0 值详见有关手册标准,表 14-4、表14-5 及表 14-6 中摘列了某几种轴承的部分 C_0 值。

表 14-4　深沟球轴承的基本额定动载荷 C 和基本额定静载荷 C_0 　　kN

轴承型号	C	C_0	轴承型号	C	C_0	轴承型号	C	C_0
6204	12.80	6.65	6304	15.80	7.88	6404	31.00	15.30
6205	14.00	7.88	6305	22.20	11.50	6405	38.30	19.20
6206	19.50	11.50	6306	27.00	15.20	6406	47.30	24.50
6207	25.50	15.20	6307	33.20	19.20	6407	56.90	29.60
6208	29.50	18.00	6308	40.80	24.00	6408	65.50	37.70
6209	31.50	20.50	6309	52.80	31.80	6409	77.40	45.40
6210	35.00	23.20	6310	61.80	38.00	6410	92.30	55.10
6211	43.40	29.20	6311	71.60	44.80	6411	100.00	62.50
6212	47.80	32.80	6312	81.80	51.80	6412	109.00	70.10

表 14-5　角接触球轴承的基本额定动载荷 C 和基本额定静载荷 C_0 　　kN

轴承型号	C	C_0	轴承型号	C	C_0	轴承型号	C	C_0	轴承型号	C	C_0
7204C	11.20	7.46	7204AC	10.80	7.00						
7205C	12.80	8.35	7205AC	12.20	8.38	7305B	21.5	15.8			
7206C	17.80	12.80	7206AC	16.80	12.20	7306B	24.8	17.5			
7207C	23.50	17.50	7207AC	22.50	16.50	7307B	29.5	21.2			
7208C	26.80	20.50	7208AC	25.80	19.20	7308B	35.5	26.2	7408B	67.0	47.5
7209C	29.80	23.80	7209AC	28.20	22.50	7309B	45.8	34.5			
7210C	32.80	26.80	7210AC	31.50	25.20	7310B	52.5	40.8	7410B	95.2	64.2
7211C	40.80	33.80	7211AC	38.80	31.80	7311B	60.5	48.0			
7212C	44.80	37.80	7212AC	42.80	35.80	7312B	69.2	55.5	7412B	118.0	85.5

表 14-6　圆锥滚子轴承的基本额定动载荷 C 和基本额定静载荷 C_0 　　kN

轴承型号	C	C_0	e	Y	Y_0	轴承型号	C	C_0	e	Y	Y_0
30204	28.2	30.6	0.35	1.7	1.0	30304	33.1	33.2	0.30	2.0	1.1
30205	32.2	37.0	0.37	1.6	0.9	30305	46.9	48.1	0.30	2.0	1.1
30206	43.3	50.5	0.37	1.6	0.9	30306	59.0	61.1	0.31	1.9	1.0
30207	54.2	63.5	0.37	1.6	0.9	30307	75.3	82.6	0.31	1.9	1.0
30208	63.0	74.0	0.37	1.6	0.9	30308	90.9	108.0	0.35	1.7	1.0
30209	67.9	83.8	0.40	1.5	0.8	30309	109.0	130.0	0.35	1.7	1.0
30210	73.3	92.1	0.42	1.4	0.8	30310	130.0	157.0	0.35	1.7	1.0
30211	90.8	114.0	0.40	1.5	0.8	30311	153.0	188.0	0.35	1.7	1.0
30212	103.0	130.0	0.40	1.5	0.8	30312	171.0	210.0	0.35	1.7	1.0

注:e 为判断系数;Y 为 $A/R>e$ 时计算当量动载荷的轴向载荷系数;Y_0 为 $A/R>0.8$ 时计算当量静载荷的轴向载荷系数。

表 14-7　温度系数 K_t

轴承工作温度 ℃	≤120	125	150	175	200	225	250	300	350
温度系数 K_t	1	0.95	0.90	0.85	0.80	0.75	0.70	0.60	0.50

三、滚动轴承的寿命计算

1. 当量动载荷的概念

轴承在实际工作时,往往同时受到径向载荷和轴向载荷的复合作用,两者对轴承寿命的影响是不同的。为了与基本额定动载荷 C 在相同条件下作比较,必须把实际作用于轴承的载荷换算为与确定基本额定动载荷条件下相同的假想载荷,这种由换算得到的假想载荷称为当量动载荷,用 P 表示,意即在当量动载荷 P 作用下其轴承寿命与实际复合载荷作用下的轴承寿命相同。

2. 寿命计算公式

现在可以把图 14-5 阐述为一滚动轴承的当量动载荷 P 与基本额定寿命 L_{10} 的关系曲线。由大量试验表明,对于相同型号的轴承,在不同的当量动载荷 P_1、P_2、P_3、…… 作用下,与相应的轴承基本额定寿命 L_1、L_2、L_3、…… 之间有如下的关系:

$$L_1 P_1^{\varepsilon} = L_2 P_2^{\varepsilon} = L_3 P_3^{\varepsilon} = \cdots = 1 \times C^{\varepsilon} = 常数,亦即 P\text{-}L_{10} 关系曲线的方程为 LP^{\varepsilon} = C^{\varepsilon},$$

故可得

$$L_{10} = \left(\frac{C}{P}\right)^{\varepsilon} \quad (10^6 \text{r}) \tag{14-1}$$

式中:L_{10} 为基本额定寿命,10^6 r;P 为当量动载荷,N;C 为基本额定动载荷,N;ε 为寿命指数,由试验确定,对球轴承 $\varepsilon = 3$;对滚子轴承,$\varepsilon = 10/3$。

实际计算时,用小时数表示轴承寿命更直观和方便,则上式可改写为

$$L_{10h} = \frac{10^6}{60n}\left(\frac{C}{P}\right)^{\varepsilon} \quad (\text{h}) \tag{14-2}$$

式中:n 为轴承转速,r/min;L_{10h} 为以小时计算的轴承基本额定寿命,h;其余符号同前。

如果当量动载荷 P、转速 n 均为已知,则可按预期的设计寿命 L'_{10h} 计算所需轴承的基本额定动载荷 C'

$$C' \geqslant P \sqrt[\varepsilon]{\frac{60n L'_{10h}}{10^6}} \quad (\text{N}) \tag{14-3}$$

按上式计算的 C' 值在设计手册中选用所需的轴承型号。

常用机械中轴承的设计寿命参考值列于表 14-8。

表 14-8 轴承预期寿命 L'_{10h} 的参考值　　　　　　　h

使用场合	L'_{10h}
不常使用的设备	500
短期或间断使用的机械,中断时不致引起严重后果	4000 ～ 8000
间断使用的机械,中断会引起严重后果	8000 ～ 14000
每天 8 小时工作的机械和不经常满载工作的机械	14000 ～ 30000
24 小时连续工作的机械	50000 ～ 60000

3. 当量动载荷 P 的计算

当量动载荷 P 的计算公式为

$$P = K_P(XR + YA) \quad (N) \tag{14-4}$$

式中：R、A 分别为轴承径向载荷和轴向载荷，N；K_P 为动载荷系数，可根据机器载荷性质查表 14-9 选定之；X、Y 分别为计算当量动载荷时的径向载荷系数和轴向载荷系数；X 和 Y 的数值详见有关手册标准。表 14-10 列出几种轴承的 X 和 Y 值，表中 e 是反映轴向载荷影响的判断系数，当 $A/R \leqslant e$ 时，轴向载荷 A 对轴承寿命的影响较小，当 $A/R > e$ 时，影响较大；查取 X 和 Y 值时应先查出 e 值，然后根据 $\dfrac{A}{R} \leqslant e$ 还是 $\dfrac{A}{R} > e$ 决定 X 和 Y 值。

式(14-4)是计算轴承当量动载荷的通用公式，对于只能承受径向载荷的轴承（如圆柱滚子轴承、滚针轴承）则为 $P = K_P R$；对于只能承受轴向载荷的轴承（如推力球轴承）则为 $P = K_P A$。

表 14-9　动载荷系数 K_P

载荷性质	平稳或有轻微冲击	中等冲击和振动	强烈冲击和振动
K_P	$1.0 \sim 1.2$	$1.2 \sim 1.8$	$1.8 \sim 3.0$

表 14-10　几种滚动轴承计算当量动载荷的 X、Y 系数

轴承类型		A/C_0	e	单列轴承				双列轴承（或成对安装单列轴承）			
				$A/R \leqslant e$		$A/R > e$		$A/R \leqslant e$		$A/R > e$	
				X	Y	X	Y	X	Y	X	Y
深沟球轴承		0.014	0.19				2.30				
		0.028	0.22				1.99				
		0.056	0.26				1.71				
		0.084	0.28				1.55				
		0.11	0.30	1	0	0.56	1.45				
		0.17	0.34				1.31				
		0.28	0.38				1.15				
		0.42	0.42				1.04				
		0.50	0.44				1.00				
角接触球轴承	C 型	0.015	0.38				1.47		1.65		2.39
		0.029	0.40				1.40		1.57		2.28
		0.058	0.43				1.30		1.46		2.11
		0.087	0.46	1	0	0.44	1.23	1	1.38	0.72	2.00
		0.12	0.47				1.19		1.34		1.93
		0.17	0.50				1.12		1.26		1.82
		0.29	0.55				1.02		1.14		1.66
		0.44	0.56				1.00		1.12		1.63
	AC 型		0.68	1	0	0.41	0.87	1	0.92	0.67	1.41
	B 型		1.14	1	0	0.35	0.57	1	0.55	0.57	0.93
圆锥滚子轴承			表 14-6	1	0	0.40	表14-6				

注：C_0 为单个轴承的基本额定静载荷。

需要着重指出的是：对于角接触球轴承和圆锥滚子轴承，由于其本身结构的特点，在轴承工作时，会因承受径向载荷而产生派生的轴向力 S。如图 14-6 所示，角接触轴承的滚动体和滚道在接触处存在着接触角 α，当其承受径向载荷 R 时，作用于承载区内第 i 个滚动体上

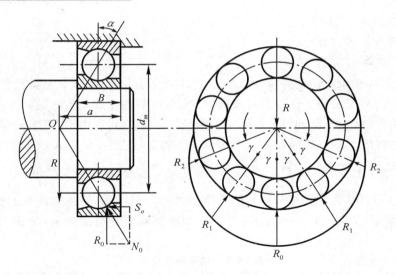

图 14-6

的法向力 N_i 可分解为径向分力 Q_i 和轴向分力 S_i。各滚动体所受轴向分力 S_i 的合力即为轴承内部的派生轴向力 S。派生轴向力 S 的近似公式列于表 14-11,其方向为使滚动体自外圈分离的方向。

表 14-11　角接触型轴承派生轴向力 S

角接触球轴承			圆锥滚子轴承
C 型($\alpha = 15°$)	AC 型($\alpha = 25°$)	B 型($\alpha = 40°$)	
$S = eR$	$S = 0.68R$	$S = 1.14R$	$S = R/(2Y)$

注:R 为轴承的径向载荷;e 为判断系数(见表 14-10),Y 为轴向载荷系数(见表 14-6)。

可见,角接触型轴承在应用式(14-4)计算轴向力 A 时,不仅要计及所有作用在轴上的轴向外载荷,还要同时计及由轴承径向载荷引起的派生轴向力。

角接触型轴承,由于有内部派生轴向力,一般均应成对使用,如图 14-7 所示有两种安装方式,图 14-7(a) 为两外圈窄边相对(称正安装),图 14-7(b) 为两外圈窄边相背(称反安装)。图中 O_1 及 O_2 分别为轴承 1 和 2 的压力中心,即支反力的作用点。O_1、O_2 点到轴承端面的距离 a_1、a_2 可由有关手册标准查得。两轴承跨距较大时,为简化计算,亦可认为支反力作用点在轴承宽度中点上。现设图中 R_1、R_2 分别表示轴承 1、2 的径向载荷,S_1、S_2 分别表示轴承 1、2 的内部派生轴向力,F_a 为轴上的轴向外载荷。将轴和内圈视为一体,并以它为脱离体考虑轴系的轴向平衡,就可确定轴承 1 和 2 承受的轴向载荷 A_1 和 A_2。

图 14-7 中,若 $S_1 + F_a > S_2$,轴有沿 $S_1 + F_a$ 方向移动的趋势,轴承 2 被"压紧",轴承 1 被"放松",由平衡条件可得作用在轴承 2 和 1 上的轴向载荷分别为 $A_2 = S_1 + F_a$,$A_1 = S_1$;若 $S_1 + F_a < S_2$,轴有沿 S_2 方向移动的趋势,轴承 1 被"压紧",轴承 2 被"放松",由平衡条件可得 $A_1 = S_2 - F_a$,$A_2 = S_2$。同样分析其他情况,可将计算角接触型轴承轴向力的方法归纳如下:

1) 根据结构先判明轴上全部轴向力(包括轴向外载荷和轴承内部派生轴向力)合力的指向,分析哪一端被"压紧",哪一端被"放松";

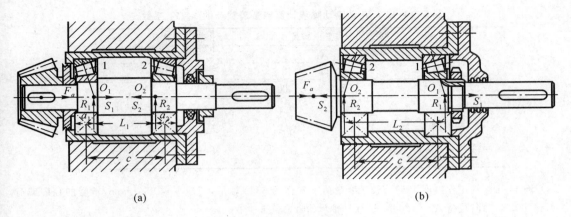

图 14-7

2)"放松"端轴承的轴向载荷等于它本身的内部派生轴向力;

3)"压紧"端轴承的轴向载荷等于除本身内部派生轴向力外其他轴向力的代数和。

四、滚动轴承的静强度计算

为限制滚动轴承在静载荷或冲击载荷作用下产生过大的塑性变形,应进行静强度计算,其计算公式为

$$P_0 \leqslant \frac{C_0}{S_0} \tag{14-5}$$

式中:C_0 为基本额定静载荷,N;S_0 为静载荷安全系数,见表 14-12;P_0 为当量静载荷,N;和当量动载荷 P 的概念类似,当量静载荷是一个换算的静载荷,在这个载荷作用下,受力最大的滚动体与滚道接触处的应力值与实际径向载荷 R、轴向载荷 A 复合作用下产生的应力值相等,其计算公式为

$$P_0 = X_0 R + Y_0 A \quad (N) \tag{14-6}$$

式中:R、A 分别为轴承所受的径向载荷和轴向载荷,N;X_0、Y_0 分别为计算当量静载荷时的径向载荷系数和轴向载荷系数,详见有关手册标准。表 14-13 列出几种轴承的 X_0 和 Y_0 值。若按式(14-6)算出的 $P_0 < R$,则取 $P_0 = R$。对于只能承受径向载荷的轴承,$P_0 = R$;对于只能承受轴向载荷的轴承,$P_0 = A$。

表 14-12　静载荷安全系数 S_0

	使用要求、载荷性质或使用的设备	S_0
旋转的轴承	对旋转精度和运动平稳性要求较高,或承受强大的冲击载荷	$1.2 \sim 2.5$
	一般情况	$0.8 \sim 1.2$
	对旋转精度和运转平稳性要求较低,或基本上无冲击和振动	$0.5 \sim 1.8$
非旋转及摆动的轴承	水坝闸门装置	$\geqslant 1$
	吊桥	$\geqslant 1.5$
	附加动载荷很大的小型装卸起重机吊钩	> 1.6

表 14-13　几种滚动轴承计算当量静载荷的 X_0、Y_0 系数

	$A/R \leqslant 0.8$		$A/R > 0.8$	
深沟球轴承	X_0	Y_0	X_0	Y_0
	1	0	0.6	0.5
角接触型轴承	X_0		Y_0	
角接触球轴承　C 型	0.5		0.46	
AC 型			0.38	
B 型			0.26	
圆锥滚子轴承			见表 14-6	

例 14-1　在工作温度 125℃、较平稳载荷下工作的 6309 轴承,转速 $n = 960\text{r/min}$,承受的径向载荷 $R = 2000\text{N}$,轴向载荷 $A = 1200\text{N}$,试计算轴承的寿命是多少?

解:1)确定 C、P 值。

查表 14-4,6309 轴承 $C = 52800\text{N}$,$C_0 = 31800\text{N}$。按工作温度 125℃,查表 14-7 得 $K_t = 0.95$,故计算的基本额定动载荷 $C = K_t \times 52800 = 0.95 \times 52800 = 50160(\text{N})$

由表 14-10,$\dfrac{A}{C_0} = \dfrac{1200}{31800} = 0.0377$,得 $e \approx 0.233$;$\dfrac{A}{R} = \dfrac{1200}{2000} = 0.6 > e$,得 $X = 0.56$,$Y \approx 1.9$。

查表 14-9,取 $K_P = 1.1$,由式(14-4)得

$$P = K_P(XR + YA) = 1.1(0.56 \times 2000 + 1.9 \times 1200) = 3740(\text{N})$$

2)计算轴承寿命。

由式(14-2)得 $L_{10h} = \dfrac{10^6}{60n}\left(\dfrac{C}{P}\right)^\varepsilon = \dfrac{10^6}{60 \times 960}\left(\dfrac{50160}{3740}\right)^3 = 41883(\text{h})$

例 14-2　某传动装置中高速轴(图 14-8),转速 $n = 1450\text{r/min}$,传动中有轻微冲击、工作温度低于 100℃,其上斜齿轮受力为:圆周力 $F_t = 1500\text{N}$,径向力 $F_r = 546\text{N}$,轴向力 $F_a = 238\text{N}$,齿轮节圆半径 $r = 60\text{mm}$,轴颈直径 $d = 30\text{mm}$,其他尺寸如图所示,要求使用寿命不低于 50000h,拟选用深沟球轴承,试确定轴承型号。

解:1)确定轴承 1、2 的载荷。

由 $\Sigma M_2(F) = 0$,得轴承 1 垂直反力 R'_1 与水平反力 R''_1

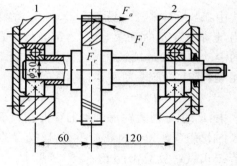

图 14-8

$$R'_1 = \frac{F_r \times 120 - F_a \times 60}{180}$$

$$= \frac{546 \times 120 - 238 \times 60}{180} = 285(\text{N})$$

$$R''_1 = \frac{F_t \times 120}{180} = \frac{1500 \times 120}{180} = 1000(\text{N})$$

由 $\Sigma M_1(F) = 0$,得轴承 2 垂直反力 R'_2 与水平反力 R''_2

$$R'_2 = \frac{F_r \times 60 + F_a \times 60}{180} = \frac{546 \times 60 + 238 \times 60}{180} = 261(\text{N})$$

$$R''_2 = \frac{F_t \times 60}{180} = \frac{1500 \times 60}{180} = 500(\text{N})$$

则作用在轴承 1、2 上的径向载荷 R_1、R_2 为

$$R_1 = \sqrt{R'^2_1 + R''^2_1} = \sqrt{285^2 + 1000^2} = 1040(\text{N})$$

$$R_2 = \sqrt{R'^2_2 + R''^2_2} = \sqrt{261^2 + 500^2} = 564(\text{N})$$

根据结构,轴向载荷 $F_a = 238(\text{N})$ 作用在轴承 2 上。

2）计算当量动载荷。

轻微冲击,查表 14-9,取 $K_P = 1.2$;轴承 1 只受径向载荷,故 $P_1 = K_P \cdot R_1 = 1.2 \times 1040 = 1248(\text{N})$

轴承 2 受径向载荷和轴向载荷的复合作用,根据 $d = 30\text{mm}$ 选 6206 轴承。查表 14-4,得 $C = 19500\text{N}$, $C_0 = 11500\text{N}$。由表 14-10,$\dfrac{A_2}{C_{02}} = \dfrac{F_a}{C_0} = \dfrac{238}{11500} = 0.0207$,得 $e \approx 0.21$;$\dfrac{A_2}{R_2} = \dfrac{F_a}{R_2} = \dfrac{238}{564} = 0.422 > e$,得 $X = 0.56, Y \approx 2.15$。故 $P_2 = K_P(XR_2 + YA_2) = 1.2(0.56 \times 564 + 2.15 \times 238) = 993(\text{N})$

3）计算所需基本额定动载荷。

P_1、P_2 相差不悬殊,两端采用同一型号轴承,按 $P = P_1 = 1248\text{N}$ 计算所需的基本额定动载荷,由式 (14-3) 得

$$C' \geqslant P \sqrt[\varepsilon]{\frac{60nL'_{10h}}{10^6}} = 1248 \sqrt[3]{\frac{60 \times 1450 \times 50000}{10^6}} = 20372(\text{N}) > 19500(\text{N}),\text{知用 6206 轴承不合适。}$$

4）改选 6306 轴承。

承受载荷情况不变,P_1 不变,查表 14-4,得 $C = 27000\text{N}$, $C_0 = 15200\text{N}$, $\dfrac{A_2}{C_{02}} = \dfrac{238}{15200} = 0.0157$,查表 14-10, 得 $e \approx 0.2$,而 $\dfrac{A_2}{R_2} = 0.422 > e$,得 $X = 0.56, Y \approx 2$,故 $P_2 = K_P(XR_2 + YA_2) = 1.2(0.56 \times 564 + 2 \times 238) = 950(\text{N})$ $< P_1$,所需的基本额定动载荷仍为 $C' = 20372\text{N}$,但小于 27000N,故用 6306 轴承合适。

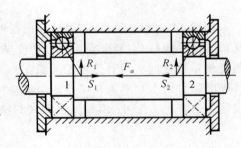

图 14-9

例 14-3　某传动装置的轴拟采用图 14-9 所示一对正安装角接触球轴承 7207AC。转速 $n = 1450\text{r/min}$,工作温度低于 100℃,传动中有轻微冲击,已知轴承 1、2 的径向载荷分别为 $R_1 = 1000\text{N}$, $R_2 = 2000\text{N}$,轴向外载荷 $F_a = 900\text{N}$,预期寿命 $L'_{10h} = 5000\text{h}$,试问所选轴承型号是否合适?

解:1）确定轴承 1、2 的轴向载荷 A_1、A_2。

由表 14-11 查得 7207AC 型轴承派生轴向力 $S = 0.68R$,故 $S_1 = 0.68R_1 = 0.68 \times 1000 = 680(\text{N})$, $S_2 = 0.68R_2 = 0.68 \times 2000 = 1360(\text{N})$,方向如图所示。

因 $S_2 + F_a = 1360 + 900 = 2260(\text{N}) > S_1$,故 $A_1 = S_2 + F_a = 2260\text{N}$, $A_2 = 1360(\text{N})$。

2）计算轴承 1、2 的当量动载荷 P_1、P_2。

由表 14-10 查得 7207AC 轴承 $e = 0.68$,而 $\dfrac{A_1}{R_1} = \dfrac{2260}{1000} = 2.26 > e$,$\dfrac{A_2}{R_2} = \dfrac{1360}{2000} = 0.68 = e$;得 $X_1 = 0.41, Y_1 = 0.87, X_2 = 1, Y = 0$;查表 14-9 得 $K_P = 1.2$;由式 (14-4) 得

$P_1 = K_P(X_1R_1 + Y_1A_1) = 1.2(0.41 \times 1000 + 0.87 \times 2260) = 2851(\text{N})$

$P_2 = K_P(X_2R_2 + Y_2A_2) = 1.2(1 \times 2000 + 0 \times 1360) = 2400(\text{N})$

3）验算轴承寿命。

查表 14-5,7207AC 轴承的基本额定动载荷 $C = 22500\text{N}$,因 $P_1 > P_2$,取 $P = P_1 = 2851\text{N}$ 计算轴承寿命,由式 (14-2) 得

$$L_{10h} = \frac{10^6}{60n}\left(\frac{C}{P}\right)^\varepsilon = \frac{10^6}{60 \times 1450}\left(\frac{22500}{2851}\right)^3 = 5650(\text{h}) > 5000(\text{h})。$$

选用 7207AC 轴承合适。

§14-3　滚动轴承的组合设计

为保证轴承在机器中正常工作,除合理选择轴承类型、尺寸外,还应正确进行轴承的组合设计。轴承组合设计通常要考虑以下问题。

一、轴承的轴向固定

为了使轴和轴上零件在机器中有确定的位置,以防止轴系的轴向窜动,轴承必须作轴向固定,同时还应从结构上保证在工作温度变化时轴系能自由伸缩,以免轴承受过大的附加载荷或被卡死。常见的轴向固定方式有两种。

1. 两端单向固定

如图 14-10(a) 所示,利用轴肩顶住轴承内圈、轴承盖顶住轴承外圈,每个支承各限制轴系单方向轴向移动,两个支承组合便使轴系位置固定。为补偿轴的受热伸长,在一端轴承盖与外圈端面之间应留有热补偿间隙 $a = 0.25 \sim 0.4$ mm(图 14-10(b))。热补偿间隙 a 值可在装配时通过增减轴承盖与箱体间调整垫片的厚度来获得。这种形式结构简单,安装方便,但仅适用于跨距 L 较小、温度变化不大的轴。

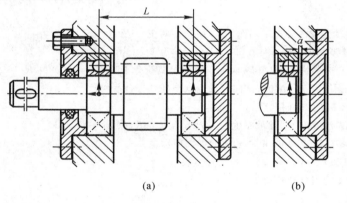

(a)　　　　　　　　　　(b)

图 14-10

2. 一端双向固定,一端游动

图 14-11(a) 采用深沟球轴承为这种结构形式中最简单的一种,左端轴承为固定支承,其内外圈均作双向固定,可承受双向轴向载荷;右端轴承为游动支承,其内圈作双向固定,外圈与轴承盖之间留有适当间隙,外圈两侧均未固定,其外径与座孔为间隙配合,轴承可在座孔中轴向移动,当温度变化时轴可以自由伸缩。显然,游动支承不能承受并传递轴向载荷。这种结构形式适于温度变化较大的长轴。图 14-11(b) 为选用圆柱滚子轴承作为游动支承的情况,当轴受热伸长时,内圈连同滚动体一起沿外圈内表面游动,其外圈作双向固定是为了避免内外圈同时移动造成过大的错位。

不论采取哪种固定方式,轴承组合的固定都是根据具体情况通过选择轴承内圈与轴、外圈与轴承座孔的轴向固定方式来实现的。内圈与轴的轴向固定其原则及方法均与一般轴系零件相同;外圈与轴承座孔的轴向固定可利用轴承盖、孔用弹性挡圈(图 14-11(b))、轴承座

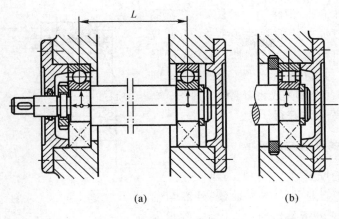

图 14-11

孔的凸肩(图 14-11(a))、套筒的凸肩(图 14-7)以及它们的组合来实现,具体选择时要考虑轴向载荷的大小和方向(单向或双向)、转速高低、轴承的类型及支承的固定形式(游动或固定)等情况。

二、轴承组合的调整

1. 轴承间隙的调整

为确保轴承正常运转,一般要留有适当的轴承间隙(游隙)。装配时常用两种方法调整轴承间隙:一种是靠增减调整垫片厚度调整轴承间隙(如图 14-10(a)轴承盖与机座间的垫片);另一种是利用调整螺钉 1 通过轴承外圈压盖 2 来移动轴承外圈的位置以调整轴承间隙(图 14-12),调整之后,用螺母 3 锁紧防松。

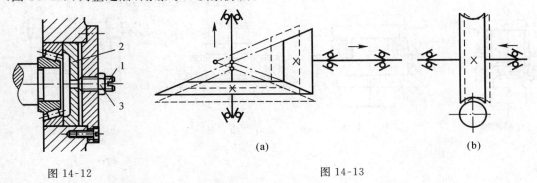

图 14-12
图 14-13

2. 轴系轴向位置的调整

调整轴系轴向位置的目的是保证轴上某些零件获得准确的工作位置。如图 14-13(a)所示的直齿锥齿轮传动,要求两分度圆锥顶重合才能保证其正确啮合,应使两个锥齿轮轴系按图示方向调整至实线位置,图 14-7(a)中增减套杯端面与机座之间调节垫片的厚度即可调整锥齿轮轴系的轴向位置;又如图 14-13(b)所示蜗杆传动要求蜗轮的主平面通过蜗杆的轴线,蜗轮轴系为此要进行轴向调整。

3. 轴承的预紧

轴承的预紧是指其轴向预紧。对某些可调游隙式轴承在安装时给予一定的轴向预紧力,使内外圈产生相对位移,消除轴承游隙,并在套圈和滚动体接触处产生一定的弹性预变形,借此提高轴的旋转精度和轴承组合的刚性,减少振动和噪声。预紧力可以利用在轴承外圈(或内圈)之间加金属垫片(图 14-14(a))或将外圈(或内圈)磨窄(图 14-14(b))等方法获得。

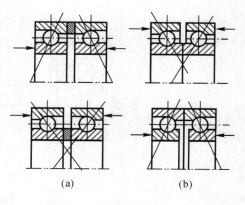

(a)　　　　(b)

图 14-14

三、滚动轴承的配合与装拆

1. 滚动轴承的配合

滚动轴承的配合是指内圈与轴颈、外圈与轴承座孔的配合。由于轴承是标准件,故规定轴承内圈与轴颈的配合取基孔制(特殊的),外圈与座孔的配合取基轴制。配合的松紧将直接影响轴承游隙的大小,应根据载荷大小及性质、转速高低、旋转精度以及使用条件等来选择。转动的圈一般采用有过盈的配合;固定的圈常采用有间隙或过盈不大的配合。转速越高,载荷和振动越大,旋转精度越高,应采用紧一些的配合,游动的圈和经常拆卸的轴承则要采取松一些的配合。选择滚动轴承配合的详细资料可参见有关设计手册。

2. 滚动轴承的装拆

设计轴承组合时,必须考虑便于轴承的安装和拆卸。图 14-15 和图 14-16 分别为常见的安装和拆卸滚动轴承的情况,注意装拆时不允许通过滚动体来传递装拆压力,以免损伤轴承和其他机件。

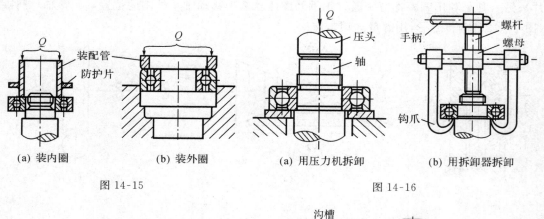

(a) 装内圈　　　　(b) 装外圈　　　　(a) 用压力机拆卸　　　　(b) 用拆卸器拆卸

图 14-15　　　　　　　　　　　　　图 14-16

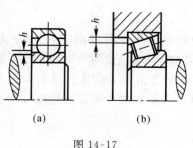

(a)　　　　(b)

图 14-17

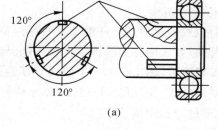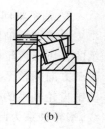

(a)　　　　(b)

图 14-18

　　为便于拆卸滚动轴承,应留有足够的拆卸高度 h(图14-17)和空间;如拆卸高度不够,可在轴肩上开槽(图14-18(a)),以便放入拆卸器的钩头或在机体上制出拆卸用螺纹孔(图14-18(b)),以便用拆卸螺钉顶出外圈。

四、保证支承的刚度和同轴度

　　轴和安装轴承的机座以及轴承组合中的受力零件必须具有足够的刚度,否则会因这些零件的变形,阻滞滚动体的滚动、缩短轴承寿命,影响轴承旋转精度和正常工作。为此支承点应布局合理,轴承孔处的悬臂 l 应尽量缩短,轴承座孔处的壁厚 a、δ 应适当加大或加肋(图14-19)。此外,还需注意到同样的轴承作不同的排列,轴承组合的刚性也将不同;如图14-7中一对圆锥轴承反安装(图14-7(b))与调整安装都方便的正安装(图14-7(a))相比,由于两轴承反力在轴上作用点的距离 $L_2 > L_1$,反安装使该轴具有较高的刚性。

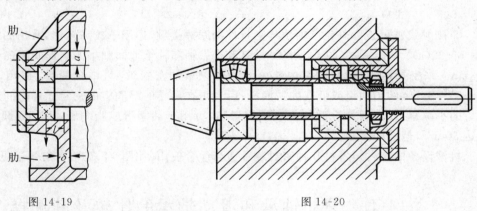

图 14-19　　　　　　　　　　　　　　图 14-20

　　同一轴上各轴承孔要保持必要的同轴度,否则轴安装后会产生较大的变形,同样影响轴承运转和寿命。为此尽可能采用整体铸造的机架,并使轴承孔直径相同,以便一次定位镗出同一轴线上的各轴承孔,减少同轴度误差。如果一根轴上装有不同外径的轴承,可在直径小的轴承处加设套杯(图14-20)、使各轴孔仍可一次镗出。若不能确保各座孔的同轴度,则应采用调心轴承。

五、滚动轴承的润滑和密封

　　滚动轴承润滑的主要目的是减少摩擦与磨损,同时也起冷却、防锈、吸振和减少噪声等作用。滚动轴承中使用的润滑剂主要是润滑脂和润滑油。

　　脂润滑不易流失,便于密封和维护,且一次充填后可以运转较长时间,适用于轴颈圆周速度 $v < 4 \sim 5\text{m/s}$ 的情况;选择轴承油脂时应注意了解各种牌号油脂的使用说明,勿盲目乱选。

　　油润滑比脂润滑摩擦阻力小,并能散热,主要用于高速或工作温度较高的轴承,以及轴承附近已经具备润滑油源(如减速器)的场合。轴承载荷愈大、温度愈高,应采用黏度较大的润滑油;反之,轴承载荷愈小,温度愈低和转速愈高时,就可以用黏度较小的润滑油。

　　滚动轴承密封的目的是防止灰尘、水分等侵入轴承和阻止润滑剂的流失。常用的密封装置有接触式和非接触式两大类。

　　接触式密封装置靠毛毡圈(图14-21(a))或皮碗(图14-21(b))等弹性材料与轴的紧密

摩擦接触实现密封。前者是将矩形断面的毛毡圈安装在轴承盖或机座的梯形槽内,一般用于脂润滑,密封处圆周速度 $v < 4 \sim 5 \text{m/s}$ 的场合;后者采用皮碗是标准件,为增加密封效果,常用环形螺旋弹簧压在皮碗的唇部,适用于密封处速度 $v < 10 \text{m/s}$ 的脂润滑和油润滑。接触式密封在接触处有较大的摩擦,密封件易磨损,限制了使用速度,对与密封件接触的轴段的硬度、表面粗糙度均有较高的要求。

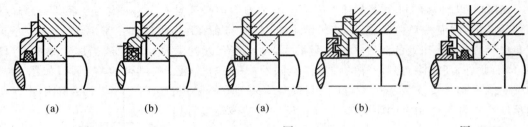

| 图 14-21 | 图 14-22 | 图 14-23 |
| (a)   (b) | (a)   (b) | |

非接触式密封装置避免了轴颈与密封件的摩擦接触,适用于较高转速,常用的有间隙式(图 14-22(a))和迷宫式(图 14-22(b)),前者是靠轴和轴承盖间细小的圈形间隙($\delta = 0.1 \sim 0.3 \text{mm}$)来密封,并在圈形间隙内装填润滑脂以增加密封效果,结构简单,适用于密封处 $v < 5 \sim 6 \text{m/s}$ 的脂润滑或低速的油润滑;后者是在旋转的与固定的密封零件之间制成迂回曲折的小隙缝,使用时亦在隙缝内装填润滑脂,可用于油润滑或脂润滑,密封处圆周速度 v 可达 30m/s,但结构复杂。

机械设备中有时还常将几种密封装置适当组合使用(如图 14-23),密封效果更好。

§14-4 滚动轴承和滑动轴承的比较及其选择

表 14-14 将滚动轴承和滑动轴承的特性作了简要的列表比较,供选择轴承类别时参考。在轴系支承设计时应根据具体工作条件和要求,选择轴承类别。

表 14-14 滚动轴承与滑动轴承的比较

比较项目	滚动轴承	滑动轴承	
		非液体摩擦	液体摩擦
工作时的摩擦系数及一对轴承效率	$f' = 0.0015 \sim 0.008$ $\eta = 0.99 \sim 0.999$	$f' = 0.008 \sim 0.1$ $\eta = 0.95 \sim 0.97$	$f' = 0.001 \sim 0.008$ $\eta = 0.995 \sim 0.999$
适应工作速度、噪声及工作情况	低中速,噪声较大,适用于经常启动的情况	低速,无噪声,不宜频繁启动	中高速,无噪声,不宜频繁启动(静压轴承除外)
旋转精度	较高	较低	一般较高
承受冲击振动能力	较差	较好	好
外廓尺寸	径向大、轴向小	径向小、轴向大	
维护	对灰尘敏感,需密封,润滑简单,耗油量少,不需经常照料	不需密封,但需润滑装置,耗油量较多,需经常照料	
其他	为大量供应的标准件	一般要消耗有色金属,且要自行加工	

不论是滑动轴承还是滚动轴承,其承载能力和转速是两个极为重要的指标。图14-24是在实际应用中,按承载能力和转速选择轴承类别的参考线图。

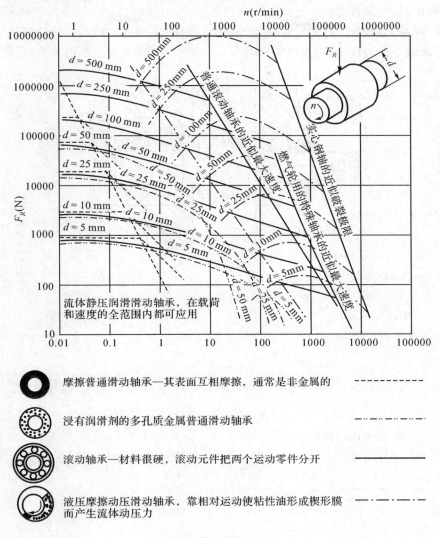

图 14-24

方案确定采用滚动轴承后,在机械设计过程中需要合理地选择滚动轴承的类型及其尺寸(确定轴承型号)。通常应先根据各类滚动轴承的特性和轴承具体的工作条件(如轴承所受载荷的大小、方向、性质;转速的高低;支承刚度、调心和运转精度、安装尺寸限制等)以及其他技术、经济要求,选择轴承类型。建议读者学完本章前述内容以后,自行分析归纳成若干选择原则,这里不作赘述。类型初步选择以后,便着手确定轴承的尺寸。对一般机械常按照轴的结构设计所需轴颈直径作为轴承的内径,由此再根据载荷、转速、预期寿命、空间位置等情况,选定轴承的外径和宽度。从图14-3可看出,同一内径的轴承有几种不同的外径和宽度,从特轻系列到重窄系列,其承载能力逐渐增大。一般初步设计时可先选用中窄系列,便于设计修改。对较重要的机械设备,在按结构要求初选轴承后,还应进行轴承的承载能力计算,以最后确定轴承型号。

需要着重指出的是：选择滚动轴承的类型和尺寸，有时并非一蹴而就，往往需要考虑多种方案，择优而定。如对同时承受径向载荷和轴向载荷且轴向载荷很大时，若采用一对角接触型轴承、两端单向固定，可能尺寸很大，如改为图 14-25 所示的结构，一端采用一个双向推力球轴承来承受轴向载荷，而在两端分别用一个深沟球轴承来承受径向载荷，反而有可能更为经济。

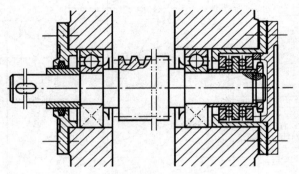

图 14-25

第 15 章　　联轴器、离合器和制动器

联轴器和离合器是联接两轴、使之一起回转并传递转矩的一种机械装置。用联轴器联接的两轴只有在机器停车后,通过拆卸才能分离。而离合器则可在机器运转过程中方便地使两轴分离或接合。制动器是用来迫使机器迅速停止运转或降低机器运转速度的机械装置。

联轴器、离合器和制动器的结构形式很多,常用的多已标准化。

§15-1　　联轴器

一、联轴器的类型和结构

联轴器分为刚性和弹性两大类。

刚性联轴器由刚性传力件组成,又可分为固定式和可移式两类。固定式联轴器将被联接的两轴相互固定成为一体,不再发生相对位移;而可移式联轴器借助联轴器中的相对可动元件,造成一个方向或几个方向的活动度,允许被联接的两轴之间有一定的相对位移。

弹性联轴器是在联轴器中安置弹性元件,它不仅可以借助弹性元件的变形允许被联接的两轴有一定的相对位移,而且具有较好的吸振和缓冲能力。

以下介绍几种典型的联轴器。

1. 刚性固定式联轴器

1) 套筒联轴器

套筒联轴器如图 15-1 所示,套筒与被联接两轴的轴端分别用键(或销钉)固定联成一体。这种联轴器结构很简单,径向尺寸小,但要求被联接两轴的同心度高,且装拆时需作较大的轴向移动,甚为不便。

2) 凸缘联轴器

凸缘联轴器如图 15-2 所示,由两个凸缘盘式的半联轴器 1、2 组成,两个半联轴器分别用键与两轴固定,同时它们再用螺栓 3 相互联接,从而将两轴联成一体。这种联轴器有两种结构形式。YLD 型凸缘联轴器(图 15-2(a))靠拧紧螺栓后在两个半联轴器间所产生的摩擦力来传递转矩,安装时为了使被联接的两轴同心,利用半联轴器端面上加工出的对中榫和凹孔的配合实现对中,但装卸时须使轴作轴向移动,带来不便;YL 型凸缘联轴器(图 15-2(b))是利用铰制孔用螺栓与两个半联轴器孔配合实现对中,装卸时不需作轴向移动,较前者方便,同时由于靠螺栓传递转矩,在相同尺寸下能传递的转矩亦较前者为大,但须铰孔,加工麻烦。

凸缘联轴器半联轴器的材料可用铸铁,高速重载时用锻钢或铸钢,其尺寸可按标准

GB/T 5843—2003 选用。

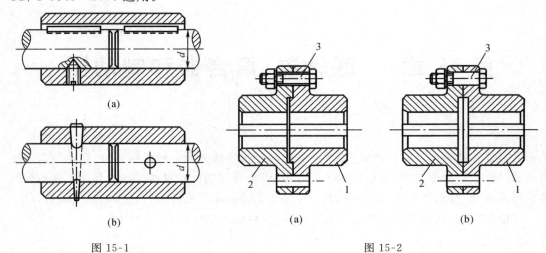

图 15-1　　　　　　　　　　　　　　图 15-2

上述两种刚性固定式联轴器结构简单,制造成本低,能保证两轴具有较高的对中精度;但不能缓冲吸振,安装时应使两轴精确同心。

2. 刚性可移式联轴器

由于制造、安装的误差,两轴很难精确对中;同时由于工作时零件变形以及轴承磨损、支座下沉等原因,被联接两轴的相对位置将发生变化,如出现两轴的轴向位移 x(图15-3(a))、径向位移 y(图15-3(b))、角位移 α(图15-3(c))以及这些位移的综合位移(图15-3(d))。刚性固定式联轴器将两轴构成刚性联接,没有适应这些相对位移的能力,联接后将会在联轴器、轴和轴承中产生附加载荷,甚至由此引起强烈振动和断裂。刚性可移式联轴器借助其中相对可动元件,造成一个方向或几个方向的活动度来补偿被联接两轴的相对位移,以避免附加载荷。常用的刚性可移式联轴器有十字滑块联轴器、齿轮联轴器和万向联轴器。

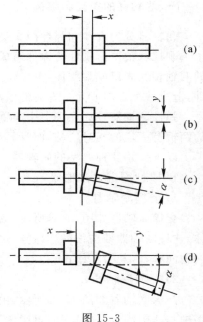

图 15-3

1)十字滑块联轴器

十字滑块联轴器是由两个端面开有径向凹槽的半联轴器 1、3 和一个两端面各具有凸榫的中间圆盘 2 组成(图 15-4(a))。两个半联轴器分别用键与被联接的两轴固定,中间圆盘 2 两端面上的凸榫相互垂直,并通过圆盘中心,分别嵌装在两半联轴器的径向凹槽中,实现将两轴相联。若两轴间有径向偏移(图 15-4(b)),中间圆盘中心将在以径向偏移量为直径的圆上作偏心回转运动,其两端面上的凸榫分别在两半联轴器的凹槽中滑动,以达到补偿两轴轴心的径向位移。利用两个半联轴器与中间圆盘端面之间的轴向间隙也能补偿极少量的轴向位移和角位移(图 15-4(c))。

为避免中间圆盘作偏心回转时产生过大的离心力和凸榫与凹槽的滑移磨损,应限制联轴器的工作转速和两轴间的偏心距,一般被联接轴的转速不超过 300r/min;径向位移量 y 不超过 $0.04d$(d 为轴的直径),同时应尽量减轻中间圆盘的重量,并注意工作表面间的润滑。其尺寸可以按 JB/ZQ4383-86 选用。

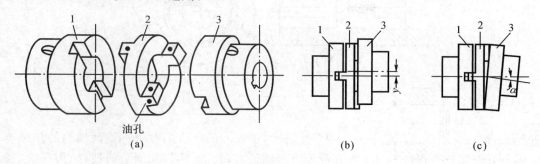

图 15-4

2) 齿轮联轴器

齿轮联轴器的构造如图 15-5(a)所示,它由两个具有外齿的内套筒 1、4 和两个具有内齿的凸缘外壳 2、3 所组成。两个内套筒分别用键固接在被联接轴的轴端,两个外壳的凸缘用螺栓联成一体。内齿轮齿数和外齿轮齿数相等,工作时靠内外齿啮合传递转矩。由于外齿的齿顶制成球面(球心位于轴线上)、沿齿厚方向制成鼓形,且保证与内齿啮合后具有适当的顶隙与侧隙,以及两个内套筒端面间留有间隙,故可以适应两轴间的综合位移,图 15-5(b)、图 15-5(c) 分别表示两轴有角位移和径向位移的情况。为减少齿面磨损,可由油孔注入润滑油。外壳与内套筒左、右两侧配合处有较大的径向间隙,采用密封圈 5 防止漏油。

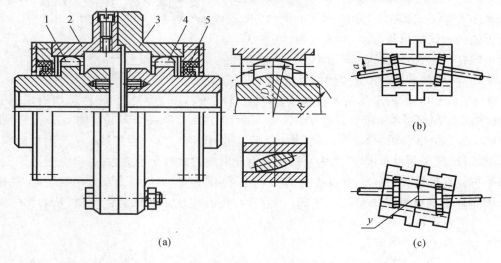

图 15-5

与十字滑块联轴器相比,齿轮联轴器转速可提高,更由于是多齿同时工作,所以承载能力大,但质量较大,制造成本较高,常用于低速重载场合,GⅡCL 型鼓形齿式联轴器的基本参数和主要尺寸参见 JB/T 8854.2 — 2001。

3) 链条联轴器

链条联轴器的构造如图 15-6 所示,它由两个半联轴器 1、4 上具有相同齿数的链轮并列

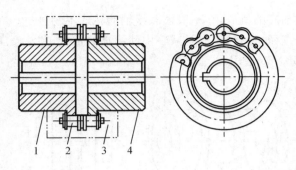

图 15-6

同时与一根双排滚子链相啮合而实现联接。链与链轮间的啮合间隙可补偿两轴间的相对位移。链条联轴器只需将链条接头拆开便可将两轴脱离，装拆、维修和制造简便、结构简单，径向尺寸紧凑，工作可靠，使用寿命长。适用于潮湿、高温、多尘等工况，但不宜用于高速、有剧烈冲击和传递轴向力的场合。为改善润滑条件并防止污染，常将联轴器密封在罩壳 3 内。滚子链联轴器的基本参数和主要尺寸参见 GB/T 6069—2017。

4）万向联轴器

万向联轴器的基本构造原理如图 15-7 所示，它是由分别固接在被联接两轴端部的叉形接头 1、2 和中间的十字件 3 所组成。十字件的四端用回转副（铰链）分别与叉形接头相连，十字件的中心与两轴线的交点重合。因而允许被联接的两轴在较大的偏转角 $\alpha(\leqslant 45°)$ 下工作。不过当主动轴 1 以等角速度 ω_1 回转一圈，虽然从动轴也回转一圈，但回转过程中角速度 ω_2 却是在 $\omega_1/\cos\alpha \sim \omega_1\cos\alpha$ 的范围内周期性变化。这

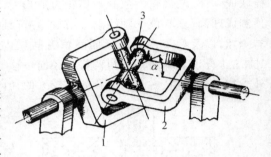

图 15-7

可从图 15-8(a)、(b) 所示的两个极端位置（轴 1、轴 2 的叉形在分别位于两轴线组成的平面内）时，参考点 A、B 的速度进行分析：$v_{A1} = v_{A2}$（图 15-8(a)）；$v_{B1} = v_{B2}$（图 15-8(b)）；获得 $\omega'_2 = \omega_1/\cos\alpha$ 和 $\omega''_2 = \omega_1\cos\alpha$。从动轴 2 角速度 ω_2 的周期性变化，在传动中引起附加动载荷，偏转角 α 愈大，从动轴角速度 ω_2 的波动以及由此引起的动载荷也愈大。为避免上述缺点，可将两个万向联轴器通过一个中间轴 M 串联起来使用（图 15-9），称为双万向联轴器。联接时应使中间轴上两端的叉形接头位于同一平面内，而且应使中间轴与主动轴、从动轴的夹角

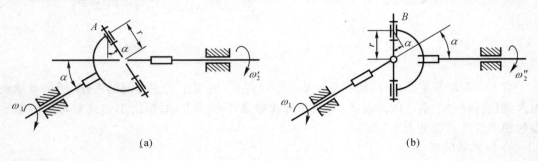

(a)   (b)

图 15-8

α_1、α_2 相等,这样就能够保证主动轴和从动轴的瞬时角速度相等。

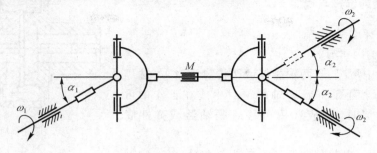

图 15-9

3. 弹性联轴器

弹性联轴器中装有弹性元件,如橡胶、皮革、夹布胶木、尼龙及金属弹簧等,因此它不仅可以补偿两轴之间的位移,而且有缓冲和吸振性能。广泛用于高速和正反转变化较多、启动频繁的传动中。常用的有弹性套柱销联轴器和弹性柱销联轴器。

1) 弹性套柱销联轴器

弹性套柱销联轴器的结构如图 15-10 所示,它与凸缘联轴器很相似,带有弹性套(橡胶或皮革制)的柱销代替凸缘联轴器的螺栓。主动轴上转矩通过弹性套和柱孔间的挤压传递给从动轴。安装时应注意两半联轴器间留有间隙 c,以补偿两轴间较大的轴向位移,依靠弹性套的变形允许少量的径向位移和角位移。为了更换弹性性套及将两轴拆开方便,设计时应留出距离 A。半联轴器的配合孔可作成圆柱形轴孔(Y 型)、短圆柱形轴孔(J 型)和圆锥形轴孔(Z 型)。

弹性套柱销联轴器的基本参数和主要尺寸参见 GB/T 4323—1984。

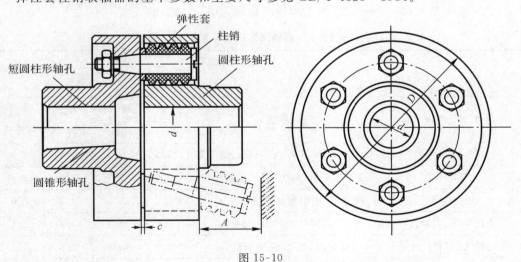

图 15-10

2) 弹性柱销联轴器

弹性柱销联轴器的结构如图 15-11 所示,用尼龙柱销将两半联轴器联接起来,为防止柱销滑出,两侧装有挡板。其特点及应用情况与弹性套柱销联轴器相似,结构更为简单,维修安装方便,传递转矩的能力很大,但外形尺寸和转动惯量较大。弹性柱销联轴器也已标准化,见标准 GB/T 5014—2017。

二、联轴器的选择与确定

1. 类型选择

综合考虑的因素有：

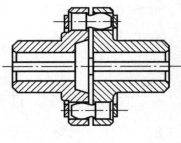

图 15-11

1) 两轴对中情况。若两轴能保证严格对中时，可选用固定式联轴器；若不能保证两轴严格对中或在工作中可能发生各种偏移时，则应选用可移式联轴器或弹性联轴器。

2) 载荷情况。当载荷较平稳或变动不大时，可选用刚性联轴器；若经常启动、制动或载荷变化很大时最好选用弹性联轴器。

3) 速度情况。低速时可选用刚性联轴器，高速时宜选弹性联轴器，工作转速不应大于联轴器标准中许用最高转速。

4) 环境情况。当工作环境温度较低（低于 $-20℃$）或温度较高（高于 $45\sim50℃$）时，一般不宜选用具有橡胶或尼龙作弹性元件的联轴器；有时还要考虑安装尺寸的限制。

2. 尺寸确定

对已标准化的联轴器可根据被联接轴的直径，计算转矩和工作转速从有关标准中选合适的型号尺寸。在重要场合下，对其中关键零件还需作必要的校核计算。对非标准联轴器则根据计算转矩通过计算或类比方法确定其结构尺寸。

计及机械在启动、制动时的惯性以及工作过程中的过载，联轴器的选择与计算均以计算转矩为依据，其值为

$$T_c = K_A T \qquad (\text{N} \cdot \text{mm})$$

(15-1)

式中：T 为名义转矩，$\text{N} \cdot \text{mm}$；K_A 为工作情况系数，其值见表 15-1。

表 15-1　联轴器工作情况系数 K_A

工作机			K_A			
			原动机			
转矩变化情况		应用举例	电动机	四缸和四缸以上内燃机	双缸内燃机	单缸内燃机
1	变化很小	发电机(小型)、离心机(小型)、离心泵	1.3	1.5	1.8	2.2
2	变化小	透平压缩机、木工机械、运输机	1.5	1.7	2.0	2.4
3	变化中等	搅拌机、增压器、压缩机、冲床	1.7	1.9	2.2	2.6
4	变化中等，有冲击	水泥搅拌器、拖拉机、织布机	1.9	2.1	2.4	2.8
5	变化较大，有较大冲击	挖掘机、起重机、碎石机	2.3	2.5	2.8	3.2
6	变化大，有强烈冲击	压延机、重型初轧机	3.1	3.3	3.6	4.0

尚需指出，联轴器所联两轴的轴径可不相等，但所选联轴器的孔径、长度及结构型式应分别与主从动轴相适应。

§15-2　离合器

一、离合器的类型和结构

离合器根据其工作原理不同,主要有牙嵌式和摩擦式两类,它们分别利用牙(齿)的啮合和工作表面间的摩擦力来传递转矩。离合器还可按控制离合的方法不同分为操纵式和自动式两类;操纵式系根据需要靠人力、液力、气力、电磁力操纵离合,自动式则是根据机器运转参数的改变自动完成接合和分离。

以下介绍几种典型的离合器。

1. 牙嵌离合器

牙嵌离合器是由两个端面制有凸出牙齿的两个半离合器组成(图 15-12),其中半离合器 1 固接于主动轴上,而半离合器 2 则可用导键 3(或花键)与从动轴联接,并可通过移动滑环 4 使其沿导键在从动轴上作轴向移动,实现两个半离合器的接合与分离。工作时靠牙齿的嵌合接触使主动轴的运动和转矩传递给从动轴。固定在半离合器 1 中的对中环 5 用来保证两轴对中。

牙嵌离合器常用的牙形有矩形、梯形和锯齿形(图 15-13)。矩形齿(图 15-13(a))不便于离合,齿根强度亦低,仅用于小转矩、静止状态下手动接合;梯形齿(图 15-13(b))齿根强度较高,能传递较大的转矩,由于侧面有 $2° \sim 8°$ 的牙侧倾角,所以牙齿接触面间有轴向分力 F_a,使分离较易,且能自动补偿牙的磨损和牙侧间隙,反向时不会产生冲击,因此应用较广;锯形齿(图 15-13(c))便于接合,齿根强度高,能传递的转矩更大,但仅能单向工作。

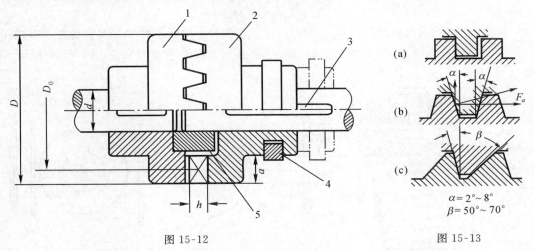

图 15-12　　　　　　　　　　　　　　　图 15-13

牙嵌式离合器牙数一般为 $3 \sim 60$。传递转矩越大,牙数应越少;要求接合时间越短,牙数应越多。牙嵌式离合器离合时,牙齿受有冲击,因此要求齿的工作表面有较高硬度,而齿的芯部却又有足够的韧性,所以一般用低碳钢渗碳淬火;当冲击不大时也可用中碳钢表面淬火;不重要的也允许用铸铁。

牙嵌式离合器的主要尺寸可查阅有关手册。必要时应验算牙齿工作面上的压强及牙根的弯曲应力。

牙嵌离合器结构简单,传递转矩大,尺寸小,工作时无滑动,安装好后不需经常调整,适用于要求精确传动的场合。其最大缺点是接合时有冲击和噪声,所以只适用于速度较低,嵌合前牙齿上圆周速度不超过 $0.7 \sim 0.8 \mathrm{m/s}$ 和不需要在运动过程中接合的场合。

2. 摩擦离合器

摩擦离合器的形式很多,其中以圆盘式摩擦离合器应用最广。图 15-14 所示为一单盘式圆盘离合器。摩擦盘 1 固定在主动轴上,摩擦盘 2 可以沿导键 3 在从动轴上作轴向移动。移动滑环 4 可使两摩擦盘接合或分离。施加轴向压力 Q 使两摩擦盘压紧,靠摩擦力传递转矩和运动,所能传递的最大转矩为

$$T_{\max} = QfR_f \tag{15-2}$$

式中:f 为摩擦系数;R_f 为摩擦半径,通常取 $R_f = (D_1 + D_2)/4$。

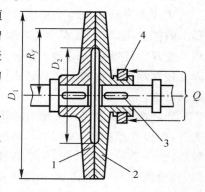

由式(15-2)可见,摩擦离合器传递转矩的能力是随压紧力 Q、摩擦系数 f 和摩擦盘直径的增大而提高的。增大摩擦盘直径受外廓尺寸的限制;增加压紧力 Q 要受到表面压强的限制。用增加接合面数量的办法增大可传递的转矩就形成了多盘式摩擦离合器的创意构思。

图 15-14

多盘式摩擦离合器(图 15-15(a))有两组摩擦盘,外摩擦盘组 5(图 15-15(b))通过花键与固接于主动轴 1 上的外鼓轮 2 相联,内摩擦盘组 6(图 15-15(c))通过花键与固接于从动轴 3 上的套筒 4 相接。这两组形状不同的外、内摩擦盘组的摩擦盘相互叠合,当滑环 7 处于图示位置时,通过杠杆 8、压板 9 将所有外、内摩擦盘压紧在调节螺母 10(用来调节外、内摩擦盘间的压力)上,这时离合器处于接合状态。若向右移动滑环 7,杠杆 8 在弹簧 11 的作用下绕支点作逆时针方向摆动,不再压紧摩擦盘,摩擦盘松开,离合器即分离。

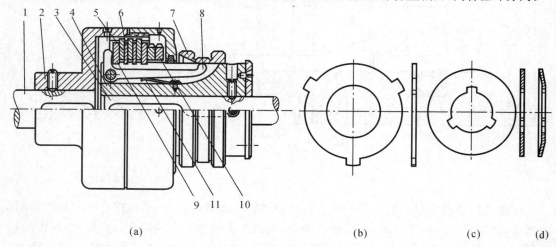

(a)　　　　　　　　　　　　　　　　(b)　　　　　(c)　　　(d)

图 15-15

一般将内摩擦盘做成中心微凸的碟形（图 15-15(d)），在受压时可被压平而与外摩擦盘贴紧；在去压后能自行弹回，与外摩擦盘脱开。

多盘式摩擦离合器能传递的最大转矩为

$$T_{\max} = ZfQR_f = ZfQ\frac{D_1 + D_2}{4} \tag{15-3}$$

式中：D_1、D_2 分别为外摩擦盘内径和内摩擦盘外径；Z 为摩擦面数目。摩擦面数目多，可以增大能传递的转矩，但片数过多，将难以散热且影响离合动作的灵活性。

与牙嵌式离合器比较，摩擦离合器联接的两轴可以在任何不同的转速下进行接合，通过控制摩擦面之间压力的大小，可以调节从动轴的加速启动时间，使接合时的冲击和振动较小；过载时离合器打滑，以免使其他零件损坏，可起到某种保安作用，因而应用比较广泛。其缺点是结构比较复杂；两轴转速不能保证绝对相等；由于发热和磨损，常需检修。有时还会出现难于脱开的弊端，从而造成事故。

3. 自动离合器

自动离合器能根据机器运转参数的改变自动完成接合和分离。以下介绍几种典型的自动离合器。

1）安全离合器

安全离合器的特点是当传递的转矩超过一定的数值时能自动分离。它有多种形式，如前述摩擦离合器当载荷超过极限转矩时，会发生打滑，因而在某种程度上也可看作是一种安全离合器。图 15-16 所示安全摩擦离合器不用操纵机构，而是用适当的弹簧 1 将摩擦盘经常压紧，弹簧施加的轴向压力 Q 的大小可由螺母 2 进行调节。调节完毕并将螺母固定后，弹簧的压力就保持不变。当工作转矩超过要限制的最大转矩时，摩擦盘间即发生打滑而起到安全作用。当转矩降低到某一定值时，离合器又自动恢复接合状态。

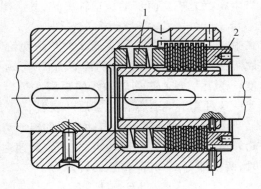

图 15-16

2）定向离合器

定向离合器的特点是只能按一个转向传递转矩，反向时自动分离。前述锯齿形牙嵌离合器也是一种定向离合器。但它在反向作空程运行时噪声较大，只能用于低速传动。图 15-17 所示为一种应用广泛的滚柱式定向离合器。它是由星轮 1、外圈 2、滚柱 3 和弹簧顶杆 4 等组成。弹簧顶杆的推力仅仅只要保持能将滚柱压向星轮和外圈间的楔形槽即可，当星轮为主动轮作如图所示的顺时针方向转动时，滚柱被楔紧在星轮和外圈之间的楔形槽内，因而外圈将随星轮一起旋转，离合器处于接合状态。但当星轮逆向作反时针方向转动时，滚柱被推向楔形槽的宽敞部分，不再楔紧在槽内，外圈就不随星轮一起旋转，离合器处于分离状态。这种离合器工作时没有噪声，宜于高速传动，但制造精度要求较高。

3）离心离合器

离心离合器的特点是当主动轴的转速达到某一定值时能自行接合或分离。

283

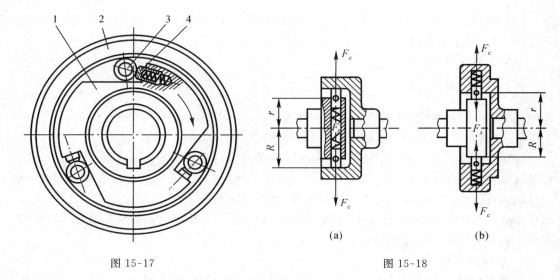

图 15-17   图 15-18

图 15-18(a) 表示能自动接合的离心离合器的工作原理。随着主动轴转速增高，瓦块的离心力 F_c 也越来越大，当瓦块的离心力 F_c 超过弹簧的拉力 F_s 时，瓦块向从动轮内缘压紧，产生摩擦力矩从而带动从动轴旋转。其所能传递的转矩为

$$T = (F_c - F_s) f R Z \tag{15-4}$$

式中：F_s 为弹簧的拉力；f 为瓦块与从动轮内缘间的摩擦系数；R 为从动轮内缘半径；Z 为一周上的瓦块数；F_c 为瓦块的离心力 $F_c = m\omega^2 r$，其中 m 为单个瓦块质量，ω 为主动轴回转角速度，r 为瓦块重心离回转轴线的距离。

这种离心离合器常用于启动装置。

图 15-18(b) 表示能自动分离的离心离合器的工作原理，它利用弹簧压力使瓦块与主动轮外缘保持压紧来传递转矩。主动轴转速达到某一限值，瓦块的离心力 F_c 超过弹簧的压力时，两轴即分离。其能传递的转矩为

$$T = (F_s - F_c) f R Z \tag{15-5}$$

式中的符号意义与式(15-4)相同，这种离心离合器可用作安全装置。

调节弹簧的拉力或压力，即可控制需要分离或接合的转速。

二、离合器的选择与确定

应根据机器的载荷情况、转速高低、是否需频繁离合或自动离合以及环境场合等工作要求和使用特点，结合离合器性能、特点，选择离合器的类型。由于离合器大多已标准化或系列化，因此可根据被联接两轴的直径、计算转矩和转速，从有关手册和资料中选取合适的规格或进行类比设计来确定离合器的结构尺寸。在必要时可对其薄弱环节进行校核。此外，在选定离合器的同时，亦应对其操作装置进行选择和确定。

§15-3　制动器

一、制动器的类型和结构

制动器是用来降低机械运动速度或迫使其停止运动的装置,在车辆、起重机等机械中有着广泛的应用。按制动原理,制动器有摩擦式和非摩擦式(如磁粉式、磁涡流式、水涡流式)。按工作状态,制动器又有常闭式和常开式之分。常闭式制动器经常处于抱闸制动状态,只有施加外力才能使其松闸解除制动作用,常用于提升机构中;常开式制动器经常处于松闸状态,需要时外施信号使其抱闸制动,多用于车辆制动器。按操纵方式,制动器有手动式、电磁铁式、液压式和液压 — 电磁式等。以下介绍几种典型的制动器。

1. 带式制动器

图 15-19 为带式制动器的工作原理图。当施加外力 Q 时,利用杠杆 3 收紧闸带 2 而抱住制动轮 1,靠带和制动轮间的摩擦力来制动。

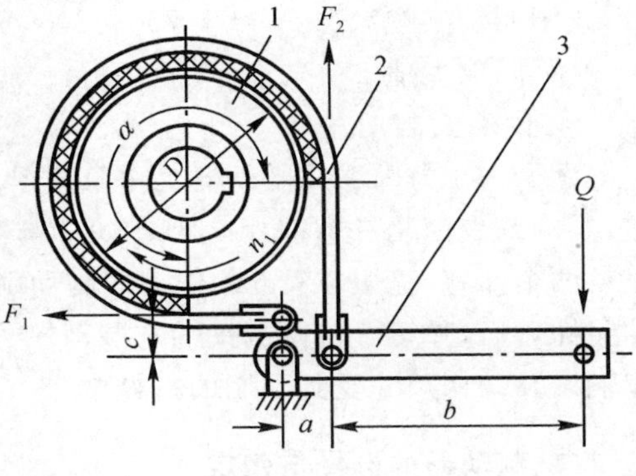

设制动力矩为 T,制动轮直径为 D,可得制动圆周力 $F = 2T/D$。这时带的两端产生拉力 F_1 和 F_2,二者关系为:$F_1 - F_2 = F = 2T/D$;$F_1 = F_2 e^{f\alpha}$。其中,e 为自然对数的底($e = 2.71828$);f 为带与轮间的摩擦系数;α 为带绕在制动轮上的包角(弧度)。通过计算可得制动时所需 Q 力为

图 15-19

$$Q \geqslant \frac{cF_1 + aF_2}{a+b} = \frac{1}{a+b} \cdot \frac{(ce^{f\alpha}+a)}{(e^{f\alpha}-1)} \cdot \frac{2T}{D} \tag{15-6}$$

Q 力可用人力、液力、电磁力等方式来施加。亦可用上述方式向上提升杠杆实现松闸。为了增加摩擦作用,闸带材料一般为钢带上覆以石棉摩擦材料。

带式制动器制动轮轴及轴承受力大,带轮间压力不均匀,从而磨损也不均匀,且易断裂。但结构简单,尺寸紧凑,可以产生较大的制动力矩,所以目前也常应用。

2. 外抱块式制动器

图 15-20 为外抱块式制动器工作原理图,主弹簧 3 通过制动臂 4 及闸瓦块 2 使制动轮 1 经常处于制动状态。当松闸器 6 通入电流时,利用电磁作用将顶柱推出,通过推杆 5 推动制动臂 4 可使闸瓦块 2 松脱。瓦块的材料可以用铸铁,也可以在铸铁上覆以皮革或石棉带,瓦块磨损时可调节推杆 5 的长度。

上述通电时松闸、断电时制动(常闭式),用于起重机起重很安全。松闸器也可安排为通电时制动、断电时松闸(常开式),适用于车辆中制动。

电磁外抱块式制动器制动和开启迅速,尺寸小,重量轻,易于调整瓦块间隙,更换瓦块、电磁铁也方便。但制动时冲击大,电能消耗也大,不宜用于制动力矩大和需要频繁制动的场合。

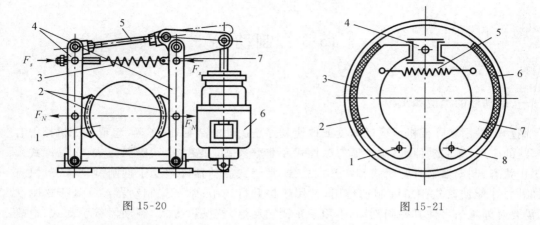

图 15-20   图 15-21

电磁外抱块式制动器已标准化,其型号根据计算的制动力矩 $T_c = KT$ 在产品目录中选取;式中制动安全系数 $K = 1.75 \sim 2.5$,负荷持续率 JC% 不超过 15% 时取小值,大于或等于 40% 时取大值。

3. 内涨式制动器

图 15-21 为内涨式制动器工作原理图。两个制动蹄 2、7 分别通过两个销轴 1、8 与机架铰接,制动蹄表面装有摩擦片 3,制动轮 6 与需要制动的轴固联。当压力油进入油缸 4 后,推动左右两个活塞,克服拉簧 5 的作用使制动蹄 2、7 分别与制动轮 6 相互压紧,即产生制动作用。油路卸压后,弹簧 5 使两制动蹄与制动轮分离松闸。这种制动器结构紧凑,广泛应用于各种车辆以及结构尺寸受到限制的机械中。

二、制动器的选择与确定

应综合考虑机器的性能、结构、环境场合等工作要求和使用特点,结合制动器性能的特点和经济性,选择制动器的类型,常开还是常闭。如方便提供液压站、直流电源,则有利于相应选用带液压的制动器、直流短行程电磁铁制动器;如要求制动平稳,无噪声,宜选液压制动器或磁粉制动器。由于很多制动器已标准化或系列化,应以制动轴上的负载力矩同时考虑一定的安全储备,求出制动力矩为依据,选出标准型号、再进行必要的验算。需要指出,制动力矩取决于制动器安装在机械传动系统中哪一根轴上,通常为减小制动力矩、缩小制动器尺寸,制动器宜装在高速轴上;但也并不尽然,大型设备(如矿井提升机等)的安全制动器则应安装在机械工作部分的低速轴上。此外,还需指出,机械传动系统中位于制动装置后面,不应出现带传动、摩擦传动和摩擦离合器等重载时可能出现摩擦打滑的装置。

第16章　　弹簧、机架和导轨

§16-1　　弹　　簧

一、弹簧的功用、类型和特性

弹簧是机械设备中广泛应用的一种弹性元件,它在外力的作用下能产生较大的弹性变形,把机械功或动能转变为变形能(位能);外力去除后变形消失而恢复原状,把变形能转变为机械功或动能。

弹簧的功用主要有:

1) 控制机件的运动。例如内燃机中的阀门弹簧、离合器中的控制弹簧。

2) 缓冲吸振。例如车辆中的缓冲弹簧、弹性联轴器中的吸振弹簧。

3) 储存能量。例如钟表中的发条。

4) 测量载荷大小。例如弹簧秤、测力器中的弹簧。

不同功能的弹簧,设计要求是不一样的。

弹簧的种类很多,按其受载情况主要分为拉伸弹簧、压缩弹簧、扭转弹簧和弯曲弹簧;按其形状又可分为螺旋弹簧、碟形弹簧、环形弹簧、盘簧、板簧等;按其材料还可分为金属弹簧和非金属弹簧。

将表示弹簧载荷与变形之间的关系曲线称为弹簧的特性线。它是选择和评定各类弹簧的主要依据。受压或受拉的弹簧,载荷是指压力或拉力 F,变形是指弹簧压缩量或伸长量 λ;受扭转的弹簧,载荷是指扭转力矩 T,变形是指扭角 φ。金属弹簧的基本形式及其特性线见表16-1。弹簧的载荷变量与变形变量之比称为弹簧的刚度 k。对于拉、压弹簧,$k =$

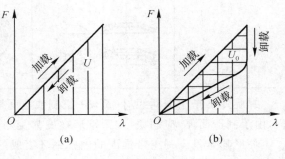

图 16-1

$\mathrm{d}F/\mathrm{d}\lambda$;对于扭转弹簧,$k = \mathrm{d}T/\mathrm{d}\varphi$。直线型特性线的弹簧,弹簧刚度为一常数,称为定刚度弹簧;非直线特性线的弹簧,弹簧的刚度为一变数,称为变刚度弹簧。显然,测力弹簧应是定刚度的,而在受动载荷或冲击载荷的场合,弹簧最好是采用随着载荷的增加、弹簧刚度将愈来愈大的变刚度弹簧。

在加载过程中,弹簧所吸收的能量称为变形能,其值为 $U = \int_0^{\lambda} F \mathrm{d}\lambda$。如图 16-1(a) 所示,特性线下部阴影线所包面积即为变形能。金属弹簧如果没有外部摩擦,应力又在弹性极限以内,则其卸载过程将与加载过程重合。这时,吸收的能量又将全部释放。如果有外部摩擦,则卸载过程不与加载过程重合,如图 16-1(b) 所示。这时一部分能量 U_0 将转变为摩擦热而消耗,其余能量则被释放。U_0 与 U 之比越大,弹簧的吸振能力越强,该弹簧缓冲吸振的效果越佳。

表 16-1　金属弹簧的基本形式及其特性

拉　伸	压　缩	扭　转	弯　曲
圆柱形螺旋拉伸弹簧 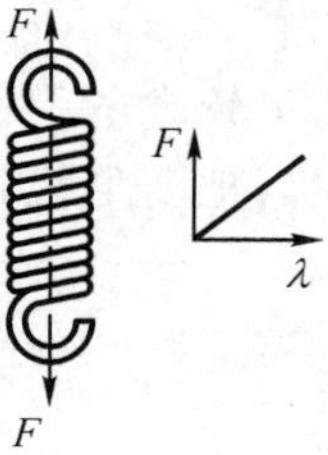	圆柱形螺旋压缩弹簧 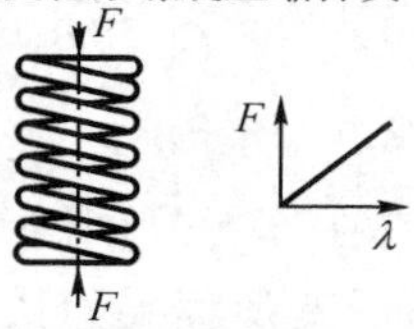 圆锥形螺旋压缩弹簧 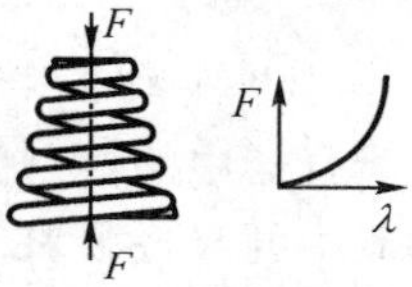	圆柱形螺旋扭转弹簧 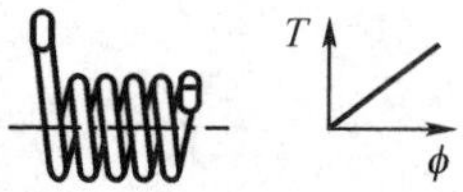	—
—	环形弹簧 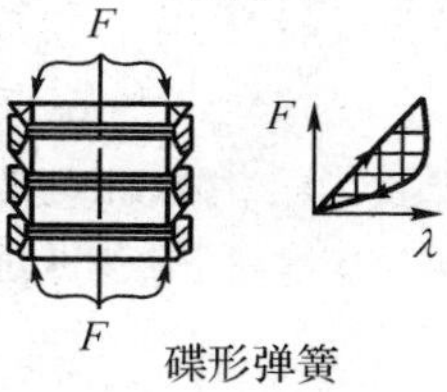 碟形弹簧 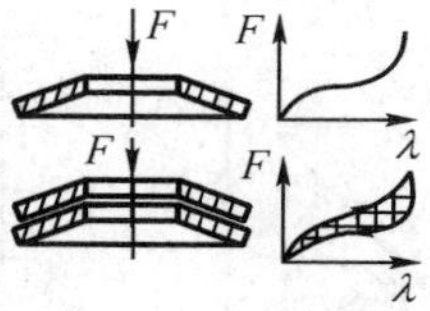	盘簧 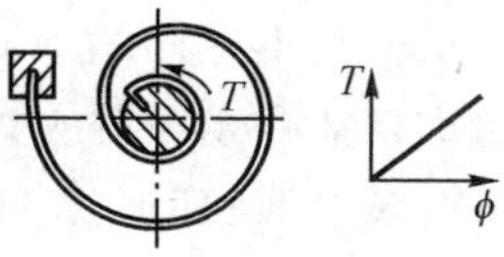 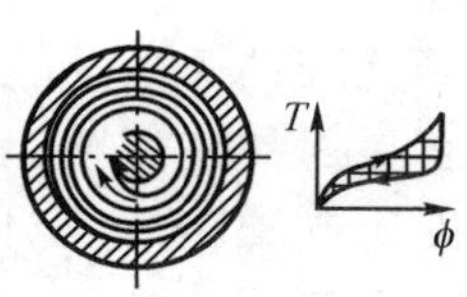	板弹簧 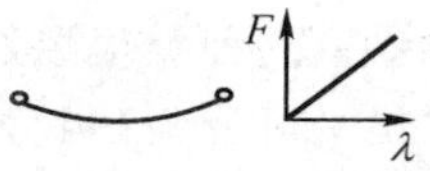 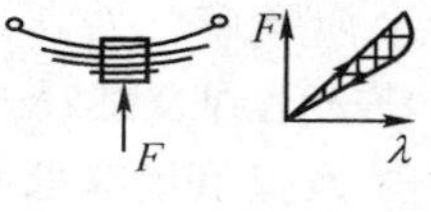

螺旋弹簧是用金属线材(簧丝)绕制成空间螺旋线。其中圆柱形螺旋弹簧特性线为直线型,由于制造简便,应用很广。圆锥形螺旋弹簧则是非直线型特性线。

环形弹簧是由一组带锥面的内外钢环组成的一种压缩弹簧。碟形弹簧可以是单个无底碟形钢片或者是若干个碟形钢片组合而成的压缩弹簧。环形弹簧和组合碟形弹簧均能承受很大的冲击载荷,并把相当部分的冲击能量消耗在各圈之间的摩擦上,所以具有良好的缓冲吸振性能,多用作机械的缓冲装置。

盘簧(或称平面蜗卷形弹簧)一般用矩形断面或圆形断面的金属线材(簧丝)卷绕成阿基米德蜗线形。它的外端固接于活动构件或静止壳体上,内端固接在心轴上,轴向尺寸很小。

盘簧有两类，一类盘簧工作转角很小，簧丝间不接触，特性线为直线，可用作测量元件；另一类盘簧圈数多，变形角大，储存能量大，多用作仪器、钟表中的储能动力装置。

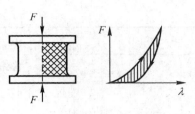

图 16-2

板弹簧通常是用许多长度不等的钢板叠合而成。这种弹簧由于板间的摩擦，加载与卸载特性线不重合，减振能力强，主要用作各种车辆底盘的减振元件。

橡胶弹簧为非金属弹簧，由于材料内部的阻尼作用，在加载、卸载过程中摩擦能耗大，弹簧的吸振能力强，易实现非线性特性的要求（图 16-2）；其形状不受限制，且可承受多方向的载荷，多用于缓冲器。

空气弹簧是在密闭的柔性容器中充满压缩空气、利用空气的可压缩性实现弹簧功用的一种非金属弹簧，主要有囊式和膜式两类。这种弹簧的高度、刚度可以控制和调节，能适应多种载荷需要，吸收高频振动的能力强，主要用于车辆的悬挂装置上起缓冲吸振作用，也可用于精密仪器中的支承元件，用来隔离地基的振动。

本节主要介绍应用最广的圆柱形螺旋弹簧。

二、圆柱螺旋弹簧的制造、材料及许用应力

1. 弹簧的制造

螺旋弹簧的制造过程包括：卷绕、两端面加工（压缩弹簧）或制作钩环（拉伸弹簧和扭转弹簧）、热处理和工艺试验等。

螺旋弹簧卷制，在单件及小批生产时，常在车床上将簧丝卷绕在芯轴上而成，大量生产时在自动卷簧机上进行。卷制分冷卷和热卷两种。当弹簧丝直径不超过 8mm 时常用冷卷法，冷卷弹簧一般采用铅淬火和强烈冷拔的碳素钢弹簧钢丝在常温下卷成，卷成后一般不再进行淬火处理，只加以低温回火以消除内应力，弹簧丝直径较大而弹簧直径较小的弹簧则常用热卷。热卷温度视簧丝直径而定，卷成后必须经过淬火与回火处理。弹簧在卷绕和热处理后要进行表面检验、尺寸检验及工艺检验。有时为提高弹簧的承载能力或疲劳强度，可再进行强压处理或喷丸处理。

2. 弹簧的材料及许用应力

为使弹簧能够可靠地工作和便于制造，弹簧材料应有较高的弹性极限和疲劳极限，同时具有足够的冲击韧性和塑性以及良好的热处理性能。

常用的弹簧材料有优质碳素钢、合金钢和有色金属合金，其性能及应用情况列于表16-2。碳素弹簧钢丝的抗拉强度极限列于表 16-3。

选择弹簧材料时应综合考虑弹簧的工作条件（载荷的大小及性质、工作温度和周围介质的情况）、功用、重要性和经济性等因素。一般优先采用碳素弹簧钢丝。

影响弹簧的许用应力的因素很多，除了材料种类外，还有材料质量、热处理方法、载荷性质、弹簧的工作条件和重要性以及弹簧丝的尺寸等。各种弹簧的许用应力分别列于表16-2 中。

表 16-2　弹簧常用材料的特性及其许用应力

材料		许用切应力 $[\tau]$(MPa)			许用弯曲应力 $[\sigma_F]$(MPa)		剪切模量 G (MPa)	弹性模量 E (MPa)	推荐硬度 (HRC)	推荐使用温度 (℃)	特性及用途
类别	代号	Ⅰ类弹簧	Ⅱ类弹簧	Ⅲ类弹簧	Ⅱ类弹簧	Ⅲ类弹簧					
钢丝	碳素弹簧钢丝 B、C、D 级	$0.3\sigma_B$	$0.4\sigma_B$	$0.5\sigma_B$	$0.5\sigma_B$	$0.625\sigma_B$	$0.5 \leqslant d \leqslant 4$ $83000 \sim 80000$ $d > 4$ 80000	$0.5 \leqslant d \leqslant 4$ $207500 \sim 205000$ $d > 4$ 200000	—	$-40 \sim 120$	强度高,性能好,淬透性较差,适用于尺寸较小的弹簧。
	重要用途弹簧钢丝 65Mn										淬透性较好,用于中小尺寸的弹簧。
	60Si2Mn 60Si2MnA	480	640	800	800	1000	80000	200000	$45 \sim 50$	$-40 \sim 250$	弹性好,回火稳定性好,易脱碳,用于大载荷的弹簧。
	50CrVA	450	600	750	750	940				$-40 \sim 210$	疲劳性能高,淬透性和回火稳定性好。
不锈钢丝	1Cr18Ni9 1Cr18Ni9Ti	300	440	550	550	690	73000	197000		$-250 \sim 290$	耐腐蚀,耐高温,耐酸,用于化工、航海较小尺寸弹簧。
	4Cr13	450	600	750	750	940	77000	219000	$48 \sim 53$	$-40 \sim 300$	耐高温,耐腐蚀,适用于化工、航海较大尺寸弹簧。
青铜丝	QSi3-1	270	360	450	450	560	41000	95000	$90 \sim 100$ HBS	$-40 \sim 120$	耐蚀,防磁,用于机械仪表。
	QBe2	360	450	560	560	750	43000	132000	$37 \sim 40$	$-40 \sim 120$	耐蚀,防磁,导电性好,用于电气仪表

注:① 弹簧按载荷性质分为三类:Ⅰ类 —— 受变载荷,作用次数在 10^6 以上的弹簧;Ⅱ类 —— 受变载荷作用次数在 $10^3 \sim 10^6$ 和受冲击载荷的弹簧;Ⅲ类 —— 受变载荷,作用次数在 10^3 以下的弹簧。

② σ_B 为材料的抗拉强度极限,碳素弹簧钢丝的 σ_B 按机械性能不同分为 B、C、D 三级,其抗拉强度与弹簧级别、簧丝直径有关,见表 16-3。

③ 表中的许用切应力 $[\tau]$ 值适用于压缩弹簧,而拉伸弹簧的许用切应力 $[\tau]$ 为表中数值的 80%。

④ 在使用过程中有腐蚀或有磨损的弹簧,以及因弹簧的损坏能引起整个机械损坏的重要弹簧,许用应力应适当降低。

⑤ 经强压处理的弹簧,其许用应力最大可提高 25%。

表 16-3　碳素弹簧钢丝的抗拉强度下限值(摘自 GB/T 4357—2022)　　MPa

钢丝直径 d(mm)	级别			钢丝直径 d(mm)	级别		
	B	C	D		B	C	D
0.8	1710	2010	2400	2.8	1370	1620	1710
1.0	1660	1960	2300	3.0	1370	1570	1710
1.2	1620	1910	2250	3.2	1320	1570	1660
1.4	1620	1860	2150	3.5			
1.6	1570	1810	2110	4.0	1320	1520	1620
1.8	1520	1760	2010	4.5			
2.0	1470	1710	1910	5.0	1320	1470	1570
2.2	1420	1660	1810	5.5	1270	1470	1570
2.5	1420	1660	1760	6.0	1220	1420	1520

注:钢丝牌号采用 25 ～ 65、40Mn ～ 65Mn 钢制造

三、圆柱螺旋压缩弹簧和拉伸弹簧

1. 结构和几何尺寸

图 16-3(a)、图 16-3(b) 分别表示圆截面金属丝制成的压缩和拉伸螺旋弹簧的基本几何参数。图中 d 为金属簧丝直径，D 为外径，D_2 为中径，D_1 为内径，α 为螺旋升角，t 为节距，H_0 为自由高度（长度）。

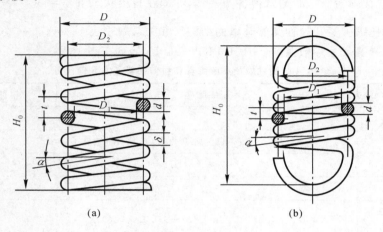

图 16-3

压缩弹簧的两端通常各有 $\frac{3}{4} \sim 1\frac{1}{4}$ 圈并紧，以便弹簧能直立，这几圈不参与工作变形，称为支承圈或死圈，弹簧的总圈数 n_1 应为参与变形的工作圈数 n 与两端死圈数之和。常用的并紧死圈端部结构有磨平端（图 16-4(a)）和不磨平端（图 16-4(b)）两种。受变载荷或对两端承压面与其轴线垂直要求较高的重要弹簧应采用并紧磨平端。死圈的磨平长度不小于 $\frac{3}{4}$ 圈，末端厚度应接近于 $\frac{d}{4}$。

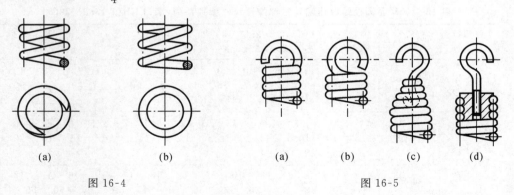

图 16-4　　　　　　　图 16-5

拉伸弹簧的端部做有挂钩，以便安装和加载。常见的挂钩形式见图 16-5。其中图 16-5(a)、图 16-5(b) 的结构制造方便，但这两种挂钩与弹簧做成一体，在弹簧受拉时，在挂钩与弹簧的过渡连接处产生的弯曲应力较大，易于断裂，故只适用于中小载荷和不甚重要的地方。图 16-5(c) 具有圆锥形过渡端的挂钩是另外装上去的活动挂钩，挂钩及弹簧端部的弯曲应力较前述两种小,而且挂钩可以转动到任何方向,便于安装。在受载较大的场合,最好采用图 16-5(d) 螺旋块式挂钩。图 16-5(c) 和图 16-5(d) 所示挂钩适用于承受变载荷,但价格较贵。

压缩弹簧在不受外载的自由状态下各圈之间均留有一定的间距 δ,以备受载时变形;而且为使其在最大工作载荷 F_2 作用下,相邻两圈间仍应留有少量间隙 δ',以免各圈彼此接触,通常取 $\delta' \geqslant 0.1d$ 且 $\delta' \geqslant 0.2\text{mm}$。设压缩弹簧在最大工作载荷 F_2 作用下的变形量为 λ_2,则 $\delta = \dfrac{\lambda_2}{n} + \delta'$。拉伸弹簧制造时通常使各圈并紧,亦即在自由状态下 $\delta = 0$。

圆柱螺旋压缩弹簧和拉伸弹簧基本的结构尺寸关系列于表 16-4。

圆柱螺旋弹簧尺寸参数系列(GB/T 1358—2009)摘列于表 16-5。

表 16-4　圆柱螺旋压缩弹簧和拉伸弹簧基本几何尺寸

项目	压缩弹簧		拉伸弹簧
簧丝直径 d			
弹簧中径 D_2	$D_2 = Cd$　C 为弹簧指数(旋绕比)通常 $C = 24 \sim 16$		
弹簧外径 D	$D = D_2 + d$		
弹簧内径 D_1	$D_1 = D_2 - d$		
弹簧节距 t(在自由状态下)	$t = d + \delta \geqslant d + \dfrac{\lambda_2}{n} + 0.1d \approx (0.3 \sim 0.5)D_2$		$t \approx d$
实际弹簧总圈数 n_1	$n_1 = n + (1.5 \sim 2.5)$		$n_1 = n$
弹簧自由高度 H_0	并紧且两端磨平	并紧两端不磨平	$H_0 = (n+1)d$ + 挂钩尺寸
	$H_0 = nt + (n_1 - n - 0.5)d$	$H_0 = nt + (n_1 - n + 1)d$	
弹簧螺旋升角 α	$\alpha = \arctan \dfrac{t}{\pi D_2} \approx 5° \sim 9°$		$\alpha = \arctan \dfrac{t}{\pi D_2}$
弹簧展开长度 L	$L = \pi D_2 n_1 / \cos\alpha$		$L = \pi D_2 n_1 / \cos\alpha$ + 挂钩展开长度

表 16-5　普通圆柱螺旋压缩与拉伸弹簧尺寸参数系列(摘自 GB/T 1358—2009)

弹簧簧丝直径 d (mm)	1	1.2	1.6	2	2.5	3	3.5	4	4.5	5	6	8	10	12
	16	20	25	30	35	40	45	50						

弹簧中径 D_2 (mm)	10	12	14	16	18	20	22	25	28	30	32	38	42
	45	48	50	52	55	58	60	65	70	75	80	85	90
	95	100	105	110	115	120							

有效圈数 n(圈)	压缩弹簧	4	4.25	4.5	4.75	5	5.5	6	6.5	7	7.5	8	8.5	9
		9.5	10	10.5	11.5	12.5	13.5	14.5	15	16	18	20		
		22	25	28	30									
	拉伸弹簧	4	5	6	7	8	9	10	11	12	13	14	15	16	17	18
		19	20	22	25	28	30	35	40	45	50	55	60	65

自由高度 H_0 (mm)	压缩弹簧(推荐选用)	15	16	17	18	19	20	22	24	26	28	30	32	35
		38	40	42	45	48	50	52	55	58	60	65	70	75
		80	85	90	95	100	105	110	115	120	130	140		
		150	160	170	180	190	200							

2. 弹簧特性线

图 16-6 所示为一压缩弹簧，H_0 是它未受载荷时的自由高度。F_1 是最小载荷，它是为了使压缩弹簧可靠地安装在工作位置上所预加的初始载荷，弹簧在载荷 F_1 作用下的高度为 H_1，压缩量为 λ_1。F_2 是弹簧的最大工作载荷，此时弹簧压缩量增至 λ_2，而长度减至 H_2。λ_2 与 λ_1 之差即为弹簧的工作行程 h，即 $\lambda_2 - \lambda_1 = h = H_1 - H_2$。$F_j$ 是弹簧的极限载荷，亦即在 F_j 作用下弹簧簧丝内的应力达到弹簧簧丝材料的屈服极限，对应于 F_j 时的弹簧长度为 H_j，压缩量为 λ_j。弹簧应该在弹性极限内工作，所以最大工作载荷 F_2 应小于极限载荷，通常取 $F_2 \leqslant 0.8F_j$。对于等节距圆柱螺旋弹簧载荷与变形量成正比，亦即特性线为一直线，其数学式为 $F_1/\lambda_1 = F_2/\lambda_2 = \cdots = F_j/\lambda_j = (F_2 - F_1)/h = $ 常数 k，k 即称为弹簧刚度。压缩弹簧的初始载荷 F_1 通常取为：$F_1 = (0.1 \sim 0.5)F_2$。

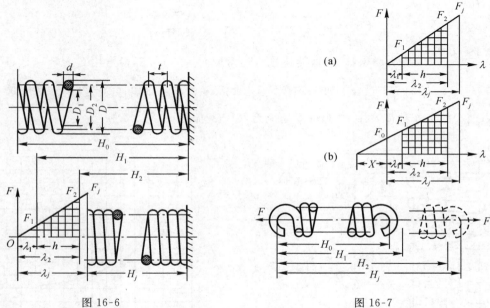

图 16-6   图 16-7

拉伸弹簧特性曲线有两种：无初应力的和有初应力的。现以 F、λ 分别表示拉力和拉伸量，则无初应力的拉伸弹簧特性线（图 16-7(a)）与压缩弹簧相同；有初应力的拉伸弹簧，卷制的各圈间互相并紧，使弹簧在自由状态下就受有初拉力 F_0 的作用，其特性线如图 16-7(b) 所示，它的起点不在原点。此时可利用这类弹簧载荷和变形之间呈直线变化规律，在图中增加一段假想变形量 X，当承受载荷时，首先要克服这段假想变形量 X，弹簧才开始伸长。由此可见，有初应力的弹簧的实际伸长量比无初应力的要小，所以可节省空间尺寸，提高弹簧的效能。一般情况下，初拉力 F_0 的值：当簧丝直径 $d \leqslant 5\text{mm}$ 时，取 $F_0 \approx \frac{1}{3}F_j$；当 $d > 5\text{mm}$ 时，取 $F_0 \approx \frac{1}{4}F_j$。

在弹簧的工作图上应注出弹簧的特性线，以作为制造、检测和试验的依据之一。

3. 强度计算与刚度计算

1）强度计算

强度计算的目的在于确定弹簧丝直径 d 和弹簧中径 D_2，现以图 16-8 所示圆截面簧丝弹

簧受轴向压力 F 的情况进行分析。通过弹簧轴线的弹簧丝截面内有扭矩 $T = \frac{1}{2}FD_2$ 和切向力 $Q = F$ 作用。由于弹簧的螺旋升角 α 很小（$\alpha < 9°$），因而通过该弹簧轴线的弹簧丝截面可以近似看作是垂直于簧丝轴线的法截面，即截面为直径 d 的圆。由此可得扭矩 T、切向力 Q 所产生的扭剪应力 τ_T 和剪切应力 τ_Q 分别为：$\tau_T = T/(\frac{\pi}{16}d^3) = \frac{1}{2}FD_2/(\frac{\pi}{16}d^3) = 8FD_2/(\pi d^3)$，$\tau_Q = Q/(\frac{\pi}{4}d^2) = 4F/(\pi d^2)$，其在截面上的分布如图 16-8(b)、图 16-8(c) 所示。图 16-8(d) 为其合成应力分布图，$\tau = \tau_T + \tau_Q$。图 16-8(e) 是考虑了弹簧圈曲率等因素后的实际切应力分布图。可见弹簧圈内侧的切应力最大，其值为 $\tau_{max} = K \frac{8FD_2}{\pi d^3}$，因此强度校核公式为

$$\tau_{max} = K \frac{8F_2 D_2}{\pi d^3} = K \frac{8F_2 C}{\pi d^2} \leqslant [\tau] \qquad (\text{MPa}) \qquad (16\text{-}1)$$

式中：$C = D_2/d$ 称为弹簧指数（或旋绕比），通常取 $C = 4 \sim 16$，最常用 $C = 5 \sim 10$；K 为曲度系数，$K = \frac{4C-1}{4C-4} + \frac{0.615}{C}$，亦可由图 16-9 查得；$d$ 为簧丝直径，mm；D_2 为弹簧中径，mm；F_2 为最大的工作载荷，N；$[\tau]$ 为许用切应力，MPa，查表 16-2。

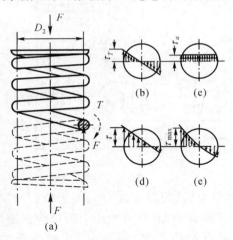

图 16-8

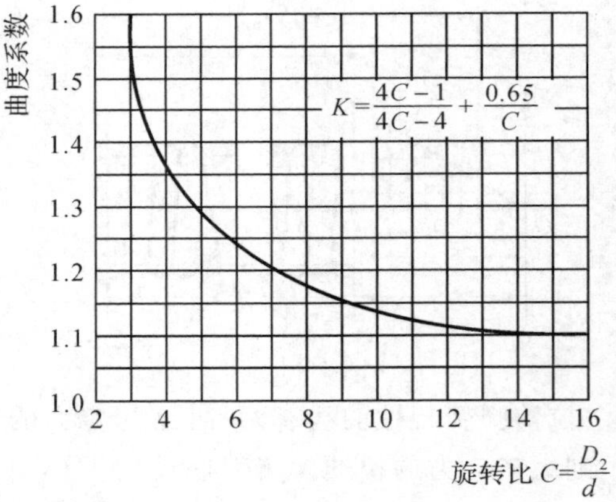

图 16-9

由强度式(16-1)可得弹簧丝直径

$$d \geqslant 1.6\sqrt{\frac{KF_2 C}{[\tau]}} \qquad (\text{mm}) \qquad (16\text{-}2)$$

按式(16-2)求得的 d 值应按表 16-5 选取相应的标准值。

对于循环次数较多，在变应力下工作的重要弹簧，还应进一步作疲劳强度验算。对受振动载荷的弹簧，尚需进一步计算弹簧的自振频率，以避免发生共振。有关这几方面的计算可参阅专门文献。

当拉伸弹簧受轴向拉力 F 时，簧丝横截面上的受载情况和压缩弹簧相同，只是扭矩 T 和切向力 Q 均为相反的方向，所以应力分析、强度计算公式均与压缩弹簧相同。

2）刚度计算

刚度计算的目的在于计算弹簧受载后的变形量或按变形量要求，确定弹簧所需的工作圈数。

圆柱螺旋压缩弹簧和无初拉力的拉伸弹簧在轴向力 F 作用下引起的轴向变形量 λ，由材料力学知

$$\lambda = \frac{8FD_2^3 n}{Gd^4} = \frac{8FC^3 n}{Gd} \quad (\text{mm}) \tag{16-3}$$

式中：G 为弹簧簧丝材料的剪切模量，MPa，由表 16-2 查得；n 为弹簧的有效工作圈数；其他符号同前。

利用上式可求出弹簧所需的有效工作圈数

$$n = \frac{G\lambda_2 d^4}{8F_2 D_2^3} = \frac{G\lambda_2 d}{8F_2 C^3} \tag{16-4}$$

按式（16-4）求得的有效工作圈数 n 应按表 16-5 选取相近的标准值。有效工作圈数最少为 2 圈。

由式（16-3），得弹簧刚度

$$k = \frac{F}{\lambda} = \frac{Gd}{8C^3 n} \tag{16-5}$$

由此看出：当弹簧的材料、簧丝直径一定时，工作有效圈数 n、旋绕比 C 都影响弹簧刚度，而且旋绕比 C 对弹簧刚度的影响比圈数 n 的影响更大。当其他条件相同时，C 值愈

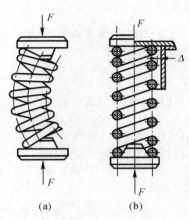

图 16-10

小，弹簧刚度愈大，亦即弹簧愈硬，反之愈软。选取 C 值时还要注意到 C 值太小时卷绕弹簧有困难，且在工作时将引起较大的扭应力；C 值太大时，弹簧工作时易发生颤动。

对于有初拉力 F_0 的拉伸弹簧，因为工作时需首先克服初拉力 F_0，弹簧才开始伸长，故在上述的计算公式（16-3）、（16-4）、（16-5）中的 F（或 F_2）应代以 $(F-F_0)$ 或 (F_2-F_0) 进行计算。

当压缩弹簧的圈数较多时，可能发生侧向弯曲（见图 16-10(a)），故应验算其稳定性指标，即对高径比 $b = \frac{H_0}{D_2}$ 应有限值。对两端固定的弹簧，$b \leqslant 5.3$；一端固定一端铰支的弹簧 $b \leqslant 3.7$；两端铰支的弹簧 $b \leqslant 2.6$。如不满足上述要求，弹簧就有可能失稳，此时应重选弹簧参数以减小 b 值。如结构受限制，不能改变弹簧参数时，应在弹簧内部放置导杆或在弹簧外部放置导套（见图 16-10(b)）。但需注意，由于弹簧对导杆、导套的摩擦，必然会对弹簧特性线有一定影响。

4. 设计计算步骤

通常给定弹簧所承受的最大工作载荷 F_2 和相应的最大轴向变形量 λ_2（或者给定 F_1、F_2 和工作行程 h）以及其他方面的要求（例如空间尺寸等结构方面的限制等），按弹簧用途与工作条件选择弹簧材料和端部结构，按给定的载荷、变形量确定弹簧的主要参数 D_2、d、n，最后再计算确定其他几何尺寸。今以压缩螺旋弹簧为例说明弹簧的设计计算步骤。

例 16-1　设计某装置中圆截面弹簧丝圆柱螺旋压缩弹簧，其最小工作载荷（安装时预载荷）$F_1 = 200\text{N}$，最大工作载荷 $F_2 = 500\text{N}$，弹簧工作行程 $h = 10\text{mm}$，弹簧外径 D 不超过 30mm，属 Ⅱ 类载荷的弹簧。

解：1）选择材料。

选用碳素弹簧钢丝 C 级，Ⅱ类载荷由表 16-2 知 $[\tau] = 0.4\sigma_B$，$G = 80000\text{MPa}$，因 σ_B 与簧丝直径 d 有关，而 d 尚待求出，现初步估计 d 约为 4mm，查表 16-3 取 $\sigma_B = 1520\text{MPa}$。确定许用应力 $[\tau] = 0.4\sigma_B = 0.4 \times 1520 = 608(\text{MPa})$。

2）按强度计算求弹簧簧丝直径 d。

题目要求弹簧外径 $D \leqslant 30\text{mm}$，故 $D_2 + d = D_2 + 4 \leqslant 30$，亦即 $D_2 \leqslant 26\text{mm}$，查表 16-5 取 $D_2 = 25\text{mm}$，则弹簧旋绕比 $C = \dfrac{D_2}{d} = \dfrac{25}{4} = 6.25$，由图 16-9 求出曲度系数 $K = \dfrac{4C-1}{4C-4} + \dfrac{0.615}{C} = 1.24$，由式（16-2）计算 $d \geqslant 1.6\sqrt{\dfrac{KF_2 C}{[\tau]}} = 1.6\sqrt{\dfrac{1.24 \times 500 \times 6.25}{608}} = 4.04(\text{mm})$ 与原假设 $d = 4\text{mm}$ 相近，可成立。

3）按刚度计算求弹簧有效圈数 n。

由图 16-6 知

$$\frac{F_1}{\lambda_1} = \frac{F_2}{\lambda_2} = \frac{F_2 - F_1}{\lambda_2 - \lambda_1} = \frac{F_2 - F_1}{h}$$

故式（16-4）可改写成

$$n = \frac{Ghd}{8(F_2 - F_1)C^3} = \frac{80000 \times 10 \times 4}{8(500 - 200) \times 6.25^3} = 5.461(\text{圈})$$

按表 16-5 取 $n = 5.5$ 圈

n 由计算值 5.461 圈取成 5.5 圈，为了保证最大工作载荷 F_2 和工作行程 h 不变，必须重新求最小工作载荷 F_1，得

$$\lambda_2 = \frac{8F_2 C^3 n}{Gd} = \frac{8 \times 500 \times 6.25^3 \times 5.5}{80000 \times 4} = 16.78(\text{mm})$$

$$\lambda_1 = \lambda_2 - h = 16.78 - 10 = 6.78(\text{mm})$$

故 $\qquad F_1 = F_2 \dfrac{\lambda_2}{\lambda_1} = 500 \times \dfrac{6.78}{16.78} = 202(\text{N})$

考虑两端各并紧一圈，故弹簧实际圈数 $n_1 = 5.5 + 2 = 7.5(\text{圈})$

4）确定弹簧其他各部分尺寸。

在 F_2 作用下相邻两圈间的间隙 $\delta' \geqslant 0.1d \geqslant 0.4(\text{mm})$，取 $\delta' = 0.5\text{mm}$。

弹簧在自由状态下的节距 $t = \dfrac{\lambda_2}{n} + d + \delta' = \dfrac{16.78}{5.5} + 4 + 0.5 = 7.55$，符合 $t = (0.3 \sim 0.5)D_2$ 的要求。

自由高度 $H_0 = nt - (n_1 - n - 0.5)d = 5.5 \times 7.55 + 1.5 \times 4 = 47.53(\text{mm})$，由表 16-5 取 $H_0 = 48\text{mm}$，则 $t = \dfrac{H_0 - (n_1 - n - 0.5)d}{n} = \dfrac{48 - 1.5 \times 4}{5.5} = 7.636(\text{mm})$

自由状态的螺旋升角 $\alpha = \arctan\dfrac{t}{\pi D_2} = \arctan\dfrac{7.636}{\pi \times 25} = 5.55°$ 满足 $\alpha \leqslant 9°$ 的要求。

验算稳定性指标 $b = \dfrac{H_0}{D_2} = \dfrac{48}{25} = 1.92 < 2.6$，满足稳定性要求。

弹簧簧丝展开长度 $l = \dfrac{\pi D_2 n_1}{\cos\alpha} = \dfrac{\pi \times 25 \times 7.5}{\cos 5.55°} = 592(\text{mm})$

在最大工作载荷 F_2 和最小工作载荷 F_1 作用下的弹簧高度分别为

$$H_2 = H_0 - \lambda_2 = 48 - 16.78 = 31.22(\text{mm})$$

$$H_1 = H_0 - \lambda_1 = 48 - 6.78 = 41.22(\text{mm})$$

5）绘制弹簧零件工作图。（略）

四、圆柱螺旋扭转弹簧

圆柱螺旋扭转弹簧的基本部分与圆柱螺旋压缩弹簧相同，只是扭转弹簧所受的外力为

绕弹簧轴线的扭转力矩 T,所产生的变形是扭角 φ(见图 16-11),主要用于扭紧和储能。为了便于加载,其端部结构常做成图 16-12 所示的结构形式。在自由状态下,扭转弹簧各弹簧圈间应留有少量间隙($\delta \approx 0.5\text{mm}$),以免工作时各圈之间彼此接触产生摩擦与磨损,影响特性线。

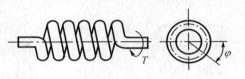

图 16-11

由于弹簧的螺旋升角 α 很小,当扭转弹簧受外加扭转力矩 T 时,可以认为弹簧簧丝截面只承受弯矩 M,其值等于外加扭转力矩 T。应用曲梁受弯理论,可求得圆截面弹簧簧丝的最大弯曲应力 $\sigma_{\max}$,其强度条件为

$$\sigma_{\max} = K_1 \frac{M}{\frac{\pi}{32}d^3} = K_1 \frac{32T}{\pi d^3} \leqslant [\sigma_F] \text{(MPa)} \tag{16-6}$$

式中:K_1 为曲度系数,$K_1 = \dfrac{4C-1}{4C-4}$;d 为簧丝直径,mm;T 为承受的扭矩,$\text{N} \cdot \text{mm}$;$[\sigma_F]$ 为簧丝材料的许用弯曲应力,$[\sigma_F] = 1.25[\tau]$,MPa;$[\tau]$ 值见表 16-2。

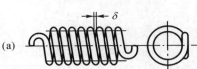

扭转弹簧受外加转矩 T 后,弹簧簧丝产生角变形 φ。与圆柱拉、压弹簧类似,其角变形 φ 与载荷 M 成正比。由梁受弯时的偏转角方程可求得其角变形 φ 的计算式为

$$\varphi = \frac{Ml}{EI} = \frac{T\pi D_2 n}{EI} \quad \text{(rad)} \tag{16-7}$$

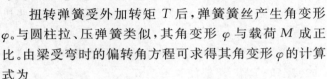

(a)

(b)

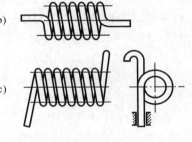

(c)

式中:E 为弹簧材料的弹性模量(钢:$E = 2.06 \times 10^5 \text{MPa}$);$I$ 为弹簧簧丝截面的轴惯性矩,对圆截面簧丝 $I = \dfrac{\pi}{64}d^4$,mm^4;其余符号同前。

图 16-12

利用上式,可求出所需要的弹簧圈数

$$n = \frac{EI\varphi}{\pi T D_2} \tag{16-8}$$

符号意义同前。

§16-2 机 架

一、机架的功用、类型

机架的功用是容纳、围起、约束或支承机器的零部件,如支承贮藏的塔架、固定发动机的机架、容纳传动齿轮减速器的壳体、机床的床身等统称为机架。通常一台机器中机架重量约占总重量的 $70\% \sim 90\%$。

机架按其外形可分成五类:网架类(图 16-13(a))、框架类(图 16-13(b))、梁柱类(图

16-13(c))、板块类(图 16-13(d))和箱壳类(图 16-13(e))。

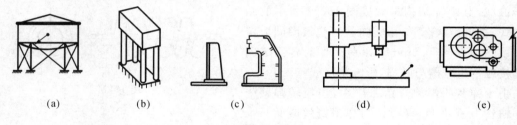

$$(a) \qquad (b) \qquad (c) \qquad (d) \qquad (e)$$

图 16-13

按其制造方法可分为铸造机架、焊接机架和螺栓联接(或铆接)机架;按其移动能力分为固定机架和移动机架。

二、机架的设计准则和要求

机架的设计准则:

1) 任何机架的设计首先必须保证机器的特定工作要求;

2) 在必须保证特定外形条件下,对机架的主要要求是刚度;

3) 机架在满足刚度要求的同时,必须满足足够的强度和疲劳强度的要求,对于某些机架尚需满足振动或抗振的要求;

4) 对于细长或薄壁结构的受压机架必须考虑失稳问题,并进行必要的校核;

5) 目前对机架的要求不仅要能完成特定的工作,还要使外形美观;

6) 对于某些机架还应满足散热、防腐蚀等特定要求,对于精密机械、仪表等机架要求热变形小。

在满足机架设计准则的前提下,必须根据机架的不同用途和所处环境,考虑下列要求:

1) 机架的重量应尽可能轻,材料选择合适,成本低;

2) 抗振性好;

3) 由于内应力及温度变化引起的结构变形应力求最小;

4) 结构设计合理,便于铸造、焊接和机械加工;

5) 结构应力求便于安装、调整和更换零部件,修理方便;

6) 有导轨的机架,要求导轨面受力合理、耐磨性好;

7) 机架的尺寸和形状应适宜于操作。

三、机架的材料与制造

固定式机器,例如重型机床,其机架的结构较为复杂,刚度要求也较高,因而通常采用铸造件。铸造材料常用加工方便而又价廉的灰铸铁,有时也用球墨铸铁、铸钢、铸造铝合金。在需要强度高、刚度大时采用铸钢;当减小质量具有很大意义时,例如汽车采用钢板、飞机采用铝合金或塑料。

铸铁的铸造性能好、价廉、吸振能力强,所以在机架零件中应用最广。单件或少量生产且生产期限要求短的机架零件则以焊接为宜。焊接机架还具有重量轻和成本低等优点,故焊接机架日益增多。焊接机架主要由钢板、型钢或铸钢件等焊接而成,焊接机架应防止热变形翘曲。必须指出,由于铸铁的抗压强度较高,所以受压的机架如采用焊接机架在减轻重量方面未必有利。

四、机架的截面形状和肋板布置

1. 截面形状

大多数机架处于复杂受载状态,合理选择截面形状可以充分发挥材料的作用。仅受压或受拉的机架强度只决定于截面面积的大小,而与截面形状无关。受弯曲和扭转的机架则不同,如果截面面积不变,通过合理构造截面形状来增大截面系数及截面的惯性矩,就可以提高机架的强度和刚度。

表 16-6 中给出了几种截面基本面积相等而形状不同的机架在弯曲强度、弯曲刚度、扭转强度、扭转刚度等方面的比较。从表中可以看出,主要受弯曲的机架以选用工字型截面为最好,板块截面最差。主要受扭转的机架以选择空心矩形截面为最佳方案,而且在这种截面的机架上较易装置其他零部件,工程实际中大多采用这种截面形状。

表 16-6　当截面面积基本相同时各种不同截面形状承受弯矩及扭矩的相对比值

截面形状		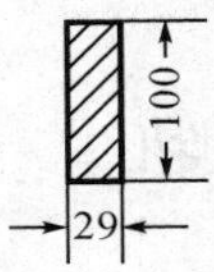	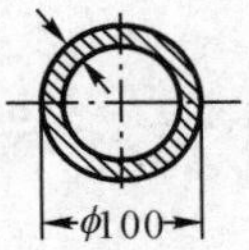	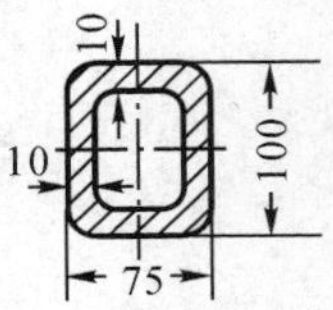	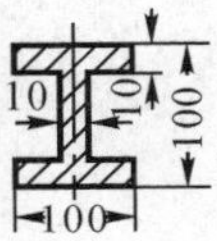
能受弯矩	按应力	1.00	1.20	1.40	1.80
	按挠度	1.00	1.15	1.60	1.00
能受扭矩	按应力	1.00	43.00	38.50	4.50
	按扭角	1.00	8.80	31.4	1.90

2. 肋板布置

一般来说,提高机架零件的强度或刚度可采用两种方法:增加壁厚或布置肋板。增加壁厚将导致重量和成本增加,而且并非在任何情况下效果都好。布置肋板既可增加机架强度与刚度,又比较经济。肋板布置的正确与否对于加设肋板的功效有很大影响。如果布置不当,不仅不能增强机架的强度与刚度,而且会造成浪费材料和增加制造困难。由表 16-7 所列的几种肋板布置情况即可看出:方案 V 的斜肋板具有显著效果,弯曲刚度为方案 Ⅰ 的 155%,扭转刚度为方案 Ⅰ 的 294%,而重量仅约增 26%。方案 Ⅳ 的交叉肋板虽然弯曲刚度和扭转刚度都有所增加,但材料却要多耗费 49%。若以相对刚度和相对重量之比作为评定肋板布置的经济指标,显然方案 V 比方案 Ⅳ 好。方案 Ⅱ 的弯曲刚度相对增加值反不如重量的增加值,其比值小于 1,说明这种肋板布置是不可取的。肋板的厚度一般可取为主壁厚度的 0.6 ~ 0.8 倍。肋板的高度约为主壁厚度的 5 倍。机架刚度的最佳方案主要取决于肋板布置的方向及其构造。

表 16-7　不同形式肋板的梁在刚度方面的比较

形　式		相对重量	相对刚度		相对刚度／相对重量	
			弯　曲	扭　转	弯　曲	扭　转
Ⅰ（基型） 		1	1	1	1	1
Ⅱ 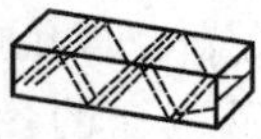		1.14	1.07	2.08	0.94	1.83
Ⅲ 		1.38	1.51	2.16	1.09	1.56
Ⅳ 		1.49	1.78	3.30	1.20	2.22
Ⅴ 		1.26	1.55	2.94	1.23	2.34

§16-3　导　轨

一、导轨的功用、类型与技术要求

导轨是保证执行件正确运动轨迹的导向装置。导轨运动副包括运动导轨和支承导轨两部分，支承导轨支承运动导轨。

按导轨的运动轨迹，导轨可分为直线运动导轨和曲线运动导轨。按导轨副接触面间的摩擦性质，导轨分为滑动摩擦导轨、滚动摩擦导轨、流体摩擦导轨和电磁悬浮导轨。为了提高导轨的运动精度，也常采用卸荷导轨。

一般对导轨有如下五方面的技术要求：

1）导向精度。导向精度是指运动导轨的实际运动方向与理想运动方向之间的偏差。

2）接触刚度。接触刚度反映导轨的抗振性，导轨在工作时的整体变形和接触变形量应小于许可值。

3）精度保持性。它主要由导轨的耐磨性和温度敏感性决定。

4）低速运动稳定性。由于摩擦面间的静摩擦系数大于动摩擦系数，低速范围内的动摩擦系数随相对运动速度的增大而降低，导轨运动时快时慢，出现爬行现象。

5）工艺性。导轨的结构应尽可能的简单，便于加工、检验、调整和修复。

二、导轨的结构

1. 滑动摩擦导轨

滑动摩擦导轨的截面形状主要有四种（见图 16-14）：矩形、三角形、燕尾形和圆柱形。矩形（图 16-14(a)）结构简单，当量摩擦系数小、刚度大、加工、检验都较方便，但不能自动补偿间隙，导向精度低于三角形导轨。三角形导轨（图 16-14(b)）的导向性能与导轨的顶角大小有关,顶角越小,导向性能越好,但其当量摩擦系数却越大,通常取顶角为90°。燕尾形导轨(图16-14(c))的高度较小,尺寸紧凑,调整间隙方便,可承受倾覆力矩,但其加工和检验都不方便,不易达到高的精度,刚性差,摩擦力大。圆柱形导轨(图16-14(d))的加工和检验较方便,易于达到较高的精度,但其间隙不能调整、补偿,对温度的变化较敏感,应有防止运动件转动的结构(图16-15)或成对使用。

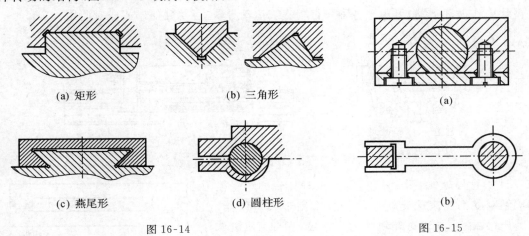

(a) 矩形　　　　　　(b) 三角形　　　　　　　　　　　　(a)

(c) 燕尾形　　　　　(d) 圆柱形　　　　　　　　　　　　(b)

图 16-14　　　　　　　　　　　　　　　　　图 16-15

为了减小爬行的影响,提高运动精度,常在导轨表面涂覆聚四氟乙烯(PTFE)等抗爬行材料(黏塑导轨),以降低滑动摩擦系数,提高运动平稳性。

2. 滚动摩擦导轨

由于滚动摩擦导轨的摩擦系数小,其动、静摩擦系数很接近,在微量位移时不像滑动摩擦导轨那样易于产生爬行现象。此外,滚动摩擦导轨还具有运动灵便、移动精度和定位精度高、精度保持性好、对温度变化不敏感、磨损小等优点;缺点是结构比较复杂,对导轨的误差相当敏感且成本较高。滚动摩擦导轨按滚动体的形式分为滚珠导轨、滚柱导轨、滚动轴承导轨等形式:

1) 滚珠导轨。

① 图16-16所示为V形滚珠导轨,这种导轨结构简单;工艺性好、成本较低,能承受不大的倾覆力矩,但不易获得较高的精度。滚珠在V形导轨内作来回运动,因此行程一般小于导轨长度的2/3。

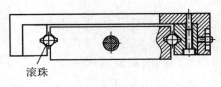

滚珠

图 16-16

② 图16-17所示为采用直线运动轴承的滚珠导

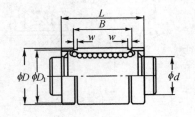

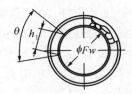

图 16-17

轨,直线运动轴承及圆形导轨均由专业厂生产,特点是有较高的精度,阻力小,便于装拆。滚珠在直线轴承内作循环运动,可用于各种长行程直线运动导轨。由于导轨截面为圆形,通常需成对使用。

③ 图 16-18 所示的导轨是目前数控机床上最常用的滚动导轨,矩形导轨和滑块均由专业厂生产,特别是刚度高、承受能力较大、有较高的精度、阻力小,且可承受各方向载荷。滚珠在滑块内作循环运动,可用于各种长行程直线运动导轨。可单独使用或成对使用。

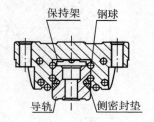 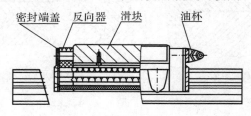

图 16-18

2) 滚柱导轨。如图 16-19 所示,这种导轨的承受能力和接触刚度都比滚珠导轨大,因此,常用于大型仪器、工具磨床中。滚柱导轨对导轨面的平行度(扭曲)比滚珠导轨的要求高。滚柱在两导轨间作来回运动,因此行程一般小于导轨长度的 1/2。

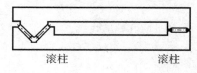

图 16-19

3) 滚动轴承导轨。如图 16-20 所示,这种导轨的特点是直接用滚动轴承(标准件)作滚动体,结构简单,易于制造,便于装拆和调整。常用于长行程直线运动导轨。

3. 流体静压导轨

流体静压导轨是在导轨的相对滑动面之间注入流体,形成承压的油膜或气膜,使工作台浮起,工作台和导轨面没有直接接触。如图 16-21 所示的液体静压导轨,来自油泵 1 的压力油经过节流器 2 后进入工作台 3 的油腔,产生流体静压力把工作台托起,油膜把运动导轨(工作台)和支承导轨完全分开,油再从相对滑动面的间隙流回到油箱。

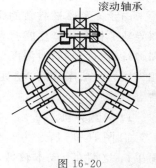

图 16-20

流体静压导轨摩擦力小,在微量移位时没有爬行现象;磨损极小,抗振性能好,运动精度高,工作面温升小。但其结构复杂,需要一套液压设备,调整比较麻烦,故主要应用于大型机器中。

除静压导轨外,对其他类型导轨都应进行润滑。导轨润滑的目的是减少摩擦,提高机械效率,减少磨损,延长寿命,降低温度,改善工作条件和防止生锈。导轨常用的润滑剂有润滑油和润滑脂。其中滑动导轨应该用润滑油,滚动导轨中则两种润滑剂都能使用。

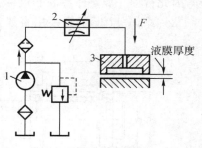

图 16-21

4. 电磁导轨

利用电场力或磁场力使运动导轨悬浮的导轨统称为电磁导轨：电悬浮的为静电导轨；磁悬浮的为磁性导轨；电磁混合悬浮的为电磁混合导轨。

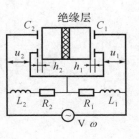

静电导轨的工作原理见图 16-22，在相对极中，一极的间隙（如 h_1）增大，另一极的间隙（如 h_2）则减小。间隙增大极的电压必须增加，减小极的电压必须减小，以免运动导轨和支承导轨相接触。静电导轨的电源可用直流电或交流电，为了稳定工作，前者应用伺服控制系统，后者应有谐振控制系统。磁性导轨按磁能来源不同有两类：

图 16-22

永磁式和激励式。激励式又有直流、交流、交直流混合等多种。静电导轨需要很大的电场强度，目前仅在少数仪表中使用，在工程中应用受到限制。磁性导轨承受能力较大，已在超高速列车及精密仪器仪表中使用。随着磁性材料性能的提高和电子技术的发展，其应用范围也将日益扩大。

5. 卸荷导轨

采用卸荷导轨是为了减轻支承导轨上的负荷，并降低导轨的静摩擦系数，提高耐磨性、低速运动的平稳性和导轨的运动精度，降低爬行的影响。卸荷导轨由于导轨面是直接接触，因而刚度较高。导轨的卸荷方式有液压卸荷、机械卸荷与气压卸荷，其中以机械和液压卸荷方式应用较多。在防护条件或工作条件比较好的情况下，宜采用液压卸荷导轨。机械卸荷导轨常用于不宜采用液体强制循环润滑的机器导轨。图 16-23 为一种常用的机械卸荷导轨。导轨上的一部分载荷由支承在辅助导轨面 a 上的滚动轴承 3 承受。卸荷力的大小可通过螺钉 1 和蝶形弹簧 2 进行调节。如果将滚动轴承直接压

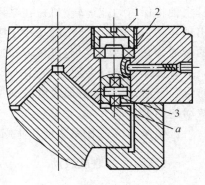

图 16-23

在主导轨面上，则可取消辅助导轨以简化构造。但是，这个办法只能用于镶钢导轨或者在支承导轨面上装有钢带的场合。一般不能将滚动轴承直接压在铸铁导轨的主导轨面上，不然会在导轨面压出沟痕。为了减小滚动轴承的支承轴的中心线与支承导轨面不平行的影响，可以采用自动调心的轴承。

卸荷力太小，静摩擦系数降低很少，对导轨的低速运动平稳性的提高不大，而且移动部件运动时的摩擦阻力仍较大，对导轨耐磨性提高也不大。如卸荷力太大，则当外界载荷较小时又会使移动部件产生漂浮现象，丧失运动平稳性。因此必须根据外界载荷的大小调整合适的卸荷力才能获得较好的效果。

以上介绍了有关导轨的基本知识，在选择导轨类型时应考虑其运动形式、运动速度、对导轨刚度及精度的要求、载荷和工作状况以及结构特点（如水平、垂直、倾斜）等因素，加以综合分析，正确选用。

第 17 章　　机械速度波动的调节

§17-1　机械速度波动调节的目的和方法

机械是在驱动力作用下克服阻力而运转的。根据功能原理,若机械在工作过程的任意时间间隔内,驱动力对机械所作的功与机械克服阻力所作的功完全相等,则机械的动能不变,其主轴将保持匀速运转。机械在某段工作时间内,若驱动力所作的功大于阻力所作的功,则出现盈功;若驱动力所作的功小于阻力所作的功,则出现亏功。盈功和亏功将引起机械动能的增加和减少,从而引起机械运转速度的波动。

机械速度波动会使运动副中产生附加的动压力,降低机械效率,产生振动,影响机械的质量和寿命。采取措施把速度波动控制在许可范围内,以减小其产生的不良影响,称为速度波动的调节。

机械速度波动有周期性和非周期性两类。

一、周期性的速度波动

当机械动能的增减作周期性变化时,其主轴的角速度也作周期性的变化,如图 17-1 实线所示。在这种情况下,主轴角速度 ω 在经过一个变化周期 T 之后又回到初始状态,这说明就整个周期而言,动能没有增减,驱动力所作的功与阻力所作的功是相等的;但是,在周期中的某段时间内,驱动力所作的功与阻力所作的功却是不相等的,因而出现速度变化。这种有规律的、周期性的变化称为周期性速度波动。其变化周期 T,通常对应于主轴回转一转(如蒸汽机、冲床、单缸二冲程内燃机)或若干转(如单缸四冲程内燃机为曲轴转两转)。周期性速度波动的调节方法是在机械中加上一个转动惯量 J 很大的回转体 —— 飞轮。飞轮以角速度 ω 回转时

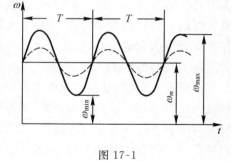

图 17-1

的动能为 $E = \dfrac{1}{2}J\omega^2$,盈功时飞轮动能增加,亏功时飞轮动能减少,由于飞轮的转动惯量 J 很大,显然,在动能变化量 ΔE 相同的条件下,其角速度 ω 波动值将减小。也就是说,当动能的变化规律一定时,安装飞轮后可以使机械速度的波动变小。图 17-1 中的实线和虚线分别表示未安装飞轮时和安装飞轮后主轴的速度波动。

二、非周期性的速度波动

如果驱动力或阻力突然发生变化,使驱动力所作的功总是大于或总是小于阻力所作的功,则机械的速度将持续上升或持续下降,将导致机械因速度上升到过高而损坏或因速度持续下降甚至可能使运动停止。如汽轮发电机组在供气量不变而用电量突然减少或增加时就会出现上述情况。这种速度变化是随机的、无规则的,称为非周期性速度波动。它不能依靠飞轮来调节,一般须采用反馈控制、使驱动力所作的功与阻力所作的功互相适应以达到新的稳定运转状态的特殊装置——调速器。调速器种类很多,图 17-2 是柴油机的离心调速器工作原理图。当工作机 1 负荷突然减小时,柴油机 2 的输出转速升高,通过齿轮 3、4 使调速器主轴的转速随之升高。这时重球 G 和 G' 因离心力增大而向外张开,带动套筒 5 上移,通过套环 6 和小连杆等将节流阀门 7 关小,以减小供油量,从而使外界对柴油机的输入功减少,转速下降,以保持

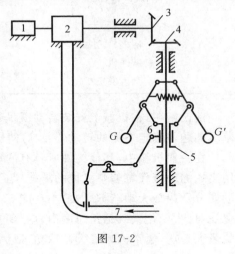

图 17-2

速度稳定。反之,若转速降低,重球 G、G' 的离心力减小,重球下落,套筒 5 下移,使节流阀门 7 开大,增加供油量,柴油机转速便又回升,故可使速度基本稳定在某个数值上。这种机械式调速器原理和结构均不复杂,但灵敏度低。在近代机械中已逐步采用电子器件自动控制调节速度波动,这部分内容将在专门课程中论述。

§17-2   飞轮设计的近似方法

一、飞轮设计的基本原理

机械运转时出现盈亏功,其主轴角速度 ω 由此产生变化。由于 ω 的变化规律复杂,工程计算中,常用机械在稳定运转阶段的一个循环内,其主轴的算术平均角速度 ω_m 来近似地作为实际平均角速度,其值为

$$\omega_m = \frac{\omega_{\max} + \omega_{\min}}{2} \tag{17-1}$$

式中 $\omega_{\max}$ 和 $\omega_{\min}$ 分别为主轴的最大角速度和最小角速度。机械的算术平均角速度通常用与其对应的每分钟转数来表示,这就是机械铭牌上的所谓"名义转速"或"额定转速"。

机械周期性速度波动的程度通常用机械运转速度不均匀系数 δ 来表示,其值为

$$\delta = \frac{\omega_{\max} - \omega_{\min}}{\omega_m} \tag{17-2}$$

可见,当 ω_m 一定时,δ 愈小,角速度的最大差值也愈小,主轴愈接近匀速转动。各种不同机械许用的不均匀系数 δ,是根据它们的工作性质确定的。表 17-1 给出几种常见机械的许用

机械设计基础

不均匀系数[δ]值,可供设计飞轮时参考。

表 17-1   几种机械的许用[δ]值

机械名称	[δ]
破碎机	$0.10 \sim 0.20$
冲床、剪床	$0.05 \sim 0.15$
压缩机、水泵	$0.03 \sim 0.05$
减速机	$0.015 \sim 0.020$
交流发电机	$0.002 \sim 0.003$

前已阐明,在机械上安装转动惯量较大的飞轮,可以减小周期性速度波动。飞轮设计的基本问题是确定飞轮的转动惯量 J,使机械运转速度不均匀系数 δ 在许用范围内。

在一般机械中,其他构件所具有的动能与飞轮相比,其值常甚小,故在近似计算中可以用飞轮的动能代替整个机械的动能。与飞轮的最大角速度 ω_{max}、最小角速度 ω_{min} 相对应,其动能分别为最大动能 E_{max}、最小动能 E_{min}。E_{max} 和 E_{min} 之差表示在一个周期内动能的最大变化量,这个变化量既是角速度由 ω_{min} 到 ω_{max} 区间的最大盈功;也是角速度由 ω_{max} 到 ω_{min} 区间的最大亏功,通常称为最大盈亏功,以 A_{max} 表示。因此有

$$A_{max} = E_{max} - E_{min} = \frac{1}{2}J(\omega_{max}^2 - \omega_{min}^2) = J\omega_m^2\delta \ (\text{N} \cdot \text{m}) \tag{17-3}$$

式中:J 为飞轮的转动惯量,kg·m²;ω_m 为飞轮的平均角速度,rad/s。

设飞轮轴的转速为 $n(\text{r/min})$,则 $\omega_m = \frac{\pi n}{30}$,由此可得

$$J = \frac{A_{max}}{\omega_m^2\delta} = \frac{900A_{max}}{\pi^2 n^2 \delta} \quad (\text{kg} \cdot \text{m}^2) \tag{17-4}$$

综合以上分析可知:

1) 当 A_{max} 与 n 一定时,飞轮转动惯量 J 愈大,δ 愈小,机械运转速度愈均匀。如图 17-3 所示,当 δ 很小时,进一步减小 δ 需要极大幅度地增加 J。因此过分追求机械运转速度的均匀性会使飞轮庞大、笨重。

2) 当 J 与 n 一定时,A_{max} 与 δ 成正比。表明机械只要有盈亏功,无论飞轮有多大,δ 都不等于零;最大盈亏功愈大,机械运转速度愈不均匀。

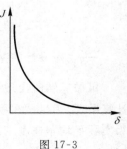

图 17-3

3) 当 A_{max} 与 δ 一定时,J 与 n^2 成反比。从减小飞轮所需的转动惯量出发,宜将飞轮安装在高速轴上。但有些机械考虑到主轴刚性较好,也有将飞轮安装在机械主轴上的。

4) 由于飞轮转动惯量较大,盈功时动能增大而飞轮转速仅略有增加,相当于飞轮将多余的能量储蓄起来,亏功时动能减小而飞轮转速仅略有下降,相当于飞轮又将储蓄的能量释放出来。所以安装飞轮不仅可以避免机械运转速度发生过大的波动,而且还可利用其储放能量的特点来克服机械的短时过载。因此,在确定其原动机功率时,不是根据高峰负荷所需的瞬时的最大功率,而是按其平均功率选择适当的原动机即可。这是某些载荷大而集中且对运

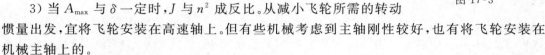

转速度均匀性要求不高的机械（如破碎机、轧钢机等）安装飞轮的主要原因。

二、最大盈亏功的确定

计算飞轮转动惯量关键是确定最大盈亏功 A_{max}。现以四冲程内燃机驱动离心式水泵为例来说明确定 A_{max} 的方法。图 17-4 所示为活塞冲程为 H 的四冲程内燃机的运动简图。对应活塞完成进气、压缩、膨胀、排气四个冲程，曲柄主轴由 $0 \rightarrow 6$、$6 \rightarrow 12$、$12 \rightarrow 18$、$18 \rightarrow 24(0)$ 回转两圈。我们先求曲柄在图中各位置时，连杆对曲柄的作用力。举图示 14 位置分析，设略去连杆质量和运动副中的摩擦，则连杆 AB 为二力杆，作用在连杆上的力 Q_{14} 为力 P_{14} 和 N_{14} 的合力；方向沿 $B_{14}A_{14}$ 方向，其值为 $Q_{14} = P_{14}/\cos\psi_{14}$。$P_{14}$ 的大小可由活塞直径和测量该位置气缸的压力而求得。由此可求出机构处于该位置时作用在曲柄主轴上的驱动力矩为

$$M'_{14} = Q_{14} l_{OA} \sin(\psi_{14} + \varphi_{14}) = \frac{P_{14} l_{OA} \sin(\psi_{14} + \varphi_{14})}{\cos\psi_{14}}$$

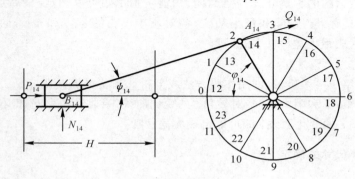

图 17-4

运用同样的方法可以求出一个周期中其余 23 个位置的驱动力矩 M'_0、M'_1、M'_2、M'_3、$\cdots$、M'_{23}。由于 P、ψ、φ 均随机构的位置而变化，因此曲柄主轴的驱动力矩 M' 是机构位置的函数。当 M' 与曲柄回转方向相同时，M' 取正值；反之取负值。再取力矩比例尺 μ_M（每 mm 线段代表 μ_M N·m）和转角比例尺 μ_φ（每 mm 线段代表 μ_φ rad），便可作出 $M'(\varphi)$ 曲线，如图 17-5 所示。

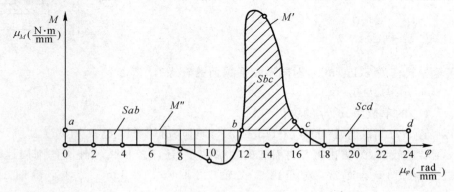

图 17-5

离心式水泵稳定工作时，作用在主轴上阻力矩 M'' 为常数。根据一个周期中驱动力矩所

作的功与阻力矩所作的功相等的原理，M'' 可由下式求出

$$M'' = \frac{\int_0^{4\pi} M' \mathrm{d}\varphi}{4\pi} = \frac{S \cdot \mu_M \cdot \mu_\varphi}{4\pi}$$

式中 $\int_0^{4\pi} M' \mathrm{d}\varphi$ 即为一周期中驱动力所作的功，而 S 为 $M'(\varphi)$ 曲线与横坐标所围成的各块面积的代数和。面积 S 可用求积仪或由方格坐标纸求得。取同一比例尺 μ_M 和 μ_φ，即可在图 17-5 中绘出本例呈水平线的阻力矩变化曲线 $M''(\varphi)$。

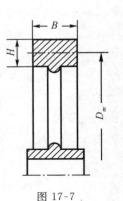

由 $M'(\varphi)$ 和 $M''(\varphi)$ 求最大盈亏功可以借助于图 17-6 所示的能量指示图。与图 17-5 相对应，取点 a 表示运动循环开始时机械的动能，顺序作向量 **ab**、**bc**、**cd** 代表一个循环周期中相应位置间 $M'(\varphi)$ 与 $M''(\varphi)$ 所包围的面积 S_{ab}、S_{bc}、S_{cd}（盈功为正、箭头向上；亏功为负、箭头向下）。由于循环终点与循环始点的动能相等，所以该指示图的首尾 a、d 应当封闭。由能量指示图可以确定：最高点 c 和最低点 b 分别具有最大动能和最小动能，各对应于飞轮的 ω_{max} 和 ω_{min}，向量 **bc**（或面积 S_{bc}）代表最大盈亏功 A_{max}。即

$$A_{max} = S_{bc} \cdot \mu_M \cdot \mu_\varphi$$

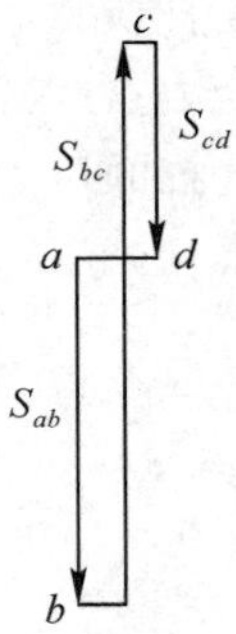

上述方法可用于一般机械，即用实验方法或分析计算获得机械在一个工作循环中当驱动力矩 M' 和阻力矩 M'' 对转角 φ 的变化曲线（或驱动功率 P' 和阻力的功率 P'' 对时间 t 的变化曲线）即可确定最大盈亏功。

图 17-6

三、飞轮主要尺寸的确定

飞轮转动惯量确定后，即可确定其主要尺寸。图 17-7 所示为最普通的飞轮形式。由于大部分质量集中在轮缘上，且轮缘回转半径大，故近似计算时可略去轮毂及轮辐质量，并假定全部质量 m 集中在平均直径 D_m 的圆周上。由转动惯量的定义可得

$$J = m \left(\frac{D_m}{2}\right)^2 = m \cdot \frac{D_m^2}{4} \tag{17-5}$$

根据结构条件选定飞轮平均直径 D_m 后，由上式即可求出飞轮质量为

$$m = \frac{4J}{D_m^2}$$

图 17-7

设飞轮材料密度 $\rho(\mathrm{kg/m^3})$，对图示矩形截面的轮缘有

$$m = \pi D_m H B \rho \tag{17-6}$$

式中：B、H、D_m 的单位为 m；m 的单位为 kg。

选定比值 H/B 后（通常 $H/B = 1.5 \sim 2$），即可求出轮缘厚度 H 和宽度 B。

因飞轮转速较高，为防止离心力引起的轮缘破裂，还应校核飞轮外圆的圆周速度 v，使其不超过许用值 $[v]$。通常，对于铸铁飞轮，可取 $[v] = 36\mathrm{m/s}$；对于铸钢飞轮，可取 $[v] = 50\mathrm{m/s}$。

需要指出：读者如需进一步研习飞轮转动惯量的精确计算可参阅本书主要参考书目 [11]、[28]。

第 18 章　回转件的平衡

§18-1　回转件平衡的意义

机械中有许多绕固定轴线旋转的回转件。由于其结构形状不对称、制造安装不准确或材质不均匀等原因,均可使回转件的质心偏离回转轴线,在转动时产生离心惯性力,其大小为

$$F = mr(\frac{\pi n}{30})^2 \quad (\text{N}) \tag{18-1}$$

式中:m 为回转件的质量,kg;r 为质心到回转轴线的径向距离,简称偏距,m;n 为回转件的转速,r/min。

离心惯性力在回转件内产生附加应力;在运动副中引起附加的动压力和摩擦力;由于离心惯性力的方向随着回转件的转动呈周期性变化,有可能使机械本身及其基础产生周期振动,导致机械的工作精度、可靠性、效率和使用寿命下降,甚至可能因振动过大而使机械破坏。离心惯性力的大小与转速的平方成正比,例如质量为 100kg、质心偏距为 0.001m 的回转件,当其转速分别为 30r/min 和 3000r/min 时,由式(18-1)计算得离心惯性力约分别为 1N 和 10000N,后者惯性力竟达回转件自重的 10 倍。因此,消除惯性力的不良影响,特别是对高速、重载和精密的机械具有极其重要的意义。这种消除或部分消除机械中惯性力影响的措施称为机械的平衡。回转件平衡的基本原理是在回转件上加上"平衡质量",或除去一部分质量,以便重新调整回转件的质量分布,使其旋转时离心惯性力系(包括惯性力矩)获得平衡。

§18-2　回转件的静平衡

一、回转件的静平衡原理及其计算

对于轴向尺寸与径向尺寸之比小于 0.2 的盘形回转件,例如齿轮、飞轮、带轮等,可近似认为它的所有质量都分布在同一回转平面内。当它旋转时,这些质量所产生的离心惯性力,构成一个相交于回转中心的平面汇交力系。如该力系不平衡,则其合力不等于零。由平面汇交力系的平衡条件知,欲使其平衡,则应在此回转面(校正平面)内加一个平衡质量 m_B,使之产生的离心惯性力 $\boldsymbol{F_B}$ 与原有各质量 m_i 所产生的离心惯性力的合力 $\sum \boldsymbol{F_i}$ 的向量和等于零,从而成为平衡力系,使回转件得以平衡,即

$$F_B + \sum F_i = 0 \tag{18-2}$$

亦即 $\qquad m_B r_B (\frac{\pi n}{30})^2 + \sum m_i r_i (\frac{\pi n}{30})^2 = 0$

故 $\qquad m_B r_B + \sum m_i r_i = 0 \tag{18-3}$

式中：r_B 是由旋转轴线到平衡质量 m_B 质心所在位置的矢径；r_i 为由旋转轴线到各不平衡质量 m_i 质心所在位置的矢径。

质量与其质心点矢径的乘积称为质径积，它相对地表达了质量在同一转速下产生的离心惯性力的大小和方向，但其值并不等于离心惯性力。它是回转件平衡问题的重要参数。

式(18-2)和式(18-3)表明：回转件经平衡后，其总质心便与回转轴线重合，该回转件可以在任何位置保持静止而不会自动转动。这种使总质心落在回转轴线上的平衡称为静平衡。故回转件静平衡的条件为：回转件上各质量的离心惯性力（或质径积）的向量和等于零，式(18-2)或式(18-3)即为回转件静平衡条件的表达式。

如图 18-1(a)所示，设 m_1、m_2、m_3 和 m_4 是回转件上同一回转平面内的四个质量，回转中心到各质心的矢径分别为 r_1、r_2、r_3 和 r_4。为使其静平衡，求在该平面应加的平衡质量 m_B 及其质心矢径 r_B。

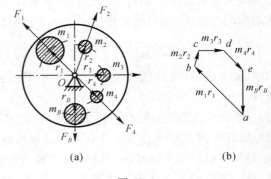

由式(18-3)得

$$m_B r_B + m_1 r_1 + m_2 r_2 + m_3 r_3 + m_4 r_4 = 0$$

取定比例尺后用向量图解法即可求出平衡质量的质径积 $m_B r_B$，如图 18-1(b)所示矢量 ea 即代表质径积 $m_B r_B$，而矢量 ae 则

图 18-1

代表原有不平衡质径积的向量和 $\sum_{i=1}^{4} m_i r_i$。再根据回转件的结构特点，选定矢径 r_B 的大小，即可求得所需施加的平衡质量 m_B 的大小。平衡质量的安装方向由回转中心 O 沿向量图上 $m_B r_B$ 所指的方向。通常尽可能将 r_B 的值选大些，以便减少平衡质量 m_B。若该回转件的结构允许时，也可不用加平衡质量，而沿 r_B 的反方向按 $-m_B r_B$ 去除相应质量的材料，同样可以获得静平衡。

二、静平衡试验法

按上述计算方法加上平衡质量后的回转件，由于计算、制造、安装等误差以及材料不均匀等原因，实际上往往仍达不到预期的静平衡要求，对于有较高平衡要求的回转件，在工程实际中还需进行静平衡试验。

静平衡试验方法如图 18-2 所示，将待平衡回转件的轴支于静平衡架的两根水平的刀口形钢制导轨 A 上。若回转件的质心 S 与回转轴心

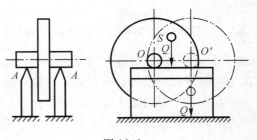

图 18-2

O 不重合,由于偏心质量对轴心 O 产生静力矩而使回转件在导轨上滚动。当滚动停止时,其质心必位于轴心的铅垂线下方。暂用适当质量的橡皮泥黏于质心的相反方向作为平衡质量,并逐步调整其大小或径向位置,如此反复试验,直至该回转件置于任意位置上都能保持静止不转动为止,这时所加的平衡质量与其矢径的乘积即为该回转件达到静平衡需加的质径积。然后取下橡皮泥,在平衡质量的位置上焊上质量与之相等的金属,或视回转件的结构情况在相反方向去掉相等质径积的一块材料,实现静平衡。

§18-3　回转件的动平衡

一、回转件的动平衡原理及其计算

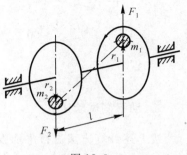

图 18-3

对于轴向尺寸与径向尺寸之比大于 0.2 的回转件,例如汽轮机转子、发电机的电枢等,质量分布不能再假设都集中在同一回转平面内,而应看作是分布在垂直于回转轴的不同回转平面内。回转件旋转时,各偏心质量产生的离心惯性力,已不再是一个平面汇交力系,而是一个空间力系。如图 18-3 所示的回转件,不平衡质量 m_1 和 m_2 分布于相距为 l 的两个回转面内,其质心的矢径 $\boldsymbol{r}_1 = -\boldsymbol{r}_2$。当 $m_1 = m_2$ 时,$m_1 \boldsymbol{r}_1 + m_2 \boldsymbol{r}_2 = 0$,已满足了静平衡条件,该回转件的总质心落在回转轴线上。但当回转件旋转时,虽然它们所产生的离心惯性力 $\boldsymbol{F}_1 = -\boldsymbol{F}_2$,由于二者位于相距 l 的两个回转面内,构成一个大小为 $F_1 l$ 的不平衡的惯性力偶矩,回转件仍然处于不平衡状态。我们把回转件旋转后产生不平衡的惯性力偶矩的现象,称为动不平衡。因此,对轴向尺寸较大的回转件,必须采取措施,使其各质量产生的离心惯性力的向量和以及各离心惯性力偶矩的向量和均等于零,使回转件同时作包含以上两种内容的平衡,称为动平衡。

如图 18-4a 所示,设 m_1、m_2 和 m_3 为分布在垂直于回转件轴上三个回转面内的不平衡质量,$\boldsymbol{r}_1$、$\boldsymbol{r}_2$ 和 $\boldsymbol{r}_3$ 分别为回转轴到各质心的矢径。这类回转件,单靠在某一个校正平面上加平衡质量的静平衡方法,已不能解决其回转时的动不平衡问题。为使该回转件动平衡,一般先选定垂直于回转轴线的两个准备加平衡质量的校正平面 I 和 II,设在其上分别加上平衡质量 m_{IB} 和 m_{IIB},它们的矢径分别为 $\boldsymbol{r}_{IB}$ 和 $\boldsymbol{r}_{IIB}$。根据动平衡的条件:回转件上各质量的离心惯性力的向量和以及各离心惯性力偶矩的向量和均等于零,可知该回转件所有离心惯性力在 xoy 平面向量和为零以及这些力对回转轴 z 上任一点的力矩和为零,现取该点为平面 II 与 z 轴的交点 K,可得

$$m_1 \boldsymbol{r}_1 + m_2 \boldsymbol{r}_2 + m_3 \boldsymbol{r}_3 + m_{IB} \boldsymbol{r}_{IB} + m_{IIB} \boldsymbol{r}_{IIB} = 0 \qquad (18\text{-}4)$$

和
$$m_1 \boldsymbol{r}_1 \times l_1 + m_2 \boldsymbol{r}_2 \times l_2 + m_3 \boldsymbol{r}_3 \times l_3 + m_{IB} \boldsymbol{r}_{IB} \times l = 0 \qquad (18\text{-}5)$$

上两式中只有校正平面 I、II 上需施加的质径积矢量 $m_{IB} \boldsymbol{r}_{IB}$ 和 $m_{IIB} \boldsymbol{r}_{IIB}$ 为未知,故可取定比例尺用向量图解法求解。图 18-4(b) 表示各质量质心在 xoy 平面上的投影。按右手定则作式(18-5)的力矩矢量多边形(图 18-4(c)),矢量 $\boldsymbol{da}$ 即表示 $m_{IB} \boldsymbol{r}_{IB} \times l$。由于 l 已知,故

$m_{IB}r_{IB}$ 确定,由结构选定 r_{IB} 的大小后,即可求得 m_{IB}。再作式(18-4)的质径积矢量多边形(图18-4(d)),矢量 ea 即表示 $m_{IIB}r_{IIB}$,由结构选定 r_{IIB} 的大小后,即可求得 m_{IIB}。在结构许可的条件下,尽可能将 r_{IB}、r_{IIB} 和 l 选得大些,以便减少需加的平衡质量。

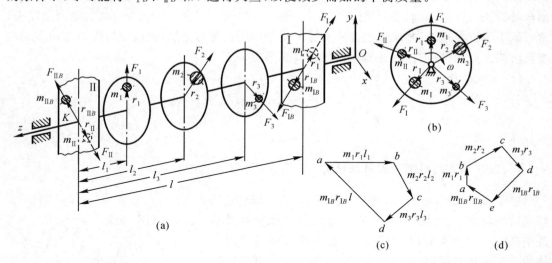

图 18-4

二、动平衡试验法

按上述计算方法进行平衡设计的回转件,仅只达到了理论上的动平衡。与静平衡情况类似,由于计算、制造、安装等误差以及材质不均匀等原因,实际上往往也达不到预期的动平衡。对于重要的回转件,工程实际中通常还需在专门的动平衡机上进行动平衡试验。

图 18-5 是摆架式动平衡机的工作原理图。

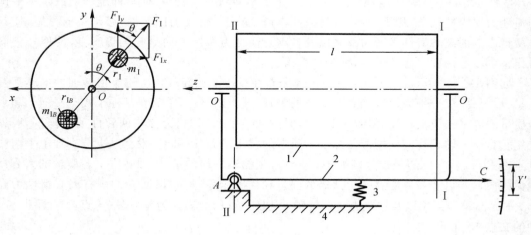

图 18-5

待平衡的回转件 1 置于摆架 2 的两个轴承 O-O 上。摆架可绕水平轴 A 上下摆动,其右端通过弹簧 3 与机架 4 相联,弹簧可以调整使回转件 1 的轴线处于水平位置。当摆架绕 A 摆动时,其摆动振幅 Y' 可由指针 C 读出。

如前所述,任何动不平衡的回转件,其上所有不平衡质径积均可由位于两个任选的校正

平面 Ⅰ、Ⅱ 中的两个平衡质径积 $m_Ⅰ r_Ⅰ$ 和 $m_Ⅱ r_Ⅱ$ 所代替。进行平衡时先调整回转件1的轴向位置，使校正平面 Ⅱ 通过摆动轴线 A。然后，通过传动装置使回转件旋转，Ⅱ 平面内不平衡质径积 $m_Ⅱ r_Ⅱ$ 所产生的离心惯性力 $F_Ⅱ$ 由于通过支承轴 A，受轴承 A 的制约，将不会影响摆架的振动。而 Ⅰ 平面内的不平衡质径积 $m_Ⅰ r_Ⅰ$ 所产生的离心惯性力 $F_Ⅰ$ 的垂直分力 $F_{Ⅰ'}$，对水平轴线 A 的力矩使摆架产生周期性振动。$m_Ⅰ r_Ⅰ$ 的值愈大，则振动的振幅 Y' 也愈大。利用这一振动，再通过动平衡机的附加指示装置，便可测得在 Ⅰ 平面中应施加的平衡质径积 $m_{ⅠB} r_{ⅠB}$ 的大小和方位。将回转件1调头安放，使校正平面 Ⅰ 通过摆动轴线 A，重复前述步骤，即可测得在 Ⅱ 平面中应施加的平衡质径积 $m_{ⅡB} r_{ⅡB}$ 的大小和方位。

动平衡机的种类和结构形式很多，随着工业的发展，动平衡试验机也相应地向高精度、自动化方向发展。近代动平衡机采用电子测量和电脑运算显示，可一次直接指明两个校正平面内的不平衡质径积的大小和方位，并采用激光去质量等新技术，大大提高了平衡精度和平衡试验的自动化程度。

必须指出，以上两节所叙述的静平衡和动平衡试验，大多仅适用于某一个回转件或简单的回转部件；但近代机械，尤其是高速回转机械常常在整机安装好以后运行时才出现动不平衡现象。因而，上述方法满足不了这一要求，这就要求工程技术人员能对现场运行的机械，实施整机动平衡技术，这一课题，近年来国内外工程界已引起广泛重视，浙江大学化工机械研究所的学者们已经在这一领域作出了长足贡献，不仅从理论上论证了、而且实践上也成功地解决了在单个平面上对整机进行动平衡的原理和技术。

第 19 章　液压传动与气压传动

　　液压传动与气压传动各以压力油和压缩空气作为工作介质,借助于其压力能传递运动和动力,近 50 多年来得到迅速发展,广泛应用于各种机械传动,并已成为自动控制系统中的一个重要组成部分。本章主要介绍液压传动系统的组成和特点,常用液压元件的工作原理、结构及其选用,对液压传动系统的设计、液压随动系统和气压传动作些简要介绍。

§19-1　液压传动的基本知识

一、液压传动系统的组成

　　图 19-1(a) 表明一台简化了的磨床工作台液压传动系统的工作原理,电动机带动油泵 3 转动,从油箱 1 经滤油器 2 吸油,并将具有压力的油送往管路。在图示状态,压力油经节流阀 4、油管、进入换向阀 6 阀芯的左环槽,再经管路 11 进入油缸 8 的左腔,推动活塞 9 带动工作台 10 向右运动;与此同时,油缸 8 右腔内的油经油管 7、换向阀 6 的右环槽和管路 5 排出流回油箱。如扳动手柄 12 使换向阀 6 的阀芯移动到左边位置,压力油就经换向阀 6 的右环槽和管

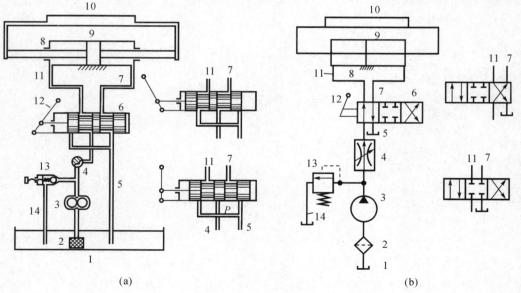

(a)　　　　　　　　　　　　　　(b)

图 19-1

路 7 进入油缸 8 的右腔,使工作台向左移动;这时,油缸 8 左腔内的油则经管路 11、换向阀 6 的左环槽和管路 5 排出流回油箱。这样,电动机的转动变换为工作台的往复移动。工作台在运动时要克服工作阻力和相对运动件表面之间的摩擦力等阻力,这些阻力是由油泵输出来的压力油形成的液压推力克服的;根据工作情况的不同,油泵输出的油液的压力应当能够调整,控制油泵输出压力的任务由溢流阀 13 来完成。图中可见,从油泵打出的压力油除通向节流阀 4 外,还有一个分路通向溢流阀 13。当溢流阀中钢球在弹簧压力作用下将阀口堵住时,压力油不能通过溢流阀;如果油压力高到一定程度,克服弹簧作用力将球顶开时,部分压力油就可通过溢流阀 13、经管路 14 流回油箱,油的压力不会继续升高。因此,旋动溢流阀调节螺钉调整其弹簧压力,就能控制油泵打出油液的最高压力。若扳动手柄 12 使换向阀 6 的阀芯处于中间位,阀芯的中环堵死进油口 P,油泵打出的油就不能进入换向阀而使油压增高,油压增高到一定程度便推开溢流阀 13,油液排回油箱。这时,油缸左右两腔的油液分别在换向阀 6 的左右两环槽内被堵住,工作台停止不动而电动机可不停转。磨床工作时,根据加工要求的不同,利用节流阀 4 可以调节流量大小,从而使工作台具有不同的移动速度。节流阀的作用和自来水阀(俗称水龙头)相似,改变节流阀开口的大小,就能调节通过节流阀的油液流量,从而调节工作台的运动速度。

由上例可知,油泵的作用是向液压系统提供压力油,将电动机输出的机械能转换为油液的压力能,是动力元件。油缸在压力油的推动下使活塞运动,将油液的压力能转换为对外作功的机械能,完成对外作功,是执行元件。溢流阀、节流阀和换向阀分别控制系统油液的压力、流量和液流方向,以满足执行元件对力、速度和方向的要求,属控制元件。油箱、油管、滤油器等为辅助元件。可见,一般说来一个简单而完整的液压传动系统系由动力元件、执行元件、控制元件和辅助元件等四部分所组成。

二、液压传动系统图

液压传动系统图示方法有两种。一种是半结构式,如图 19-1(a) 所示,不仅表达了系统的工作原理,而且还基本表达了各元件的结构。这种图直观性强、容易理解,但图形比较复杂,绘制不便。另一种是职能式,各种液压元件均用代表元件职能的标准图形符号表示,不表示元件的具体结构和参数,如图 19-1(b) 即为图 19-1(a) 所示液压系统的职能式系统图。两图中各元件编号相同,以便学习对照。我国国家标准规定的液压用的图形符号属于职能符号,与世界各国的表示方法大同小异。表 19-1 摘列了液压系统常用元件的图形符号。

三、对液压油的要求及其选用原则

液压油是液压系统传递运动和动力的工作介质,也是润滑剂和冷却剂。油液的性能会直接影响液压传动工作的好坏。液压油主要是石油基的矿物油。如前所述,油的黏度大、流动时阻力就大,功率损失也大;黏度小,则容易泄漏。黏度将随温度升高而显著下降,不同种类的油液,黏温变化特性亦不相同。对液压油的要求是:合适的黏度,黏温特性好,有良好的润滑性、防腐性和化学稳定性,不易起泡,杂质少,闪点高,凝固点低等。其中,黏度是选择液压用油的主要依据。一般来说,工作温度高、压力大、速度低,宜选黏度较高的油;反之,则选用黏度较低的油。常用液压油为 L-HL22 和 L-HL32 号液压油,或用 L-AN22 和 L-AN32 号全损耗系统用油代替。亦可按油泵类型查阅推荐用油的黏度。

表 19-1　液压系统常用的图形符号

名称	符号	名称	符号	名称	符号
工作管路		单作用活塞油缸		溢流阀	
控制管路		单作用柱塞油缸		外控液流阀	
泄漏管路		双作用活塞油缸		直控顺序阀	
连接管路		差动油缸		减压阀	
交错管路		增压油缸		节流阀	
软管		单向阀		可调式节流阀	
油流方向		液控单向阀		单向节流阀	
通油箱管路		二位二通换向阀		调速阀	
单向定量油泵		二位四通换向阀		压力继电器	
双向定量油泵		三位四通换向阀		蓄能器	
单向变量油泵		三位四通手动换向阀		粗滤油器	
双向变量油泵		二位二通电磁换向阀		精滤油器	
单向定量油马达		手动杠杆控制		冷却器	
双向变量油马达		单线圈电磁铁控制		截止阀	
交流电动机		电-液压控制		压力表	

四、液压传动中的流量及连续性方程

图 19-2(a) 为液体在管道中稳定连续流动,其单位时间内流过某一截面的体积称为流量,用 Q 表示

$$Q = \frac{V}{t} = v \cdot A \quad (\text{m}^3/\text{s}) \tag{19-1}$$

式中:V 为时间 t(s) 内流过该截面的体积,m^3;A 为流过截面的面积,m^2;v 为该截面上液体的平均流速,m/s。可知,流速 v 与流量 Q 成正比,而与过流面积 A 成反比。流量常用的工程单位为 L/min,$1\text{m}^3/\text{s} = 6 \times 10^4 \text{L/min}$。

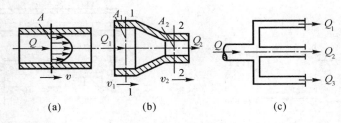

图 19-2

由于液体的可压缩性很小,在一般液压传动中视液体体积为不可压缩,故同一管道中连续流过任意截面 1-1、2-2、… 的流量 Q_1、Q_2、… 一定相同,如图 19-2(b) 所示,即

$$Q_1 = Q_2 = \cdots = Q \tag{19-2}$$

此式称为液体流动的连续性方程。设 A_1、A_2 分别代表截面 1-1、2-2 的过流面积;v_1、v_2 为截面 1-1、2-2 内液体的平均流速,由式(19-1)、式(19-2)可得

$$v_1 A_1 = v_2 A_2 = \cdots = vA \tag{19-3}$$

式(19-3)为液体流动连续性方程的另一表达式。

液体在有并联分支的管路中流动,如图 19-2(c) 所示,与并联电路相似,为

$$Q = Q_1 + Q_2 + Q_3 + \cdots = \sum Q_i \tag{19-4}$$

五、液压传动中油液压力的形成及其传递

液体受到压缩或有受到压缩的趋势而要使其体积缩小时便产生压力;亦即液压系统中液体压力是由于管道中的液体处于"前阻后推"的状态而产生的。在液压系统中,油管的高度不大(一般不超过 10m),可认为密闭容器中的液体,在静止(或平衡)状态时,各处的压力 p 相等;或者说,一处形成的压力将等值地传给液压的所有各点,如图 19-3 所示。压力 p 可用下式求出

$$p = \frac{F}{A} \quad (\text{Pa}) \tag{19-5}$$

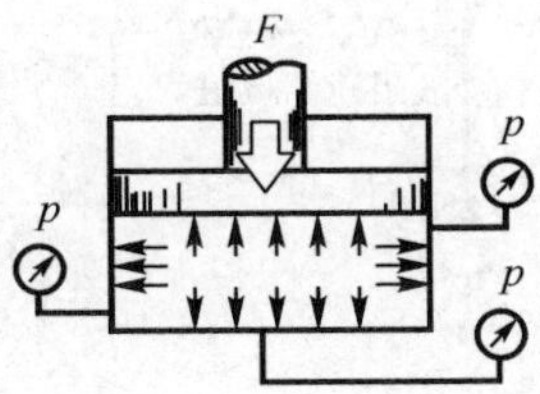

图 19-3

式中:F 为液压作用力,N;A 为承压面积,m^2。过去使用的工程单位制中,压力单位常用 kgf/cm^2,$1\text{kgf/cm}^2 = 98067\text{Pa} \approx 10^5 \text{Pa}$。在液压系统中,通常把压力 p 分为几个等级:低压$(0 \sim 25) \times 10^5 (\text{Pa})$,中压$(> 25 \sim 80) \times 10^5 (\text{Pa})$,中高压$(> 80 \sim 160) \times 10^5 (\text{Pa})$,高压$(> 160 \sim 320) \times 10^5 (\text{Pa})$ 和超高压$(> 320) \times 10^5 (\text{Pa})$。

图 19-4 表示液压千斤顶以小的力举升重物的原理,设大、小活塞的面积分别为 A_2、A_1,当在小活塞上施加力 F_1 时,则小油缸中的油液压力 $p = F_1/A_1$。若忽略流速影响且不计压力损失,这一压力 p 将等值地传递到大活塞的端面,由 $F_1/A_1 = p = F_2/A_2$,可得大活塞受油压作用产生向上的推力 $F_2 = F_1 \cdot A_2/A_1$;当 F_2 大于重物 W 的重量 F_R 时,即可将重物抬起。由此可见,两活塞的面积比 A_2/A_1 越大,大活塞上的推力 F_2 就越大,可以用很小的力 F_1 举起很大的重量。同时可见,在其他情况不变时,该系统中的油液压力 p 实际取决于执行元件输出端负载 F_R,$F_R/A_2 = F_2/A_2 = p = F_1/A_1$,并由输入端主动力 F_1 所克服。负载大时,油液压力也大;负载(包括阻力)为零时,压力为零。

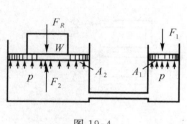

图 19-4

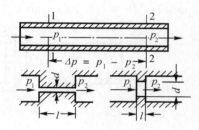

图 19-5

当液体流过一段较长的管道,或通过弯头、阀门、缝隙、阻尼小孔截面突变处,都会引起能量损失,如图 19-5 所示,表现为压力损失(即压力降)$\Delta p = p_1 - p_2$,且 Δp 与通过该处流量 Q 之间的关系为

$$\Delta p = R_y Q^n \qquad\qquad (19\text{-}6)$$

式中:R_y 为流过该处引起压力降的液阻,是一个与管道截面形状、大小、管路长度以及油液性质等有关的系数;n 为指数,由管道的结构形式决定,一般 $1 \leqslant n \leqslant 2$。$R_y$ 和 n 的数值可按具体情况查阅有关手册确定。

式(19-6)表达了在管路中流动液体的压力损失、流量及液阻三者之间的关系。若流量不变,液阻增大时,则压力损失增大;若压力损失不变,液阻增大时,则流量减小。这三者之间的关系与电流通过电阻产生电压降类似,串联油路(如图 19-6(a))、并联油路(如图 19-6(b))可类似串联电路、并联电路进行分析。据此,在液压传动中常利用改变液阻的办法来控制流量或压力。

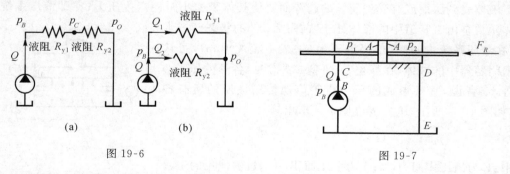

图 19-6

图 19-7

液压系统的油液沿管道流动时,油路上某一点压力大小是由自这点以后继续前进的道路上所遇到的总阻力(包括负载及液压阻力)来确定的。如图 19-7 所示液压系统中,设 F_R 为工作阻力,A 为油缸左右两腔的有效面积,p_1、p_2 为左右两腔的油液压力,Δp_{BC}、Δp_{DE} 为进油

管从 B 到 C、出油管从 D 到 E 之间的压力损失,则油泵出口处压力 $p_B = p_1 + \Delta p_{BC}$,由静力平衡知 $p_1 A = F_R + p_2 A$,而 $p_2 = \Delta p_{DE}$,故 $p_B = F_R/A + \Delta p_{DE} + \Delta p_{BC}$。

六、液压传动的优缺点

和前述齿轮、螺旋等以固体作为传动构件的传动相比,液压传动具有以下优点:① 易于获得很大的力或力矩,传递相同功率时体积小、重量轻;② 可以在较大的范围内方便地实现无级调速;③ 传动平稳,易于实现频繁的换向和过载保护;④ 易于实现自动控制,且其执行机构能以一定的精度自动地按照输入信号(常为机械量)的变化规律动作(液压随动),并将力或功率放大;⑤ 摩擦运动表面得到自行润滑,寿命较长;⑥ 液压元件易于实现通用化、标准化、系列化,便于设计和推广使用。液压传动的缺点是:① 由于油液存在漏损和阻力,效率较低;② 系统受温度的影响较大,以及油液不可避免地泄漏及管道弹性变形,不能保证严格的传动比;③ 液压元件加工和装配精度要求较高,价格较贵,液压系统可能因控制元件失灵丧失工作能力,元件的维护和检修要求较高的技术水平;④ 液压元件中的密封件易于磨损,需经常更换,费用较高,密封件磨损还会造成因泄漏而污染环境的弊端。

$$\S 19\text{-}2 \quad 油 \quad 泵$$

一、油泵的基本原理

油泵是向液压系统提供压力油、将原动机输出的机械能转换为油液压力能的动力元件。液压传动系统中采用容积式泵,其吸油和压油是通过变化封闭的工作容积来实现,现以图 19-8 所示偏心轮单柱塞泵的工作原理进行说明。柱塞 2 装在泵体 3 内,在弹簧 6 的作用下,柱塞的一端靠紧在偏心轮 1 的外圆柱表面上。当偏心轮 1 转动时,柱塞 2 便在泵体 3 内作上下往复运动。当偏心转向下面时,柱塞 2 在弹簧力的作用下,迅速向下移动,密封油腔 a 的容积逐渐增大,形成部分真空,油箱 9 中的油液在大气压力作用下,通过吸油管 8,顶开阀 7 中的钢球进入油腔 a;此时阀 5 的钢球在弹簧力作用下堵住油腔 a 中的低压油进

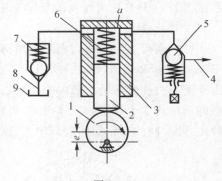

图 19-8

入阀 5,这个过程为油泵吸油。当偏心转向上面时,柱塞向上移动,油腔 a 的容积逐渐缩小,油腔 a 内的油液受到压缩而产生一定的压力;这时阀 7 中的钢球在油压及弹簧力的作用下落下,封闭吸油口,于是油腔 a 中的压力油只能顶开阀 5 中的钢球,沿油路 4 流往执行元件中去。密封油腔 a 的容积变化是油泵实现吸油和压油的根本原因。如果不计泄漏,油泵的理论流量只决定于其结构参数和转速,也就是单位时间内密封容积变化的大小,与压力无关。如在图 19-8 所示油泵中,偏心轮每转一圈使柱塞往复运动一次,而柱塞每往复一次打出的油量决定于柱塞的直径 $d(\text{m})$ 和行程量 $h = 2e(\text{m})$;设偏心轮的转速为 $n(\text{r/min})$,则单柱塞泵的理论流量为

$$Q = \frac{\pi d^2}{4 \times 60} \cdot hn \quad (\text{m}^3/\text{s})$$

二、油泵的主要类型

1. 齿轮泵

齿轮泵的结构如图 19-9 所示，通常由壳体 1、一对齿数相同的啮合齿轮 2 和 3，传动轴 4 和 5 以及前后两端盖（图中未示出）等组成。齿轮的宽度与壳体相同，其两端由端盖密封，齿顶由壳体的内圆柱面密封，壳体、端盖和齿轮形成两个密封空间 a 和 b（a 和 b 由齿轮的啮合点 K 隔开）。当齿轮按图示方向旋转时，K 点右侧两轮齿逐渐分离，齿槽间所形成的密封空间 a 逐渐增大，形成部分真空，油箱中的油液在大气压作用下经吸油管吸入油腔 a，流入齿槽间的油液随齿轮的旋转而被带到油腔 b。油腔 b 的轮齿系逐渐进入啮合，故其工作空间的容积逐渐减小，从而使齿槽间的油液被逐渐挤出。挤出齿槽间的油液通过压油腔 b 被送入压油管路中去。在转速一定的情况下，齿

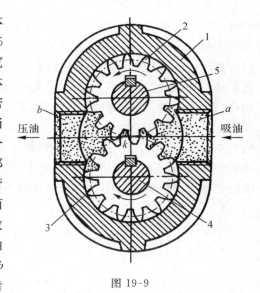

图 19-9

轮泵的流量仅与泵的几何尺寸有关，它是平均流量不变的定量泵。

齿轮泵结构简单，工作可靠，制造和维护方便，价格便宜；但其泄漏较多，一般用于低压系统。国产 CB-B 型齿轮泵的额定工作压力为 $25 \times 10^5 \text{Pa}$，流量为 $2.5 \sim 200 \text{L/min}$。

2. 叶片泵

叶片泵可分为单作用和双作用两类。单作用叶片泵如图 19-10(a) 所示，它由转子 1、定子 2、叶片 3 和端盖（图中未示出）等组成。转子的中心和定子有一偏心距 e。当转子旋转时，由于离心力使装在转子槽内的叶片始终紧贴在定子的内壁上；这样，在定子、转子、叶片与端盖间形成若干个封闭的工作空间。当转子按图示的方向旋转时，右边的叶片逐渐自转子槽内伸出，叶片间的工作空间逐渐增大，压力降低，从吸油腔 a 吸油；与此同时，左边的叶片被定

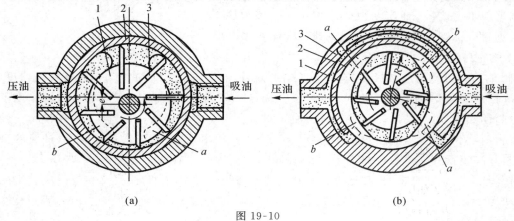

(a)   (b)

图 19-10

子内壁逐渐压入转子槽内,工作空间逐渐减小而将油液压出压油腔 b。这种油泵的转子每转一圈,每一叶片均完成一次吸油和压油过程,故称为单作用叶片泵。该泵的优点是改变偏心距 e 的大小,就可以改变泵的流量,改变偏心的方向,就可以使泵的进、出油口互换,即成为双向变量泵。双作用叶片泵如图 19-10(b) 所示,转子 1 与定子 3 中心重合。定子内表面由两段半径为 R 的大圆弧、两段半径为 r 的小圆弧和四段过渡曲线所组成。当转子按图示方向转动时,叶片始终紧贴定子内壁,经过四段过渡曲线时,相邻叶片间的工作容积就要发生变化,油腔 a 吸入油,油腔 b 压出油。吸油腔与压油腔由四段圆弧隔开。转子每转一圈,完成两次吸油和压油,故称为双作用叶片泵。由于双作用叶片泵两个吸油区和两个压油区各自对称,故转子所受径向液压力是平衡的。但这种油泵由于其偏心距 $e=0$,不能调节,故为定量泵。

叶片泵与齿轮泵相比,虽然结构稍复杂,成本稍高,但流量较均匀,运动平稳,噪声小,使用寿命长,压力较高,国产 YB 型双作用叶片泵的额定工作压力为 $63×10^5$ Pa,流量为 $4\sim100$ L/min。

3. 柱塞泵

柱塞泵是以柱塞的往复运动实现吸油和压油,它可分为径向柱塞泵和轴向柱塞泵两大类。径向柱塞泵的工作原理如图 19-11(a) 所示。几个相同的柱塞 1 沿径向安装于缸体(即转子)2 的通孔中,转子 2 由电动机带动,连同柱塞 1 一起旋转,柱塞 1 由离心力作用(或在低压油的作用下)紧靠定子 3 的内壁。设转子如图所示方向旋转,由于定子和转子之间存在偏心距 e,柱塞 1 进入上半周时,逐渐向外伸出,转子 2 内工作空间便逐渐增大,形成部分真空,这样泵便经衬套 4(衬套和转子固联,一起转动)上的油孔,从配油轴 5(配油轴固定不动,其轴向钻有输油孔 c 和 d)的吸油口 a 吸入油。当柱塞 1 进入下半周后,定子 3 内壁将柱塞 1 往里推,工作空间逐渐减小,从而向配油轴的压油口 b 压出油。转子每转一圈,每个油缸吸油、压油各一次。显然,柱塞泵的流量也随偏心距 e 的大小不同而不同,偏心距 e 做成可调节,且当偏心距 e 的方向改变后,进、出油口便互换,即可做成双向变量泵。

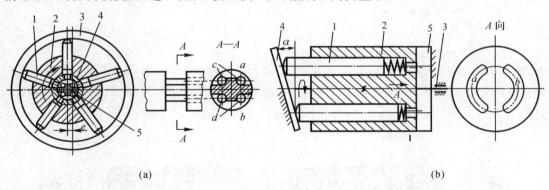

图 19-11

轴向柱塞泵的工作原理如图 19-11(b) 所示。柱塞 1 装在缸体 2 沿圆周均布的轴向孔内,缸体 2 由电动机通过传动轴 3 带动旋转。孔内的弹簧(或低压油)使柱塞贴紧在不动的斜盘 4 上。柱塞孔的另一端与一个不动的配油盘 5 贴紧。配油盘上开有两条相互隔开的月牙形窗口 a 和 b。设缸体 2 如图示方向旋转,斜盘迫使柱塞在缸体轴向孔中作往复运动,造成密封容积的变化。柱塞从缸体外伸时,密封容积增大,通过配油盘 5 油窗 a 吸入油液;柱塞被斜盘压进时,密封容积减少,油经配油盘5油窗b压出。缸体2每转一圈,各柱塞往复一次,完成一次吸油和压油过程。改变斜盘的倾斜角α,可以改变柱塞的行程量,即可改变泵的流量;又若改变斜盘的倾斜方向,可使泵的进、出油口互换,即成为双向变量泵。

与齿轮泵、叶片泵相比,柱塞泵的柱塞和缸体孔是圆柱面配合,较易获得较高的配合精度,泄漏较少,能在高压、高转速下工作,多用于高压系统;但柱塞泵结构复杂,价格贵。国产CY型斜盘式轴向柱塞泵额定工作压力为$320 \times 10^5 \mathrm{Pa}$。

§19-3　油缸和油马达

油缸和油马达都属于执行元件,其作用是将油液的压力能转换为机械能对外作功;两者的区别在于油缸实现往复运动,油马达实现连续回转。

一、油缸

油缸可分为双作用油缸和单作用油缸。双作用油缸分别由油缸两端外接油口输入压力油(如图 19-12(a)、(b)),液压作用力可双向驱动;单作用油缸只有一个外接油口输入压力油(如图 19-12(c)),液压作用力仅作单向驱动,而反行程只能在其他外力(如自重、负载或弹

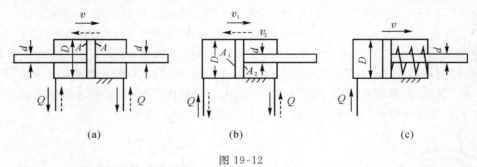

(a)　　　　　　　　(b)　　　　　　　　(c)

图 19-12

簧力)的作用下完成,可节省动力。现以应用最广的双作用活塞式油缸进行分析。活塞杆按由油缸两端伸出还是一端伸出分别称为双活塞杆油缸(图 19-12(a))和单活塞杆油缸(图 19-12(b))。

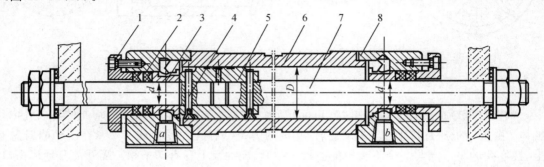

图 19-13

图 19-13 为一驱动磨床工作台的双作用双活塞杆油缸结构图,它主要由端盖 1、密封圈 2、套 3、销 4、活塞 5、缸体 6、活塞杆 7 和支架 8 等件组成。当压力油从油口 a 进入油缸左腔时,推动活塞 5 向右移动,油缸右腔油液经油口 b 排出。若油口 b 进入压力油,活塞 5 则向左移,油缸左腔油液从油口 a 排出。通常双活塞杆油缸的两活塞杆直径 d 相等,即活塞两侧有效面积 A 相等,因此在供油量 Q 相同的情况下,活塞的往复移动速度 v 相等,由式(19-1)可得

$$v = \frac{Q}{A} = \frac{Q}{\frac{\pi}{4}(D^2 - d^2)}$$

如供油压力 p 相等,则其向右和向左两个方向的液压推力 F 也相等,由式(19-5)可得

$$F = p \cdot A = \frac{\pi}{4}(D^2 - d^2)p$$

对于单活塞杆油缸(见图 19-12(b)),因为活塞两侧有效面积 A_1、A_2 不等,$A_1 = \frac{\pi}{4}D^2$,$A_2 = \frac{\pi}{4}(D^2 - d^2)$,因此在供油量 Q 相同的情况下,活塞往复移动速度不等,其向右和向左的移动速度 v_1 和 v_2 分别为

$$v_1 = \frac{Q}{A_1} = \frac{Q}{\frac{\pi}{4}D^2}, \quad v_2 = \frac{Q}{A_2} = \frac{Q}{\frac{\pi}{4}(D^2 - d^2)}$$

如供油压力 p 相等,向右和向左两个方向的液压推力 F_1 和 F_2 分别为

$$F_1 = pA_1 = \frac{\pi}{4}D^2 p, \quad F_2 = pA_2 = \frac{\pi}{4}(D^2 - d^2)p$$

显然,$v_1 < v_2$,$F_1 > F_2$。表明单活塞杆油缸从无杆腔进油时推力大而速度小,从有杆腔进油时则推力小而速度大,可分别用作工作行程和回程。单活塞杆油缸具有急回特性,急回特性的大小可用速度比 φ 表示

$$\varphi = v_2/v_1 = A_1/A_2 = D^2/(D^2 - d^2)$$

如将单活塞杆油缸两腔互通并接入压力油,则构成图 19-14(a) 所示之差动油缸。此时两腔压力相等,由于 $A_1 > A_2$,故活塞左右两侧所受的液压力并不平衡,合力的大小

$$F_3 = p(A_1 - A_2) = p\left[\frac{\pi}{4}D^2 - \frac{\pi}{4}(D^2 - d^2)\right] = \frac{\pi}{4}d^2 \cdot p$$

其方向指向右方,活塞向右以速度 v_3 移动。这时由油泵送来的流量 Q 进入无杆腔,从有杆腔排出的流量 Q_2 也进入无杆腔,故进入无杆腔的总流量 $Q_3 = Q + Q_2$,由于 $Q_3 = A_1 v_3$,$Q_2 = A_2 v_3$,故 $A_1 v_3 = Q + A_2 v_3$,则可得

$$v_3 = \frac{Q}{A_1 - A_2} = \frac{Q}{\frac{\pi}{4}d^2}$$

可见差动连接时,活塞作快速运动。可以利用图 19-14(b) 所示的用"P"型中位机能的三位四通换向阀实现差动连接和分离,从

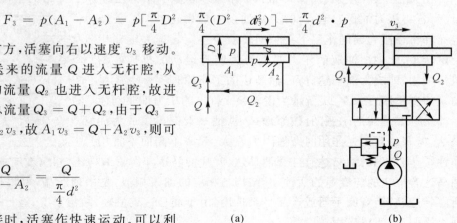

(a)

(b)

图 19-14

而得到快进(v_3)、慢进(v_1)和快退(v_2)的工作循环。

　　图 19-15 表示增压油缸的工作原理。增压油缸由低压缸和高压缸组合而成,图中右端直径为 D,压力为 p_1 的缸为低压缸,左端则为高压缸,小直径 d 的柱塞(可不与高压缸内壁接触,因而缸体内孔不需精加工)即为大直径活塞的活塞杆。压力为 p_1 的低压油从 a 口进入,推动活塞左移,压力为 p_2 的高压油从 b 口输出,压力为零的回油从 O 口排出。若不计摩擦力,根据液压力平衡关系

$$\frac{\pi D^2}{4} \cdot p_1 = \frac{\pi d^2}{4} \cdot p_2$$

即得增压比 $p_2/p_1 = (D/d)^2$。增压油缸用于在液压系统内短时间局部要求高压(高于系统的工作压力)时,仍按较低的系统压力选用油泵以减少能量消耗,降低设备费用。

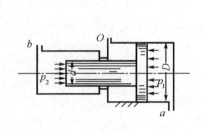

图 19-15

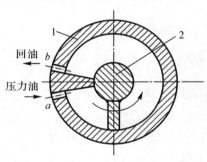

图 19-16

　　如需将油液的压力能转换为轴的摆动机械能,应采用摆动油缸。图 19-16 为单叶片摆动油缸的示意图。当压力油由定子的孔 a 输入、孔 b 输出时,叶片轴 2 按逆时针方向作小于 360° 的转动(到叶片与定子相碰为止);相反,当压力油由孔 b 输入、孔 a 输出时,叶片轴则反向作顺时针方向转动。

二、油马达

　　在齿轮泵、叶片泵、柱塞泵等的工作原理和基本结构已经作了介绍的基础上,我们不难设想,若将压力油逆向输入油泵,则油泵中的齿轮、叶片、柱塞等元件将在压力油的作用下绕轴回转获得一定转速并能输出一定转矩,此种把油液的压力能变换为旋转运动的机械能的机械结构,即成为油马达。所以油马达的工作原理实际上就是油泵的逆作用。图 19-17 所示为齿轮泵 1 打出的压力油驱动齿轮油马达 2 旋转的示意图。按原理来说,油泵大都可以成为油马达。但有的泵因逆作用时摩擦阻力较大、效率不高而不宜用

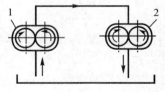

图 19-17

作油马达。常用的油马达有柱塞油马达、叶片油马达和齿轮油马达。相应于定量泵和变量泵,油马达有恒速的与变速的两种,其结构与相应的油泵相似,是系列产品,可根据所用压力和所需转速、转矩查阅手册或产品目录选用。由于油马达重量轻、结构紧凑、运行平稳且易于实现无级调速,所以应用较广泛。

§19-4   液压阀

液压阀是用来控制液压系统中油液的流向、流量和压力，以满足执行机构运动和力的要求的重要元件，相应有方向控制阀、流量控制阀和压力控制阀等。这些液压阀均有系列产品，其连接方式有用螺纹的管式连接和连接板的板式连接。

一、方向控制阀

方向控制阀简称方向阀，用来控制油液流动方向，常用的有单向阀和换向阀。

1. 单向阀

单向阀的作用是只允许油液朝一个方向流动而不能倒流。图 19-18(a) 和图 19-18(b) 为普通单向阀，阀芯 2(图 19-18(a) 为球阀，图 19-18(b) 为锥阀) 在软弹簧 3 的作用下，轻轻压在阀体 1 上。当进油口 A 油液压力大于弹簧力时，压力油顶开阀芯自出油口 B 流出。若油液反向倒流，阀芯则被紧压在阀体 1 上，阀口关闭，油路不通。图 19-18(c) 为液控单向阀，它由上部锥形阀阀芯 2 和下部活塞 4 等组成。当油液按正常方向流动时，活塞不和锥形阀接触，此时，该阀和普通单向阀一样只能单向流动，油液由 A 口流向 B 口。当需油液反向流动时，可使控制油通入控制口 K，推动活塞 4 上升并通过顶杆 5 将单向阀阀芯 2 顶起，A 口与 B 口相通，油液才可反向由 B 口流向 A 口。

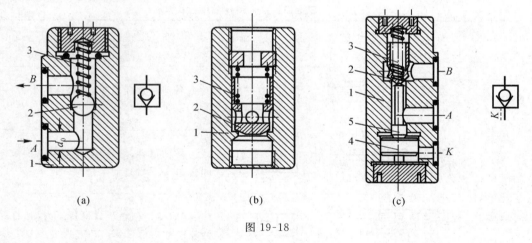

图 19-18

2. 换向阀

换向阀的作用是利用阀芯和阀体间的相对运动，变换油液流动方向，接通或关闭油路。阀芯移动的称为滑阀，阀芯转动的称为转阀。

以图 19-19 说明换向滑阀的工作原理。该阀芯上有三个工作位置(称为三位)，阀体上有四个接出的通路 O、A、B、P(称为四通)，P 为进油口，O 为回油口，A、B 为通往油缸两腔的油口，此阀因有三个工作位置、四条通路，称为三位四通阀。当阀芯处于中位(图 19-19(a)) 时，各通路均被隔断，油缸两腔的油口既不与压力油相通，也不与回油相通，此时活塞锁住不动，系统保压(即缸内压力不降低)。当阀芯处在右位(图 19-19(b)) 时，压力油由 P 口流入，A 口流出;回油由 B 口流入,O 口流回油箱。当阀芯处于左位(图 19-19(c))时,压力油由 P 口流入,B 口流出;回油由 A 口流入,O 口流回油箱。图 19-19(d)为该阀的职能符号,它表示了左、中、右三位四通的情况。根据不同的使用要求,三位滑阀中间位置各油口可有不同的连接方式,称为中位机能(即滑阀机能)。一般说来,阀体不变,只要变换阀芯就可以构成各种不同的中位机能。表 19-2 所列为比较常见的几种三位四通滑阀的中位机能。对照表列可见,图 19-19 和图 19-14 所示三位四通滑阀分别应为"O"型和"P"型的中位机能。

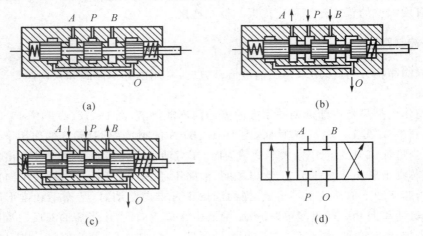

(a)　　　　　　　　　　(b)

(c)　　　　　　　　　　(d)

图 19-19

表 19-2　三位四通换向滑阀的中位机能

滑阀机能形式	中间位置时的滑阀状态	中间位置的符号	中间位置时的性能特点
O			各油口全部关闭,系统保持压力,油缸封闭
H			各油口 A、B、P、O 全部连通,油泵卸荷,油缸两腔连通
Y			A、B、O 连通,P 口保持压力,油缸两腔连通
P			P 和 A、B 口都连通,回油口封闭
M			P、O 连通,油泵卸荷,油缸 A、B 两油口都封闭

换向滑阀的位数有二位和三位;通数有二通、三通、四通等,滑阀的操纵方式有手动杠杆操纵(S 型,图 19-20(a) 为自动复位,图 19-20(b) 为钢珠定位)、机械行程挡铁操纵(C 型,图 19-21)、电磁操纵(直流为 E 型,交流为 D 型)、液压操纵(Y 型)及电液联合操纵(EY 或 DY)等多种形式。

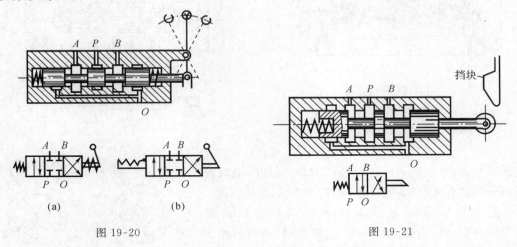

图 19-20   图 19-21

图 19-22 所示为二位四通电磁换向阀,当电磁铁的线圈断电时(常态,图 19-22(a)),弹簧将阀芯推向右端位置,压力油自 P 入 A 出,回油自 B 入 O 出;当线圈通电时(图 19-22(b)),衔铁被吸合,阀芯被推向左端位置,压力油自 P 入 B 出,回油自 A 入 O 出。其符号右端和左端方块分别代表电磁铁 CT 作用和弹簧复位的连通情况。因滑阀移动时所需的力受电磁吸力的限制,电磁阀的流量一般不大于 $63L/min$。图 19-23 所示为三位四通"O"型液动换向阀,当控制油进入 K_1 口时,阀芯被推向右端,此时油的通路为 $P \rightarrow A$ 和 $B \rightarrow O$;当控

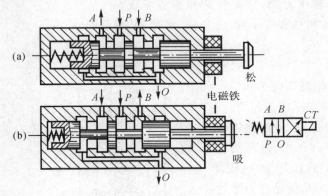

图 19-22

制油进入 K_2 口时,阀芯被推向左端,此时油的通路为 $P \rightarrow B$ 和 $A \rightarrow O$;当两控制油口均不通压力油时,阀芯在两端弹簧作用下处于中间位置。其符号左、右、中三个方块分别表示 K_1 口通油、K_2 口通油和 K_1、K_2 均不通油时的连通情况。液动换向阀一般用于大流量(超过 $100L/min$)的场合。图 19-24 所示为由电磁阀和液动阀组合而成的三位四通"O"型电液动换向阀。小流量的电磁阀起先导作用(称先导阀),用来改变控制油路进入大流量的液动阀油口 K_1 还是 K_2,使液动阀(主阀)阀芯动作、实现主油路的换向。其符号左、右、中三个方块分

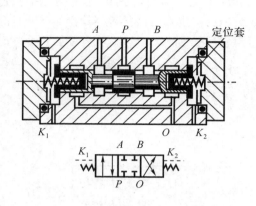

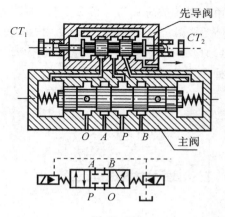

图 19-23　　　　　　　　　　图 19-24

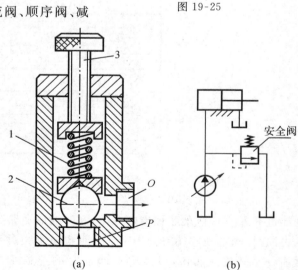

别表示左、右电磁铁 CT_1、CT_2 通电和两者均断电时控制油分别进入 K_1、K_2 油口和均不进入时的连通情况。

图 19-25 所示为二位四通转阀。阀芯由图 19-25(a) 转 45° 到图 19-25(b) 的位置时，油的通路由 $P \to B$、$A \to O$ 变换为 $P \to A$、$B \to O$。阀芯旋转可以手动，也可以用挡块拨动，图 19-25(c) 和图 19-25(d) 分别为手动二位四通、机动二位三通转阀的符号。转阀适用于小流量及压力较低的情况。

二、压力控制阀

压力控制阀简称压力阀，用来控制和调节液压系统中油液的压力，常用的有安全阀、溢流阀、顺序阀、减压阀和压力继电器等。

1. 安全阀

安全阀是用来限制系统中的最大压力，对液压系统起安全保护作用。图 19-26(a) 为球式安全阀，在油路中与主油路并联（图 19-26(b)）。这种阀在常态时是靠弹簧 1 的作用力关闭的（称常闭）；当油口 P 处的油压力超过弹簧力时才把球 2 顶起，一部分压力油由 O 口流回油箱，油压力不会继续增高。弹簧力可通过调节螺钉 3 调整，阀的开启压力通常调节得比系统最大工作压力高 $8\% \sim 10\%$。

图 19-25

图 19-26

2. 溢流阀

溢流阀的作用是使液压系统中溢流和稳定油压。溢流阀的形式较多，图 19-27(a) 为可用于中高压的先导式溢流阀。它有主阀芯 1 和先导阀芯 2，压力油由进油口 P 进入主阀下腔，并经阻尼孔 a（直径约 1mm）进到主阀上腔，再经通孔 b 进入先导阀芯 2 左边的油腔，其油压力作用在锥形阀芯上。当系统油压较低时，锥阀在调压弹簧 3 的作用下关闭，没有油液流过阻尼孔 a，这时主阀上下油腔的油压相等；又因主阀芯上下两端的承压面积 A 也相等，故主阀芯所受油压作用力相互平衡，在较软的主弹簧 4 的作用下，主阀芯处于最下端位置，将溢油口 O 关闭。当系统压力升高到超过先导阀调压弹簧 3 所调定的压力值（由调压螺钉 5 调节）时，压力油首先顶开锥阀芯 2，先导阀被打开，主阀上腔油液经通孔 b、锥阀座孔及主阀芯孔 c，由溢油口 O 流回油箱；此时主阀下腔的压力油经阻尼孔 a 向上补充，由于阻尼孔的液阻而产生压力降，使下腔油压高于上腔，主阀芯才能克服弹簧 4 的作用力而向上抬起，主阀口打开，系统中多余的油液经主阀口溢回油箱。主阀的开启后于先导阀。溢流阀多并联接于定量泵输出的主油路（图 19-27(b)），泵的工作压力 $p_B = p_1 + \Delta p$，p_1 决定于工作阻力，Δp 主要是节流阀可调液阻的压力损失，节流阀通道减小（或增大）时，液阻增大（减小），引起泵的工作压力 p_B 增大（减小），而 p_B 为溢流阀入口的油压，将溢流阀先导弹簧力调到和 p_B 相平衡，当 p_B 增大时，则溢流阀阀芯 1 端面要离开阀座而从 O 口溢油，致使流过节流阀进入油缸的流量 Q 减小；而溢流阀开口度增大又导致 p_B 下降，从而保持泵出口处 p_B 稳定。溢流阀起定压和溢流的作用，p_B 实际取决于溢流阀调压弹簧。此外，若将溢流阀原封闭的遥控口 K 接入外部油路，此时主阀芯上腔的压力等于外控油压；当其低于系统压力时，溢流阀就会打开，这就构成外控溢流阀，其工作压力将随外控油压的变化而变化。溢流阀是常开的，但其符号和安全阀相同，见图 19-27(c)。外控溢流阀的符号见图 19-27(d)。

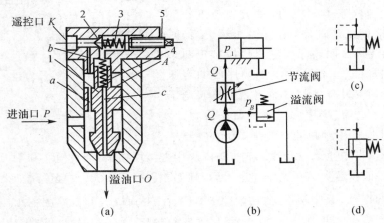

图 19-27

3. 减压阀

减压阀的作用是用来将较高的进口油压降为较低而稳定的出口油压。图 19-28(a) 表示先导式定值减压阀的工作原理。减压阀工作时，高压油 p_1 由 A 口进入，经阀口缝隙 Δh 由 B 口流出，压力降为 p_2 送往执行机构，同时在出口处还有一部分压力油经滑阀底部和中间阻尼孔流入滑阀上部和先导阀左边的油腔。当出口压力 p_2 超过调定压力时，先导阀门被打开，油从泄油口流回油箱，导致滑阀上部的油压降低，滑阀向上移动，减少了阀口的缝隙 Δh，压力损失增加，从而又降低了出口压力，一直到出口压力 p_2 等于调定压力时为止。这时，先导阀门关闭，减压滑阀达到新的平衡位置，自动保证出口压力不变。不论出口压力或进口压力

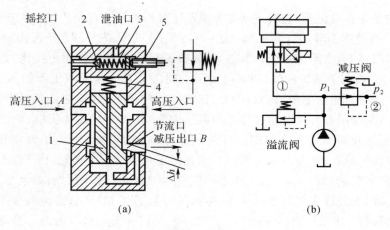

图 19-28

是否发生变化,这种减压阀均能自动调节,使出口压力保持恒定。出油口压力通过调节螺钉 5 控制。定值减压阀串接于两条油路之间(图 19-28(b)),进口高压、出口低压,用于一个油泵向系统中多个执行机构供油,而各执行机构所需压力又不一样的场合;这时按最大压力的执行机构来确定液压系统中的压力,其他执行机构所需的压力指标,可用定值减压阀来实现。

4. 顺序阀

顺序阀是利用系统的压力来控制油缸或油马达的动作先后顺序,以实现液压系统的自动控制。它的结构与溢流阀基本相似。但溢流阀与工作油路并联,进口接该工作油路,出口回油箱,工作时出口常开启,有溢流;而顺序阀进出口串接于两条工作油路之间,在进口油压达不到顺序阀调定压力时,进出口不通;只有当进口油压达到该阀调定压力时进出口才通流。顺序阀的出油口是压力油,不能像溢流阀那样和泄漏油口相通,泄油口要单

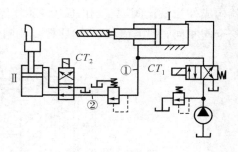

图 19-29

独接回油箱。图 19-29 所示液压系统中,顺序阀用来实现钻头(油缸 I)和割刀(油缸 II)的顺序动作,即保证在钻头钻孔完毕并退出后,割刀才进行切断,其过程原理如下。CT_1^-*:钻头左移,I 缸左腔回油,顺序阀不通;钻削完毕 CT_1^+*:钻头右移,I 缸右腔零压,左腔低压仍打不开顺序阀,待钻头退出到尽头、活塞与 I 缸右盖接触,于是油路 ① 的压力升高,将顺序阀打开,压力油经顺序阀进入油路 ②。CT_2^-:压力油进入 II 缸下腔推动割刀切割;切割完毕 CT_2^+:刀具退回,退到尽头时,安全阀打开溢流。

上述顺序阀是直接利用进油本身的压力控制,称为自控顺序阀。当由控制油口利用外来控制油压通入控制油时,称为外控顺序阀。

5. 压力继电器

压力继电器利用液压系统中压力变化来控制电路的通断,从而将液压讯号转为电讯号,

---

* CT_1^- 和 CT_1^+ 分别表示电磁铁 CT_1 断电和通电两个状态,以后类同。

使电器元件(如电磁阀、电机、时间继电器等)动作,实现自动程序控制和安全保护。图 19-30 表示滑阀式压力继电器的原理及符号。当油压 p 升高到预调数值,液压力克服弹簧力推动活塞上移,柱塞顶部锥面 1 推动钢球 2 向左作水平移动,接通行程开关 3 控制电器动作。

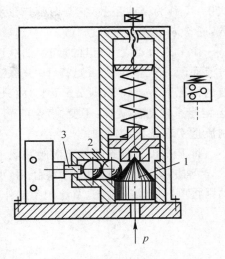

图 19-30

三、流量控制阀

流量控制阀简称流量阀,用来调节和控制通过阀的油液流量,常用的有节流阀和调速阀等。

1. 节流阀

节流阀依靠改变阀口通流面积的大小或改变通道的长度来改变液阻 R_y,从而控制通过阀的流量,常与溢流阀并联使用于定量泵调速回路(如图 19-27(b))。图 19-31 所示为节流阀常见的几种节流口结构形式,图 19-31(a) 为针式,针阀作轴向移动,从而改变阀口环形通道的大小以调节流量;图 19-31(b) 所示为轴向三角沟式,在阀芯端部开有一个或两个三角形沟槽,轴向移动阀芯时就可以改变三角沟通道截面的大小;图 19-31(c) 所示为偏心式,在阀芯上开了一个截面为三角形(或矩形)的偏心槽,当转动阀芯时就可以调节通道的大小;图 19-31(d) 所示为周向缝隙式,油可以通过狭缝流入阀芯内孔再经左边的孔流出,旋转阀芯就可以改变缝隙的过流面积大小。

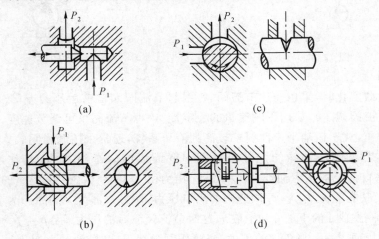

图 19-31

设 Q 为通过节流口的流量,Δp 为节流口前后的压力差,A 为阀口过流面积,由式(19-6)可得

$$Q = (\Delta p / R_y)^{\frac{1}{n}}$$

实验证明液阻 R_y 的 n 次方根的倒数与过流面积 A 成正比。引进比例系数 K,并令 $m = 1/n$,可得

$$Q = KA(\Delta p)^m \qquad (19\text{-}7)$$

式中：K 称为节流系数，它与节流口形状和油液性能有关；m 为由节流口形状决定的结构指数，通常 $m = 0.5 \sim 1$。

由上式可见，当阀口的形状、油液性质和节流阀前后的压力差均一定时，流量 Q 与阀口过流面积 A 成正比。图 19-27(b) 并联溢流阀保证了节流阀入口压力 p_B 不变，在工作阻力不变的情况下，p_1 不变，即 Δp 不变，故只要改变阀口的过流面积 A，即可调节节流阀出口流量 Q，定量泵输出流量 Q_B 不变，多余的流量 $(Q_B - Q)$ 则由溢流阀溢流回油箱。这就是节流阀控制流量实现调速的原理。

将上述普通节流阀与单向阀并联可组合而成单向节流阀，其作用和符号如图 19-32 所示。当油液从 C 流向 D 时有节流作用，可调节活塞右移的速度；活塞反向左移时，油液反向流动则将单向阀顶开过流，节流阀不起作用，活塞快速向左退。

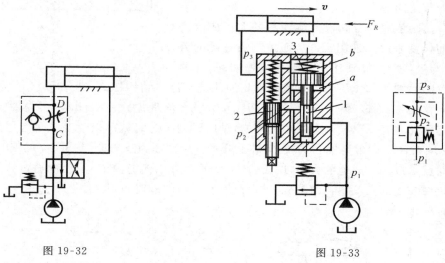

图 19-32   图 19-33

2. 调速阀

当工作负载变化时，采用前述节流阀，将引起节流阀阀口前后压力差的变化（阀口前的压力通常由溢流阀调定），从而影响流量的稳定性。这种节流阀虽可调节速度，但速度会随负载的变化而变化，对于运动平稳性要求较高的液压系统，通常采用调速阀。

调速阀是节流阀与特殊的定差减压阀串联而成的一个组合阀，其作用和符号如图 19-33 所示。来自油泵的压力油经减压阀 1 后，压力由 p_1 降为 p_2，压力为 p_2 的油液一部分经节流阀 2 降压，使压力减为 p_3，即调速阀的出口压力；而另一部分又和压力为 p_3 的分支油液分别进入减压阀主阀 1 的下腔 a 和上腔 b，这时节流阀前后的压力差 $\Delta p = p_2 - p_3$，实际即为减压阀主阀承压面上所受弹簧 3 的压力，当减压阀弹簧很软时，弹簧力变化很小，故 Δp 基本恒定。油缸负载 F_R 变动引起 p_3 变动，但仍保持节流阀前后压力差 Δp 恒定。和普通节流阀一样，调速阀亦只能单向使用。

§19-5　液压辅助元件

液压系统中的辅助元件有油管（输送液压油）、管接头（油管之间、油管与液压元件之间的可拆联接件)、压力表(测量油压)、油箱、滤油器、蓄能器等,它们在液压系统中通常也都是不可缺少的组成部分。除油箱外,其他液压辅助元件除特殊需要外,一般均可按标准化系列选用。以下仅对油箱、滤油器和蓄能器作些简要介绍。

油箱的主要作用是储油和散热。油箱的结构如图 19-34 所示,通常用钢板焊接而成。图中 1 为吸油管,4 为回油管,管端成 45° 坡口,两管应尽量远离,其间用隔板 7 隔开,以改善散热并使杂质多沉淀在回油管一侧。箱盖 5 上加油孔 3 处有滤网,上面装有通气罩 2。为便于将油放掉,油箱底部常制有斜度,并有放油塞 8,油箱侧面有表示油面高度的油面指示器 6。油箱的容量主要根据散热需要来确定。根据经验,固定式油箱有效容积可取油泵每分钟流量的 4～7 倍,用定量泵时取较大值,用变量泵时取较小值;液压系统压力较高或允许温升较低时取较大值。

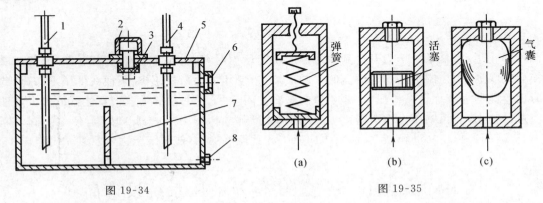

图 19-34　　　　　　　　　　　　图 19-35

滤油器的作用是将液压系统中油的杂质滤掉,使其不再进入工作系统,以防引起阀孔堵塞及运动部件划伤或卡死。滤油器有网式、线隙式、烧结式或片式几种,它一般装在液压系统的吸油管路和回油管路中,或在重要元件(如节流阀)的前面。通常,在泵的吸油口装粗滤油器,在泵的输出管路及重要元件之前装精滤油器。过滤精度是滤油器的一项重要指标,它是以杂质能够被滤去的颗粒大小来衡量。滤油器可根据用途、过滤精度、使用压力、流量等条件来选择型号。

蓄能器亦称蓄压器,是一种储存液体液压能的装置。它将系统中的压力油液储存起来,需用时放出,以补偿泄漏和保持系统压力并能消除压力脉动及和缓和液压冲击。图 19-35 表示了几种蓄能器,图 19-35(a) 为弹簧式(用弹簧压缩来储蓄能量),图 19-35(b) 为活塞式(活塞把上腔的压缩空气与下腔的油液隔开),图 19-35(c) 为气囊式(气囊中充气,并与油隔开)。

下面以两例说明蓄能器在液压系统中的具体应用。

图 19-36(a) 表示施压装置中的一个液压系统。在图示工作状态时,活塞杆 1 右移,施压的速度较低,进入油缸左腔流量小于油泵 2 供给的流量,泵所打出的一部分压力油进入蓄能器 3 被储存起来。回程时换向阀 4 换位,活塞杆左移要求较快的速度。这时蓄能器和泵同时向油缸右腔供油,使活塞快速返回。可见在执行元件正、反行程速度差别较大时,在系统中加装蓄能器,即可选用流量较小的泵。图中压力继电器 5 的作用是在蓄能器储油压力达到额定值后断开电路,使泵停机;当蓄能器的压力降低时,压力继电器重新通电,泵再投入运行,以节约能量消耗。

图 19-36(b) 所示,油泵 1 输出的油液经单向阀 2 进入系统,同时也进入蓄能器 3。当执行

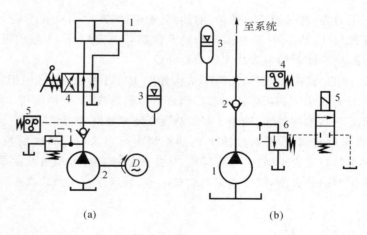

图 19-36

部件停止运动时,系统压力升高到蓄能器的调定压力时,压力继电器 4 发出电讯号,使电磁换向阀 5 通电,控制油路打开溢流阀 6 的遥控口,使其与油箱相通,油泵便在低压下卸荷。此时由蓄能器继续保持系统压力,并使单向阀 2 关闭。系统中的泄漏油液由蓄能器放出少量油液进行补偿。当系统压力因泄漏过多而降到调定压力时,压力继电器 4 复位,使电磁阀 5 断电,溢流阀遥控口与油箱断开、油泵再向系统和蓄能器供油,使系统压力恢复到调定值。

§19-6　液压系统图实例及液压系统设计简介

一、液压系统图实例

正确而迅速地阅读液压系统图,对液压设备的设计、分析研究、使用、调整和维修都很重要,现以图 19-37 所示 YB32-300 型四柱液压机的液压系统图为例进行分析阅读。压制工艺要求主缸先低压快速下行接近工件,然后低速高压下行压制工件、不动保压、快速返回;主缸返回后下缸上升顶出工件,然后下降回程完成一个循环。显然,必须保证下缸处于最下端位置时主缸才能运动以及主缸活塞不能在停止位置时因自重而下落。

系统中液压元件和连接管路编号如图所示。三位换向阀 5 控制下缸停、顶、回。三位换向阀 6 控制主缸停、压、回。顺序阀 4 是当下缸处于最下端时才有可能开启向主缸供油。主缸的保压是利用单向阀 7、液控单向阀 8、主缸活塞及其间的管道所形成的封闭容积内的油液和管道的弹性变形来实现的。液控单向阀 9 要有一定压力的控制油才能打开使主缸下行,这是靠预调顺序阀 4 的压力为 $(10 \sim 12) \times 10^5 \, Pa$ 而得到的。溢流阀 2 调节整个系统的压力。压力表 10 用来测量主缸上腔的油压。安全阀 3 的作用在于防止主缸下行时因液控单向阀 9 失灵(打不开)而出现过载事故。

在图示状态,阀 5 中位,泵 1 → ① → 阀 5 → 油箱,油泵 1 卸荷,溢流阀 2 处于封闭状态,油路 ②、③ 封闭,下缸处于停止状态,无压力油经过顺序阀 4。阀 6 处于中位,油路 ⑥、⑦ 封闭,上缸亦处于停止状态。

阀 5 右位:泵 1 → ① → 阀 5 → ② → 下缸上腔,下缸活塞快速退回,下缸下腔油液 → ③

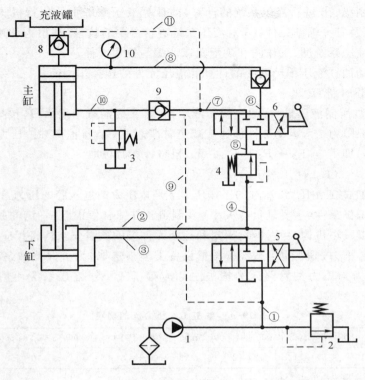

图 19-37

→ 阀 5 → 油箱,当下缸活塞到达最下端位置时,油路 ② 压力继续升高,亦即油路 ④ 压力升高,一旦到达顺序阀 4 预调的压力,打开顺序阀 4,此时泵 1 → ① → 阀 5 → ④ → 阀 4 → ⑤ → 阀 6 → 油箱,主缸仍然处于停止状态。使阀 ⑥ 左位,泵 1 → ① → 阀 5 → ④ → 阀 4 → ⑤ → 阀 6 → ⑥ → 阀 7 → ⑧ → 主缸上腔,此时油路 ①、控制油路 ⑨ 压力皆相当阀 4 调定之压力,故能打开液控单向阀 9。这样,主缸下腔油液 → 10 → 阀 9 → ⑦ → 阀 6 → 油箱。上滑块未接触工件时,主缸和横梁因自重迅速下降,油泵输入流量不足,由充液罐的油液在大气压下 → 阀 8 → 主油缸上腔,使上腔总能充满油液;上滑块接触工件后,主缸上腔压力升高,液控单向阀 8 关闭,施压时上缸活塞的速度便由泵的流量来决定低速下行。如需保压,则将阀 6 居中位即可。使阀 6 右位,泵 1 → ① → 阀 5 → ④ → 阀 4 → ⑤ → 阀 6 → ⑦ → 阀 9 → ⑩ → 主缸下腔;此时控制油路 ⑪ 打开液控单向阀 8,主缸上腔油液 → 阀 8 → 充液罐 → 回油,主缸活塞回程。

阀 5 左位:泵 1 → ① → 阀 5 → ③ → 下缸下腔,下缸顶出工件;下缸上腔油液 → ② → 阀 5 → 油箱。

二、液压传动系统设计简介

液压传动系统的设计主要是合理地选择各种标准液压元件和设计部分非标准液压元件组成液压系统,以满足液压设备所需的运动与动力等要求。其大致步骤通常是:① 确定整个机组或其中哪些部分采用液压传动,并明确这些传动部分所实现的工艺要求;② 确定液压系统原理图以完成动作要求(定性不定量)。此时应参考同类型系统的有关资料并根据实际工作情况进行分析比较,拟定一些所需控制和调节的压力、方向和速度的基本液压回路,并由此组成液压系统;③ 进行液压系统的计算,即计算液压系统中的执行机构、选择油泵、电动机、控制阀以及有关辅助元件;④ 对液压系统进行必要的校核(如出力和速度、温升、强度等),绘制正式液压系统图、工作图和装配图以及编写技术文件。

下面以移动油缸液压传动系统的计算和液压元件的选择作一简介。

1. 油缸的设计计算

1) 计算油缸所需液压推力。油缸所需液压推力(又称油缸牵引力)F 包括工作载荷 F_R,运动部件的摩擦阻力 F_f,运动部件加速或减速时惯性力 F_m,排油侧油液压力(背压)引起的排油阻力 F_b 等,即 $F = F_R + F_f + F_m + F_b$,粗略计算时可取

$$F = (1.1 \sim 1.2)F_R \tag{19-8}$$

2) 确定油缸的工作压力。油缸的工作压力 p 是指压力油进入腔的压力。工作压力 p 的选择要从系统的工作条件(主要是负载大小)及制造条件综合考虑。在一定的载荷下采用高的工作压力 p 可以减小机构尺寸,但对密封和控制元件等的质量要求均将相应提高,一般可参考表 9-3 按油缸推力选取,也可按经验根据设备类型来选取。为了保持油泵有较长的寿命,油缸的工作压力与压力油管路压力损失之和应等于或小于液压系统使用油泵额定压力的 80%。

表 19-3 油缸工作压力 p 的确定

油缸推力 $F(\text{N})$	< 5000	5000 ～ 10000	10000 ～ 20000	20000 ～ 30000	30000 ～ 50000	> 50000
工作压力 $p(10^5\text{Pa})$	8 ～ 12	12 ～ 20	20 ～ 30	30 ～ 40	40 ～ 50	> 50

3) 计算油缸主要尺寸。油缸的内径 D 由式(19-5)可得

无杆腔受力时
$$D = 1.13\sqrt{\dfrac{F}{p}} \quad (\text{m}) \tag{19-9}$$

有杆腔受力时
$$D = \sqrt{\dfrac{4F}{\pi p} + d^2} \quad (\text{m}) \tag{19-10}$$

式中:F 为油缸的牵引力,N;p 为油缸选定的工作压力,Pa;d 为活塞杆直径,m。

活塞杆是油缸中的传力零件,其直径 d 应满足强度、稳定性要求;对双作用单活塞杆油缸,还要满足油缸往返速度比 $\varphi = v_2/v_1 = D^2/(D^2 - d^2)$ 的要求。D 和 d 应按 GB/T 2348—2018 圆整取标准值。

油缸壁厚 δ 一般可按薄壁筒($\delta/D \leqslant 0.1$)来计算。

4) 计算油缸所需流量。油缸所需流量按式(19-1)计算
$$Q = Av(\text{m}^3/\text{s})$$

式中:A 为油缸有效工作面积,m²;v 为活塞运动速度,m/s。

2. 油泵的选择

选择油泵时,通常首先根据对泵的性能要求确定泵的类型,然后再根据压力和流量确定型号规格。

1) 油泵工作压力的确定。油泵正常工作时的最大工作压力 p_B 为
$$p_B \geqslant p_1 + \sum \Delta p \quad (\text{Pa}) \tag{19-11}$$

式中:p_1 为油缸进油腔的最大工作压力,Pa;$\sum \Delta p$ 为油泵出口到油缸进口间的各种压力损失的总和,初步估计时,对于用节流阀调速及较简单的油路可取 $\sum \Delta p = (3 \sim 5) \times 10^5 \text{Pa}$;

对于进油路设有调速阀及管路较复杂的系统,可取 $\sum \Delta p = (7 \sim 15) \times 10^5 \, \text{Pa}$。

2)油泵流量的确定。油泵的输出流量 Q_B 要大于同时动作的各个并联油缸所需最大流量的总和 $\sum Q_{\max}$,即

$$Q_B \geqslant k \sum Q_{\max} \quad (\text{m}^3/\text{s}) \tag{19-12}$$

式中:k 为系统的泄漏系数,一般取 $k = 1.1 \sim 1.3$,大流量取小值,小流量取大值。

3)选择油泵的规格。根据 p_B、Q_B 选择泵的额定工作压力和额定流量,相应选取油泵规格。

4)确定驱动油泵的电动机功率。在整个工作循环中,泵的压力和流量比较恒定时,驱动泵的电动机功率 P_0 为

$$P_0 = \frac{p_B \cdot Q_B}{1000 \eta_B} \quad (\text{kW}) \tag{19-13}$$

式中:p_B 为泵正常工作时的最大工作压力,Pa;Q_B 为泵的额定流量,m³/s;η_B 为泵的总效率,可按手册选取,其值一般可取为 0.8。电动机转速与油泵相符。

3. 阀类元件的选择

选择阀类元件,首先按要求确定所采用的阀的类型。选择阀的规格主要根据流经阀的油液最大压力和最大流量。在选择节流阀和调速阀时,还要考虑其最小稳定流量,以满足低速稳定要求。在选用中,若必要时允许经过阀的最大流量超过阀的额定流量,但不宜超过额定流量的 20%,以免引起发热、噪声、压力损失增大和阀的性能变坏。

4. 辅助元件的选择

根据 §19-5 和有关手册资料进行选择。

§19-7　液压随动系统

液压随动系统是具有随动作用的液压自动控制系统。现以图 19-38 说明其工作原理。图中定量泵 1 输出的液压油经双边伺服滑阀通往油缸,供油压力由溢流阀 2 调定。阀体与油缸体制成一体 3,活塞杆 4 固定不动,缸体左端通过联接装置带动负载执行件 5 运动。伺服阀的阀芯 6 具有两个节流边,即端面 Ⅰ 和 Ⅱ 起控制作用,Ⅰ、Ⅱ 之间的距离与阀体相应环形槽的宽度相等。当阀芯处于图示位置时,阀芯 ⅠⅡ 段将节流口关闭,油缸不动。当控制元件输入信号使阀芯向左产生位移 s_1,这时节流边 Ⅰ 与环形槽左部阀体处产生搭合量 s_1,节流边 Ⅱ 与环形槽处产生开口量 s_1,压力油同时又从边 Ⅱ 处进入油缸左腔,形成差动油缸,缸体带动负载执行

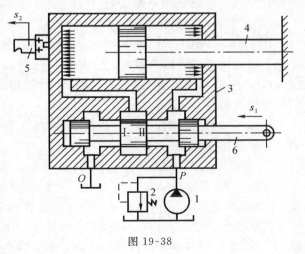

图 19-38

件向左运动,其位移为 s_2(输出量),从而使滑阀开口关小,直到输出、输入信号差值 $\Delta = s_2 - s_1 = 0$,即节流口关闭时为止,液压缸停止在新的平衡位置上,其位移与阀芯的位移相同。若阀芯继续左移,缸体也将继续"随动"左移。反之,若控制元件输入信号将阀芯右移,则节流边 Ⅱ 处出现搭合,Ⅰ 处出现开口,压力油只进入液压缸右腔,左腔中的回油从 Ⅰ 处的开口排回油箱,缸体带动负载执行件右移,直到阀芯停止、输入输出信号差消失,缸体才停止运动。

由上可知,液压随动系统有如下特点:① 自动跟踪。执行元件自动跟踪控制元件运动,输出量能真实地复现输入信号;② 信号反馈。输出量 s_2 通过机械反馈装置(与缸体固联的阀体)作为反馈信号输入伺服阀,与输入信号 s_1 相比较,原输入信号开大节流口,反馈作用关小节流口,节流口的开口量取决于信号差 $\Delta = s_2 - s_1$(又称系统误差),系统的输出落后于输入,液压随动系统计误差 Δ 运动,执行件又通过反馈来消除这个误差,误差不断地消除又不断地产生,随动系统就不停地工作;③ 功率放大。执行元件输出的液压力或功率远大于控制元件所接收的力或功率,放大倍率可达几百万倍。

液压随动系统的输入信号可以是机械信号、电气信号和气压信号,分别称为机液、电液和气液随动系统。其中电气控制最为灵活,应用最广;气液随动系统适用于防爆的环境。

§19-8 气压传动简介

气压传动是以压缩空气作为工作介质传递运动和动力。其工作原理是利用空气压缩机把电动机或其他原动机输出的机械能转换为空气的压力能,然后在控制元件的控制下,通过执行元件把压力能转换为直线运动或回转运动形式的机械能,从而完成各种动作并对外作功。气压传动系统的组成与液压传动系统相似,也由四部分组成:① 动力元件(气压发生装置,包括空压机);② 执行元件(包括气缸和气马达);③ 控制元件(包括各种压力、流量、方向控制阀);④ 辅助元件(包括油水分离器、干燥器、过滤器等气源净化装置以及贮气罐、消声器、油雾器、管网等)。

由于气压传动的介质为压缩空气,故在传动性能上有许多优点:① 空气作为介质,介质清洁,费用低,维护处理方便,不存在变质,管道不易堵塞;② 空气黏度很小,管道压力损失小,便于集中供应和长距离输送;③ 气压传动反应快,动作迅速,一般只需 $0.02 \sim 0.3$ 秒就可以建立起需要的压力和速度;④ 压缩空气的工作压力较低,一般为 $(4 \sim 8) \times 10^5 \mathrm{Pa}$,因此降低了对气动元件的材质和加工精度的要求,使元件制作容易、成本低;⑤ 空气的性质受温度的影响小,高温下不会发生燃烧和爆炸,故使用安全;温度变化时,其黏度变化极小,不会影响传动性能。

气压传动的主要缺点是:① 气动的压力低,受相同的力结构尺寸大,气动装置的出力受到一定限制(一般不宜大于 $10 \sim 40 \mathrm{kN}$);② 由于空气的可压缩性,气动装置的动作稳定性差,当外载荷变化时,对速度影响更大;③ 气动装置的噪声较大。

还需指出:气压传动所用的压缩空气通常由空气压缩机站集中供给。供给的空气压力较高,压力波动较大,因此需用调压阀将气压调节到每台设备实际需要的压力,并保持降压后压力值的稳定。气压传动不仅可以实现单机自动化,而且可以控制流水线和自动线的生产过程。关于气压传动的设计计算可参阅有关专著和手册。

第 20 章　　机械的发展与创新设计

§20-1　　机械的发展与创新概述

机械发展的历史是从远古到今天由人类的智慧与创造谱写而成的,其中我国的先祖和人民在机械发展史上有着极其辉煌的创造发明篇章。

机械始于工具。远古时期,人类为了生存使用天然石块和木棒作为工具,随后也有用蚌壳和兽骨经过敲砸和初步修整作为简单工具的。从源流上讲,任何简单的工具都是机械。现已发现大约 170 万年以前中国云南元谋人已使用了石器;28000 年以前中国已有弓箭,揭开了人类最早使用工具和可储存能量的原始机械的序幕。经过漫长的岁月,工具种类增多,并发展了专用工具,如原始的犁、刀、锄等,大约在 4000 多年前,出现了一批比原始机械复杂和先进的古代机械,原来的简单工具大多变成古代机械上执行工作的部分。

我国是最早制造车辆的国家(在夏商时代)。车辆的出现并得到广泛应用可看作进入古代机械时代的标志。古代机械的出现是机械发展的一次飞跃。

材料及其工艺的发明和创新使得人们既能制作高效工具,又能制作机械的一些重要零件。铜器取代使用达 200 万年之久的石器是人类冶金史上、也是机械材料发展史上第一块里程碑。精美绝伦的商周青铜礼器展示着举世闻名的商周青铜文化;春秋战国的《考工记》记载的"六齐"是当今世界上最早一份青铜合金配方表。中国是世界上最早发明生铁冶炼技术、生铁柔化技术、炒钢法、灌钢法以及叠铸技术和铁范铸造技术的国家。铁的冶炼和大量使用是冶金史上同样也是机械材料发展史上的第二块里程碑。

从公元前 5 世纪春秋战国之交到 16 世纪中叶长达 1000 多年的时间里,我国在多种机械的发明和创造方面,在世界上都居于遥遥领先的地位。英国著名学者李约瑟博士在《中国科学技术史》一书中指出,从中国向西方传播的机械就有 20 种以上,其中包括龙骨车、石碾、风扇车和簸扬机、水排与活塞风箱、磨车、提花机、缫丝机、独轮车、加帆手推车、弓弩、竹蜻蜓(用线拉)、走马灯(由上升的热空气流驱动)、河渠闸门、造船和船尾的方向舵、罗盘与罗盘针等。事实上,我国古代在机械方面的发明还要多得多,例如水运仪象台、地动仪、指南车、记里鼓车、游标卡尺、耧车、纺纱机、水力纺纱机、弹、雷式兵器、火枪、火箭和火炮等,都是中国首先发明和创造出来的,对人类文明做出了不可估量的贡献。在这一阶段我国还出现了一批杰出的发明家,如张衡、马钧、祖冲之、诸葛亮、燕肃、吴德仁、苏颂和郭守敬等,他们对机械的发展做出了重要的贡献。

17 世纪,中国的封建制度还在延续,而西方国家却已冲破中世纪封建的束缚进入资本主义新时代,并在 18、19 世纪掀起了工业革命。彼时,西方的机械科学技术水平已明显地超过了中国。蒸汽机的发明和广泛应用使动力机械代替了人力和畜力,其提供的巨大动力促使能源、冶金、交通发生了翻天覆地的变化,成为第一次工业革命的主要标志。电动机、发电机、电气设备等的重大发明和应用标志着第二次工业革命,带来制造技术、测试技术、新材料等领域重大的发明和创新,生产过程向着机械化、自动化方向发展,涌现了大量的近代机械。与此相应,机械设计和制造也由过去凭机械匠师的经验和手艺逐步进展到建立和发展了机械基础理论和机械科学技术。

进入 20 世纪以后,电子计算机的发明、应用和普及给机械设计、机械制造带来勃勃生机,微电子技术和信息技术的发展突飞猛进,机电一体化技术已成为实现机械工业高效、自动化、柔性化发展的焦点。目前世界上已大量涌现机电一体化产品,机械产品发生了质的飞跃,其具有自动检测、自动数据处理、自动显示、自动调节、控制、诊断和自动保护等功能,使人机关系发生了根本的变化,现代的机械更开始向智能化方向发展。机械的发展和创新与机械科学的发展密不可分。当今科学技术突飞猛进,新兴学科和学科间的交叉渗透使机械工程学与机械工业进入了崭新的发展时期,极大地促进了产品功能原理的发展与创新,材料、能源和动力的发展与创新,制造技术和检测技术的发展与创新。特别是 20 世纪中期以来,传统的机械设计理论和方法发生了重大变化,其特征是从经验走向理论、从宏观走向微观、从静态走向动态、从单目标走向多目标、从粗略走向精密、从长周期走向快节奏,实现了向现代机械设计理论和方法过渡。新中国成立以来,特别是党的十一届三中全会以来,我国机械工业和机械科学技术取得了巨大的成就,与发达国家的差距大大缩小,在许多方面已经达到世界先进水平;当前更是加大自主创新的力度,满怀信心重新走向世界。

机械发展和创新的事实告诉我们:

机械的产生、发展和创新适应人类各个阶段生产和生活的需要;

机械的发展和创新推动人类文明的进程,为人类造福;

机械的发展和创新与多种自然科学、社会科学相互渗透、相互交叉、互济攀登;

机械发展的过程,是由简到繁、由粗到精不断创新的过程,这个过程永无止境,创新驱动机械的发展,机械的发展必须坚持不断创新;

要辩证地看待辉煌与落后,不可妄自菲薄与固步自封,在改革开放、建设创新型现代化强国的新征程中,奋力拼搏,实现我国机械发展与创新的更大辉煌。

§20-2　机械创新设计综述

创新设计是一门自然科学与社会科学交融的新的设计学科。随着科技创新知识经济时代的到来,创新设计越来越受到工程设计界的广泛重视。本节就创新设计的涵义、创新设计的基本类型与特点以及创新设计的定位与决策进行简要的介绍,作为认知机械创新设计的引导。

一、机械创新设计的涵义

从古代人类使用的石刀、石斧、弓箭、指南车、记里鼓车,到工业革命后出现的蒸汽机、内燃机、电动机等,乃至今天的人造地球卫星、宇航飞机等,无一不是发明创新的成果。发明创新为人类造福。人类发展历史表明,发明创新是振兴发达的一个十分重要的原因。

机械发展的过程是不断创新的过程,在功能原理、原动力、机构、结构、材料、制造工艺、检测试验以及设计理论和方法等方面均不断涌现创新和发明,推动机械向更完美的境界发展。

所谓创新设计,就是充分发挥创造才能,利用技术原理进行创新构思的设计实践活动,其目的是为人类社会提供富有新颖性和先进性的产品或技术系统。创新设计的基本特征是新颖性和先进性。

机械设计是一个创造过程。创新是设计的一个极为重要的原则。无论是完全创新的开发性设计,还是对产品作局部变更改进的适应性设计或变更现有产品的结构配置使之适应于更多量和质的功能要求的变型设计,着眼点都应该放在创新上。机械工业的发展水平是衡量一个国家整个工业乃至整个国民经济发展水平的重要标志。当前科学技术发展非常迅猛,机械创新的内容和途径更加广阔,创新设计更具重大意义。创新是一个民族进步的灵魂,是国家兴旺发达的不竭动力。工科大学生学习《机械设计基础》,不仅是为了掌握已有的知识,更重要的是要学会运用这些知识积极参与机械创新活动。这既是高质量进行工业设计、实现经济腾飞的需要,也是培养创新意识与才能、提高人才素质、建设创新型国家的需要。本章将汇集和引用一些文献和资料简介机械功能原理设计与创新、机构和结构的创新、设计方法的发展与创新、发明创新的一般技法以及机械的创新与人工智能、智能设计等基础知识,希望能在机械创新设计的领域给读者予以启迪和帮助。

二、创新设计的基本类型及其活动特点

创新设计的基本类型可归纳为原理开拓类、组合创新类、转用创新类和克服偏见类。

原理开拓创新是应用新技术原理进行产品开发和更新换代设计。如20世纪60年代初发展起来的激光新技术可用于直径不到1mm的精密小孔加工、激光全息照相、激光照排等。

组合创新是将已有的零部件或技术,通过有机组合而成为价值更高的新产品、新技术。如世界上出现的第一辆汽车就是组合了转向装置、刹车装置、弹簧悬架等创新而成的。

转用创新是将已知解决方案创新地转用于另一技术领域。如将拉链结构转用于自行车外胎上,设计出可方便维修内胎的车轮,甚至将拉链结构用于医疗手术中。

克服偏见创新是指反常规的创新设计。如在19世纪莱特兄弟不因当时科技名流们"要创造出比空气重的装置去进行飞行是不可能的"技术偏见而却步,在人类文明史上第一次把比空气重的飞机飞上蓝天。

创新设计活动常具有辩证处理目的与约束、继承与创新、模糊与精确等关系的特点。

创新设计是一种有目的的创造活动,但同时要受到产品设计提出的诸如环境、资源、经济、时间等方面的约束。设计目的和设计约束之间进行合理的、优化的均衡与协调,才能提供竞争力强的创新产品。

创新设计的灵魂是创新,但创新离不开继承,任何一项标新立异的新设计总是在前人基础上的再创造或再革新,只有把继承和创新很好地结合起来,才能卓有成效地达到开拓创新的目的。

创新设计不同于一般的再现性设计,创新设计是处理模糊问题的过程;在设计初始阶段,要广开思路,大胆设想,尽可能多地捕获多种可供选择的设计方案,在发散思考的基础上逐步收敛,向精确的目标迈进。

三、创新设计的定位与决策

设计定位是创新设计把模糊的社会需求转化为明确设计任务的首要的、具有战略意义的阶段。设计定位包括需求鉴别、功能分析、技术规格与技术性能以及设计约束的确定。这里着重指出需求鉴别主要指解决产品在需求层次上的定位、产品的时代特征判断以及设计目标的辨识。

创新设计的过程是一个发散到收敛、搜索到筛选的多次反复过程。如何通过科学的收敛决策，筛选出符合设计要求的优化方案，是最终决定设计成效的关键。设计决策的基本活动主要有：技术可行性决策、经济可行性决策及综合评价与决策。这里不作展开阐述，机械创新设计方案的评价与决策以及智能设计将在 §20-7、§20-10 中分别加以介绍。

§20-3　机械功能原理设计及创新

一、机械系统及功能

任何机械都可视为由若干装置、部件和零件组成的并能完成特定功能的一个特定的系统。将机械系统看作技术系统，其处理的对象是能量、物料及信号。技术系统的功能就是将输入的能量、物料和信号通过机械转换或变化达到预期目的后加以输出。在输入、输出过程中，随时间变化的能量、物料和信号称为能量流、物料流和信号流。能量包括机械能、热能、电能、光能、化学能、核能、生物能等，物料可为材料、毛

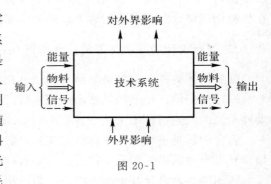

图 20-1

坯、半成品、成品、气体、液体等，而信号体现为数据、控制脉冲、显示等。技术系统及其处理对象可用图 20-1 示意表示。内燃机和冲床的技术系统图分别如图 20-2(a) 和图 20-2(b) 所示。

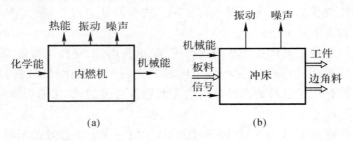

(a)　　　　　(b)

图 20-2

从古代机械、近代机械发展到现代机械，人们对机械形成了新的概念。现代观点认为：机械是由两个或两个以上相互联系结合的构件所组成的联合体，通过其中某些构件的限定的相对运动，能实现某种原动力和运动转变，以执行人们预期的工作，或在人或其他智能体的操作和控制下，实现为之设计的某一种或某几种功能。与传统观点相比这里有两个新的概

念:其一是强调机械是实现某种"功能"的装置;其二是强调了"控制"的概念,而且可以由某种智能体来实现控制。

所谓功能是指产品所具有的能够满足用户某种需要的特性的能力。从某种意义上说,人们购置产品的实质是购买所需的功能。

机械系统的功能也就是系统的目标。现代机械种类很多,结构也愈来愈复杂,但从实现系统功能的角度来看,主要包括下列一些子系统:动力系统、传动系统、执行系统、操纵及控制系统等,如图 20-3 所示。

动力系统包括原动机(如内燃机、汽轮机、水轮机、蒸汽机、电动机、液动机、气动机等)及其配套装置,是机械系统工作的动力来源。

执行系统包括机械的执行机构和执行构件,是利用机械能来改变作业对象的性质、状态、形状或位置,或对作业进行检测、度量等,以进行生产

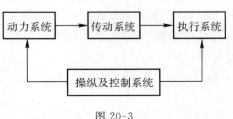

图 20-3

或达到其他预定要求的装置。根据不同的功能要求,各种机械的执行系统也不相同,执行系统通常处于机械系统的末端,直接与作业对象接触,其输出也是机械系统的主要输出。

传动系统是将原动机的运动和动力通过减速(或增速)、变速、换向或变换运动形式传递和分配给执行系统的中间装置,使执行系统获得所需要的运动形式和工作能力。

操纵系统和控制系统都是为了使动力系统、传动系统、执行系统彼此协调运行,并准确可靠地完成整机功能的装置,两者的主要区别是:操纵系统多指通过人工操作来实现上述要求的装置,通常包括起动、离合、制动、变速、换向等装置;控制系统是指通过人工操作或测量元件获得的控制信号,经由控制器使控制对象改变其工作参数或运行状态而实现上述要求的装置,如伺服机构、自动控制等装置。现代机械的控制系统广泛地、及时地融合运用高科技的理论和实践成果。

此外,根据机械系统的功能要求,还可有润滑、冷却、计数及照明等辅助系统。

二、功能原理设计的意义

设计机械先要针对实现其基本功能和主要约束条件进行原理方案的构思和拟定,这便是机械的功能原理设计。

例如要设计一种点钞机,先要构思实现将钞票逐张分离这一主要功能的工作原理。图 20-4 所示就是其功能原理设计的构思示意图。由图可见,进行功能原理性构思时首先要考虑应用某种"物理效应"(如图中的摩擦、离心力、气吹等),然后利用某种"作用原理或载体"(如图中的摩擦轮、转动架、气嘴等)实现功能目的。

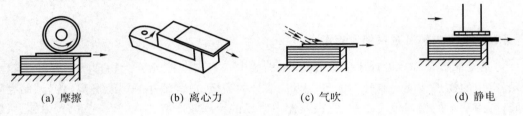

| (a) 摩擦 | (b) 离心力 | (c) 气吹 | (d) 静电 |

图 20-4

功能原理设计的重点在于提出创新构思,力求提出较多的解法供比较优选;在功能原理设计阶段,对构件的具体结构、材料和制造工艺等则不一定要有成熟的考虑,但它是对机械产品的成败起决定作用的工作。一个好的功能原理设计应该既有创新构思,又同时考虑适应市场需求,具有市场竞争潜力。

三、功能结构分析

功能是系统的属性,它表明系统的效能及可能实现的能量、物料、信号的传递和转换。系统工程学用"黑箱(black box)"来描述技术系统的功能(图 20-5)。图 20-6 所示为谷物联合收获机的黑箱示意图。黑箱只是抽象简练地描述了系统的主要功能目标,突出了设计中的主要矛盾,至于黑箱内部的技术系统则是需要进一步具体构思设计求解的内容。

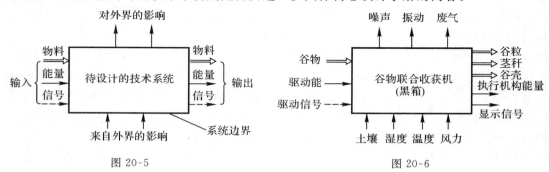

图 20-5　　　　　　　　　　　　　　图 20-6

对于比较复杂的技术系统,往往难以直接求得满足总功能的系统解,而需要在总功能确定之后进行功能分解,将总功能分解为分功能、二级分功能 …… 直至功能元。功能元是可以直接从物理效应、逻辑关系等方面找到解法的基本功能单元。例如,材料拉伸试验机的总功能是试件拉伸、测量力和相应的变形值。可将其分级分解为图 20-7 所示的树状功能关系图(工程上称为功能树)。功能树中前级功能是后级功能的目的功能,而后级功能则是前级功能的手段功能。

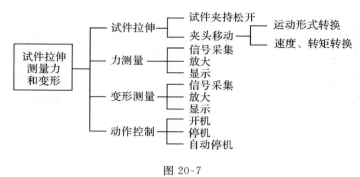

图 20-7

四、功能元求解及求系统原理解

功能元求解是方案设计中的重要步骤。机械中一般把功能元分为物理功能元和逻辑功能元。常用的物理功能元有针对能量、物料、信号的变换、放大缩小、联接、分离、传导、储存等功能,可用基本的物理效应求解。机械仪器中常用的物理效应有:力学效应(重力、弹性力、摩擦力、惯性力、离心力等)、流体效应(巴斯噶效应、毛细管效应、虹吸效应、负压效应、流体动压效应等)、电力效应(静电、电感、电容、压电等效应)、磁效应、光学效应(反射、折射、衍射、干涉、偏振、激光等效应)、热力学效应(膨胀、热储存、热传导等)、核效应(辐射、同位素)等。逻辑功能元为"与""或""非"三种基本关系,主要用于功能控制。对各种功能元有系统地搜索解法,形成解法目录,如材料分选(图20-8)、力的放大、物料运送等,供设计人员参考。

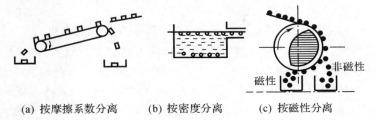

(a) 按摩擦系数分离　　(b) 按密度分离　　(c) 按磁性分离

图 20-8

　　将系统的各个功能元作为"列"而把它们的各种解法作为"行",构成系统解的形态学矩阵,就可从中组合成很多系统原理解(不同的设计总方案)。例如,行走式挖掘机的总功能是取运物料,其功能树如图20-9所示,其系统解形态学矩阵见图20-10,其可能组合的方案数为 $N = 5 \times 5 \times 4 \times 4 \times 3 = 1200$。如取 A4+B5+C3+D2+E1 就组合成履带式挖掘机;如取 A4+B5+C2+D4

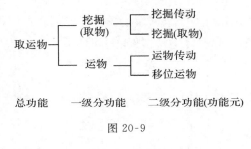

图 20-9

+E2 就组合成液压轮胎式挖掘机。在设计人员剔除了某些不切实际的方案后,再由粗到细、由定性到定量优选最佳原理方案。

功能元	局部解				
	1	2	3	4	5
A. 动力源	电动机	汽油机	柴油机	液动机	气动马达
B. 运物传动	齿轮传动	蜗杆传动	带传动	链传动	液力耦合器
C. 移位运物	轨道及车轮	轮胎	履带	气垫	
D. 挖掘传动	拉杆	绳传动	气缸传动	液压缸传动	
E. 挖掘取物	挖斗	抓斗	钳式斗		

图 20-10

五、功能原理的创新

　　任何一种机械的创新开发都存在三种途径:① 改革工作原理;② 改进材料、结构和工艺性以提高技术性能;③ 增强辅助功能,使其适应使用者的不同需求。这三种途径对产品的市场竞争能力的影响均具重要意义。当然,改革工作原理在实现时的难度通常比后两种要大得多,但其意义重大,不可畏难却步。实际上,采用新工作原理的新机械不断涌现,而且由于新工艺、新材料的出现也在很大程度上促进了新工作原理的产生。例如,液晶材料的实用化促使钟表的工作原理发生了本质的变化。强调和重视工作原理的创新开发非常重要。现以剖析洗衣机的演变为例,阐述其功能原理的创新开发。早期的卧式滚筒洗衣机借助滚筒回转时置于其中的卵石反复压挤衣物来代替人的手搓、棒击、水冲等动作,达到去污目的。这是类比移植创新法构思的方案。抓住本质探寻各种加速水流以带走污垢的方法可形成不同原理的洗衣机。在机械式的泵水、喷水、转盘甩水等方案中,转盘甩水原理简单且较经济。采用转盘甩水原理的有叶片搅拌式洗衣机和波轮回转式洗衣机,后者洗净效果较佳。随着科学技术的发展,又创新开发出许多不用去污剂、节水省电、洗净度高的新型洗衣机,如真空洗衣机(用真空泵将洗衣机筒内抽成真空,衣物和水在筒内转动时水在衣物表面产生气泡,当气泡破裂时产生的爆破力将衣物上的污垢微粒弹开并抛向水中)、超声波洗衣机(衣物上污垢在超声波作用下分解,由气泵产生的气泡带出)、电磁洗衣机(在电磁力作用下产生高频振荡使污垢与衣物分离)。机电一体化技术的发展创新开发出由微型计算机与多种传感器控制的洗涤、漂洗、脱水全部自动化的全自动洗衣机。

功能原理的创新一方面源于科技的进步,如超导的成就将会使磁悬浮列车产生一个质的飞跃;另一方面源于设计者的创新思维,如回转式压缩机和无风叶电扇分别是压缩方式和引起空气分子运动方式上的创新。

§20-4　传动方案及机构创新

一、传动方案

功能原理确定以后需要拟定原动机、传动机构、执行机构以及必要的操纵、控制机构的传动方案,并常用运动简图表示。图 20-11 所示为由功率 $P_m = 7.5\text{kW}$、满载转速 $n_m = 720\text{r/min}$ 的电动机驱动的剪铁机的各种传动方案,其活动刀剪每分钟往复摆动剪铁 23 次。现予初步分析。

方案 a 和 b 从电动机到工作轴 A 的传动系统完全相同,由 $i_{带} = 6.5$ 的 V 带传动和 $i_{齿} = 4.8$ 的齿轮传动组成,其总传动比 $i = i_{带} \cdot i_{齿} = 6.5 \times 4.8 \approx 31.2$,使工作轴 A 获得 $n_w = \dfrac{n_m}{i} = \dfrac{720}{31.2} \approx 23\text{r/min}$ 的连续回转运动。考虑剪铁机工作速度低,载荷重且有冲击,活动刀剪除要求适当的摆角、急回速比及增力性能外,其运动规律并无特殊要求,方案 b 采用连杆机构变换运动形式较方案 a 采用凸轮机构为佳,结构也简单得多。

方案 b、c、d、e 在电动机到工作轴 A 之间采用了不同的传动机构,它们都能满足工作轴每分钟 23 转的要求,但方案 b 采用 V 带传动,可发挥其缓冲吸振的特点,使剪铁时的冲击振动不致传给电动机,且当过载时 V 带在带轮上打滑能对机器的其他机件起安全保护作用,虽然方案 b 外廓尺寸大一些,但结构和维护都较方案 c、d、e 方便。方案 e 采用单级蜗杆传动,虽具外廓尺寸紧凑和传动平稳的优点,但这些对剪铁机而言,显然并非主要矛盾;而传动效率低、能量损失大,使电动机功率增大,且蜗杆传动制造费用高,成为突出缺点;另外,蜗轮尺寸小固属优点,但转动惯量也因而减小,可能反而还要安装较大的飞轮,才能符合剪切要求,这样就更不合理了,故此方案在剪铁机中很少采用。

　　方案 f 和方案 b 相比仅排列顺序不同,其齿轮传动在高速级,尺寸虽小一些,但速度高、冲击、振动和噪声均大,制造和安装精度以及润滑要求较高,而带传动放在低速级,不仅不能充分发挥缓冲、吸振、平稳性好的特点,且导致带的根数增多、带轮尺寸和重量显著增大,显然这是不合理的。

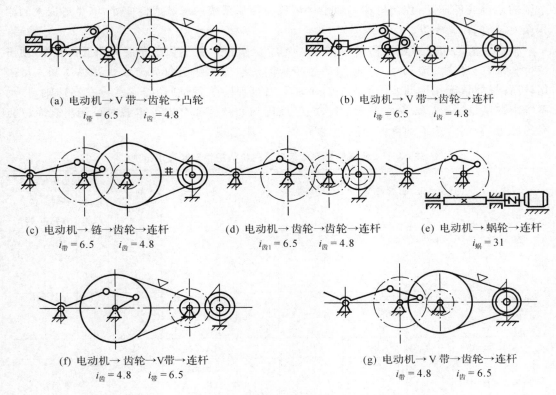

(a) 电动机→V 带→齿轮→凸轮
$i_带 = 6.5$　　$i_齿 = 4.8$

(b) 电动机→V 带→齿轮→连杆
$i_带 = 6.5$　　$i_齿 = 4.8$

(c) 电动机→链→齿轮→连杆
$i_带 = 6.5$　　$i_齿 = 4.8$

(d) 电动机→齿轮→齿轮→连杆
$i_{齿1} = 6.5$　　$i_齿 = 4.8$

(e) 电动机→蜗轮→连杆
$i_蜗 = 31$

(f) 电动机→齿轮→V带→连杆
$i_齿 = 4.8$　　$i_带 = 6.5$

(g) 电动机→V 带→齿轮→连杆
$i_带 = 4.8$　　$i_齿 = 6.5$

图 20-11

　　b、g 两方案所选机构类型、排列顺序、总传动比均相同,但传动比分配不同,方案 b 中 $i_带 > i_齿$,而方案 g 则相反,两者相比,方案 b 较好。这是因为方案 b 中大带轮直径和重量虽较大,但大齿轮尺寸可较小,使大齿轮制造会方便一些;另外,带轮相对大齿轮处于高速位置,其重量较大、转动惯量较大,在剪铁机短时最大负载作用下,可获增加飞轮惯性的效果,权衡之下还是利多于弊。

　　由以上对剪铁机传动方案的分析可知,实现执行构件预定的运动可以有不同的机构类型、不同的顺序布局,以及在保证总传动比相同的前提下分配各级传动机构不同的分传动比来实现的许多方案,这就需要将各种传动方案加以分析比较,针对具体情况择优选定。合理的传动方案除应满足机器预定的功能外,还要求结构简单、尺寸紧凑、工作可靠、制造方便、成本低廉、传动效率高和使用安全、维护方便。

　　为便于选择,将常用机构的特点及其应用列于表 20-1 和表 20-2。

　　传动系统应有合理的顺序和布局,除必须考虑各级机构所适应的速度范围外,在减速传动中为获得紧凑、轻巧的结构,宜将传动能力较小的传动机构(如带传动、无级变速摩擦传动这类利用摩擦力传递动力的机构)放在高速级;对其他特性类似而制造较难、成本较贵的传动机构(如锥齿轮相对于圆柱齿轮)置于高速级处,使其尺寸减小,便于制造;从平稳性角度来看,斜齿轮较直齿轮更适于放在高速级处,等速回转运动机构较非等速运动机构更适于放在高速级处;从润滑以及外廓紧凑性来看,闭式齿轮传动较开式齿轮传动更适于放在高速级处;为简化传动装置,一般总是将改变运动形式的机构(如连杆机构、凸轮机构)布置在传动系统的末端或低速处;控制机构一般也尽量放在传动系统的末端或低速处,以免造成大的累积误差,降低传动精度。

传动装置的布局应使结构紧凑、匀称、强度和刚度好,并适合车间情况和工人操作,便于装拆和维修。考虑传动方案时,必须注意防止因过载或操作疏忽而造成机器损坏和人员工伤,可视具体情况在传动系统的某一环节加设安全保险装置。制动器通常设在高速轴,传动系统中在制动装置后面不应出现带传动、摩擦传动和摩擦离合器等重载时可能出现摩擦打滑的装置,否则会达不到良好的制动效果,甚至可能出现大事故。

表 20-1 传递连续回转运动常用机构的性能和适用范围

传动机构 选用指标	普通平带传动	普通 V 带传动	摩擦轮传动	链传动	普通齿轮传动		蜗杆传动	行星齿轮传动		
								渐开线齿	摆线针轮	谐波齿轮
常用功率 kW	小 (≤20)	中 (≤100)	小 (≤20)	中 (≤100)	大 (最大达 50000)		小 (≤50)	大 最大达 3500	中 ≤100	中 ≤100
单级传动比常用值(最大值)	2~4 (6)	2~4 (15)	≤5~7 (15~25)	2~5 (10)	圆柱 3~5 (10)	圆锥 2~3 (6~10)	7~40 (80)	3~83	11~87	50~500
传动效率	中	中	中	中	高		低	中		
许用的线速度 / (m/s)	≤25	≤25~30	≤15~25	≤40	6 级精度 直齿 ≤18 非直齿 ≤36 5 级精度达 100		≤15~35	基本同普通齿轮传动		
外廓尺寸	大	大	大	大	小		小	小		
传动精度	低	低	低	中等	高		高	高		
工作平稳性	好	好	好	较差	一般		好	一般		
自锁能力	无	无	无	无	无		可有	无		
过载保护作用	有	有	有	无	无		无	无		
使用寿命	短	短	短	中等	长		中等	长		
缓冲吸振能力	好	好	好	中等	差		差	差		
要求制造及安装精度	低	低	中等	中等	高		高	高		
要求润滑条件	不需	不需	一般不需	中等	高		高	高		
环境适应性	不能接触酸、碱、油类、爆炸性气体	一般	好	一般		一般	一般			
成 本	低	低	中	中	中		高	高		

注:① 传递连续回转运动,还可采用双曲柄机构(一般为不等角速度)和万向联轴器(传递相交轴运动)。

② 表中普通齿轮传动指闭式普通渐开线齿轮传动,蜗杆传动指闭式阿基米德圆柱蜗杆传动。

表 20-2　实现其他特定运动的常用机构的特点与应用

运动形式		传动机构	特点和应用
间歇回转		槽轮机构	运转平稳,工作可靠,结构简单,效率较高,多用来实现不需经常调节转动角度的转位运动。
		棘轮机构	常用连杆机构或凸轮机构组合,以实现间歇回转;冲击较大,但转位角易调节,多用于转位角小于 45° 或转动角度大小常需调节的低速间歇回转。
移动	等速直线移动或环形移动	带传动	平稳,传递功率不大,多用于水平运输散粒物料或重量不大的非灼热机件,加装料斗后可作垂直提升。
		链传动	传递功率较大,常用于各种环形移动的输送机。
	往复直线运动	连杆机构	常用曲柄滑块机构;结构简单,制造容易,能传递较大载荷,耐冲击,但不宜高速;多用于对构件起始和终止有精确位置要求而对运动规律不必严格要求的场合。
		凸轮机构	结构较紧凑,其突出优点是在往复移动中易于实现复杂的运动规律,如控制阀门的启闭很适宜;行程不能过大,凸轮工作面单位压力不能过大;重载容易磨损。
		螺旋机构	工作平稳,可获得精确的位移量,易于自锁,特别适用于高速回转变成缓慢移动的场合,但效率低,不宜长期连续运转;往复可在任意时刻进行,无一定冲程。
		齿轮齿条机构	结构简单紧凑,效率高,易于获得大行程,适用于移动速度较高的场合,但传动平稳性和精度不如螺旋传动。
		绳传动	传递长距离直线运动最轻便,特别适用于起升重物的上下升降运动。
	往复摆动	连杆机构	常用曲柄摇杆机构、双摇杆机构,其他与作往复直线运动的连杆机构相同。
		凸轮机构	与作往复直线运动的凸轮机构相同。
		齿条齿轮机构	齿条往复移动,齿轮往复摆动;结构简单、紧凑,效率高;齿条的往复移动可由曲柄滑块机构获得,也可由气缸、油缸活塞杆的往复移动获得。
曲线运动		连杆机构	用实验方法、解析优化设计方法或连杆图谱而获得近似连杆曲线。
振动		凸轮机构	中等频率,中等负荷;如振动送砂机。
		连杆机构	频率较低,负荷可大些;如振动输送槽。
		旋转偏重惯性机构	频率较高,振幅不大且随负荷增大而减小,如惯性振动筛。
		偏心轴强制振动机构	利用偏心轴强制振动;频率较高,振幅不大且固定不变,工作稳定可靠,但偏心轴固定轴承受往复冲击易损坏。

此外，尚需指出，在一台机器中可能有几个彼此之间必须严格协调运动的工作构件。如图 20-12(a) 所示的牛头刨床刀座的往复运动和支持工件的工作台的间隙进给运动需按图 20-12(b) 所示运动循环图协调运动，一般均采用一台原动机驱动同一工作轴（如图 20-12(a) 中的 A 轴），再由此通过控制机构（如图 20-12(a) 中的凸轮）使传动系统作并联分支。如一台机器中各执行构件的运动彼此无需协调配合，则可由多台原动机分别驱动，亦可共用一台原动机通过传动链并联分支驱动各个执行构件。

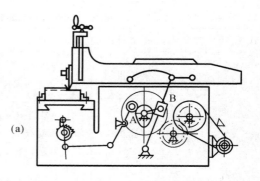

(a)

(b)

刀座	工作行程	空回行程	
工作台	停止	进给	停止

曲柄转角 $\varphi \to 2\pi$

图 20-12

选择原动机的类型应综合考虑能源供应及环境要求，工作机的负载大小和性质、启动、制动、正反转、调速情况、运动精度、外形尺寸、总体布局以及性能价格比等因素。关于液动和气动的特点和应用，已在第 19 章作了阐述。内燃机具有功率范围广、操作简便、起动迅速和便于移动等优点，但对燃油的要求较高，排气污染和噪声均较大，大多用于野外作业和移行机械，如拖拉机、车辆、船舶等。电动机有较高的驱动效率和运动精度，而且具有良好的调速、起动、制动和反向等运行特性，一般常作为原动机的首选类型。一般无特殊要求（如在较大范围内平稳地调速，经常起动和反转等）的生产机械多采用全封闭自扇冷鼠笼型 Y 系列三相异步电动机，其技术数据（如额定功率、满载转速、堵转转矩与额定转矩之比、最大转矩与额定转矩之比等）外形及安装尺寸可查阅产品目录或有关机械设计手册。

用于长期连续运转、载荷不变或很少变化、在常温下工作的电动机，如果其所需输出功率为 P_0，则电动机的额定功率 P_m 可按 $(1 \sim 1.3)P_0$ 选取，功率裕度大小应视机器可能过载的情况而定。

电动机所需输出功率 P_0 按下式计算

$$P_0 = \frac{P_w}{\eta} \quad (kW) \tag{20-1}$$

式中：P_w 为执行装置所需功率，kW；η 为由电动机至执行装置的传动总效率。

执行装置所需功率 P_w 应由机器工作阻力和运动速度经如下计算求得（或经实测确定）

$$P_w = \frac{F_w \cdot v_w}{1\,000\eta_w} \quad (kW) \tag{20-2}$$

或

$$P_w = \frac{T_w \cdot n_w}{9\,550\eta_w} \quad (kW) \tag{20-3}$$

式中：F_w 为执行装置的阻力，N；v_w 为执行装置的线速度，m/s；T_w 为执行装置的阻力矩，N·m；n_w 为执行装置的转速，r/min；η_w 为执行装置的效率。

需要指出，执行装置的阻力 F_w（或阻力矩 T_w）除少数情况以及为简化计算视为常值外，一般均非常值，有些是有规律变化（如压气机的气压力随活塞位移而变化），有些则随机地无规律地变化（如汽车山路行驶），因此，传动系统创新设计确定载荷谱除采用计算法外，还常需采用类比法和实验测定法。

由电动机至执行装置的传动总效率 η 按下式计算

$$\eta = \eta_1 \cdot \eta_2 \cdot \eta_3 \cdots \eta_n \qquad (20\text{-}4)$$

式中：η_1、η_2、$\cdots$、η_n 分别为传动装置中每一级传动副（齿轮、蜗杆、带或链传动等）、每对轴承或每个联轴器的效率，其值可查阅机械设计手册。

二、机构创新

人类最初创造的是各种工具和简单的机构，它们所实现的功能属于简单动作功能，例如杠杆、斜面、滚轮、弓箭等，都成功地被用来实现运动和力的简单的转换。东汉初期中国的水排（水力鼓风机的发明）通过水轮 — 传动带 — 连杆把轮轴旋转变为风扇拉杆直线运动不断启闭鼓风。这说明人们创造出了连杆机构、齿轮机构等几种基本机构，这些机构及它们的组合，能够实现复杂的动作功能。在执行机构和传动机构设计中所涉及的条件和要求是多方面的，而且情况也千变万化，有时仅采用简单的常用机构无法满足要求，因此，需要根据实际需求设计创新新机构。然而新机构不可能凭空想象出来，而是在已有机构的基础上（包括各种手册、期刊及专利资料中介绍的机构和图例），通过组合、变异、演绎和再创造等途径获得。

为了满足设计要求，可将若干个子机构联合起来构成一个新的组合机构，它具有单一子机构难以实现的运动和动力特性。通常以前一子机构的从动件作为后一子机构的主动件组合而成新机构，如第 9 章中图 9-30 所示手动冲床、图 9-31 所示筛料机的主体机构分别由两个四杆机构 ABCD 和 DEFG、双曲柄机构 ABCD 和曲柄滑块机构 DCEF 组合而成新机构，

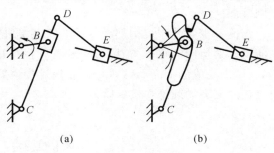

(a)   (b)

图 20-13

分别得到两次放大增力和使筛子产生更不均匀的运动以达到更好的筛料效果。

通过改变已知机构的结构、构件的数量或构件间的联接关系，也可发展出新的机构。如图 20-13(a) 中导杆 CD 由直槽改为圆弧槽，而且圆弧的半径恰好等于曲柄半径，圆弧的中心与曲柄轴心 A 重合，滑块改成滚子（图 20-13(b)），则当滚子处于导杆 CD 圆弧槽内的位置时，曲柄滑块机构得到准确的停歇，这是一种机构的变异。

图 20-14(a) 中铰链四杆机构的摇杆与滑块机构的连接改为图 20-14(b) 中连杆、导杆与滑块机构连接，只要滑块与连杆的连接点 E 的轨迹有一段直线，且此直线段恰好与通过导杆

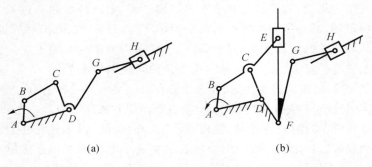

(a)   (b)

图 20-14

轴心 F 的导轨平行,则该点走在直线段上时,摇杆 GF 停歇,滑块也停歇,这是一种机构的演绎。

在设计新机构时,除了上述方法外,灵活地运用机构学、物理学、数学的原理,创造新的机构也是一个重要的途径。如在许多机械中,惯性力与重力属于消极因素,但也可设法使它们产生积极作用,形成有用的机构。图 20-15 所示的蛙式打夯机就是利用重锤的离心惯性力进行工作,重锤转动中,当离心惯性力向上时(图 20-15(a))使夯头抬起;当离心惯性力向下时(图 20-15(b)),在夯头和重锤的重力及离心惯性力的作用下夯实地面。打夯机上转动的离心惯性力还使整个机器间歇向前运动。

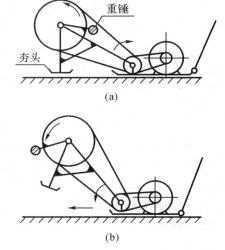

图 20-15

工程技术不断发展和进步,各种机械的自动化、高效能化程度愈来愈高,如自动进给、自动切削、自动装配、自动检测等,单纯的机械机构已无法满足要求。随着科学技术的发展,出现光、机、电、磁、液、气等综合应用的广义机构,并且获得日益广泛的应用。如第 19 章图 19-29 所示钻孔和割削顺序动作功能的实现即应用了机、电、液结合的广义机构。广义机构在机构创新中具有重要意义和广阔发展前途。

当前不少学者在机构创新设计的研究中取得了较好的成果,如颜鸿森教授提出的机构创新设计的运动链再生方法,Hoeltzel 教授提出的基于知识的机构选型设计智能化方法,Yang 博士完成的 DOMES 机构创新设计专家系统等,均表明机构创新设计不仅有章可循,而且正向更高的理论和实践阶段迈进。

§20-5　机械结构的改进与创新

机械及其零部件的结构是机构实现功能的载体,新颖的、先进的原理方案必须有良好的结构来保证,结构的改进与创新是机械发展和创新的重要内容。结构创新涉及面非常广泛,有重组功能的结构创新、提高价值的结构创新、面向装配的结构创新、面向制造的结构创新、提高工作能力的结构创新、节能和提高效率的结构创新、面向环境和人机关系的结构创新、提高精度的结构创新、减小振动和噪声的结构创新、改善润滑密封和减轻腐蚀的结构创新以及面向特定条件和要求的结构创新。限于篇幅,这些结构创新的专题不能一一介绍。以下将对机械结构的改进与创新方面所需注意的几个共性问题作些浅介。

1) 结构的改进与创新以实现功能、提高性能和降低成本为设计基石。

2) 机件结构应与生产条件、批量大小及获得毛坯的方法相适应。

机件毛坯有铸件、锻件(自由锻件、热模锻件)、冷冲压件、焊接件及轧制型材等多种。机件结构的复杂程度、尺寸大小和生产批量,往往决定了毛坯的制作方法(如批量很大的钢制机件,当其尺寸大而形状复杂时常用铸造,尺寸小且形状简单的则适于冲压或模锻),而毛坯的种类又反过来影响着机件的结构设计。表 20-3 摘列了铸件、焊接件、锻件、冲压件结构设计注意事项示例,各种坯件结构设计规范可查阅机械设计手册和有关资料。

表 20-3　铸件、焊接件、锻件、冲压件结构设计注意事项示例

铸件		焊接件	
不合理的结构	改进后的结构	不合理的结构	改进后的结构
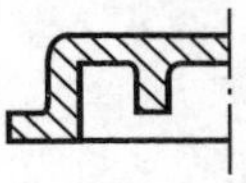 内外壁无起模斜度	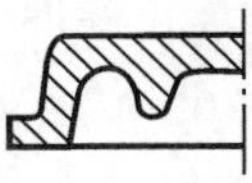 内外壁有起模斜度	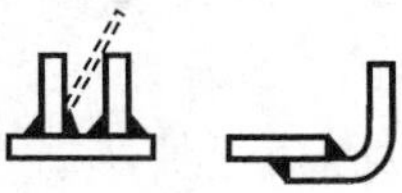 焊接操作不便	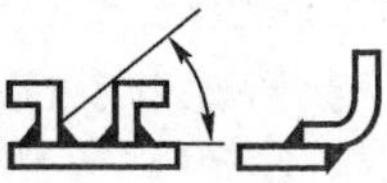 便于焊接操作
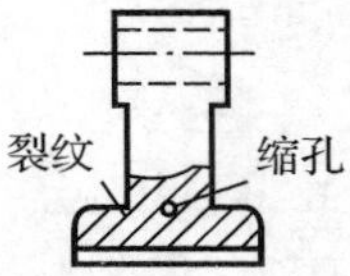 壁厚相差太大,收缩不均	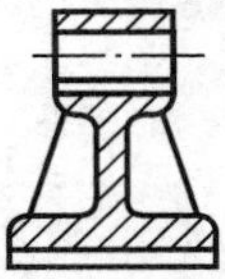 补偿壁厚,适当加肋	 焊口过分集中,易变形、开裂	 分散焊口
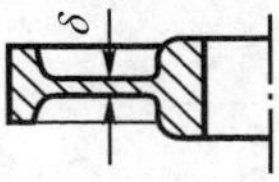 δ<铸件最小壁厚	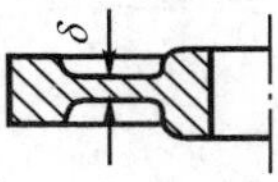 δ≥铸件最小壁厚	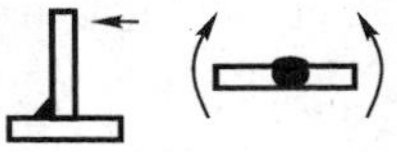 焊缝底面不宜作为受拉侧	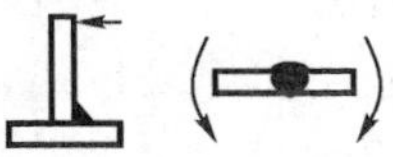 焊缝底面作为受压侧
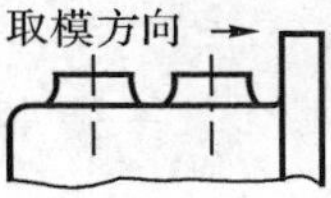 须设活块才能取模	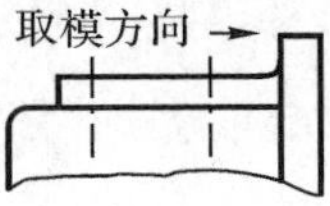 减少取模方向凸起部位	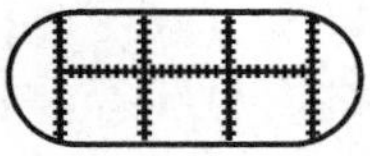 焊缝十字相交,内应力大	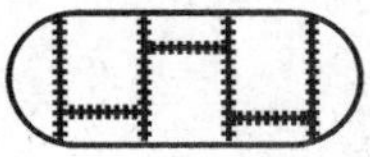 焊缝错开,减小内应力
锻件		冲压件	
不合理的结构	改进后的结构	不合理的结构	改进后的结构
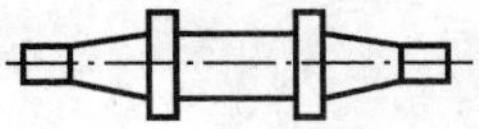 锥形不便锻造	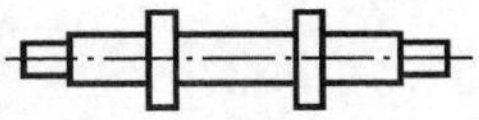 避免锥形	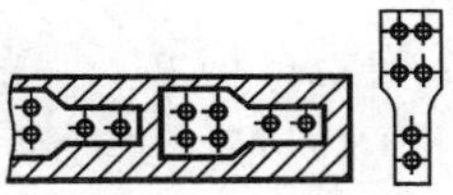 浪费材料	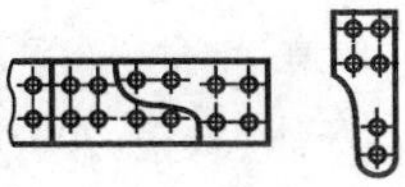 节省材料
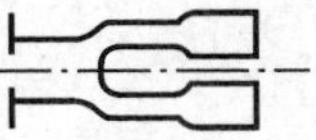 锻件内部凸台	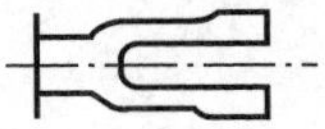 内部无凸台	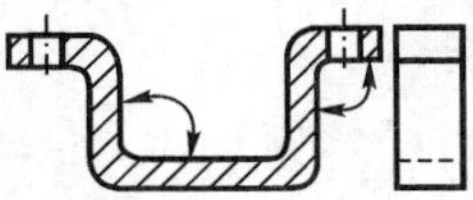 冲压件回弹,90°角不易	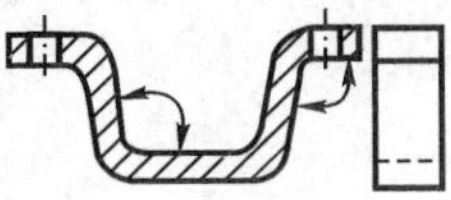 考虑冲压件回弹
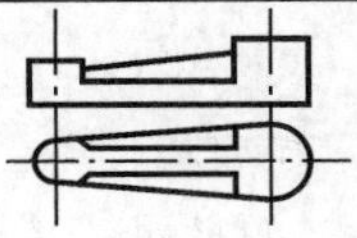 锻件设加强肋	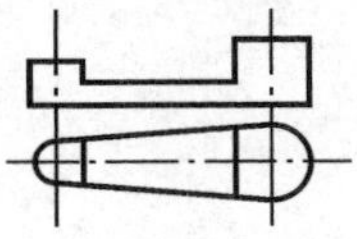 无加强肋	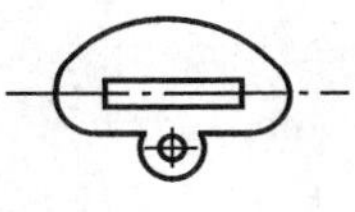 尖角处降低模具寿命	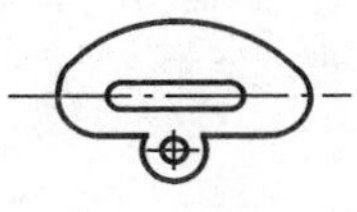 倒圆提高模具寿命

3）机件结构应便于机械加工、装拆、快速调整与检测。

在满足使用要求的前提下，机件结构应尽量简单，外形力求用最易加工的表面（如平面和圆柱面）及其组合来构成，并使加工表面的数量少和面积小，从而减少机械加工的劳动量和加工费用。结构应注意加工、装拆、调整与检测的可能性、方便性。表 20-4 摘列了机械加工件和装配件结构设计注意事项示例。可实现快速装拆、快速调整的结构创新专利不断涌现。

4）机件结构应有利于提高强度、刚度、精度，减少冲击振动，延长寿命，节省材料。

在外载相同时，改善机件的结构常可得以减载、分载和充分利用材料的性能。如图 20-16（a）所示的卷筒轮毂很长，如果把轮毂分成两段（图 20-16（b）），不仅减小了轴的弯矩，还能得到更好的轴、孔配合。图 20-17 所示两板受横向载荷，用紧螺栓联接，结构由 a 改为 b，则横向载荷由两板凸榫分担，螺栓所需的预紧力将大为减小。

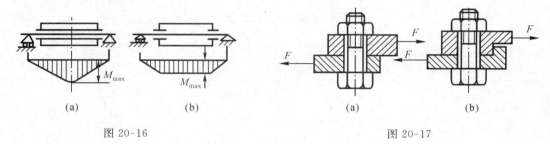

图 20-16　　　　　　　　　　　　图 20-17

图 20-18 所示铸铁支架的结构由 a 改为 b，则能充分利用铸铁抗压强度高的特点。机件采用组合结构（图 20-19），可使贵重材料只用在必需的部位。对形状不对称的高速回转机件，常加设平衡重或钻削平衡孔，以减少不平衡力引起的振动，图 20-20 即为带平衡重的曲轴结构形状。

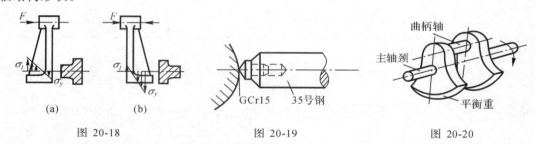

图 20-18　　　　　　　　图 20-19　　　　　　　　图 20-20

机件上任何地方都不宜有形状的急剧突变，应采取圆角等过渡曲线或开设卸载槽以减小结构上的应力集中，同时尽可能使外载荷通过或接近机件截面的形心，避免产生或减小附加载荷。

为避免机件经热处理后因内应力而引起的翘曲、断裂或裂缝，必须对结构的壁厚不均、弯角或肋的位置及其构造形状作周密考虑。图 20-21 所示机件上设置圆孔就是为了使壁厚大致均匀，以减少热处理后产生的翘曲变形而降低精度。

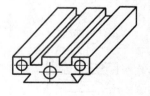

图 20-21

表 20-4　机械加工件和装配件结构设计注意事项示例

机械加工件		装配件	
不合理的结构	改进后的结构	不合理的结构	改进后的结构

机械加工件：

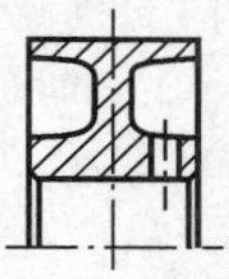

螺纹无法加工　｜　轮缘上开工艺孔

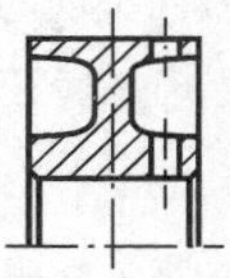

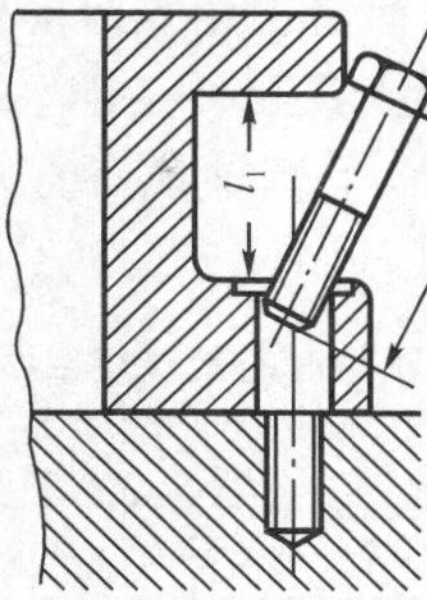

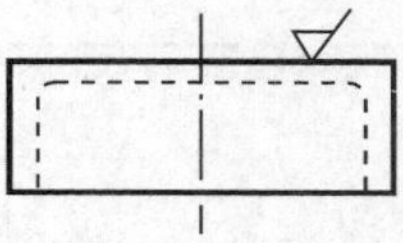

难以在机床上固定　｜　增加夹紧凸缘 / 开夹紧工艺孔

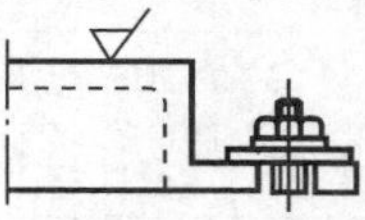

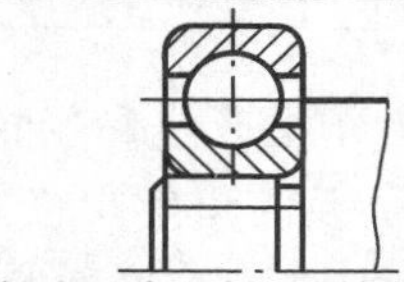

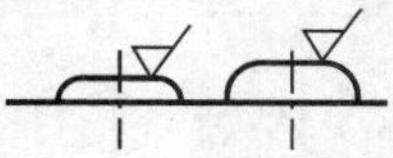

需要两次走刀　｜　一次走刀

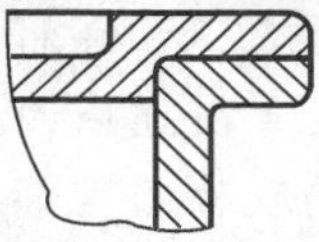

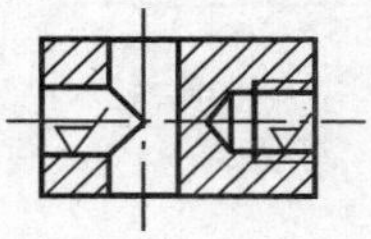

需要两次装卡　｜　一次装卡，易保证孔的同轴度

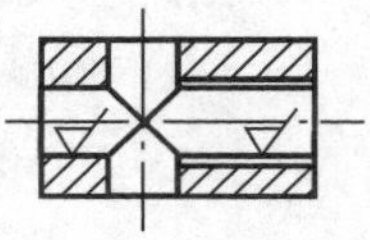

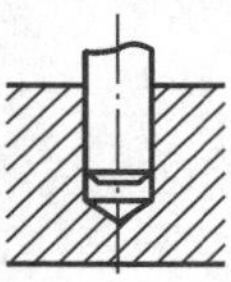

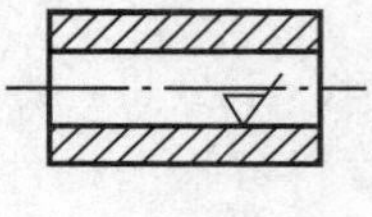

精车长度过长　｜　减小精车长度

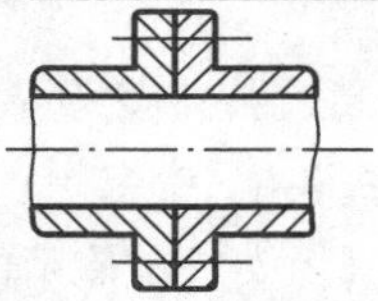

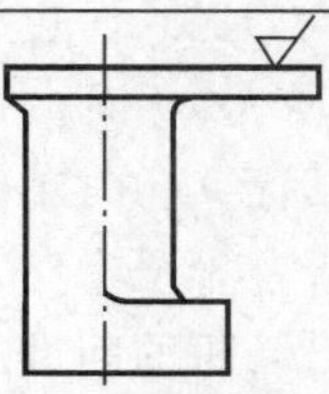

刚度不足，加工时易变形　｜　增设加强肋

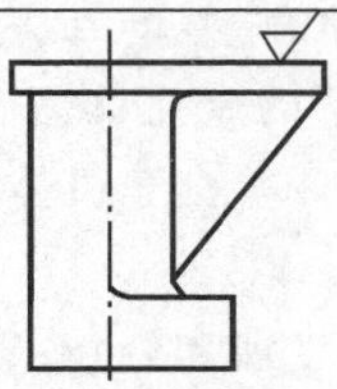

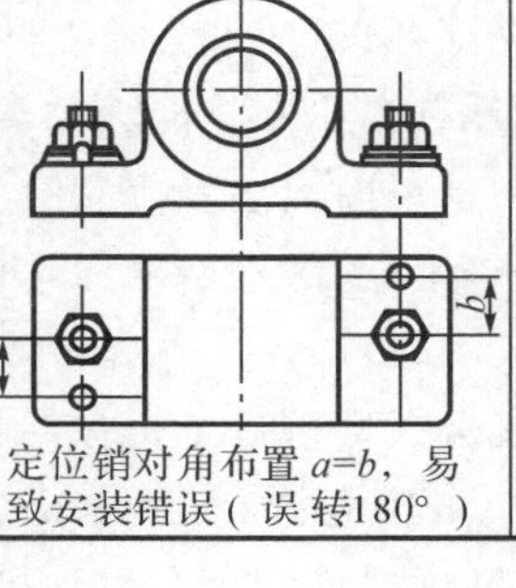

装配件：

$l_1 < l_2$ 时螺钉无法装入　｜　应使 $l_1 > l_2$ 或采用双头螺柱联接，注意扳手空间

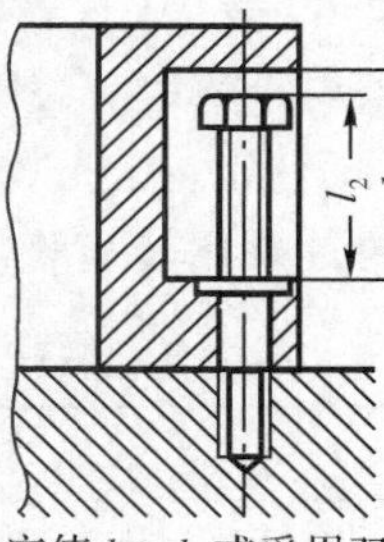

轴肩过高，轴承拆卸困难　｜　轴肩高度应小于内圈厚度

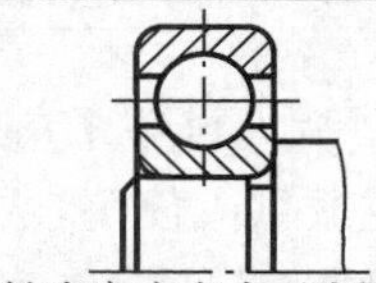

圆柱面配合较紧时，拆卸不便　｜　增设拆卸螺钉

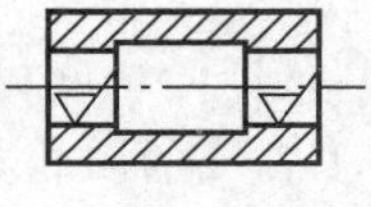

装销时空气无法排出　｜　开设排气孔 / 开设排气槽

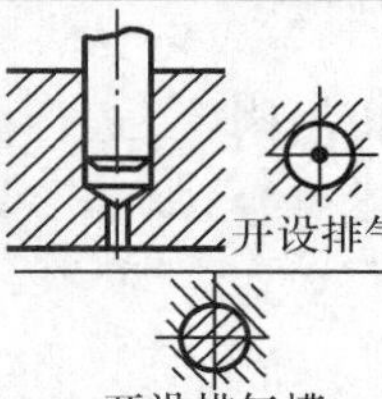

无定位基准，同轴度难保证　｜　有定位基准同轴度易保证

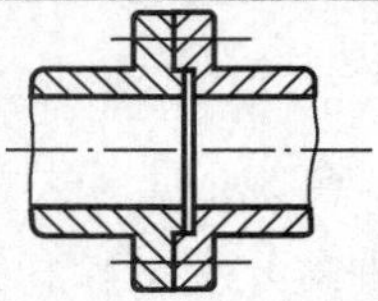

定位销对角布置 $a=b$，易致安装错误（误转180°）　｜　将销同侧布置或使 $a≠b$

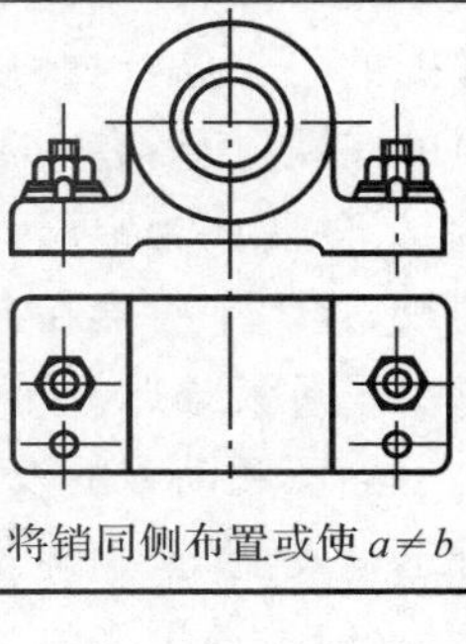

355

　　机件在承受弯曲和扭转载荷时，截面形状对其强度和刚度影响很大，合理选用截面形状不仅可以节省材料、减轻重量，还可增大刚度。对于机壳、机架等大型机件的截面形状更应予以特别重视。表 16-6 中列出的不同截面形状面积基本相等，然而能承受的弯矩和扭矩则极为悬殊。表 20-5 表明，在截面积相等时受转矩的空心轴的强度和刚度均比实心轴高。表中，d_0、d 分别为空心圆轴的内径和外径；W_0、W 分别为空心圆轴和实心圆轴的抗扭截面模量；I_0、I 分别为空心圆轴和实心圆轴截面的极惯性矩。可以看出，当 $d_0/d \geqslant 0.5$ 时，采用空心轴的效果比较显著。

表 20-5　　截面积相等的受转矩空心轴比实心轴强度和刚度提高的相对值

d_0/d_1	0.1	0.2	0.3	0.4	0.5	0.6	0.7	0.8	0.9
W_0/W	1.01	1.06	1.14	1.27	1.44	1.70	2.09	2.73	4.15
I_0/I	1.01	1.08	1.19	1.38	1.67	2.12	2.92	4.55	9.46

　　5）从人机关系角度进行结构改进和创新。

　　机械供人使用，从人机关系的角度出发对结构的基本要求为：① 结构布置应与人体尺寸和机能相适应，使人操纵方便省力，减轻疲劳；② 显示清晰，易于观察监控；③ 安全舒适，使操作者情绪稳定，心情舒畅。人机工程学对照度、噪声、灰尘、振幅、操作时身体作用力以及身体的倾斜等都作了舒适、不舒适以及生理界限的规定。结构应使产品在实现物质功能的同时具备良好的精神功能。对应用美学法则（比例与尺度、均衡与稳定、统一与变化、节奏与韵律以及色彩调谐原则等）进行机械产品造型设计，实现技术与艺术融合，提高产品的竞争能力应给予高度重视。图 20-22 所示的蜗杆减速器的结构造型由 a 改进为 b，外形简洁明快、美观，便于不同的安装和布置。

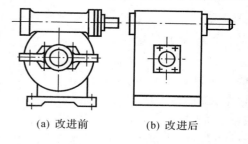

(a) 改进前　　　　(b) 改进后

图 20-22

　　6）材料、能源动力和制造技术的发展促进机械结构的改进和创新。

　　传统的金属材料（钢铁和铝、铜等）正向全材料范围（包括金属材料、无机非金属材料、有机高分子材料和复合材料）转移，常用的结构材料逐渐向功能材料转移，不少机件原先采用的金属材料被发展很快的新型塑料成功取代，人工合成的多相复合材料可根据机件材料性能的要求进行材料设计。21 世纪的材料"明星"——智能材料，将使机械结构和功能产生质的飞跃。例如有一种具有自我修复能力的智能材料，其由五层构成，中心是镍，两边为碳化钛，最外两层为铝层，一旦表面铝层发生裂纹，内层的碳化钛就会氧化、增大，从而填补修复裂纹，这为宇航器在太空运行、潜水艇在深水中作业等由于机体某部受损而又一时难以检修解决了重大难题。

　　能源和动力的发展极大地推进了机械结构的发展和创新。蒸汽机、电动机的问世促使机械迅猛发展，调速电机、步进电机、直线电机、伺服电机的发展都将使机械传动装置得以简化。火箭发动机燃料和氧化剂均储存在发动机内部，不用从外部吸入空气，即可在发动机内将两者混合燃烧，所以能在没有空气的宇宙中航行。汽车给人类交通提供了很多方便，但环境污染已成了公害。如今人们已在利用非石油燃料,利用外燃机,发展蓄能汽车(蓄电池汽车和飞轮汽车),利用太阳能、原子能和由微波传送的外供电能,以及进行清洁能源、绿色能源、生物能源、可再生能源的开发,进而促使机械结构的改进和创新。现在利用光伏玻璃吸收太阳能发电的技术也正在崛起。

制造技术的发展与机械结构的改进和创新密切相关。先进制造技术是传统制造技术、信息技术、自动化技术和现代管理技术等的有机融合。先进的单元制造工艺包括五大类,分别涉及材料的质量改变(如切削、电化学加工、激光加工)、相变(即由液态变成固态,如铸造、注塑成型)、结构改变(如热处理)、塑性变形(如锻造)、固化(如焊接、粉末冶金加工等),其中一些特殊材料(如陶瓷、复合材料、特种合金)的加工工艺以及制造工艺的使能技术(包括建模与仿真、传感与检测技术、误差评定及测量等)的发展,使机件超高硬度、超精细、复杂形状制造工艺等跃上了新的台阶。3D打印能迅速实现其他技术无法获得的复杂几何形状和内腔以及创意早期的设计验证。这些都为解除在结构的改进和创新中受到的制造工艺的束缚大大拓宽了途径。当前智能制造也正在兴起。

世纪之交,高科技领域里纳米(1纳米即1毫微米)技术正在异军突起。纳米技术是用单个原子、分子制造物质的科学技术,它可以制造比一粒芝麻还要小的高性能微型发动机、可秤质量为亿亿分之二百克的单个病毒的纳米"秤",等等。科学家们认为纳米技术使许多科学狂想正在成为现实,它将引起一场堪与18世纪工业革命相媲美的产业革命,进一步激起创新浪潮。

7)为提高机械的价值而改进创新。

前已述及产品的功能价格比这一概念,亦即价值 $V =$ 产品功能 $F/$ 成本 C,要提高产品的 V 值可以从下述几方面入手:① 在提高功能同时降低成本;② 保证产品功能不变而降低成本;③ 保持产品成本不变而提高产品功能;④ 成本略有提高而产品功能大幅度提高;⑤ 不影响产品主要功能而略降某些次要功能使成本大幅度降低。可见提高机械产品的 V 值可从功能分析和成本分析两方面入手改进和创新。在产品中一般选择结构复杂的零部件,数量多的零部件,体积、重量大的零部件,消耗材料多或用稀有贵重金属材料制造的零部件以及出现废品率高的零部件作为重点分析对象,采取措施降低原材料消耗和废品率,改进、简化结构,减少零部件数目,缩小体积,降低加工难度和减少工时以降低成本。

8)应用基本原理,融合科技进步,发挥创新思维。

应用基本理论逻辑推理进行创新是非常重要的途径。如从楔槽摩擦原理可获梯形螺纹、V带传动、楔槽摩擦轮、楔槽摩擦离合器的应用;从液体动压原理可以拓展出液体和空气动压轴承,解决高速凸轮平底从动件的润滑问题;从啮合理论导致各种范成法齿轮加工机床和工艺以及新型齿廓的诞生;力学原理引发各种减载、均载、载荷抵消、截面选择、抗振、激振、降噪声、稳定、预紧、自补偿结构的创新。

当今科学技术突飞猛进,使得机械创新的途径更广、层次更高。如精密定位工作台采用激光测距,用计算机控制运动规律,组成闭环控制系统;对高速平面电机式自动绘图机的驱动头利用磁力使其"悬挂",应用气浮导轨原理在贴合面间吹入压缩空气并形成气垫,使其在高速移动时几乎没有摩擦阻力;运用价值设计对机械结构进行技术经济评价和分析,运用优化设计寻找结构设计的最佳方案;运用有限元设计、计算机辅助设计能准确地计算复杂机件的强度、刚度,自动地、合理地确定和创新机件的结构。

构形变换是实现结构创新的重要手段。通过改变零部件有效面的形状、大小、数目、联接状况和位置引发出千变万化的改进和创新，如圆柱面轴和孔的过盈联接变换为各种成型联接，单键联接变换为花键联接，曲柄销半径扩大使曲柄变换为偏心轮，直齿轮变换为斜齿轮，双缸直立型发动机变换为 V 型发动机，圆柱蜗杆传动变换为弧面蜗杆传动，固定式联轴器变换为可移式联轴器，非调心轴承变换为调心轴承，从结构固定变换为模块组合、折叠便携，从常态变换为巨型或微细，等等。

好的创新构思往往成为机械创新的突破口。人类创造转动的轮子是伟大的创新，进而把转动转变为往复移动和摆动、间歇步进运动以及实现按预定运动规律、轨迹的运动同样是伟大的创新。从鸟在天空中飞、鱼在水里游萌发出飞机、潜艇的构想，从突破人用针尾引线上下穿刺手工缝衣的思维定式到创造用针尖引线的家用缝纫机，以及我国詹天佑发明的列车车厢接合装置、飞机旅客用安全带的带扣（易装易卸）、组成运动副的两个刚性构件为减少摩擦而使其不直接接触以及奇特的拉链和门锁等都源于独特的创新思维、巧妙的创新构思和艰苦的创新实践。

§20-6　机械现代设计与机电一体化

一、机械现代设计

随着电子计算机的发明和科学技术的进步，国际上大约从 20 世纪 60 年代末期开始，在机电产品的设计领域中相继出现了一系列新兴学科，主要有设计方法学、最优化设计、计算机辅助设计、可靠性设计、有限元设计、价值设计、工业艺术造型设计以及智能设计等，我们把这些新兴学科统称为现代设计。现代设计是过去传统设计方法的延伸和发展，但却使机电产品的设计工作发生了质的变化，对提高机械设计水平，缩短设计周期，产生巨大的技术和经济效益，对机械的发展和创新具有重大意义。以下作些概略介绍，以拓宽创新领域视野，促进进一步学习和运用现代设计进行创新。

现代设计方法学，是研究设计程序、设计规律和设计中思维与工作方法的一门新兴综合学科。其研究内容有两种体系：一种是以"功能 — 原理 — 结构"框架为模型，采用从抽象到具体的思维方法，通过框架的横向变异及纵向组合获得多种设计方案，再从中选择最佳方案；另一种是在知识、手段和方法不充分的条件下，运用创造技法充分发挥想象、进行辩证思维形成新的构思或设计，将科学的思路、成熟的设计模式和解法等编成规范供设计人员参考，从而使传统设计中的经验、类比法设计提高到逻辑的、理性的、系统的新设计方法水平。

现代最优化设计，是以数学规划论为理论基础，在充分考虑多种设计约束的前提下将实际设计问题按预定追求的目标（如承载能力最大、重量最小、成本最低、振动最小、最佳逼近预定的运动规律和轨迹等）建立数学模型，使用优化方法计算机程序通过电子计算机迭代计算自动寻求最佳设计方案。传统设计最多只能作出几个候选的可行设计方案，在其中选取一个认为较满意的方案，这样无论在设计时间、优化程度方面都是无法与最优化设计相比拟的。我国现已开发了先进的 OPB 优化方法程序库以及 PLODM 常用机械零部件及机构优化设计程序库，为推广和普及优化设计创造了条件。

　　计算机辅助设计(Computer Aided Design,简称CAD),是将人和计算机各自的特点组合起来在设计领域发挥最佳能力的一门技术。一般来说,属于创造性的思维活动(如设计方案构思、工作原理拟定等)主要由人承担,人们将设计原则、要求和方法通过程序、指令及输入参数等方式告诉计算机,计算机在进行繁琐和重复性计算、分析、检索以及绘图的工作中具有人无法比拟的高效、准确的能力。当前的CAD还能进行动态模拟,在计算机仿真(如外形及装配关系仿真、运动学仿真、动力学仿真、加工过程和试验过程仿真等)以及分析决策、人工智能等方面发挥很大作用,能从根本上改进设计,达到一次成功,实现高水平和自动化设计。虚拟现实是从仿真和CAD的基础上发展起来的。虚拟原型生成是一种新出现的技术。它可以在一个虚拟环境中模拟产品原型设计;它可以使设计者在设计的早期阶段对设计方案作主要的和决定性的分析;它包括制造、装配和拆卸;它可以通过对"产品数据模型"的管理来完成产品全生命周期的数据管理;它可以充分利用目前已有的CAD系统的资源,是3D图形的一种自然的延伸。专家系统是人工智能的重要分支,这种计算机程序系统的基本结构如图20-23所示,它包含人类专家在特定领域内的丰富知识,并能进行逻辑演绎推理,模仿专家决策的过程,来分析问题和解决问题,因而能够在专家的水平上工作,对于机械创新设计具有巨大的潜力和重大意义。

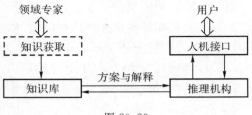

图 20-23

　　并行设计,是在产品的设计阶段就从总体上并行地综合考虑,其从概念形成到报废处理全寿命周期中各方面的要求与相互关系出发进行一体化设计,避免一般传统的串行设计中可能发生的干涉和返工,从而迅速地开发出质优、价廉、低能耗、可持续发展的产品。

　　可靠性设计。在常规机械设计中,有关强度、应力和寿命等指标的评定是以设计数据的均值为准则的,但由于材料、工艺和使用等随机因素的影响,它们实际上是离散的、并呈一定的统计分布状态。如图20-24所示,某零件的强度均值 δ' 远大于应力均值 σ',由于两者统计分布曲线有干涉区(阴影部分),在此区域仍会产生失效,干涉区域愈大,失效的可能性也愈大。可靠度是指在规定的工作条件下,在预定的寿命内保持正常功能的概率。可靠性设计应用概率

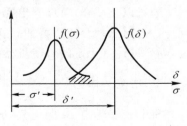

图 20-24

统计理论研究零件、产品或系统的失效规律,可以在给定可靠度下确定零部件的尺寸,或已知零部件尺寸确定可靠度及安全寿命。

　　动态设计。机械产品日益向着高速、高效、精密和高可靠性等方向发展,传统的静强度设计难以反映各种动态因素对机械产品的不利影响。动态设计则是充分考虑到机械本身的动态特性,并与其周围工作环境结合起来,综合考察机械在各种激励作用下的响应情况,在设计阶段,就能准确地预测出机械的动态特性,有针对性地解决机械产品中的有害振动和噪声问题。

　　有限元设计,是根据变分原理和剖分插值将形状复杂的零件或结构分成有限个小单元,从力学角度通过对各个单元的特性分析和整体协调关系,建立联立方程组,采用有限元计算程序(已有商品化软件)求出各单元的应力和应变。当单元划分得合理或足够小时,可以得

到十分精确的解答。有限元设计与优化设计相结合在工程结构领域现已发展到结构形状优化设计,如图 20-25 所示为浙江大学机械设计研究所学者们对渐开线齿轮轮齿通过有限元分割探求其最大应力为最小的齿根过渡曲线。当前,有限元设计还扩展到求解热、电、声、流体等连续介质许多问题。

价值设计(Value Design,简称 VD),随着生产的发展和激烈的市场竞争,用户对产品的价值提出更高的要求。产品的价值看作功能与实现此功能所需成本之比。价值设计是从提高性能和降低成本两方面同时采取措施,更有效地提高产品价值,利用创造性方法寻求合理方案。在新产品开发中进行价值优化设计,效果极为显著。

绿色设计,通常也称为生态设计或环境意识设计,是 20 世纪 90 年代初期围绕发展经济的同时,如何同时节约资源、有效利用资源和保护环境这一主题而提出的新的设计概念和方法。绿色设计在整个产品生命周期内考虑产品的环境

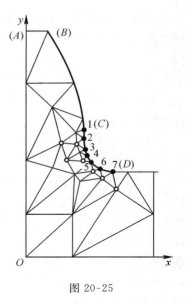

图 20-25

属性(可拆卸性、可回收性、可维护性、可重复利用性等),并将其作为设计目标,在满足环境目标要求的同时,保证产品的应有概念、使用寿命、质量等。

工业艺术产品造型设计,是按人机工程学(人与机器及环境之间所构成的系统内的协调适应关系)和美学法则对工业产品进行造型设计,设计出优质美观、舒适方便、经济实惠的产品,以适应工业产品在国内外市场竞争的需要。传统设计虽也有这方面考虑,但属支离和零星的,没有上升到目前这样系统的、科学的和理论的高度。

通过以上简介,可以看出现代设计具有优化、计算机化、动态化和内在质量与外观质量统一、人性化、社会化等特征。当前,设计领域正处于传统设计加大力度向现代设计过渡的阶段,现代设计毫无疑问将使机械的发展和创新推向新的高峰。

二、机电一体化

机电一体化是 20 世纪 70 年代末国际上逐渐形成的一种由机械技术、微电子技术和信息技术相互融合的综合性技术,使机械产品的构成发生了重大变化。机电一体化机械与传统机械在组成上的区别在于增添了传感器和计算机控制两大部分,具有部分类似于人的智能及操作功能,如图 20-26 所示。在机电一体化产品中,微电子元器件和微处理机所起的作用主要有:检测变换、数据处理、存储记忆、信息反馈、调节控制、数字显示、保护诊断等。

机电一体化产品大致可分为四大类:① 附加电子控制功能的高级机械产品(如数控机床、机器人);② 机械结构和电子控制装置并存的产品(如自动照相机、电子秤);③ 采用电子装置从而简化了机械结构的产品(如自动洗衣机);④ 机械信息处理机构几乎全被电子装置代替的产品(如电子手表)。

数控机床是计算机辅助制造(Computer Aided Manufacturing,简称 CAM)中典型的机电一体化机械,它综合应用了电子计算机、自动控制、精密测量等方面的技术,在自动加工控制中实现了"柔性",现已发展到柔性加工中心,不仅可在不停机的情况下更换加工品种,灵活地修改加工程序,还能代替或部分代替人进行生产管理,在"无人"的情况下,能灵活地更

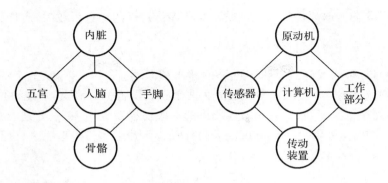

图 20-26

换生产的产品,随时传报各种统计数据,成为自动化生产"无人工厂"的基本细胞。

机器人是一种典型的机电一体化产品,人类可以通过编程指令使其完成预期的动作以代替人的工作、为人类服务:其功能十分广泛,省时、省力、质量好,能在危险恶劣环境、精准、精细以及复杂工况等特定条件下工作,特别是还具有部分人工智能。机器人起初用于工业领域(如装配机器人、焊接机器人、包装机器人等),随后向军事领域(如军用无人机、排雷机器人、武装机器人等)、家政服务领域(如清洁机器人、导游服务机器人)、医疗领域(如康复机器人、外科手术机器人、能在血管中游动攻击病毒的微型机器人等)拓展延伸。智能机器人关键是靠人工智能技术决策行动,它能根据感觉到的信息进行思维、识别、推理,并作出判断和决策。可以预期,随着机器人与现代科学技术进一步融合创新,必将给人类的文明、生产和生活带来更大的变革和福音。

机电一体化促进机械产品升级换代,并进而开辟新的功能领域,体现了机械产品的发展方向,对人类文明和大幅度提高社会生产力具有重大意义,它是采用新技术、振兴机械工业的必由之路。从某种意义上说,机电一体化也是当前我国机械从制造大国迈向智造大国、创造大国进行机械创新设计的一个主攻方向。

§20-7 机械创新设计方案的评价与决策

创造性设计是发散 — 收敛、搜索 — 筛选,多次反复的过程,在设计的各个阶段都需对所得到的多种方案进行评价、择优。

一、评价目标

评价的依据为评价目标。评价目标有:技术评价目标、经济评价目标和社会评价目标。技术评价目标评价方案在技术上的可行性和先进性,如技术性能、工艺性、可靠性、使用维护性、自动化程度等。经济评价目标评价方案的经济效益,如成本、利润、投资额、回报率、市场寿命等。社会评价目标评价方案实施后对社会带来的影响,如国家政策、国际惯例、资源开发、能源利用、环境污染等。具体选择评价目标应为影响最重要的几项,项数不宜过多(一般为 $6 \sim 10$ 项),以免淡化主要影响因素。

为反映各评价目标的重要程度,定量评价时应对各评价目标相应设置加权系数 $q_i(i =$

$1,2,\cdots,n$,这里 n 为所取评价目标总项数),某项评价目标的加权系数大,意味着该项目标的重要程度高,一般取各评价目标的加权系数 $q_i \leqslant 1$,且 $\sum_{i=1}^{n} q_i = 1$。

建立评价目标体系可通过"评价目标树"来形象表明。图 20-27 为某一产品的评价目标树,其总目标 b(产品评价)按成本和性能分为两个一级子目标 b_1 和 b_2,性能评价目标 b_2 又分为效率和寿命两个二级子目标 b_{21} 和 b_{22};相应的一级加权系数 q_1 和 q_2 分别为 0.3 和0.7,二级加权系数 q_{21} 和 q_{22} 分别为 0.4 和 0.3。子目标加权系数之和等于上一级目标的加权系数,图 20-27 中 $q_1 + q_2 = 1$,$q_{21} + q_{22} = q_2$。

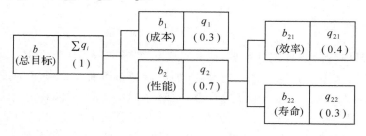

图 20-27

二、评价方法

评价方法很多,下面介绍两种常用的评价方法。

1. 评分法

评分法一般用 5 分制,5 分为理想值,4 分开始进入优等值,1 分开始进入及格值,0 分 ～ 1 分为不及格,各个评价目标均不允许不及格。对评价目标的参数规定理想值、优等值、及格值,再用 5 分、4 分、1 分值及其相应的目标参数规定值组合作为评价曲线的三个特定点,评价目标的实际分值,按其实际参数由联接该三点间的直线段插入法求得。下面举例说明。

例 20-1 某产品的评价目标树如图 20-27 所示,对成本、效率和寿命三个评价目标规定的理想值、优等值和及格值,以及 Ⅰ、Ⅱ、Ⅲ 三种评价目标的实际参数均列于表 20-6 中,试对三种方案采用 5 分制评分法评价择优。

表 20-6 产品的评价目标值

评价目标		成本(元)	效率(%)	寿命(h)
达理想值		300	92	12000
达优等值		400	88	10000
达及格值		600	82	7000
三种方案的及格值	Ⅰ	500	90	10000
	Ⅱ	433	82	11000
	Ⅲ	350	86	9000

解:根据表 20-6 所列数据按理想值、优等值、及格值对成本、效率、寿命分别作其评分线图,如图 20-28 所示,再按三种方案实际参数值用插入法求出各方案相应目标的评分,再计算其分值相加和加权系数分值相加作为评价总分,一道列入表 20-7。

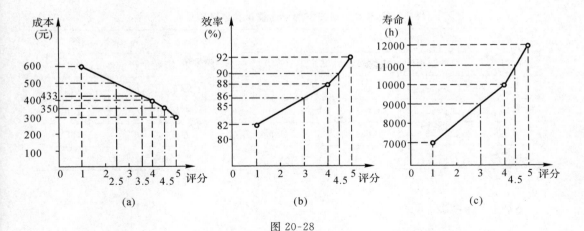

图 20-28

表 20-7　产品评分表

评价目标		成本	效率	寿命	总　　分	
加权系数		0.3	0.4	0.3	分值相加	加权分值相加
三种方案的评分	Ⅰ	2.5	4.5	4.0	11.0	3.75
	Ⅱ	3.5	1.0	4.5	9.0	2.8
	Ⅲ	4.5	3.0	3.0	10.5	3.45

可见,三种方案中,方案Ⅰ分值相加总分和加权分值相加总分均为最高,为最优方案。但其成本较高,应采取措施进一步降低成本,使之更臻完善。

2. 技术 — 经济评价法

这种方法是先分别对方案进行技术评价和经济评价,求出其技术价 W_t 和经济价 W_w,再求出相对价 $W = \sqrt{W_t \cdot W_w}$ 作综合的技术经济评价。

技术价 $W_t = \sum b_i q_i / b_{max}$,其中 b_i 和 q_i 分别为各项技术指标的评分值和加权系数($\sum_{i=1}^{n} q_i = 1$),b_{max} 为最高分值(5 分制 $b_{max} = 5$),W_t 越大表明方案技术性能越好。理想方案 $W_t = 1$,通常认为 $W_t < 0.6$ 为方案技术评价不合格。

经济价 $W_w = H'/H$,其中 H' 和 H 分别为理想生产成本和实际生产成本,W_w 越大表明方案经济效果越好。理想方案 $W_w = 1$,通常认为 $W_w < 0.7$ 为方案经济评价不合格。

相对价 $W = \sqrt{W_t \cdot W_w}$ 作为技术 — 经济综合评价的指标,W 越大表明方案的技术经济综合性能越好。理想方案 $W = 1$,通常认为 $W < 0.65$ 为方案的技术 — 经济综合性能不合格。下面举例说明。

例 20-2　某产品有Ⅰ、Ⅱ、Ⅲ三种轴承方案。表 20-8 列出各方案的技术指标评分 $b_{iⅠ}$、$b_{iⅡ}$、$b_{iⅢ}$ 及加权系数 q_i 和各方案的实际生产成本 $H_Ⅰ$、$H_Ⅱ$、$H_Ⅲ$ 及理想生产成本 H',试对三种方案采用技术 — 经济评价法评价择优。

表 20-8 各方案的已知技术和经济数据

技 术 评 价						经 济 评 价	
评价目标	1.刚度	2.抗振性	3.加工	4.装配	5.使用	实际生产成本 $H(\%)$	
方案 I $b_{i\text{I}}$	4.0	2.0	4.0	3.5	2.0	方案 I H_{I}	125
方案 II $b_{i\text{II}}$	3.5	3.0	3.0	3.0	4.0	方案 II H_{II}	140
方案 III $b_{i\text{III}}$	3.0	4.0	2.5	2.5	4.5	方案 III H_{III}	165
加权系数 q_i	0.3	0.3	0.2	0.1	0.1	理想生产成本 $H'(\%)$	100

解:

1) 求各方案的技术价 W_t

$$W_{t\text{I}} = \sum b_{i\text{I}} q_i / b_{\max} = 0.63$$

$$W_{t\text{II}} = \sum b_{i\text{II}} q_i / b_{\max} = 0.65$$

$$W_{t\text{III}} = \sum b_{i\text{III}} q_i / b_{\max} = 0.66$$

2) 求各方案的经济价 W_w

$$W_{w\text{I}} = H'/H_{\text{I}} = 0.8$$

$$W_{w\text{II}} = H'/H_{\text{II}} = 0.714$$

$$W_{w\text{III}} = H'/H_{\text{III}} = 0.606$$

3) 求各方案的相对价 W

$$W_{\text{I}} = \sqrt{W_{t\text{I}} \cdot W_{w\text{I}}} = 0.71$$

$$W_{\text{II}} = \sqrt{W_{t\text{II}} \cdot W_{w\text{II}}} = 0.681$$

$$W_{\text{III}} = \sqrt{W_{t\text{III}} \cdot W_{w\text{III}}} = 0.632$$

可见,三种方案中,方案 I 技术价、经济价均合格,且相对价、经济价均最高,应优选方案 I;但其技术价较低,应采取措施进一步提高技术水平,使之更臻完善。

§20-8 创新设计的一般技法及创造性思维

一、创新设计的一般技法

1. 适应需求法

通过注意和调查生产或生活中的关键需求,钻研提出发明创新的课题和方法,如"爬楼梯"小车、自动测力矩扳手和限矩扳手、汽车防撞装置、折叠便携式自行车等。

2. 观察分析法

人们通过感官有目的、有计划地感知客观对象,获取科学事实,并进行发明创新。如观察分析超导体排斥磁力线的现象导致发明高速磁悬浮火车。

观察分析法还可以有希望列举(如希望像野鸭一样能在天空飞和水中游,导致创造海空两栖飞机)和缺点列举(如整体式滑动轴承不便于轴的装配,导致创造剖分式滑动轴承)。

3. 组合创新法

将现有的技术或产品通过功能原理、构造方法等的组合变化形成价值更高的新的技术思想或新产品。

组合创新法按组合的内容可以有技术组合(如机械技术与电子技术组合成机电一体化技术,产生数控机床、机器人)、功能组合(如录音电话、可视电话)、原材料组合(如铁芯铜线、复合材料)、零部件的组合(如组合刀具、组合机床)等。

此外,组合还可以用随机组合的手段把两种事物进行"强制性"的组合,以产生意想不到的效果,可称为随机组合构思法。随机组合构思法有两种不同的实施方法:一种是产品目录法(从产品目录表中任取两种产品组合成一种独特的新东西,如笔记本和电脑组合成笔记本电脑),一种是二元坐标法(将各种事物、功能、材料、颜色、外形等组成二元坐标表,随机组合判断是否已有组合、有组合意义、还是一时难以判断)。

4. 联想类推法

通过对事物由此及彼的联想和类推进行发明和创新。联想类推法可分为以下几类:

1) 联想构思法。对事物间的关系有接近联想(如伏特发现有人用两种金属接触舌头有麻的感觉联想到由两种金属组成伏特堆产生电流)、相似联想(如由滚珠轴承联想到创造滚珠导轨、滚珠丝杠和滚珠蜗杆)、对立联想(如由加热毂孔使之膨胀可以和轴获得过盈配合联想到冷缩轴颈时轴和孔同样可以获得过盈配合、由内燃机联想到外燃机等)。

2) 类比移植法。根据两个事物间在某些方面(如外形、结构或性能、需求等)的相似或相同,从而类推出它们在其他方面的性能、需求或外形、结构等也可能相似或相同而加以运用。类比移植法有直接类比移植(如由车床突然停电、超硬质合金车刀黏结在工件上,直接类比移植发明摩擦焊接法)、因果类比移植(如由面包因加发酵物后的疏松多孔而类比移植在熔化的金属中加入起泡剂,迅速冷却后形成轻质泡沫金属材料)、对称类比移植(如将液体的吸热蒸发、放热凝固的对称关系类比移植发明创新冷热空调和多种热机、热交换器)。

3) 仿生法。通过仿生学对生物的某些特殊结构和功能进行分析和类推启发发明创新。如仿效蝙蝠的声呐系统研制成盲人用的"超声波眼睛",并从中引出声呐雷达等定位器的创新设计思路。

5. 智力激励法

针对某个问题进行讨论,通过畅所欲言、相互启发,增加了联想的机会,使创造性思维产生共振反应和连锁反应、杂交反应,从而会诱发出更多的创造性设想。智力激励法(Brain Storming)按英文原意是"头脑风暴",智力激励法有"畅谈会"、"独创意见发表会"、"书面信函集智"等,但均强调自由思考不受约束,通过激智、智慧交流和集智达到创新的目的。

6. 核验表法

根据研究对象系统地列出有关问题进行提问,逐个核对讨论,从中获得解决问题的办法和发明创新的设想。奥斯本(Osborn)的核验表有下述提问内容:

① 有无其他用途?

② 能否引入其他的创造性设想,或借用或代替?

③ 能否改动一下?

④ 能否扩大用途、延长寿命?

⑤ 可否缩小、减轻、分割?

⑥ 有否代用品？

⑦ 能否更换一下型号或顺序？

⑧ 可否颠倒过来使用？

⑨ 现有的几种发明创新是否可以组合在一起？

通过上述内容的提问核验，能帮助人们突破旧的框架，避免空泛地无目标地思考，闯入新的领域去进行发明创造。

除上述六种常用的发明创新技法而外，还有许多方法，如瑞士苏黎士大学的 V. Hubka 博士曾将常用的 28 种方法按名称、特征、目的列出"方法一览表"，供设计者参考选用。再如，原苏联阿奇舒勒（G. S. Altshuller）研究团队在分析世界上 250 多万件高水平发明专利的基础上，提出了一套全新的创新设计理论体系 —— 发明问题解决理论（TRIZ），认为发明问题的核心是解决"冲突"，提出了 40 条冲突解决原理，即发明原理；现今 TRIZ 的专家们还开发了基于 TRIZ 的计算机辅助创新软件。实践证明，这些对于设计人员的发明创造具有重要作用。

值得指出的是发明创新史上许多重大的项目都是先从专利情报中获得启示而开始的。利用专利情报开展发明创新可从调查专利、综合专利情报、寻找专利空隙和利用专利法知识等四个方面进行发明创新。专利文献是创造发明的一个巨大宝库，善于和有效地利用专利情报获得新的发明创新专利，也是发明创新的重要源泉。

二、创造性思维

1. 创造性思维的特点

1）突破性。敢于克服心理上的惯性，从"思维定势"的框框中解脱出来，善于从新的技术领域中接受有用的事物，提出新原理、创造新模式、开拓新方法。如不用车轮的火车就是突破"火车靠车轮方能运行"的思维定势而构思创新的。

2）独创性。敢于提出与前人、众人不同的见解，敢于对似乎完美的现实事物提出怀疑，寻找更合理的解法。如锗作为晶体管材料，传统都要提炼得很纯才能满足要求，而今有计划地加入少量杂质，其纯度降低为原来的一半时，形成一种优异的电晶体，成果轰动世界。

3）多向性。对某一问题从不同角度探索尽可能多的解法和思路。如灯开关多年来沿用的机械式，现在开发出触摸式、感应式、声控式、光控式、红外线式以及延时自动关闭式等多种开关。

2. 创造性思维的类型

1）逻辑思维。其特点是系统地进行自觉思考，通过由此及彼的连动推理，从已知探索未知而扩展思路。逻辑思维的推理可以有纵向推理（针对现象或问题进行纵深思考）、横向推理（联想到特点与其相似或相关的事物进行特征转移）、逆向推理（针对问题或解法，分析其相反方向，从另一角度探寻新途径）。

2）直觉思维。在解决问题时抓住瞬时、一闪念的顿悟或理解。直觉思维又称灵感思维，它是非逻辑的、无步骤的，直接捕捉实质而未加证明的。但它并非神秘或无中生有，而是经过长期知识经验积累、思考，而突然获得解放的一种认识的飞跃。

创造性思维是逻辑思维和非逻辑直觉思维的综合，是包括渐变和突变在内的复杂思维过程，两类思维互相补充和促进，使人的创造性和开发能力更加全面。

创新素质的培养，核心是创新者的心理素质、知识技能素质和社会素质的培养。

§20-9 机械设计创新创意案例分析

20.9.1 包树机设计创新

用草绳包树以保温、保湿是城市绿化环保的需要。目前此项工作基本全靠人工完成,费时费力,市场上还没有能用于已植竖立树木的包树机。第三届全国大学生机械创新设计大赛中展示了浙江大学团队研制的包树机作品,图20-29为其三维模型效果图。该机械主要由底板机架、原动机、实现绕绳转动的转盘驱动装置、实现移动草绳的排绳装置以及控制系统等五个部分组成。现对该机的主体设计摘要简述。

图 20-29

底板机架是整个机械用于移位、定位和承放其他四个功能装置的运动平台。底板机架做成小车形式,底板上的缺口是为机械能够进出已植竖立的树木而设;小车形式的底板机架便于使用和维修,主要尺寸由承放的主体部分布局而定。

考虑到柴油机影响环保,而交流电机又不太适合室外移动的小型机械上使用,原动机决定采用使用蓄电池的直流电机。

转盘驱动装置的核心机构是一个具有缺口的转盘能在固结于底板机架并且也具有缺口的圆环形导轨上旋转;而该转盘由摩擦轮"两点"驱动。当转盘和导轨的缺口重合时,包树机缺口最大,此时已植竖立的树木可方便地纳入包树机中央。转盘端面装有排绳装置和空套于支轴上供应草绳的储绳筒。如图20-30所示,原动机动力经V带传送给不同位置,但转速相同、直径相同且紧压转盘外缘的两个摩擦轮,通过摩擦力"两点"驱动转盘旋转。两摩擦轮的位置应通过计算确定,以保证在任一时刻都至少有一个摩擦轮与具有缺口的转盘外缘接触,驱动转盘连续旋转。转盘和导轨的缺口端部也作了平滑过渡的设计,以避免运转时出现过大的刚性冲击。

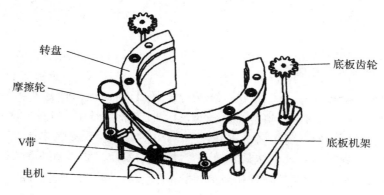

图 20-30

排绳装置安装在转盘端面(图 20-31),其核心机构是随转盘一起绕转盘中心旋转的螺旋副以及固结于螺杆下端的同轴齿轮(螺杆齿轮)与底板齿轮的间歇啮合。螺杆齿轮可在转盘上绕自身轴线自由转动,在其随转盘绕转盘中心旋转一周中,将先后与两个底板齿轮接触啮合一个角度、驱动螺母在光杆上相应滑移一段距离,从而使固结于螺母上的导绳杆带动草绳也移动同一个距离。实现排绳功能要求转盘每转一周螺母移动距离应为一个绳子的直径,设绳子的直径为 d,螺杆导程为 p,所以转盘每转一周,螺杆所需总的转动角度应为 $\dfrac{d}{p} \times 360°$;因有两个底板齿轮,故螺杆齿轮与一个底板齿轮接触时应转角度 α 应为 $\dfrac{d}{p} \times 180°$。如图 20-32 所示,根据这个特定角度 α 可以计算确定底板齿轮轴心 O' 到转盘中心 O 的距离 l,由此确定底板齿轮在底板机架上的位置而予以调整确定。

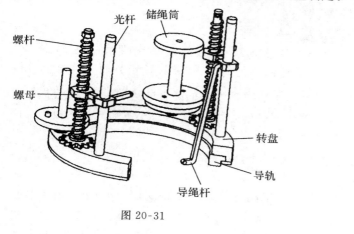

图 20-31

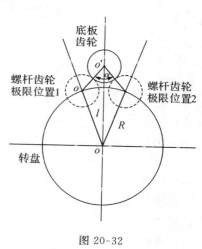

图 20-32

为提高包树效率,可采用多个储绳筒和排绳装置,本机采用两组。两组排绳装置的导绳杆运动方向相同,都是从上往下或从下往上;不同之处在于,一组排绳装置导绳杆包树的起点正好是另一组排绳装置导绳杆包树的终点,即每组排绳装置只完成其中某一段的包树工作,具体包树的起始位置由导绳杆的导绳孔的起始位置决定。

包树排绳到预定终点时,排绳装置上螺母伸出的触片压到控制开关自动停机。反转电机则转盘反向转动开始反向包树。通常包完一株树,机器移到另一株树作反向包树,以减少空行运转。

这款由大学生研制的包树机作品不仅能改变包树机械无法适用于已植树木的现状,而且显示了其省力省时、使用维修方便等等特点和良好的应用前景,显示了研制者们诸多的创新创意。其中令人印象深刻的有三点:① 着眼实际需求,突破绕线机"被绕件旋转、排线杆移行"的习惯思维定势,成功实现对已植竖立树木包树机的研发;② 创新设计具有缺口的转盘、具有缺口的圆环形导轨及具有缺口的机架小车,成功实现已植竖立树木"进入"机器转盘中央;③ 创新设计用两个等速、等径摩擦轮"两点"驱动具有缺口的转盘旋转。

我们为青年学子的创新热情、创新成果欣欣鼓舞;同样也赞许研制者的认真、坦诚的感悟:清醒认识作品还有许多改进、拓展、继续创新的空间;实践、总结、再创新,创新成果没有最好,只有更好。

二、自行车的发展与创新

自行车最早出现的雏形约在 1791 年,创始人觉得四轮马车宽度大不便在狭小的地方运行而创造了一个小车,其前后木轮用一个带有板凳的横梁相连,人坐在板凳上双脚用力蹬地得以代步向前直行。为能转向、快速、舒适、安全、方便,人们对此不断改进和创新。先是在前轮上装上能控制方向的车把和能转动的脚踏板,得以转弯和毋需双脚蹬地的骑行;继而将材质由木料改用铁制,出现了钢管菱形车架和钢丝辐条拉紧车圈作为车轮以及采用橡胶车轮、具有内胎的充气车轮,大大提高了行车速度;后来又在车上装上链条和链轮,用后轮的转动来推动车子前进;再后又陆续在车上装上了前叉和车闸、脚撑、承载架、载物筐、车铃、车灯等,使车子的行车速度、弹性与减振性以及安全性、舒适感、方便性等使用功能均大大提高。至此,车型与今天的普通自行车已基本相似了。

随着人们对美好生活的向往,功能需求不断扩展以及现代科技飞跃进步,自行车的创新创意也是琳琅满目、不胜枚举。在动力获取上有足残人手摆杆式自行车、弹簧蓄能自行车、电动自行车等;从对速度需求上有高速自行车、变速自行车等;在减轻重量方面有轻合金自行车、碳纤维车体自行车等;在方便携带存取、安全使用方面有折叠式自行车、能在密集公共自行车群停放处便于识别、寻找和存取的自行车、防盗预警自行车等;在功能结构方面有爬楼梯自行车、健身自行车、独轮自行车、滑板自行车、水上自行车、冰上自行车、双人情侣自行车等。随着高科技的发展,出现了智能电动自行车。它能自动识别骑行状态,并启动感应智能系统,自动调整动力补给强度,实现智能助力骑行,是设计与现代高科技的融合创新。此外,更加奇妙的是还有为获取某些特定功能,打破"车轮必为圆形"的思维定式而创造的椭圆轮自行车乃至方形轮自行车。

通过上述机械创新案例,读者可以进一步思考其中运用了哪些创新思维、创新原理和创新方法,从中受到许多有益的启迪;也可以更加深化对创新设计的认识和体会:① 创新适应人类各个阶段的生产和生活需要,为人类造福;② 创新所涉及的范围和道路越来越宽广,层出不穷,永无止境;③ 创新并非高不可攀,亦非一蹴而就;④ 注意克服思维定式,重视科技成果的运用与融合;⑤ 要深刻理解创新的重大意义,创新改变世界;要敢于创新,勇于创新、善于创新,创新就在我们身边。著名教育家陶行知先生的名言"人类社会处处是创造之地,天天是创造之时,人人是创造之人",讲得十分生动、深刻,殷切希望读者学习《机械设计基础》课程时认真分析归纳机械的发展和创新,永无止境"存疑求异",让点点滴滴尚属稚嫩的创新种芽得以枝繁叶茂、春色满园。

§20-10　机械的创新与人工智能、智能设计

人工智能(Artificial Intelligence,简称 AI)是研究人类智能活动规律、构造具有一定智能的人工系统的计算机软硬件来模拟人类某些智能行为的理论方法和技术。

一、人工智能在拓展机械功能中的应用

应用人工智能的机械亦称智械。近年来人工智能在执行某一任务时可以观察感知周围的环境并做出适应当前的决策、具有思考能力和情感意识,能够代替人类进行快速大批量的高性能计算将人的思维和意识进行模拟,在高动态环境中实现复杂任务,拓展了机械很多功能,这些智能机械如语言同声翻译机器人、战胜国际象棋世界冠军机器人、手术机器人、服务机器人、社交机器人、智能汽车、无人机等。

二、人工智能在创新机械设计方法中的应用

以人工智能技术和云服务为基础,借助其在数据、算力和算法的强大功能,为机械设计方案的产生和优化提供了更多、更好的可能性。智能设计具备人机交互功能,设计者对设计过程的干预,使人与人工智能融合成为可能,设计效率和设计质量均得到进一步提高。

智能设计也属创新设计,并把创新设计推向更高层次和水平。当然,智能设计的进一步完善与发展尚有很大的研究与实践空间。

本书参考书目[18]中介绍了以 Autodesk 提供的基于智能标准件的参数化设计校核、基于形状优化的智能设计和基于衍生式的智能设计等 3 种常用的设计方法。

思考题与习题

第 1 章

题 1-1　试述机械与机构、零件与构件、运动副与约束的涵义。

题 1-2　机械运动简图和装配图有何不同?正确绘制运动简图应抓住哪些关键?请画出题 1-2 图所列机构和机械的运动简图。

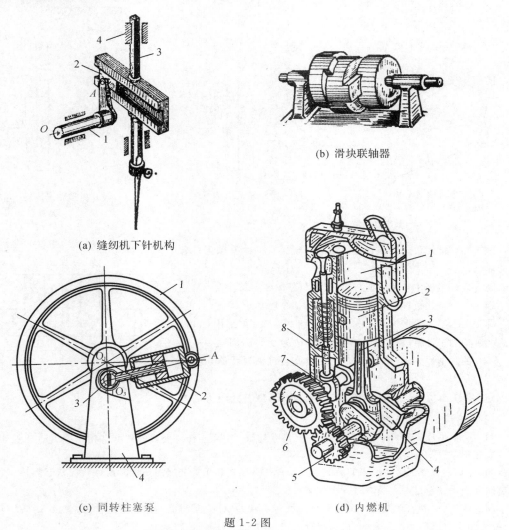

(a) 缝纫机下针机构

(b) 滑块联轴器

(c) 同转柱塞泵

(d) 内燃机

题 1-2 图

题1-3 试述平面机构自由度计算公式的涵义及计算时应注意的问题。请计算题1-3图所列平面机构的自由度,并判断该机构是否有确定运动(图中注有箭头的构件为主动构件)。

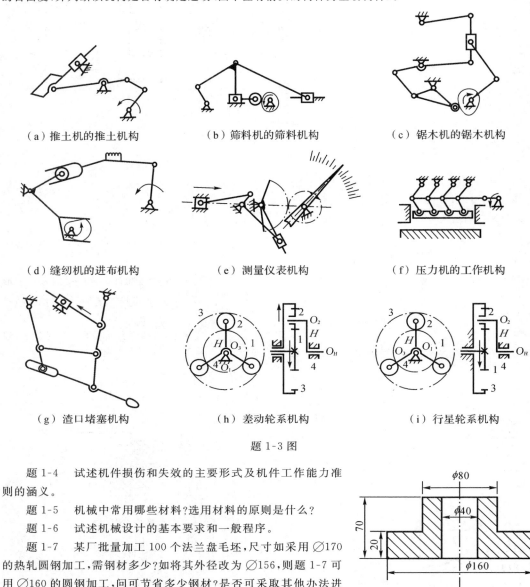

（a）推土机的推土机构　　　（b）筛料机的筛料机构　　　（c）锯木机的锯木机构

（d）缝纫机的进布机构　　　（e）测量仪表机构　　　（f）压力机的工作机构

（g）渣口堵塞机构　　　（h）差动轮系机构　　　（i）行星轮系机构

题 1-3 图

题1-4 试述机件损伤和失效的主要形式及机件工作能力准则的涵义。

题1-5 机械中常用哪些材料?选用材料的原则是什么?

题1-6 试述机械设计的基本要求和一般程序。

题1-7 某厂批量加工 100 个法兰盘毛坯,尺寸如采用 $\varnothing170$ 的热轧圆钢加工,需钢材多少?如将其外径改为 $\varnothing156$,则题 1-7 可用 $\varnothing160$ 的圆钢加工,问可节省多少钢材?是否可采取其他办法进一步节省材料?

题1-8 你能否考虑将平面运动链自由度计算公式用于机构创新设计?

题1-9 试述干摩擦、边界摩擦、流体摩擦、混合摩擦的特点;在减少摩擦和应用摩擦这两方面有些什么考虑和创意?

题1-10 试分别阐述磨损的涵义及其四种基本形式和正常磨损的三个阶段各自的状态与特点;在减少磨损和利用磨损这两方面有些什么考虑和创意?

题1-11 润滑油和润滑脂的主要性能指标有哪些?什么是润滑油的黏度和油性?黏度大油性一定好吗?温度和压力对黏度有何影响?选用润滑剂、润滑方式有些什么考虑和创意?

题 1-7 图

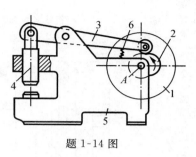

题1-12 试述机械中密封的作用以及动密封与静密封、接触密封与非接触式密封的涵意;机械中何处需要密封?密封设计时有些什么考虑和创意。

题1-13 试述复合材料、功能材料、智能材料的内涵及其在机械创新设计中的意义。

题1-14 题1-14图所示为一简易冲床的初拟设计方案,其思路是:动力由齿轮1输入,使轴A连续回转,而固装在轴A上的凸轮2与杠杆3组成的凸轮机构将使冲头4上下运动以达到冲压的目的。试进行:1)绘制其机械运动简图;2)审查其是否能实现设计意图,为什么?3)提出修改方案并绘制各修改方案的运动简图。

题1-14 图

第 2 章

题2-1 螺旋线和螺纹牙是如何形成的?螺纹的主要参数有哪些?螺距与导程、牙形角与工作面牙边倾斜角有何不同?螺纹的线数和螺旋方向如何判定?

题2-2 已知一普通粗牙螺纹,大径 $d = 24$mm;中径 $d_2 = 22.051$mm(普通粗牙螺纹的线数为1,牙形角为60°),螺纹副间的摩擦系数 $f = 0.15$。试求:① 螺纹升角 λ;② 该螺纹副能否自锁;③ 用作起重时的效率为多少?

题2-3 螺纹联接的基本类型有哪些?各适用于什么场合?螺纹联接防松的意义及基本原理是什么?请指出题2-3图中螺纹联接的结构错误。

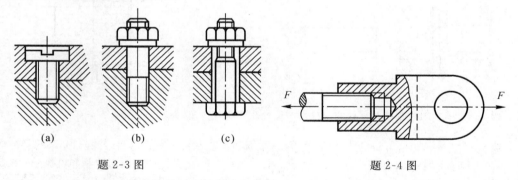

(a)　　　　　(b)　　　　　(c)

题 2-3 图　　　　　　　　　　　　　题 2-4 图

题2-4 如题2-4图所示,拉杆端部采用普通粗牙螺纹联接。已知拉杆所受最大载荷 $F = 15$kN,载荷很少变动,拉杆材料为Q235钢,试确定拉杆螺纹的直径。

题2-5 图示起重机卷筒用沿 $D_1 = 500$mm圆周上安装6个双头螺柱和齿轮联接,靠拧紧螺柱产生的摩擦力矩将转矩由齿轮传到卷筒上,卷筒直径 $D_t = 400$mm,钢丝绳拉力 $F_t = 10\ 000$N,钢齿轮和钢卷筒联接面摩擦系数 $f = 0.15$,希望摩擦力比计算值大20%以获安全。螺柱材料为碳钢,其机械性能为4.8级。试计算螺柱直径。

题2-6 某油缸的缸体与缸盖用8个双头螺柱均布联接,作用于缸盖上总的轴向外载荷 $F_\Sigma = 50$kN,缸盖厚度为16mm,载荷平稳,螺柱材料为碳钢,其机械性能为4.8级,缸体、缸盖材料均为钢。试计算螺柱直径并写出紧固件规格。

题2-7 图示一托架用4个螺栓固定在钢柱上。已知静载荷 $F = 3$kN,距离 $l = 150$mm,结合面摩擦系数 $f = 0.2$,试计算该联接。(提示:在力 F 作用下托架不应滑移;在翻转力矩 Fl 作用下托架有绕螺栓组形心轴 $O-O$ 翻转的趋势,此时结合面不应出现缝隙。)

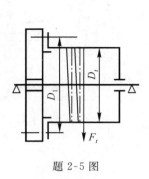

题 2-5 图

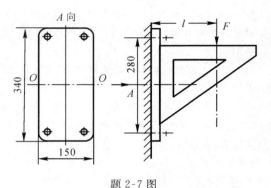

题 2-7 图

题 2-8　试述轴向载荷紧螺栓总拉力计算的两个表达式及其应用。

题 2-9　试从传递转矩能力、制造成本、削弱轴的强度几方面比较平键、半圆键和花键联接。并阐述斜键联接与平键联接相比,其结构和应用的特点。

题 2-10　试选择带轮与轴联接采用的 A 型普通平键。已知轴和带轮的材料分别为钢与铸铁,带轮与轴配合直径 $d = 40$mm,轮毂长度 $l = 70$mm,传递的功率 $P = 10$kW,转速 $n = 970$r/min,载荷有轻微冲击。请以 1：1 比例尺绘制联接横断面视图,并在其上注出键的规格和键槽尺寸。

题 2-11　铆接、焊接和黏接各有什么特点?分别适用于什么情况?

题 2-12　图示为两个 $70 \times 70 \times 8$mm 的角钢与钢板的焊接结构,材料均为 Q215 钢,作用在角钢形心轴上的静载荷 $F = 300$kN,试计算焊缝长度。($e_2 \approx 20.3$mm)

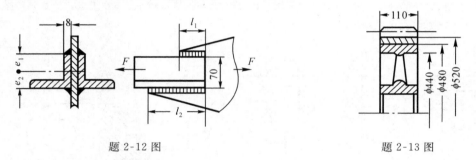

题 2-12 图　　　　　　　　　　　　　　　题 2-13 图

题 2-13　图示为采用过盈联接的组合齿轮,齿圈和轮芯材料分别为钢和铸铁,已知其传递的转矩 $T = 7000$N·m,结构尺寸如图所示,装配后不再拆开,试计算所需最小过盈量(可取钢和铁的弹性模量分别为 2.1×10^5MPa 和 1.3×10^5MPa;泊松比分别为 0.3 和 0.25;结合面摩擦系数 $f = 0.09$)。

题 2-14　把一个零件在平面机座上作精确定位,应装几只定位销?为什么?各销钉的相对位置应如何考虑?

题 2-15　平键联接、花键联接、成形联接如何从构形上体会结构创新?

题 2-16　你对快速装拆螺纹联接有何创意构思?你对螺纹联接防松原理和装置能否提出新的思路?

题 2-17　你对铆接、焊接和黏接有哪些创意构思?

第 3 章

题 3-1　带传动的工作能力取决于哪些方面?请分析预拉力 F_0、小轮包角 α_1、小轮直径 d_1、传动比 i 和中心距 a 数值大小对带传动的影响?

题 3-2　试述带传动的弹性滑动与打滑的现象、后果及其机理。

题 3-3　带上一点的应力在运转中如何变化?带传动有哪些失效形式?设计 V 带传动时计算承载能力的基本公式依据是什么?为什么要限制带速?如小轮包角 α 过小,带的根数过多,应如何分别处理?

题 3-4　已知一 V 带传动主动轮直径 $d_{d1} = 100$mm,从动轮直径 $d_{d2} = 400$mm,中心距 a 约为 485mm,主动轮装在转速 $n_1 = 1450$r/min 的电动机上,三班制工作,载荷较平稳,采用两根基准长度 $L_d = 1800$mm 的 A 型普通 V 带,试求该传动所能传递的功率。

题 3-5　设计由电动机至凸轮造型机凸轮轴的 V 带传动。电动机功率 $P = 1.7$kW,转速为 1430r/min,凸轮轴转速要求为 285r/min 左右,根据传动布置要求中心距约为 500mm 左右。每天工作 16h。试设计该 V 带传动,并以 1:1 的比例绘制小带轮轮缘部分视图,注上尺寸。

题 3-6　带的结构如何创新才能适应高速传动和转速比准确的传动?

题 3-7　为提高现有橡胶 V 带的传动能力,可否创意橡胶与金属复合的结构,以及金属基 V 带新结构?

题 3-8　减少带传动的弹性滑动,有否考虑过创意构思?

第 4 章

题 4-1　试从工作原理、结构、特点和应用将带传动和链传动作比较。

题 4-2　为什么链传动平均转数比 n_1/n_2 是恒定的,而瞬时角速比 ω_1/ω_2 是变化的?这种变化有无规律性?

题 4-3　滚子链传动的主要失效形式有哪些?计算承载能力的基本公式依据是什么?

题 4-4　滚子链传动的主要参数有哪些?应如何合理选择?

题 4-5　选择计算一电动机至螺旋输送机用的滚子链传动。已知电动机转速 $n_1 = 960$r/min,功率 $P = 7$kW,螺旋输送机的转速 $n_2 = 240$r/min,载荷平稳,单班制工作。并计算两个链轮的分度圆直径、齿顶圆直径、齿根圆直径和轮齿宽度。

题 4-6　试从滚子链的结构上改革创新以有利于润滑、减少摩擦和磨损。

题 4-7　可否创意链、带综合的传动?

题 4-8　你对提高滚子链的传动能力,有哪些创意构思?

第 5 章

题 5-1　试述齿轮传动中基圆、分度圆、模数、渐开线压力角、分度圆压力角、节点、节圆、啮合线、啮合角、重合度的涵义。

题 5-2　某正常齿渐开线标准直齿外圆柱齿轮,齿数 $z = 24$。测得其齿顶圆直径 $d_a = 130$mm,求该齿轮的模数。

题 5-3　试分析正常齿渐开线标准直齿外圆柱齿轮在什么条件下基圆大于齿根圆?什么条件下基圆小于齿根圆?

题 5-4　如图所示一对圆弧齿廓能否保证瞬时角速比不变?为什么?

题 5-5　一对相啮合的齿数不等的标准渐开线外啮合直齿圆柱齿轮,两轮的分度圆齿厚、齿根圆齿厚和齿顶圆上的压力角是否相等?哪个较大?哪个齿轮齿廓较为平坦?

题 5-6　已知一对标准安装的正常齿标准渐开线外啮合直齿圆柱齿轮传动,模数 $m = 10$mm,主动轮齿数 $z_1 = 18$,从动轮齿数 $z_2 = 24$,主动轮在上,顺时针转动。试求:① 两轮的分度圆直径、齿顶圆直径、齿根圆直径、基圆直径、分度圆齿厚、分度圆齿槽宽、分度圆齿距、基圆齿距、齿顶圆压力角和两轮中心距;② 以 1:1 比例尺作端面传动图,注明啮合线、开始啮合点、终止啮合点、实际啮合线段和理论啮合线段,并由图上近似求出这对齿轮传动的重合度。

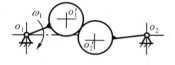

题 5-4 图

题 5-7 已知一标准正常齿渐开线直齿外圆柱齿轮,模数 $m = 4\text{mm}$,齿数 $z = 42$,分度圆压力角 $\alpha = 20°$,试求该齿轮的固定弦齿厚、固定弦齿高、分度圆附近测量时的跨齿数及其公法线长度。

题 5-8 齿轮失效有哪些形式?产生这些失效的原因是什么?在设计和维护中怎样避免失效?

图 5-9 齿面接触强度计算和齿根弯曲强度计算的目的和基础是什么?各公式中参数涵义、单位是什么?如何正确运用这些公式?一对渐开线齿轮啮合传动,两轮节点处接触应力是否相同?两轮齿根处弯曲应力是否相同?若一对标准齿轮的传动比、中心距、齿宽、材料等均保持不变,而改变其齿数和模数,试问对齿轮的接触强度和弯曲强度各有何影响?

图 5-10 试述齿形系数 Y_F 的物理意义及其影响因素。

题 5-11 单级闭式减速用外啮合直齿圆柱齿轮传动,小轮材料取 45 号钢调质处理,大轮材料取 ZG310-570 正火处理,齿轮精度为 8 级,传递功率 $P = 5\text{kW}$,转速 $n_1 = 960\text{r/min}$,模数 $m = 4\text{mm}$,齿数 $z_1 = 25$,$z_2 = 75$,齿宽 $b_1 = 84\text{mm}$,$b_2 = 78\text{mm}$,由电动机驱动,单向转动,载荷较平稳。试验算其接触强度和弯曲强度。

题 5-12 试设计单级闭式减速用外啮合直齿圆柱齿轮传动。已知传动比 $i = 4.6$,传递功率 $P = 30\text{kW}$,转速 $n_1 = 730\text{r/min}$,长期双向传动,载荷有中等冲击,要求结构紧凑,$z_1 = 27$,大小齿轮都用 40Cr 表面淬火。

题 5-13 一对开式外啮合直齿圆柱齿轮传动,已知模数 $m = 6\text{mm}$,齿数 $z_1 = 20$,$z_2 = 80$,齿宽 $b_2 = 72\text{mm}$,主动轮转速 $n_1 = 330\text{r/min}$,齿轮精度等级为 9 级,小轮材料为 45 号钢调质,大轮材料为铸铁 HT300,单向传动,载荷稍有冲击。试求能传递的最大功率。

题 5-14 与直齿圆柱齿轮传动相比,试述斜齿圆柱齿轮传动的特点和应用。

题 5-15 测得一正常齿渐开线标准斜齿外圆柱齿轮的齿顶圆直径 $d_a = 93.97\text{mm}$,轮齿分度圆螺旋角 $\beta = 15°$,其齿数 $z = 24$。试确定该齿轮的法面模数。

题 5-16 已知一对正常齿标准外啮合斜齿圆柱齿轮的模数 $m_n = 3\text{mm}$,齿数 $z_1 = 23$,$z_2 = 76$,分度圆螺旋角 $\beta = 8°6'34''$。试求其中心距、端面模数、端面压力角、当量齿数、分度圆直径、齿顶圆直径和齿根圆直径。

题 5-17 斜齿圆柱齿轮的齿数 z 和当量齿数 z_v 哪一个大?为什么 z_v 常不是整数?试分析下列情况应用 z 还是 z_v:① 计算齿轮的传动比;② 计算分度圆直径和中心距;③ 选择成形铣刀;④ 查齿形系数。

题 5-18 图示斜齿圆柱齿轮传动,已知传递功率 $P = 14\text{kW}$,主动轮 1 的转速 $n_1 = 980\text{r/min}$,齿数 $z_1 = 33$,$z_2 = 165$,法面模数 $m_n = 2\text{mm}$,分度圆螺旋角 $\beta = 8°6'34''$。试求:① 画出从动轮的转向和轮齿倾斜方向;② 作用于轮齿上各力的大小;③ 画出轮齿在啮合点处各力的方向;④ 轮齿倾斜方向改变,或转向改变后各力方向如何?

题 5-19 图示两级斜齿圆柱齿轮的布置方式和已知参数。今欲使轴 Ⅱ 免受齿轮产生的轴向力的影响,试确定第二对齿轮($z_3 - z_4$)须有多大的分度圆螺旋角 β' 及轮齿斜向。

题 5-20 有一对外啮合直齿圆柱齿轮传动,齿数 $z_1 = 22$,$z_2 = 156$,模数 $m = 3\text{mm}$,分度圆压力角 $\alpha = 20°$,中心距 $a = 267\text{mm}$。现机器转速要提高,为改善平稳性,拟将直齿轮改为斜齿轮传动,但中心距和齿宽均要求不变,传动比误差在 5% 以内,试改设计斜齿轮的主要参数 z_1、z_2、m_n 和 β。

题 5-21 一对法面模数相同、法面压力角相同,但分度圆螺旋角不相等或轮齿斜向相同的螺旋齿圆柱齿轮能否正确啮合?

题 5-22 试述直齿锥齿轮大端背锥、大端相当齿轮和当量齿数的涵义。

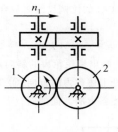

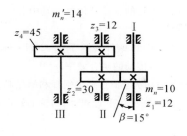

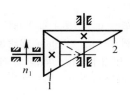

题 5-18 图   题 5-19 图   题 5-24 图

题 5-23 一对正常收缩齿渐开线标准直齿锥齿轮传动,小轮齿数 $z_1 = 18$,大端模数 $m = 4\text{mm}$,传动比 $i = 2.5$,两轴垂直,齿宽 $b = 32\text{mm}$。试求两轮分度圆锥角、分度圆直径、齿顶圆直径、齿根圆直径、锥距、齿顶角、齿根角、顶锥角、根锥角和当量齿数;并以 1:1 的比例尺绘制啮合图,注出必要的尺寸。

题 5-24 图示直齿锥齿轮传动,已知传递功率 $P = 9\text{kW}$,主动轮 1 的转速 $n_1 = 970\text{r/min}$,齿数 $z_1 = 20$,$z_2 = 60$,模数 $m = 4\text{mm}$,齿宽系数 $\psi_R = 0.25$。试求:① 画出从动轮的转向;② 计算作用于轮齿上圆周力、径向力、轴向力的大小;③ 画出轮齿在啮合点处上述各力的方向;④ 转向改变后各力方向如何?

题 5-25 设计搅拌机内的开式直齿锥齿轮传动。限定所占空间不超过图示 $\varnothing 100 \times \varnothing 200$ 范围,单件生产,电动机转速 $n_1 = 970\text{r/min}$,浆叶轴转速 $n_2 = 300\text{r/min}$,每片浆叶切向工作阻力 $F_t = 200\text{N}$,浆叶直径 $D = 300\text{mm}$。试求:① 确定电动机功率;② 确定锥齿轮的主要参数和材料。

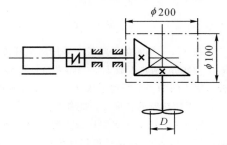

题 5-25 图

题 5-26 什么叫变位齿轮?在模数 m、分度圆压力角 α、齿数 z 相同的情况下比较正变位齿轮、负变位齿轮与标准齿轮。试述标准齿轮传动、等移距变位齿轮传动、正传动和负传动的特点及其应用。

题 5-27 一对正常齿制渐开线外啮合直齿圆柱齿轮传动,模数 $m = 20\text{mm}$,齿数 $z_1 = 10$,$z_2 = 25$,分度圆压力角 $\alpha = 20°$,要求中心距 $a = 350\text{mm}$,且不产生根切。应采用何种传动?试计算刀具变位量(精确至小数点后 3 位)及两齿轮的分度圆直径、基圆直径、节圆直径、啮合角、齿根圆直径、齿顶圆直径、分度圆齿厚、分度圆齿槽宽和分度圆齿距。

题 5-28 一对正常齿制渐开线外啮合直齿圆柱齿轮传动,模数 $m = 3\text{mm}$,齿数 $z_1 = 27$,$z_2 = 24$,分度圆压力角 $\alpha = 20°$,要求两轮实际中心距 $a = 78\text{mm}$,并保证无侧隙啮合和标准径向间隙。应采用何种传动?试计算两轮的变位量、分度圆直径、基圆直径、齿根圆直径、齿顶圆直径、节圆直径和啮合角。

题 5-29 试从齿轮插刀、齿条插刀、滚刀切制轮齿以及标准齿轮和变位齿轮的切制,体会其创新思路。

题 5-30 试从直齿圆柱齿轮、斜齿圆柱齿轮、直齿锥齿轮分析其创新构思。

题 5-31 你对提高齿轮传动的平稳性、齿面接触强度和齿根弯曲强度有哪些创意构思?

第 6 章

题 6-1 普通圆柱蜗杆传动的组成及工作原理是什么?为什么说蜗杆传动与齿轮齿条传动、螺杆螺母传动相类似?它有哪些特点?宜用于什么情况?

题 6-2 蜗杆传动以什么模数作为标准模数?蜗杆分度圆直径 d_1 为什么一般应取与模数 m 相对应的标准值?

题 6-3 已知普通圆柱蜗杆传动的主要参数为模数 $m = 5\text{mm}$,蜗杆头数 $z_1 = 2$,蜗杆分度圆直径

$d_1 = 50\text{mm}$,蜗轮齿数 $z_2 = 50$。求蜗杆和蜗轮的主要几何尺寸及中心距;并以 $1:1$ 的比例尺绘制啮合视图,注上尺寸。

题 6-4 图示上置式蜗杆传动,蜗杆主动,蜗杆转矩 $T_1 = 20\text{N·m}$,模数 $m = 5\text{mm}$,头数 $z_1 = 2$,蜗杆分度圆直径 $d_1 = 50\text{mm}$,蜗轮齿数 $z_2 = 50$,传动的啮合效率 $\eta = 0.75$。试求:① 画出蜗轮轮齿的斜向及其转向;② 作用于轮齿上周向、径向、轴向各力的大小;③ 画出蜗杆和蜗轮啮合点处上述各力的方向;④ 若改变蜗杆的转向,或改变蜗杆螺旋线斜向,或使蜗杆为下置式,则蜗轮的转向和上述各力的方向如何?

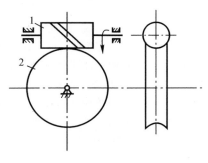

题 6-4 图

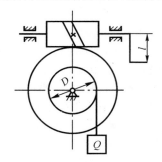

题 6-5 图

题 6-5 图示为手动绞车采用的蜗杆传动。已知模数 $m = 8\text{mm}$,蜗杆头数 $z_1 = 1$,蜗杆分度圆直径 $d_1 = 80\text{mm}$,蜗轮齿数 $z_2 = 40$,卷筒直径 $D = 200\text{mm}$。问:① 欲使重物 Q 上升 1m,蜗杆应转多少圈?② 蜗杆与蜗轮间的当量摩擦系数 $f_v = 0.18$,该机构能否自锁?③ 若重物 $Q = 4.8\text{kN}$,手摇时施加的力 $F = 100\text{N}$,手柄转臂的长度 l 应为多少?

题 6-6 已知单级蜗杆减速器的输入功率 $P = 7\text{kW}$,转速 $n = 1440\text{r/min}$,传动比 $i = 18$,载荷平稳,长期连续单向运转。试设计该蜗杆传动。

题 6-7 蜗杆传动的失效形式和强度计算与齿轮传动相比,主要的导同点是哪些?

题 6-8 试述蜗杆传动中滑动速度的涵义。弧面蜗杆传动与普通蜗杆传动相比有哪些特点?

题 6-9 试从普通蜗杆传动、圆弧齿圆柱蜗杆传动、圆弧面蜗杆传动分析其创新构思。对提高蜗杆传动的效率你还能提出哪些创新构思?

题 6-10 你对提高蜗杆传动的工作能力和传动效率有哪些创意构思?

第 7 章

题 7-1 试述定轴轮系、周转轮系、单一周转轮系、差动轮系和混合轮系的涵义。

题 7-2 定轴轮系传动比的计算公式是什么?应用这个公式要注意些什么问题?轮系中从动轮的转向如何确定?

题 7-3 何谓周转轮系的转化机构?为什么可以通过转化机构来计算周转轮系中各构件之间的传动比?$\omega_1、\omega_K、\omega_H$ 和 $\omega_1^H、\omega_K^H、\omega_H^H$ 有何不同?i_{1K} 和 i_{1K}^H 有什么不同?单一周转轮系传动比的计算公式是什么?应用这个公式要注意些什么问题?

题 7-4 为什么周转轮系从动轮的转向除与外啮合齿轮对数、布局等有关外还与各轮的齿数有关?

题 7-5 如何求解混合轮系的传动比?

题 7-6 图示轮系中,已知各轮齿数 $z_1 = 15$,$z_2 = 25$,$z_2' = 15$,$z_3 = 30$,$z_3' = 15$,$z_4 = 30$,$z_4' = 2$(右旋),$z_5 = 60$,$z_5' = 20(m = 4\text{mm})$。若 $n_1 = 600\text{r/min}$,求齿条 6 线速度 v 的大小和方向。

题 7-7 图示钟表传动示意图中,E 为擒纵轮,N 为发条盘,$S、M$ 及 H 分别为秒针、分针和时针。设各轮

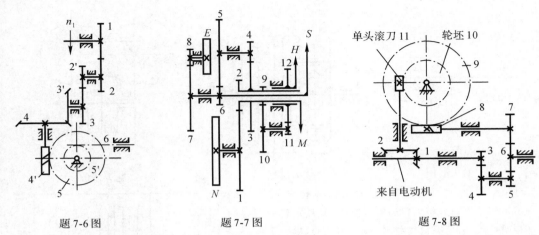

题 7-6 图　　　　　　　题 7-7 图　　　　　　　题 7-8 图

齿数 $z_1 = 72, z_2 = 12, z_3 = 64, z_4 = 8, z_5 = 60, z_6 = 8, z_7 = 60, z_8 = 6, z_9 = 8, z_{10} = 24, z_{11} = 6, z_{12} = 24$。求秒针与分针的传动比 i_{SM} 及分针与时针的传动比 i_{MH}。

题 7-8　图示滚齿机工作台传动装置中，已知各轮齿数 $z_1 = 15, z_2 = 28, z_3 = 15, z_4 = 35, z_8 = 1$（右旋），$z_9 = 32$ 和被切齿轮齿数 $z_{10} = 64$，滚刀为单头，要求滚刀转 1 圈，轮坯转过 1 齿，求传动比 i_{75}。

题 7-9　图示行星轮系中，已知各轮齿数 $z_1 = 63, z_2 = 56, z_2' = 55, z_3 = 62$。求传动比 i_{H3}。

题 7-10　图示轮系中，已知各轮齿数 $z_1 = 60, z_2 = 40, z_2' = z_3 = 20$。若 $n_1 = n_3 = 120 \text{r/min}$，并设 n_1 与 n_3 转向相反，求 n_H 的大小及方向。

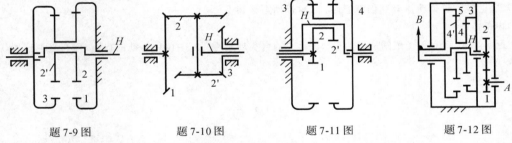

题 7-9 图　　　　　题 7-10 图　　　　　题 7-11 图　　　　　题 7-12 图

题 7-11　图示行星齿轮减速器中，已知各轮齿数 $z_1 = 15, z_2 = 33, z_3 = 81, z_2' = 30, z_4 = 78$。试计算传动比 i_{14}。

题 7-12　图示自行车里程表机构中，A 为车轮轴。已知齿数 $z_1 = 17, z_3 = 23, z_4 = 19, z_4' = 20, z_5 = 24$。设轮胎受压变形后使 28 英寸的车轮有效直径约为 0.7m。当车行 1km 时，表上的指针 B 要刚好回转一周。求齿轮 2 的齿数。

题 7-13　图示液压回转台传动机构中，已知 $z_2 = 15$，油马达 M 的转速 $n_M = 12 \text{r/min}$（注意：油马达装在回转台上），回转台 H 的转速 $n_H = -1.5 \text{r/min}$。求齿轮 1 的齿数。

题 7-14　图示变速器中，已知各轮齿数 $z_1 = z_1' = z_6 = 28, z_3 = z_5 = z_3' = 80, z_2 = z_4 = z_7 = 26$。当鼓轮 A、B 及 C 分别被刹住时，求传动比 $i_{I\,II}$。

题 7-15　图示减速装置中，蜗杆 1、5 分别和互相啮合的齿轮 1'、5' 固联，蜗杆 1 和 5 均为单头、右旋，又各轮齿数为 $z_1' = 101, z_2 = 99, z_2' = 24, z_4' = 100, z_5' = 100$。求传动比 i_{1H}。

题 7-16　分析本书中图 7-17 所示单级直齿圆柱齿轮减速器，问：① 由哪些零件和附件组成？各自的作用是什么？其材料如何考虑？② 哪些地方需要润滑和密封？该图中如何进行润滑和密封？③ 按什么顺序进行拆卸与安装？

题 7-17　图示变速箱中各轮齿数为 $z_1 = 20, z_2 = 100, z_3 = z_4 = 60, z_5 = 20, z_6 = 100, z_7 = 80,$

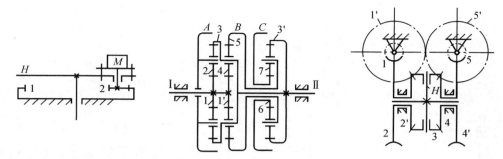

题 7-13 图   题 7-14 图   题 7-15 图

$z_8 = 40, z_9 = 30, z_{10} = 90$。问：① 输入轴 A 转速 $n_A = 600\text{r/min}$ 时输出轴 B 可以得到的转速；② 这些齿轮的模数都相同吗？③ 若所有齿轮材料、齿宽均相同，哪一个齿轮强度最高？为什么？④ 若 z_7、z_5 不变，而 $z_8 = 38$，$z_6 = 102$，采取什么措施可获无侧隙传动？⑤ 变速箱的长度 l 如何考虑？

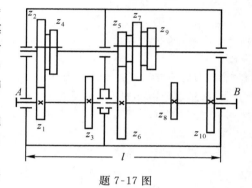

题 7-17 图

题 7-18 试述各种机械摩擦无级变速器的工作原理和调速范围。机械特性用什么表示？恒功率、恒转矩有什么意义？

题 7-19 试从渐开线少齿差行星传动、摆线针轮行星传动、谐波齿轮传动体会其创新思路。你能否创意构想新型齿轮传动？

题 7-20 现有关于用圆柱齿轮和非圆齿轮啮合实现减速变速一体化传动的报道，你有兴趣猜测其创新内涵吗？

第 8 章

题 8-1 试比较螺旋传动和齿轮齿条传动的特点与应用。试比较普通滑动螺旋传动、滚动螺旋传动的特点与应用。

题 8-2 在图示差动螺旋传动中，螺纹 1 为 M12×1，螺纹 2 为 M10×0.75。问：①1 和 2 螺纹均为右旋，手柄按所示方向回转一周时，滑板移动距离为多少？方向如何？②1 为左旋，2 为右旋，滑板移动距离为多少？方向如何？

题 8-3 图示升降机采用梯形螺旋传动，大径 $d = 70\text{mm}$，中径 $d_2 = 65\text{mm}$，螺距为 10mm，螺旋线数为 4 头。螺杆 1 支承面采用推力球轴承 2，升降台 3 的上下移动处采用导向滚轮 4，它们的摩擦阻力近似为零。试计算：① 已知螺旋副当量摩擦系数为 0.10，求工作台稳定上升时的效率；② 在载荷 $Q = 80\text{kN}$ 作用下稳定上升时加于螺杆上的力矩；③ 若工作台以 800mm/min 的速度上升，试按稳定运动条件求螺杆所需转速和功率；④ 欲使工作台在载荷 $Q = 80\text{kN}$ 作用下等速下降，是否需要制动装置？如要制动，则加于螺杆上的制动力矩应为多少？

题 8-4 图示小型压力机的最大压力 $Q = 30\text{kN}$，最大行程 150mm，螺旋副采用梯形螺纹，螺杆取 45 钢正火 $[\sigma] = 80\text{MPa}$，螺母材料为无锡青铜 ZCuAl9Mn2。设压头支承面平均直径等于螺纹中径，操作时螺旋副当量摩擦系数 $f_v = 0.12$，压头支承面摩擦系数 $f_c = 0.10$。试求螺纹参数（要求自锁）、螺母高度 H 和手轮直径 D。

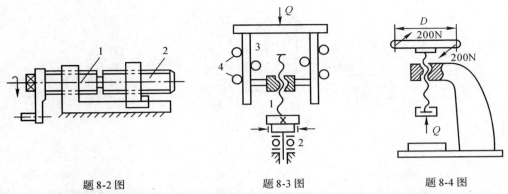

题 8-2 图   题 8-3 图   题 8-4 图

题 8-5 试从普通螺旋与差动螺旋,滑动螺旋、滚珠螺旋与静压螺旋分析其创新构思。

题 8-6 有一种获新型专利的螺旋减速器,其外形尺寸小,减速比大,输出转矩大;你能想象其创意构思吗?

题 8-7 有一种新发明的滚动螺旋发动机,其振动、噪声较小,而且节油,你能想象其创意构思吗?

题 8-8 为进一步减少螺旋副中的摩擦、磨损,除采用滚动螺旋、静压螺旋外,你还有哪些创意构思?

第 9 章

题 9-1 为什么说曲柄摇杆机构是平面四杆机构的最基本形式?它有哪些基本特性?如何理解可由曲柄摇杆机构演化成其他形式的四杆机构?

题 9-2 试按图中注明的尺寸判断铰链四杆机构是曲柄摇杆机构、双曲柄机构,还是双摇杆机构?

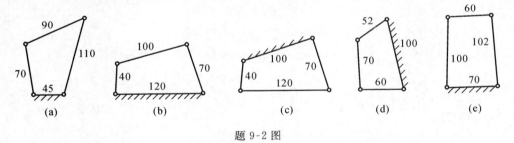

题 9-2 图

题 9-3 已知曲柄摇杆机构中,曲柄 $AB = 30$mm,连杆 $BC = 80$mm,摇杆 $CD = 60$mm,机架 $DA = 90$mm。求:① 摇杆 CD 最大摆角 ψ;② 机构的最大压力角 α_{max};③ 机构的行程速比系数 K;④ 若以摇杆 CD 为主动构件,求出死点位置。

题 9-4 设计一曲柄摇杆机构。已知摇杆长度 $l_3 = 100$mm,摆角 $\psi = 45°$,摇杆的行程速比系数 $K = 1.2$。试用图解法求其余三杆长度(设两固定铰链位于同一水平线上)。

题 9-5 试设计曲柄摇杆机构。已知曲柄长度 $AB = 20$mm,机架 $AD = 360$mm,摇杆 CD 的摆角 $\psi = 40°$,不要求有急回作用。

题 9-6 图示压气机采用偏置曲柄滑块机构:① 已知活塞行程 $s = 600$mm,行程速比系数 $K = 1.5$,曲柄长度 $AB = 200$mm,求偏距 e 及连杆长度 BC;② 设活塞所受阻力 $F = 10\ 000$N,若忽略摩擦阻力,求 $\varphi = 30°$ 及 $\varphi = 135°$ 时曲柄轴的转矩 T_A;机构处于什么位置时 T_A 最小,其值是多少?

题 9-7 设计一摆动导杆机构。已知机架长度 $l_4 = 200$mm,行程速比系数 $K = 1.3$,求曲柄长度和导杆的摆角。

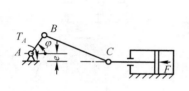

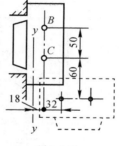

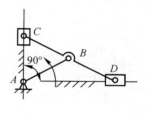

题 9-6 图　　　　　　　　题 9-8 图　　　　　　　　题 9-10 图

题 9-8　设计一铰链四杆机构作为加热炉炉门的启闭机构。已知炉门上面两铰链 B 和 C 的中心距为 50mm，炉门打开后成水平位置，且炉门温度低的一面朝上（如虚线所示），设机构两个固定铰链 A 和 D 安装在 $y-y$ 轴线上，其相互位置尺寸如图所示，单位为 mm。求此铰链四杆机构其余三杆长度。

题 9-9　本书中图 9-20 所示铰链四杆机构中，已知连架杆 AB 和 CD 的三对对应位置：$\varphi_1 = 45°$，$\psi_1 = 52°10'$；$\varphi_2 = 90°$，$\psi_2 = 82°10'$；$\varphi_3 = 135°$，$\psi_3 = 112°10'$，机架长度 $AD = 50$mm，试用解析法求其余三杆长度。

题 9-10　图示连杆滑块机构中 $AB = BC = BD = 30$mm，求 CD 构件上（除 C、B、D）任一点的轨迹。

题 9-11　图示用拨叉操纵双联齿轮移动的变速装置。现拟设计一四杆机构 $ABCD$ 操纵拨叉 DE 的摆动，已知条件是：机架 $AD = 100$mm，铰链 A，D 的位置如图所示，拨叉滑块行程为 30mm，拨叉尺寸 $ED = DC = 40$mm，固定轴心 D 在拨叉滑块行程的垂直平分线上，AB 为手柄，当手柄 AB_1 垂直向上时，拨叉处于 E_1 位置，当手柄 AB_1 逆时针转过 $\theta = 90°$ 处于水平位置 AB_2 时，拨叉处于 E_2 位置。试设计此四杆机构。

题 9-12　编制程序用解析法设计一曲柄摇杆机构并在电子计算机上求解。该机构要求当曲柄由 φ_0 转到 $\varphi_0 + 90°$ 时，摇杆的摆角 ψ 实现的函数关系为 $\psi = \psi_0 + \dfrac{2}{3\pi}(\varphi - \varphi_0)^2$，$\varphi_0 = 0°$，$\psi_0 = 20°$。

［提示：取 $\varphi_1 = 0°$，$\psi_1 = 20°$，每隔 $10°$ 取 $\varphi_2 = 10°$，$\varphi_3 = 20°$，…，$\varphi_{10} = 90°$，计算相应的 ψ_2、ψ_3、…、ψ_{10}，按本书中图 9-22 所示框图或其他优化方法编程］

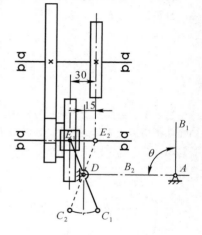

题 9-11 图

题 9-13　试总结、归纳、思考连杆机构创新的途径和方法。

题 9-14　从改变杆件的相对长度，移动副和回转副改换、扩大回转半径、对心转换为偏置、四杆改为多杆，试思考分析连杆机构设计的多种创意。

题 9-15　试用连杆机构进行抓取物件、平稳升降、越过障碍的创意构思。

第 10 章

题 10-1　试比较凸轮传动与连杆传动的特点及应用。

题 10-2　试说明用反转法作图绘制偏置直动尖底从动件盘形凸轮廓线的原理和过程。滚子从动件与尖底从动件在用反转法绘制凸轮廓线中有何同异之处？滚子从动件盘形凸轮可否从理论廓线上各点的向径减去滚子半径来求得实际廓线？

题 10-3　选取不同的基圆半径绘制凸轮廓线能否使从动件获得相同的运动规律？基圆半径的选择与

哪些因素有关?何谓凸轮传动的压力角?试就题 10-3 图中画出 A、B、C 三点处的压力角。

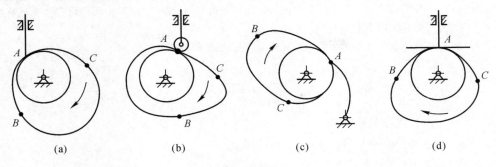

题 10-3 图

题 10-4　如何绘制凸轮的零件工作图?某凸轮零件工作图上将轴孔上的键槽的周向位置作了严格规定,这是为什么?

题 10-5　用作图法绘制偏置直动滚子从动件盘形凸轮廓线。已知凸轮以等角速度顺时针方向回转,凸轮轴心偏于从动件右侧,偏距 $e = 10\text{mm}$。从动件的行程 $h = 32\text{mm}$,在推程作简谐运动,回程作等加速等减速运动,其中推程运动角 $\delta_t = 150°$,远休止角 $\delta_s = 30°$,回程运动角 $\delta_t' = 120°$,近休止角 $\delta_s' = 60°$,凸轮基圆半径 $r_0 = 35\text{mm}$,滚子半径 $r_T = 12\text{mm}$。廓线绘制后近似量出推程的最大压力角。

题 10-6　图示摆动滚子从动件 AB 在起始位置时垂直于 OB,$OB = 35\text{mm}$,$AB = 50\text{mm}$,滚子半径 $r_T = 8\text{mm}$。凸轮顺时针方向等速转动,当转过 $150°$ 时,从动件以简谐运动向上摆动 $20°$;当凸轮自 $150°$ 转到 $300°$ 时,从动件以等加速等减速运动摆回原处;当凸轮自 $300°$ 转到 $360°$ 时,从动件静止不动。试以作图法绘制凸轮廓线。

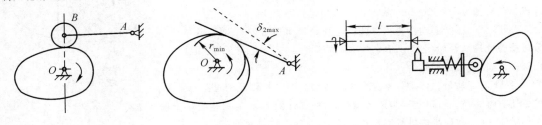

题 10-6图　　　　　　题 10-8 图　　　　　　题 10-9 图

题 10-7　设计一对心直动平底从动件盘形凸轮。从动件平底与其导路垂直,凸轮顺时针方向等速转动,当凸轮转过 $120°$ 时,从动件以简谐运动上升 30mm;再转过 $30°$ 时,从动件静止不动;继续转过 $90°$ 时,从动件以简谐运动回到原位;凸轮转过其余角度时,从动件静止不动。设凸轮的基圆半径 $r_0 = 30\text{mm}$。试用作图法绘制凸轮廓线,并决定从动件平底圆盘的最小半径。

题 10-8　图示为一摆动平底从动件盘形凸轮机构。已知 $OA = 80\text{mm}$,$r_{min} = 30\text{mm}$,从动件最大摆角 $\delta_{2max} = 15°$。从动件的运动规律:当凸轮以等角速度 ω_1 逆时针回转 $90°$ 时,从动件以等加速等减速运动向上摆 $15°$;当凸轮自 $90°$ 转动到 $180°$ 时,从动件停止不动;当凸轮自 $180°$ 转到 $270°$ 时,从动件以简谐运动摆回原处;当凸轮自 $270°$ 转到 $360°$ 时,从动件静止不动。试用作图法绘制凸轮廓线,并决定从动件最低限度应有长度。

题 10-9　图示用盘形凸轮控制车外圆刀架纵向自动进给工作循环。试分析考虑从动件运动规律应如何选定为宜?

题 10-10　设计的已知条件同题 10-5。试用解析法编制程序,通过电子计算机求凸轮理论廓线和实际廓线上各点的坐标(每隔 $5°$ 计算一点)。设凸轮宽为 10mm,孔径为 20mm,一般精度,材料为 20Cr,绘制凸轮的零件工作图。

383

题 10-11 试探索凸轮机构创新设计的途径和方法。

题 10-12 凸轮传动中直动从动件导路的偏置除可能由于结构需要外,对传动性能有什么影响?偏置量和方位在设计时有什么考虑和创意?

题 10-13 高速凸轮传动会带来哪些不利影响?对此你有哪些创意构思?

第 11 章

题 11-1 试比较棘轮传动与槽轮传动的特点及应用。

题 11-2 已知一棘轮机构,棘轮模数 $m = 5\text{mm}$,齿数 $z = 12$。试确定机构的几何尺寸并画出棘轮齿形。

题 11-3 图示为连杆 - 棘轮带动导程为 6mm 的螺杆作为驱动牛头刨床工作台进给的传动,要求曲柄 AB 转一周,工作台(与螺母固联)移动 1.5mm。已知 $AD = 300\text{mm}$,$CD = 70\text{mm}$。试求:① 摇杆 CD 的摆角;② 曲柄 AB 及连杆 BC 的长度;③ 选择棘轮齿数。

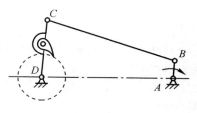

题 11-3 图

题 11-4 何谓槽轮机构的运动系数 τ?为什么单销外槽轮的运动系数 τ 必然大于零而小于 1?

题 11-5 一外啮合槽轮机构,已知槽轮的槽数 $z = 6$,槽轮的静止时间是运动时间的 2 倍。试求槽轮的运动系数 τ 及所需的圆销数 n。

题 11-6 已知一外啮合槽轮机构中,圆销的转动半径 $R = 40\text{mm}$,圆销半径 $r_1 = 8\text{mm}$,槽轮每次的转角为 60°。试计算其主要几何尺寸。又若拨盘的转速 $n_1 = 60\text{r/min}$,求槽轮的运动时间和静止时间。

题 11-7 图示圆销刚进入六槽槽轮开始带动其回转的位置,你能分析槽轮此槽从开始到停止运转过程中角速度 ω_2 的变化情况吗?设主动圆销以 ω_1 等角速回转。

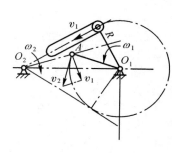

题 11-7 图

题 11-8 从齿轮传动到不完全齿轮传动思考结构创新的思路。请思考还有哪些途径可以获得步进运动?能否使连杆机构、凸轮机构实现步进运动?

题 11-9 利用步进电机实现步进运动,有什么特点和创意?

题 11-10 对改善棘轮传动、槽轮传动、不完全齿轮传动等步进传动,你有哪些创意构思?

第 12 章

题 12-1 图中 1、2、3、4 轴是心轴、转轴还是传动轴?轴受哪一类载荷?试画出各轴的弯矩图、扭矩图。轴的设计主要考虑哪几方面问题?

题 12-2 为什么轴常制成阶梯形?拟定轴的各段直径和长度考虑哪些问题?题 12-2 图中轴的结构 1、2、3、4 处有哪些不合理?应如何改进?

题 12-3 求直径 $\varnothing 30\text{mm}$,转速为 1 440r/min,材料为 45 号钢调质的传动轴,能传递多大功率?

题 12-4 与直径 $\varnothing 70\text{mm}$ 实心轴等扭转强度的空心轴,其外径为 85mm。设两轴材料相同,试求该空心轴的内径和减轻重量的百分率。

题 12-5 一钢制等直径传动轴,许用切应力 $[\tau] = 50\text{MPa}$,长度为 200mm。要求轴每米长的扭转角 φ 不超过 0.5°,试求该轴的直径。

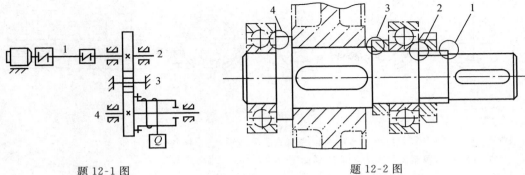

题 12-1 图   题 12-2 图

题 12-6   图示钢质传动轴上分置 4 个带轮,主动轮 A 上输入功率 $P_A = 65\text{kW}$,不计摩擦功耗,三个从动轮 B、C 及 D 的输出功率分别为 $P_B = 15\text{kW}$,$P_C = 20\text{kW}$,$P_D = 30\text{kW}$,转速 $n = 470\text{r/min}$。试按扭转强度的计算方法:① 作出轴的扭矩图;② 确定各段轴的直径 d(取 $[\tau] = 30\text{MPa}$);③ 若将轮 A 和轮 D 互换位置,问该轴强度富裕还是不足?

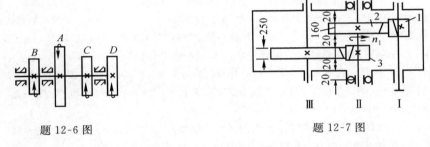

题 12-6 图   题 12-7 图

题 12-7   图示二级斜齿圆柱齿轮减速器,已知中间轴 Ⅱ 的输入功率 $P = 40\text{kW}$,转速 $n_{\text{I}} = 100\text{r/min}$,齿轮 2 的分度圆直径 $d_2 = 688\text{mm}$,螺旋角 $\beta_2 = 12°50'$,齿轮 3 的分度圆直径 $d_3 = 170\text{mm}$,螺旋角 $\beta_3 = 10°29'$,轴承宽度约 40mm。试设计和计算其中间轴 Ⅱ。

题 12-8   试分析根据哪些需要相应构思对轴进行改进和创新。

题 12-9   你对提高转轴的强度和刚度有哪些创意构思?

第 13 章

题 13-1   试述动压滑动轴承、静压滑动轴承实现液体摩擦承载的机理、特点和应用。

题 13-2   对轴瓦(衬)材料有什么要求?常用的轴瓦材料有哪些,分别适用何种场合?如何考虑油孔和油沟的设置?

题 13-3   试述滑动轴承润滑的目的以及如何选择润滑剂及润滑方式。

题 13-4   试述偏心距 e、相对间隙 ψ、偏心率 χ,最小油膜厚度 $h_{\min}$、宽径比 B/d、承载量系数 Φ_F 的涵义。

题 13-5   题图 13-5a、b、c、d 所示分别为椭圆轴承、单向收敛三油楔轴承、双向收敛三油楔轴承、可倾式多瓦轴承,请分析其特点和应用。又如题图 13-5e、f 所示两组推力滑动轴承是否都可能建立动压润滑油膜?

题 13-6   设计某机械上的剖分式向心滑动轴承。已知轴承的工作载荷 $F_R = 3\,500\text{N}$,转速 $n = 150\text{r/min}$,轴颈直径 $d = 100\text{mm}$,宽径比 $B/d = 1$,工作平稳。

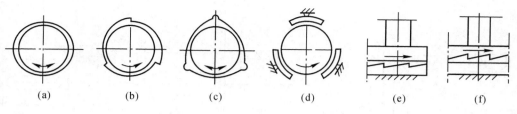

题 13-5 图

题 13-7　试校核图示电动绞车卷筒轴两端的滑动轴承。已知钢丝绳拉力 $F = 24\,000\text{N}$,卷筒转速 $n = 30\text{r/min}$,轴颈直径 $d = 60\text{mm}$,轴承衬宽度 $B = 72\text{mm}$,轴承衬材料为铸造铝青铜 ZCuAl9Mn2,用油脂润滑。

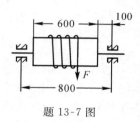

题 13-7 图

题 13-8　某单油楔向心滑动轴承,已知轴颈直径 $d = 100\text{mm}$,轴承衬宽度 $B = 120\text{mm}$,直径间隙 $\Delta = 0.03\text{mm}$,用 L-AN22 全损耗系统用油,油的平均温度 $t_m = 65℃$,轴颈和轴瓦表面微观不平度的十点平均高度 $R_{z1} = 1.6\mu\text{m}$,$R_{z2} = 3.2\mu\text{m}$,当转速 $n = 40\text{r/min}$ 时,载荷 $F_R = 15\text{kN}$。问此时能否形成液体摩擦?

题 13-9　某单油楔向心滑动轴承,已知轴颈直径 $d = 100\text{mm}$,轴承宽度 $B = 100\text{mm}$,直径间隙 $\Delta = 0.2\text{mm}$,转速 $n = 1000\text{r/min}$,油的平均温度 $t_m = 50℃$,此时黏度 $\eta = 0.02\text{Pa·s}$。轴颈和轴瓦表面微观不平度的十点平均高度之和 $R_{z1} + R_{z2} = 10\mu\text{m}$。试计算在保证液体摩擦情况下轴承可承受的最大载荷。

题 13-10　设计计算一单油楔液体动压向心滑动轴承。已知载荷 $F_R = 15000\text{N}$,转速 $n = 1500\text{r/min}$,轴颈直径 $d = 150\text{mm}$,轴瓦宽度 $B = 100\text{mm}$,相对间隙 ψ 取 0.002,润滑油用 L-AN22 全损耗系统用油,轴颈和轴瓦的表面微观不平度的十点平均高度为 $R_{z1} = R_{z2} = 3.2\mu\text{m}$。试计算其油膜厚度 h_{min},并问油膜的安全系数 K_s 为多少?温升如何?

题 13-11　试总结、归纳、思考滑动轴承创新的途径和方法?使轴颈相对轴承衬孔"悬浮",除所学动压、静压外,还可采用什么原理和方法来实现?

题 13-12　滑动轴承可否创意根据不同工况实现流体摩擦与非流体摩擦转换应用的新结构?

题 13-13　流体润滑滑动轴承可否创意根据不同工况实现静压与动压转换应用的新结构?

题 13-14　你对滑动轴承减摩、耐压有哪些创意构思?

第 14 章

题 14-1　试述滚动轴承的主要类型及其特点。

题 14-2　滚动轴承代号是怎样构成的,其中基本代号又包括哪几项?如何表示?试说明下列滚动轴承代号:6204,6200,62/28,6308,1208,7308C,7308AC,30308。

题 14-3　试述滚动轴承基本额定寿命、基本额定动载荷、当量动荷载、基本额定静载荷、当量静载荷的涵义。

题 14-4　某振动炉排用一对 6309 深沟球轴承,转速 $n = 1\,000\text{r/min}$,每个轴承受径向力 $R = 2\,100\text{N}$,工作时中等冲击,轴承工作温度估计在 200℃ 左右,希望使用寿命不低于 5\,000h。试验算该轴承能否满足要求?

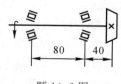

题 14-6 图

题 14-5　已知轴承受径向载荷 $R = 3\,200\text{N}$,轴向载荷 $A = 750\text{N}$,转速 $n = 350\text{r/min}$,载荷有轻微振动,希望轴承使用寿命大于 12\,000h,由结构初定轴颈直径 $d = 40\text{mm}$。试选深沟球轴承型号。

题 14-6　图示锥齿轮减速器主动轴用一对 30207 圆锥滚子轴承,已知锥齿轮平均模数 $m_m = 3.6\text{mm}$,

386

齿数 $z = 20$,转速 $n = 1450 \text{r/min}$,齿轮的圆周力 $F_t = 1300\text{N}$,径向力 $F_r = 400\text{N}$,轴向力 $F_a = 250\text{N}$,轴承工作时受有中等冲击载荷。试求该轴承的寿命。

题 14-7 指出图 a 和图 b 中主要的错误结构,(错处用 ◯ 号引注到图外),说明错误原因并加以改正。

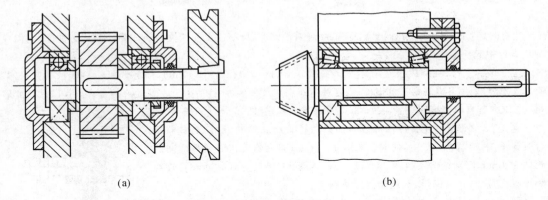

(a)   (b)

题 14-7 图

题 14-8 一滚动轴承,内圈转、外圈固定,受径向静载荷 R 方向不变,无预紧。试画出内圈滚道上一点的应力随时间变化的规律图。

题 14-9 试述滚动轴承轴系部件轴向固定、轴向游动和轴向调整的涵义,并列举几种结构形式。

题 14-10 试分析根据哪些需要相应构思对滚动轴承及其组合设计进行改进和创新。

题 14-11 可否创意根据不同工况实现滚动轴承与滑动轴承转换的新结构?

题 14-12 你对提高滚动轴承的极限转速和寿命有哪些创意构思?

第 15 章

题 15-1 联轴器、离合器、制动器的作用是什么?机械对它们提出哪些要求?

题 15-2 试述固定式和可移式联轴器、弹性和刚性联轴器的特点及适用场合。图示起重机小车机构,电动机 1 通过联轴器 A 经过减速器 2 及联轴器 B 带动车轮在钢轨 3 上行驶。车轮不能太长,用一中间轴 4 以联轴器 C、D 相联接。要求两车轮同时转动(否则小车将偏斜)。为安装方便,C、D 两联轴器要求轴向及角向可移。试选择 A、B、C、D 四联轴器的形式。

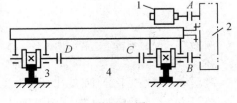

题 15-2 图

题 15-3 某电动机与油泵之间用弹性套柱销联轴器联接,功率 $P = 20\text{kW}$,转速 $n = 960 \text{r/min}$,轴径 $d = 35\text{mm}$,试决定联轴器的型号。

题 15-4 本书中图 15-14 所示多片摩擦离合器,已知主动片 11 片,从动片 10 片,结合面内直径 52mm,外直径 92mm;功率 $P = 7\text{kW}$,转速 $n = 730 \text{r/min}$;材料为淬火钢对淬火钢。问需多大压紧力?是否适用?

题 15-5 本书中图 15-18 所示带式制动器,施加外力 $Q = 200\text{N}$,制动轮直径 $D = 400\text{mm}$,$a = c = 50\text{mm}$,$b = 500\text{mm}$,摩擦系数 $f = 0.26$,包角 $\alpha = 270°$。试确定制动力矩 T 的容量。

题 15-6 试分析根据哪些需要相应构思对联轴器、离合器、制动器进行改进和创新。

题 15-7 你对离合器、制动器的操控方法有哪些创意构思?

第 16 章

题 16-1 弹簧的主要几何参数有哪些?弹簧的刚度、旋绕比以及特性线表征弹簧的什么性能?它们在弹簧设计中起什么作用?

题 16-2 一圆柱螺旋压缩弹簧,簧丝直径 $d = 2\text{mm}$,中径 $D_2 = 16\text{mm}$,有效圈数 $n = 10$,两端磨平,共有 1.5 死圈,采用 B 组碳素弹簧钢丝,受变载荷作用次数为 $10^3 \sim 10^5$ 次。求:① 允许的最大工作载荷及变形量;② 求弹簧自由高度和并紧高度;③ 验算弹簧的稳定性;④ 簧丝的展开长度。

题 16-3 设计一单片摩擦离合器的圆柱螺旋压缩弹簧。已知离合器结合时弹簧工作载荷为 630N,此时被压缩了 11mm;离合器分离时摩擦面间的距离为 1mm。由于结构限制,要求弹簧内径大于套芯轴的直径(20mm),外径小于盘壳直径(40mm),用 B 组碳素弹簧钢丝。

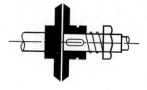

题 16-4 设计一拉伸弹簧,承受静载荷 $F = 340\text{N}$,对应的变形 $\lambda = 17\text{mm}$,工作条件一般。

题 16-3 图

题 16-5 设计一圆柱螺旋扭转弹簧。最大工作转矩 $T_{\max} = 7\text{N} \cdot \text{m}$,最小工作转矩 $T_{\min} = 2\text{N} \cdot \text{m}$,工作扭转角 $\varphi = \varphi_{\max} - \varphi_{\min}$,载荷循环次数约为 10^4。

题 16-6 弹簧加载 - 卸载过程中,在其载荷 - 变形图上,能量消耗如何表示?为什么产生能量消耗?能量消耗对弹簧的工作有什么影响?试举出一种能量消耗较大的弹簧。

题 16-7 弹簧可以从哪些方面构思改进和创新?

题 16-8 试述机架的功能和类型;如何体会机架多非标准件而又是机械中不可或缺的重要机件?可以从哪些途径考虑机架的创意、创新?

题 16-9 阐述和分析几种导轨结构的特点与应用;选择导轨类型时有些什么考虑和创意?

题 16-10 试自行选题创意设计一台利用弹簧蓄能的机械。

第 17 章

题 17-1 机械在稳定运转时期为什么会有速度波动?试述调节周期性速度波动和非周期性速度波动的途径。

题 17-2 安装飞轮的目的是什么?安装飞轮能否消除速度波动?

题 17-3 在电动机驱动的某传动装置中,已知主轴上阻力矩 M'' 的变化规律如图所示。设驱动力矩 M' 为常数,电动机转速为 1 000r/min,求不均匀系数 $\delta = 0.05$ 时所需安装在电动机轴上的飞轮的转动惯量。

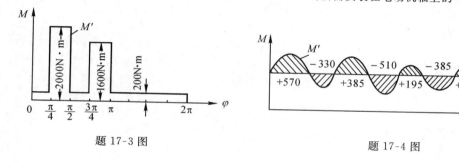

题 17-3 图   题 17-4 图

题 17-4　题图中所示为作用在多缸发动机曲轴上的驱动力矩 M' 的变化曲线,其阻力矩 M'' 等于常数,驱动力矩曲线与阻力矩曲线围成的面积(mm^2)注于图上,该图的比例尺为 $\mu_M = 100N \cdot m/mm$, $\mu_\varphi = 0.1rad/mm$。设曲轴平均转速为 120r/min,瞬时角速度不超过平均角速度的 $\pm 3\%$,求装在该曲柄轴上的飞轮的转动惯量。

题 17-5　已知某轧钢机的原动机功率等于常数 $N' = 1\,490kW$,钢材通过轧辊时消耗的功率为常数 $N'' = 2\,985kW$,钢材通过轧辊的时间 $t'' = 5s$,主轴平均转速 $n = 80r/min$,机械运转不均匀系数 $\delta = 0.1$。求:① 安装在主轴上的飞轮的转动惯量;② 飞轮的最大转速和最小转速;③ 此轧钢机的运转周期。

题 17-6　你对机械运转调节速度波动的原理和方法有什么创意构思?

题 17-7　试自行选题创意设计构思分别利用增大飞轮惯性和飞轮运转调节速度波动的机械。

第 18 章

题 18-1　何谓回转件的静平衡与动平衡?其平衡方法的原理是什么?分别适用于什么情况?

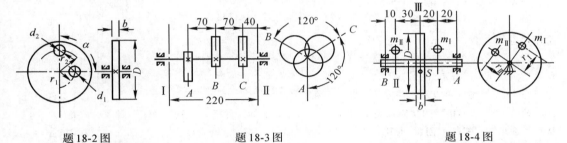

题 18-2图　　　　　　　　题 18-3图　　　　　　　　题 18-4图

题 18-2　题图所示圆盘直径 $D = 440mm$,厚 $b = 20mm$,盘上两孔直径及位置为 $d_1 = 40mm$,$d_2 = 50mm$,$r_1 = 100mm$,$r_2 = 140mm$,$\alpha = 90°$。欲在盘上再制一孔使之平衡,孔的向径 $r = 150mm$,试求该孔直径 d 及位置角。

题 18-3　一高速凸轮轴由三个互相错开 120° 的偏心轮组成。每一偏心轮的质量为 0.5kg,其偏心距为 12mm。设在校正平面 Ⅰ 和 Ⅱ 中各装一个平衡质量 $m_Ⅰ$ 和 $m_Ⅱ$ 使之平衡,其回转半径为 10mm,其他尺寸如图(单位为 mm),试用向量图解求 $m_Ⅰ$ 和 $m_Ⅱ$ 的大小和位置,并用解析法进行校核。

题 18-4　图示一质量为 220kg 的回转件,其质心 S 在平面 Ⅲ 内且偏离回转轴线。该回转件 $D/b > 5$,由于结构限制,只能在两个校正平面 Ⅰ、Ⅱ 内两相互垂直方向上安装质量 $m_Ⅰ$、$m_Ⅱ$ 使其达到静平衡。已知 $m_Ⅰ = m_Ⅱ = 2kg$,$r_Ⅰ = 200mm$,$r_Ⅱ = 150mm$,其他尺寸如图(单位为 mm),求该回转件质心 S 的偏移量及其位置。又校正后该回转件是否仍需要进行动平衡?试比较转速为 3000r/min 时,加质量 $m_Ⅰ$、$m_Ⅱ$ 前后,两支承 A、B 上所受的动压力。

题 18-5　你对回转件的平衡原理与方法以及对非回转运动件平衡、整机平衡有什么创意构思?

题 18-6　为有利机件平衡,在机械设计中应注意什么问题?有些什么创意构思?

第 19 章

题 19-1　液压传动系统一般由哪些部分组成?与固体为工作介质的机械传动、气体为工作介质的气压传动相比,试述液压传动的特点与应用。

题 19-2　液体连续性方程是什么?如何应用于液压传动?

题 19-3　油液压力是如何形成的?如何理解液压传动中压力取决于前进途中的负载和阻力?哪些情况会产生液压降 Δp?如何理解液压降 Δp、流量 Q、液阻 R_y 三者关系可与电路类比?

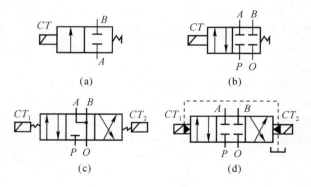

题 19-6 图

题 19-4　试述齿轮泵、叶片泵、柱塞泵的原理。泵的出口流量和压力取决于什么?如何确定泵的额定流量、额定压力以及驱动油泵电动机的功率?

题 19-5　油缸的推力与工作压力是指什么?它们应如何确定?如何计算油缸所需的流量以及活塞、活塞杆的直径?

题 19-6　分析本书图 19-37 液压系统中单向阀 7 与两只液控单向阀 8、9 的作用。换向滑阀中的"位"、"通"、"滑阀机能"是指什么?试述题 19-6 图中 a、b、c、d 所示符号表示什么阀以及电磁铁 CT 通断时油液通路情况。

题 19-7　试比较安全阀、溢流阀、减压阀、顺序阀的工作原理、特点、应用及其在油路中联接的情况。

题 19-8　节流调速的基本原理是什么?在第 19 章图 19-27b 中同时去掉分支回油箱油路及其上的溢流阀或仅去掉分支回油箱油路上的溢流阀能否实现节流调速?又第 19 章图 19-26b 中用变量泵能否实现调速?它和定量泵节流调速相比有何特点,适用于什么情况?

题 19-9　液压辅助元件通常有哪些?各自的作用是什么?液压蓄能器和机械传动中安装飞轮有否同异之处?

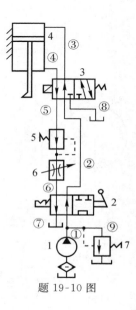

题 19-10 图

题 19-10　图示为一简易插床主运动液压传动系统。最大工作载荷 $F_{R max} = 1000N$,载荷变化较大,工作行程速度 $v_1 = 13m/min$。① 试分析该液压传动系统工作循环的油液通路情况及各液压元件的作用;② 进行初步计算确定油缸推力、工作压力及流量(同类机床油缸活塞直径 $D = 90mm$,活塞杆直径 $d = 60mm$);选择油泵、电动机及其他液压控制阀;③ 本系统为什么在回油路上进行节流调速?还可作些什么改进?

题 19-11　试述液压随动系统的工作原理、特点和应用。为什么它在机电一体化中具有重要意义?

题 19-12　你对液压元件、液压系统有什么创意构思?

题 19-13　为克服液压传动存在的一些缺点,你有哪些创意构思?

第 20 章

题 20-1　试从功能原理、材料、动力、机构、结构、制造技术和设计理论及方法等方面对机械联接、机械传动、轴及其支承、接合和制动提出改进和创新构思。

题 20-2　图示为带式运输机传动装置运动简图。已知输送带的有效拉力 $F_W = 3\,000N$,带速 $v_W = 1.5m/s$,卷筒直径 $D = 400mm$,载荷平稳,单向运转,在室内常温下连续工作,无其他特殊要求。① 试按所给运动简图和条件,选择合适的电动机,计算传动装置的总传动比,并分配各级传动比;计算电动机轴、I 轴、II 轴和卷筒轴的转速、功率和转矩;② 构思实现该传动的其他方案。

题 20-3　试分析图示 6 种驱动工作台上下运动的方案。除此以外还可采用哪些方案?

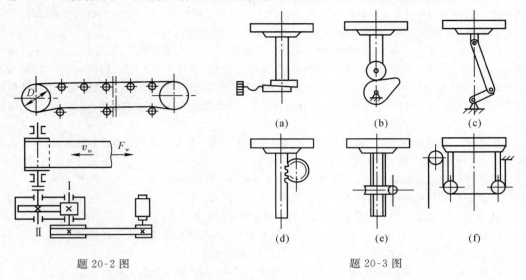

题 20-2 图　　　　　　　　　　　　　　题 20-3 图

题 20-4　下列减速传动方案有何不合理之处。① 电动机 → 链 → 直齿圆柱齿轮 → 斜齿圆柱齿轮 → 工作机;② 电动机 → 开式直齿圆柱齿轮 → 闭式直齿圆柱齿轮 → 工作机;③ 电动机 → 齿轮 → 带 → 工作机;④ 电动机 → 制动器 → 摩擦无级变速器 → 工作机。

题 20-5　阅读在一个零件(题 20-5 图 a)上同时加工出三个直径为 8mm 的孔的专用半自动三轴钻床的运动简图(题 20-5 图 b),工艺要求:给定切削速度 v 由三个钻头同转速作切削主运动;安装工件的工作台

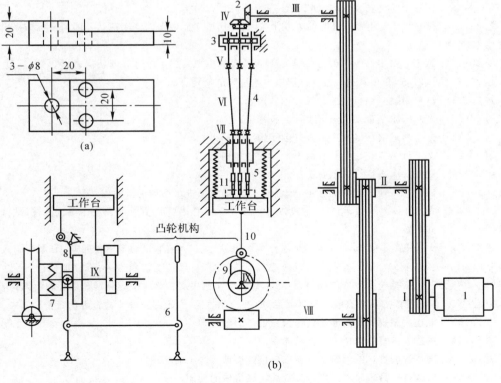

题 20-5 图

上移作进给运动,在时间 t_1 内快速趋近钻头,然后减速在时间 t_2 内一个钻头钻削 A 孔至一定深度,再减速在时间 t_3 内三个钻头同时钻削至完毕,然后在时间 t_4 内快速下降回程。工作台降到最低位置后停止不动,由人工拆装工件后进入第二次加工循环。进给阻力为 F_R ,工作台重量 Q 。

试分析思考:① 写出主运动链和进给运动链的传动路线;② 分析锥齿轮 2、圆柱齿轮 3、三个双万向联轴器 4、弹簧 5、连杆 6、离合器 7、杠杆 8 的作用;③ 试述凸轮 9 的作用及设计时从动件(工作台)10 运动规律的考虑;④ 两个执行构件(钻头 11 和工作台 10)之间的运动有无协调配合的要求,哪些地方需运动协调配合?⑤ 如何考虑连杆 6 和杠杆 8 的设计?⑥ 如何确定钻头和凸轮的转速?工作台的生产阻力为多少?电动机如何选择?这里可否由两只电动机分别驱动?为什么?

题 20-6   试述机电一体化机械与传统机械在组成上的区别及其与机械创新设计的关系。为什么说机电一体化是振兴机械工业的必由之路?

题 20-7   试述机械现代设计的主要方法、意义及其与机械创新的关系。

题 20-8   试述机械创新设计的涵义及其基本类型与特点。

题 20-9   试述创新思维的特点、类型及其与创新能力的关系。

题 20-10   试述几种主要的创新技法,并举例说明在机械创新设计中的应用。

题 20-11   试述机械创新设计方案的评价目标和评价方法。

题 20-12   试述机械创新开发的三种途径,为什么说功能原理的创新具有重要意义。

题 20-13   举例说明机构组合创新、机构变异创新和机构原理移植创新。

题 20-14   试列举机械传动系统方案与结构创新设计中应遵循的一些原则和需要注意的禁忌。

题 20-15   试述仿生类比法创新的内涵,并用以自行选题进行机械创新设计构思。

题 20-16   为减轻对标准信封加盖邮戳的体力劳动,请按每分钟盖戳 60 次构思盖邮戳机的几种方案,并加以分析。

题 20-17   试对手拉能实现"爬楼梯"的小车提出几种方案构思,并加以分析。

题 20-18   有电源处使用手枪式电钻较方便,试对不用电源而由手勾动实现钻孔的简易机械提出几种方案构思,并加以分析。

题 20-19   试用奥斯本(Osborn)核验表法对普通台式电风扇提出改进和创新构思。

题 20-20   试对 28 英寸男式普通自行车提出改进和创新构思。

题 20-21   试对柑橘采摘机械进行设计创新构思。

题 20-22   试对家用削苹果机进行设计创新构思。

题 20-23   试对河道清污机械进行设计创新构思。

题 20-24   试对纸箱包装物品的机械进行设计创新构思。

题 20-25   试对病床进行设计创新构思。

题 20-26   试对在一定区域内能够越障捡拾乒乓球的机械进行设计创新构思。

题 20-27   试述科技创新的涵义;归纳机械创新所涉及的主要方面,并从本课程中举例论述;试自选题目进行创新构思和实践。

题 20-28   认真阅读本书 20.9.1 大学生所作包树机设计创新案例,试思考下述四点:① 原研制人对该作品应是如何一步一步进行创新构思并予以成功实现的?如果自己接受该项任务,打算如何进行?② 该设计案例中底板上两个摩擦轮的位置应如何设计?③ 该设计案例中底板齿轮中心到转盘中心的距离 l 应如何计算确定?④ 该作品设计方案还有哪些改进创意?如果另辟蹊径,你的创新设计构思是什么?

题 20-29   试述人工智能的内涵及其与机械创新的融合。

题 20-30   试述人工智能在拓展机械功能中的应用。

题 20-31   试述智能设计的内涵及其在创新机械设计方法中的应用。

题 20-32   试就自己身边思考应用人工智能拓展机械的功能。

题 20-33   你能否进一步尝试实践用 Autodesk 进行机械设计?

主要参考书目

[1]国家教育委员会高等教育司. 高等教育面向 21 世纪教学内容和课程体系改革经验汇编（Ⅱ）. 北京:高等教育出版社,1997

[2]邱宣怀. 机械设计.2 版. 北京:高等教育出版社,1997

[3]濮良贵,陈国定,吴立言. 机械设计(第九版). 北京:高等教育出版社,2013

[4]宾鸿赞. 机械工程科学导论. 武汉:华中科技大学出版社,2011

[5]吴宗泽. 机械设计. 北京:高等教育出版社,2001

[6]彭文生,黄华梁等. 机械设计.2 版. 武汉:华中理工大学出版社,2000

[7]吴克坚,于晓红,钱瑞明. 机械设计. 北京:高等教育出版社,2003

[8]孙桓,陈作模. 机械原理.6 版. 北京:高等教育出版社,2001

[9]杨可桢,程光蕴. 机械设计基础.四版. 北京:高等教育出版社,2001

[10]陈国定. 机械设计基础. 北京:高等教育出版社,2005

[11]陈秀宁,顾大强. 机械设计.2 版. 杭州:浙江大学出版社,2017

[12]陈秀宁. 机械设计基础.2 版. 杭州:浙江大学出版社,2017

[13]机械设计手册编委会. 机械设计手册. 北京:机械工业出版社,2004

[14]陈秀宁主编. 机械基础.2 版. 杭州:浙江大学出版社,2009

[15]潘兆庆,周济. 现代设计方法概论. 北京:机械工业出版社,1999

[16]许尚贤. 机械零部件的现代设计方法. 北京:高等教育出版社,1994

[17]合肥工业大学. 液压传动与气压传动. 北京:机械工业出版社,1980

[18]陈秀宁,顾大强. 机械设计课程设计.5 版. 杭州:浙江大学出版社,2021

[19]吴宗泽. 机械结构设计. 北京:机械工业出版社,1988

[20]陈秀宁. 机械优化设计.2 版. 杭州:浙江大学出版社,2009

[21]胡家秀. 机械创新设计概论. 北京:机械工业出版社,2005

[22]肖云龙. 创造性设计. 武汉:湖北科学技术出版社,1988

[23]浙江大学机械原理与设计教研室编. 机械创新设计. 杭州:浙江大学教材,1996

[24]赵延年,张奇鹏. 机电一体化机械系统设计. 北京:机械工业出版社,1996

[25]梁锡昌. 机械创造方法与专利设计实例. 北京:国防工业出版社,2005

[26]陈秀宁. 现代机械工程基础实验教程.2 版. 北京:高等教育出版社,2009

[27]陈伯雄. Inventor 机械设计应用技术. 北京:人民邮电出版社,2002

[28]陈秀宁,顾大强. 机械设计基础提升拓展学习和测试指导. 杭州:浙江大学出版社,2023

[29]吴宗泽,王忠祥,卢颂峰. 机械设计禁忌 800 例.2 版. 北京:机械工业出版社,2006

［30］中国机械设计大典编委会. 中国机械设计大典. 南昌:江西科学技术出版社,2002

［31］张春林. 机械创新设计.2 版. 北京:机械工业出版社,2007

［32］杨家军. 机械创新设计技术. 北京:科学技术出版社,2008

［33］邹慧军,颜鸿森. 机械创新设计. 北京:高等教育出版社,2007

［34］王安娜,姜涛,刘广军. 智能设计. 北京:高等教育出版社,2008

［35］王晶. 第二届全国大学生机械创新设计大赛作品集. 北京:高等教育出版社,2007

［36］吴宗泽,于亚杰等编著. 机械设计与节能减排.北京:高等教育出版社,2007

［37］赵明岩. 大学生机械设计竞赛指导. 杭州:浙江大学出版社,2008

［38］杨揆一. 创造性思维的启示. 北京:科学出版社,2000

［39］高济,朱淼良,何钦铭. 人工智能基础.北京:高等教育出版社,2002

［40］蔡自兴,蒙祖强. 人工智能基础.2 版.北京:高等教育出版社,2005

［41］安琦,顾大强. 机械设计.2 版.北京:科学出版社,2016

［42］应富强,顾大强. 机械设计竞赛指导.北京:科学出版社,2014

［43］希格利,米切尔. 机械工程设计.4 版. 全永昕等,译. 北京:高等教育出版社,1988

［44］库德里亚夫采夫. 机械零件(1980 年版). 汪一麟等,译. 北京:高等教育出版社,1985

［45］中岛尚正. 机械设计. 东京:东京大学出版会,1993

［46］Gilbert Kivenson. The Art and Science of Iventing(2nd ed). VNR Co.1982

［47］沟口理一郎,石田亨. 人工智能.卢伯英,译.北京:科学出版社,2003

［48］弗洛里迪. 第四次革命.王文革,译.杭州:浙江人民出版社,2016